Leitfaden Geometrie

Ralf Benölken · Hans-Joachim Gorski ·
Susanne Müller-Philipp

Leitfaden Geometrie

Für Studierende der Lehrämter

7., überarbeitete und erweiterte Auflage

Ralf Benölken
Fakultät für Mathematik und Natur-
wissenschaften
Bergische Universität Wuppertal
Wuppertal, Deutschland

Susanne Müller-Philipp
Didaktik der Mathematik
Westfälische Wilhelms-Universität
Münster
Münster, Deutschland

Hans-Joachim Gorski
Didaktik der Mathematik
Westfälische Wilhelms-Universität
Münster
Münster, Deutschland

ISBN 978-3-658-23377-8   ISBN 978-3-658-23378-5 (eBook)
https://doi.org/10.1007/978-3-658-23378-5

Die Deutsche Nationalbibliothek verzeichnet diese Publikation in der Deutschen Natio-
nalbibliografie; detaillierte bibliografische Daten sind im Internet über http://dnb.d-nb.de
abrufbar.

Springer Spektrum

Verantwortlich im Verlag: Ulrike Schmickler-Hirzebruch

Gedruckt auf säurefreiem und chlorfrei gebleichtem Papier

Springer Spektrum ist ein Imprint der eingetragenen Gesellschaft Springer Fachmedien
Wiesbaden GmbH und ist ein Teil von Springer Nature.
Die Anschrift der Gesellschaft ist: Abraham-Lincoln-Str. 46, 65189 Wiesbaden, Germany

für Susanne

Vorwort zur siebten Auflage

Susanne Müller-Philipp konnte an der Aktualisierung dieses Buches nicht mehr mitarbeiten. Sie ist im Jahr 2015 viel zu früh gestorben.

Auch wenn es uns sehr schwergefallen ist, die vorliegende Auflage ohne Susanne zu erarbeiten, war sie uns bei den Arbeiten doch auf vielfältige Weise nahe. Das gilt für ganz viele Bereiche, insbesondere jedoch für die Ziele des *Leitfadens Geometrie* und die Methoden, die zum Erreichen dieser Ziele eingesetzt werden. An die bereits vor der ersten Auflage vereinbarten Absprachen zu diesen beiden Strukturmomenten, die wir in der Vororientierung unten zusammengestellt haben, fühlen wir uns weiter gebunden. Insofern glauben wir, dass sich Susanne mit der vorgenommenen Überarbeitung identifizieren könnte.

Im Vorwort einer der früheren Auflagen des *Leitfadens Geometrie* fand sich der Satz: „My co-author is the other half of my brain." Für diese mit Susanne intensiv erlebte Erfahrung bin ich ihr dankbar (H.-J. Gorski).

Mit dem *Leitfaden Geometrie* wenden wir uns primär an Studierende / Lehrer(innen), die ein Lehramt in der Primarstufe oder im Sekundarbereich I anstreben / ausüben. Uns freut besonders, dass auch Studierende anderer Studiengänge offenbar vermehrt Gewinn aus unserem Buch ziehen.

Weil es *die* Geometrie (γεωμετρία, griechisch für Landmessung) auch im Unterricht an allgemeinbildenden Schulen nicht gibt, gliedert sich dieses Buch in Kapitel zur Topologie, zu Polyedern, zur Axiomatik, zur Abbildungsgeometrie, zu geometrischen Konstruktionen, zur euklidischen Geometrie und zur darstellenden Geometrie. Dabei soll dieses Buch ein Leitfaden zur Einführung in die oben genannten Teilgebiete sein.

In der vorliegenden 7. Auflage finden sich zunächst einmal Ergänzungen, Aktualisierungen und Erweiterungen in allen Kapiteln. Dabei haben wir an all denjenigen Stellen, an denen es uns vertretbar erschien, auf allerhöchste fachliche Vollständigkeit, Perfektion und formale Notation zugunsten der Entwicklung von Basisqualifikationen zukünftiger Mathematiklehrer im Primar- und Sekundar-I-Bereich verzichtet. Stattdessen haben wir an vielen Stellen auf Hinführungen, Vorschauen, Rückschauen, Vororientierungen und Hinweise auf strukturähnliches Vorgehen geachtet, die die Lernenden insbesondere beim Lernen des Beweisens unterstützen sollen. Der *Leitfaden Geometrie* ist kein komprimiertes „Satz-Beweis-Buch" und wird auch in Zukunft keines werden. Ebenso ist er auch kein Buch über lockere Erzählungen zur Geometrie und wird auch in Zukunft keines werden.

Der Schwerpunkt der Neuerungen bezieht sich auf ein neu gestaltetes und deutlich erweitertes Übungsangebot sowie auf die Aufnahme von etwa 70 Seiten mit Lösungen bzw. Musterlösungen bzw. Lösungshinweisen zu den Übungsaufgaben.

Besonderer Dank gilt Frau Andrea Tiedke für die kritische Durchsicht des Manuskriptes und zahlreiche Optimierungsvorschläge.

Möge Ihnen der *Leitfaden Geometrie* viel Arbeit, viel Erfolg und dann viel Freude am Erfolg bescheren.

Münster, im Oktober 2018

Ralf Benölken   Hans-Joachim Gorski

Inhaltsverzeichnis

Vororientierung   xii

- Zielvorstellungen im Leitfaden Geometrie   xii
- Methoden im Leitfaden Geometrie   xiv
- Voraussetzungen   xvi
- Einsatz des Leitfadens Geometrie als
  vorlesungsbegleitende Literatur   xviii

1   Topologie   1

1.1   Einstiegsproblem   1
1.2   Grundlegende Definitionen der Graphentheorie   6
1.3   Eckenordnungen und Kantenzahlen   14
1.4   Plättbarkeit von Graphen   20
1.5   Durchlaufbarkeit von Graphen   29
1.6   Erbteilungs- und Färbungsprobleme   37

2   Polyeder   52

2.1   Einstiegsproblem   52
2.2   Die platonischen Körper   57
2.3   Halbreguläre Polyeder   64

3   Axiomatik   73

3.1   Zum Einstieg   73
3.2   Inzidenzgeometrie   78
3.3   Affine und projektive Inzidenzgeometrien   82
3.4   Axiome der Anordnung   88
3.5   Winkel   93
3.6   Längen- und Winkelmessung   96
3.7   Zusammenstellung aller relevanten Axiome   107

4 Abbildungsgeometrie   109

4.1 Einstiegsproblem   109

4.2 Kongruenzabbildungen   115

4.2.1 Definition und Eigenschaften der Kongruenzabbildungen 116

4.2.2 Verkettung von Kongruenzabbildungen 133

4.2.3 Weitere Sätze zur Verkettung von Kongruenzabbildungen 165

4.2.4 Die Gruppe der Kongruenzabbildungen 168

4.2.5 Kongruenz von Strecken, Winkeln, Dreiecken 173

4.2.6 Symmetrie 189

4.2.7 Deckabbildungsgruppen 220

4.3 Ähnlichkeitsabbildungen 233

4.4 Affine Abbildungen 246

5 Geometrische Konstruktionen 252

5.1 Einstieg 252

5.2 Grundlegendes 256

5.3 Ausgewählte Hilfsmittel zum Konstruieren 260

5.4 Grundkonstruktionen 263

5.4.1 Abtragen 263

5.4.2 Halbieren 267

5.4.3 Lote 269

5.4.4 Parallele durch einen Punkt 272

5.4.5 Mittelparallele 274

5.4.6 Linien im Dreieck 275

5.4.7 Konstruktionen am Kreis 279

5.4.8 Teilung in n gleiche Teile 282

6 Fragestellungen der euklidischen Geometrie 289

6.1 Einstiegsproblem 289

6.2 Besondere Punkte und Linien im Dreieck 296

6.3 Sätze am Kreis 313

6.4	Die Satzgruppe des Pythagoras	326
6.5	Der goldene Schnitt	341

7	**Darstellende Geometrie**	**351**
7.1	Einstiegsproblem	351
7.2	Axonometrie	356
7.3	Dreitafelprojektion	367
7.4	Zentralprojektion	373

Lösungen und Hinweise	**385**

Benutzte Zeichen und Abkürzungen	452
Literatur	454
Stichwortverzeichnis	458

Vororientierung

Zielvorstellungen im Leitfaden Geometrie

Was soll das Ganze? Was wollen Sie von uns? Was genau sollen wir lernen? Warum lernen wir das? Wie sollen wir das lernen? Können wir das in unserem späteren Beruf / im Leben gebrauchen?

Fragen dieser Art stellen Lernende an den verschiedensten Stellen unseres Bildungssystems, jedenfalls sollten sie sie stellen. Auf der anderen Seite sollten die Initiatoren der Lernprozesse Antworten auf diese Fragen bereithalten, die die Lernenden in ihrer Lernausgangslage überzeugen:

Zunächst verfolgen wir natürlich rein fachliche Ziele. Es geht uns darum, Ihnen mathematische Qualifikationen für Ihre spätere Unterrichtspraxis zu vermitteln. In diesem Zusammenhang haben wir sieben Themenbereiche ausgewählt, von denen wir überzeugt sind, dass sie eine tragfähige Grundlage für einen kompetenten Geometrieunterricht von Klasse 1 bis 10 bedeuten können. Beispielhaft denken wir hier an das Kapitel „Abbildungsgeometrie", das zentrale Qualifikationen für die Lernbereiche „Flächeninhaltsbestimmungen", „Kongruenzabbildungen", „zentrische Streckung" im Sekundarbereich I und für die Themen „Symmetrie", „Ornamente", „Vergrößern – Verkleinern" in der Grundschule (und in der Sekundarstufe I) bereitstellt.

Mit der ausdrücklichen Herausstellung der folgenden Zielvorstellungen verlassen wir den Rahmen üblicher mathematischer Fachbücher:

- *Förderung des räumlichen Vorstellungsvermögens*

  Wenn Sie in der Schule nicht gefördert wurden (und räumliches Vorstellungsvermögen entwickelt sich am besten bis zum Alter von etwa 12 Jahren), dann muss hier unter Umständen „nachgebessert" werden. Das geht auch bei Erwachsenen. Besuden hat uns in seinen Aufsätzen zum räumlichen Vorstellungsvermögen immer wieder darauf hingewiesen, dass Raumvorstellung das Ergebnis von Verinnerlichungsprozessen ist und letztere – das wissen wir von Aebli – haben ihren Ausgangspunkt bei konkreten Handlungen. Denken ist verinnerlichtes Handeln (Aebli). Sie müssen Handlungserfahrungen machen und diese mehr und mehr im Kopf durchführen. Braucht man erst die konkreten Objekte, mit denen man hantiert, so werden diese allmählich durch Visualisierungen und schließlich durch Vorstellungen von den Objekten ersetzt. Einen besonderen Beitrag zur Förderung des räumlichen Vorstellungsvermögens wollen wir im Kapitel „Polyeder" leisten. Hier sollen Sie sich komplexere Körper vorstellen und in der gelungenen Vorstellung Manipulationen mit / an diesen Objekten vornehmen. Dazu sollten Sie die konkreten Objekte zunächst selbst herstellen, und damit sind wir beim nächsten Punkt.

- *Schulrelevante Arbeitsweisen auf höherem Niveau erfahren und anwenden*

Das Herstellen von Körpernetzen und das Erstellen der Körper aus Karton sind schultypische Tätigkeiten. Um Sie nicht zu unterfordern, Sie aber trotzdem mit den Problemen, die da auftauchen können, zu konfrontieren, werden wir so etwas von Ihnen erwarten, allerdings bei komplizierteren Gebilden. Ähnliches gilt für das Falten, das Arbeiten mit Plättchenmaterial usw. Wo es sich anbietet, sollen solche Tätigkeiten auch Ihnen beim Lernen von Mathematik nützen.

Schließlich sollte jede Lehrerin und jeder Lehrer in der Lage sein, etwa einen Würfel, einen Quader, eine Pyramide (mit quadratischer Grundfläche), einen Zylinder oder einen Kegel ad hoc an der Tafel zu skizzieren bzw. exakt darzustellen. In der Sekundarstufe I werden Sie dies auch von ihren Schülerinnen und Schülern erwarten, in der Primarstufe vielleicht für die erstgenannten Körper. Unmittelbare Basisqualifikationen hierfür thematisieren wir im Kapitel „Darstellende Geometrie".

- *Über die Schulformen hinausblicken*

Für die angehenden Grundschullehrerinnen und -lehrer: Sie werden in diesem Buch auch mit Inhalten des Geometrieunterrichts der Sekundarstufe I konfrontiert. Dies ist wichtig, damit Sie Ihren späteren Mathematikunterricht so gestalten können, dass er tragfähige Konzepte liefert, die von den Kindern kein Umlernen in weiterführenden Schulen erfordern, sondern ein Aufbauen auf Bekanntem und ein Weiterverfolgen bekannter Arbeits- und Denkweisen. Als ein Beispiel aus diesem Buch nennen wir hier das „Haus der Vierecke". Die Behandlung von Deckabbildungsgruppen soll Ihnen helfen, Aktivitäten des Faltens und Verschönerns von Quadraten oder das Legen von Plättchen vor einem mathematischen Hintergrund zu sehen.

Für die angehenden Sekundarstufenlehrerinnen und -lehrer: Sie werden eine Reihe von Aktivitäten kennen lernen, die Kindern aus der Grundschulzeit schon vertraut sind. Sie übernehmen die Kinder nicht in Klasse 5 als geometrisch „unbeschriebene Blätter". Ihre Vorerfahrungen, ihre Erwartungen, die ihnen vertrauten Arbeitsformen, Materialien, Techniken können und müssen Sie aufgreifen.

- *Förderung der Bereitschaft zum Umgang mit Problemen*

  Der Erwerb mathematischen Wissens ist ein aktiver, konstruktiver Prozess. Das geht nicht ohne Fehler und nicht ohne Anstrengungen. Immer wieder werden wir Sie mit komplexeren Problemen konfrontieren, die sich einer schnellen Lösung entziehen. Wir erwarten, dass Sie sich auch darauf einlassen, und hoffen, dass Sie sich dabei selbst beobachten. So können Sie Erfahrungen sammeln, die Ihnen später helfen, die Lernprozesse von Kindern besser zu verstehen.

- *Anwendungsorientierung*

  „Wer [...] durch Mathematik Allgemeinbildung vermitteln will, darf sich nicht auf rein innermathematische Theorien und Strukturprinzipien beschränken, sondern muss auch die Beziehungen der Mathematik zum Leben entwickeln." (Wittmann 1987, S. VI) Wir versuchen, sinnvolle Sachzusammenhänge zum Ausgangspunkt unserer Überlegungen zu machen. Interessante, auch fächerübergreifende Fragen wie z.B. die Geometrie der Bienenwabe stellen vermutlich hohe Anforderungen an Sie, fördern unseres Erachtens aber auch die Bereitschaft zur Auseinandersetzung. Auf der anderen Seite werden wir von Ihnen erwarten, erworbene Abstraktionen nicht nur innermathematisch, sondern auch auf Alltagssituationen und Fragestellungen aus dem Schulalltag anzuwenden.

Methoden im Leitfaden Geometrie

Zum Erreichen der genannten Zielvorstellungen und um Mathematik maximal verstehbar zu machen, greifen wir unter anderem auf folgende im weiteren Sinn methodische Hilfsmittel, Techniken zurück:

- durchgängige Orientierung an Erkenntnissen der Lernpsychologie und Textproduktion;

- bewusster Einbau von Redundanzen, um Häufungsstellen von Informationsquanten zu entzerren und dem Lernenden einen „fließenden" Lernprozess mit gleichmäßigem (für ihn hoffentlich mittleren) Schwierigkeitsgrad zu ermöglichen;

- Initiierung von Selbsttätigkeiten auf allen Darstellungsebenen bzw. Ebenen der Erkenntnistätigkeit, sei es bei Hinführungen, Beispielen, Anwendungen oder in Beweisprozessen;

- häufige Wiederholungen / Rückschauen auf bisher „Geleistetes";

- z.T. spiralcurriculumförmiges Aufgreifen früherer Erkenntnisse auf höherem / anderem Niveau;

- gelegentlicher Verzicht auf fachlich extrem verdichtete und daher elegante Argumentationen zugunsten der

- Verwendung von Überlegungen und Formulierungen aus den Reihen unserer Studierenden;

- Integration zahlreicher beispielgebundener Hinführungen zu neuen Sätzen, denn: „Man muss einen mathematischen Satz erraten, ehe man ihn beweist; [...] Man muss Beobachtungen kombinieren und Analogien verfolgen, man muss immer und immer wieder probieren." (Polya 1962, S. 10)

- Beweise werden häufig erst dann geführt, wenn das Verständnis des zu Beweisenden oder der Beweisidee am Beispiel sichergestellt ist;

- vielfältige Maßnahmen zur Vorstrukturierung des Lernstoffes, teils in Form von „Vororientierungen" oder Hinführungen, besonders häufig aber durch im Text auch satztechnisch hervorgehobene „Leitfragen";

- regelmäßig eingestreute Übungsaufgaben, aber auch

- unregelmäßig eingestreute kleine Scherze.

Wir möchten, dass sich unsere Leserinnen und Leser mit dem *Leitfaden Geometrie* Mathematik erarbeiten, Mathematik verstehen, das Verstandene anwenden und in angemessenem Umfang selbständig damit weiterarbeiten.

Die Moderatorin eines – aus welchen Gründen auch immer – beliebten Literaturmagazins würde vermutlich auch zu diesem Buch sagen:

LESEN Sie den *Leitfaden Geometrie*. LESEN Sie. Ganz gleich was Sie LESEN. LESEN Sie alles Mögliche. Hauptsache Sie LESEN.

Wir hingegen empfehlen: Folgen Sie derartigem Dogmatismus nicht.

Lesen Sie den *Leitfaden Geometrie* nicht. Arbeiten Sie ihn durch!

Nutzen Sie jedes der zahlreichen im Text eingebauten Angebote zum selbständigen Lernen: Basteln Sie, zeichnen Sie, konstruieren Sie, lösen Sie die Übungsaufgaben, schauen nicht vorschnell in die Lösungshinweise, äußern Sie sich zu bewusst eingebauten Provokationen im Text, beantworten Sie die im Text oder in Fußnoten auftauchenden Verständnisfragen, bevor Sie weiterlesen – nein: weiter durcharbeiten!

Voraussetzungen

Wenn wir in diesem Buch Geometrie unter so vielfältigen Aspekten (topologisch, euklidisch, abbildungsgeometrisch, ...) betreiben wollen, dann bedarf es gewisser Voraussetzungen, um dieses Treiben von Geometrie adäquat zu beschreiben.

Grundsätzlich haben wir den Leitfaden so aufgebaut, dass Begrifflichkeiten, die zum Verständnis notwendig sind, an den Stellen, an denen sie erstmalig auftauchen, auch geklärt werden. Dennoch gibt es gewisse Grundkenntnisse (z.B. aus Grundlagenvorlesungen etwa zur Arithmetik oder aus der Schulmathematik), die wir als bekannt voraussetzen und nicht mehr vertiefend einführen; tatsächlich fangen wir nicht bei „Adam und Eva"[1] an.

Als ein Beispiel sei hier der Begriff der Gruppe genannt, der in Kapitel 4 eine anschaulich geometrische Konkretisierung erfährt: Aufgrund seiner zentralen Bedeutung für das Kapitel wird seine Definition hier zwar in Kürze skizziert, ein späterer Hinweis auf den einschlägig bekannten „Satz von Lagrange" (Kap. 4.2.7) beschränkt sich jedoch auf seine Kernaussage und verzichtet auf einen Beweis, der tiefergehende gruppentheoretische Kenntnisse verlangen würde, die nicht Gegenstand des vorliegenden Buches sein können.

Ein anderer für den Leitfaden fundamentaler Begriff ist der Begriff der „Abbildung", den Sie wenigstens unter seinem Synonym „Funktion" kennen. Unter einer „Abbildung" verstehen wir eine <u>besondere</u> „Zuordnung":

- Eine „Zuordnung" von einer Menge A in eine Menge B liegt vor, wenn jedem Element aus A ein oder auch mehrere Elemente aus B zugeordnet werden.

---

[1] „Adam und Eva" ist genderspezifisch problematisch, also „Eva und Adam". „Eva und Adam" ist korrekt modern, widerspricht aber der Schöpfungsgeschichte (Adam zuerst, Eva aus Rippe von Adam gebaut). Da „Adam und Eva" aber ein Nogo und „Adam" allein aber gleich doppelter Fauxpas ist, besser „Eva und Eva". Okay, das ist auf der Höhe der Zeit, aber es gab gemeinsame Kinder: Kain und Abel. Das geht wieder gar nicht. Also (vermutlich Übersetzungsfehler) hießen die bestimmt Kainina und Abelina und alles wird gut. Nicht wirklich: Das Erzeuger(innen)problem lösen weder Biologie noch katholische Theologie befriedigend. Also: „~~Adam und Eva~~", „Urknall".

Ein Beispiel aus der Arithmetik: Jeder natürlichen Zahl werden ihre Teiler zugeordnet. Beachten Sie, dass es sich dabei um eine Zuordnung innerhalb der natürlichen Zahlen handelt, die <u>nicht</u> „eindeutig" ist: Jeder natürlichen Zahl $n > 1$ werden nämlich mindestens die beiden Teiler 1 und n zugeordnet.

- Das Beispiel verdeutlicht: Bei einer Zuordnung zwischen zwei Mengen A und B ist es möglich, dass einem Element aus A mehrere oder auch gar kein Element aus B zugeordnet werden, wie in der nebenstehenden Darstellung andeutet.

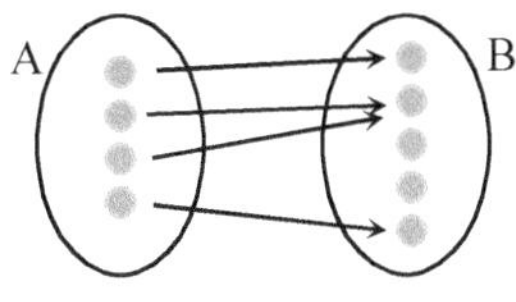

- Man spricht von einer „eindeutigen" Zuordnung, wenn jedem Element aus A genau ein Element aus B zugeordnet wird (hierbei können einem Element aus B umgekehrt durchaus mehrere Elemente aus A zugeordnet werden), wie es in dem nebenstehenden Beispiel angedeutet ist.

- Nun kommt endlich der Abbildungsbegriff ins Spiel:

Eine Zuordnung von einer nichtleeren Menge A in eine nichtleere Menge B, die jedem Element aus A genau ein Element aus B zuordnet, heißt Abbildung (oder Funktion).

Mit anderen Worten: Abbildungen (Funktionen) sind eindeutige Zuordnungen.

Ein typisches Beispiel sind reelle Funktionen, also Zuordnungen von einer nichtleeren Teilmenge $D \subset \mathbb{R}$ (auch Definitionsbereich genannt) in die Menge $W \subset \mathbb{R}$ (Wertebereich), welche jedem $x \in D$ eindeutig ein $y \in W$ zuordnen (etwa wenn wir jeder reellen Zahl x ihr Quadrat x^2 zuordnen, dann wäre $D = W = \mathbb{R}$).

Weitere für einzelne Inhalte wesentliche Facetten rund um Abbildungen werden im Text eingeführt bzw. erinnert, so etwa die Begriffe „injektiv", „surjektiv" und „bijektiv" in Kapitel 1.2.

Hinsichtlich der Voraussetzungen zu
… mengentheoretischen (Element, Menge, Teilmenge, Schnittmenge, …),
… aussagenlogischen (Aussageform, Aussage, Implikation, Äquivalenz, …),
… beweistheoretischen (in-/direkter Beweis, durch Kontraposition, …)

Kontexten verweisen wir auf die ausführlichen Erläuterungen bei Benölken, Gorski und Müller-Philipp (2018, Kap. 1 und 2). Alle an jenem Ort eingeführten Grundlegungen benutzen wir im *Leitfaden Geometrie* vollkommen analog.

Schließlich weisen wir darauf hin, dass sich auf den Seiten 452f ein Verzeichnis zu den benutzten Zeichen und Abkürzungen befindet.

Einsatz des Leitfadens Geometrie als vorlesungsbegleitende Literatur

Der *Leitfaden Geometrie* bietet mehr, als man realistischerweise in einer vierstündigen Vorlesung behandeln kann. Auch wenn die Auswahl der Inhalte natürlich die Entscheidung der Dozentin / des Dozenten ist, wollen wir hier doch einige Anregungen für einen möglichst gewinnbringenden Einsatz des *Leitfadens Geometrie* geben:

Variante 1

Kapitel 1 (Topologie) und Kapitel 2 (Polyeder) sind unabhängig voneinander und nicht Voraussetzung für das Verständnis der folgenden Kapitel. Strebt man einen möglichst systematischen Aufbau der Geometrie an mit einer axiomatischen Grundlegung und einer Betonung der Abbildungsgeometrie, so kann man auch bei Kapitel 3 (Axiomatik) einsteigen, Kapitel 4 (Abbildungsgeometrie) und Kapitel 6 (Euklidische Geometrie) behandeln und dann entscheiden, welche der verbleibenden Kapitel eine sinnvolle Ergänzung wären.

Zu Risiken und Nebenwirkungen dieses Weges sei angemerkt: Falls hierbei Kapitel 2 (Polyeder) und 7 (Darstellende Geometrie) nicht (gründlich) behandelt werden, weisen wir darauf hin, dass die weiter oben geforderte Schulung der Raumvorstellung zu kurz kommen kann.

Variante 2

Wer die Axiomatik am ehesten für verzichtbar hält, kann Kapitel 3 (Axiomatik) überschlagen und stattdessen nur einen Blick auf die Zusammenfassung aller eingeführten Axiome am Ende dieses Kapitels werfen. Eine weitere vertretbare Kürzung stellen die letzten Abschnitte von Kapitel 4 (Abbildungsgeometrie) zu Ähnlichkeitsabbildungen (mit Ausnahme der in Kapitel 6 benötigten Strahlensätze) und affinen Abbildungen dar.

Wir halten diesen Weg für weitgehend risiko- und nebenwirkungsfrei.

Variante 3

Wer meint, es sei nicht Aufgabe eines Universitätsstudiums, Schulstoff zu wiederholen, bzw. wer das Glück hat, auf eine Hörerschaft mit intakten Vorkenntnissen im Bereich der Schulgeometrie zu treffen, kann Einsparungen in den Kapiteln 5 (Geometrische Konstruktionen) und 6 (Euklidische Geometrie) vornehmen.

Zu Risiken und Nebenwirkungen dieses Vorgehens merken wir an:
Bei einer Fehleinschätzung der Lernausgangslage des Publikums ist damit zu rechnen, dass angehenden Lehrerinnen und Lehrern des Sekundarbereichs I Basisqualifikationen für ihren späteren Unterricht fehlen (Kapitel 6) und die fundamentale Idee des Konstruierens (Kapitel 5) nicht verstanden oder an die (unverständige) Benutzung von DGS-Software gebunden wird. Darüber hinaus besteht die Gefahr, dass wesentliche Unterschiede zwischen abbildungsgeometrischem und euklidischem Arbeiten nicht erfahren werden.

Wir wünschen Ihnen Erfolg bei der Durcharbeitung der einzelnen Kapitel und weisen ausdrücklich darauf hin, dass wir für Anregungen – insbesondere solche zur weiteren Erhöhung der Lesbarkeit und Verstehbarkeit – dankbar sind.

1 Topologie

1.1 Einstiegsproblem

Unten sehen Sie das Logo des Mathematischen Instituts der Ludwig-Maximilians-Universität München.

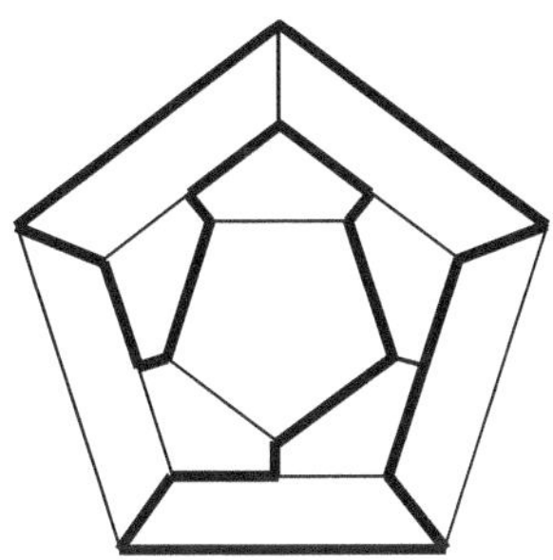

Abb. 1

Es zierte das Programmheft der 32. Tagung für Didaktik der Mathematik, die vom 2. bis 6. März 1998 in München stattfand. Laut Auskunft auf Seite 2 dieses Heftes zeigt es „einen *Hamiltonschen*[1] *Kreis* (dicke Linien) in einem Ikosaedergraphen[2]; der Kantenzug ist in dem Sinne optimal, dass er alle Knoten enthält, aber jeden Knoten nur einmal."

Bild wie Text werden bei Ihnen wohl eine Reihe von Fragen aufwerfen:

- Worum geht es eigentlich in der Situation?
- Verstehe ich die Zeichnung / den Text?
- Welche Fachausdrücke tauchen auf? Kenne ich ihre Bedeutung?
- Erinnert mich die Situation an etwas?
- Aus welchem mathematischen Teilbereich stammt das Problem?
- Was weiß ich über diesen Teilbereich?

---

[1] Der 1835 geadelte irische Mathematiker Sir William Rowan Hamilton (1805-1865) hat zahlreiche Verdienste – zunächst in der Physik, später in der Mathematik – erworben. Unter anderem entwarf er ein Spiel mit dem Namen „Reise um die Welt", das sich großer Beliebtheit erfreute.

[2] Auch Mathematiker können, nicht nur wenn sie im Tagungsvorbereitungsstress stehen, Fehler machen.

© Springer Fachmedien Wiesbaden GmbH, ein Teil von Springer Nature 2018
R. Benölken, *Leitfaden Geometrie*, https://doi.org/10.1007/978-3-658-23378-5_1

- Welche Themenkreise sind noch berührt?
- Was weiß ich über diese Themenkreise?

Einige mögliche Antworten (und neue Fragen) sind:

- Es geht um irgendwelche besonderen Wege in Graphen.
- Fachausdrücke im Text: Hamiltonscher Kreis, Ikosaeder, Graph, Kantenzug, Knoten, optimal. Was bedeuten sie?

  Zeichnung: Wo sind die Kanten, wo sind die Knoten? Wieso sind manche Linien nur dünn gezeichnet? Was bedeuten die dicken Linien? Bilden die einen Kreis?
- Zunächst sind die Begriffe Graph, Kanten, Kantenzug, Knoten in Bezug auf die gegebene Zeichnung zu klären. Danach kann man überlegen, was wohl ein Hamiltonscher Kreis ist (Definition) und unter welchen Bedingungen es einen solchen Weg in einem Graphen gibt (Sätze?).
- Das erinnert z.B. an „unikursale Netze" (→ Haus des Nikolaus, → Königsberger Brückenproblem), an plättbare bzw. planare Graphen. Es geht also um topologische Fragestellungen.
- Der Begriff Ikosaeder verweist auf Polyeder, speziell platonische Körper. Es geht auch um die Netze von Polyedern.

Bevor im Folgenden die wichtigsten topologischen Begriffe und Sätze wiederholt, für einige eventuell auch neu eingeführt, zumindest aber für alle in einheitlicher Formulierung aufgeschrieben werden, möchten wir Ihnen einen ersten Ausblick auf die Lösung des Einstiegsproblems geben.

Stellen Sie sich ein Dodekaeder vor, also denjenigen platonischen Körper, der aus 12 zueinander kongruenten regelmäßigen Fünfecken gebildet wird. Stellen Sie sich ferner vor, Sie umhüllen diesen Körper nun mit einer Gummihaut, die Sie straff zusammenziehen und etwa über der Mitte einer Seitenfläche zusammenhalten. Die Ecken und Kanten des Körpers drücken sich durch und können mit einem Filzstift nachgezogen werden. Wenn Sie die Gummihaut nun auf einem Tisch ausbreiten, dann sehen Sie ein Bild wie das aus Abbildung 1 (natürlich nicht mit unterschiedlich breiten Linien). Sie haben ein so genanntes *Schlegeldiagramm* des Dodekaeders erzeugt[3].

---

[3] Ebenso gut können Sie sich vorstellen, Sie hätten bei einem Gummidodekaeder ein Loch in eine Seitenfläche gepiekst, in das Sie nun mit beiden Händen hineingreifen, um den Körper in die Ebene zu plätten.

Abbildung 2 zeigt ausgewählte Momentaufnahmen dieses Herstellungsprozesses.

Abb. 2   (Herstellung des Schlegeldiagramms eines Dodekaeders)

Dieses Diagramm ist topologisch äquivalent zu dem Netz des räumlichen Dodekaeders, wie man an Abbildung 3 leicht nachprüfen kann. Das Äußere entspricht dabei der Fläche, an der Sie die Gummihaut zusammengehalten bzw. eingestochen haben.

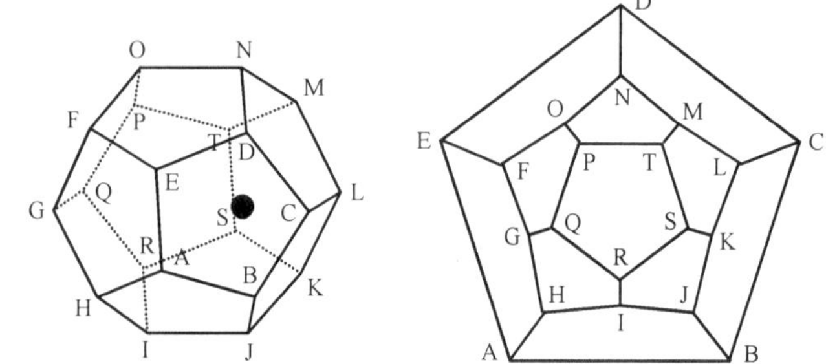

Abb. 3

Damit haben wir den Fehler im Programmheft gefunden. Es handelt sich nicht um den Graphen des Ikosaeders, sondern um den des Dodekaeders[4]. Dieser Graph besteht aus Kanten, Ecken und Flächen, wobei man bei Graphen oft auch von Bögen, Knoten und Gebieten spricht. In Abbildung 1 sind die Knoten nicht eingezeichnet. Abbildung 4a zeigt deshalb den Dodekaedergraphen noch einmal, wobei die Knoten durch Punkte hervorgehoben sind.

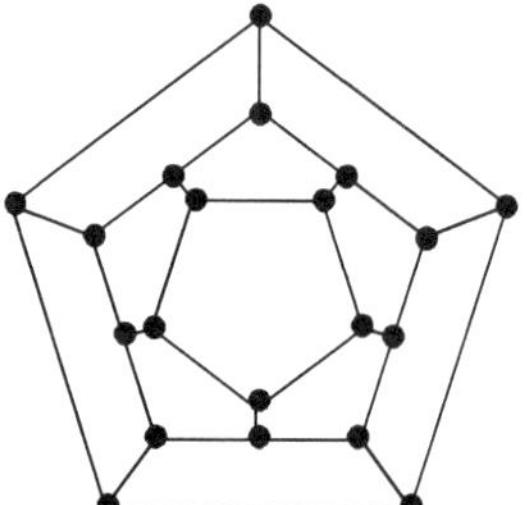

Abb. 4a

In Hamiltons Spiel trägt jede Ecke den Namen einer Weltstadt. Heute würde man sich unter den Kanten die direkten Flugverbindungen zwischen den Metropolen vorstellen. Ziel des Spiels ist es dann, eine Rundreise um die Welt zu machen und dabei jede Stadt genau einmal zu besuchen und im Ausgangsort wieder anzukommen. Wir spielen das Spiel auf dem Graphen aus Abbildung 4a und streichen jede Ecke durch, an der wir vorbeigekommen sind. Eine mögliche Rundreise, also ein *Hamiltonkreis*, ist in Abbildung 4b durch dicke schwarze Linien eingezeichnet.

---

[4]   Der Fehler mag dadurch zustande gekommen sein, dass Hamilton sein Spiel „Ikosaeder-Spiel" nannte, obwohl es eigentlich auf den Ecken des Dodekaeders gespielt wurde (vgl. Gardner 1971, S. 19).

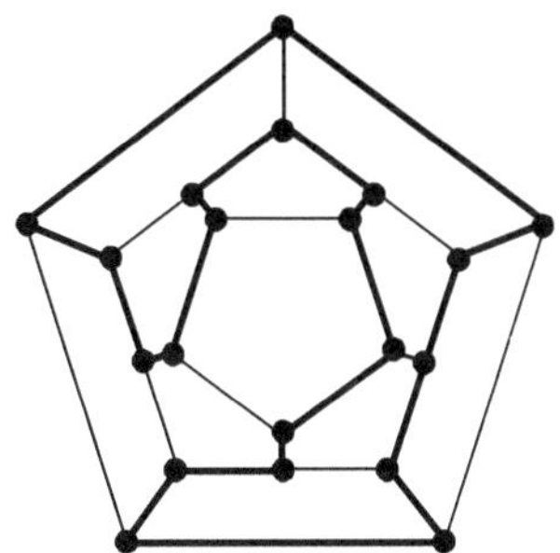

Abb. 4b

Auf einem Dodekaeder mit unbenannten Ecken gibt es übrigens nur zwei
wirklich verschiedene Hamiltonwege, die spiegelbildlich zueinander sind.
Beschriftet man die Ecken z.B. mit Städtenamen und nennt Wege dann
verschieden, wenn sie die Ecken in unterschiedlicher Reihenfolge berühren,
dann gibt es deutlich mehr Möglichkeiten.

Übung: 1) Unten sehen Sie die Schlegeldiagramme der übrigen vier
                 platonischen Körper. Besitzen auch sie einen Hamiltonkreis?

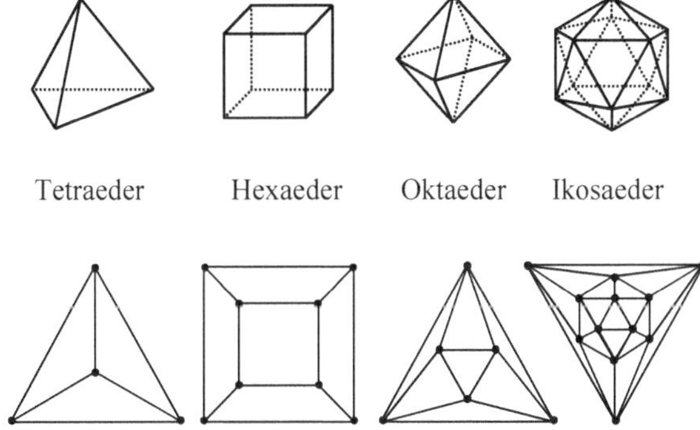

1.2 Grundlegende Definitionen der Graphentheorie

Grundlegende Begriffe in der Geometrie sind *Punkt, Linie, Gerade, Fläche, Körper, Inzidenz*, wobei die Inzidenz eines Punktes P und einer Geraden g besagt, dass P auf g liegt bzw. g durch P verläuft. Das bedeutet, dass diese Begriffe nicht definiert werden. Wir gehen vielmehr davon aus, dass wir über die Bedeutung dieser Begriffe eine gemeinsame Vorstellung haben.
Wir fassen den Raum als Menge von Punkten auf. Linien, Flächen, Körper sind dann als Teilmengen dieses Raumes ebenfalls Punktmengen. Von daher verwenden wir Begriffe, Schreibweisen und Ergebnisse der Mengenlehre.

Als Erstes soll der im Einstiegsproblem bereits mehrfach aufgetretene Begriff *Graph* definiert werden.

Definition 1:   Graph

Es seien $\mathbb{E}$ und $\mathbb{K}$ zwei disjunkte Mengen. Wir nennen die Elemente E_1, E_2, ... , E_n aus $\mathbb{E}$ *Ecken* und die Elemente k_1, k_2, ..., k_m aus $\mathbb{K}$ *Kanten*[5]. Weiter sei $\mathbb{E} \neq \emptyset$ und f eine Abbildung $\mathbb{K} \rightarrow \mathbb{E}\odot\mathbb{E}= \{(E_i;E_j) \mid E_i,\ E_j \in \mathbb{E}\}$, d. h. jeder Kante werden genau zwei Ecken zugeordnet, die nicht notwendigerweise verschieden sein müssen.
Das Tripel $G = (\mathbb{E},\mathbb{K},f)$ heißt dann *Graph*.

Anmerkungen:

1. Unter $\mathbb{E}\odot\mathbb{E}$ verstehen wir das *ungeordnete Produkt* von $\mathbb{E}$, also die Menge aller *ungeordneten Paare*.
   Beispiel:
   Sei $\mathbb{E} = \{A,B\}$, dann $\qquad\qquad \mathbb{E}\odot\mathbb{E} = \{(A,A),\ (A,B),\ (B,B)\}$
   im Gegensatz zum Kreuzprodukt $\quad \mathbb{E}\times\mathbb{E} = \{(A,A),\ (A,B),\ (B,A),\ (B,B)\}$
   Damit unterscheiden wir im Weiteren die Paare (E_1,E_2) und (E_2,E_1) nicht.

2. Sofern keine Missverständnisse zu befürchten sind, schreiben wir für das Tripel $G = (\mathbb{E},\mathbb{K},f)$ auch kurz $G = (\mathbb{E},\mathbb{K})$.

3. Wir haben $\mathbb{E} \neq \emptyset$ festgesetzt. Ein eckenloser Graph hätte zwangsläufig auch keine Kanten, wäre also der „leere Graph" $(\emptyset,\emptyset)$. Um im Folgenden nicht immer schreiben zu müssen „Für einen Graphen, der ungleich

---

[5] Man kann ebenso von Knoten statt von Ecken und von Bögen statt von Kanten sprechen.

dem leeren Graphen ist, gilt ...“ schließen wir diesen Fall durch $\mathbb{E} \neq \emptyset$ aus.

4. Wir betrachten im Weiteren ausschließlich endliche Graphen, also $\mathbb{E}$ und $\mathbb{K}$ sind endliche Mengen, wie es durch die Aufzählung der Elemente von $\mathbb{E}$ und $\mathbb{K}$ in der Definition schon angedeutet ist.

5. Da jeder Kante k genau ein Eckenpaar (A,B) zugeordnet ist, werden wir vereinfachend statt k gelegentlich auch das Zeichen (A,B) verwenden.

In Abbildung 5 sehen Sie ein Beispiel für einen Graphen.

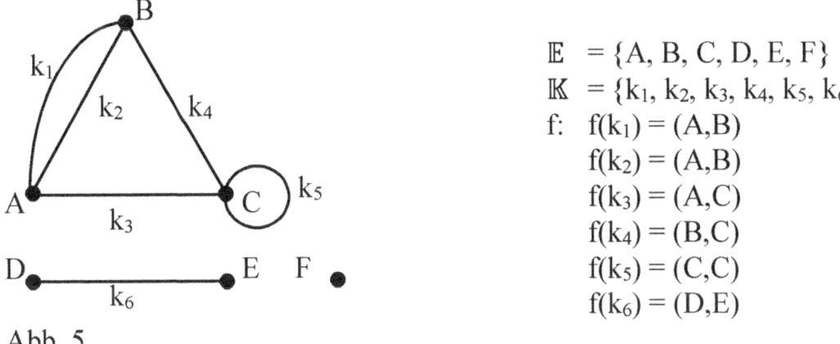

Abb. 5

Dieser Graph weist einige Besonderheiten auf:

Zum einen gibt es zwei verschiedene Kanten k_1 und k_2, die die Ecken A und B verbinden. Man sagt dann, der Graph besitzt *Mehrfachkanten*.

Zum anderen gibt es eine Kante, und zwar k_5, bei der die beiden Ecken zusammenfallen. Eine solche Kante wird *Schlinge* genannt.

Eine weitere Besonderheit weist die Ecke F auf. Es gibt keine Kante, die mit F inzidiert. Man nennt F eine *isolierte Ecke*.

Ferner stellen wir noch fest, dass in diesem Graphen die Ecken A, B und C durch Kanten miteinander verbunden sind. Von B nach C gelangt man z.B., wenn man erst k_1 und dann k_3 durchläuft oder die Kanten k_2, k_1, k_4 oder auch k_2, k_1, k_2, k_3 nacheinander durchläuft. Derartige n-Tupel von Kanten bezeichnen wir als *Kantenzuge*.

Definition 2:   Kantenzug

Unter einem *Kantenzug* $(k_1, k_2, \ldots , k_n)$ verstehen wir ein n-Tupel von Kanten, bei dem der Endpunkt der Kante k_i mit dem Anfangspunkt der Kante k_{i+1} inzidiert.
Dabei gilt: $i \in \{1, 2, 3, \ldots, n-1\}$

Während beim Kantenzug (k_2, k_1, k_2, k_3) von B über A und B nach C die Kante k_2 mehrfach vorkommt, sind bei den Kantenzügen (k_2, k_1, k_4) von B über A und B nach C oder (k_1, k_3) von B über A nach C alle Kanten voneinander verschieden. Solche besonderen Kantenzüge nennen wir *Wege*. Auch (k_4, k_3, k_2) ist ein Weg, allerdings ein besonderer, der von Ecke B wieder zur Ecke B zurückführt.

Definition 3: (offene, geschlossene) Wege

Kantenzüge, bei denen alle Kanten verschieden voneinander sind, heißen *Wege*.

Fallen Anfangs- und Endecke eines Weges nicht zusammen, heißt der Weg *offen*.
Beispiel aus Abbildung 5: (k_2, k_1, k_4)

Inzidieren Anfangs- und Endecke eines Weges, so heißt der Weg *geschlossen*.
Beispiel aus Abbildung 5: (k_2, k_3, k_4)

In unserem Beispielgraphen finden wir keinen Kantenzug von A nach D, von C nach F, von B nach E, ...
Graphen, bei denen man von jeder Ecke zu jeder anderen Ecke gelangen kann, und Graphen ohne Schlingen und Mehrfachkanten wollen wir besonders hervorheben.

Definition 4: schlichter Graph

Ein Graph heißt *schlicht*, wenn er keine Schlingen und keine Mehrfachkanten aufweist.

Verboten: und

Definition 5: zusammenhängender Graph

Ein Graph heißt *zusammenhängend*, wenn es zu zwei beliebigen voneinander verschiedenen Ecken E_i und E_j stets einen Kantenzug $(k_1, k_2, \ldots k_n)$ gibt, bei dem E_i Anfangsecke von k_1 und E_j Endecke von k_n ist.

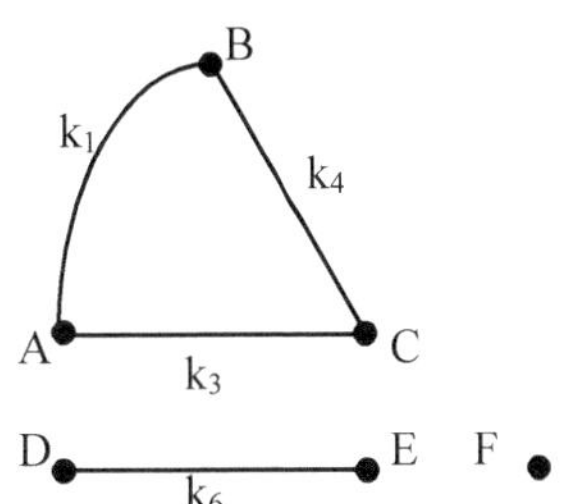

Unser Beispielgraph aus Abbildung 5 ist also weder schlicht noch zusammenhängend. Entfernt man aus diesem Graphen die Kanten k_2 und k_5, so haben wir einen schlichten Graphen, der aber nicht zusammenhängend ist.

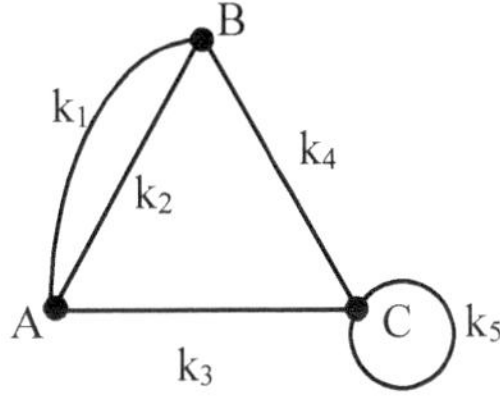

Entfernen wir stattdessen aus dem Graphen die Ecken D, E und F sowie die Kante k_6, so erhalten wir einen zusammenhängenden Graphen, der nicht schlicht ist.

Würden wir in diesem links abgebildeten Graphen die Kanten k_2 und k_5 entfernen, hätten wir ein Beispiel für einen schlichten, zusammenhängenden Graphen.

Auf die genaue Lage der Ecken und auf die Lage sowie Form der Kanten kommt es bei einem Graphen nicht an. Entscheidend ist, welche Ecken mit welchen Ecken verbunden sind. So stellen die folgenden Abbildungen „denselben" Graphen dar.

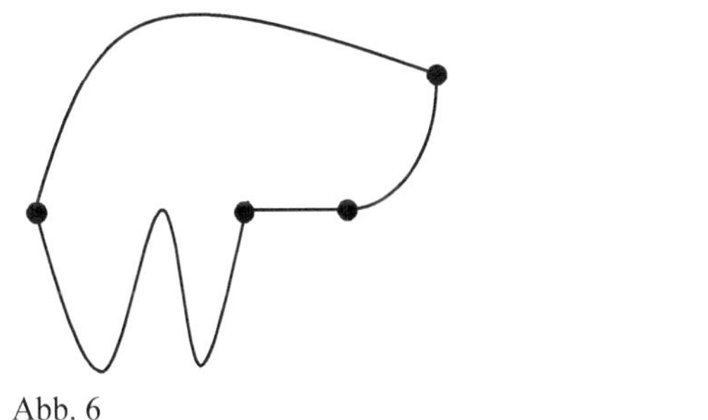

Abb. 6   Abb. 7

Man kann einen Graphen statt durch eine solche Abbildung, die man üblicherweise auch Graph nennt, ebenso durch eine *Inzidenztafel* darstellen. Wir notieren in der Waagerechten die Ecken, in der Senkrechten die Kanten und tragen in der Tafel ein „+" ein, wenn eine Kante mit einer Ecke inzidiert, sonst eine 0[6]. Für den Graphen aus Abbildung 6 sieht die Inzidenztafel mit den wie folgt gewählten Bezeichnungen dann so aus:

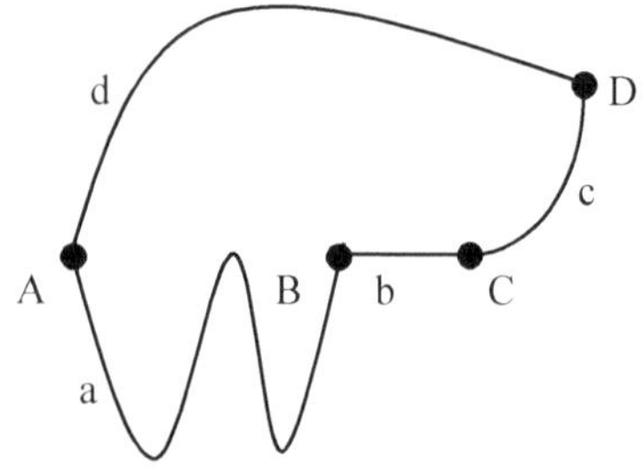

	A	B	C	D
a	+	+	0	0
b	0	+	+	0
c	0	0	+	+
d	+	0	0	+

Wir können die Ecken und Kanten im Graphen aus Abbildung 7 nun so bezeichnen, dass wir für diesen Graphen dieselbe Inzidenztafel erhalten (Abbildung rechts). Hätte man eine andere Art der Bezeichnung gewählt, so wäre das eventuell nicht der Fall. Wir sprechen deshalb nicht von denselben Graphen, sondern von *isomorphen Graphen*. Das ist der Grund dafür, dass oben das Wort „denselben" in Anführungszeichen gesetzt wurde.

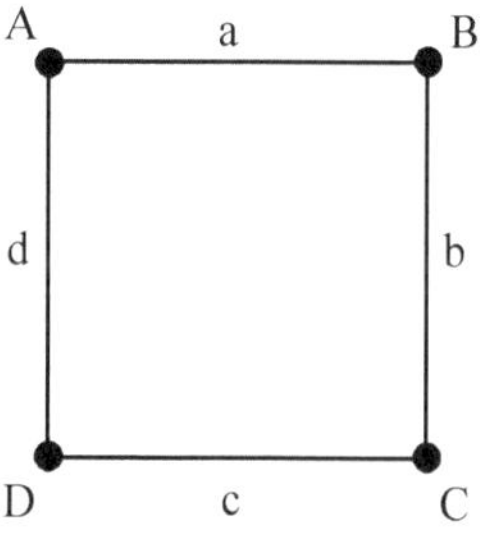

Definition 6:   isomorphe Graphen

Zwei Graphen $G = (\mathbb{E}, \mathbb{K})$ und $G^* = (\mathbb{E}^*, \mathbb{K}^*)$ heißen *isomorph*, wenn es Abbildungen $\varphi \colon \mathbb{E} \to \mathbb{E}^*$ und $\psi \colon \mathbb{K} \to \mathbb{K}^*$ mit folgenden Eigenschaften gibt:

1. φ und ψ sind bijektiv.

2.   Wenn $k_i = (E_i, E_j)$, dann gilt $\psi(k_i) = (\varphi(E_i), \varphi(E_j))$.

---

[6]   Aber wie notieren Sie in der Inzidenztafel eine Kante k, die ausschließlich mit der Ecke E inzidiert? Grundsätzlich kann man hier in Zeile k, Spalte E ein „+" oder ein „++" ins Auge fassen. Finden Sie Vorzüge für jede dieser Notationsformen.

Memo: bijektive Abbildung

Eine Abbildung $\varphi\colon \mathbb{E} \to \mathbb{E}^*$ heißt *injektiv*, wenn verschiedene Elemente aus $\mathbb{E}$ auch stets verschiedene Elemente aus $\mathbb{E}^*$ als Bilder haben.

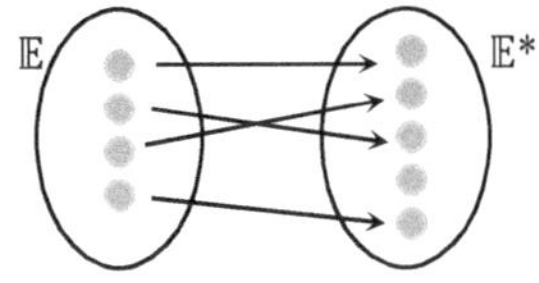

Eine Abbildung $\varphi\colon \mathbb{E} \to \mathbb{E}^*$ heißt *surjektiv*, wenn jedes Element aus $\mathbb{E}^*$ als Bild eines Elements aus $\mathbb{E}$ vorkommt. (Alle Elemente aus $\mathbb{E}^*$ kommen als Bilder vor; man spricht auch von einer „Abbildung auf".)

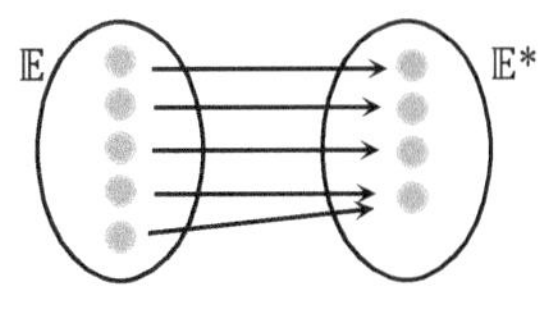

Eine Abbildung $\varphi\colon \mathbb{E} \to \mathbb{E}^*$ heißt *bijektiv*, wenn sie injektiv und surjektiv ist.

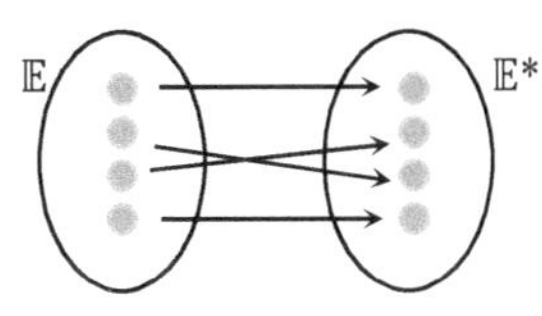

Wir können uns die Kanten eines Graphen als Gummibänder vorstellen, die in den Ecken miteinander verknotet sind. Der Übergang von einem Graphen zu einem isomorphen Graphen bedeutet anschaulich dann eine Verformung des Graphen durch Dehnen, Stauchen und Umlegen der Gummibänder, wobei keine Knoten aufgelöst werden, keine neuen Knoten gemacht werden und keine Bänder zerschnitten werden dürfen. Isomorphe Graphen werden auch *topologisch äquivalent* genannt.

Neben den isomorphen Graphen aus den Abbildungen 6 und 7 kennen Sie noch ein weiteres Beispiel isomorpher Graphen, und zwar einmal die räumliche Darstellung und das Schlegeldiagramm des Dodekaeders aus dem Einstiegsproblem. Wir haben dort schon gesehen, dass es nützlich sein kann, Überlegungen an einem ebenen Netz bzw. Graphen statt an einer räumlichen Darstellung anzustellen. Spielen Sie doch einfach einmal Hamiltons Spiel mit einem durchschnittlich geduldigen Menschen an der räumlichen Darstellung des Dodekaeders. Ebenso ist es sinnvoll, möglichst übersichtliche Graphen zu betrachten. Dazu gehört z.B., dass die Linien, die die Kanten eines Graphen repräsentieren, möglichst wenige Kreuzungen haben. Wir werden also häufig einen Graphen durch einen isomorphen Graphen ersetzen, der leichter zu überschauen ist. Wir machen uns das an den Graphen des Hexaeders und des Nikolaushauses klar:

Beispiele:

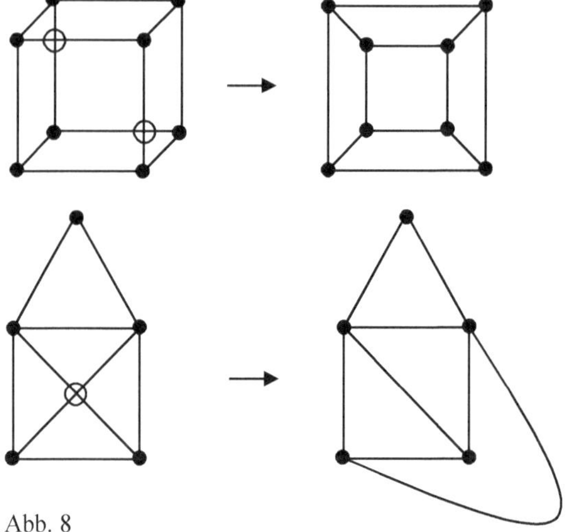

Abb. 8

Die eingekreisten Schnittpunkte von Linien sind keine Ecken des Graphen. Bei den jeweils rechts stehenden isomorphen Graphen sind alle Schnittpunkte zugleich Ecken.

Nicht immer ist es möglich, zu einem Graphen einen isomorphen Graphen anzugeben, der sich kreuzungsfrei in der Ebene darstellen lässt. Wir werden auf dieses Problem im übernächsten Abschnitt ausführlich eingehen. Deshalb lohnt es sich, Graphen, für die dies möglich ist, besonders hervorzuheben.

Definition 7:   planarer, plättbarer Graph

Ein Graph, dessen Kanten sich nur in Ecken kreuzen, heißt *planar*.

Ein Graph heißt *plättbar*, wenn er durch einen isomorphen planaren Graphen dargestellt werden kann.

Beide in Abbildung 8 rechts stehenden Graphen sind planar, die beiden Graphen links in Abbildung 8 sind nicht planar, aber plättbar. Für alle platonischen Körper gibt es planare Darstellungen (vgl. Übung 1, Kapitel 1.1).

Bevor wir in den folgenden Abschnitten auf interessante Probleme aus dem Bereich der Graphentheorie eingehen, soll in einer vorläufig letzten Definition ein weiterer wichtiger Begriff geklärt werden.

Definition 8:   Eckenordnung

Es sei E eine Ecke eines Graphen G.
Die *Ordnung der Ecke E* ist die Anzahl der Kanten, die in einer Ecke zusammentreffen. Kanten, die zur selben Ecke zurückführen (Schlingen), werden zweimal gezählt.
Wir bezeichnen die Ordnung von E mit ord(E).

Übung: 1) Welche der folgenden Graphen sind schlicht, zusammenhängend, planar oder plättbar?
Geben Sie für jeden plättbaren Graphen einen isomorphen planaren Graphen an.

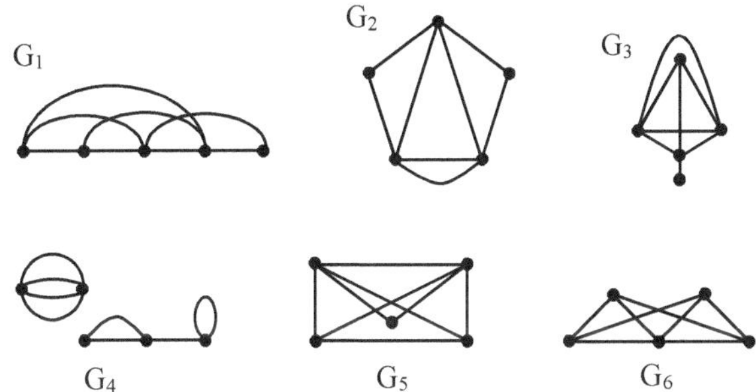

2) Bestimmen Sie für jeden Graphen aus (1) die Ordnungen der Ecken.

3) Gibt es unter den Graphen aus (1) zwei Graphen, die zueinander isomorph sind? Falls ja, stellen Sie für einen Graphen die Inzidenztafel auf und beschriften Sie den anderen so, dass er dieselbe Inzidenztafel hat.

1.3 Eckenordnungen und Kantenzahlen

Hinführung zu Satz 1:

In der folgenden Aufgabe können Sie den Zusammenhang, den wir im Satz 1 formulieren werden, selbst an konkreten Graphen entdecken.

Bestimmen Sie für jeden der abgebildeten Graphen die Eckenzahl $|\mathbb{E}|$, die Kantenzahl $|\mathbb{K}|$ und die Summe der Eckenordnungen $\sum\limits_{E_i \in E} \mathrm{ord}(E_i)$.

beliebiger Graph $|\mathbb{E}| = 6$

$|\mathbb{K}| = 7$

$$\sum_{i=1}^{6} \mathrm{ord}(E_i) = 14$$

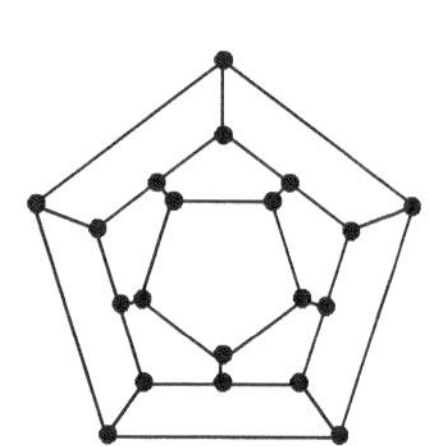

Dodekaedergraph $|\mathbb{E}| = 20$

$|\mathbb{K}| = 30$

$$\sum_{i=1}^{20} \mathrm{ord}(E_i) = 60$$

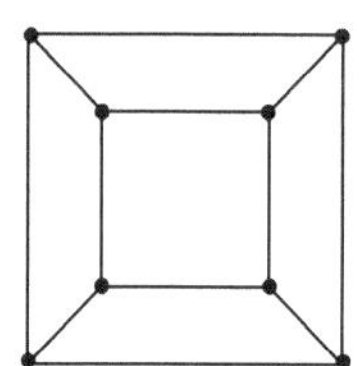

Würfelgraph $|\mathbb{E}| = 8$

$|\mathbb{K}| = 12$

$$\sum_{i=1}^{8} \mathrm{ord}(E_i) = 24$$

Tetraedergraph $|\mathbb{E}| = 4$

$|\mathbb{K}| = 6$

$$\sum_{i=1}^{4} \mathrm{ord}(E_i) = 12$$

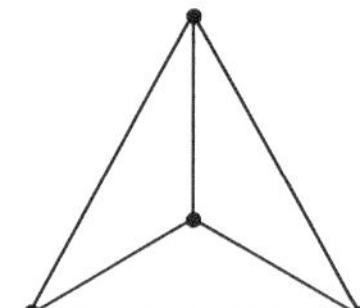

Sicherlich ist Ihnen aufgefallen, dass die Summe aller Eckenordnungen in jedem der vier Graphen gleich dem Doppelten der Kantenzahl ist.

Vielleicht haben Sie diesen Zusammenhang auch schon beim Bearbeiten der Übung 2 des letzten Abschnitts entdeckt. Dort haben Sie für sechs Graphen mit jeweils 5 Ecken und 8 Kanten die Eckenordnungen bestimmt. Wenn Sie die Übung richtig bearbeitet haben, ist die Summe der Eckenordnungen bei jedem der sechs Graphen gleich 16, also doppelt so groß wie die Anzahl der Kanten.

Im festen Vertrauen, dass es sich bei diesem an Beispielen gefundenen Zusammenhang nicht um Zufall handelt, formulieren und beweisen wir Satz 1:

Satz 1: Sei $G = (\mathbb{E}, \mathbb{K})$ ein Graph.
Dann ist die Summe der Ordnungen aller Ecken gleich dem Doppelten der Kantenzahl: $\displaystyle\sum_{E_i \in E} \mathrm{ord}(E_i) = 2 \cdot |\,\mathbb{K}\,|$

Beweis:

Wir betrachten zunächst einen schlingenfreien Graphen.

- Nach der Definition „Graph" sind jeder Kante k des Graphen genau zwei Ecken zugeordnet.

- Jede Kante erhöht also die Summe aller Eckenordnungen des Graphen um genau 2.

- Also ist die Summe aller Eckenordnungen doppelt so groß wie die Anzahl der vorhandenen Kanten, die nicht Schlingen sind. $\hspace{2em}(*)$

- Da wir in der Definition „Eckenordnung" vereinbart haben, dass Schlingen bei der Bestimmung der Eckenordnungen doppelt gezählt werden, erhöht natürlich jede Schlinge die Summe der Eckenordnungen um 2. $\hspace{2em}(**)$

- Aus $(*)$ und $(**)$ folgt: Die Summe aller Eckenordnungen ist gleich dem Doppelten der Kantenzahl,

  formal: $\displaystyle\sum_{E_i \in E} \mathrm{ord}(E_i) = 2 \cdot |\,\mathbb{K}\,|$

Satz 1 sagt insbesondere aus, dass die Summe der Eckenordnungen in einem Graphen stets eine gerade Zahl ist. Daraus können wir folgern:

Satz 2:   In einem Graphen ist die Anzahl der Ecken mit ungerader
                     Ordnung eine gerade Zahl.

Beweis:

Wir betrachten die Ecken mit geraden und ungeraden Ordnungen getrennt.

-   Die Summe aller Eckenordnungen der Ecken mit geraden Ordnungen
    ist als Summe gerader Zahlen auch eine gerade Zahl.

-   Die Gesamtsumme aller Eckenordnungen ist nach Satz 1 ebenfalls eine
    gerade Zahl.

-   Da nur eine gerade Zahl addiert zu einer geraden Zahl eine gerade Zahl
    ergibt, muss die Summe der Eckenordnungen derjenigen Ecken, die
    eine ungerade Ordnung haben, eine gerade Zahl sein.

-   Da die Ordnungen dieser Ecken selbst ungerade Zahlen sind, und die
    Summe von ungeraden Zahlen nur dann gerade ist, wenn wir eine
    gerade Anzahl von Summanden haben, muss die Zahl der Ecken mit
    ungerader Ordnung gerade sein.

-   Mit anderen Worten: Ecken mit ungerader Ordnung treten stets paar-
    weise auf.

Stellen Sie sich vor, Sie treffen sich mit 4 Kommiliton(inn)en in einer Gaststätte. Zur Begrüßung schüttelt jede Person jeder anderen Person (genau)
einmal die Hand. Wie oft werden Hände geschüttelt?

Dieses Problem kennen Sie aus der Kombinatorik. Vielleicht wissen Sie auch
noch, dass die Lösung $\binom{5}{2} = \dfrac{5!}{(5-2)! \cdot 2!} = \dfrac{5 \cdot 4}{2} = 10$ ist.

Was hat diese Situation nun mit unseren Graphen zu tun?

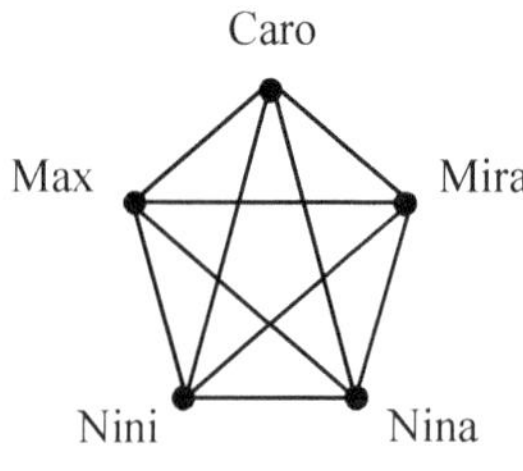

Man kann die Situation durch einen
Graphen darstellen. Die Ecken stehen dann
für die Personen, jeder Handschlag wird
durch eine Kante repräsentiert.
Wenn jede Person jeder anderen die Hand
gibt, dann bedeutet das für unseren
Graphen, dass jeweils zwei verschiedene
Ecken durch genau eine Kante verbunden
werden. Jede der 5 Personen schüttelt (5–1)
anderen Personen die Hand.

Kommen wir also auf 5·4 Handschläge? Natürlich nicht, denn bei dieser Zählung hätten wir jeden Handschlag genau zweimal gezählt. Tatsächlich können wir also $\dfrac{5 \cdot (5-1)}{2}$ Handschläge beobachten.

Man nennt einen solchen Graphen einen *vollständigen Graphen* und bezeichnet ihn mit V_n, wobei der Index die Zahl der Ecken angibt.

Definition 9:   vollständiger Graph V_n

Ein Graph mit n Ecken heißt vollständiger Graph V_n, wenn jede der n Ecken mit jeder der anderen (n-1) Ecken durch genau eine Kante verbunden ist.

Die folgende Abbildung zeigt die vollständigen Graphen mit eins bis sechs Ecken.

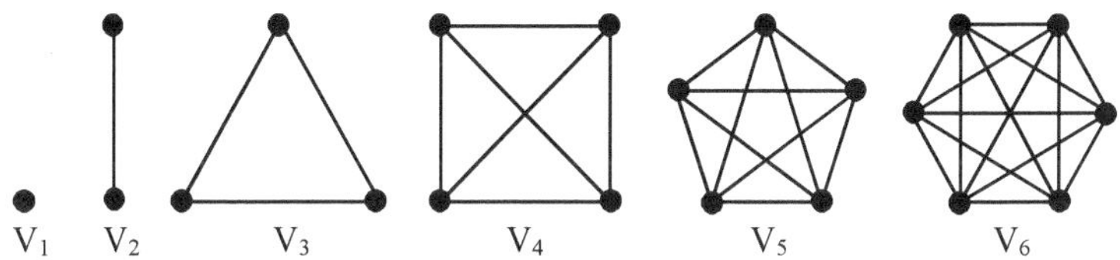

Abb. 9

Wir heben unsere konkreten Vorüberlegungen aus der Gaststätte auf eine formale Ebene und formulieren Satz 3:

Satz 3:   Sei V_n der vollständige Graph mit n Ecken. Dann gilt für die Anzahl der Kanten in V_n:

$$| \, \mathbb{K} \, | = \frac{n \cdot (n-1)}{2}$$

Für die Ordnung aller Ecken des V_n gilt:
ord$(E_i) = n - 1$

Beweis:

-    Da im vollständigen Graphen V_n jede der n Ecken mit jeder der anderen n − 1 Ecken verbunden ist, gilt für jede Ecke E_i des vollständigen Graphen: ord$(E_i) = n - 1$

-   Dann folgt für die Summe aller Eckenordnungen im vollständigen Graphen mit n Ecken: $\displaystyle\sum_{E_i \in E} \mathrm{ord}(E_i) = n \cdot (n-1)$ $\hspace{2cm}$ (*)

-   Nach Satz 1 gilt: $\displaystyle\sum_{E_i \in E} \mathrm{ord}(E_i) = 2 \cdot |\,\mathbb{K}\,|$ $\hspace{2cm}$ (**)

-   Aus (*) und (**) folgt: $\quad n \cdot (n-1) = 2 \cdot |\,\mathbb{K}\,|$

$$\Rightarrow \frac{n \cdot (n-1)}{2} = |\,\mathbb{K}\,|$$

Wir können also bei Kenntnis der Eckenzahl sofort die Ordnungen der Ecken sowie die Kantenzahl bestimmen.

Vom V_n zum V_{n+1} ... und zurück

Überlegen Sie sich, wie Sie von einem beliebigen vollständigen Graphen V_n zum V_{n+1} gelangen.

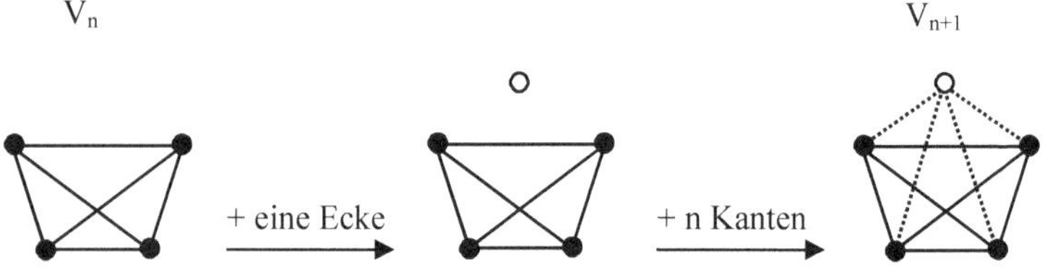

Kennt man also die Kantenzahl des V_n, dann kennt man auch die Kantenzahl des V_{n+1}:

$$|\,\mathbb{K}_{V_n}\,| + n = |\,\mathbb{K}_{V_{n+1}}\,|$$

Umgekehrt kommt man vom V_{n+1} zum V_n, indem man ...
... eine Ecke (E_{n+1}) und alle von dieser Ecke ausgehenden n Kanten löscht.

Man sagt: Der V_n ist (echter) Untergraph des V_{n+1} .

Ein Graph $G' = (\mathbb{E}', \mathbb{K}')$ ist *Untergraph* von $G = (\mathbb{E}, \mathbb{K})$, wenn

$$\mathbb{E}' \subseteq \mathbb{E}$$
$$\wedge \quad \mathbb{K}' \subseteq \mathbb{K}$$

$\wedge$ in G' alle Ecken durch Kanten verbunden sind, die auch in G durch Kanten verbunden sind.

Bei *Teilgraphen* muss die letzte Bedingung nicht erfüllt sein.
Beispiele für
Teilgraphen des V_5:

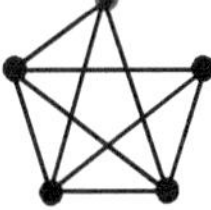 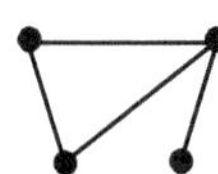 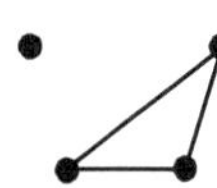

Damit ist klar:
Jeder Untergraph eines vollständigen Graphen muss wieder ein vollständiger Graph sein.

Übung:
1) Ein Graph habe 4 Ecken und 5 Kanten. Zwei Ecken haben die Ordnung 3 und der Graph ist nicht schlicht. Was können Sie über die Ordnung der beiden anderen Ecken sagen? Belegen Sie Ihre Antwort(en) jeweils durch einen Beispielgraphen.

2) Ein Graph habe 4 Ecken und 5 Kanten. Zwei Ecken haben die Ordnung 3 und der Graph ist schlicht. Geben Sie zwei Möglichkeiten an, wie der Graph aussehen kann.

3) Bestimmen Sie die Eckenordnungen und die Kantenzahl für V_{10} (für V_{20}).

4) Gibt es einen vollständigen Graphen mit 75 (mit 210) Kanten? Bitte mit Begründung.

5) Verändern Sie die o. g. Beispiele für Teilgraphen des V_5 durch insgesamt vier Aktionen, so dass drei verschiedene Untergraphen des V_5 entstehen.
Erreichen Sie das Gewünschte auch mit drei Aktionen?

1.4   Plättbarkeit von Graphen

Wir haben in Kapitel 1.2 schon einige Graphen auf Plättbarkeit untersucht. Die nicht planaren Graphen hatten sich alle als plättbar herausgestellt. Wir untersuchen nun die vollständigen Graphen, die Sie im letzten Abschnitt kennengelernt haben, auf Plättbarkeit.

V_1, V_2 und V_3 sind planar.

V_4 ist plättbar:

Wir betrachten V_5:

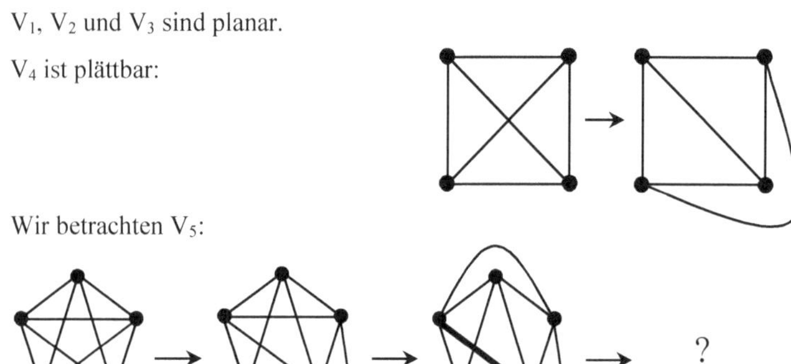

Es sieht so aus, als ob wir die dickgezeichnete Kante nicht so umlegen können, dass keine neue Kreuzung entsteht. Oder haben wir nur nicht geschickt genug angefangen?

Gibt es vielleicht doch einen planaren Graphen, der zu V_5 isomorph ist?

Bevor wir diese Frage beantworten können, untersuchen wir Beziehungen zwischen Ecken-, Kanten- und Flächenzahl bei planaren, zusammenhängenden Graphen. Die bei solchen und nur bei solchen Graphen bestehenden Beziehungen lassen dann auch Aussagen darüber zu, ob ein Graph plättbar ist oder nicht.

Hinführung zu Satz 4 (Eulersche Formel):

Die Eulersche Formel macht eine Aussage über planare und zusammenhängende Graphen. Wir greifen auf unseren Fundus von Graphen mit diesen Eigenschaften zurück und bereiten den Zusammenhang beispielorientiert vor:

1) In Kapitel 1.1, Übung (1) haben wir zu jedem platonischen Körper einen isomorphen Graphen dargestellt. All diese Graphen sind planar und zusammenhängend. Wir ermitteln für jeden dieser Graphen die Ecken-, Kanten- und Flächenzahl und stellen einen erstaunlichen Zusammenhang fest:

Körper	Eckenzahl e	Kantenzahl k	Flächenzahl f	$e - k + f$
Tetraeder	4	6	4	2
Würfel	8	12	6	2
Oktaeder	6	12	8	2
Dodekaeder	20	30	12	2
Ikosaeder	12	30	20	2

2) Wir betrachten den Graphen G_2 aus Kapitel 1.2, Übung (1). Auch dieser Graph ist zusammenhängend und planar.

G_2 hat 5 Ecken, 8 Kanten und 5 Flächen. Beachten Sie, dass das Äußere stets als eine Fläche mitgezählt wird. Auch hier stellen wir fest:

$$
\begin{aligned}
& e - k + f \\
=\ & 5 - 8 + 5 \\
=\ & 2
\end{aligned}
$$

3) Auch der zum „Haus des Nikolaus" isomorphe planare Graph aus Kapitel 1.2 besteht aus 5 Ecken, 8 Kanten und 5 Flächen. Offensichtlich gilt auch hier:

$$
\begin{aligned}
& e - k + f \\
=\ & 5 - 8 + 5 \\
=\ & 2
\end{aligned}
$$

Wir formulieren unsere an Beispielen gewonnene Vermutung in allgemeiner Form:

Satz 4:   Eulersche Formel [7]

Für jeden planaren, zusammenhängenden Graphen mit e Ecken, k Kanten und f Flächen gilt: $e - k + f = 2$

Beweis:

Idee: Zuerst zeigen wir, dass die Behauptung für einen planaren zusammenhängenden Graphen mit null Kanten gilt. Danach bauen wir den Graphen kantenweise auf und beobachten dabei die Zahl $e - k + f$. Wir zeigen die Behauptung also durch vollständige Induktion über die Kantenzahl.

Es gilt:

-        Besteht unser Graph nur aus einer einzelnen Ecke ohne Kanten, so haben wir eine Ecke, keine Kanten und eine Fläche, also $1 - 0 + 1 = 2$. [8]

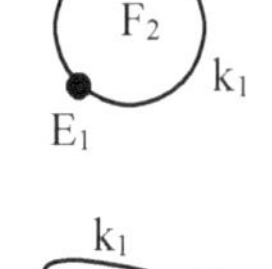

Induktionsanfang:

z.z.: Die Behauptung gilt für einen Graphen mit einer Kante.

-        Wir fügen also eine erste Kante hinzu.
         Wenn diese Kante eine Schlinge ist, dann bleibt die Eckenzahl unverändert, während sich die Kanten- und Flächenzahl um jeweils 1 erhöhen, was $e - k + f$ unverändert lässt.

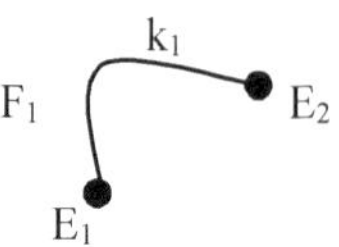

         Wenn diese Kante keine Schlinge ist, dann hat sie eine zweite Ecke. Dadurch erhöhen sich e und k um jeweils 1, die Zahl der Flächen bleibt unverändert. Also ändert auch diese Operation nichts an $e - k + f = 2$.

Induktionsschritt:

z.z.: Wenn die Behauptung für einen Graphen mit n Kanten gilt, dann gilt sie auch für einen Graphen mit (n+1) Kanten.

         Wir setzen also voraus, dass die Behauptung für einen planaren zusammenhängenden Graphen mit n Kanten gilt.

-        Wenn wir den Graphen schon aus n Kanten ($n \in \mathbb{N}$) aufgebaut haben und dann eine (n+1)-te Kante unter Beibehaltung der Planarität hinzufügen, so sind drei Fälle möglich:

---

[7]   Leonhard Euler, deutscher Mathematiker, 1707 – 1783.

[8]   Der Fall $k = 0$, $e \geq 2$ erzeugt einen nicht zusammenhängenden Graphen.

1. Fall
Die neue Kante (gestrichelt) ist eine Schlinge.
Dann bleibt e gleich, k und f erhöhen sich um 1.
e – k + f bleibt unverändert.

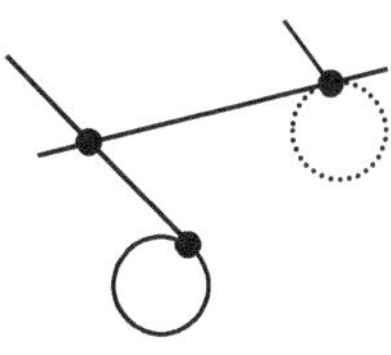

2. Fall
Die neue Kante (gestrichelt) verbindet zwei schon
vorhandene Ecken.
Dann bleibt e gleich, k und f wachsen um 1.
Also bleibt e – k + f unverändert.

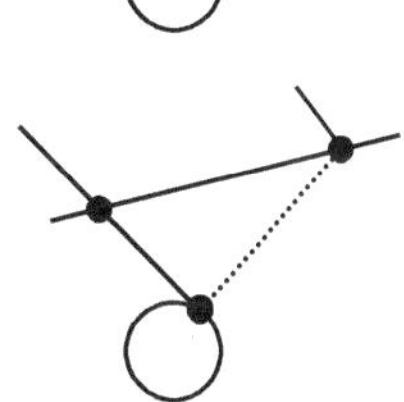

3. Fall
Die neue Kante (gestrichelt) hat als zweite Ecke eine
neue Ecke (gestrichelt).
e wächst dann um 1, ebenso k, die Flächenzahl f
ändert sich nicht.
Also bleibt e – k + f auch in diesem Fall unverändert.

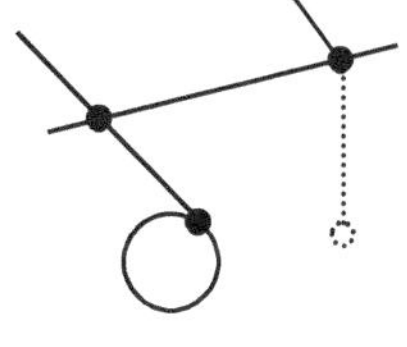

Da der Graph zusammenhängend ist[9], erhalten wir so schließlich den ganzen
Graphen, wobei sich bei keinem Schritt die Zahl e – k + f verändert.

Mit Hilfe der Eulerschen Formel können wir nun beweisen, dass der
vollständige Graph V_5 nicht plättbar ist.

Satz 5:   Der vollständige Graph V_5 ist nicht plättbar.

Beweis: (indirekt)

Annahme: V_5 sei plättbar.

-          Wenn V_5 plättbar ist, dann gibt es nach der Definition „plättbar" einen
         zu V_5 isomorphen planaren Graphen V_5^* , der wie V_5 ebenfalls 5 Ecken

         und $|\mathbb{K}| = \dfrac{5 \cdot (5-1)}{2} = 10$ Kanten hat und ebenfalls zusammenhängend

         ist.

---

[9] Diese Eigenschaft ist zusammen mit der Planarität der Grund dafür, dass
      beim Einfügen der (n+1)-ten Kante nur die drei o.g. Fälle möglich sind.
      Überlegen Sie, wie viele Fälle bei nicht zusammenhängenden (planaren)
      Graphen zu unterscheiden wären.

-   Für $V_5{}^*$ gilt dann die Eulersche Formel: $\begin{aligned} e - k + f &= 2 \\ \Rightarrow \quad 5 - 10 + f &= 2 \\ \Rightarrow \quad f &= 7 \end{aligned}$

-   Jede dieser 7 Flächen des $V_5{}^*$ wäre von mindestens 3 Kanten begrenzt[10], also müsste es *mindestens* $7 \cdot 3 = 21$ Grenzen geben, wenn man jede Grenze doppelt zählt.   (*)

-   Da andererseits jede der 10 Kanten höchstens Grenze von 2 Flächen sein kann, kommen wir auf *höchstens* 20 Grenzen.   (**)

-   Die Annahme, V_5 sei plättbar, führt also in (*) und (**) zu einem Widerspruch. Sie ist daher zu verneinen:

    V_5 ist nicht plättbar.

Die Frage, ob ein Graph plättbar ist, interessiert nicht nur wegen der Übersichtlichkeit der Darstellung. Denken Sie auch an gedruckte Schaltungen in der Elektronik, an kreuzungsfreie Wegeführungen im Verkehr oder an das Verlegen von Strom- oder Wasserleitungen.

In diesem Kontext steht auch der so genannte GEW-Graph, bei dem es darum geht, Häuser an das Gas-, Elektrizitäts- und Wasserwerk anzuschließen. Jedes Haus soll mit jedem Werk verbunden werden, die Häuser untereinander sind nicht verbunden, ebenso sind die Werke nicht miteinander verbunden. Wir betrachten zuerst den GEW-Graphen für zwei Häuser GEW_{2H}.

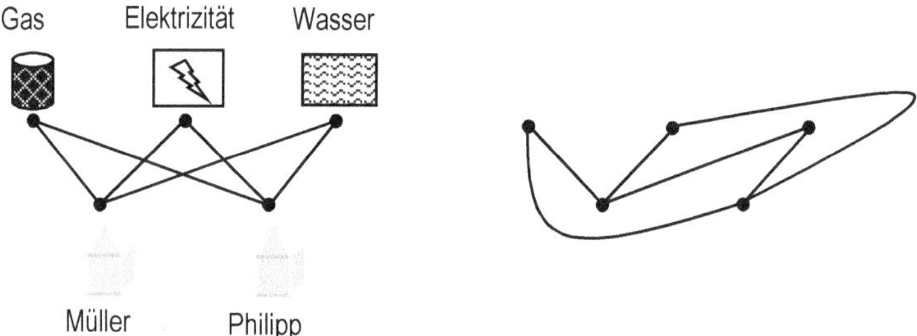

Abb. 10   (zur Plättbarkeit des GEW_{2H})

Abbildung 10 verdeutlicht, dass der GEW_{2H} plättbar ist. Ein isomorpher planarer Graph ist angegeben. Es ist also möglich, die Häuser der Familien Müller und Philipp kreuzungsfrei an die drei Werke anzuschließen.

---

[10]   Der kürzeste geschlossene Weg in V_5 besteht aus 3 Kanten.

Abbildung 11 zeigt den GEW-Graphen für drei Häuser.

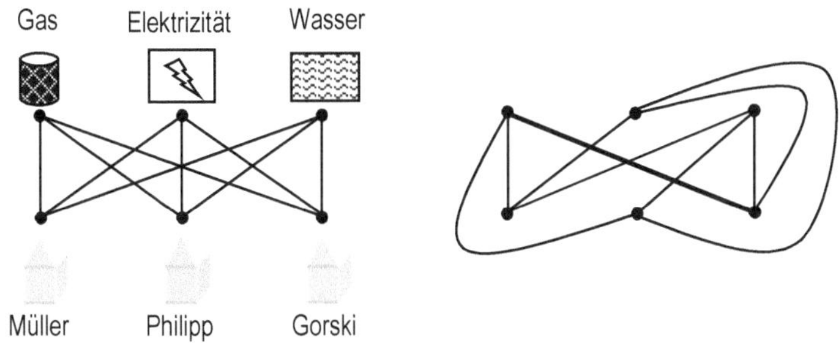

Abb. 11   (zur Plättbarkeit des GEW$_{3H}$)

Jeder Versuch, die drei Häuser kreuzungsfrei mit den drei Werken zu ver-
binden, endet mit einem ähnlichen Graphen wie in Abbildung 11 dargestellt.
Es sieht so aus, als ob es für die letzte fett dargestellte Verbindung keine
Umlegemöglichkeit gibt, bei der nicht eine neue Kreuzung entsteht.

Bis zum endgültigen Beweis müssen wir uns jedoch wie beim V_5 fragen, ob
dies nicht vielleicht nur an einem ungeschickten Ansatz oder mangelhafter
Phantasie beim Leitungsverlegen liegt. Voller Hoffnung formulieren wir Satz
6 und verfolgen im Beweis die gleiche Strategie wie in Satz 5:

Satz 6:   Der GEW-Graph für drei Häuser (GEW$_{3H}$) ist nicht plätt-
                       bar.

Beweis: (indirekt)

Annahme: GEW$_{3H}$ sei plättbar.

- Wenn GEW$_{3H}$ plättbar ist, dann gibt es nach der Definition „plättbar"
  einen zu GEW$_{3H}$ isomorphen planaren Graphen GEW$_{3H}$*, der wie
  GEW$_{3H}$ ebenfalls 6 Ecken und 9 Kanten hat und ebenfalls zusammenhängend ist.

- Für GEW$_{3H}$* gilt dann die Eulersche Formel:

$$e - k + f = 2$$
$$\Rightarrow 6 - 9 + f = 2$$
$$\Rightarrow f = 5$$

- Jede dieser 5 Flächen von GEW_{3H}^* wäre von mindestens 4 Kanten begrenzt, also müsste es *mindestens* $5 \cdot 4 = 20$ Grenzen geben, wenn man jede Grenze doppelt zählt.   (*)

- Da andererseits jede der 9 Kanten höchstens Grenze von 2 Flächen sein kann, kommen wir auf *höchstens* 18 Grenzen.   (**)

- Die Annahme, GEW_{3H} sei plättbar, führt also in (*) und (**) zu einem Widerspruch. Sie ist daher zu verneinen: Der GEW-Graph für drei Häuser (GEW_{3H}) ist nicht plättbar.

Wir wissen jetzt also sicher, dass der vollständige Graph V_5 und der GEW-Graph für drei Häuser GEW_{3H} nicht plättbar sind. Damit ist aber auch klar:

Vorläufige Folgerung:
Wenn ein zusammenhängender Graph den V_5 oder GEW_{3H} als Teilgraphen enthält, dann ist dieser Graph nicht plättbar.

Wir könnten bei einem solchen Graphen nämlich versuchen, zunächst einen geeigneten Teilgraphen zu plätten, sinnvollerweise den V_5 oder GEW_{3H}, und würden bereits an dieser Stelle kläglich scheitern.

Mit dieser „vorläufigen Folgerung" haben wir schon ein hervorragendes Kriterium zur Verfügung, um Graphen als nicht plättbar zu klassifizieren.

Aber: Ist dieses Kriterium ein hinreichendes für die Nichtplättbarkeit eines Graphen?

Auf der Suche nach einer Antwort betrachten wir die unten dargestellten Graphen G_1 und G_2, die erstaunliche „Ähnlichkeiten" mit GEW_{3H} bzw. V_5 haben.

Aufgabe: Versuchen Sie, mit Hilfe der Ihnen zur Verfügung stehenden Definitionen, Sätze und Folgerungen zu einer Aussage über die Plättbarkeit dieser beiden Graphen zu kommen. Lesen Sie erst danach weiter.

G_1

G_2

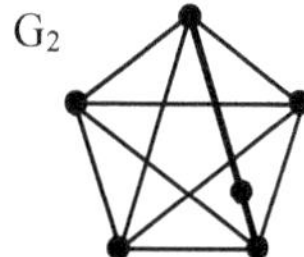

Nun, wahrscheinlich werden Sie versucht haben, geeignete Teilgraphen zu identifizieren, um unsere „vorläufige Folgerung" anzuwenden.
Aber G_1 enthält nicht den GEW_{3H} und G_2 enthält nicht den V_5 als Teilgraph[11]. Trotzdem sind auch diese beiden Graphen nicht plättbar.

Jeder Versuch, G_1 zu plätten, führt nach einiger Zeit zu einer ähnlichen Situation wie rechts abgebildet. Der fett dargestellte Kantenzug ist nicht mehr kreuzungsfrei in die Ebene zu legen. Dabei ist dieses Problem vergleichbar mit unseren Bemühungen, die entsprechende Kante des GEW_{3H} kreuzungsfrei in die Ebene zu legen. Der fett

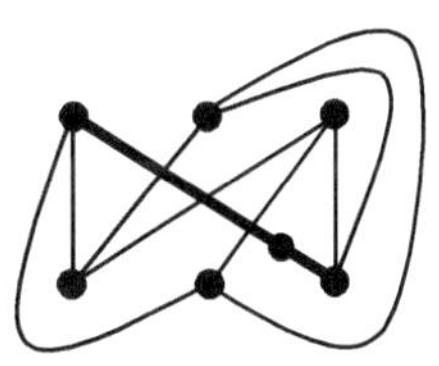

dargestellte Kantenzug verhält sich beim Versuch des Plättens ebenso wie die entsprechende Kante des GEW_{3H}: es scheint unmöglich, ihn kreuzungsfrei in die Ebene zu legen. Dabei ist es offensichtlich vollkommen unerheblich, wie oft diese Kante (des GEW_{3H}) durch neue Ecken *unterteilt* [12] ist. Vollkommen analoge Betrachtungen könnten wir hinsichtlich der Plättbarkeit des oben angeführten Graphen G_2 anstellen.

Nach dieser Überlegung formulieren wir unsere vorläufige Folgerung neu:

Wenn ein zusammenhängender Graph den V_5 oder den GEW_{3H} oder eine Unterteilung dieser Graphen als Teilgraphen enthält, dann ist dieser Graph nicht plättbar.

Es gilt sogar der folgende Satz:

Satz 7:   Satz von Kuratowski

Ein zusammenhängender Graph ist genau dann nicht plättbar, wenn er den vollständigen Graphen V_5 oder den GEW-Graphen für drei Häuser GEW_{3H} oder eine Unterteilung eines dieser Graphen als Teilgraph enthält.

Die Rückrichtung dieses Satzes haben wir begründet, auf den Beweis der „Hinrichtung" verzichten wir an dieser Stelle. Dem polnischen Mathematiker

---

[11] Im Anschluss an unsere Überlegungen nach Satz 3 wollten wir G' als Teilgraphen von G bezeichnen, wenn die Eckenmenge von G' eine Teilmenge der Eckenmenge von G ist und wenn die Kantenmenge von G' eine Teilmenge der Kantenmenge von G ist.
[12] Von einer Unterteilung des GEW_{3H} oder des V_5 wollen wir reden, wenn auf einer oder auf mehreren Kanten dieser Graphen neue Ecken ausgezeichnet sind.

Kuratowski gelang 1930 als erstem der Beweis der „Hinrichtung" dieses Satzes.

Übung: 1) Beweisen Sie mit Hilfe von Satz 7, dass die folgenden Graphen nicht plättbar sind.

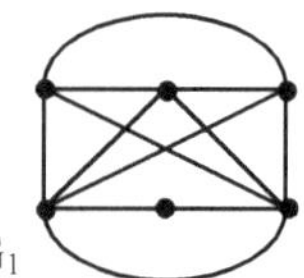 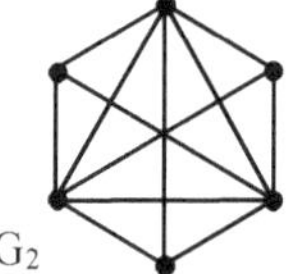 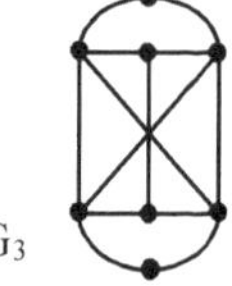

G_1 G_2 G_3

2) Beim Beweis der Eulerschen Formel (Satz 4) wurden im Induktionsschritt drei Fälle unterschieden. Diskutieren Sie den folgenden Fall.

4. Fall:
Die neue Kante (gestrichelt) erzeugt eine neue Ecke (gestrichelt) auf einer bereits vorhandenen Kante.

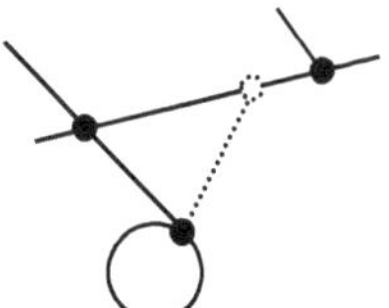

1.5   Durchlaufbarkeit von Graphen

Sie kennen das Spiel „Das ist das Haus des Ni - ko - laus", bei dem man ohne den Stift abzusetzen die nebenstehende Figur aus 8 Strichen zeichnet, wobei man bei jedem Strich eine Silbe spricht. Sie wissen vermutlich, dass dies nur geht, wenn man bei einer der beiden unteren Ecken beginnt, und auch, dass man dann automatisch bei der anderen Ecke unten endet. 

Ein anderes Beispiel für Zeichnen ohne Absetzen ist das folgende, dem Schülerband 4 des Zahlenbuchs (Klett, Stuttgart 1997, S. 22) entnommen:

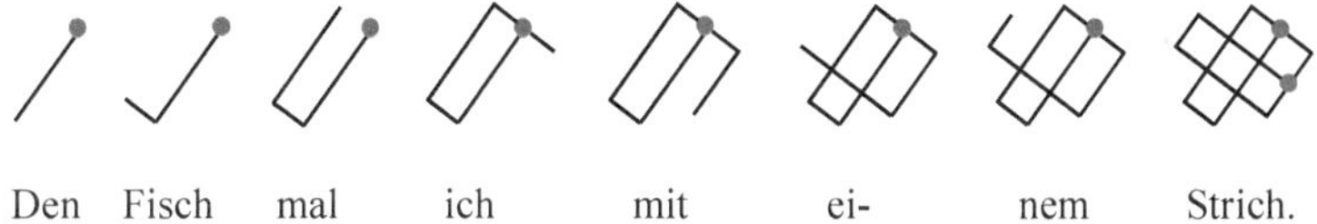

Den   Fisch   mal   ich   mit   ei-   nem   Strich.

Ähnlich wie beim Nikolaushaus können auch beim Fisch Start- und Zielpunkt nicht frei gewählt werden, wenn man, wie bei diesen Spielen üblich, den Stift nicht absetzen will und keine Linie doppelt zeichnen darf.

In der Sprache der Graphentheorie geht es bei diesen Spielen um die Durchlaufbarkeit eines Graphen in einem Zug, wobei jede Kante genau einmal durchlaufen wird. Offensichtlich geht dies nur bei zusammenhängenden Graphen. Wir definieren deshalb:

Definition 10:   (geschlossen) unikursaler Graph

Ein zusammenhängender Graph heißt *unikursal*, wenn es einen Weg gibt, der jede Kante des Graphen genau einmal enthält. Ein derartiger Weg heißt *Eulerscher Weg*.

Wir sprechen von einem *geschlossenen Eulerschen Weg* oder *Eulerschen Kreis*, wenn Anfangs- und Endecke des Eulerschen Weges zusammenfallen. Der Graph heißt in diesem Fall *geschlossen unikursal*.

Im anderen Fall sprechen wir von einem *offenen Eulerschen Weg*, der Graph heißt dann *offen unikursal*.

Die Bezeichnung *Eulerscher Weg* wurde deshalb gewählt, weil Euler 1737 das damals sehr populäre *Königsberger Brückenproblem* gelöst hat:

In der Innenstadt von Königsberg[13] fließen der Alte Pregel und der Neue Pregel zusammen. Hinter dem Zusammenfluss liegt eine Insel, und über die Flussarme führten im 18. Jahrhundert sieben Brücken, die den Nordteil, den Ostteil, den Südteil der Stadt und die Insel miteinander verbanden. Die Frage war, ob es möglich ist, einen Spaziergang durch die Innenstadt zu machen, bei dem man jede der sieben Brücken genau einmal überquert (Abbildung 12).

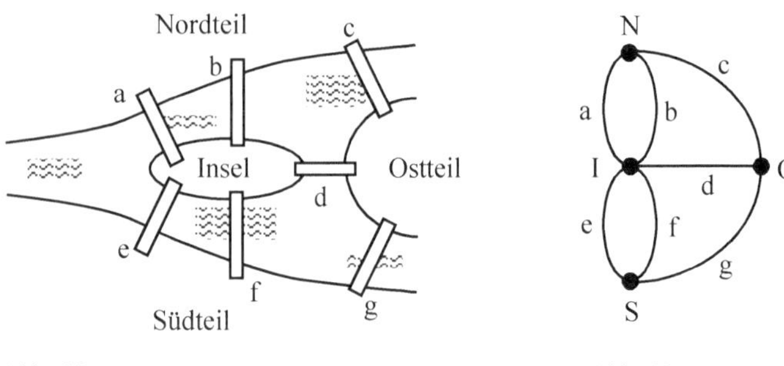

Abb. 12   Abb. 13

Hinführung zu Satz 8:

Das Königsberger Brückenproblem lässt sich – wie in Abbildung 13 gezeigt – in einem Graphen darstellen. Dabei entsprechen die Ecken den vier Stadtteilen und die Kanten den 7 Brücken.

Die Frage lautet dann:

	Ist der Graph aus Abbildung 13 unikursal?
oder:	Gibt es in Abbildung 13 einen offenen oder geschlossenen Eulerschen Weg?

Machen wir uns also auf die Suche nach einem Eulerschen Weg. Wir wählen O als Startpunkt und verlassen O über irgendeine Brücke. Wir müssen später noch einmal zu O zurück, um die zweite der drei Brücken, die in O enden, zu begehen. Über die dritte Brücke verlassen wir O wieder und können dann nicht wieder zu O zurück, ohne eine Brücke doppelt zu begehen. O könnte

---

[13] Königsberg heißt heute Kaliningrad.

also ein Startpunkt unseres Weges sein, wäre dann aber keinesfalls auch der Endpunkt unseres Weges.

Wir könnten unseren Weg aber auch in einem anderen Stadtteil beginnen. Irgendwann würden wir O über eine der drei Brücken betreten und über eine andere Brücke wieder verlassen. Wir müssen noch einmal zu O zurück, um die dritte und letzte Brücke zu begehen. Dann kommen wir von O nicht mehr fort, O wäre zwangsläufig der Endpunkt unseres Weges:
O ist also entweder Anfangspunkt oder Endpunkt unseres Weges.

Dieselben Überlegungen können wir aber auch für N und S anstellen, bei denen wie bei O drei Brücken enden, und ähnliche Überlegungen führen für die Insel auch zu dem Ergebnis, dass sie nur Start- oder Endpunkt sein kann, da in ihr fünf Brücken enden. Nun haben wir vier Punkte, die alle entweder Start- oder Endpunkt eines Weges sein müssen. Das Königsberger Brücken-problem ist also nicht lösbar.

Offensichtlich ist es die Ordnung der Ecken, die darüber entscheidet, ob Graphen unikursal sind. Ecken mit gerader Ordnung machen keine Prob-leme: Während des Durchlaufens kommt man in sie hinein und auch wieder heraus, wobei man jeweils zwei Kanten verbraucht, bis schließlich alle Kan-ten, die in dieser Ecke enden, durchlaufen sind. Ecken mit ungerader Ord-nung müssen dagegen entweder Anfangs- oder Endpunkt eines Eulerschen Weges sein. Ein Graph kann also nur dann unikursal sein, wenn er keine oder genau zwei Ecken ungerader Ordnung besitzt.
Also behaupten wir:

Satz 8:   Ein zusammenhängender Graph ist genau dann unikursal, wenn er nicht mehr als zwei Ecken ungerader Ordnung besitzt.

Beweis:

„⇐" Vorauss.:   Der zusammenhängende Graph hat nicht mehr als zwei Ecken ungerader Ordnung.

z.z.:   Der zusammenhängende Graph ist unikursal.

Nach Satz 2 ist in einem Graphen die Anzahl der Ecken mit ungerader Ord-nung gerade. Wir brauchen daher nur zwei Fälle zu unterscheiden:

1. Fall: Der Graph hat 0 Ecken ungerader Ordnung.
2. Fall: Der Graph hat 2 Ecken ungerader Ordnung.

1. Fall: Der Graph hat 0 Ecken ungerader Ordnung.

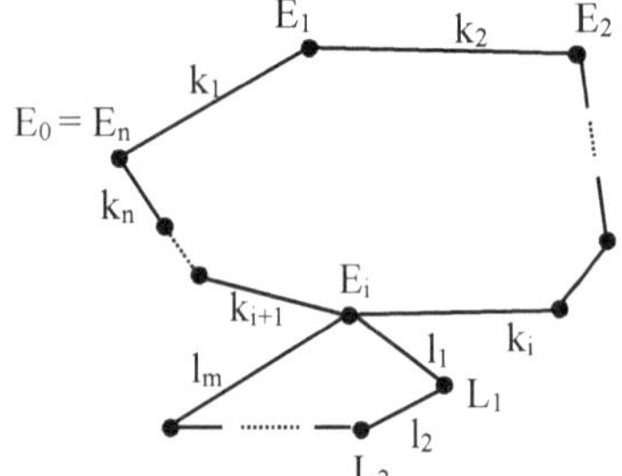

- Wir wählen eine beliebige Anfangsecke E_0.

  Von E_0 aus durchlaufen wir einen Weg $(k_1, k_2, k_3, ...)$. Da auf diesem Weg alle Ecken gerade Ordnung haben, können wir alle erreichten Ecken auch wieder verlassen. An diesen Weg fügen wir nun solange Kanten an, bis wir zu einer Ecke kommen, von der aus wir den Weg nicht fortsetzen können, ohne dabei Kanten mehrfach zu durchlaufen.

- Die Endecke E_n von $(k_1, k_2, k_3, ... , k_n)$ muss mit E_0 identisch sein. Wäre das nicht der Fall, müssten Anfangsecke E_0 und Endecke E_n ungerade Ordnung haben.

- Haben wir mit $(k_1, k_2, k_3, ... , k_n)$ den Graphen durchlaufen, ist dieser Teil des Beweises fertig. Anderenfalls gibt es eine Ecke E_i, an der ein weiterer geschlossener Weg $(l_1, l_2, l_3, ... , l_m)$ beginnt und endet, denn auch E_i hat gerade Ordnung.

- Die zusammengelegten Wege bilden wieder einen geschlossenen Weg $(k_1, k_2, k_3, ..., k_i, \quad l_1, l_2, ... , l_m, \quad k_{i+1}, ..., k_n)$.

- Weil die Kantenzahl des Graphen endlich ist, bricht dieser Prozess schließlich ab. Der zuletzt formulierte Weg ist ein Eulerscher Weg.

- Ein zusammenhängender Graph mit 0 Ecken ungerader Ordnung ist also (geschlossen) unikursal.

  Weil wir die Anfangsecke E_0 beliebig gewählt haben, kann jede Ecke eines solchen Graphen Anfangs- und Endecke eines Eulerschen Weges sein.

2. Fall: Der Graph hat genau 2 Ecken ungerader Ordnung.

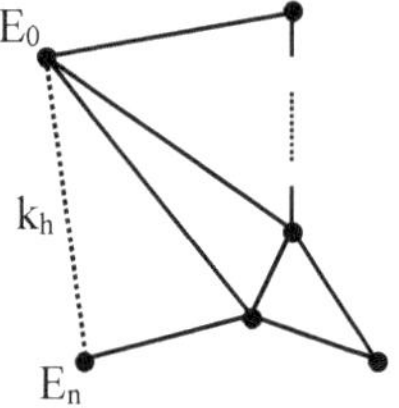

- Seien E_0 und E_n die beiden Ecken mit ungerader Ordnung.

- Wir fügen eine Hilfskante k_h mit den Ecken E_0 und E_n ein. Dadurch erhöht sich die Ordnung von E_0 und E_n jeweils um 1 und alle Ecken haben gerade Ordnung. In dem modifizierten Graphen gibt es nach Fall (1) dieses Beweises einen Eulerschen Weg, der in E_0 beginnt, über k_h nach E_n führt und wieder in E_0 endet.

- Löschen wir die Hilfskante k_h wieder, so entsteht ein Eulerscher Weg mit den Endecken E_0, E_n.

- Bei einem zusammenhängenden Graphen mit 2 Ecken ungerader Ordnung sind diese beiden Ecken also Anfangs- und Endecke eines (offenen) Eulerschen Weges. Auch in diesem Fall ist der Graph unikursal.

„⇒" Vorauss.: Der zusammenhängende Graph ist unikursal.

    z.z.: Der zusammenhängende Graph hat nicht mehr als zwei Ecken ungerader Ordnung.

- Der Graph sei also unikursal.

- Dann betrachten wir einen Eulerschen Weg mit der Anfangsecke E_0 und der Endecke E_n und eine beliebige Ecke E_i, die von E_0 und E_n verschieden ist.

- Wenn wir den Graphen auf diesem Eulerschen Weg durchlaufen, kommen wir mindestens einmal, ggf. auch häufiger, zu E_i und verlassen E_i auch jedes Mal wieder, denn E_i ist nicht Endecke des Weges. Zu E_i führen also gleich viele Kanten hin wie von E_i fortführen. Damit ist die Ordnung von E_i gerade.

- Aufgrund der Wahl von E_i gilt dies für alle Ecken außer E_0 und E_n. Der zusammenhängende Graph hat also nicht mehr als 2 Ecken ungerader Ordnung.

$$E_i \neq E_0 \ \wedge \ E_i \neq E_n$$

Für jeden der drei Fälle unikursal, geschlossen unikursal und nicht unikursal ist in Abbildung 14 ein Ihnen schon bekanntes Beispiel angegeben.

unikursal   *geschlossen unikursal*   *nicht unikursal*

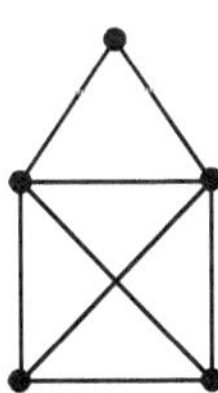 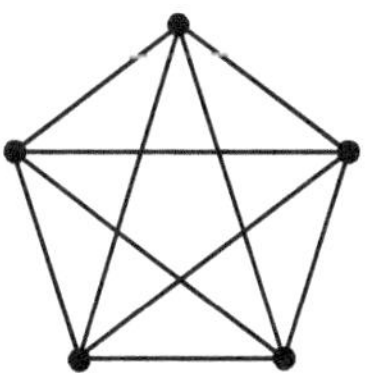 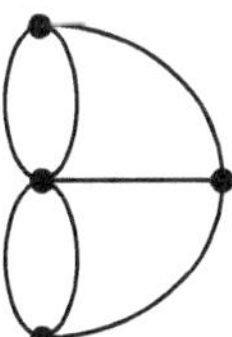

Abb. 14

Zu dem Problem der Eulerschen Wege, bei denen alle Kanten genau einmal durchlaufen werden, kann man ein entsprechendes Problem untersuchen, bei dem alle Ecken genau einmal durchlaufen werden. Damit sind wir wieder beim Einstiegsproblem dieses Kapitels angelangt.

Definition 11:   Hamiltonsche Linie, Hamiltonscher Kreis

Durchläuft ein Weg alle Ecken eines Graphen genau einmal, so nennt man diesen Weg eine *Hamiltonsche Linie.* Wenn Anfangs- und Endecke zusammenfallen, spricht man von einem *Hamiltonschen Kreis.* Dabei wird diese Ecke natürlich zweimal berührt.

Obwohl die Frage nach Hamiltonschen Linien der Frage nach Eulerschen Wegen so eng verbunden zu sein scheint, gibt es auf die Frage nach der Existenz von Hamiltonschen Linien bis heute keine dem Satz 8 entsprechende einfache Antwort. Es sind allerdings hinreichende Bedingungen für die Existenz von Hamiltonschen Linien bekannt.

Übung: 1) Das Pferd soll bei einem Springen jedes Hindernis genau einmal überspringen. Ist das bei dem ausgesteckten Parcours möglich?

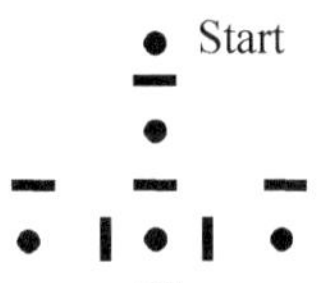

2) Gleich am Eingang des Tierparks finden Mariele und ihre Mutter den unten abgebildeten Plan. Beide überlegen sofort wie sie wandern müssen, damit sie wirklich jeden Weg des Tierparks einmal, aber auch nicht mehr als einmal, abgehen.

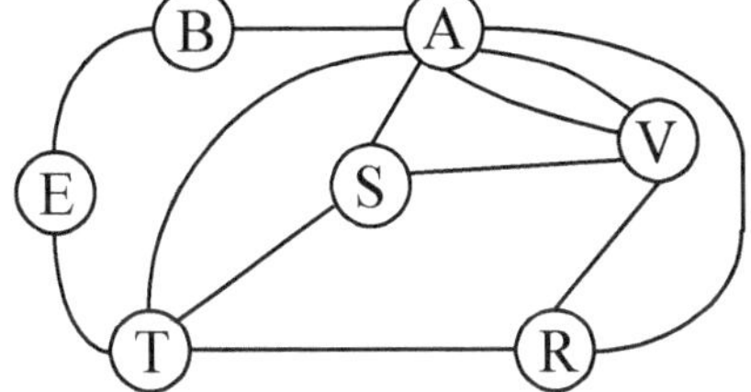

E: Eingang
B: Bären
A: Affen
V: Vögel
S: Streichelzoo
R: Rehe
T: Tiger

3) Kann man im Tierpark aus (2) einen Rundweg gehen, so dass man bei jeder Tierart genau einmal vorbeikommt? Falls ja, geben Sie einen solchen Weg an.

4) Das Nikolaushaus ist Geschichte! Nikolaus und Weihnachtsmann haben zusammen ein Doppelhaus gebaut[14]:

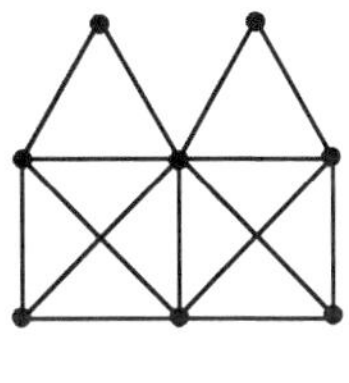

a) Untersuchen Sie, ob das Doppelhaus des Nikolaus unikursal ist. Aussagen sind mit Sätzen der Vorlesung zu begründen.

b) Machen Sie einen sinnvollen Umbauvorschlag, so dass ein unikursaler Graph entsteht.

5) Wir erinnern an den Nikolaushaus- und den Fischgraphen zu Beginn des Kapitels. Zeichnen Sie einen Graphen zum Spruch:

---

[14] Soweit wir wissen, sind die Leser des Leitfadens die ersten, die von diesem Zusammenzug erfahren.

Ni – ko – laus   kommt   spät   nach   Haus.

Der von Ihnen gezeichnete Graph soll …

- hinsichtlich der Unikursalität die gleichen Eigenschaften wie der „Nikolaushaus-" und der „Fischgraph" haben und

- bildlich einen Zusammenhang zum „spät nach Hause kommen" des Manns haben.

6) Welche vollständigen Graphen V_n mit $n \in \mathbb{N} \wedge n > 1$ sind unikursal? Begründen Sie Ihre Aussage.

7) Für welche Anzahl von Häusern sind die Versorgungsgraphen GEW unikursal? Begründen Sie Ihre Antwort.

8) Die Abbildung rechts zeigt den Wegeplan eines einstöckigen nicht unterkellerten aber *sinnvoll* geplanten (Jetztzeit-) Einfamilienhauses in Mitteleuropa. Jeder Raum ist als Ecke dargestellt.

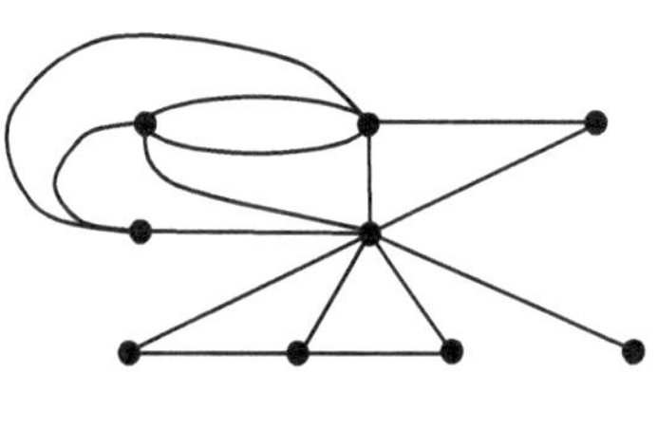

Zeichnen Sie einen passenden *vernünftigen* Grundriss[15] (im Maßstab 1:50) und beschriften Sie Graph und Grundriss mit: Wohnzimmer (W), Esszimmer (S), Kinderzimmer (K), Grundstück (G), Bad mit WC (B), Gäste-WC (Ä), Flur (F), Elternschlafzimmer (E) und Küche (Ü).

---

[15] Anders als bei topologischen Fragestellungen kommt es bei einem *vernünftigen* Grundriss wesentlich auch auf die Größe der einzelnen Räume an.

1.6 Erbteilungs- und Färbungsprobleme

Hinweis: Bei den in diesem Kapitel behandelten Färbungs- und Erbteilungsfragen werden wir häufig den Begriff der ebenen Landkarte verwenden.

Ebene Landkarten sind planare Graphen, bei denen jede Kante genau zwei Flächen begrenzt. Der Rede von Kanten bzw. Flächen werden wir die anschaulichere Rede von *Grenzen* bzw. *Ländern* (Gebieten) vorziehen.

Der König eines Inselreiches verfügt in seinem Testament, dass sein (zusammenhängendes) Land nach seinem Tode so auf seine Kinder aufgeteilt werden soll, dass jedes Kind ein zusammenhängendes Stück Land bekommt und direkter Nachbar aller seiner Geschwister ist. Jedes Erbland soll also ein Stück gemeinsame Grenze mit allen anderen Erbländern haben.
Wie viele Kinder darf dieser König höchstens haben, damit diese ihr Erbe antreten können?
Was ist, wenn jedes Erbland auch ein Stück Strand haben soll?
Nach dem Eintreten des Erbfalls müssen für die Insel neue Landkarten gezeichnet werden. Wie viele Farben benötigt man dazu, wenn zwei Länder mit einem gemeinsamen Grenzstück mit verschiedenen Farben gefärbt werden und das Äußere auch eine eigene Farbe bekommt?

Dieses Erbteilungsproblem ist offensichtlich leicht lösbar, wenn der König einen Alleinerben hat oder zwei Kinder, die sich die Insel teilen. Für drei Kinder zeigt Abbildung 15 eine mögliche Aufteilung, bei der jedes Land auch noch ein Stück Strand hat. Das Einfügen eines vierten Landes erfordert schon etwas mehr Nachdenken, und es scheint unmöglich zu sein, diesem vierten Land noch einen Zugang zum Meer zu verschaffen (Abbildung 16).

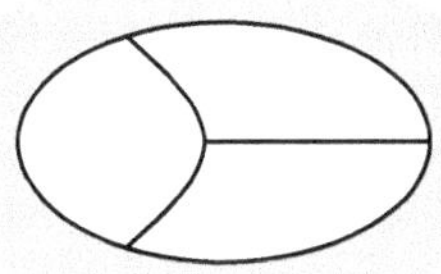

Abb. 15

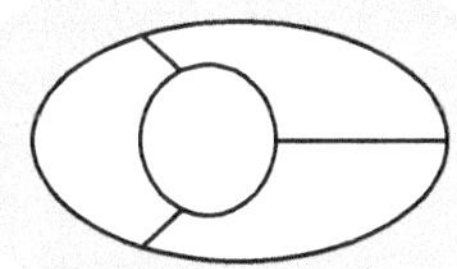

Abb. 16

Alle Versuche, noch ein fünftes Erbland unterzubringen, scheitern. Wir vermuten, dass der König höchstens vier Kinder haben darf und sogar nur drei, wenn alle ein Stück Strand erben sollen. In jedem Fall brauchen wir vier Farben, um die neue Landkarte wie gefordert zu färben. In Abbildung 15 müssen wir alle drei Länder wegen der gemeinsamen Grenzen verschieden einfärben, und wir benötigen eine vierte Farbe für das Äußere, also das Meer. In Abbildung 16 können wir, da das vierte Land nicht ans Meer grenzt, die Farbe des Meeres wieder für das vierte Land verwenden, wir kommen also auch mit vier Farben aus.

Wir formulieren unsere Vermutung als Satz:

Satz 9:   In der Ebene gibt es höchstens vier Nachbargebiete, die paarweise aneinandergrenzen.

Vorüberlegung zum Beweis:

Wir zeichnen in der Inselaufteilung aus Abbildung 16 in jedes der vier Länder eine Hauptstadt ein. Nun können wir jede Hauptstadt mit jeder anderen durch eine Straße verbinden. Das geht kreuzungsfrei, wenn die Straßen jeweils über das gemeinsame Grenzstück führen. Betrachtet man dieses Straßen- und Städtenetz, so haben wir den vollständigen Graphen V_4 in geplätteter Form vorliegen.

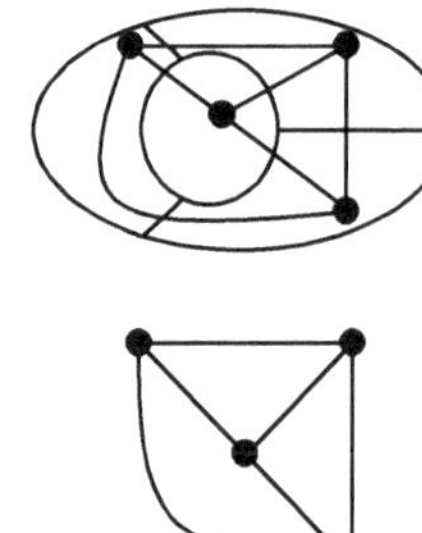

Abb. 17

Beweis: indirekt

Annahme: In der Ebene gibt es wenigstens fünf Nachbargebiete, die paarweise aneinandergrenzen.

-    Wir betrachten einen Graphen mit 5 Nachbargebieten, die paarweise aneinandergrenzen.

-    Wir zeichnen (wie in der Vorüberlegung) in jedem der 5 Gebiete genau einen Punkt als eine neue Ecke aus und verbinden diese Ecke mit den anderen 4 Ecken in den anderen Gebieten.

-    Wenn wir diese Verbindungen, also die neuen Kanten, jeweils über das gemeinsame Grenzstück führen, kreuzen sie sich nicht.

-    Wir hätten damit einen planaren Graphen mit 5 Ecken, bei dem jede Ecke mit jeder anderen Ecke durch eine Kante verbunden ist. M.a.W. hätten wir es geschafft, V_5 zu plätten.

-    Das ist ein Widerspruch zu Satz 5, wonach V_5 nicht plättbar ist.

- Die Annahme ist zu verneinen. Es gibt also höchstens 4 Nachbargebiete in der Ebene, die paarweise aneinandergrenzen.

Damit ist auch klar, dass man nicht sechs oder mehr Nachbargebiete in der Ebene finden kann, die paarweise aneinandergrenzen, da sie vollständige planare Graphen mit sechs oder mehr Ecken liefern würden.

Beim Beweis von Satz 9 sind wir von unserem Inselgraphen zu einem anderen Graphen übergegangen, indem wir jeder Fläche des Inselgraphen eine Ecke des anderen Graphen zugeordnet haben und jeder Fläche des anderen Graphen eine Ecke des Inselgraphen. Jede Kante des neuen Graphen kreuzt eine Kante des Inselgraphen. Man sagt dann, dass man von einem Graphen zu seinem *dualen Graphen* übergeht. Dieses *Dualitätsprinzip* wird in Beweisen im Rahmen der Graphentheorie häufig verwendet. Die beiden Graphen in Abbildung 17 sind allerdings nicht dual zueinander, da wir dem Äußeren der Insel, das ja auch eine Fläche darstellt, keine Ecke zugeordnet haben. Das ist zwar für die Überlegungen im Beweis nicht wesentlich, wir wollen den Begriff des dualen Graphen aber dennoch genau definieren.

Definition 12:   dualer Graph

Sei $G(\mathbb{E},\mathbb{K})$ ein zusammenhängender planarer Graph ohne Schlingen, bei dem jede Kante Rand von zwei verschiedenen Flächen ist. Den *dualen Graphen* $G^*(\mathbb{E}^*,\mathbb{K}^*)$ zu G erhält man nach der folgenden Vorschrift:

1. Jeder Fläche von G wird genau ein Punkt zugeordnet. Diese Punkte bilden die Ecken von G^*.

2. Zwei dieser Ecken werden genau dann durch eine Kante verbunden, wenn die entsprechenden Flächen eine gemeinsame Randkante haben. Dabei wird über jede gemeinsame Randkante eine neue Kante gelegt.

3. Die neuen Kanten schneiden die ihnen zugeordneten Kanten von G in genau einem Punkt, die übrigen Kanten nicht.

4. Der Graph G^* ist planar.

Wir haben schon überlegt, dass man durch die Bildungsvorschriften 1. bis 3. immer zu einem planaren Graphen gelangen kann. Vorschrift 4 sagt also nur, dass wir immer diese überkreuzungsfreie Darstellung meinen, wenn wir von einem dualen Graphen sprechen. Bis auf Isomorphie ist G* eindeutig bestimmt. Wir können also von <u>dem</u> dualen Graphen sprechen.

Beispiele:
(Durchgezogener und gestrichelter Graph sind jeweils zueinander dual.)

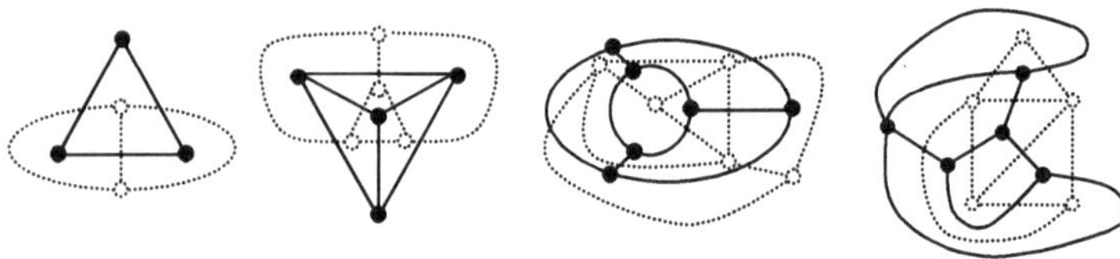

Zwischen den Ecken-, Kanten- und Flächenzahlen bei dualen Graphen bestehen einfache Zusammenhänge:

- Der Graph G besitze e Ecken, k Kanten und f Flächen, der duale Graph G* besitze e* Ecken, k* Kanten und f* Flächen.

- Da nach Definition 12 jeder Fläche von G genau eine Ecke von G* zugeordnet wird, gilt e* = f.

- Da nach Definition 12 jede Kante von G* genau eine Kante von G einmal schneidet, gilt k* = k.

- Da sowohl G als auch G* planare, zusammenhängende Graphen sind, gilt für beide die Eulersche Formel, also gilt: $e - k + f = 2$ (1)

  und $e^* - k^* + f^* = 2$ (2)

- Wir ersetzen in der zweiten Gleichung e* durch f und k* durch k und erhalten: $f - k + f^* = 2$

- Setzen wir diese Gleichung mit Gleichung (1) gleich, so folgt

$$f - k + f^* = e - k + f$$

$$\Rightarrow \quad f^* = e$$

Wir kommen nun auf die Frage zurück, wie viele Farben man braucht, um eine Landkarte in der Ebene so zu färben, dass Länder mit gemeinsamer Grenze verschiedene Farben erhalten. Die Frage ist identisch mit der nach der Anzahl von Farben für Landkarten auf der Kugeloberfläche. Stellen Sie sich vor, Sie stechen in die Kugel ein Loch mitten in ein Land, greifen in dieses Loch und plätten die Kugel in die Ebene. Das (unbegrenzte) Äußere eines ebenen Graphen entspricht dabei dem Land auf der Kugel, in das Sie das Loch gestochen haben, und muss natürlich auch eingefärbt werden. Die entstehenden Landkarten können dann etwa wie folgt aussehen:

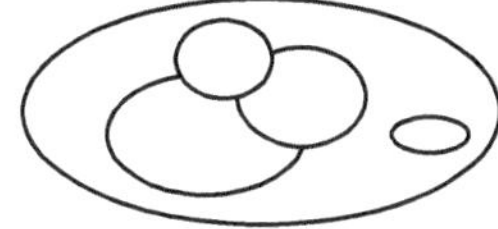 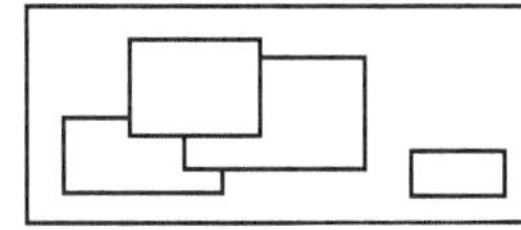

Wir haben beim Erbteilungsproblem schon eine Karte gefunden, zu deren Färbung vier Farben benötigt wurden. Lange Zeit waren die Mathematiker nur in der Lage zu beweisen, dass man in der Ebene mit fünf Farben auskommt. Faktisch hat man aber nie Karten gefunden, bei denen auch wirklich fünf Farben nötig waren, vier Farben reichten immer. Seit Ende des 20. Jahrhunderts gilt als bewiesen:

Satz 10:   Vierfarbensatz

Jede Landkarte in der Ebene lässt sich mit höchstens vier Farben zulässig färben[16].

Der Vierfarbensatz stand erstmals Mitte des 19. Jahrhunderts als Vermutung im Raum. Einerseits war klar, dass drei Farben zum korrekten Färben von vielen Landkarten nicht ausreichten[17]. Andererseits gelang es bei „komplex" konstruierten Landkarten nach hinreichendem Zeiteinsatz immer wieder, ohne eine fünfte Farbe auszukommen. Zahlreiche Versuche, den Vierfarbensatz um die Wende vom 19. zum 20. Jahrhundert zu beweisen, konnten letztendlich immer wieder als unzulänglich disqualifiziert werden. Ein Problem bei der Beweisführung bestand in der großen Zahl von problematischen Fällen (anfangs etwa 2000), die es zu untersuchen galt. Erst als diese Anzahl deutlich reduziert werden konnte und die Computertechnik deutliche Fortschritte gemacht hatte, gelang am Ende des 20. Jahrhunderts ein Beweis, der die Überprüfung der problematischen Fälle von einem Computer ausführen ließ. Der Vierfarbensatz ist der erste Satz, dessen Nachweis maßgeblich von einer Maschine ausgeführt wurde. Weil man sich dabei aber auf das korrekte Funktionieren der Hardware und der auf der Hardware eingesetzten Software verlässt, ist dieser Beweis bis heute

---

16   Als zulässig gefärbt wollen wir eine Landkarte bezeichnen, wenn zwei benachbarte Gebiete, die mehr als nur einen einzelnen Grenzpunkt (Ecke) gemeinsam haben, stets verschiedene Farben zugeordnet bekommen.

17   Das haben wir auch bei unserer Insellandkarte festgestellt.

umstritten. Die Gegner dieses (durchaus kommentierten) Computerbeweises beziehen die Position, dass ein mathematischer Beweis grundsätzlich für einen (hinreichend intelligenten) Menschen nachvollziehbar sein muss.

Statt eines Beweises thematisieren und beweisen wir hier andere interessante Sätze über spezielle Landkarten.

Satz 11:   Entsteht eine Landkarte durch das Zeichnen von n Geraden ($n \in \mathbb{N}$), so kann sie mit zwei Farben zulässig gefärbt werden.

Beweis: durch vollständige Induktion (über n)

I. Induktionsanfang

- Die Behauptung gilt für $n = 1$, also für eine gezeichnete Gerade:
Eine Gerade zerlegt die Landkarte in zwei Gebiete G_1 und G_2. Wir färben G_1 mit Farbe 1 und G_2 mit Farbe 2.
Für $n = 1$ ist unsere Behauptung also bewiesen.

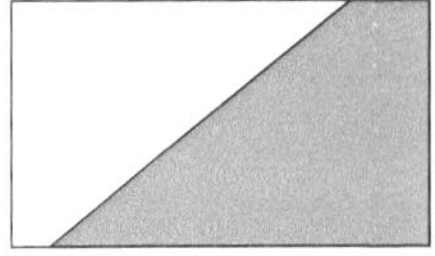

II. Induktionsschritt

zu zeigen: Wenn sich eine Landkarte aus n Geraden zulässig mit zwei Farben färben lässt, dann lässt sich auch eine Landkarte aus $(n + 1)$ Geraden zulässig mit zwei Farben färben.

Sei unsere Behauptung also für n Geraden richtig: Eine Landkarte mit n Geraden lässt sich mit zwei Farben zulässig färben. (Induktionsvoraussetzung)

- Wir betrachten eine Landkarte, die aus n Geraden besteht. Nach Induktionsvoraussetzung lässt sich diese Landkarte zulässig mit zwei Farben färben.

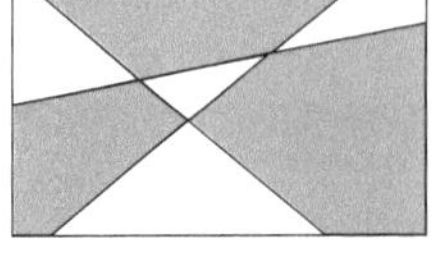

- Fügen wir in diese Landkarte eine $(n + 1)$te Gerade ein (Abb. 18), so ist die Färbung der Karte in der einen Halbebene der $(n + 1)$ten Geraden korrekt, ebenso ist die Färbung in der anderen Halbebene der $(n + 1)$ten Geraden korrekt. Insgesamt ist die Färbung der Karte jedoch nicht zulässig.

- Auf einer Seite der neuen Geraden lassen wir die Färbung bestehen. Auf der anderen Seite dieser Geraden vertauschen wir die Farben, was nichts an der Zulässigkeit der Färbung auf dieser Seite ändert.

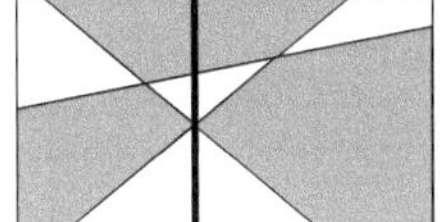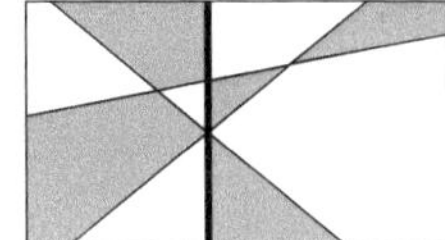

Abb. 18

- Dadurch erreichen wir, dass die geteilten Länder verschiedene Farben bekommen und wir erhalten wieder eine zulässig gefärbte Landkarte.

Also lässt sich auch eine aus (n + 1) Geraden gezeichnete Landkarte zulässig mit zwei Farben färben.

Satz 11 gilt ebenso, wenn wir statt Geraden Kreise oder gewisse andere Kurven als Grenzen nehmen.

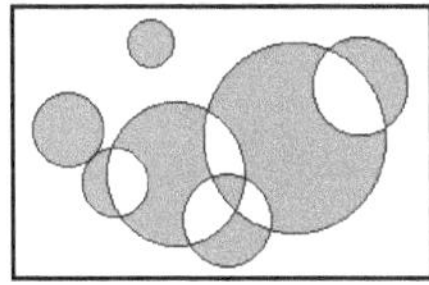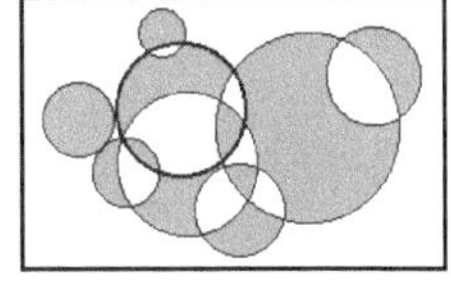

Abb. 19 (Landkarte aus Kreisen)

Abbildung 19 verbildlicht die Überlegungen im Induktionsschritt eines Induktionsbeweises zum Satz „Jede ebene Landkarte, die durch das Zeichnen von n Kreisen (n ∈ ℕ) entsteht, ist mit zwei Farben zulässig färbbar." Innerhalb des (n + 1)ten Kreises wurden lediglich die Farben vertauscht.

Wie das folgende Beispiel zeigt, gilt ein „Zweifarbensatz" im Allgemeinen nicht bei (teilweise) geradlinig begrenzten Flächen. Wir betrachten eine Landkarte, die durch das Zeichnen von Rechtecken entsteht.

Im linken Teil von Abbil-
dung 20 reichen zwei Far-
ben,   da   sich   die
Rechtecke jeweils nicht
oder echt überschneiden.

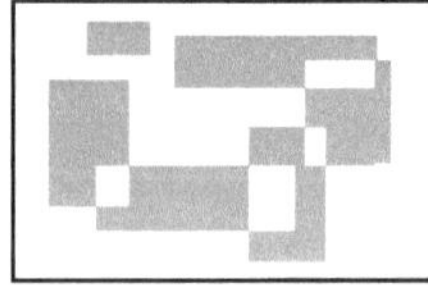 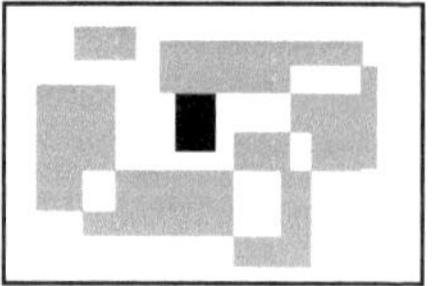

Abb. 20   (Landkarte aus Rechtecken)

Fügt man aber ein weiteres Rechteck so ein, dass ein anderes Rechteck wie
im rechten Teil der Abbildung 20 berührt wird, dann ist eine dritte Farbe
nötig, und Sie können selbst überlegen, wie ein weiteres Rechteck
einzufügen ist, so dass auch noch eine vierte Farbe gebraucht wird.

Analysiert man in den Abbildungen 18 bis 20 jeweils die linke Landkarte, so
zeigt sich, dass alle Ecken gerade Ordnung haben. Das Einfügen einer neuen
Geraden in Abbildung 18 ändert daran nichts. Schneidet die neue Gerade
eine alte Grenze, dann entsteht eine neue Ecke der Ordnung 4. Verläuft die
neue Gerade durch eine bereits vorhandene Ecke, so erhöht sie deren Ordnung um 2. Dasselbe gilt für den Einbau eines weiteren Kreises in Abbildung
19. Schnittpunkte und Berührpunkte liefern neue Ecken der Ordnung 4, geht
der neue Kreis durch eine schon vorhandene Ecke, so erhöht sich deren Ordnung um 2. Anders verhält es sich mit dem neuen Rechteck in Abbildung 20.
Eine Seite fällt auf eine schon vorhandene Rechteckseite, es entstehen zwei
neue Ecken der Ordnung 3.

Tatsächlich gilt der folgende Satz:

Satz 12:   Verallgemeinerung des Zweifarbensatzes

                      Eine ebene Landkarte ist genau dann mit zwei Farben
                      zulässig färbbar, wenn in dem erzeugenden Graphen alle
                      Eckenordnungen gerade sind.

Beweis:

„$\Rightarrow$"   indirekt

Voraussetzung: Die Landkarte ist zulässig mit zwei Farben färbbar.

Annahme: Der erzeugende Graph besitzt (wenigstens) eine Ecke E mit ungerader Ordnung n, wobei $n \geq 3$. [18]

- In Ecke E stoßen dann n Kanten zusammen, die n Teile von Ländern voneinander trennen.

- Wir nummerieren diese Länder der Reihe nach von 1 bis n durch.

- Danach färben wir diese Länder derart, dass alle Länder mit ungerader Nummer schwarze und alle Länder mit gerader Nummer weiße Farbe erhalten.

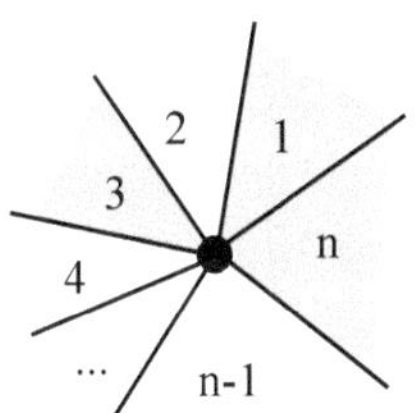

- Da das schwarz gefärbte Land Nummer n (n ungerade) aber wieder an das ebenfalls schwarz gefärbte Land Nummer 1 angrenzt, ist die Karte mit zwei Farben nicht zulässig färbbar.

- Das ist ein Widerspruch zur Voraussetzung, die zulässige Färbbarkeit garantiert.

  Die Annahme führt also zu einem Widerspruch und ist daher zu verneinen: Der erzeugende Graph besitzt keine Ecke mit ungerader Ordnung n; im erzeugenden Graphen sind also alle Eckenordnungen gerade.

„⇐"

Voraussetzung: Alle Ecken des erzeugenden Graphen haben gerade Ordnung.

zu zeigen: Die ebene Landkarte ist mit zwei Farben zulässig färbbar.

Wir betrachten zunächst nur zusammenhängende Graphen.

- Wenn alle Ecken unseres Graphen gerade Ordnung haben, dann ist der Graph nach Satz 8 geschlossen unikursal, d. h. es gibt einen geschlossenen Eulerschen Weg.

- Wir erinnern uns an die Herleitung dieses Zusammenhangs in Fall (1) des Beweises von Satz 8: Danach entsteht der Eulersche Weg durch Vereinigen von endlich vielen geschlossenen Wegen, wobei jeder dieser geschlossenen Wege ggf. wiederum durch Vereinigung von endlich vielen geschlossenen Wegen entsteht.

---

[18] Bei ebenen Landkarten begrenzt jede Kante genau zwei Flächen, dies haben wir zu Beginn des Kapitels verabredet. Ecken mit Ordnung 1 kann es demnach nicht geben.

Da alle Eckenordnungen gerade sind, kommen wir so schließlich zu einfachsten geschlossenen Wegen – wir nennen sie *einfache Kreise* – die zueinander kantendisjunkt sind und in denen alle Ecken die Ordnung 2 haben.

Die Darstellung in der Abbildung rechts zeigt zwei Möglichkeiten der Aufteilung in paarweise kantendisjunkte einfache Kreise.

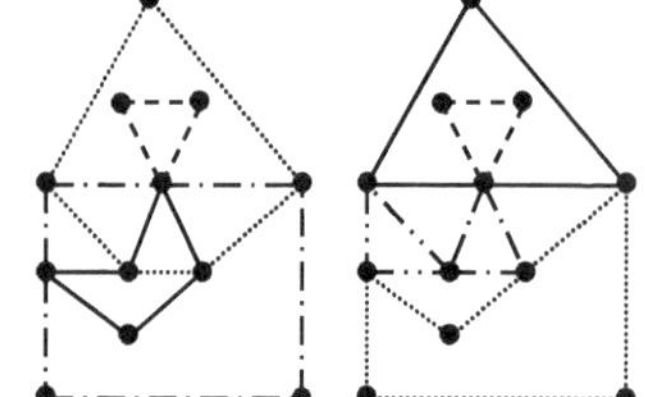

Wir führen den Beweis nun durch vollständige Induktion über die Anzahl n der einfachen Kreise, aus denen der Graph höchstens besteht.

I. Induktionsanfang

zu zeigen:　　　　Besteht der Graph aus einem einfachen Kreis, dann ist die Landkarte zulässig mit zwei Farben färbbar.

- 　　Der Graph bestehe also nur aus einem einfachen Kreis.

- 　　Wir färben das Innere des Kreises schwarz, das Äußere weiß und kommen also mit zwei Farben aus.

II. Induktionsschritt

zu zeigen:　　　　Wenn sich die von einem derartigen Graphen aus höchstens n einfachen Kreisen erzeugte Landkarte mit zwei Farben zulässig färben lässt,
　　　　dann lässt sich auch jede von einem derartigen Graphen aus (n + 1) einfachen Kreisen erzeugte Landkarte mit zwei Farben zulässig färben.

- 　　Sei also G ein aus der Vereinigung von (n + 1) einfachen, paarweise kantendisjunkten Kreisen bestehender Graph.

- 　　Wir löschen nun in G die Kanten eines der Kreise einschließlich der dadurch eventuell entstehenden isolierten Ecken.

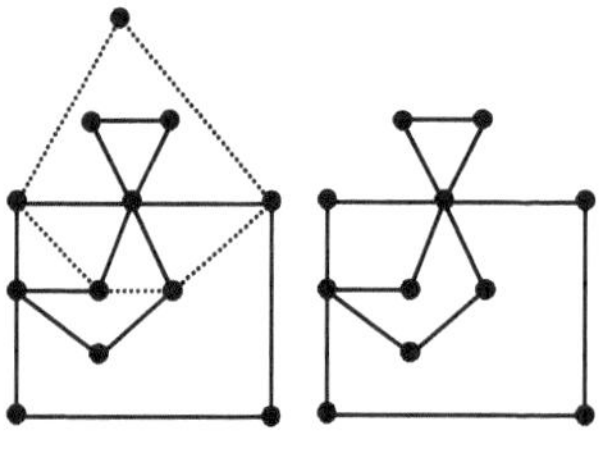

- Der so entstandene Teilgraph ist die Vereinigung von n einfachen Kreisen und lässt sich nach Induktionsvoraussetzung mit zwei Farben zulässig färben. Wir färben ihn also zulässig.

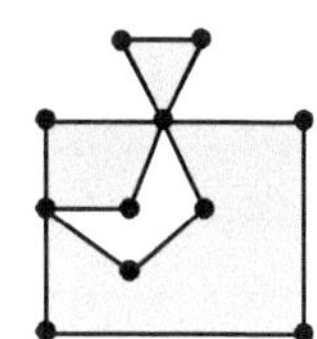

- Wir fügen nun den gelöschten Kreis wieder ein.

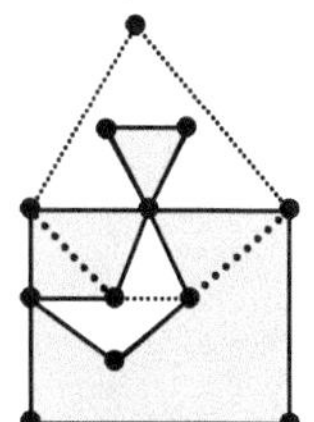

- Innerhalb und außerhalb dieses Kreises haben wir jeweils eine zulässige Färbung mit zwei Farben, insgesamt ist die Färbung aber nicht zulässig.

- Wenn wir nun die Farben im Inneren des (n + 1)ten Kreises vertauschen, dann entsteht wieder eine zulässig gefärbte Landkarte, was zu zeigen war.

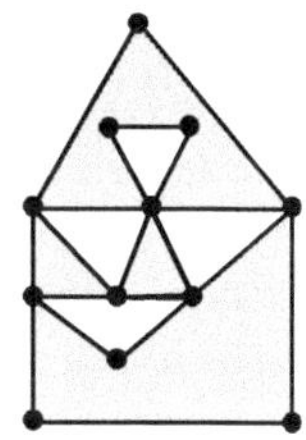

Wir sind zunächst von zusammenhängenden Graphen ausgegangen.

- Ist der Graph nicht zusammenhängend, dann gibt es im Äußeren oder ganz im Inneren einer Fläche weitere Graphen, für die das oben Gesagte ebenso zutrifft.

- Jeder Teilgraph für sich ist also mit zwei Farben zulässig färbbar. Wir müssen bei der Färbung nur aufpassen, dass das gemeinsame Äußere aller Graphenteile dieselbe Farbe erhält bzw. Inseln im Inneren eines Landes entsprechend gefärbt werden. Dies erreichen wir in jedem Fall durch geeignetes Umfärben eines Teilgraphen.

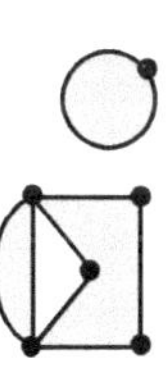

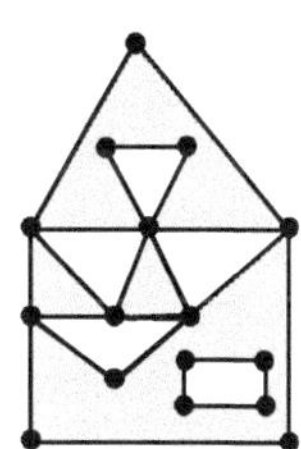

Zum Schluss dieses Abschnitts sei Ihnen (ohne Beweis) mitgeteilt, dass man auf dem Möbiusband[19] maximal sechs Farben braucht, um jede Landkarte zulässig zu färben. Die Abbildungen zeigen ein Möbiusband aus Papier, einen Armreif und einen Ring von Georg Jensen / Kopenhagen[20].

Abb. 21a
(Möbiusband aus Papierstreifen)

Abb. 21b
(Möbiusbänder von Georg Jensen)

Um schließlich Landkarten auf dem Torus (Schwimmreif, Donut) zulässig zu färben, sind höchstens sieben Farben erforderlich.

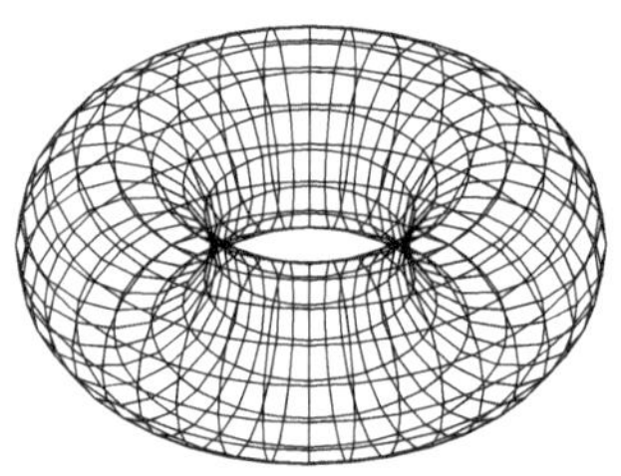

Abb. 21c (Torus)

---

[19] Ein Möbiusband können Sie sich leicht selbst herstellen: Schneiden Sie etwa von der langen Seite eines DIN A4 – Blattes einen etwa 1cm breiten Streifen ab. Bevor Sie den Streifen zusammenkleben drehen Sie ein Ende um 180°. Fahren Sie im fertigen Möbiusband einmal mit einem Bleistift ringsum und vollziehen jetzt nach: Ein Möbiusband ist eine Fläche mit nur einer Kante. Eine obere und eine untere Seite gibt es nicht, vielmehr gehen oben und unten ineinander über.

[20] Danish Design fasziniert.

Unten sehen Sie je eine Beispiel-Landkarte, für die man die Maximalzahl von Farben tatsächlich braucht. Beachten Sie dabei, dass das Möbiusband nur eine Seite hat. Denken Sie sich die Färbung deshalb beidseitig angebracht, oder realisieren Sie die Landkarte mit Hilfe eines OHP-Folienstreifens.

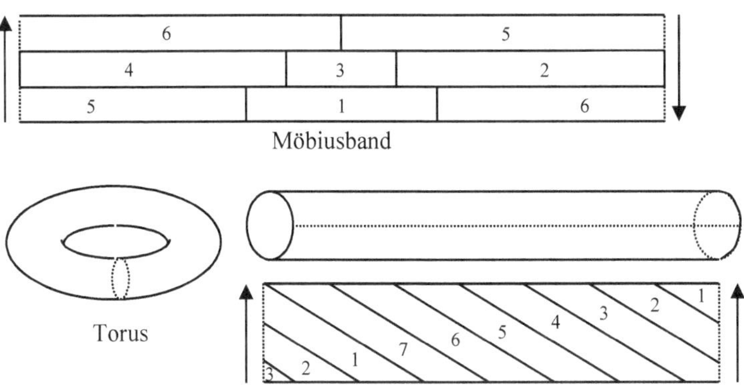

Übung: 1) Zeichnen Sie jeweils den dualen Graphen.

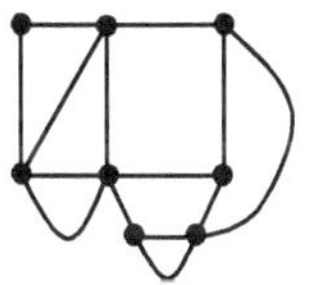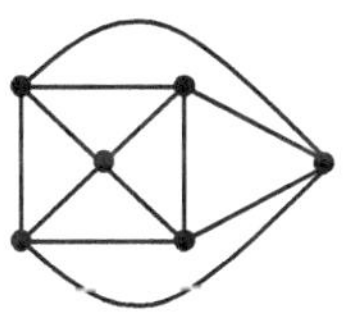

2) Färben Sie die Landkarten mit möglichst wenigen Farben.

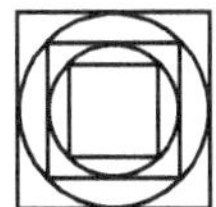

3) Zeichnen Sie in der Ebene eine Landkarte mit 8 Ländern, zu deren Färbung genau drei Farben gebraucht werden.

4) Zeichnen Sie vier verschiedene Landkarten in der Ebene, die jeweils aus fünf Ländern bestehen. Eine Landkarte soll mit zwei Farben zulässig zu färben sein, eine mit drei Farben und zwei Karten durch die maximale Anzahl von vier Farben. Färben Sie Ihre Landkarten.

5) Der Torus (Schwimmreif) ist ein ganz besonderer Körper. In seiner Realisierung als Schwimmreif kann er Leben retten. Aber er kann auch weniger ☹!

   Zeigen Sie zeichnerisch, dass es möglich ist, auf dem Torus

   a) den V_5 und

   b) den GEW_{3H}

   kreuzungsfrei, d. h. planar darzustellen.

6) Wir haben oben darauf hingewiesen, dass man jede Landkarte auf dem Möbiusband mit höchstens 6 Farben, jede Landkarte auf dem Torus mit höchstens 7 Farben zulässig färben kann.

   a) Zeichnen Sie eine Landkarte auf dem Möbiusband, bei der Sie mit genau 5 Farben auskommen.

   b) Zeichnen Sie eine Landkarte auf dem Torus, für deren korrekte Färbung 6 Farben ausreichen.

7) Äußern Sie sich zur Behauptung:
   Eine ebene Landkarte, die durch Stempeldruck mit dem rechts abgebildeten Umriss entsteht, lässt sich mit zwei Farben zulässig färben. 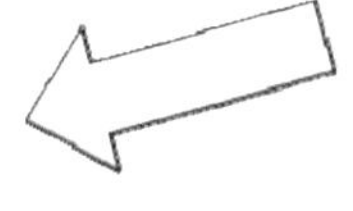

8) Sind eigentlich alle Landkarten, die durch das Zeichnen von rechtwinkligen Dreiecken (unterschiedliche Größe und Lage im Raum seien erlaubt) entstehen, zulässig mit zwei Farben färbbar?

9) In jedem Graphen ist die Summe aller Eckenordnungen gleich dem Doppelten der Kantenzahl: $\sum\limits_{E_i \in E} \text{ord}(E_i) = 2 \cdot k$

Diesen Zusammenhang haben wir als Satz 1 ja schon bewiesen, er gilt also! Beweisen Sie ihn nun ein zweites Mal durch vollständige Induktion (über die Anzahl der Kanten). Beginnen Sie sowohl den Induktionsanfang wie den Induktionsschritt mit einer Zeile „zu zeigen ist (z.z.)" und formulieren Sie hier das zu Zeigende exakt verbal.

10) Bitte stellen Sie sich das abgebildete Schnittmuster her: An den durchgezogenen Linien ist zu schneiden; an den gestrichelten Linien ist zu knicken. Die mit „K" bezeichneten Rechtecke sind als Klebelaschen zu verwenden.

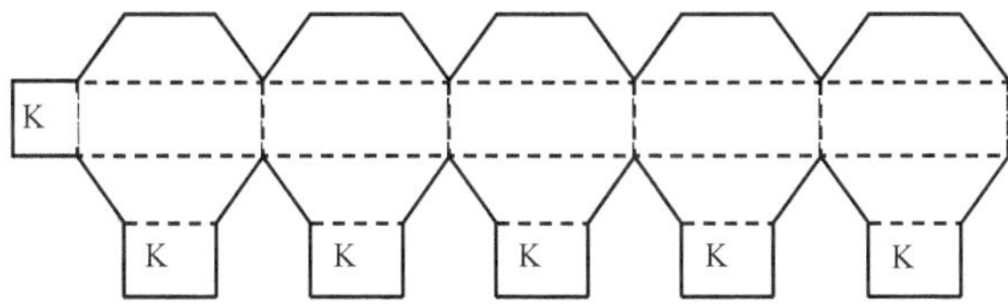

Wozu können Sie (oder Ihre Schülerinnen und Schüler) dieses Modell verwenden?

2 Polyeder

2.1 Einstiegsproblem

Wir beginnen das zweite Kapitel mit einer Faltarbeit (nach Mitchell 1997, S. 36f). Dazu benötigen wir 12 Blätter des DIN-Formates A, z.B. A 4.

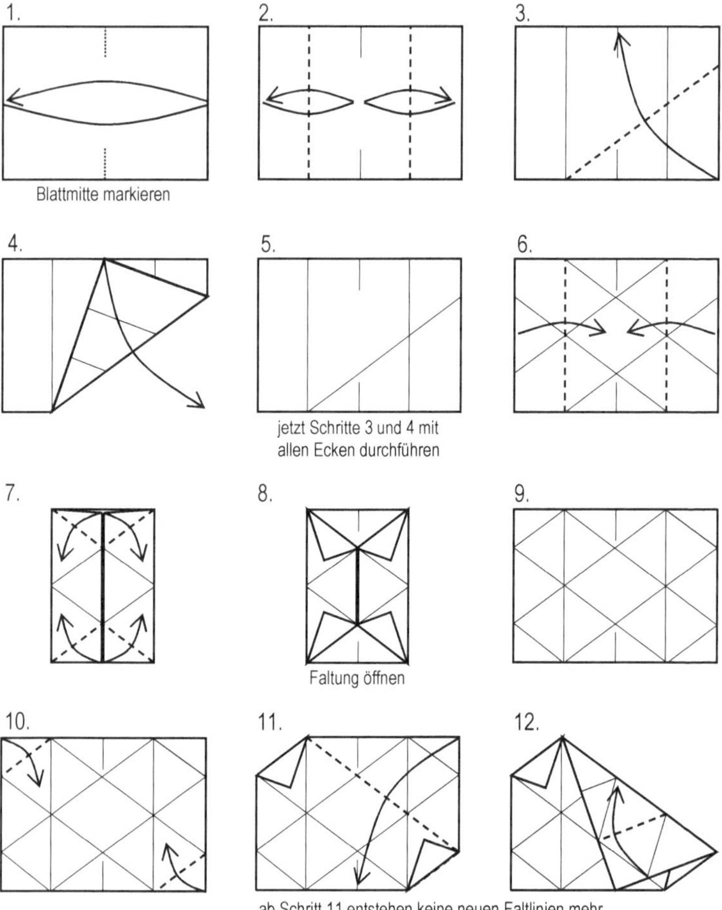

© Springer Fachmedien Wiesbaden GmbH, ein Teil von Springer Nature 2018
R. Benölken, *Leitfaden Geometrie*, https://doi.org/10.1007/978-3-658-23378-5_2

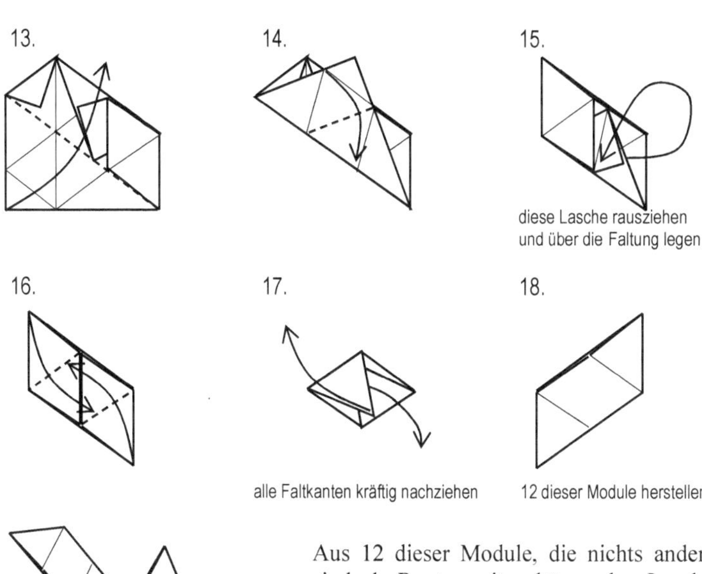

Aus 12 dieser Module, die nichts anderes sind als Rauten mit anhängenden Laschen und seitlichen Taschen, lässt sich ein Körper zusammenstecken, den die Mathematiker *Rhombendodekaeder* nennen (s. Abbildung 22 und 23).[1]

Die Rauten, die die Seitenflächen des Körpers bilden, zeichnen sich dadurch aus, dass ihre Diagonalenlängen sich zueinander verhalten wie $1:\sqrt{2}$. Deshalb lassen sie sich in der beschriebenen Weise aus unserem DIN-A-Papier falten, denn bei diesem verhalten sich die Seitenlängen wie $1:\sqrt{2}$. Überlegen Sie selbst, was die Rautendiagonalen mit den Rechtecksseiten zu tun haben.

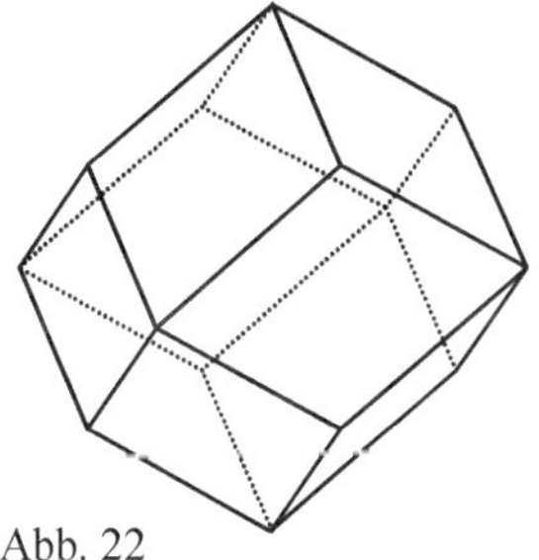

Abb. 22

---

[1] Ihre Vorstellung von diesem Körper entwickelt sich optimal, wenn Sie zunächst tatsächlich falten, das Faltprodukt mit dem Anhänger aus nicht geschliffenem Rohgranat in Abbildung 23 vergleichen und den Körper dann in Abbildung 22 wiedererkennen.

Das Rhombendodekaeder gehört zu den *halbregu-lären Polyedern* (s. Kapitel 2.3) und besitzt einige interessante Eigenschaften. Man kann mit ihm z.B. den Raum lückenlos ausfüllen, wie wir im Folgenden begründen wollen.

Man erhält ein Rhombendodekaeder auch auf diesem Weg: Einem Würfel werden gerade quadratische Pyramiden aufgesetzt, deren Höhe halb so lang ist wie eine Würfelkante. In Abbildung 24 wurden zwei der Würfelseiten solche Pyramiden aufgesetzt.

Abb. 23

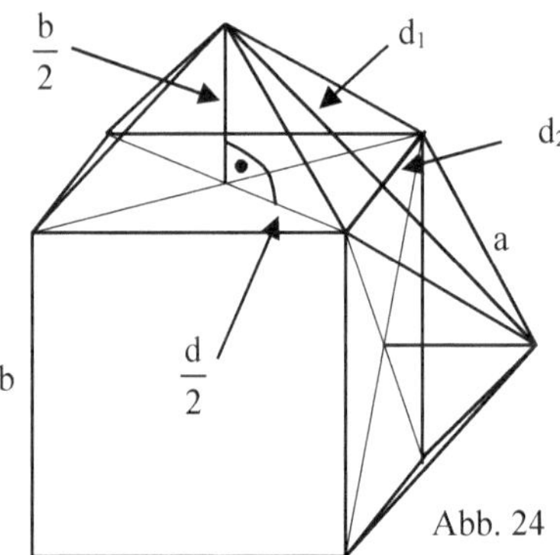

Abb. 24

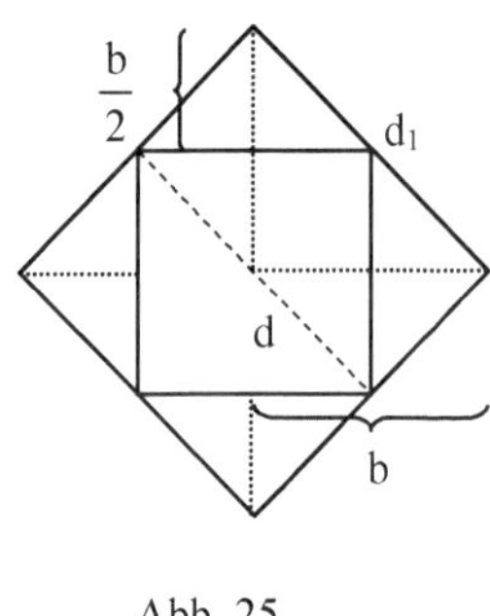

Abb. 25

Durch diese Wahl der Höhe erreicht man, dass sich zwei aneinanderstoßende dreieckige Pyramidenseiten zu einer ebenen Raute ergänzen, wie man im Aufriss (Abbildung 25) gut erkennen kann.

Wie verhalten sich nun die Längen der Rautendiagonalen d_1 und d_2 zueinander?

Die kürzere Rautendiagonale d_2 ist gleich der Würfelkante b, also $d_2 = b$. Die Länge der längeren Rautendiagonale d_1 entspricht der der Diagonalen d einer der quadratischen Seitenflächen des Würfels, wie man im Aufriss sieht. Nach dem Satz des Pythagoras gilt:

$$b^2 + b^2 = d_1{}^2 \;\Rightarrow\; d_1{}^2 = 2\,b^2 \;\Rightarrow\; d_1 = b\sqrt{2} \;\Rightarrow\; d_1 = d_2\sqrt{2} \;\Rightarrow\; d_1 : d_2 = \sqrt{2} : 1$$

Es ergibt sich also das uns schon bekannte Verhältnis zwischen den Rautendiagonalen.

Wie verhalten sich die Rautenseitenlängen a und die Würfelkantenlängen b zueinander?

Wir können auch eine Beziehung zwischen Würfelkantenlänge b und Rautenseitenlänge a aufstellen:

Rautenseite, Pyramidenhöhe und halbe Quadratdiagonale bilden ein rechtwinkliges Dreieck. In diesem Dreieck wenden wir erneut den Satz des Pythagoras an:

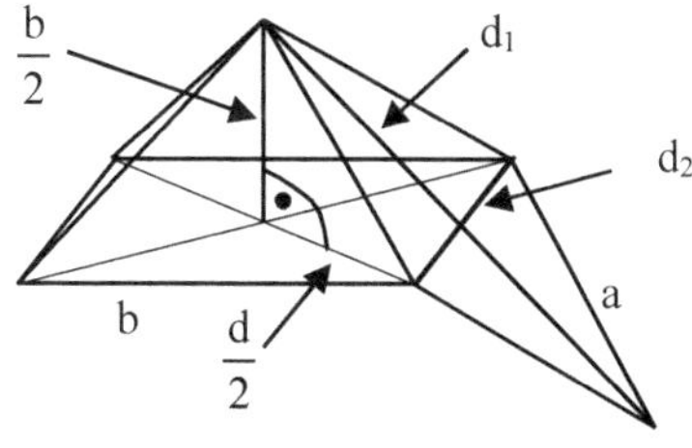

$$\left(\frac{b}{2}\right)^2 + \left(\frac{d}{2}\right)^2 = a^2 \qquad (1)$$

Wieder wenden wir den Satz des Pythagoras an, diesmal auf einer Würfelfläche:

$$b^2 + b^2 = d^2 \;\Rightarrow\; 2\,b^2 = d^2 \;\Rightarrow\; \sqrt{2}\,b = d \qquad (2)$$

Diese Beziehung zwischen d und b setzen wir in (1) ein:

$$\Rightarrow \left(\frac{b}{2}\right)^2 + \left(\frac{b\sqrt{2}}{2}\right)^2 = a^2 \;\Rightarrow\; \frac{b^2}{4} + \frac{2b^2}{4} = a^2$$

$$\Rightarrow \frac{3}{4}b^2 = a^2 \;\Rightarrow\; b^2 = \frac{4}{3}a^2 \;\Rightarrow\; b = \frac{2}{\sqrt{3}}a$$

Doch kommen wir zurück zu der Möglichkeit, mit Rhombendodekaedern den Raum lückenlos zu parkettieren. Die sechs aufgesetzten Pyramiden entsprechen genau dem Würfel. Es sind dieselben sechs Pyramiden, die entstehen, wenn man den Würfel entlang seiner Raumdiagonalen zerlegt (s. Abbildung 26).

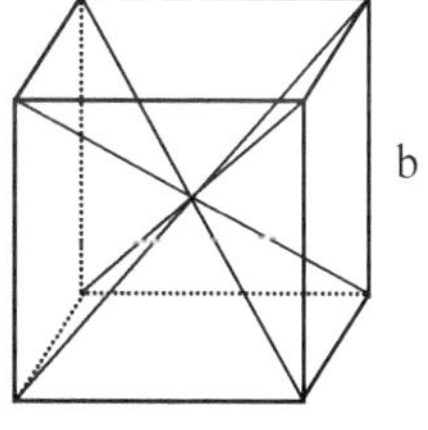

Abb. 26

Auch diese Pyramiden haben jeweils eine Würfelseite als Grundfläche, die Höhe dieser sechs Pyramiden beträgt ebenfalls $\frac{b}{2}$.

Mit Würfeln kann man den Raum lückenlos parkettieren. Wir stellen uns vor, der Raum wäre mit schwarzen und weißen Würfeln wie in einem räumlichen Schachbrett ausgefüllt. Jeden weißen Würfel zerlegen wir in sechs Pyramiden und kleben diese Pyramiden an die benachbarten schwarzen Würfel an. Die weißen Würfel sind dann verschwunden, aus den schwarzen Würfeln sind Rhombendodekaeder geworden. Da wir nichts weggenommen und nichts hinzugefügt haben, haben wir nach wie vor eine lückenlose Parkettierung des Raumes.

Übung: 1) Konstruieren Sie das Netz eines Rhombendodekaeders mit der Kantenlänge 6 cm und basteln Sie ihn aus Zeichenkarton. (Hinweise: Zeichenkarton wiegt 250 g/m^2. Knickkanten ritzen Sie vorher auf der Innenseite mit einem stumpfen Messer an. Haltbares Zusammenkleben gelingt, wenn Sie die Klebelaschen mit doppelseitigem Klebeband versehen.)

2) In Kapitel 2.1 haben wir erläutert, dass man das Rhombendodekaeder auch erhält, wenn man einem Würfel gerade Pyramiden mit quadratischer Grundfläche aufsetzt, deren Körperhöhe halb so groß ist wie die Würfelkantenlänge[2].

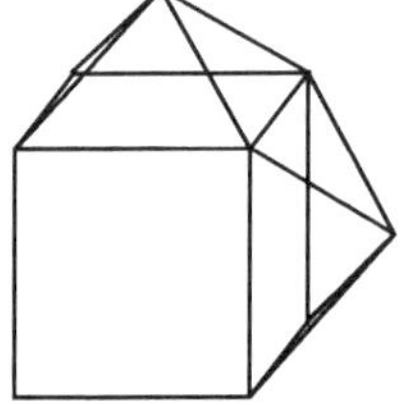

Es sei b die Kantenlänge des Würfels und die der Grundfläche der Pyramiden, s die andere Kantenlänge der Seitenfläche der Pyramide, h die Höhe der dreieckigen Pyramidenseitenflächen und H die Raumhöhe der Pyramiden. Beantworten Sie die folgenden Fragen mit Begründung, ggf. Zusatzzeichnungen und Berechnungen:

a) Jede rautenförmige Seite des Rhombendodekaeders ist aus zwei Dreiecken zusammengesetzt. Liegen beide Dreiecke wirklich in derselben Ebene, d. h. gibt es keinen Knick dort, wo die zwei Dreiecke zusammenstoßen? Begründen Sie exakt.

---

[2]   Siehe Abbildung 24.

b) Drücken Sie das Volumen des Würfels, der Pyramidenkette und des Rhombendodekaeders in Abhängigkeit von der Würfelkantenlänge b aus.
Welche Beziehungen bestehen zwischen den Volumina der drei Körper?

c) Drücken Sie die Längen s, h und H in Abhängigkeit von b aus.

d) Berechnen Sie mit den Werten aus (c) den Oberflächeninhalt des Rhombendodekaeders und zeigen Sie, dass dieser kleiner ist als der Oberflächeninhalt des volumengleichen Quaders aus zwei Würfeln der Kantenlänge b.

2.2 Die platonischen Körper

Topologisch gesehen besteht kein Unterschied zwischen einem Würfel, einem beliebigen Quader oder einem Spat[3]. Plättet man sie in die Ebene, so entstehen jeweils isomorphe Graphen. In der Topologie spielen Maße keine Rolle. Die Länge oder Form der Kanten, Winkelmaße u.ä. interessieren nicht, lediglich die Beziehungen zwischen den Ecken und Kanten sind wichtig, und darin unterscheiden sich die genannten Körper nicht.

Wir nehmen in diesem Kapitel metrische Eigenschaften zu den topologischen hinzu und sondern aus Klassen topologisch äquivalenter *Polyeder* (griechisch: Vielflach) spezielle Polyeder aus.

Polyeder sind Körper, die von *Polygonen*, also von Vielecken wie Dreiecken, Vierecken, Fünfecken usw. begrenzt sind.

Polyeder heißen *konvex*, wenn zu je zwei Punkten aus dem Innern des Polyeders auch die Verbindungsstrecke zwischen diesen beiden Punkten ganz im Innern des Polyeders verläuft.

Zwei Polyeder, die aus denselben Vielecken aufgebaut sind, müssen nicht kongruent sein, wie das folgende Beispiel zweier Polyeder aus fünf Quadraten und vier gleichschenkligen Dreiecken zeigt:

---

[3] Ein *Spat* ist ein schiefes Prisma mit parallelogrammförmiger Grundfläche. Beim Spat sind alle Gegenflächen zueinander kongruent. Würfel und Quader sind Sonderformen des Spats.

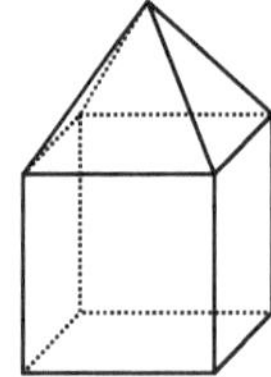 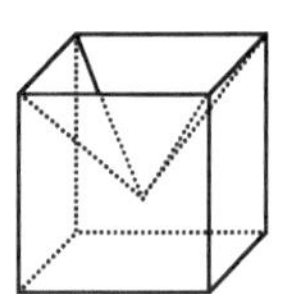

Abb. 27   konvexes Polyeder   nicht konvexes Polyeder

Definition 1:   reguläres Polyeder

Ein konvexes Polyeder heißt *regulär*, wenn alle Flächen zueinander kongruente, regelmäßige Vielecke sind und in jeder Ecke gleich viele Vielecke zusammenstoßen.

Das bekannteste Beispiel für ein reguläres Polyeder ist der Würfel. Seine Flächen sind kongruente Quadrate, von denen jeweils drei in einer Ecke zusammentreffen. In jeder Ecke treffen auch gleich viele Kanten zusammen, was allgemein für jedes reguläre Polyeder gilt.

Nach dem im ersten Abschnitt des letzten Kapitels beschriebenen Verfahren kann man jedes konvexe Polyeder in die Ebene plätten. Man erhält dann einen zusammenhängenden planaren Graphen, für den die Eulersche Formel gilt. Damit gilt diese Beziehung für die Anzahlen der Ecken, Kanten und Flächen auch für konvexe Polyeder.

Satz 1:   Eulerscher Polyedersatz

Für ein konvexes Polyeder mit e Ecken, k Kanten und f Flächen gilt: $e - k + f = 2$

Machen Sie sich am Beispiel eines Quaders, durch den ein quaderförmiges Loch gebohrt wurde (Abbildung 28), klar, dass Satz 1 für nicht konvexe Polyeder im Allgemeinen falsch ist.
In diesem Beispiel gilt $e = f = 16$ und $k = 32$.

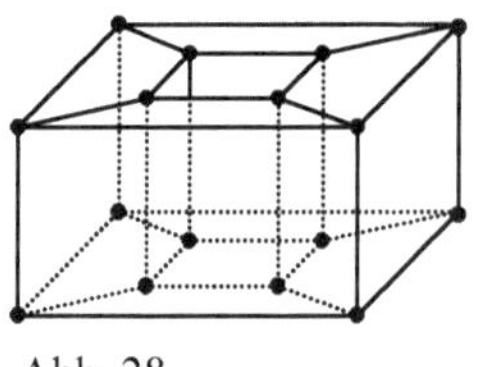

Abb. 28

Wir haben im ersten Kapitel schon die fünf platonischen Körper betrachtet und uns von der Richtigkeit des Eulerschen Polyedersatzes bei diesen Körpern überzeugt. Wir wollen nun der folgenden Frage nachgehen:

Gibt es außer den fünf platonischen Körpern noch weitere reguläre Polyeder?

Wir vereinbaren:

- Ein Polyeder sei von regelmäßigen n-Ecken begrenzt, $n \geq 3$.
- In jeder Ecke des Polyeders stoßen m Flächen zusammen, $m \geq 3$.
- Das Polyeder habe e Ecken, k Kanten und f Flächen.

Dann gilt:

- Das Polyeder besteht aus f Flächen. Jede Fläche ist ein n-Eck, hat also n Kanten. Wir kommen also auf $f \cdot n$ Kanten, haben dabei aber jede Kante bei zwei Flächen gezählt.

  Also gilt: $f \cdot n = 2 \cdot k$

- Das Polyeder hat e Ecken. In jeder Ecke stoßen m Kanten (von m Flächen) zusammen. Wir kommen also auf $e \cdot m$ Kanten, haben dabei aber jede Kante bei zwei Ecken gezählt.

  Also gilt: $e \cdot m = 2 \cdot k$

- Wir lösen diese beiden Gleichungen nach f bzw. e auf:

$$f \cdot n = 2 \cdot k \Leftrightarrow f = \frac{2 \cdot k}{n} \; ; \quad e \cdot m = 2 \cdot k \Leftrightarrow e = \frac{2 \cdot k}{m}$$

- Diese Ausdrücke setzen wir in die Eulersche Polyederformel ein:

$$\frac{2 \cdot k}{m} - k + \frac{2 \cdot k}{n} = 2$$

$$\Rightarrow \frac{1}{m} - \frac{1}{2} + \frac{1}{n} = \frac{1}{k} \qquad / : 2 \cdot k$$

$$\Rightarrow \frac{1}{m} + \frac{1}{n} = \frac{1}{2} + \frac{1}{k} \qquad / + \frac{1}{2}$$

$$\Rightarrow \frac{1}{m} + \frac{1}{n} > \frac{1}{2} \qquad / \text{ weil für die Kantenzahl k gilt: } k > 0$$

Wir untersuchen nun, welche Werte für m und n in Frage kommen, so dass die obige Ungleichung erfüllt ist.

m , n	$\dfrac{1}{m} + \dfrac{1}{n} > \dfrac{1}{2}$?	reguläres Polyeder
m = 3, n = 3	$\dfrac{1}{3} + \dfrac{1}{3} = \dfrac{2}{3} > \dfrac{1}{2}$	Tetraeder
m = 3, n = 4	$\dfrac{1}{3} + \dfrac{1}{4} = \dfrac{7}{12} > \dfrac{1}{2}$	Hexaeder (Würfel)
m = 3, n = 5	$\dfrac{1}{3} + \dfrac{1}{5} = \dfrac{8}{15} > \dfrac{1}{2}$	Dodekaeder
m = 3, n ≥ 6	$\dfrac{1}{3} + \dfrac{1}{n} \leq \dfrac{1}{2}$	–
m = 4, n = 3	$\dfrac{1}{4} + \dfrac{1}{3} = \dfrac{7}{12} > \dfrac{1}{2}$	Oktaeder
m = 4, n ≥ 4	$\dfrac{1}{4} + \dfrac{1}{n} \leq \dfrac{1}{2}$	–
m = 5, n = 3	$\dfrac{1}{5} + \dfrac{1}{3} = \dfrac{8}{15} > \dfrac{1}{2}$	Ikosaeder
m = 5, n ≥ 4	$\dfrac{1}{5} + \dfrac{1}{n} \leq \dfrac{1}{2}$	–
m ≥ 6, n ≥ 3	$\dfrac{1}{m} + \dfrac{1}{n} \leq \dfrac{1}{2}$	–

Damit haben wir gezeigt:

Satz 2:   Es gibt genau fünf reguläre Polyeder. Dies sind das Tetraeder, das Hexaeder, das Oktaeder, das Dodekaeder und das Ikosaeder.

Die fünf platonischen[4] Körper sind also definitiv die einzigen regulären Polyeder, auch wenn wohlwollend geneigte Betrachter mehr als fünf perfekte Körper in der folgenden Abbildung erkennen mögen.

---

[4]   Platon, um 429 – 348 v. Chr., griechischer Philosoph und Mathematiker.

„Die fünf platonischen Körper" von E. Neumann im Bagnopark Steinfurt

Die platonischen Körper waren schon den Griechen bekannt. Ihre Namen gehen auf griechische Zahlwörter zurück, die eine Beziehung zu den Anzahlen ihrer Flächen herstellen.

Platon hat im Dialog „Timaios" ein Modell des Kosmos entworfen. Darin ordnet er dem „Element" Feuer das Tetraeder zu, der Erde den Würfel, der Luft das Oktaeder und dem Wasser das Ikosaeder. Das Dodekaeder deutet er als Weltall, das alles andere umfasst.

Ein weiterer, allerdings sehr viel späterer Entwurf eines Weltmodells auf der Basis der platonischen Körper geht auf Kepler[5] zurück. Aus seiner 1596 veröffentlichten Schrift „Mysterium cosmographicum" stammt die Abbildung 29, bei der einer Kugel ein Würfel einbeschrieben ist, so dass die Ecken des Würfels die Kugel berühren. In diesem Würfel steckt eine Kugel, die die Seitenflächen des Würfels berührt. In dieser Kugel stecken nacheinander ein Tetraeder, wieder eine Kugel, ein Dodekaeder, schon wieder eine Kugel, ein Ikosaeder, noch eine Kugel, ein Oktaeder und eine sechste Kugel. Die Radien

---

[5] Johannes Kepler, 1571 – 1630, deutscher Mathematiker und Astronom.

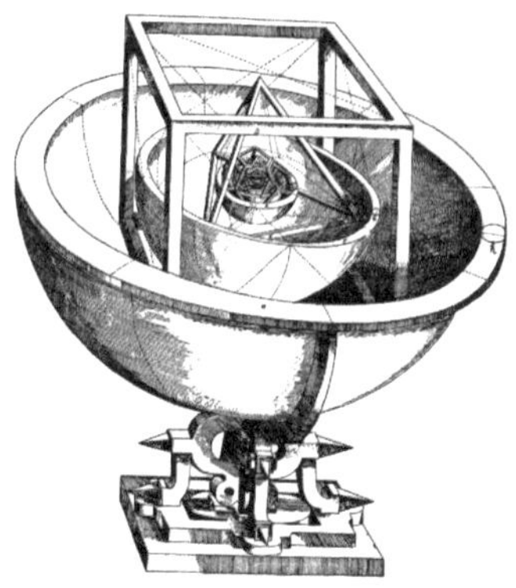

Abb. 29 (Entwurf eines Welt-
    modells nach Kepler[6])

dieser Kugeln sollten die Bahnradien der damals bekannten sechs Planeten Saturn, Jupiter, Mars, Erde, Venus und Merkur (von außen nach innen) sein.

Die außerordentlich exakten Himmelsbeobachtungen des kaiserlichen Astronoms Tycho Brahe, der Kepler ein Jahr vor seinem Tod 1601 zu seinem Gehilfen an den Hof nach Prag rief, machten die Diskrepanzen zwischen Modell und Beobachtung schnell deutlich und veranlassten Kepler, sein Modell zu verwerfen.

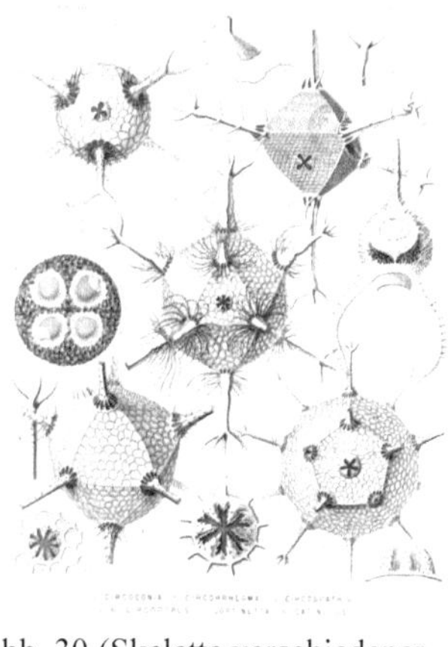

Abb. 30 (Skelette verschiedener
    Radiolarien[7])

Auch in der Natur finden sich mehr oder weniger genaue Konkretisierungen der platonischen Körper. Abbildung 30 zeigt eine Auswahl von mikroskopisch kleinen Strahlentierchen (Radiolarien), deren Körperbau sich an den platonischen Körpern orientiert:

Circogonia icosahedra (Bildmitte), Circorrhegma dodecahedra (r. u.), Circoporus octrahedrus (r. o.).

---

[6]   Abbildung Public Domain,
    https://commons.wikimedia.org/w/index.php?curid=37300
[7]   Abbildung Public Domain, H.M.S. Challenger in
    https://commons.wikimedia.org/wiki/File:Radiolaria_(Challenger)_Plate_
    117.jpg

Minerale bilden Kristalle in Form von platonischen Körpern. Würfel findet man z.B. bei Kochsalz, Pyrit (s. Abbildung 31) und Bleiglanz. Fluorit (s. Abbildung 32) und Alaun bilden Oktaederkristalle, Pyrit kristallisiert auch zu Dodekaedern und Ikosaedern.

Abb. 31 (Pyrit Kristalle[8])   Abb. 32 (Fluorit Kristall (Mexico)[9])

Ebenfalls faszinierend ist die folgende Beziehung zwischen den platonischen Körpern: Verbindet man bei einem Würfel die Mittelpunkte benachbarter Flächen, so entsteht ein Oktaeder; verbindet man bei einem Oktaeder die Mittelpunkte benachbarter Flächen, so entsteht ein Würfel (s. Abbildung 33). Man sagt, Oktaeder und Würfel sind dual zueinander (vgl. duale Graphen). Dieselbe Beziehung besteht zwischen Dodekaeder und Ikosaeder. Das Tetraeder ist zu sich selbst dual, denn wenn man die Mittelpunkte der Seiten eines Tetraeders verbindet, so entsteht wieder ein Tetraeder. Versuchen Sie's doch mal.

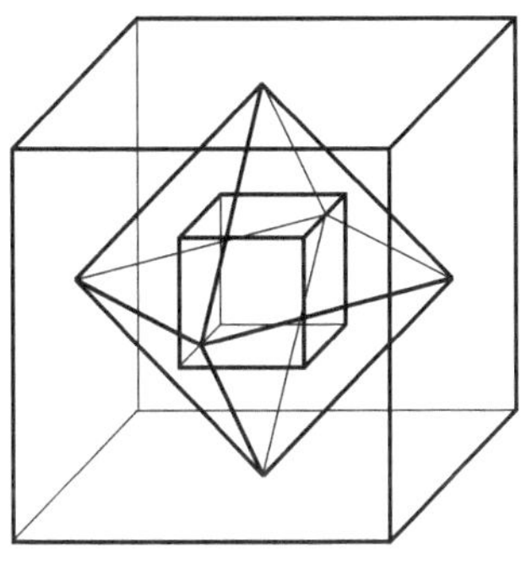

Abb. 33

[8]   Foto: Carles Millan in https://commons.wikimedia.org/wiki/File:2780M-pyrite1.jpg

[9]   Foto: Parent Géry in https://commons.wikimedia.org/wiki/File:Fluorine_(Mexique)_1.JPG

2.3   Halbreguläre Polyeder

Die strengen Anforderungen, die wir in Definition 1 an reguläre Polyeder gestellt haben, lassen sich in zwei Richtungen abschwächen:

Entweder verzichten wir darauf, dass alle Seitenflächen eines konvexen Polyeders kongruent zueinander sind, lassen z.B. zwei Arten von regelmäßigen n-Ecken zu, etwa Quadrate und gleichseitige Dreiecke, verlangen aber weiterhin, dass in jeder Ecke in gleicher Weise gleich viele Vielecke gleicher Art zusammenstoßen[10], oder wir verzichten darauf, dass in jeder Polyederecke gleich viele Flächen zusammenkommen, fordern aber, dass alle Seitenflächen zueinander kongruent sind.

Konvexe Polyeder, bei denen alle Ecken in der oben beschriebenen Art gleich sind oder bei denen alle Seitenflächen kongruent zueinander sind, heißen *halbreguläre Polyeder*.

Mindestens ein *halbreguläres* Polyeder kennen Sie sicher aus Ihrer Umwelt. Der Europa-Fußball wird aus regelmäßigen Fünf- und Sechsecken genäht, wobei in jeder Ecke zwei Sechsecke und ein Fünfeck zusammenstoßen (s. Abbildung 34). Das Rhombendodekaeder, das Sie zu Anfang dieses Kapitels hergestellt haben, tritt z.B. bei den Kristallen des Halbedelsteins Granat auf (s. Abbildung 35). Bei diesem Körper sind alle Seitenflächen kongruent, aber in sechs Ecken stoßen vier Rauten zusammen, in den übrigen Ecken nur drei.

Abb. 34 (Europa-Fußball)   Abb. 35 (Granat-Rhombendodekaeder[11])

---

[10] Man spricht dann auch von *kongruenten Eckenumgebungen*.
[11] Foto: Rob Lavinsky, iRocks.com – CC-BY-SA-3.0, CC BY-SA 3.0, https://commons.wikimedia.org/w/index.php?curid=10131560

Definition 2:   archimedische und dual-archimedische Körper
Ein konvexes Polyeder, dessen Flächen verschiedene regelmäßige n-Ecke sind und dessen Eckenumgebungen kongruent sind, heißt *archimedischer*[12] *Körper*.
Als *dual-archimedische Körper* bezeichnet man solche konvexen Polyeder, bei denen alle Flächen und die zwischen ihnen eingeschlossenen Winkel kongruent sind, nicht aber alle Polyederecken.

Nach dieser Definition ist der Europa-Fußball ein archimedischer und das Rhombendodekaeder ein dual-archimedischer Körper.

Weitere Beispiele für archimedische Körper sind *Prismen* über regelmäßigen n-Ecken mit quadratischen Seitenflächen. In Abbildung 36 sehen Sie ein archimedisches Prisma über einem regelmäßigen Fünfeck. Im Fall n = 4 ergibt sich der Würfel.

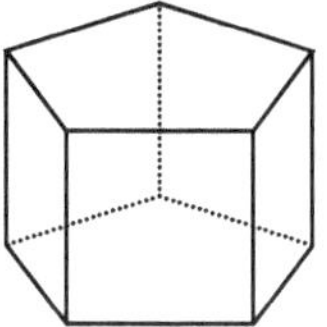

Abb. 36

Die *archimedischen Antiprismen*, bei denen Grund- und Deckfläche kongruente regelmäßige n-Ecke sind und die Seitenflächen gleichseitige Dreiecke, sind ebenfalls archimedische Körper. In Abbildung 37 sehen Sie ein archimedisches Antiprisma über einem Quadrat. Für n = 3, also wenn Grund- und Deckfläche gleichseitige Dreiecke sind, entsteht das bekannte Oktaeder.

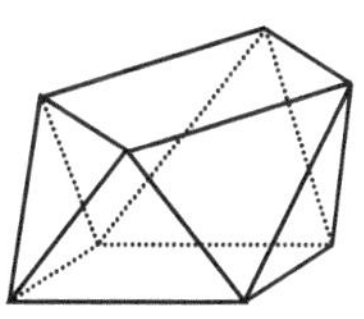

Abb. 37

Archimedische Körper ergeben sich ebenfalls, wenn man bei den platonischen Körpern die Ecken so abschneidet, dass die Schnittflächen regelmäßige n-Ecke ergeben und die restlichen Seitenflächen ebenfalls regelmäßige n-Ecke bilden. Man spricht dann von abgestumpften Körpern (Abbildung 38).

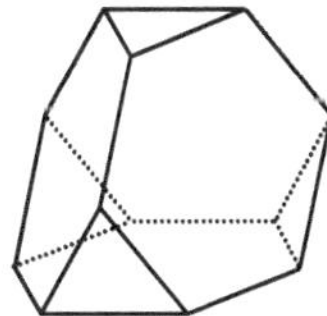 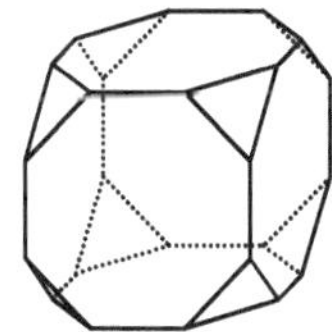 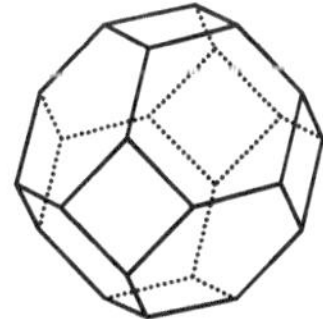

Abb. 38 (abgestumpftes Tetraeder, Hexaeder und Oktaeder)

---

[12] Archimedes von Syrakus, ca. 287 – 212 v. Chr., untersuchte als Erster die halbregulären Polyeder.

Schleift man beim Würfel die Ecken noch weiter ab, bis schließlich die dreieckigen Schnittflächen zusammenstoßen, so erhält man das Kuboktaeder.

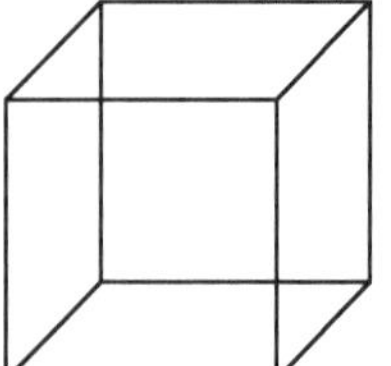 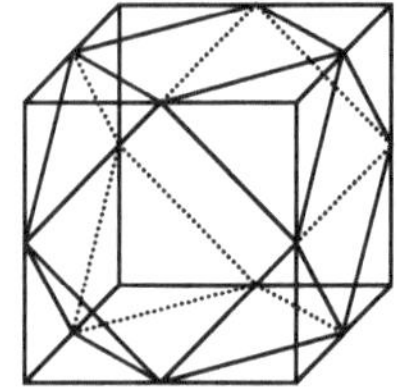 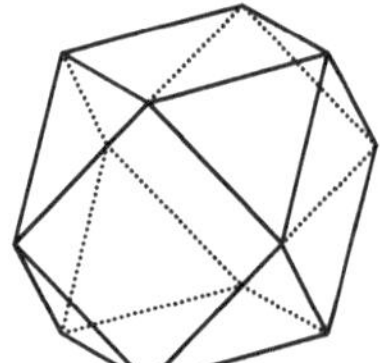

Abb. 39 (vom Würfel zum Kuboktaeder)

Wir überlegen:

Welcher Körper ergibt sich durch das Abstumpfen eines Ikosaeders?

Das Ikosaeder hat als Seitenflächen 20 gleichseitige Dreiecke, von denen jeweils fünf in einer Ecke zusammenstoßen.

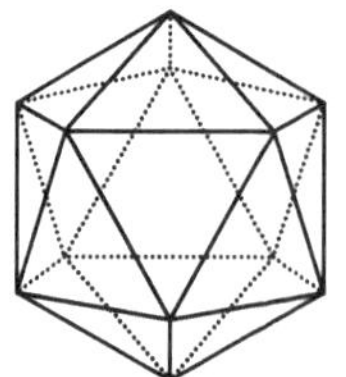

Wenn Sie eine solche Ecke wegschneiden, wir haben das rechts für drei Ecken durchgeführt, so ergibt sich als Schnittfläche ein Fünfeck. Blicken wir auf eine der dreieckigen Seitenflächen. An jeder der drei Ecken wird etwas abgeschnitten, also wird aus dem Dreieck ein Sechseck.

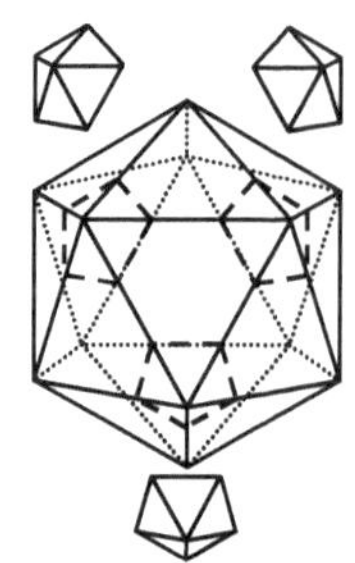

Es ergibt sich also ein neuer Körper, der aus regelmäßigen Fünf- und Sechsecken besteht, unser bekannter Fußball. Wir können jetzt leicht herausfinden, aus wie vielen Fünf- und Sechsecken das abgestumpfte Ikosaeder zusammengesetzt ist:

Die Sechsecke sind aus den Seitenflächen des Ikosaeders entstanden, also müssen es 20 sein.

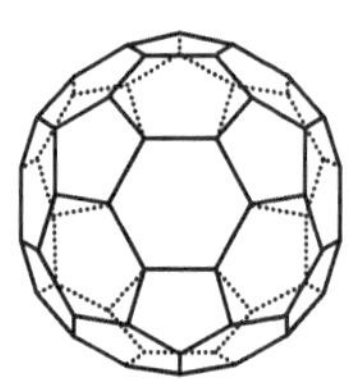

Die Fünfecke sind aus den Ikosaederecken entstanden, also müssen wir die Zahl der Ecken des Ikosaeders ermitteln. 20 Dreiecke haben zusammen 60 Ecken. Da aber in jeder Ikosaederecke fünf Dreiecke aufeinanderstoßen, haben wir alle Ecken fünffach gezählt und müssen 60 noch durch 5 dividieren. Das Ikosaeder hat also 12 Ecken, folglich hat der Fußball 12 Fünfecke.

Neben archimedischen Körpern, die aus zwei verschiedenen Typen von regelmäßigen n-Ecken bestehen, gibt es auch solche aus dreierlei Formen. Zwei Beispiele sehen Sie in Abbildung 40. Insgesamt gibt es 13 verschiedene archimedische Körper und zwei Folgen von archimedischen Körpern, nämlich die o.g. Prismen und Antiprismen. Eine vollständige Liste, Abbildungen und Netze finden Sie z.B. in Roman 1968.

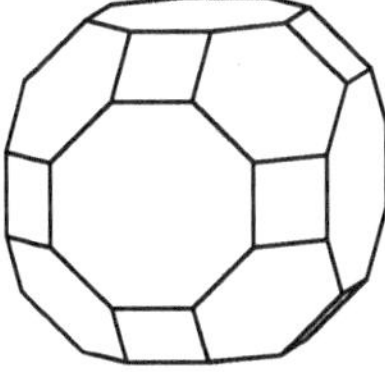 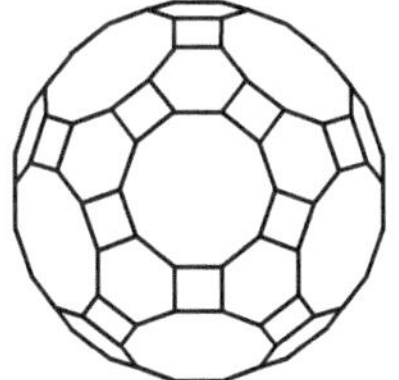

Abb. 40   Kuboktaederstumpf   Ikosidodekaederstumpf

Wegen der Dualität gibt es auch 13 verschiedene dual-archimedische Körper sowie zwei Folgen dual-archimedischer Körper, die Trapezoeder, auf die wir hier nicht eingehen werden, und die Doppelpyramiden. Interessierte verweisen wir auf Adam & Wyss 1984, wo man u.a. Bilder aller halbregulären Polyeder findet sowie Erläuterungen zu den Beziehungen zwischen archimedischen Körpern und ihren dualen Partnern.

Wie bei der Dualität von Graphen und platonischen Körpern stimmt die Kantenzahl von archimedischem und dual-archimedischem Körper überein, die Eckenanzahl entspricht der Flächenanzahl des jeweils anderen.

Wir übertragen das Verfahren des Verbindens der Mittelpunkte benachbarter Seiten, das wir uns bei der Dualität der platonischen Körper zunutze gemacht haben, auf ein archimedisches Prisma über einem regelmäßigen Fünfeck. Der entstehende Körper ist eine Doppelpyramide aus zwei an den Grundflächen zusammengesetzten Pyramiden (s. Abbildung 41).

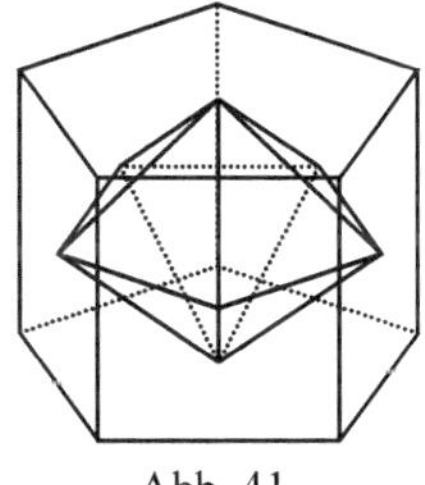

Abb. 41

Wie man sieht, schließen die Dreiecke einer Pyramide untereinander einen sehr viel größeren Winkel ein als die aneinanderstoßenden Seiten zweier Pyramiden. So entsteht also keine dual-archimedische Doppelpyramide. Dies ändert aber nichts an der Tatsache, dass archimedische Prismen als duale Körper dual-archimedische Doppelpyramiden haben.

Das Kuboktaeder haben Sie bereits als archimedischen Körper kennen gelernt (s. Abbildung 39). Bevor wir gleich überlegen, wie der dual-archimedische Körper zum Kuboktaeder aussieht, wollen wir auf zwei verschiedenen Wegen ermitteln, wie viele Flächen welcher Art dieser Körper hat.

Da wir wissen, wie das Kuboktaeder durch Abschleifen eines Würfels entsteht (s. Abbildung 39) und uns Flächen- und Eckenzahl eines Würfels bekannt sind, können wir anschaulich argumentieren, dass aus den 8 Würfelecken 8 dreieckige Schnittflächen entstehen. Von den 6 alten Würfelflächen bleiben 6 quadratische Restflächen übrig.

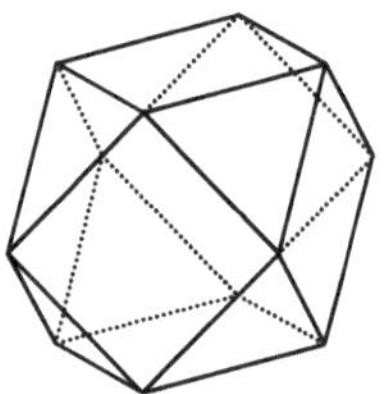

Man kann die Zahl der Flächen des Kuboktaeders aber auch mit dem Eulerschen Polyedersatz ermitteln:

- Sei n die Anzahl der Quadrate und m die Anzahl der Dreiecke. Dann gilt: $f = n + m$

- n Quadrate liefern 4n Ecken, m Dreiecke liefern 3m Ecken, das Kuboktaeder hätte also 4n + 3m Ecken. Da in jeder Ecke aber 4 Flächen zusammentreffen, haben wir die Ecken vierfach gezählt.
  Also gilt: $e = (4n + 3m) : 4$

- n Quadrate liefern 4n Kanten, m Dreiecke liefern 3m Kanten, das Kuboktaeder hätte demnach 4n + 3m Kanten. Da jede Kante aber zu zwei Flächen gehört, haben wir die Kanten doppelt gezählt.
  Also gilt: $k = (4n + 3m) : 2$

- Diese Gleichungen setzen wir in die Eulersche Formel $e - k + f = 2$ ein:

$$\frac{4n + 3m}{4} - \frac{4n + 3m}{2} + n + m = 2$$

$\Rightarrow$ 4n + 3m − 8n − 6m + 4n + 4m = 8 $\qquad$ / · 4

$\Rightarrow$ m = 8 $\qquad\qquad\qquad\qquad\qquad\qquad$ / zusammengefasst

- An jedes der 8 Dreiecke grenzen 3 Quadrate, also erhalten wir 24 Quadrate, wobei wir aber jedes vierfach gezählt haben, da jedes Quadrat von vier Dreiecken umgeben ist. Das Kuboktaeder hat also 24 : 4 = 6 quadratische Seitenflächen.

Dies ist das Verfahren der Wahl, wenn man die „Entstehungsgeschichte" des Körpers nicht kennt oder evtl. nur einen Netzausschnitt vorliegen hat.

Wie sieht der duale Körper zum Kuboktaeder aus?

Geht man vom Kuboktaeder zum dualen Körper über, indem man jeweils die Mittelpunkte benachbarter Flächen durch neue Kanten verbindet, so stellt man zunächst fest, dass die Flächen des neuen Körpers Vierecke sind. Da jeweils ein Dreiecksmittelpunkt mit einem Quadratmittelpunkt verbunden wird, sind die vier Kanten der neuen Seitenflächen wegen der Symmetrie des Kuboktaeders gleich lang. Der duale Körper besteht also aus lauter Rauten. In jedem der sechs Quadrate des Kuboktaeders stoßen vier Rauten zusammen, die wir aber alle doppelt gezählt haben, da jede Raute zu zwei Quadraten gehört. Der zum Kuboktaeder duale Körper besteht also aus 12 Rauten. Es handelt sich um das Rhombendodekaeder (s. Abbildung 35).

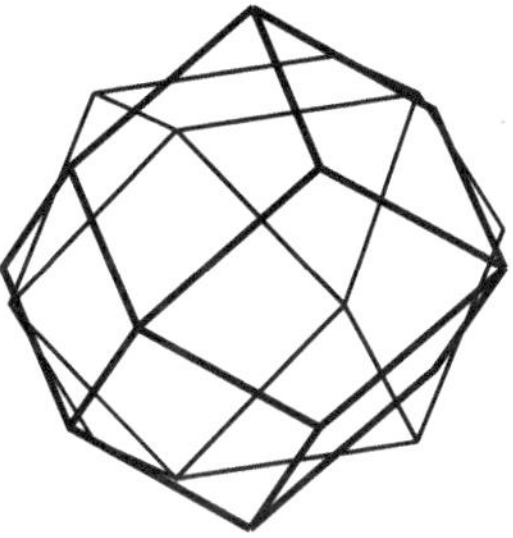

Haben Sie es bemerkt? Das Ergebnis ist zwar richtig, unsere Argumentation hat aber gleich zu Anfang einen gravierenden Schwachpunkt. Die vier benachbarten Seitenmittelpunkte eines Kuboktaeders liegen nicht in einer Ebene! Bei der Doppelpyramide im archimedischen Prisma trat dieses Problem nicht auf, da dort jeweils drei Seitenmittelpunkte miteinander verbunden wurden und drei Punkte immer in einer Ebene liegen. Aber auch da war uns schon aufgefallen, dass diese Konstruktion nicht zu einer dual-archimedischen Doppelpyramide führte. Die Konstruktion funktioniert nur bei den platonischen Körpern. Bei der Konstruktion dual-archimedischer Körper muss man anders vorgehen. Zum einen kann man an die Umkugel, die jeder archimedische Körper besitzt, durch die Ecken des archimedischen Körpers Tangentialebenen legen. Auf den Schnittgeraden zweier Ebenen durch benachbarte Punkte liegen die Kanten des dual-archimedischen Körpers. Die Schnittpunkte der Kanten, also die Ecken des dual-archimedischen Körpers liegen senkrecht über den Mittelpunkten der Flächen des archimedischen Körpers. Zum anderen kann man verwenden, dass die Kanten des dual-archimedischen Körpers die Kanten des archimedischen Körpers mittig im rechten Winkel kreuzen und dabei mit den überstrichenen Flächen gleich große Winkel einschließen.

Zum Schluss dieses Kapitels trainieren wir unser räumliches Vorstellungsvermögen weiter. Stellen Sie sich einen Würfel vor, in dem sein dualer Körper, das Oktaeder, so drinsteckt, dass dessen Ecken die Mittelpunkte der Würfelseiten berühren. Jetzt lassen Sie das Oktaeder wachsen. Seine Ecken durchstoßen die Würfelseiten, treten immer mehr hervor, solange bis die Oktaederkanten durch die Würfelkanten verlaufen (Abbildung 42).

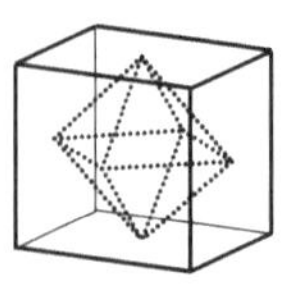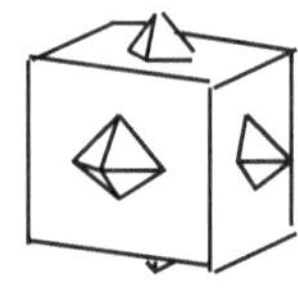

Abb. 42

Diese *Durchdringung* ergibt sich ebenso, wenn Sie einen ins Oktaeder eingeschlossenen Würfel wachsen lassen (Abbildung 43).

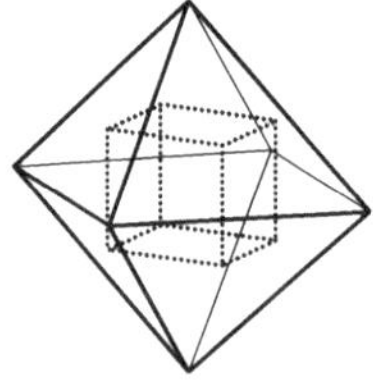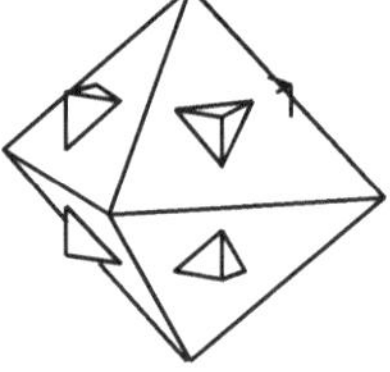

Abb. 43

Verbindet man nun in diesem Durchdringungskörper benachbarte Würfel- und Oktaederspitzen miteinander, so entsteht ...

... genau: das Rhombendodekaeder (Abbildung 44).

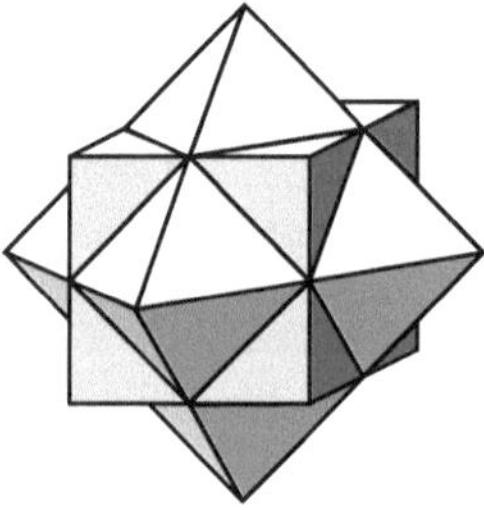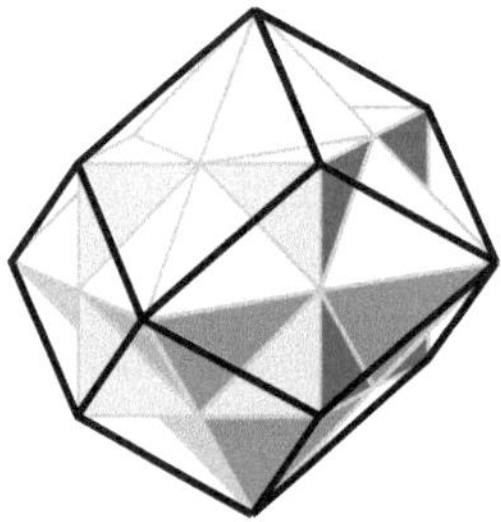

Abb. 44

Übung: 1) Bestimmen Sie für die abgestumpften platonischen Körper jeweils die Anzahlen der Ecken, Kanten und Flächen.

2) Konstruieren Sie das Netz des abgestumpften Oktaeders mit der Kantenlänge 4 cm und basteln Sie ihn aus Zeichenkarton. (Technische Hinweise s. Übung 1 in Kapitel 2.1. Das Netz passt auf einen Bogen des Formats DIN A3.)

3.a) Betrachten Sie noch einmal die Abbildung 42. Das Oktaeder wächst weiter. Ergänzen Sie die drei Darstellungen in Abbildung 42 um zwei weitere Darstellungen, in denen wesentlich Neues passiert. Benennen Sie die Neuerungen.

b) Betrachten Sie noch einmal die Abbildung 43. Das Hexaeder wächst weiter. Ergänzen Sie die drei Darstellungen in Abbildung 43 um zwei weitere Darstellungen, in denen wesentlich Neues passiert. Benennen Sie die Neuerungen.

4) Rechts sehen Sie einen Netzausschnitt eines archimedischen Körpers, der aus gleichseitigen Dreiecken und Sechsecken besteht. Ermitteln Sie die Anzahl der Dreiecke und Sechsecke. Wie heißt der Körper?
Erläutern Sie Ihr Vorgehen nachvollziehbar.

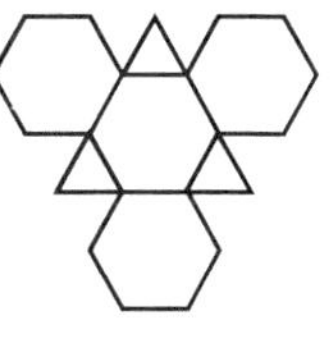

5) Rechts sehen Sie einen Netzausschnitt eines archimedischen Körpers, der aus regulären Vier-, Sechs- und Zehnecken besteht. Ermitteln Sie die Anzahl der Quadrate, Sechsecke und Zehnecke.

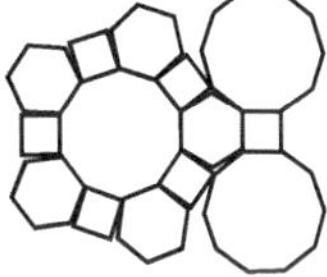

6) Formulieren Sie eine zur vorangegangenen Übungsaufgabe analoge Aufgabe zum Antiprisma über einem regulären Achteck. Geben Sie auch einen minimalen aber repräsentativen Netzausschnitt an und lösen Sie die Aufgabe. Welche Besonderheit tritt beim Lösen gegenüber der Lösung der vorangegangenen Übungsaufgabe auf?

7)   Das Rhombenikosidodekaeder ist ein archimedischer Körper. Es besteht aus regelmäßigen Drei-, Vier- und Fünfecken, wobei in jeder Körperecke nacheinander ein Quadrat, ein Dreieck, ein Quadrat, ein Fünfeck zusammenstoßen. Aus wie vielen Dreiecken, Quadraten, Fünfecken besteht dieser Körper?

8)   Welche der Aussagen A1 bis A7 sind wahr, welche falsch?

Die Abbildungen rechts zeigen Netzausschnitte archimedischer Körper. Die Körper bestehen jeweils aus regelmäßigen Dreiecken und Quadraten.

 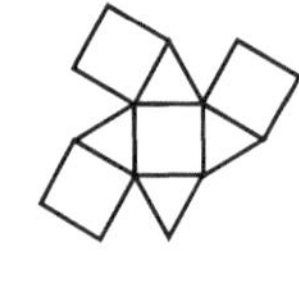

Netzausschnitt von Körper 1   Netzausschnitt von Körper 2

A1:   Körper 1 besteht aus 8 Dreiecken und 1 Quadrat.
A2:   Körper 2 besteht aus 8 Dreiecken und 6 Quadraten.
A3:   Bei einem der Körper handelt es sich um ein archimedisches Prisma.

Die folgende Abbildung zeigt einige platonische Körper.

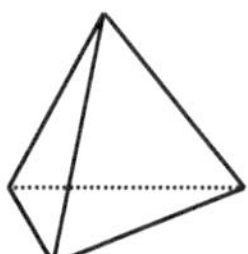 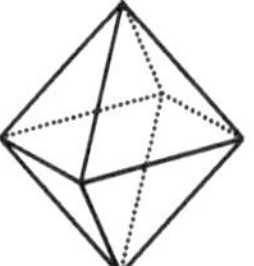 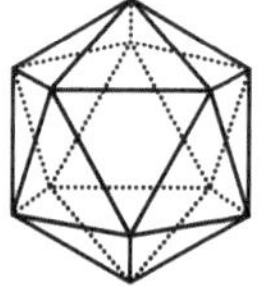

A4:   In der Abbildung sind Tetraeder, Oktaeder und Dodekaeder dargestellt.
A5:   Platonische Körper sind konvexe Polyeder, die aus regelmäßigen Drei-, Vier-, Fünf- oder Sechsecken bestehen.
A6:   Das Oktaeder hat so viele Ecken wie das Hexaeder Flächen hat. Das Ikosaeder hat so viele Ecken wie das Dodekaeder Flächen hat.
A7:   Beim Abstumpfen des Ikosaeders entsteht ein Körper, der aus 12 regelmäßigen Fünfecken und 20 regelmäßigen Sechsecken besteht.

3 Axiomatik

3.1 Zum Einstieg

Aus der Schule ist Ihnen bekannt, dass die Winkelsumme im Dreieck 180° beträgt. Falls Sie jemand fragt, warum das so ist, werden Sie vielleicht ein Bild wie das rechts zeichnen und erläutern, dass Wechselwinkel an Parallelen gleich groß sind und die drei Winkel α, β und γ sich zu einem gestreckten Winkel, also zu 180° ergänzen.

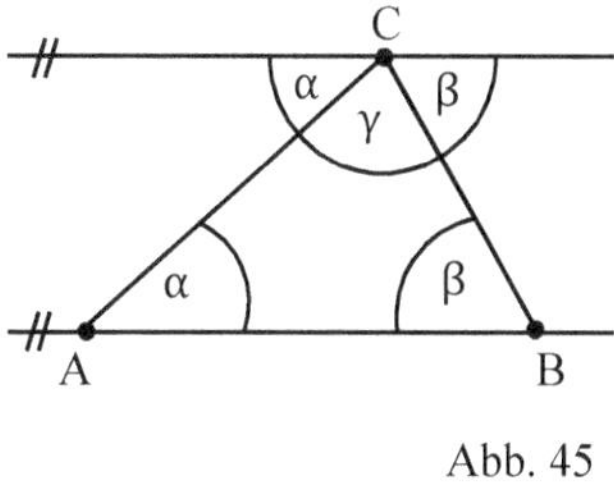

Abb. 45

Aber:

Könnten Sie auf Nachfrage beweisen, dass Wechselwinkel gleich groß sind?

Grundsätzlich ist dieser Sachverhalt beweisbar, wir werden das im Laufe des Kapitels 6 erledigen. Aber spätestens bei der Nachfrage, wer uns denn garantiert, dass es durch den Eckpunkt C des Dreiecks genau eine Parallele zur Geraden AB gibt, müssten Sie passen. Das lässt sich nicht beweisen.
Wir stoßen an dieser Stelle zum ersten Mal auf eine *Setzung* oder ein sogenanntes *Axiom*. Unter einem Axiom wollen wir einen von Fachleuten festgelegten konsensfähigen Grundsatz verstehen, der keines weiteren Beweises bedarf. In unserer Geometrie legen wir einfach fest: Es soll so sein, dass es durch einen Punkt außerhalb einer Geraden genau eine Gerade gibt, die die andere nicht schneidet.

Unsere Bemühungen, geometrische Erfahrungen zu erklären, zu begründen, Aussageketten aufzustellen wie „wenn das und das gilt, dann gilt auch jenes, woraus dann wieder dieses folgt usw." ist in der Geschichte der Menschheit ein noch relativ junges Phänomen. Schaut man sich die Mathematik der alten Ägypter oder der Babylonier an (jeweils etwa im Zeitraum von 3000 v. Chr. bis etwa 200 n. Chr.), so findet man keine solchen Fragen nach dem warum. Der Satz des Pythagoras war den Ägyptern und Babyloniern bekannt. Bei den regelmäßig auftretenden Überschwemmungen durch den Nil bzw. Euphrat und Tigris musste immer wieder das Land neu vermessen werden und zur Herstellung rechter Winkel wurde damals schon die Umkehrung des Satzes von Pythagoras benutzt[1]. Aus praktischen Bedürfnissen heraus haben die

---

[1] Wir verweisen hierzu auch auf Kapitel 6, Satz 20.

Menschen solche Gesetzmäßigkeiten entdeckt und empirisch immer und immer wieder bestätigt. Ein solches Vorgehen nennt man *induktiv*[2]. Induktiv erhält man z.B. den Satz von der Winkelsumme im Dreieck durch das möglichst genaue Ausmessen möglichst vieler verschiedenartiger Dreiecke. Schüler finden diesen Satz induktiv, wenn sie einer Vielzahl von verschiedenen Papierdreiecken die drei Innenwinkel abschneiden und dann feststellen, dass sich die ausgeschnittenen Teile stets zu einem gestreckten Winkel zusammenlegen lassen.

Dieses induktive Vorgehen bringt allerdings zwei Probleme mit sich. Zum einen ist es prinzipiell unmöglich, *alle* Dreiecke auszumessen. Wie weit kann man also den Satz von der Winkelsumme im Dreieck *verallgemeinern*? Gilt er auch für mikroskopisch kleine oder riesengroße Dreiecke? Das andere Problem betrifft die *Messgenauigkeit*. Selbst bei noch so präzisen Messgeräten müssen wir immer einen Messfehler berücksichtigen. Vielleicht beträgt die Winkelsumme im Dreieck nicht 180°, sondern 179,999995°. Wer kann das entscheiden?

Etwa 600 v. Chr. gaben die Griechen (Thales, Pythagoras, Euklid, Hippokrates u.v.a.) der Mathematik ein neues Gesicht. Zusätzlich zu dem „Was ist?" fragten sie „Warum ist das so?". Das war die Geburtsstunde der exakten Mathematik (übrigens auch die Geburtsstunde des Berufswissenschaftlertums). Empirisch gefundene Gesetzmäßigkeiten versuchte man durch logische Schlüsse zu begründen. Das nennt man *deduktives* Vorgehen.

Am Anfang einer solchen Schlusskette (oder wenn man mit dem Satz von der Winkelsumme anfängt und sich nach unten durchfragt am Ende einer Fragekette) stehen Aussagen, die man nicht beweisen kann. Es sind Kernsätze, Festlegungen, Setzungen, Grundannahmen, die man *Axiome* nennt. Zeitler (1972, 1973) vergleicht Axiome mit Spielregeln, z. B. des Schachspiels. Bevor wir Schach spielen können, müssen wir alle Regeln genauestens kennen. Wie werden die Figuren aufgestellt? Wie bewegen sie sich über das Brett? Wie schlagen sie? Was heißt „patt"? Wann ist das Spiel beendet? usw.

Solche Spielregeln sind willkürliche Festsetzungen, wir könnten die Schachregeln ja auch ganz anders formulieren und dann ein Spiel namens Schoch

---

[2] Beim induktiven Arbeiten gewinnt man einen Satz, eine Regel, eine Abstraktion aus der Betrachtung mehr oder weniger vieler Einzelfälle. Die frühe Physik oder die (Al-) Chemie sind Beispiele für induktiv vorgehende Wissenschaften. Vertiefende Informationen finden Sie in Benölken, Gorski und Müller-Philipp (2018) bei „Operativen Beweisen".

spielen. Damit das Spiel aber sinnvoll gespielt werden kann, müssen die Regeln einigen Bedingungen genügen. Die wichtigste ist die, dass sich die Regeln nicht widersprechen dürfen. Und die Regeln müssen vollständig sein, d.h., jede möglicherweise irgendwann einmal auftretende Spielsituation muss mit den Regeln entscheidbar sein[3]. Außerdem sollte man nicht mehr Regeln als notwendig aufstellen. Jede Regel, die man aus anderen herleiten könnte, wollen wir uns sparen. An ein Axiomensystem stellen wir also die Forderung nach *Widerspruchsfreiheit, Vollständigkeit* und *Unabhängigkeit.*

Um überhaupt ein Axiom formulieren zu können, braucht man Objekte, über die man etwas aussagen will. Diese *Grundelemente* sind in der Geometrie *Punkte* und *Geraden.* Unsere ersten Axiome (Kapitel 3.2) sagen etwas aus über die Existenz von solchen Grundelementen und ihre wechselseitigen *Beziehungen.* Was wir aus unseren Axiomen herleiten können, heißt *Satz.* Und dann kennen Sie noch den Begriff der *Definition.* In einer Definition wird eine neue Bezeichnung eingeführt für einen Sachverhalt, der auch ohne diese Definition schon klar ist. Es geht also nur darum, durch einen neuen Namen oder ein neues Zeichen etwas knapp zu beschreiben, das man sonst langatmig erläutern müsste.

Euklid[4] war es, der die Bemühungen der griechischen Mathematiker um eine Axiomatisierung der Geometrie zu einem Abschluss brachte. In einem 13bändigen Werk mit dem Namen „Elemente" hat er das mathematische Wissen seiner Zeit zusammengetragen. Es enthält das erste Axiomensystem unserer Geometrie, das über 2000 Jahre lang die Grundlage des Geometrieunterrichts in Schulen und Universitäten darstellte. Euklid selbst nannte die Axiome „Postulate". Sie waren für ihn Formulierungen von Selbstverständlichkeiten der Anschauung, wie z. B. „Durch zwei Punkte kann man stets eine gerade Linie ziehen." Die in dieser Aussage auftretenden Begriffe „Punkt" und „gerade Linie" hat Euklid definiert: „Ein Punkt ist, was keine Teile hat. Eine Gerade ist eine Linie, die gleich liegt mit den Punkten auf ihr selbst." (Meschkowski 1980, S. 87) Sie erkennen sicher selbst, dass solche Definitionen die Sache nicht klarer machen, denn unbekannte Begriffe werden durch nicht weniger unklare andere Begriffe erläutert. Zudem hat Euklid selbst später auf diese Art der Definitionen nicht mehr zurückgegriffen.

---

[3] Vielleicht haben Sie auch Erfahrungen mit neuen Gesellschaftsspielen, bei denen Sie im Laufe des Abends ad hoc eigene Spielregeln erfinden mussten, weil Sie sich in eine Spielsituation hineingespielt haben, für die die Spielentwickler keine Regel angegeben haben.

[4] Eukleides von Alexandria, um 300 v. Chr., griechischer Mathematiker.

Die moderne Mathematik verzichtet von daher auf Definitionen solcher Grundbegriffe. Noch in einem weiteren Punkt sind die Mathematiker in der Geometrie über Euklid hinausgegangen. Euklid benutzte in seinen Beweisen nicht nur die von ihm formulierten Axiome, sondern unbewusst Tatsachen, die er der Anschauung entnahm, aber nicht als Axiom formulierte. In diesem Sinne war Euklid's Axiomensystem noch nicht das vollständige System, das der von ihm beschriebenen Geometrie tatsächlich zugrunde liegt. Diese Lücken füllte erstmals der deutsche Mathematiker Pasch[5]. Aber auch für Pasch waren die Axiome noch „aus der Anschauung herausgeschälte ‚Grundsätze'" (Meschkowski 1980, S. 136).

Wenige Jahre später hat Hilbert[6] in seinem Buch „Grundlagen der Geometrie" (1899) dem Axiomensystem der euklidischen Geometrie die heute gängige Form gegeben. Ihm verdanken wir es, dass wir Axiome heute einfach als Setzungen interpretieren, die nicht mehr an unsere Anschauung gebunden sind. Auch die Grundbegriffe wie Punkte und Geraden werden von ihrer anschaulichen Bedeutung abgekoppelt. Bei einem Gespräch in einem Berliner Wartesaal sagte Hilbert: „Man muss jederzeit an Stelle von ‚Punkten, Geraden, Ebenen', ‚Tische, Stühle, Bierseidel' sagen können." (nach Meschkowski 1980, S. 136).

Charakteristisch für Hilberts Axiomensystem ist der Aufbau aus mehreren Axiomengruppen:

-     Axiome der Verknüpfung oder Inzidenz,
-     Axiome der Anordnung,
-     Axiome der Kongruenz,
-     Axiome der Parallelen,
-     Axiome der Stetigkeit.

Diese Ordnung ermöglicht einen schrittweisen Aufbau der Geometrie, der von sehr allgemeinen Aussagen wie den Sätzen der Inzidenzgeometrie zu inhaltlich reichhaltigeren Sätzen fortschreitet, z. B. zu den Kongruenzsätzen. Jede neue Axiomengruppe ermöglicht es also, mit den vorangehenden zusammen eine Reihe von neuen Sätzen herzuleiten. Dabei wird deutlich, welche Sätze etwa zu ihrer Herleitung noch nicht das gesamte Axiomensystem benötigen. Bemerkenswert ist weiter, dass Hilbert das Parallelenaxiom erst

---

[5]   Moritz Pasch, 8.11.1843 – 20.9.1930.
[6]   David Hilbert, 23.1.1862 – 14.2.1943, deutscher Mathematiker, vermutlich der letzte Mathematiker, der sich noch in allen Teilgebieten seiner Wissenschaft auskannte.

sehr spät einführt. Dadurch wird es möglich, vorher ein System geometrischer Sätze zu entwickeln, die sogenannte *absolute Geometrie*, die sowohl in der euklidischen wie in der nicht-euklidischen Geometrie gültig sind. Aus didaktischen Gründen und da es uns nur um den axiomatischen Aufbau der euklidischen Geometrie geht, werden wir allerdings das Parallelenaxiom sehr früh einführen.

Dieses Parallelenaxiom hat die Mathematiker sehr lange vor große Rätsel gestellt. Es war eine geniale Leistung Euklids, dass er es als Postulat, also als eine nicht beweisbare Grundannahme, formulierte. 2000 Jahre lang hatten die Mathematiker den Verdacht, es müsse sich aus den übrigen Axiomen herleiten lassen. Viele haben vergebens versucht, es zu beweisen, z. B. der ungarische Mathematiker Wolfgang von Bolyai. Auch dessen Sohn Johann hatte sich dem Parallelenproblem verschrieben, trotz der folgenden väterlichen Warnung:

„Ich beschwöre Dich bei Gott! lass die Parallelen in Frieden. Du sollst davor denselben Abscheu haben wie vor einem liederlichen Umgang ... Es ist unbegreiflich, dass diese unabwendbare Dunkelheit, diese ewige Sonnenfinsternis, dieser Makel in der Geometrie zugelassen wurde, diese ewige Wolke an der jungfräulichen Wahrheit ...“ (Meschkowski 1980, S. 40). Mit dem Makel meinte Bolyai die Unbeweisbarkeit des Parallelenaxioms.

Zum Glück folgte der Sohn dem väterlichen Rat nicht. Er verfolgte stattdessen den Gedanken, dass das Parallelenaxiom wirklich ein Axiom sei, es also auch eine Geometrie geben könne, in der dieses Axiom nicht gilt. Etwa 1825 hatte er eine nicht-euklidische Geometrie in den Grundzügen entworfen. Sein Vater riet ihm, die Ergebnisse möglichst bald zu veröffentlichen. Wieder folgte der Sohn dem Rat seines Vaters nicht, diesmal zu seinem Nachteil, denn 1826 veröffentlichte der russische Mathematiker Nicolai Iwanowitsch Lobatschewsky eine ähnliche Abhandlung, fünf Jahre, bevor Bolyai seine Ergebnisse dann endlich publizierte. Jedenfalls lag die nicht-euklidische Geometrie zu Anfang des 19. Jahrhunderts wohl in der Luft. Auch der deutsche Mathematiker Carl Friedrich Gauss hat sich mit dieser Frage beschäftigt.

3.2   Inzidenzgeometrie

Unsere Grundbegriffe sind also die *Ebene* $\mathbb{E}$, die wir als eine Menge von *Punkten* auffassen. Bestimmte Teilmengen von $\mathbb{E}$ nennen wir *Geraden*. Die Punkte bezeichnen wir mit Großbuchstaben, $\mathbb{P} = \{A, B, C, D, ...\}$, die Geraden mit kleinen Buchstaben, $\mathbb{G} = \{a, b, c, d, ...\}$, oder durch die Angabe zweier Punkte, die auf der Geraden liegen. Die beiden Mengen $\mathbb{P}$ und $\mathbb{G}$ seien disjunkt. Ein Punkt und eine Gerade können zueinander in einer Beziehung stehen, die wir *Inzidenz* nennen und durch das Zeichen „$\in$" oder „$\ni$" ausdrücken. $A \in a$ oder auch $a \ni A$ heißt dann „A inzidiert mit a", „A liegt auf a", „A ist Element von a" oder „a geht durch A". Inzidieren ein Punkt und eine Gerade nicht miteinander, so verwenden wir das Zeichen „$\notin$". Es gilt immer: Entweder $A \in a$ oder $A \notin a$. Die Menge aller Inzidenzpaare (A,a) bilden eine echte Teilmenge von $\mathbb{P} \times \mathbb{G}$, wir haben es also mit einer *Relation* zu tun. Wir stellen diese Relation durch Graph und Tabelle dar.

Beispiel: *Inzidenzgraph*   *Inzidenztafel*

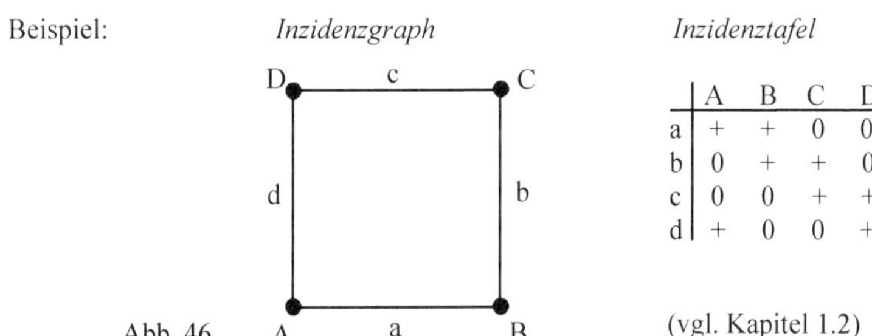

	A	B	C	D
a	+	+	0	0
b	0	+	+	0
c	0	0	+	+
d	+	0	0	+

(vgl. Kapitel 1.2)

Wir können jetzt die ersten Axiome, die *Inzidenzaxiome*, formulieren:

I 1 Zu zwei verschiedenen Punkten gibt es genau eine Gerade, die mit beiden Punkten inzidiert.

Formal: $\forall\, A, B \in \mathbb{P}$ mit $A \neq B$ gilt: $\overset{!}{\exists}\, a \in \mathbb{G}$, so dass $A \in a \land B \in a$.

I 2 Zu jeder Geraden gibt es mindestens zwei verschiedene Punkte, die mit dieser Geraden inzidieren.
Formal: $\forall\, a \in \mathbb{G}$ gilt: $\exists\, A, B \in \mathbb{P}$ mit $A \neq B$, so dass $A \in a \land B \in a$.

I 3 Es gibt drei verschiedene Punkte, die nicht alle mit derselben Geraden inzidieren.
Formal: $\exists\, A, B, C \in \mathbb{P}$ mit $A \neq B \neq C$, so dass $A \in a \land B \in a \land C \notin a$.

Punkte, die auf derselben Geraden liegen, heißen *kollinear*. Das Axiom I 3 könnte man auch so formulieren: Es gibt drei Punkte, die nicht kollinear sind.

Die beiden ersten Inzidenzaxiome sind „wenn-dann-Aussagen". Wenn es zwei Punkte gibt, dann gibt es auch eine Gerade durch die beiden. Wenn es eine Gerade gibt, dann liegen auf dieser auch zwei Punkte. Diese Aussagen sind auch dann wahr, wenn es überhaupt keine Punkte und Geraden gibt. Die Existenz von Punkten (und damit auch von Verbindungsgeraden) wird im dritten Axiom gefordert.

Wir wollen nun das kleinste Modell aufstellen, das unseren ersten drei Axiomen genügt. Wegen I 3 gibt es drei verschiedene Punkte, die nicht auf einer Geraden liegen. Wir nennen sie A, B, C. Wegen des ersten Inzidenzaxioms gibt es zu A und B, zu A und C sowie zu B und C jeweils genau eine Gerade. Damit gibt es also drei Geraden a, b, c. Auch I 2 ist erfüllt, denn auf jeder dieser Geraden liegen zwei Punkte. Unser *Minimalmodell* besteht also aus drei Punkten und drei Geraden (Abbildung 47). Beachten

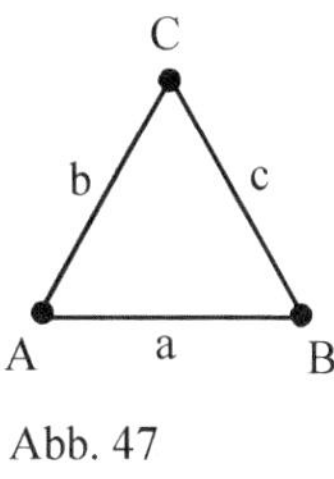

Abb. 47

Sie, dass derzeit nur dort Punkte existieren, wo wir sie ausdrücklich durch einen Kreis markieren. Die Gerade a besteht nur aus den beiden Punkten A und B.

Ein weiteres Modell ist das *Neun-Punkte-Modell* (Abbildung 48). Wir verbinden zunächst A und B durch eine Gerade, die auch noch durch C laufen soll. Wir verbinden dann A mit D und G und eine weitere Gerade legen wir durch A, E und I. Jetzt ist A mit allen Punkten verbunden außer mit F und H. Wir erledigen das durch die Gerade d, die A, H und F enthält. B ist bereits mit A und C verbunden. Wir legen noch eine Gerade durch B, E und H. Eine weitere Gerade verbindet D, B und I, und eine legen wir noch durch B, F und G. Jetzt ist auch B mit allen Punkten verbunden.

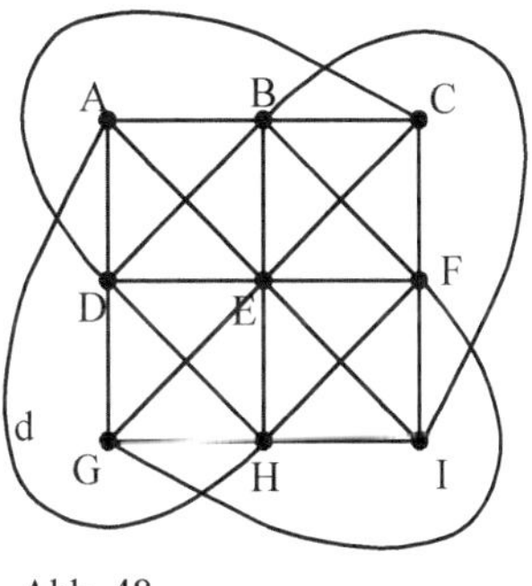

Abb. 48

Wir vervollständigen unser Modell durch eine Gerade durch C, E und G, eine Gerade durch C, F und I und eine durch C, D und H. D ist bereits mit allen

Punkten außer mit E und F verbunden, wir legen also eine weitere Gerade durch D, E und F. E hat zu allen Punkten eine Verbindungsgerade, ebenso F. Wenn wir jetzt noch eine letzte Gerade durch G, H und I legen, dann haben wir Axiom I 1 erfüllt. Axiom I 2 ist ebenfalls erfüllt, im Neun-Punkte-Modell liegen auf jeder Geraden sogar drei Punkte. I 3 ist erfüllt, z.B. liegen A, B und D nicht alle auf einer Geraden. Wir haben 9 Punkte und 12 Geraden.

Wir wollen uns nun zwei weitere Modelle ansehen, die der nicht-euklidischen Geometrie entstammen, in denen unsere drei Inzidenzaxiome jedoch ebenfalls gelten.

Beim *Modell von Klein*[7] („Bierdeckelgeometrie") besteht die Menge $\mathbb{P}$ aus allen Punkten innerhalb des Einheitskreises, die Kreislinie gehört also nicht dazu, die Geradenmenge $\mathbb{G}$ besteht aus allen Sehnen innerhalb des Einheitskreises. Da hier $\mathbb{P}$ und $\mathbb{G}$ unendliche Mengen sind, können wir sie durch unsere Darstellungsformen nur unvollständig wiedergeben. Abbildung 49 diene trotzdem der „Veranschaulichung".

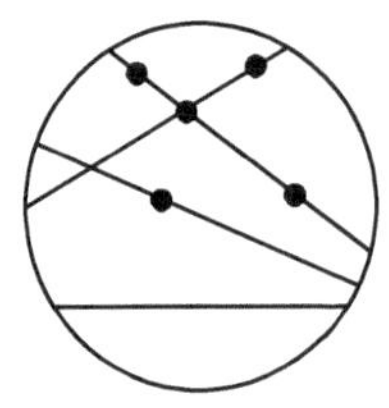

Abb. 49

Beim *Modell von Poincaré*[8] besteht $\mathbb{P}$ aus allen Punkten oberhalb der x-Achse, die Achse selbst gehört also nicht dazu, die Menge $\mathbb{G}$ besteht aus allen Halbkreisen oberhalb der x-Achse sowie allen Halbgeraden oberhalb der x-Achse, die senkrecht zur x-Achse sind. Auch hier sind $\mathbb{P}$ und $\mathbb{G}$ unendliche Mengen, trotzdem diene Abbildung 50 der „Veranschaulichung".

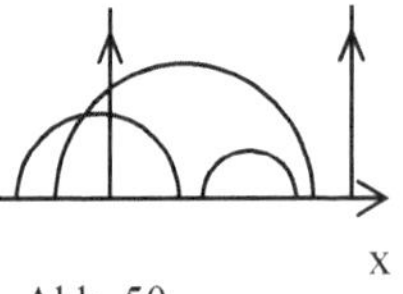

Abb. 50

Die „Verbindungsgerade" zu zwei Punkten A und B, die nicht auf einer Halbgeraden liegen, konstruiert man im Modell von Poincaré wie in Abbildung 51 beschrieben. Sie ist ein Halbkreis.

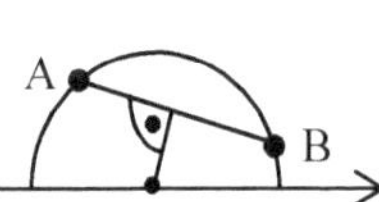

Abb. 51

Zum Nachweis der Unabhängigkeit eines Axiomensystems betrachtet man Modelle, bei denen jeweils alle Axiome bis auf eines erfüllt sind. Ist man in der Lage, ein solches Modell anzugeben, so kann das eine Axiom keine

[7]   Von dem deutschen Mathematiker Felix Klein, 25.4.1849 – 22.6.1925, stammt u.a. die folgende Aussage: „Wenn ein Mathematiker keine Ideen mehr hat, treibt er Axiomatik."

[8]   Henri Poincaré, 29.4.1854 – 17.7.1912, französischer Mathematiker.

logische Folge der anderen Axiome sein. Wir zeigen auf diese Weise die Unabhängigkeit unserer drei Inzidenzaxiome:

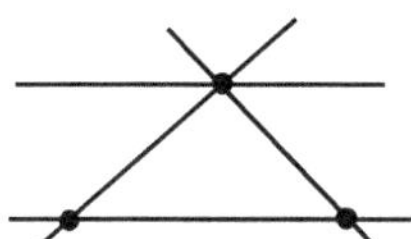
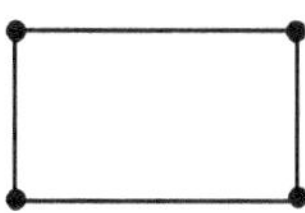

I 1 und I 2 erfüllt,   I 1 und I 3 erfüllt,   I 2 und I 3 erfüllt,
I 3 nicht erfüllt   I 2 nicht erfüllt   I 1 nicht erfüllt

Abb. 52

So schmalbrüstig unser Axiomensystem bisher auch ist, wir können trotzdem schon die ersten Sätze ableiten.

Satz 1:   Zu zwei verschiedenen Geraden gibt es höchstens einen Punkt, mit dem beide inzidieren.

Beweis:
Es seien a und b zwei Geraden mit a ≠ b. Wir gehen indirekt vor und nehmen an, es gäbe mehr als einen gemeinsamen Punkt von a und b. Seien also A und B zwei verschiedene Punkte mit A ∈ a und B ∈ a sowie A ∈ b und B ∈ b. Nach Axiom I 1 folgt dann a = b, was im Widerspruch zur Voraussetzung a ≠ b steht. Es kann also nicht mehr als einen gemeinsamen Punkt geben.

Satz 2:   Zu jedem Punkt gibt es mindestens eine Gerade, die mit ihm inzidiert.

Beweis:
Sei A ein beliebiger Punkt. Nach I 3 gibt es mindestens einen weiteren Punkt B. Nach I 1 gibt es eine Gerade a mit A ∈ a und B ∈ a. Es gibt also keine isolierten Punkte.

Übung: 1) Welche der Inzidenzaxiome sind jeweils erfüllt?

a)   b)   c)

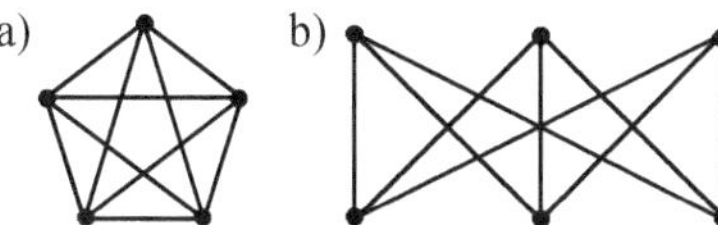
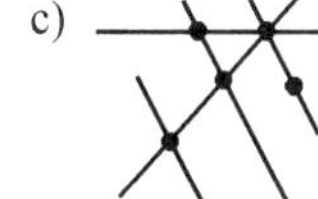

2) Wir betrachten das Neun-Punkte-Modell. Geben Sie alle Parallelen zur Geraden BH an. Nennen Sie alle Parallelen zu DI durch A.

3.3   Affine und projektive Inzidenzgeometrien

Wir wollen im Folgenden durch Hinzunahme eines weiteren Axioms unsere Inzidenzgeometrie in zwei Richtungen ausbauen. Bevor wir das tun, müssen wir den Begriff der Parallelität definieren.

Definition 1:   parallel

Zwei Geraden a und b heißen *parallel* (Zeichen „∥"), wenn sie gleich sind oder wenn es keinen Punkt gibt, der mit a und mit b inzidiert. Also: $a \parallel b \Leftrightarrow a = b \vee a \cap b = \emptyset$.

Axiome der *affinen Inzidenzgeometrie*:

A 1 = I 1

A 2 = I 2

A 3 = I 3

A 4 Parallelenaxiom

Zu jeder Geraden gibt es durch jeden Punkt genau eine Parallele.

Formal: $\forall \, b \in \mathbb{G}, A \in \mathbb{P}$ gilt: $\overset{!}{\exists} a \in \mathbb{G}$, so dass $A \in a \wedge a \parallel b$.

Auch hier schauen wir uns das kleinste Modell an, das diesen vier Axiomen genügt. Da die ersten drei Axiome unsere Inzidenaxiome sind, beginnen wir mit dem für diese schon gefundenen Minimalmodell.

Die Geraden a, b und c sind Parallelen zu sich selbst durch die Punkte, die jeweils auf diesen Geraden liegen. Es gibt aber noch keine Parallele zu a durch C, zu b durch B, zu c durch A. Wir ergänzen unser Modell durch die Gerade d, die keinen gemeinsamen Punkt mit a hat, die Gerade f durch B, die parallel zu b ist, und eine Parallele zu c durch A, die Gerade e. Nach A 2 alias I 2 liegt auf diesen drei neuen Geraden jeweils ein weiterer Punkt. Damit wir mit möglichst wenigen Punkten auskommen (schließlich suchen wir ein Minimalmodell), erledigen wir das durch den Punkt D, der mit d, e und f inzidiert (Abbildung 53).

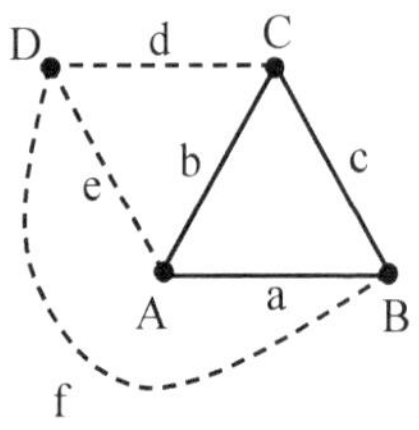

Abb. 53

Eine affine Ebene besteht also aus mindestens vier Punkten und sechs Geraden.

Ein anderes Modell für eine affine Inzidenzebene ist das Neun-Punkte-Modell. Überprüfen Sie dies zur Übung selbst.

Um zu zeigen, dass das Axiom A 4 von den drei anderen Axiomen unabhängig ist, müssen wir wieder ein Modell angeben, in dem die Axiome A 1 bis A 3 gelten, A 4 aber nicht. Unser Minimalmodell aus Abbildung 47 erfüllt diesen Zweck. Ebenso gut können wir aber auch die Modelle von Klein oder Poincaré verwenden. In beiden Modellen gibt es nämlich mehr als eine Parallele zu einer Geraden durch einen Punkt (s. Abbildung 54).

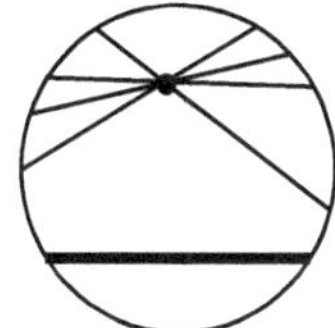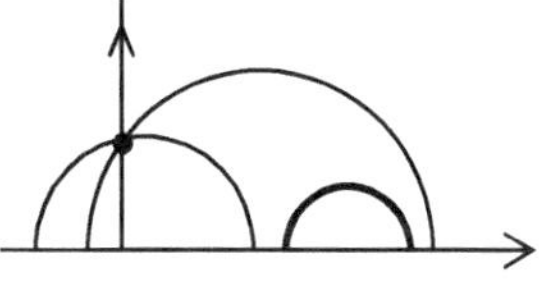

Abb. 54

Für die affine Inzidenzgeometrie formulieren wir:

Satz 3:   Die Parallelität ist eine *Äquivalenzrelation*. Sie ist also *reflexiv, symmetrisch* und *transitiv*.

Beweis:
Reflexivität: z.z. Für alle a $\in$ $\mathbb{G}$ gilt a $\parallel$ a.

Für alle a $\in$ $\mathbb{G}$ gilt a = a $\vee$ a $\cap$ a = $\emptyset$ /a = a stets wahr
$\Rightarrow$ a $\parallel$ a   /Def. 1

Symmetrie: z.z. Für alle a, b $\in$ $\mathbb{G}$ gilt: a $\parallel$ b $\Rightarrow$ b $\parallel$ a.

        a $\parallel$ b
$\Rightarrow$ a = b $\vee$ a $\cap$ b = $\emptyset$ /Def. 1
$\Rightarrow$ b = a $\vee$ b $\cap$ a = $\emptyset$
$\Rightarrow$ b $\parallel$ a   /Def. 1

Transitivität: z.z. Für alle a, b, c $\in$ $\mathbb{G}$ gilt: a $\parallel$ b $\wedge$ b $\parallel$ c $\Rightarrow$ a $\parallel$ c.

Für den Fall, dass zwei dieser drei Geraden oder gar alle drei identisch sind, ergibt sich die Behauptung trivialerweise. Wir betrachten also den Fall, dass a, b und c paarweise verschieden sind. Dann gilt a $\cap$ b = $\emptyset$ und b $\cap$ c = $\emptyset$.

Angenommen, es würde nicht gelten a ∥ c. Dann gäbe es einen Punkt A mit A ∈ a und A ∈ c. Damit ist a eine Parallele zu b durch A und c ist ebenfalls eine Parallele zu b durch A. Das steht im Widerspruch zum Parallelenaxiom.

Ein anderer, anschaulich selbstverständlicher Sachverhalt lässt sich jetzt schon aus unseren 4 Axiomen herleiten:

Satz 4:   Es seien a, b, c paarweise verschiedene Geraden mit a ∥ b. Dann gilt: Wenn c die Gerade a schneidet, dann schneidet c auch die Gerade b.

Beweis:
Nach Voraussetzung gilt: a ∥ b und a ≠ b
⇒ a ∩ b = ∅   /Def. 1

Weiter schneiden sich nach Voraussetzung die Geraden a und c, wir nennen den Schnittpunkt S.

Annahme: c ∩ b = ∅
Da b und c nach Voraussetzung verschieden sind (b ≠ c), folgt c ∥ b.
Da S ∈ a und S ∈ c und a ∥ b und c ∥ b und a ≠ c, gäbe es dann durch S zu der Geraden b zwei verschiedene Parallelen, nämlich a und c, was einen Widerspruch zu A 4 darstellt[9].

Wir werden jetzt die Axiome der affinen Inzidenzgeometrie so abändern, dass eine völlig neue Inzidenzgeometrie entsteht. Da, wie wir gerade gezeigt haben, die Parallelenrelation eine Äquivalenzrelation ist, bewirkt sie auf der Menge der Geraden eine Einteilung in *Äquivalenzklassen*. Ist a eine Gerade, so enthält die durch a repräsentierte Äquivalenzklasse alle zu a parallelen Geraden. Man spricht bei diesen Klassen von *Parallelenscharen*. Jeder Parallelenschar ordnen wir einen unendlich fernen Punkt zu, ihren uneigentlichen Schnittpunkt. Die Menge aller unendlich fernen Punkte fassen wir zu einer Geraden, der *Ferngeraden*, zusammen (Abbildung 55)[10].

---

[9]   Ebenso ergibt sich ein Widerspruch zu Satz 3: Aus a ∥ b und c ∥ b folgt a ∥ c (Transitivität). Mit a ≠ c steht dies im Widerspruch zu a ∩ b = {S}.

[10]   In Kapitel 7 werden Sie dies bei der Behandlung der Zentralprojektion als Fluchtpunkte und Horizont wiedererkennen.

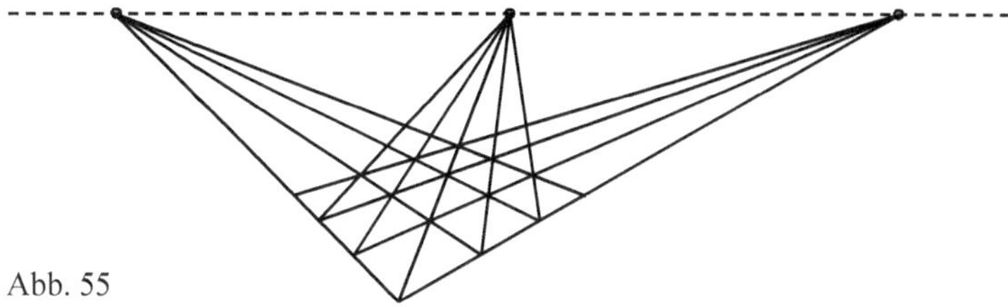

Abb. 55

Diese so erweiterte euklidische Ebene nennt man *projektive Ebene*. Diese wollen wir jetzt axiomatisieren, allerdings nur in Bezug auf die Inzidenzaussagen.

Axiome der *projektiven Inzidenzgeometrie*:

P 1 = I 1

P 2 Zu jeder Geraden gibt es mindestens drei verschiedene Punkte, die mit dieser Geraden inzidieren.

Formal: $\forall\, a \in \mathbb{G}$ gilt: $\exists\, A, B, C \in \mathbb{P}$ mit $A \neq B \neq C$, so dass
$$A \in a \,\wedge\, B \in a \,\wedge\, C \in a.$$

P 3 = I 3

P 4 Zu zwei verschiedenen Geraden gibt es mindestens einen Punkt, der mit beiden inzidiert.

Formal: $\forall\, a, b \in \mathbb{G}$ mit $a \neq b$ gilt: $\exists\, A \in \mathbb{P}$, so dass $A \in a \,\wedge\, A \in b$.

Auch hier suchen wir das kleinste Modell, das diesen vier Axiomen genügt. Nach P 3 gibt es drei nicht kollineare Punkte A, B und C, die nach P 1 durch drei Geraden a, b und c verbunden sind. Nach P 2 liegt auf jeder dieser Geraden ein weiterer Punkt, also kommen die Punkte D, E und F dazu. Nach P 1 muss A mit E, B mit F sowie C mit D verbunden werden, wodurch wir drei weitere Geraden d, e und f erhalten. Auf diesen liegt nach Axiom P 2 ein dritter Punkt, was wir durch G für alle drei Geraden sicherstellen. Zu den Punkten D, E und F benötigen wir wegen P 1 noch Verbindungsgeraden. Wir wählen g so, dass sie alle drei Punkte miteinander verbindet, wodurch dann für g auch Axiom P 2 erfüllt ist (Abbildung 56).

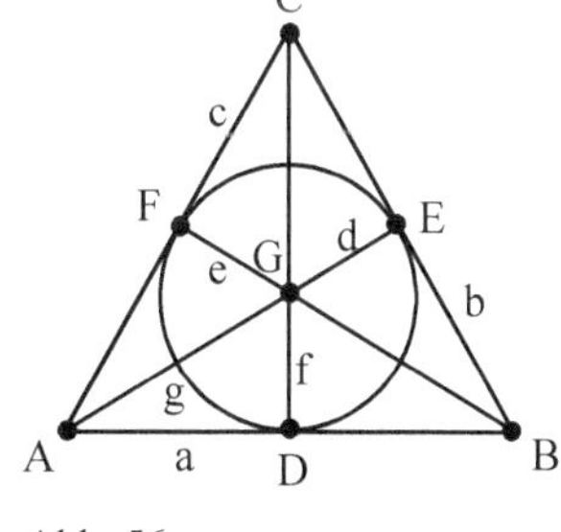

Abb. 56

Prüfen Sie selbst nach, dass in diesem Minimalmodell der projektiven Inzidenzgeometrie, welches aus 7 Punkten und 7 Geraden besteht, das Axiom P 4 erfüllt ist, dass sich also je zwei Geraden in mindestens einem Punkt schneiden.

Zum Nachweis der Unabhängigkeit von P 4 suchen wir wieder Modelle, in denen die Axiome P 1 bis P 3 gelten, P 4 aber nicht. Das Neun-Punkte-Modell ist dafür ein Beispiel, denn dort schneiden sich nicht, wie P 4 fordert, alle Geraden. Die Gerade, die die oberen drei Punkte miteinander verbindet, hat z.B. keinen Schnittpunkt mit der Geraden, die die drei Punkte in der untersten Reihe verbindet. Auch das Modell von Klein oder das von Poincaré können wir als Beleg für die Unabhängigkeit von P4 heranziehen. Da bei ihnen jeweils unendlich viele Punkte auf den Geraden liegen, ist auch die gegenüber I 2 verschärfte Fassung des Axioms P 2 erfüllt. In beiden Modellen gibt es aber Geraden, die sich nicht schneiden (s. Abbildung 57).

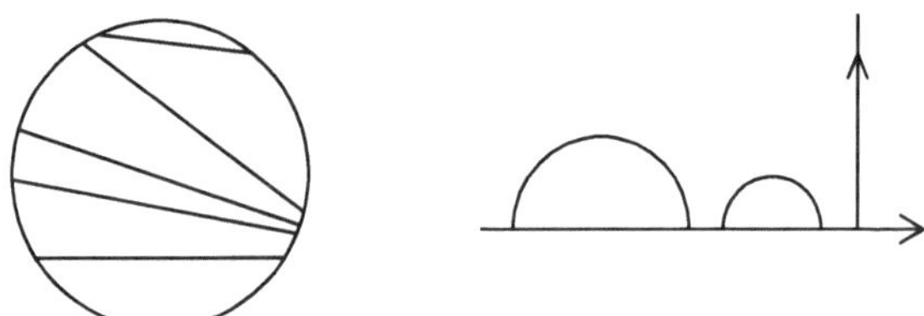

Abb. 57

Da wir I 2 (mindestens zwei Punkte) durch P 2 (mindestens drei Punkte) ersetzt haben, sollten wir wenigstens einen kurzen Gedanken an die Unabhängigkeit von P 2 verschwenden. P 2 ist unabhängig, wie z.B. das Minimalmodell unserer Inzidenzgeometrie (Abbildung 47) zeigt.

Die Axiome A 4 (es gibt genau eine Parallele) und P 4 (es gibt immer einen Schnittpunkt) schließen sich von der Logik her aus, sie können nicht beide gleichzeitig gelten. Das heißt aber nicht, dass immer eines von beiden gelten muss, wie z.B. das Modell von Klein zeigt, bei dem es mehrere Parallelen, aber auch Schnittpunkte gibt. Das liegt daran, dass P 4 nicht die logische Verneinung von A 4 ist oder umgekehrt[11].

Man kann von einem projektiven Modell zu einem affinen Modell gelangen, indem man eine Gerade und alle mit ihr inzidierenden Punkte entfernt. Diesen Vorgang nennt man *Schlitzen*. Beispiele:

---

[11] Die logische Verneinung von A 4 wäre: Es gibt keine oder mehr als eine Parallele.

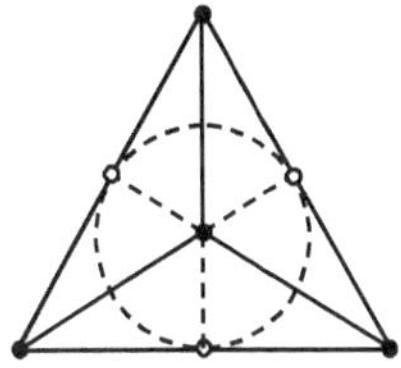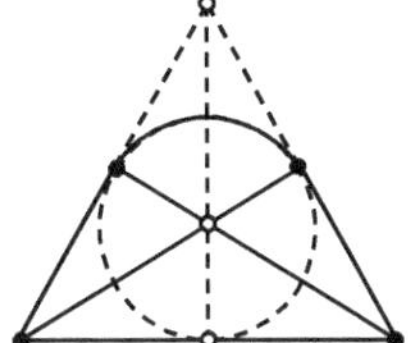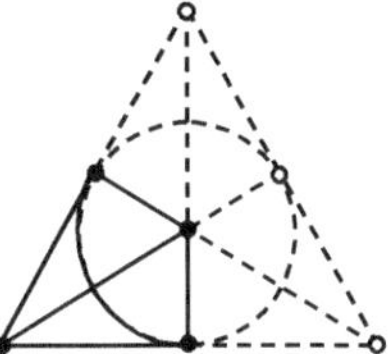

Abb. 58

Umgekehrt kann man aus einem affinen Modell ein projektives Modell herstellen, indem man für parallele Geraden Schnittpunkte definiert und diese
neuen Punkte zu einer neuen Geraden zusammenfasst. Diesen Vorgang nennt
man *Adjunktion.* Beispiele:

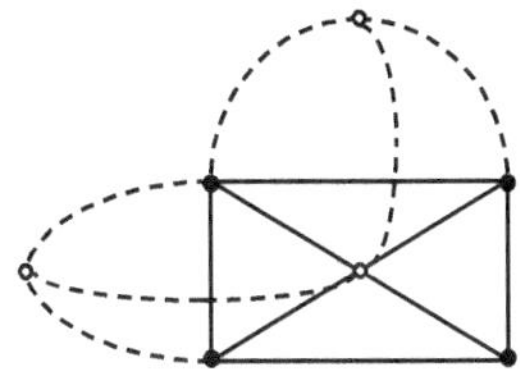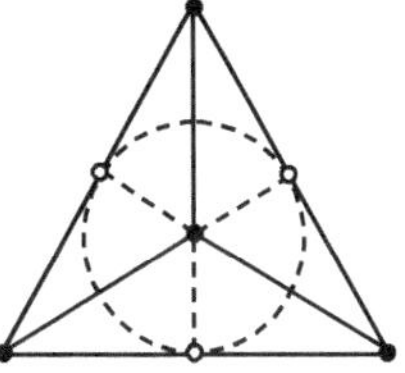

Abb. 59

Übung: 1) Welche der Axiome A 1 – A 4 gelten in der durch die Zeich-
               nung links dargestellten Ebene?

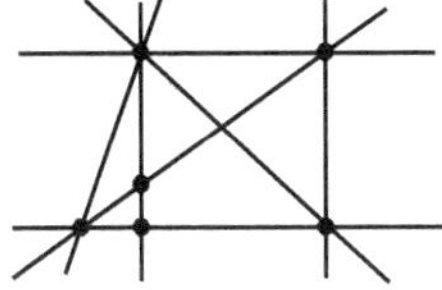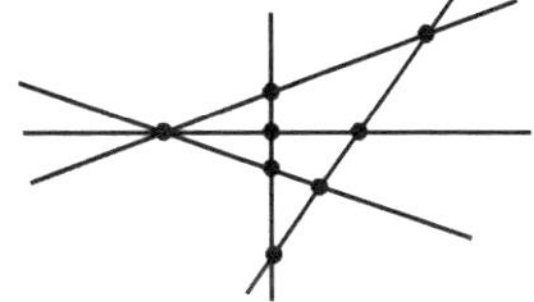

           2) Welche der Axiome P 1 – P 4 gelten in der Ebene rechts?

           3) Untersuchen Sie die folgenden Graphen auf die Gültigkeit
               von Axiom A 4:

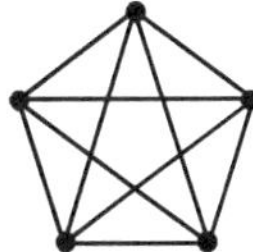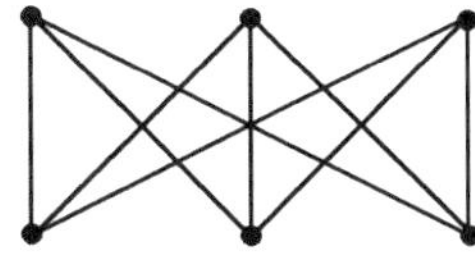

4) Zeichnen Sie das Neun-Punkte-Modell mit allen Geraden. Benennen Sie die Punkte wie im Leitfaden Geometrie.

   a) Färben Sie alle zueinander parallelen Geraden mit der jeweils gleichen Farbe eindeutig erkennbar ein.

   b) Notieren Sie die Paare, Tripel, … , n-Tupel von zueinander parallelen Geraden in der eingeführten Notation (XP ∥ FK ∥ …). Dass jede Gerade zu sich selbst parallel ist, brauchen Sie nicht zu notieren.

   c) Begründen Sie mit Hilfe der in (a) erstellten Abbildung möglichst geschickt:
   Gilt im Neun-Punkte-Modell das Parallelenaxiom?

3.4   Axiome der Anordnung

Folgt man Hilberts Aufbau der Geometrie, so kommen nach den Axiomen der Inzidenz die der Anordnung hinzu. Wir werden gleich fordern, dass die Menge der Punkte einer Geraden *streng linear geordnet* ist[12], sich einer Geraden also eine *Orientierung* geben lässt. Unter *Ordnungsrelationen* auf einer Menge M versteht man Relationen „R" mit den folgenden Eigenschaften:

1. Transitivität: ∀ a,b,c ∈ M: a R b ∧ b R c ⇒ a R c

2. Asymmetrie: ∀ a,b ∈ M: a R b ⇒ ¬ (b R a)

Eine Ordnungsrelation heißt streng linear, wenn zusätzlich gilt:

3. Linearität: ∀ a,b ∈ M: a R b ∨ b R a ∨ a = b

Die streng lineare Ordnungsrelation für die Punkte einer Geraden bezeichnen wir mit „≺" („liegt vor"). Die drei genannten Eigenschaften bedeuten dann:

1.   Wenn ein Punkt A vor einem Punkt B liegt, und B liegt vor einem Punkt C, dann liegt A auch vor C.

2.   Wenn A vor B liegt, dann liegt B nicht vor A.

3.   Es tritt immer mindestens einer der drei folgenden Fälle auf: A liegt vor B, oder B liegt vor A, oder A und B sind gleich.

---

[12]   Auf Zahlenmengen beispielsweise ist die „Kleiner-Relation" eine streng lineare Ordnungsrelation.

Wenn wir für zwei Punkte A und B einer Geraden festlegen, dass A vor B liegen soll, dann können wir für alle Punkte feststellen, welcher der drei Fälle vorliegt. Damit hat unsere Gerade eine *Orientierung*.

Wir formulieren jetzt die *Ordnungsaxiome*:

O 1 Die Menge der Punkte jeder Geraden g ist streng linear geordnet.
Formal: $\forall$ A,B,C $\in$ g:
- A $\prec$ B $\wedge$ B $\prec$ C $\Rightarrow$ A $\prec$ C
- A $\prec$ B $\Rightarrow \neg$ (B $\prec$ A)
- A $\prec$ B $\vee$ B $\prec$ A $\vee$ A = B

O 2 Es seien A und B zwei Punkte einer Geraden g mit A $\prec$ B. Dann enthält g mindestens drei weitere Punkte C, D und E mit C $\prec$ A $\prec$ D $\prec$ B $\prec$ E.

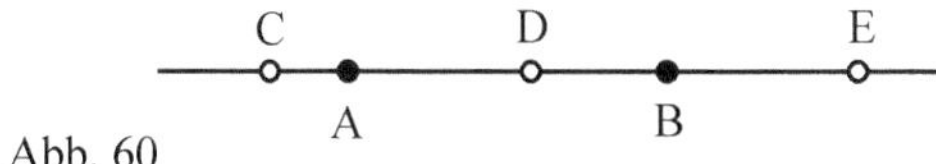

Abb. 60

Eine unmittelbare Folgerung aus Axiom O 2 ist, dass jede Gerade unendlich viele Punkte enthält. Damit verabschieden wir uns endgültig von allen Modellen, in denen Geraden nur einige explizit markierte Punkte enthielten.

Mittels der Relation „$\prec$" können wir nun den Begriff „zwischen" erklären:

Definition 2:   zwischen

Ein Punkt B liegt *zwischen* den Punkten A und C, wenn A, B und C auf einer Geraden liegen und entweder A $\prec$ B $\prec$ C oder C $\prec$ B $\prec$ A gilt.

Die Begriffe vor und zwischen erlauben uns, weitere wichtige Begriffe zu definieren wie *Strecke* und *Halbgerade*. Wir betrachten im Folgenden die Punkte A und B sowie die Gerade g durch A und B. Für g schreiben wir auch AB (Gerade AB). Auf AB sei die Orientierung A $\prec$ B ausgezeichnet.

Definition 3:   Strecke, Halbgerade

Unter der *Strecke* $\overline{AB}$ versteht man die Menge aller P $\in$ $\mathbb{E}$, für die gilt: {P $\in$ AB $\mid$ P = A $\vee$ P = B $\vee$ A $\prec$ P $\prec$ B}.

Unter der *Halbgeraden* $\overrightarrow{AB}$ versteht man die Menge aller P $\in$ $\mathbb{E}$, für die gilt: {P $\in$ AB $\mid$ P $\in$ $\overline{AB}$ $\vee$ B $\in$ $\overline{AP}$ }.

Schließen wir bei einer Halbgeraden den Anfangspunkt A aus bzw. bei einer Strecke Anfangs- und Endpunkt, so sprechen wir von *offenen Halbgeraden* bzw. *offenen Strecken*. Ein Punkt A zerlegt eine Gerade stets in zwei *komplementäre* Halbgeraden mit gemeinsamem Anfangspunkt A, wobei wir erst bei Kenntnis eines weiteren Punktes B auf g entscheiden können, welche der beiden Halbgeraden gemeint ist. Nach Definition besteht kein Unterschied zwischen $\overline{AB}$ und $\overline{BA}$.

Zusätzlich zum Begriff der Orientierung von Geraden bzw. Halbgeraden benötigen wir den auf der Orientierung aufbauenden Begriff der *Richtungsgleichheit* von Geraden bzw. Halbgeraden. Zwei Geraden sind genau dann *richtungsgleich*, wenn sie parallel sind und dieselbe Orientierung haben.

Was aber bedeutet „dieselbe Orientierung" bei Geraden und wie stellt man diese fest?

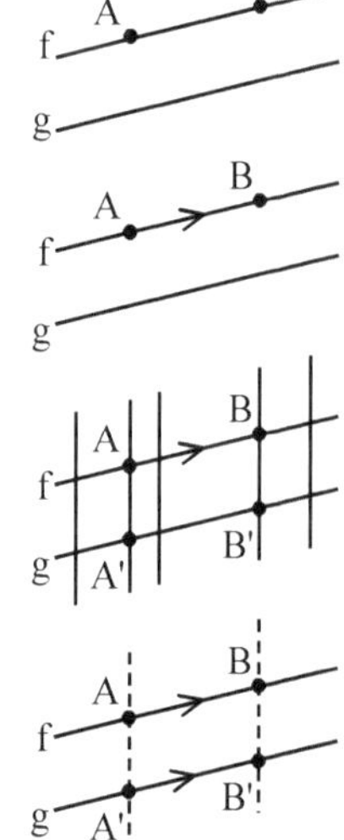

- Wir gehen von zwei parallelen Geraden f und g aus, die beide eine Orientierung besitzen. Auf f markieren wir zwei Punkte A und B mit A ≠ B.

- Mit Hilfe der Punkte A und B können wir die Orientierung von f feststellen. Wir gehen hier von dem Fall A ⋨ B aus.

- Wir lassen unendlich viele zueinander parallele Geraden unsere Gerade f schneiden. Nach Satz 4 schneiden diese Geraden auch die zu f parallele Gerade g und erzeugen auf dieser Bildpunkte A', B' usw. der Punkte A, B usw. auf f [13].

- Nun können wir überprüfen, ob auf g die Orientierung A' ⋨ B' oder B' ⋨ A' gilt. Im erstgenannten Fall sind f und g *richtungsgleich*. Im zweitgenannten Fall sind die Geraden f und g *entgegengerichtet*.

---

[13] Mathematisch spricht man hier von einer Parallelprojektion. Auf eine entsprechende Definition der Parallelprojektion verzichten wir hier.

Und wann nennt man zwei Halbgeraden richtungsgleich?

Wir greifen hier auf die Richtungsgleichheit der zugehörigen Geraden, der so genannten *Trägergeraden,* zurück und nennen zwei Halbgeraden dann richtungsgleich, wenn ihre Trägergeraden richtungsgleich sind. Sind die Trägergeraden entgegengerichtet, so auch die entsprechenden Halbgeraden. Abbildung 61 zeigt je ein Paar parallele, richtungsgleiche und entgegengerichtete Geraden, Abbildung 62 je ein Paar richtungsgleiche und entgegengerichtete Halbgeraden.

Abb. 61										Abb. 62

Wie ein Punkt einer Geraden diese in zwei disjunkte offene Halbgeraden zerlegt, so zerlegt jede Gerade eine Ebene in zwei disjunkte offene *Halbebenen* und die Gerade selbst. Wir folgen hier dem axiomatischen Aufbau von Mischka, Strehl, Hollmann (1998) und fordern dies als nächstes Axiom O 3. In Hilberts Aufbau würde an dessen Stelle als gleichwertige Aussage das *Pasch-Axiom* treten, das bei uns dann ein mit O 3 beweisbarer Satz wird.

O 3 Jede Gerade a zerlegt die Ebene in zwei disjunkte *offene Halbebenen* und die Gerade selbst, so dass gilt:

$\overline{AB} \cap a = \emptyset$, wenn A und B in derselben Halbebene liegen und

$\overline{AB} \cap a \neq \emptyset$, wenn A und B in verschiedenen Halbebenen liegen.

Wie bei Strecken und Halbgeraden können wir auch bei Halbebenen von offenen und abgeschlossenen Halbebenen sprechen. Im letztgenannten Fall gehört die Trägergerade dann mit zu beiden Halbebenen.

Satz 5:				Es seien A, B und C drei nicht kollineare Punkte und a eine Gerade, die mit keinem dieser drei Punkte inzidiert. Hat a mit der offenen Strecke zwischen A und B einen Punkt gemeinsam, dann auch mit einer der offenen Strecken zwischen A und C oder B und C.

Beweis:

Wir nehmen an, a träfe die offene Strecke zwischen A und B, keinen der drei Punkte A, B, C und auch keine der offenen Strecken zwischen A und C sowie B und C. Bezogen auf a liegen A und B dann in verschiedenen offenen Halbebenen. A und C liegen dagegen in derselben offenen Halbebene, da a die offene Strecke zwischen A und C nicht schneidet. B und C liegen aus demselben Grund ebenfalls in einer offenen Halbebene, und zwar in der anderen, zu der A nicht gehört. Damit ist C gemeinsamer Punkt dieser beiden durch a definierten offenen Halbebenen, was einen Widerspruch dazu darstellt, dass offene Halbebenen disjunkt sind.

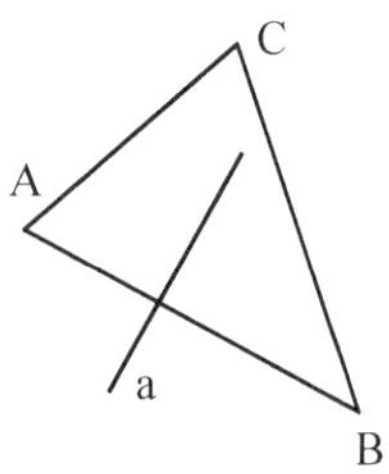

Übung: 1)   Zeigen Sie:
$$A \prec B \prec C \;\wedge\; A \prec C \prec D \;\Rightarrow\; A \prec B \prec D \;\wedge\; B \prec C \prec D$$

2)   Es seien A, B, C, D vier Punkte, von denen jeweils keine drei auf ein und derselben Geraden liegen. a sei eine Gerade, die mit keinem dieser vier Punkte inzidiert.
Zeigen Sie: Wenn a die offene Strecke zwischen A und B trifft, dann auch eine der offenen Strecken zwischen B und C, zwischen C und D oder zwischen A und D.

3)   Es seien A, B, C drei nicht kollineare Punkte und D und E zwei Punkte mit $A \prec B \prec D$ und $B \prec E \prec C$. g sei die Gerade durch D und E. Zeigen Sie: Es gibt einen Punkt F mit $F \in g$ und $A \prec F \prec C$.

3.5 Winkel

Mit Hilfe des Begriffs der Halbgeraden werden wir gleich definieren, was ein Winkel ist und besondere Winkel auszeichnen. Dabei werden die Worte rechts und links bzw. im oder gegen den Uhrzeigersinn auftauchen. Streng genommen müssten wir diese Worte zunächst klären, also auch der Ebene eine Orientierung zuordnen, wozu zwei weitere Axiome fällig wären. Das ersparen wir Ihnen und uns und gehen stattdessen optimistisch davon aus, dass Konsens darüber besteht, was ein Ausdruck wie „gegen den Uhrzeigersinn" bedeutet[14].

Wir betrachten zwei Halbgeraden a und b mit dem gemeinsamen Anfangspunkt S. Unter einem *Winkel* versteht man die *Punktmenge*, die überstrichen wird, wenn die zuerst genannte Halbgerade, man könnte sie als *Erstschenkel* bezeichnen, um S, den sogenannten *Scheitel*, gegen den Uhrzeigersinn auf die zweite Halbgerade, den *Zweitschenkel*, gedreht wird (s. Abbildung 63). Die Punkte auf den Halbgeraden a und b sollen dabei jeweils auch zum Winkel gehören. Als Zeichen verwendet man für einen solchen Winkel das Symbol ∡(a,b) bzw. ∡(b,a). Sind auf den Schenkeln Punkte bekannt wie P und Q in Abbildung 63, so ist auch die Schreibweise ∡PSQ für ∡(a,b) bzw. ∡QSP für ∡(b,a) möglich. Später werden wir wie üblich auch griechische Buchstaben zur Bezeichnung von Winkeln verwenden.

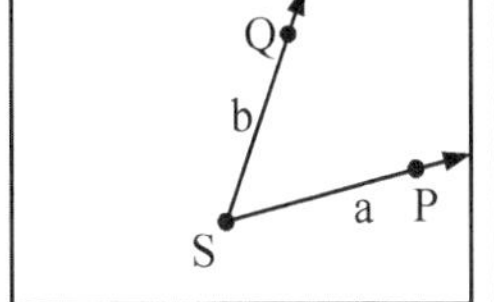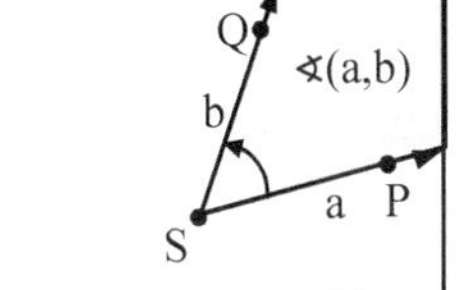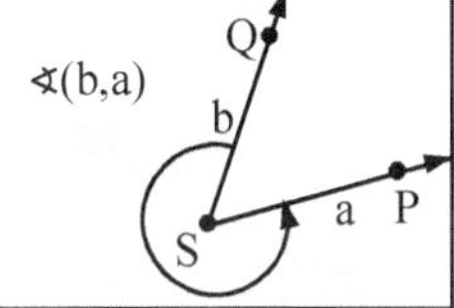

Abb. 63

Stimmen die Halbgeraden a und b überein, so liegt der *Nullwinkel* ∡(a,a) vor.

Definition 4:   Winkel

Eine Punktmenge heißt *Winkel* ∡(a,b), wenn es zwei Halbgeraden a und b mit gemeinsamem Anfangspunkt S gibt, so dass diese Punktmenge von a überstrichen wird, wenn a gegen den Uhrzeigersinn um S auf b gedreht wird.

---

[14] Und das obwohl uns bewusst ist, dass es Gegenden in diesem Land gibt, in denen die Uhren (auch buchstäblich) anders herum gehen.

Wir zeichnen besondere Winkel aus:

Definition 5:   Nullwinkel, konvexer, gestreckter, überstumpfer Winkel

Es sei a eine Gerade, die die Ebene in zwei Halbebenen E_1 und E_2 zerlegt, S sei ein Punkt auf a und a_1 sei eine Halbgerade auf a mit Anfangspunkt S. b_1 sei eine Halbgerade ebenfalls mit Anfangspunkt S. Dann heißt der Winkel $\sphericalangle(a_1,b_1)$

Nullwinkel, wenn $a_1 = b_1$,

konvex,   wenn a_1 und b_1 verschieden und nicht komplementär sind und $b_1 \subset E_1$ gilt[15] (Abb. 64a),

gestreckt, wenn a_1 und b_1 komplementär sind (Abb. 64b),

überstumpf, wenn a_1 und b_1 verschieden und nicht komplementär sind und $b_1 \subset E_2$ gilt (Abb. 64c).

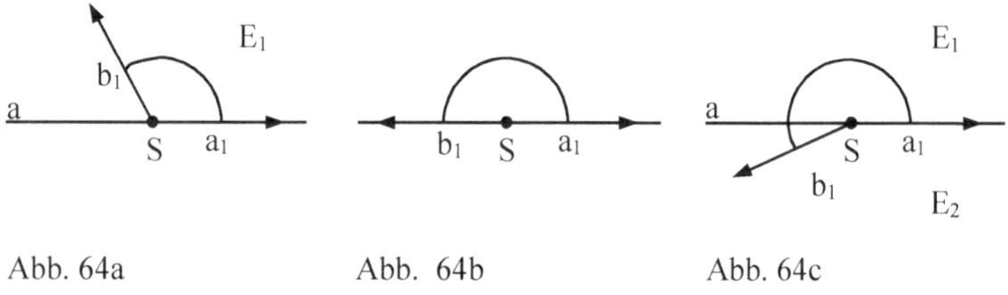

Abb. 64a   Abb. 64b   Abb. 64c

Auch besondere Winkelpaare bekommen eigene Namen:

Definition 6:   Stufenwinkel, Wechselwinkel

Es seien a und b zwei Geraden, die von einer dritten Geraden c geschnitten werden. Für die dabei entstehenden konvexen Winkel vereinbaren wir:

Zwei Winkel heißen *Stufenwinkel,* wenn sie

1.   in derselben Halbebene bzgl. c liegen und

2.   ihre auf c liegenden Schenkel richtungsgleich sind.

---

[15] Salopp gesagt ist E_1 die Halbebene, die zuerst von a_1 überstrichen wird, wenn man a_1 um S gegen den Uhrzeigersinn dreht. Später werden wir bei konvexen Winkeln spitze und stumpfe Winkel als Teilmengen auszeichnen.

Zwei Winkel heißen *Wechselwinkel*, wenn sie

1. in verschiedenen Halbebenen bzgl. c liegen und

2. ihre auf c liegenden Schenkel entgegengerichtete Halb-
    geraden sind.

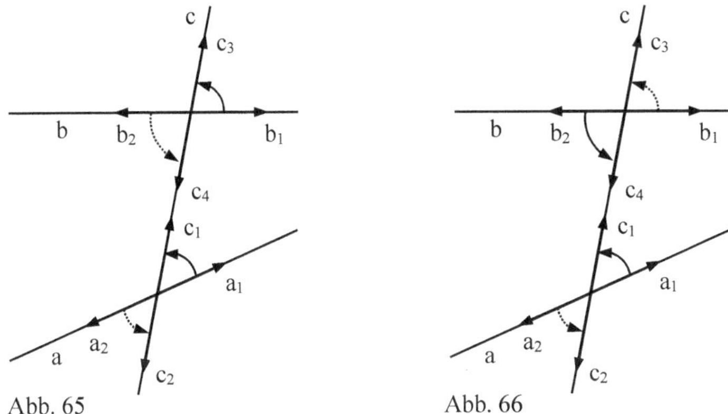

Abb. 65   Abb. 66

In Abbildung 65 sind die Winkel$\sphericalangle(a_1,c_1)$ und $\sphericalangle(b_1,c_3)$ Stufenwinkel, ebenso wie $\sphericalangle(c_2,a_1)$ und $\sphericalangle(c_4,b_1)$ bzw. $\sphericalangle(c_1,a_2)$ und $\sphericalangle(c_3,b_2)$ sowie $\sphericalangle(a_2,c_2)$ und $\sphericalangle(b_2,c_4)$.

In Abbildung 66 sind die Winkel $\sphericalangle(a_1,c_1)$ und $\sphericalangle(b_2,c_4)$ Wechselwinkel, ebenso wie $\sphericalangle(a_2,c_2)$ und $\sphericalangle(b_1,c_3)$ bzw. $\sphericalangle(c_2,a_1)$ und $\sphericalangle(c_3,b_2)$ sowie $\sphericalangle(c_1,a_2)$ und $\sphericalangle(c_4,b_1)$.[16]

Definition 7:   Scheitelwinkel, Nebenwinkel

Es seien α und β zwei verschiedene, konvexe Winkel.

α und β heißen *Scheitelwinkel*, wenn sowohl ihre Erstschenkel als auch ihre Zweitschenkel komplementäre Halbgeraden sind.

α und β heißen *Nebenwinkel*, wenn sie einen Schenkel
gemeinsam haben und die beiden anderen Schenkel komplementäre Halbgeraden sind.

---

[16] Ja, ja, dem Aufbau des Leitfadens etwas vorauseilend haben Sie richtig
     bemerkt: Stufenwinkel, aber auch Wechselwinkel sind im Allgemeinen
     nicht gleich groß.

In Abbildung 65 sind nach dieser Definition z. B. $\sphericalangle(a_1,c_1)$ und $\sphericalangle(a_2,c_2)$ Scheitelwinkel zueinander, auch $\sphericalangle(c_3,b_2)$ und $\sphericalangle(c_4,b_1)$ sind Scheitelwinkel. Die Winkel $\sphericalangle(a_1,c_1)$ und $\sphericalangle(c_1,a_2)$ sind ein Beispiel für ein Nebenwinkelpaar.

Übung: 1) Notieren Sie alle in Abbildung 65 auftretenden Scheitelwinkelpaare und Nebenwinkelpaare.

2) Beweisen Sie: Sind $\sphericalangle(a,b)$ und $\sphericalangle(c,d)$ Nebenwinkel, so ist $\sphericalangle(a,d)$ ein gestreckter Winkel.

3.6   Längen- und Winkelmessung

Wir alle wissen, dass man Streckenlängen und Winkelgrößen messen kann. Wir legen an die Strecke ein Lineal an, so dass der Nullpunkt auf einen Endpunkt der Strecke fällt, und lesen am anderen Endpunkt der Strecke auf dem Lineal ab, z. B. 5,2 cm oder 52 mm, beides verschiedene Namen für dieselbe Länge.

Bei Winkeln greifen wir zu einem Winkelmesser und als Ergebnis der Messung nennen wir eine Zahl zwischen 0 und 360 zusammen mit der Einheit Grad (Zeichen „°")[17]. Streckenlängen und Winkelgrößen sind *benannte Zahlen* oder *Größen*, setzen sich also zusammen aus einer *Maßzahl* und einer *Maßeinheit* wie „cm" oder „°".

Was aber ist eigentlich die Länge einer Strecke, die Größe eines Winkels? Man könnte sagen, die Länge einer Strecke ist diejenige Eigenschaft, die sie

---

[17] Unsere Einteilung des Vollkreises geht auf die Babylonier und ihr Stellenwertsystem zur Basis 60 zurück. Auch bei unserer Zeitrechnung (h, min, s) finden Sie Spuren des Sexagesimalsystems. Informationen zu dieser genialen Leistung der Babylonier finden Sie bei Benölken, Gorski und Müller-Philipp (2018) im Kapitel „Stellenwertsysteme".

mit allen Strecken gemein hat, die gleichlang sind, Entsprechendes gilt bei Winkeln.

Was heißt da aber gleichlang, gleichgroß? Wenn uns die Abbildungen (Gegenstand des nächsten Kapitels) hier schon zur Verfügung stünden, dann könnten wir sagen:

Strecken sind gleichlang, wenn sie *kongruent zueinander* sind, sprich, wenn es eine Kongruenzabbildung (z. B. eine Drehung oder Verschiebung) gibt, die die eine Strecke auf die andere abbildet.

Analog würde man Winkel gleichgroß nennen, wenn sie *zueinander kongruent* sind, wenn sie also durch eine Kongruenzabbildung aufeinander abgebildet werden könnten.

Da der Begriff der Kongruenz aber an dieser Stelle noch nicht geklärt ist, beschreiten wir einen anderen Weg und führen als undefinierte Grundbegriffe eine *Längenmaßfunktion „l"* und eine *Winkelmaßfunktion „w"* ein:

„l" ordnet jeder Strecke eine benannte, positive reelle Zahl oder 0 als Länge zu, „w" jedem Winkel eine benannte, positive reelle Zahl oder 0 als Winkelgröße. Wir werden unter Rückgriff auf die Eigenschaften der reellen Zahlen definieren, was „gleich" und „kleiner" in den Mengen der Längen bzw. Winkelgrößen bedeuten und wie man mit Längen oder Winkelmaßen rechnet.

Anschließend können wir uns den Längenmaßaxiomen und den Winkelmaßaxiomen zuwenden und Eigenschaften der Längen- und Winkelmessung untersuchen.

Definition 8: Längen

Die Menge $\mathbb{L}$ aller *Längen* sei definiert als
$\mathbb{L} = \{x \text{ cm} \mid x \in \mathbb{R}, x \geq 0\}$.
Für alle $x, y \in \mathbb{R}$, $x, y \geq 0$ definieren wir:
1. $x \text{ cm} = y \text{ cm} \Leftrightarrow x = y$
2. $x \text{ cm} < y \text{ cm} \Leftrightarrow x < y$
3. $x \text{ cm} + y \text{ cm} = (x + y) \text{ cm}$
4. $x \cdot (y \text{ cm}) = (x \cdot y) \text{ cm}$

Jeder Strecke $\overline{AB}$ wird durch die Längenmaßfunktion „l" ein Element der Menge $\mathbb{L}$, nämlich die Länge der Strecke $\overline{AB}$, zugeordnet, die wir als $l(\overline{AB})$ schreiben.

Damit unterscheiden wir deutlich zwischen Objekten (hier den Strecken) und den Eigenschaften von Objekten (hier den Längen von Strecken) ganz analog wie wir dies auch im Alltag tun:

Herr Gorski ist um Gottes Willen nicht dasselbe wie 191 cm („Gorski ist 191 cm" oder „Gorski = 191 cm") – das ist echt frech! Richtig ist aber, dass die Länge von Herrn Gorski 191 cm beträgt, also l(Gorski) = 191 cm. Vielleicht mögen Sie auch sagen: Herr Gorski ist 191 cm groß und zählt damit zu den Großen im Lande. Dann benutzen Sie die Begriffe „Länge" und „Größe" synonym. Aber auch dieser Rede wollen wir aus Gründen der Sprachpräzision im Weiteren nicht folgen, denn dann wäre Herr Gorski größer als Friedrich der Große[18], was (nicht nur) Herr Gorski vehement zurückweisen würde.

Für die Längenmessung verlangen wir die *Längenmaßaxiome (LMA)*:

LMA 1   Wenn P ein Punkt der Strecke $\overline{AB}$ ist, dann gilt: $l(\overline{AB}) = l(\overline{AP}) + l(\overline{PB})$

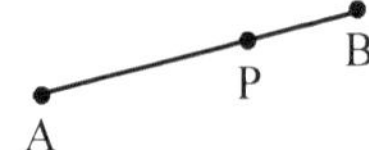

LMA 2   Wenn ein Punkt P nicht auf der Strecke $\overline{AB}$ liegt, dann gilt: $l(\overline{AB}) < l(\overline{AP}) + l(\overline{PB})$

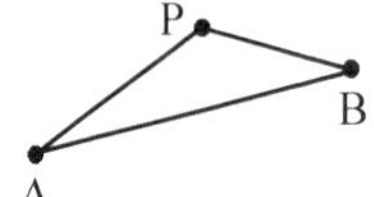

LMA 3   Zu jeder Halbgeraden a mit dem Anfangspunkt A und zu jeder Länge $r \in \mathbb{L}$ gibt es mindestens einen Punkt P, so dass $P \in a$ und $l(\overline{AP}) = r$.

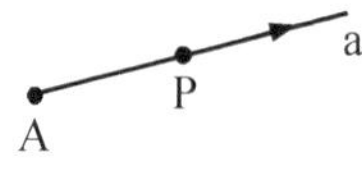

Eine unmittelbare Folgerung aus den beiden ersten Längenmaßaxiomen ist die sogenannte *Dreiecksungleichung*:
Für drei beliebige Punkte A, B, C der Ebene gilt stets
$$l(\overline{AB}) \leq l(\overline{AC}) + l(\overline{CB}).$$

Ebenso gelten die Umkehrungen der beiden ersten Längenmaßaxiome.

---

[18]   Friedrich der Große, auch Friedrich der II., König von Preußen (1712 – 1786), hatte eine Körperlänge von 162 cm.

Schließlich folgern wir:

Satz 6: Für beliebige Punkte A, B der Ebene gilt:

$$l(\overline{AB}) = 0 \Leftrightarrow A = B$$

Beweis:

„⇐"

Voraussetzung: A = B. Zu zeigen: $l(\overline{AB}) = 0$

Wir nehmen einen beliebigen weiteren Punkt C hinzu. Da A = B gilt, gilt auch $B \in \overline{AC}$.

$\Rightarrow l(\overline{AC}) = l(\overline{AB}) + l(\overline{BC})$ / LMA 1

$\Rightarrow l(\overline{AC}) = l(\overline{AB}) + l(\overline{AC})$ / $l(\overline{BC}) = l(\overline{AC})$, da A = B

$\Rightarrow l(\overline{AB}) = 0$

„⇒"

Voraussetzung: $l(\overline{AB}) = 0$. Zu zeigen ist A = B

Wir nehmen an, A und B wären verschieden, und betrachten einen weiteren Punkt C, der nicht auf der Strecke $\overline{AB}$ liegen soll. Damit gilt dann auch, dass B nicht auf $\overline{AC}$ liegt und A nicht auf $\overline{BC}$. Dann gilt:

$l(\overline{AC}) < l(\overline{AB}) + l(\overline{BC})$ (1)   / LMA 2, $B \notin \overline{AC}$

$\wedge \; l(\overline{BC}) < l(\overline{AB}) + l(\overline{AC})$ (2)   / LMA 2, $A \notin \overline{BC}$

$\Rightarrow l(\overline{AC}) < l(\overline{AB}) + l(\overline{BC}) < l(\overline{AB}) + (l(\overline{AB}) + l(\overline{AC}))$ / (1), (2)

$\Rightarrow l(\overline{AC}) < l(\overline{AC})$ / $l(\overline{AB}) = 0$

Das ist ein Widerspruch, unsere Annahme war falsch, A muss gleich B sein.

Als weiteren Satz zeigen wir, dass die Aussage des dritten Längenmaßaxioms verschärft werden kann.

Satz 7: Zu jeder Halbgeraden a mit Anfangspunkt A und zu jeder Länge $r \in \mathbb{L}$ gibt es genau einen Punkt P, so dass $P \in a$ und $l(\overline{AP}) = r$.

Beweis:

Durch LMA 3 ist sichergestellt, dass mindestens ein solcher Punkt P existiert. Wir müssen also nur noch zeigen, dass es höchstens einen solchen Punkt gibt.

Dazu nehmen wir an, es gäbe einen zweiten Punkt R, R ≠ P, der wie P auf der Halbgeraden a liegt und für den l($\overline{AR}$) = r gilt.

Für die Lage von R gibt es zwei Möglichkeiten:

Entweder liegt R zwischen A und P oder R liegt so, dass P sich zwischen A und R befindet.

Diese Fälle untersuchen wir getrennt:

1. Fall: R ∈ $\overline{AP}$

⇒ l($\overline{AP}$) = l($\overline{AR}$) + l($\overline{RP}$)   / LMA 1

⇒ r = r + l($\overline{RP}$)   / l($\overline{AP}$) = l($\overline{AR}$) = r

⇒ 0 = l($\overline{RP}$)   / − r

⇒ R = P   / Satz 6

was einen Widerspruch zu R ≠ P darstellt.

2. Fall: P ∈ $\overline{AR}$

⇒ l($\overline{AR}$) = l($\overline{AP}$) + l($\overline{PR}$)   / LMA 1

⇒ r = r + l($\overline{PR}$)   / l($\overline{AP}$) = l($\overline{AR}$) = r

⇒ 0 = l($\overline{PR}$)   / − r

⇒ P = R   / Satz 6

Das stellt ebenfalls einen Widerspruch zu R ≠ P dar.
Unsere Annahme ist in beiden Fällen zu verwerfen, P ist eindeutig bestimmt.

Analog zu unserem Vorgehen bei der Längenmessung definieren wir jetzt die Menge $\mathbb{W}$ aller Winkelgrößen, erklären die Relationen „=" und „<" und legen Operationen zum Rechnen mit Winkelgrößen fest.

Definition 9:   Winkelgrößen

Die Menge $\mathbb{W}$ aller *Winkelgrößen* sei definiert als
$\mathbb{W}$ = {x° | x ∈ $\mathbb{R}$, x ≥ 0}.

Für alle x, y ∈ $\mathbb{R}$, x, y ≥ 0 definieren wir:
1.   x° = y° ⇔ x = y
2.   x° < y° ⇔ x < y
3.   x° + y° = (x + y)°
4.   x · (y°) = (x · y)°

Jedem Winkel $\sphericalangle$(a,b) bzw. α wird durch unsere Winkelmaßfunktion „w" ein Element der Menge $\mathbb{W}$, das Winkelmaß $w(\sphericalangle$(a,b)) bzw. $w(\alpha)$, zugeordnet. Statt $w(\sphericalangle$(a,b)) werden wir kürzer nur w(a,b) schreiben.

Für die Winkelmessung verlangen wir die folgenden *Winkelmaßaxiome (WMA)*:

WMA 1 Für alle Winkel $\sphericalangle$(a,b) gilt: $0° \leq w(a,b) < 360°$

WMA 2 Für drei Halbgeraden a, b, c mit demselben Anfangspunkt S gilt:

$$w(a,c) = w(a,b) + w(b,c) \qquad \text{, falls } w(a,b) + w(b,c) < 360°$$
$$w(a,c) = w(a,b) + w(b,c) - 360° \quad \text{, falls } w(a,b) + w(b,c) \geq 360°$$

WMA 3 Wenn $b \subset E_1{}^{19}$, dann gilt: $w(a,b) < 180°$

WMA 4 Zu jeder Halbgeraden a und zu jeder Winkelgröße $w(\alpha)$ mit $0° \leq w(\alpha) < 360°$ gibt es genau eine Halbgerade b, so dass $w(a,b) = w(\alpha)$.

Unsere Winkelmaßfunktion w hat, anders als die Längenmaßfunktion l, nicht die gesamten positiven reellen Zahlen als Wertebereich. Während jede reelle Zahl ≥ 0 als Maßzahl einer Streckenlänge auftreten kann, lassen wir durch WMA 1 nur reelle Zahlen x mit $0 \leq x < 360$ als Maßzahlen für Winkelgrößen zu.

Damit wir aber, wie in Definition 9, Punkt 3 definiert, beliebige Winkelmaße addieren können, z.B. w(a,b) = 300° und w(b,c) = 100°, benötigen wir das WMA 2. Danach gilt: w(a,c) = 300° + 100° − 360° = 40°.

Eine unmittelbare Folgerung aus WMA 3 ist, dass konvexe Winkel kleiner als 180° sind und überstumpfe Winkel größer als 180°.

WMA 4 stellt sicher, dass wir an eine gegebene Halbgerade eindeutig einen Winkel vorgegebener Größe antragen können.

Eine Folgerung aus WMA 4 stellt der folgende Satz dar:

---

[19] Vgl. Definition 5.

Satz 8:   1. $w(a,b) = w(a,c) \Rightarrow b = c$

2. $w(x,a) = w(y,a) \Rightarrow x = y$

Mit den uns jetzt zur Verfügung stehenden Winkelmaßen können wir die besonderen Winkel aus dem letzten Abschnitt auch durch ihre Winkelgrößen klassifizieren (s. Abbildung 67). Zusätzlich unterscheiden wir die konvexen Winkel wie üblich noch in spitze, stumpfe und rechte Winkel.

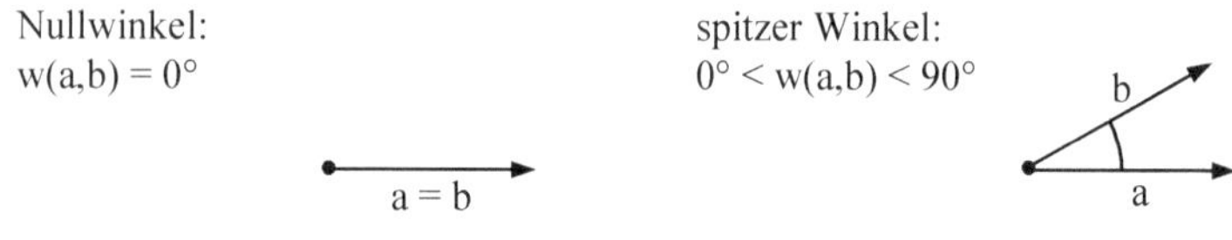

Nullwinkel:
$w(a,b) = 0°$

spitzer Winkel:
$0° < w(a,b) < 90°$

gestreckter Winkel:
$w(a,b) = 180°$

stumpfer Winkel:
$90° < w(a,b) < 180°$

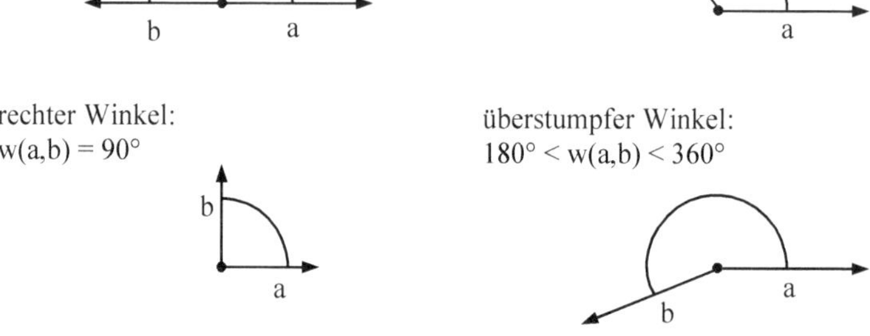

rechter Winkel:
$w(a,b) = 90°$

überstumpfer Winkel:
$180° < w(a,b) < 360°$

Abb. 67

Während Sie im Kontext der Abbildungen 65 und 66 erkannt haben, dass Stufenwinkel (untereinander) und Wechselwinkel (untereinander) im Allgemeinen nicht über das gleiche Winkelmaß verfügen[20], lässt sich über Scheitelwinkel und Nebenwinkel eine charmante Aussage formulieren, die Sie aus der Schulmathematik kennen:

---

[20] Natürlich gibt es Konstellationen, unter denen auch Stufen- und Wechselwinkel (jeweils untereinander) gleiches Winkelmaß haben, aber: Geduld ist der Schlüssel zur Freude (arabisches Sprichwort, Lebensweisheit).

Satz 9:   1. Scheitelwinkel haben gleiches Winkelmaß.

2. Die Winkelgrößen von Nebenwinkeln ergänzen sich zu 180°.

Beweis:

1. Wir betrachten das Scheitelwinkelpaar $\sphericalangle(a_1,b_1)$ und $\sphericalangle(a_2,b_2)$. Nach Definition 7 sind dann a_1, a_2 sowie b_1, b_2 komplementäre Halbgeraden. Also gilt mit WMA 2:

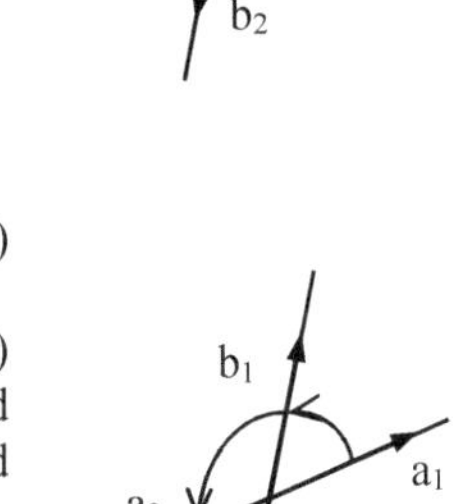

(1) $w(a_1,a_2) = 180° = w(a_1,b_1) + w(b_1,a_2)$

(2) $w(b_1,b_2) = 180° = w(b_1,a_2) + w(a_2,b_2)$

Wir setzen (1) und (2) gleich und erhalten:

$$w(a_1,b_1) + w(b_1,a_2) = w(b_1,a_2) + w(a_2,b_2)$$
$$\Rightarrow w(a_1,b_1) = w(a_2,b_2) \qquad /- w(b_1,a_2)$$

2. In der Abbildung rechts sind $\sphericalangle(a_1,b_1)$ und $\sphericalangle(b_1,a_2)$ ein Nebenwinkelpaar, ebenso wie $\sphericalangle(b_1,a_2)$ und $\sphericalangle(a_2,b_2)$, $\sphericalangle(a_2,b_2)$ und $\sphericalangle(b_2,a_1)$, $\sphericalangle(b_2,a_1)$ und $\sphericalangle(a_1,b_1)$. Wir zeigen die Behauptung nur für das erste Nebenwinkelpaar, der Beweis für die übrigen verläuft analog[21].
Es gilt: $w(a_1,b_1) + w(b_1,a_2) = w(a_1,a_2) = 180°$

Mit Hilfe der Längen- und Winkelmessung können wir einige wichtige, Ihnen gewiss bekannte Begriffe präzise definieren:

Definition 10:   Mittelpunkt einer Strecke

Der Punkt M heißt *Mittelpunkt* der Strecke $\overline{AB}$, wenn gilt:

1. $M \in \overline{AB}$

2. $l(\overline{AM}) = l(\overline{BM})$

---

[21] Beachten Sie, dass z.B. $\sphericalangle(a_1,b_2)$ und $\sphericalangle(a_2,b_2)$ auch einen gemeinsamen Schenkel besitzen (b_2) und die beiden anderen Schenkel komplementäre Halbgeraden sind, sie aber kein Nebenwinkelpaar darstellen, da wir in Definition 7 verlangt haben, dass die Winkel konvex sind, was hier für $\sphericalangle(a_1,b_2)$ aber nicht gegeben ist.

Definition 11:   Kreis

Es sei M ein Punkt der Ebene und $r \in \mathbb{L}\setminus\{0\}$. Die Menge $k(M;r) = \{P \in \mathbb{E} \mid l(\overline{PM}) = r\}$ heißt *Kreis* mit *Mittelpunkt M* und *Radius r*.

Definition 12:   Winkelhalbierende

Es seien a und b zwei Halbgeraden mit dem gemeinsamen Anfangspunkt S. Die Halbgerade h mit Anfangspunkt S heißt *Winkelhalbierende* des Winkels $\sphericalangle(a,b)$, wenn gilt:

$$w(a,h) = \frac{1}{2}\,w(a,b)$$

Definition 13:   senkrecht

Es seien a und b zwei Geraden, die sich im Punkt S schneiden. a heißt *senkrecht* oder *orthogonal* (Zeichen „$\perp$") zur Geraden b, wenn es zwei Halbgeraden a_1 und b_1 auf a bzw. b gibt mit Anfangspunkt S, so dass gilt: $w(a_1,b_1) = 90°$.

Definition 14:   Lotgerade, Lotfußpunkt

Es sei a eine Gerade und P ein Punkt. Eine Gerade l durch P heißt *Lotgerade* oder kurz *Lot* zu a durch P, wenn gilt: $l \perp a$. Der Schnittpunkt von l und a heißt *Lotfußpunkt*.

Definition 15:   Abstand

Es sei a eine Gerade und P ein Punkt. Der *Abstand* des Punktes P von der Geraden a ist die Länge der Strecke mit P und dem Lotfußpunkt als Endpunkten.
Den Abstand eines Punktes P von einer Strecke bzw. Halbgeraden führt man auf den Abstand des Punktes von der zugehörigen Trägergeraden zurück.

Wir verzichten an dieser Stelle auf die einfachen Beweise, wie aus $a \perp b$ folgt $b \perp a$ und dass es zu jedem Punkt P auf einer Geraden a genau ein Lot l gibt, eine Folgerung aus WMA 4. Interessanterweise lässt sich der anschaulich ebenso einleuchtende Sachverhalt, dass es durch einen Punkt P *außerhalb* einer Geraden a immer genau eine Lotgerade gibt, mit unseren bisherigen Axiomen nicht beweisen. Wir müssen diese Eindeutigkeit durch ein eigenes

Axiom fordern. Da die Existenz als solche dann beweisbar ist, können wir das *Orthogonalitätsaxiom* wie folgt formulieren:

OA   Zu jeder Geraden a gibt es durch jeden Punkt P mit P $\notin$ a höchstens eine Gerade l mit P $\in$ l und l$\perp$a.

Mit diesem Axiom lässt sich der folgende Satz beweisen, der uns dann auch die Existenz eines Lotes zu einer beliebigen Geraden a durch einen beliebigen Punkt P, P $\notin$ a , garantiert.

Satz 10:   Es seien a, b und c drei beliebige Geraden. Dann gilt:

1. a$\perp$b $\wedge$ b$\perp$c $\Rightarrow$ a $\parallel$ c

2. a $\parallel$ c $\wedge$ b$\perp$c $\Rightarrow$ a$\perp$b

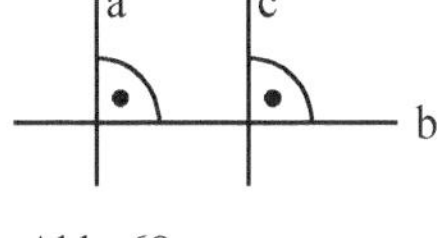

Abb. 68

Beweis:

1. Wenn a und c gleich sind, dann sind sie nach Definition 1 parallel. Wir betrachten also den Fall a $\neq$ c.
    Zu zeigen ist, dass die beiden Geraden dann keinen Punkt gemeinsam haben.
    Wir gehen indirekt vor und nehmen an, es gäbe einen Punkt S mit S $\in$ a und S $\in$ c. Dann gilt:

    (1) S $\in$ a $\wedge$ a$\perp$b $\Rightarrow$ a ist Lot zu b durch S   / Def. 14

    (2) S $\in$ c $\wedge$ c$\perp$b $\Rightarrow$ c ist Lot zu b durch S   / Def. 14

    Damit gibt es zur Geraden b zwei verschiedene Lotgeraden durch den Punkt S.
    Dies ist ein Widerspruch zu der Folgerung aus WMA 4, dass die Lotgerade eindeutig bestimmt ist (S $\in$ b) bzw. zum Orthogonalitätsaxiom (S $\notin$ b).
    Die verschiedenen Geraden a und c können also keinen Punkt gemeinsam haben, sie sind somit parallel.

2. Zunächst können wir festhalten, dass die Geraden b und a sicher nicht parallel sind, denn aus b $\parallel$ a und a $\parallel$ c würde wegen der Transitivität der Relation „$\parallel$" sofort b $\parallel$ c folgen, ein Widerspruch zu b$\perp$c. Damit haben b und a einen gemeinsamen Punkt, den wir S nennen:
    S $\in$ a $\wedge$ S $\in$ b   (1)

Sei l die eindeutig bestimmte Lotgerade zu b durch S:
S ∈ l ∧ l ⊥ b   (2)

Also gilt:
    l ⊥ b ∧ b⊥c   / (2), Voraus.
⇒ l ∥ c   / Satz 10, Teil 1

Also: l ∥ c ∧ S ∈ l   / s.o., (2)
und   a ∥ c ∧ S ∈ a   / Voraus., (1)

Da es zu c durch S aber nach dem Parallelenaxiom nur genau eine Parallele gibt, muss l = a gelten.

a ist also die Lotgerade zu b durch S, a⊥b.

Übung: 1) Die Längenmaßaxiome LMA 1 und LMA 2 gelten auch in ihrer Umkehrung. Formulieren Sie sie.

              2) Beweisen Sie, dass der Mittelpunkt einer Strecke $\overline{AB}$ eindeutig bestimmt ist.

              3) Beweisen Sie, dass in jedem Viereck die Summe der Längen der beiden Diagonalen kleiner ist als der Umfang des Vierecks.

              4) Es seien a und b zwei Geraden. Beweisen Sie: a⊥b ⇒ b⊥a

              5) Es sei P ein Punkt auf einer Geraden g und l die Lotgerade zu g durch P. Zeigen Sie, dass l eindeutig bestimmt ist.

              6) Zeigen Sie: Jede Gerade durch den Mittelpunkt eines Kreises k(M;r) hat mit dem Kreis genau zwei Punkte A und B gemeinsam. M ist dabei der Mittelpunkt von $\overline{AB}$.

3.7 Zusammenstellung aller relevanten Axiome

Inzidenzaxiome:

I 1 Zu zwei verschiedenen Punkten gibt es genau eine Gerade, die mit beiden Punkten inzidiert.

Formal: $\forall$ A, B $\in \mathbb{P}$ mit A $\neq$ B gilt: $\overset{!}{\exists}$ a $\in \mathbb{G}$, so dass A $\in$ a $\wedge$ B $\in$ a .

I 2 Zu jeder Geraden gibt es mindestens zwei verschiedene Punkte, die mit dieser Geraden inzidieren.
Formal: $\forall$ a $\in \mathbb{G}$ gilt: $\exists$ A, B $\in \mathbb{P}$ mit A $\neq$ B, so dass A $\in$ a $\wedge$ B $\in$ a .

I 3 Es gibt drei verschiedene Punkte, die nicht alle mit derselben Geraden inzidieren.
Formal: $\exists$ A, B, C $\in \mathbb{P}$ mit A $\neq$ B $\neq$ C, so dass A $\in$ a $\wedge$ B $\in$ a $\wedge$ C $\notin$ a.

Parallelenaxiom:

P Zu jeder Geraden gibt es durch jeden Punkt genau eine Parallele.

Formal: $\forall$ b $\in \mathbb{G}$, A $\in \mathbb{P}$ gilt: $\overset{!}{\exists}$ a $\in \mathbb{G}$, so dass A $\in$ a $\wedge$ a $\parallel$ b .

Axiome der Anordnung:

O 1 Die Menge der Punkte jeder Geraden g ist streng linear geordnet.
Formal: $\forall$ A,B,C $\in$ g:
- A $\prec$ B $\wedge$ B $\prec$ C $\Rightarrow$ A $\prec$ C
- A $\prec$ B $\Rightarrow \neg$ (B $\prec$ A)
- A $\prec$ B $\vee$ B $\prec$ A $\vee$ A = B

O 2 Es seien A und B zwei Punkte einer Geraden g mit A $\prec$ B. Dann enthält g mindestens drei weitere Punkte C, D und E mit C $\prec$ A $\prec$ D $\prec$ B $\prec$ E.

O 3 Jede Gerade a zerlegt die Ebene in zwei disjunkte offene Halbebenen:
$\overline{AB} \cap$ a = $\varnothing$, wenn A und B in derselben Halbebene liegen und
$\overline{AB} \cap$ a $\neq \varnothing$, wenn A und B in verschiedenen Halbebenen liegen.

Längenmaßaxiome:

LMA 1 Wenn P ein Punkt der Strecke $\overline{AB}$ ist, dann gilt:
$l(\overline{AB}) = l(\overline{AP}) + l(\overline{PB})$

LMA 2 Wenn ein Punkt P nicht auf der Strecke $\overline{AB}$ liegt, dann gilt:
$l(\overline{AB}) < l(\overline{AP}) + l(\overline{PB})$

LMA 3 Zu jeder Halbgeraden a mit dem Anfangspunkt A und zu jeder Länge $r \in \mathbb{L}$ gibt es mindestens einen Punkt P, so dass $P \in a$ und $l(\overline{AP}) = r$.

Winkelmaßaxiome:

WMA 1 Für alle Winkel $\sphericalangle(a,b)$ gilt: $0° \leq w(a,b) < 360°$

WMA 2 Für drei Halbgeraden a, b, c mit demselben Anfangspunkt S gilt:
$w(a,c) = w(a,b) + w(b,c)$, falls $w(a,b) + w(b,c) < 360°$
$w(a,c) = w(a,b) + w(b,c) - 360°$, falls $w(a,b) + w(b,c) \geq 360°$

WMA 3 Wenn $b \subset E_1$, dann gilt: $w(a,b) < 180°$

WMA 4 Zu jeder Halbgeraden a und jeder Winkelgröße $w(\alpha)$, $0° \leq w(\alpha) < 360°$, gibt es genau eine Halbgerade b, so dass $w(a,b) = w(\alpha)$.

Orthogonalitätsaxiom:

OA Zu jeder Geraden a gibt es durch jeden Punkt P mit $P \notin a$ höchstens eine Gerade l mit $P \in l$ und $l \perp a$.

4 Abbildungsgeometrie

4.1 Einstiegsproblem

Auf dieser und den folgenden Seiten sehen Sie einige künstlerische und quasi-künstlerische Werke. Seit jeher haben regelmäßige Muster, wie sie für die Abbildungen charakteristisch sind, die Menschheit fasziniert.

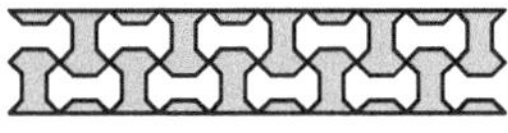

Abb. 69a

Die Abbildungen 69a bis 69c zeigen nacheinander den Ausschnitt aus einem Mosaik in der Alhambra, Granada (Spanien, 13. Jh.), ein Ornament am Tadsch Mahal (Indien 17. Jh.) und einen „Hundeteppich", der aus lauter Crazy-Dog-Köpfen zusammengesetzt ist (oben in Abb. 69c handelt es sich doch wohl ganz offensichtlich um einen „Crazy Dog").

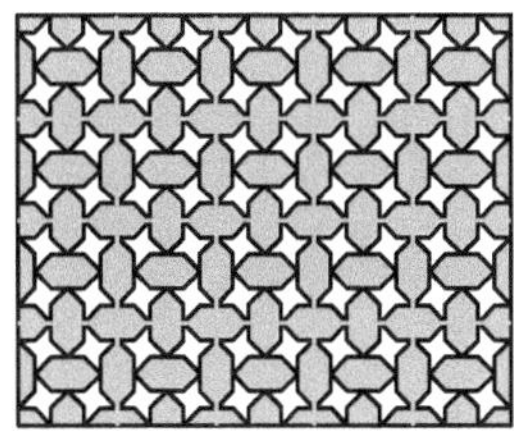

Abb. 69b

Worin besteht der Reiz all dieser Werke?

Ein Grund liegt sicherlich in der Regelmäßigkeit, mit der sich Grundfiguren wiederholen. Kopiert man die Ornamente auf Folie, so kann man durch Bewegungen der Folie Kopie und Ausgangsfigur immer wieder zur Deckung bringen. Eine mögliche Bewegung bei dem Bandornament aus Abbildung 69a ist die Verschiebung. Auch bei dem Parkett aus Abbildung 69b können wir die Folie verschieben, wobei wir hier sogar in verschiedene Richtungen verschieben können. Beim Hundeteppich in Abb. 69c könnten wir die Folienkopie um ein Nasenzentrum drehen und die entstehende Figur von Nasenzentrum zu Nasenzentrum der Crazy Dogs verschieben.

Finden Sie selbst weitere Möglichkeiten, durch Bewegungen Original und Kopie zur Deckung zu bringen.

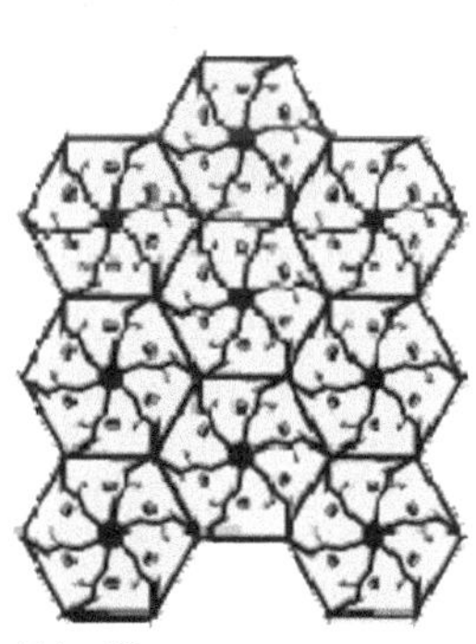

Abb. 69c

© Springer Fachmedien Wiesbaden GmbH, ein Teil von Springer Nature 2018
R. Benölken, *Leitfaden Geometrie*, https://doi.org/10.1007/978-3-658-23378-5_4

Mit ähnlichen Bildern wie unserem Crazy-Dogs-Rudel in Abbildung 69c wurde der niederländische Künstler M. C. Escher weltberühmt – wir werden auf Techniken für eine derartige „Parkettierung" der Ebene in Kapitel 4.2.6 eingehen, so dass Sie Entsprechendes auch selbst gestalten können.[1]

Im Buddhismus und Hinduismus versinnbildlichen Kreisbilder, so genannte Mandalas, das Universum und das Leben. Der Kreis soll von allem Irdischen befreien und Meditationen günstig beeinflussen, Quadrate stehen für materielle Endlichkeiten. In indischen Tempelanlagen werden Mandalas zunächst sorgfältig konstruiert und anschließend mit farbigem Sand künstlerisch ausgestaltet (Abbildung 70 zeigt die Konstruktion eines simplen Mandalas).

Abb. 70

Aber auch im christlichen Abendland findet man ähnliche Muster: Etwa in verschiedenen Holzschnitten M. C. Eschers oder in Rosettenfenstern der großen europäischen Kathedralen (ab 12. Jh.). In Abbildung 71 sind die Rahmen der Rosetten der Kathedrale Lausanne (links) und Notre Dame de Paris (rechts) abgebildet.

Abb. 71[2]

<ol>
<li>Aufgrund des einzigartigen Zusammenspielens von Mathematik und Kunst hätten wir Ihnen hier so gern Eschers Holzschnitt „Acht Köpfe" von 1922 abgebildet, was aufgrund eines neuen Urheberrechts nicht mehr möglich ist. Interessierten empfehlen wir einen Blick in Ernst 1994.</li>
<li>Bildquellen: Dietmar Rabich in: https://commons.wikimedia.org/wiki/File:Paris,_Notre_Dame_--_2014_--_1446.jpg; https://commons.wikimedia.org/wiki/File:Rosace_cathédrale_lausanne.JPG?uselang=de .</li>
</ol>

Bei dem Mandala und bei den Kirchenfenstern sind Drehungen um den Mittelpunkt der Figuren Bewegungen, welche die Folienkopie mit der Ausgangsfigur zur Deckung bringen[3]. Es sind verschiedene Drehungen möglich. Gemeinsam ist ihnen jeweils der Drehpunkt, sie unterscheiden sich aber in den Drehwinkeln. Abbildung 72 dürfte bei Ihnen die Illusion von Bewegung erzeugen: Sie wirkt wie ein gegenläufiger „Strudel". Im Inneren wird er aus kleinen weißen und schwarzen „geschweiften Klammern" gebildet, die nach außen immer mehr „wachsen". Gibt es auch hier Drehungen mit unterschiedlichen Drehwinkeln?

Abb. 72[4]

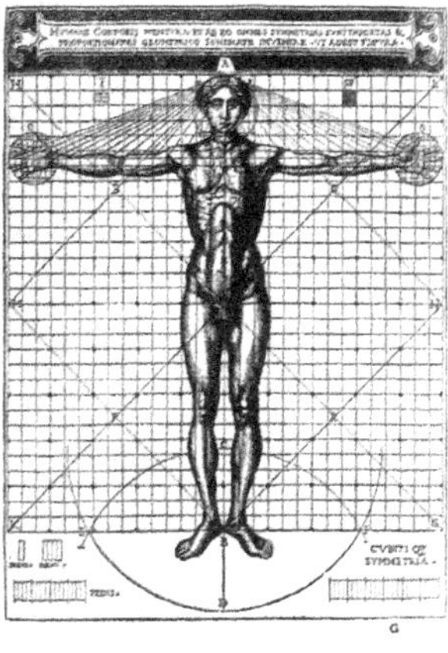

Abb. 73[5]

Verschiebungen und Drehungen nennt man *Bewegungen*. Bei diesen kommt man mit einer Seite der Folie aus. Bei manchen Figuren können wir unsere

---

[3]   Dabei ist die farbliche Ausgestaltung beim Mandala zu vernachlässigen.

[4]   https://pixabay.com/de/optische-t%C3%A4uschung-strudel-mahlstrom-3199441/

[5]   Sie sehen den berühmten „vitruvianischen Menschen": Vitruv war ein römischer Architekt und Ingenieur, er lebte im ersten Jahrhundert. Beruflich hatte der Mann also mit allerhand Proportionen zu tun. Sie kennen ganz bestimmt die berühmte, aber viel später entstandene Darstellung des vitruvianischen Menschen von Leonardo da Vinci. Werfen Sie doch auch mal einen Blick in Friedenthal 1959, S. 86. Das Foto der Abbildung 73 stammt von Georges Jansoone; https://commons.wikimedia.org/wiki/File:De_Architectura030.jpg

Folie aber auch wenden und die Rückseite der Folie kommt mit der Ausgangsfigur zur Deckung. Wenn wir z.B. bei dem Parkett aus Abbildung 69b in der Ausgangsfigur und unserer Folie eine Gerade durch die Mittelpunkte der Sechsecke zeichnen, die Folie hochnehmen, umwenden und so auf die Originalfigur legen, dass die beiden Geraden zur Deckung kommen, dann kommt auch das kopierte Parkett mit dem ursprünglichen Parkett zur Deckung. Entsprechendes gilt für das Mandala, die Figuren in Abbildung 71 und die Proportionsdarstellung des menschlichen Körpers in Abbildung 73. Solche *Umwendungen* nennt man Geraden- oder Achsenspiegelungen. Die Darstellungen in den Abbildungen 69b, 70, 71 und 73 sind also achsensymmetrisch. Auch das Bandornament aus Abbildung 69a ist achsensymmetrisch. Die Symmetrieachsen liegen senkrecht zur Verschiebungsrichtung und verlaufen durch die Mittelpunkte der „Knochen". Die Mittelparallele des Bandornamentes ist dagegen keine Symmetrieachse. Wenn wir unsere Folie um diese Achse wenden, kommt die Kopie nicht mit der Ausgangsfigur zur Deckung. Wenn wir die so gewendete Folie aber ein Stückchen weiterschieben, dann können wir auch wieder Deckungsgleichheit erzielen. Eine solche Bewegung, die sich aus einer Achsenspiegelung und einer Verschiebung parallel zur Spiegelachse zusammensetzt, nennt man Schub- oder Gleitspiegelung. Auch sie ist eine *Umwendung*.

Die bisher betrachteten Abbildungen haben eines gemeinsam: Sie bilden Figuren auf kongruente Figuren[6] ab. Man nennt sie deshalb auch Kongruenzabbildungen. Alle Streckenlängen, alle Winkelgrößen bleiben unverändert erhalten. Neben den Kongruenzabbildungen gibt es aber auch noch andere Abbildungen der Ebene auf sich.

Abb. 74a

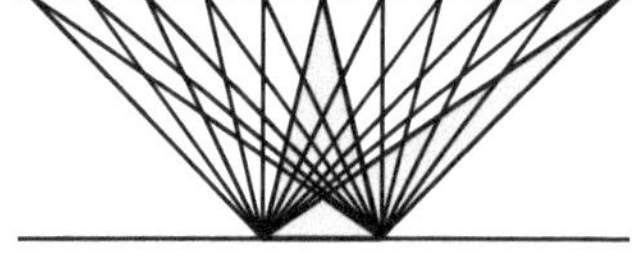

Abb. 74b

Offensichtlich handelt es sich bei den Abbildungen 74a und b nicht um Kongruenzabbildungen, da weder Läufer noch Dreiecke kongruent sind. Trotzdem gibt es Regelmäßigkeiten. Die Läufer sind einander ähnlich, sie sind durch eine Ähnlichkeitsabbildung entstanden. Die Dreiecke, zwei sind grau gefärbt, sind sich nicht einmal ähnlich. Trotzdem haben sie etwas gemeinsam.

---

[6] Auf eine exakte Definition dessen, was wir unter „kongruenten Figuren" verstehen wollen, kommen wir in Kapitel 4.2.5 zurück.

Übung: 1)   Wie viele verschiedene Abbildungen gibt es, die die Figur auf sich selbst abbilden? Sind es Bewegungen oder Umwendungen?

Hasenfenster am
Paderborner Dom, 13. Jh.

Tadsch Mahal in Agra,
17. Jh.

2)   Aus ästhetischen Gründen und um den Wiedererkennungswert zu erhöhen, werden Firmenzeichen gern symmetrisch gestaltet. Die Abbildung rechts zeigt das Firmenzeichen eines Automobilherstellers im Kühlergrill eines Pkws.

Welche Symmetrien erkennen Sie?

Vergleichen Sie auch mit Ihren Ergebnissen zum Hasenfenster.

3)   Geben Sie alle Symmetrieachsen in den Abbildungen 69 bis 71 an.

4)   Finden Sie für die Abbildungen 69a und b jeweils die kleinste Grundfigur, aus denen sich die Figur durch Verschiebungen erzeugen lässt. Es gibt verschiedene Lösungen.

5)   Welche Drehungen bilden die Ornamente, Mosaike oder Rosetten in den Abbildungen 69a und b bzw. 71 auf sich ab? Geben Sie Drehpunkt(e) und alle möglichen Drehwinkel an.

6)   Welche Eigenschaften bleiben bei den in Abbildung 74a dargestellten „Läufern" erhalten?

7)   Finden Sie mehrere Gemeinsamkeiten der Dreiecke aus Abbildung 74b.

8)   Wir erinnern an das Mosaik aus dem Tadsch Mahal in Abbildung 69b des Kapitels 4.1. Dieses Mosaik ist durch geschicktes Aneinanderfügen des immer gleichen Sechsecks entstanden. Kopiert man sich das Mosaik auf eine Folie, dann kann man Original und die darauf gelegte Folie durch

- Bewegen der Folie,

- Umwenden der Folie und sogar

- Bewegen und anschließendes Umwenden der Folie

mit sich zur Deckung bringen.

Die Abbildung rechts zeigt das Firmenlogo der Firma „Balanced Home"[7] für ausgewogene Innenraumeinrichtung.

Erstellen Sie durch geschicktes Aneinanderfügen dieses Firmenzeichens ein Mosaik, das ausschließlich durch Bewegung der Folienkopie mit sich zur Deckung gebracht wird.

---

[7]   http://www.balanced-home.de/

4.2 Kongruenzabbildungen

Vororientierung

Wir werden nun die im Einstieg aufgetretenen Abbildungen der Ebene auf sich definieren. Dabei werden wir jeweils die Konstruktionsvorschrift angeben, mit der man zu einem beliebigen Punkt P der Ebene seinen Bildpunkt P' finden kann. Wir beginnen mit der Definition der Geradenspiegelung und ausführlichen Betrachtungen der Eigenschaften dieser Abbildung. Danach führen wir die Verschiebung, die Drehung, die Punktspiegelung und die Schub- oder Gleitspiegelung ein.

Schließlich werden wir zeigen, dass nicht nur die eben genannten Abbildungen, sondern auch jede beliebige Anzahl von nacheinander ausgeführten Geradenspiegelungen durch eine „äußerst geringe" Anzahl von Geradenspiegelungen ersetzt werden kann. Dabei sollen Sie die Geradenspiegelung als *das* Universalmodul aller Kongruenzabbildungen erfahren. Auch wenn wir von Anfang an von Kongruenzabbildungen reden, werden wir erst an dieser Stelle definieren, was wir eigentlich genau unter einer Kongruenzabbildung verstehen wollen.

Auf der Basis dieser Definition werden wir in einem weiteren Abschnitt der Frage nachgehen, unter welchen Bedingungen ein Dreieck $\triangle ABC$ zu einem Dreieck $\triangle A'B'C'$ kongruent ist und in diesem Kontext die Kongruenzsätze, die Sie bereits aus der Schulmathematik unter den Kürzeln „SSS, SWS, WSW und SSW_{ggs}" kennen, formulieren und beweisen.

Ein weiteres Kapitel ist verschiedenen Symmetrien, Bandornamenten und Parkettierungen der Ebene gewidmet, die für die Grundschule und die Sekundarstufe gleichermaßen von Bedeutung sind.

Das Kapitel endet mit Überlegungen zur Menge aller Kongruenzabbildungen bzw. ausgewählter Teilmengen dieser Menge.

4.2.1 Definitionen und Eigenschaften der Kongruenzabbildungen

Definition 1:   Geradenspiegelung S_g

Die *Geradenspiegelung* S_g ist diejenige Abbildung der Ebene $\mathbb{E}$ auf sich, die jedem Punkt P seinen Bildpunkt P' nach folgender Vorschrift zuordnet:

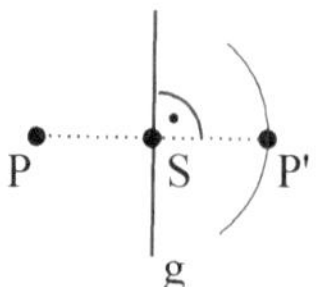

a) Wenn $P \in g$, dann P = P'.
(alle $P \in g$ sind „Fixpunkte", siehe Definition 2)

b) Wenn $P \notin g$, dann gilt: $g \perp PP'$ und $l(\overline{PS}) = l(\overline{P'S})$, wobei $PP' \cap g = \{S\}$. [8]

Dabei heißt die Gerade g *Spiegelgerade* oder *-achse.*

Nicht nur bei der Geradenspiegelung gibt es Punkte, die mit ihren Bildpunkten zusammenfallen. Der Punkt S in der Abbildung oben ist ein Beispiel für so einen Punkt. Daher legen wir fest:

Definition 2:   Fixpunkt

Ein Punkt P heißt *Fixpunkt* bei einer Abbildung φ (z. B. bei S_g), wenn Urbild P und Bild P' zusammenfallen.
formal: wenn $P = \varphi(P) = P'$

Bei der Geradenspiegelung S_g sind alle Punkte auf der Spiegelgeraden Fixpunkte. Weitere Fixpunkte gibt es nicht.

Alle Geraden senkrecht zur Spiegelgeraden g werden bei der Geradenspiegelung S_g auf sich selbst abgebildet. In Analogie zu den Fixpunkten bezeichnen wir derartige Geraden als *Fixgeraden.*

Auch die Spiegelgerade g wird bei der Spiegelung an g auf sich selbst abgebildet: $S_g(g) = g' = g$. Die Spiegelgerade g ist also eine weitere Fixgerade. Da sie ausschließlich aus Fixpunkten besteht, spricht man auch von einer *Fixpunktgeraden.*

---

[8]   Gleichwertig: Wenn $P \notin g$, dann ist g die Mittelsenkrechte von $\overline{PP'}$. Den Begriff der „Mittelsenkrechten" führen wir aber erst in Definition 3 ein, können ihn hier also noch nicht regulär verwenden.

Wie konstruieren wir das Bild $S_g(P) = P'$ eines Punktes P (P $\notin$ g) bei der Geradenspiegelung S_g ?

- Die Lotgerade l zu g durch Punkt P zeichnen.

- Den Schnittpunkt von g und l mit S benennen.

- Den Punkt P' auf l auszeichnen, für den gilt: $l(\overline{P'S}) = l(\overline{PS})$ und P' $\neq$ P

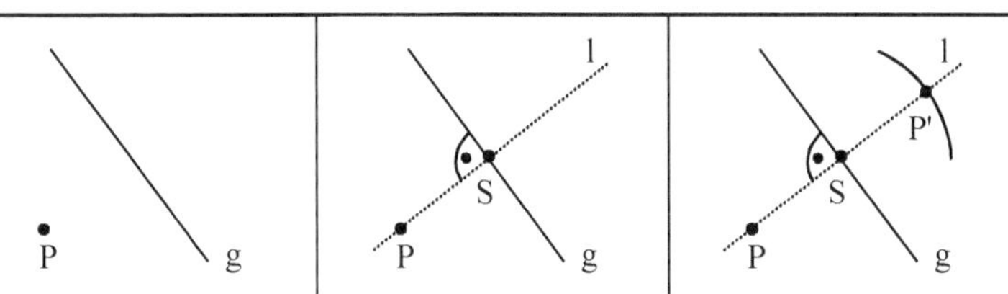

Abb. 75

Zur Herleitung weiterer Eigenschaften (nicht nur) der Geradenspiegelung reichen die bisher formulierten Axiome und die Definition der Geradenspiegelung allein nicht aus. Wir formulieren daher zwei weitere Axiome:

SA 1: Spiegelungsaxiom 1

Sei $A' = S_g(A)$ und $B' = S_g(B)$

Dann gilt:

$l(\overline{AB}) = l(\overline{A'B'})$

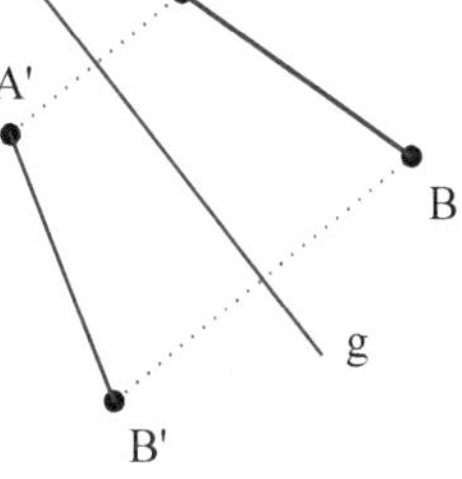

Wir weisen an dieser Stelle darauf hin, dass SA 1 nicht besagt, dass die Strecke $\overline{A'B'}$ das Bild der Strecke $\overline{AB}$ ist. Letzteres werden wir erst mit Satz 1b sicherstellen.

SA 2: Spiegelungsaxiom 2

Sei $A' = S_g(A)$, $B' = S_g(B)$

und $C' = S_g(C)$

Dann gilt:

$w(\overrightarrow{BA}, \overrightarrow{BC}) = w(\overrightarrow{B'C'}, \overrightarrow{B'A'})$

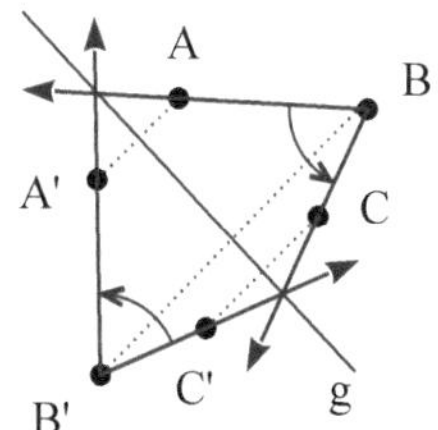

Eigenschaften der Geradenspiegelung

Spiegelt man zweimal nacheinander an derselben Geraden, so hat man den Ausgangszustand wieder hergestellt. Jede Geradenspiegelung S_g ist also *Umkehrabbildung* zu sich selbst. Solche Abbildungen, bei denen $\varphi \circ \varphi$ gleich der *identischen Abbildung id* ist, nennt man *involutorisch*.

Satz 1a: Bei der Geradenspiegelung S_g gilt für alle Punkte A, B der Ebene $\mathbb{E}$:
$$B = S_g(A) \Rightarrow A = S_g(B)$$
S_g ist eine *involutorische Abbildung*.

Beweis:

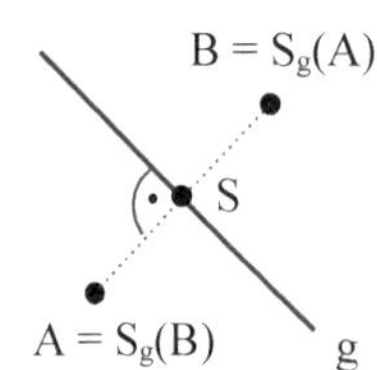

Nach der Definition von S_g gilt:

$B = S_g(A)$

$\Rightarrow \quad AB \perp g \ \wedge \ l(\overline{AS}) = l(\overline{BS})$
mit: $\{S\} = AB \cap g$

$\Rightarrow \quad BA \perp g \ \wedge \ l(\overline{BS}) = l(\overline{AS})$

$\Rightarrow \quad A = S_g(B)$

Satz 1b: Bei der Geradenspiegelung S_g ist das Bild einer Strecke $\overline{AB}$ wieder eine Strecke, nämlich die Strecke $\overline{A'B'}$. Dabei ist $A' = S_g(A)$ und $B' = S_g(B)$.

Formalisiert lautet die Behauptung: $S_g(\overline{AB}) = \overline{A'B'}$

Dazu zeigen wir für alle $P \in \mathbb{E}$: $P \in \overline{AB} \ \Leftrightarrow \ P' \in \overline{A'B'}$

Beweis:

Wir wissen, ...

(a) nach Spiegelungsaxiom SA 1 gilt:
   $l(\overline{AB}) = l(\overline{A'B'})$

(b) Längenmaßaxiom LMA 1 gilt in beide
   Richtungen:
   $P \in \overline{AB} \ \Leftrightarrow \ l(\overline{AB}) = l(\overline{AP}) + l(\overline{PB})$

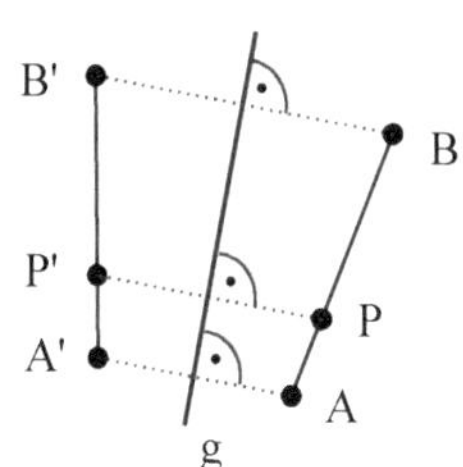

Beides benutzen wir im Beweis.

Dann gilt:

$$P \in \overline{AB}$$
$$\Leftrightarrow \quad l(\overline{AB}) = l(\overline{AP}) + l(\overline{PB}) \qquad / \text{ LMA 1}$$
$$\Leftrightarrow \quad l(\overline{A'B'}) = l(\overline{A'P'}) + l(\overline{P'B'}) \qquad / \text{ dreimal SA 1}$$
$$\Leftrightarrow \quad P' \in \overline{A'B'} \qquad\qquad / \text{ LMA 1 (Rückrichtung)}$$

Satz 1b und Spiegelungsaxiom SA 1 garantieren uns, dass das Bild einer Strecke bei der Geradenspiegelung wieder eine Strecke ist, die ebenso lang wie die Urbildstrecke ist. Man sagt auch: S_g ist *strecken-* und *längentreu.*

In den Sätzen 1c und 1d werden wir zeigen, dass bei der Geradenspiegelung Halbgeraden wieder auf Halbgeraden und Geraden wieder auf Geraden abgebildet werden. Diese Eigenschaft der Geradenspiegelung werden wir dann als *Halbgeradentreue* bzw. *Geradentreue* bezeichnen.

Satz 1c: Bei der Geradenspiegelung S_g ist das Bild einer Halbgeraden $\overrightarrow{AB}$ wieder eine Halbgerade, nämlich die Halbgerade $\overrightarrow{A'B'}$. Dabei ist $A' = S_g(A)$ und $B' = S_g(B)$.

Formalisiert lautet die Behauptung: $S_g(\overrightarrow{AB}) = \overrightarrow{A'B'}$

Beweis:

z.z.: $\forall\, P \in \mathbb{E}: P \in \overrightarrow{AB} \Leftrightarrow P' \in \overrightarrow{A'B'}$

Es gilt:

$$P \in \overrightarrow{AB}$$
$$\Leftrightarrow \quad P \in \overline{AB} \vee B \in \overline{AP} \qquad / \text{ Def. } \overrightarrow{AB}$$
$$\Leftrightarrow \quad P' \in \overline{A'B'} \vee B' \in \overline{A'P'} \qquad / \text{ Satz 1b}$$
$$\Leftrightarrow \quad P' \in \overrightarrow{A'B'} \qquad\qquad / \text{ Def. } \overrightarrow{AB}$$

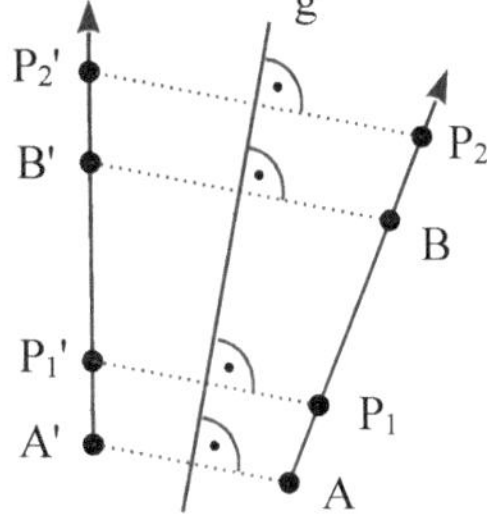

In Satz 1c haben wir gezeigt, dass das Bild einer Halbgeraden $\overrightarrow{AB}$ die Halbgerade $\overrightarrow{A'B'}$ ist. Man sagt auch: S_g ist *halbgeradentreu.* Bei der Beweisführung haben wir wesentlich auf die in Satz 1b bewiesene Streckentreue zurückgegriffen: Das Bild einer Strecke $\overline{AB}$ ist die Strecke $\overline{A'B'}$.

Satz 1d: Bei der Geradenspiegelung S_g ist das Bild einer Geraden
                      AB wieder eine Gerade, nämlich die Gerade A'B'.

                      Dabei ist A' = S_g(A) und B' = S_g(B).

                      Formalisiert lautet die Behauptung: S_g(AB) = A'B'

Beweis:

z.z.: $\forall$ P $\in$ $\mathbb{E}$: P $\in$ AB $\Leftrightarrow$ P' $\in$ A'B'

Wir greifen die im vorangegangenen Satz erfolgreich angewandte Strategie
auf und versuchen, die Behauptung mit Hilfe von Satz 1c zu zeigen. Wir
versuchen also, die behauptete *Geradentreue* auf die *Halbgeradentreue* zu-
rückzuführen.

-        Wir zeichnen auf der Geraden AB zwei (nicht
         disjunkte) Teilmengen aus, nämlich die Punkt-
         menge $\overrightarrow{AB}$ und die Punktmenge $\overrightarrow{BA}$.

-        Die Vereinigung beider Punktmengen ist die
         Gerade AB:
         $\overrightarrow{AB}$ $\cup$ $\overrightarrow{BA}$ = AB   (1)

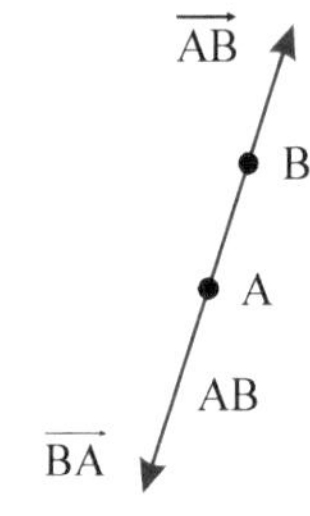

Dann gilt:
         P $\in$ AB
$\Leftrightarrow$ P $\in$ ($\overrightarrow{AB}$ $\cup$ $\overrightarrow{BA}$)   / wegen (1)
$\Leftrightarrow$ P $\in$ $\overrightarrow{AB}$ $\vee$ P $\in$ $\overrightarrow{BA}$ / Def. der Vereinigungsmenge
$\Leftrightarrow$ P' $\in$ $\overrightarrow{A'B'}$ $\vee$ P' $\in$ $\overrightarrow{B'A'}$ / Satz 1c
$\Leftrightarrow$ P' $\in$ ($\overrightarrow{A'B'}$ $\cup$ $\overrightarrow{B'A'}$)   / Def. der Vereinigungsmenge
$\Leftrightarrow$ P' $\in$ A'B'   / wegen (1)

Satz 1d garantiert uns, dass das Bild einer Geraden bei der Geradenspiegelung S_g stets wieder eine Gerade ist.
Man sagt auch: S_g ist *geradentreu*.[9]

---

[9] Sie sind zurzeit „solo" und für Sie ist Treue ein maßgebliches Kriterium
     für eine zukunftsweisende Partnerschaft? Vergessen Sie Tinder & Co.
     S_g ist strecken-, längen-, winkel-, winkelmaß-, geraden-, halbgeraden-
     und darüber hinaus sogar parallelentreu (siehe nächste Seite).

Wir heben an dieser Stelle weitere Eigenschaften von S_g hervor, ohne sie ausdrücklich zu beweisen:

Bei der Geradenspiegelung S_g wird ein *Linkstripel* (A, B, C) auf ein *Rechtstripel* (A', B', C') abgebildet (Abbildung 76a), wobei A' = S_g(A), B' = S_g(B) und C' = S_g(C).

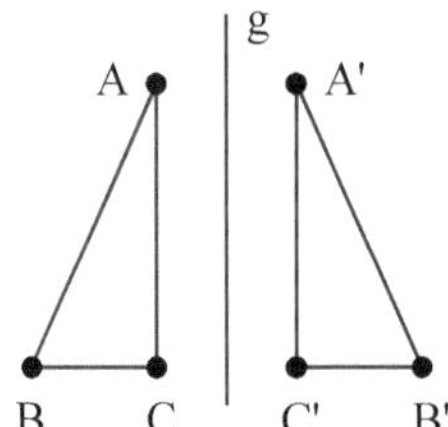

Abb. 76a

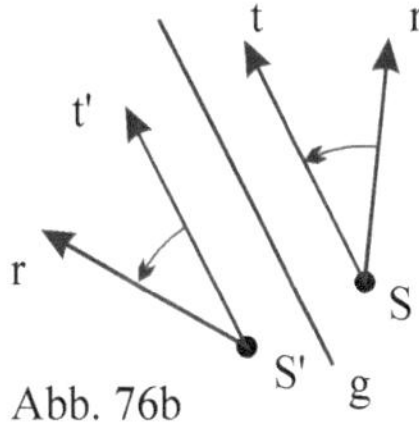

Abb. 76b

Bei S_g wird ein Winkel $\angle$(r, t) auf einen Winkel $\angle$(t', r') abgebildet (Abbildung 76b). Dabei stimmen die Winkelgrößen beider Winkel überein:

$$w(r, t) = w(t', r')$$

Zusammen mit SA 2 sagt man:
S_g ist *winkel-* und *winkelmaßtreu.*

Bei S_g wird ein Vieleck E_1, E_2, E_3, ..., E_n auf ein Vieleck E_1', E_2', E_3', ..., E_n' abgebildet. Dabei haben Urbild- und Bildvieleck *entgegengesetzten Umlaufsinn* (Abbildung 76c).

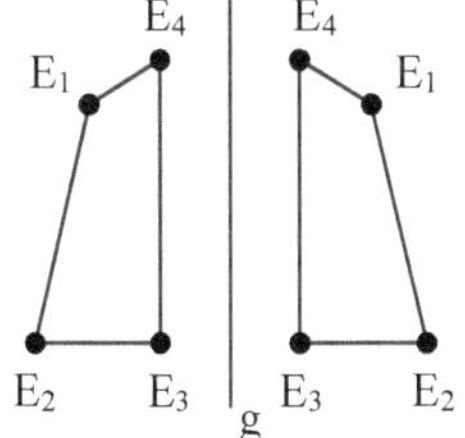

Abb. 76c

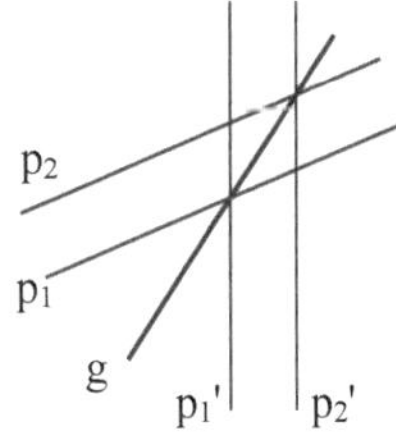

Bei S_g werden zueinander parallele Geraden p_1, p_2 auf ebenfalls zueinander parallele Geraden p_1', p_2' abgebildet (Abbildung 76d).
Man sagt: S_g ist *parallelentreu.*

Abb. 76d

Definition 3:   Mittelsenkrechte

Unter der *Mittelsenkrechten* m einer Strecke $\overline{AB}$ versteht man diejenige Gerade, die senkrecht durch den Mittelpunkt von $\overline{AB}$ geht.

formal:

$m \perp \overline{AB} \wedge l(\overline{AM}) = l(\overline{BM})$, wobei $AB \cap m = \{M\}$

Bei der Geradenspiegelung S_g ist g Mittelsenkrechte von $\overline{PP'}$ [10].

Mit Hilfe der bisher erarbeiteten Axiome, Definitionen und Sätze können wir nunmehr beweisen, dass ein Punkt P genau dann auf der Mittelsenkrechten m einer Strecke $\overline{AB}$ liegt, wenn er von A und B gleichen Abstand hat.

Im Hinblick auf eine möglichst prägnante Beweisführung formalisieren wir die Behauptung in Satz 2 besonders stark:

Satz 2:   Sei m die Mittelsenkrechte der Strecke $\overline{AB}$.

Dann gilt:

$P \in m \Leftrightarrow l(\overline{AP}) = l(\overline{BP})$

Beweis: „$\Rightarrow$"

z.z.: $P \in m \Rightarrow l(\overline{AP}) = l(\overline{BP})$

- Da m Mittelsenkrechte von $\overline{AB}$ ist, folgt mit der Definition der Geradenspiegelung
$A = S_m(B)$ und $B = S_m(A)$ und

- da nach Voraussetzung $P \in m$, folgt wieder mit der Definition der Geradenspiegelung $S_m(P) = P$.

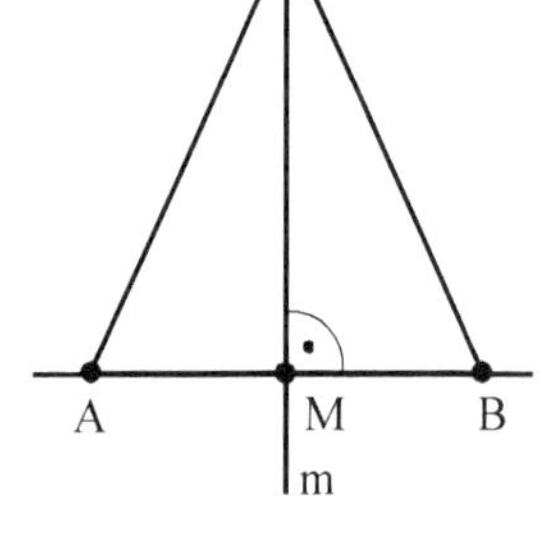

Dann gilt:

$P \in m$

$\Rightarrow \quad S_m(\overline{AP}) = \overline{BP}$ / Satz 1b

$\Rightarrow \quad l(\overline{AP}) = l(\overline{BP})$ / SA 1

---

[10]   Vgl. hierzu auch Definition 1.

„$\Leftarrow$"   (durch Kontraposition)

z.z.: $l(\overline{AP}) = l(\overline{BP}) \Rightarrow P \in m$

Kontraposition[11] : $P \notin m \Rightarrow l(\overline{AP}) \neq l(\overline{BP})$

Wenn $P \notin m$, dann sind hinsichtlich der Lage von P zwei Fälle möglich:

Fall 1: P kann dann in derselben Halbebene von m liegen, in der auch B liegt.
Fall 2: P kann dann in derselben Halbebene von m liegen, in der auch A liegt.

zu Fall 1:

Liege P also in derselben Halbebene von m wie B.

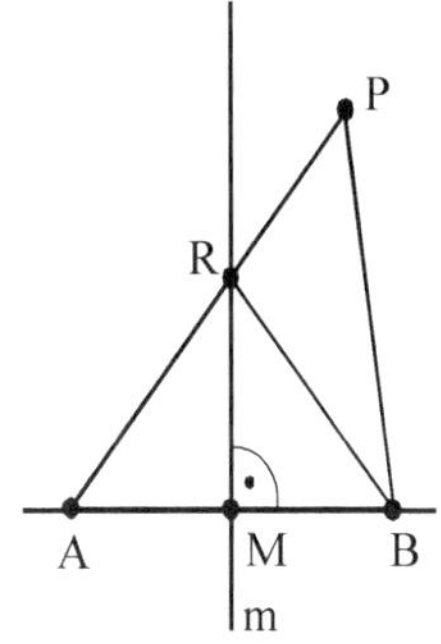

-     Dann schneidet $\overline{BP}$ die Mittelsenk-rechte m nicht, wohl aber schneidet $\overline{AP}$ die Mittelsenkrechte m in einem Punkt R $(R \in m \wedge R \in \overline{AP})$.

-     Mit Teil „$\Rightarrow$" des Beweises folgt:
  $R \in m \Rightarrow l(\overline{AR}) = l(\overline{BR})$ (*)

Dann gilt:

$\quad l(\overline{BP}) < l(\overline{BR}) + l(\overline{RP})$ / Längenmaßaxiom LMA 2, da $R \notin \overline{BP}$

$\Rightarrow \quad l(\overline{BP}) < l(\overline{AR}) + l(\overline{RP})$ / wegen (*)

$\Rightarrow \quad l(\overline{BP}) < l(\overline{AP})$ / Längenmaßaxiom LMA 1, da $R \in \overline{AP}$

also: $l(\overline{AP}) \neq l(\overline{BP})$

Fall 2 zeigt man analog.

Von Satz 2 werden wir insbesondere in Kapitel 5 mehrfach Gebrauch machen.

Nur vorübergehend verlassen wir die Geradenspiegelung und ihre Eigen-schaften, um weitere Abbildungen zu definieren.

---

[11] Zum Beweis durch Kontraposition sei auf Benölken, Gorski und Müller-Philipp 2018, Kap. 2 hingewiesen.

Definition 4:   Verschiebung oder Translation $V_{\overrightarrow{ST},\, l(\overline{ST})}$

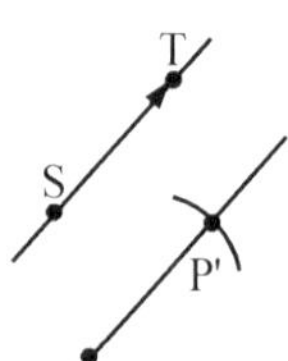

Die *Verschiebung* ist diejenige Abbildung der Ebene auf sich, die jedem Punkt P seinen Bildpunkt P' nach folgender Vorschrift zuordnet:

$\overrightarrow{PP'}$ ist richtungsgleich zu $\overrightarrow{ST}$
und $l(\overline{PP'}) = l(\overline{ST})$.

In der Notation $V_{\overrightarrow{ST},\, l(\overline{ST})}$ gibt die Halbgerade $\overrightarrow{ST}$ die Richtung der Verschiebung, $l(\overline{ST})$ die Länge der Verschiebung an. In diesem Kontext sind $V_{\overrightarrow{ST},\, 3 \cdot l(\overline{ST})}$ und $V_{\overrightarrow{ST},\, 0{,}5 \cdot l(\overline{ST})}$ zwei Verschiebungen, bei denen die Länge der Verschiebung vom Abstand der Punkte S und T auf $\overrightarrow{ST}$ abweicht.

Stimmt hingegen die Länge der Verschiebung mit dem Abstand der Punkte S und T auf der Halbgeraden $\overrightarrow{ST}$ überein, so schreibt man für $V_{\overrightarrow{ST},\, l(\overline{ST})}$ auch kurz $V_{\overrightarrow{ST}}$.

Wie konstruieren wir nun das Bild P' eines Punktes P bei der Verschiebung $V_{\overrightarrow{ST},\, l(\overline{ST})}$?

-       Die Halbgerade h zeichnen, die den Anfangspunkt P hat und die richtungsgleich zu $\overrightarrow{ST}$ ist.
-       Denjenigen Punkt auf der Halbgeraden h mit P' bezeichnen, der von P die Entfernung $l(\overline{ST})$ hat.

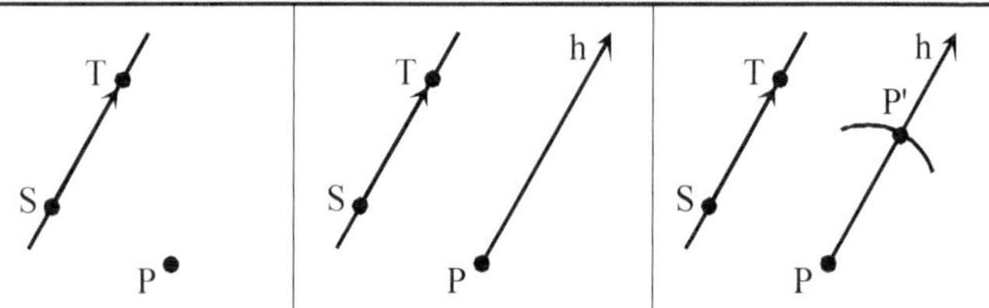

Abb. 77

Eigenschaften der Verschiebung

Bei der Verschiebung $V_{\overrightarrow{ST},\,l(\overline{ST})}$ ist der Fall $S = T$ zugelassen. Wir sprechen dann von der *Nullverschiebung*. Da jeder Punkt P dann auf sich selbst abgebildet wird, handelt es sich bei der *Nullverschiebung* um die *identische Abbildung* id.

Aus der Definition der Verschiebung geht hervor, dass Urbild- und Bildpunkt stets denselben Abstand voneinander haben. Falls $V_{\overrightarrow{ST},\,l(\overline{ST})}$ nicht die identische Abbildung ist, gibt es bei der Verschiebung *keine Fixpunkte*.

Demgegenüber gibt es *Fixgeraden*: Alle Geraden, die parallel zur Geraden ST sind, werden durch $V_{\overrightarrow{ST}}$ auf sich abgebildet, sind also Fixgeraden.

Die *Umkehrabbildung* der Verschiebung $V_{\overrightarrow{ST},\,l(\overline{ST})}$ ist die Verschiebung $V_{\overrightarrow{TS},\,l(\overline{TS})}$.

Im Gegensatz zum zweimaligen Nacheinanderausführen der Geradenspiegelung S_g stellt das zweimalige Ausführen ein und derselben Verschiebung $V_{\overrightarrow{ST},\,l(\overline{ST})}$ keineswegs den Ausgangszustand wieder her:

Die Verschiebung ist also *keine involutorische Abbildung*.

Wir werden weiter unten beweisen[12], dass jede Verschiebung durch die Nacheinanderausführung (Verkettung) von zwei besonderen Geradenspiegelungen ersetzt werden kann. Aus diesem Sachverhalt leiten sich weitere Eigenschaften der Verschiebung her:

-   Bei der Verschiebung werden Strecken auf gleich lange Strecken abgebildet (Abbildung 78a).
    $V_{\overrightarrow{ST}}$ ist *strecken- und längentreu*.

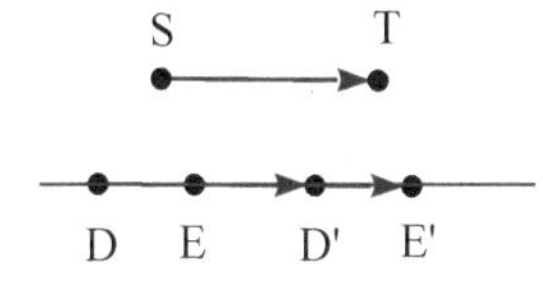

Abb. 78a

-   Bei der Verschiebung ist das Bild einer Geraden wieder eine Gerade (Abbildung 78b).
    $V_{\overrightarrow{ST}}$ ist *geradentreu*.

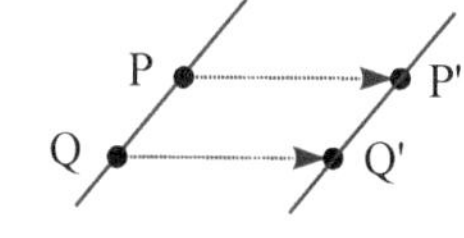

Abb. 78b

---

[12] Vgl. hierzu Satz 3.

-   Bei der Verschiebung ist das Bild einer Halbgeraden $\overrightarrow{QP}$ eine zu $\overrightarrow{QP}$ richtungsgleiche Halbgerade $\overrightarrow{Q'P'}$.

-   Bei der Verschiebung werden zueinander parallele Geraden auf ebenfalls zueinander parallele Geraden abgebildet (Abbildung 78c). $V_{\overrightarrow{ST}}$ ist also *parallelentreu.*

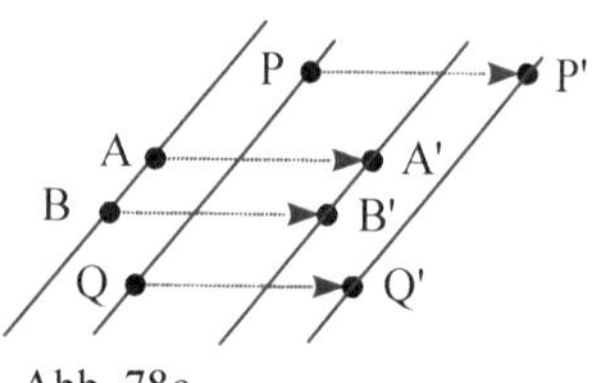

Abb. 78c

-   Bei der Verschiebung werden Winkel auf gleich große Winkel abgebildet (Abbildung 78d). $V_{\overrightarrow{ST}}$ ist *winkeltreu.*

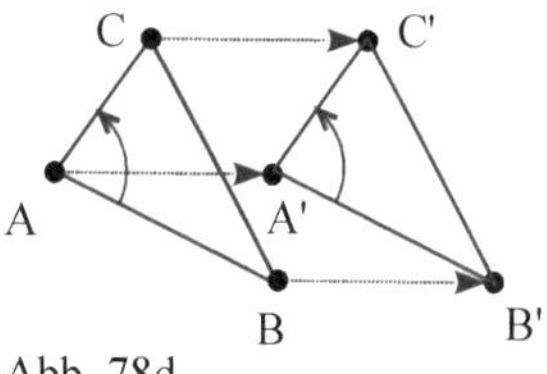

Abb. 78d

-   Bei der Verschiebung wird ein Vieleck E_1, E_2, E_3, ..., E_n auf ein Vieleck E_1', E_2', E_3', ..., E_n' abgebildet (Abbildung 78d). Dabei haben Urbild- und Bildvieleck *gleichen Umlaufsinn.*

Definition 5:   Drehung $D_{M,w(\alpha)}$

Die *Drehung* $D_{M,w(\alpha)}$ ist diejenige Abbildung der Ebene auf sich, die jedem Punkt P seinen Bildpunkt P' nach folgender Vorschrift zuordnet:

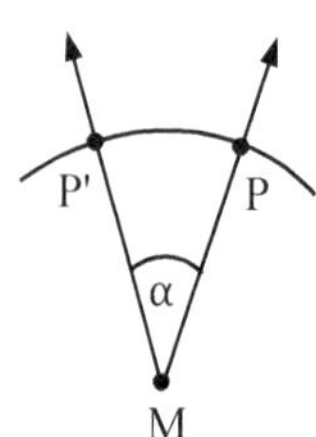

a) Wenn P = M, dann P' = P.   (M ist Fixpunkt.)

b) Wenn P ≠ M, dann ist P' so zu wählen, dass gilt:

$$w(\overrightarrow{MP}, \overrightarrow{MP'}) = w(\alpha) \text{ und } l(\overline{MP}) = l(\overline{MP'}).$$

M heißt *Drehpunkt* und $w(\alpha)$ mit $0° \leq w(\alpha) < 360°$ heißt *Drehmaß* der Drehung.

Wie konstruieren wir das Bild P' eines Punktes P (P ≠ M) bei der Drehung $D_{M,w(\alpha)}$?

- Die Halbgerade $\overrightarrow{MP}$ zeichnen und h nennen.

- Die Halbgerade k mit Anfangspunkt M zeichnen, für die gilt:
   w(h,k) = w(α)

- Denjenigen Punkt auf k mit P' bezeichnen, für den gilt:
   $l(\overline{MP}) = l(\overline{MP'})$

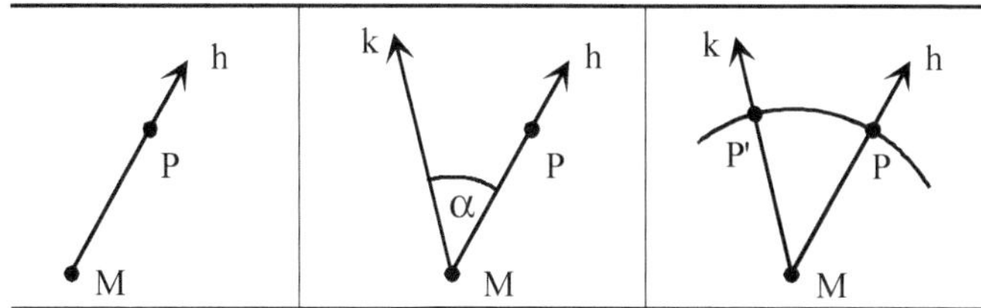

Abb. 79

Eigenschaften der Drehung

Wenn w(α) = 0°, haben wir die *Nulldrehung*, also die identische Abbildung id vorliegen.[13]

Für w(α) ≠ 0° gibt es außer dem Drehpunkt keine weiteren *Fixpunkte*.

Nur für den Spezialfall w(α) = 180° gibt es *Fixgeraden*. Dies sind alle Geraden durch den Drehpunkt M.

Die *Umkehrabbildung* der Drehung $D_{M,w(\alpha)}$ ist die Drehung $D_{M,360°\text{-}w(\alpha)}$.

Wir werden weiter unten beweisen[14], dass jede Drehung durch die Nacheinanderausführung (Verkettung) zweier geeigneter Geradenspiegelungen ersetzt werden kann. Ähnlich wie bei der Verschiebung leiten sich aus diesem Sachverhalt weitere Eigenschaften der Drehung her:

---

[13] Vgl. hierzu auch die Übungsaufgaben zu Kapitel 4.1.
[14] Vgl. hierzu Satz 4.

- $D_{M,w(\alpha)}$ ist strecken- bzw. längentreu.

- $D_{M,w(\alpha)}$ ist winkeltreu.

- $D_{M,w(\alpha)}$ ist geradentreu.

- $D_{M,w(\alpha)}$ ist parallelentreu.

- $D_{M,w(\alpha)}$ bildet das Vieleck E_1, E_2, E_3, ... , E_n auf das Vieleck E_1',E_2',E_3', ... , E_n' ab. Dabei haben beide Vielecke gleichen Umlaufsinn (die Abbildung 80 gibt ein Beispiel).

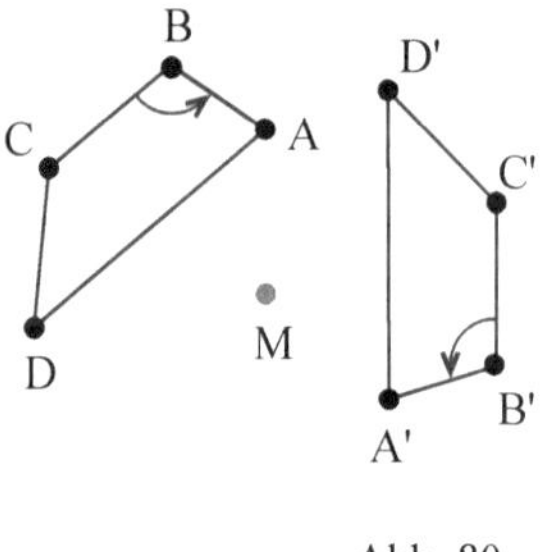

Abb. 80

Den Sonderfall der Drehung mit einem Drehmaß der Größe 180° hebt man als *Punktspiegelung* besonders hervor. Da diese Abbildung in der Schule oftmals als eigenständige Abbildung betrachtet wird, im Regelfall vor der Behandlung der Drehung, wollen wir sie auch hier eigenständig definieren.

Definition 6:   Punktspiegelung S_Z

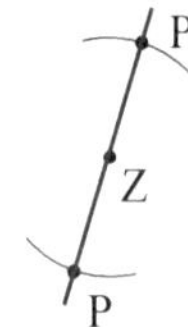

Die *Punktspiegelung* S_Z ist diejenige Abbildung der Ebene auf sich, die jedem Punkt P seinen Bildpunkt P' nach folgender Vorschrift zuordnet:

a) Wenn P = Z, dann P' = P.   (Z ist Fixpunkt.)

b) Wenn P ≠ Z, dann ist P' so zu wählen, dass gilt:

$$P' \in \overrightarrow{PZ} \quad \text{und} \quad l(\overline{ZP}) = l(\overline{ZP'}) \quad \text{und} \quad P \neq P' \ ^{[15]}$$

Z heißt *Zentrum* der Punktspiegelung S_Z. [16]

---

[15] Alternativ könnten wir in (b) auch definieren:

Wenn P ≠ Z, dann ist P' so zu wählen, dass Z Mittelpunkt von $\overline{PP'}$ ist.

[16] Wir hätten die Punktspiegelung auch als „Einzeiler" definieren können. Dabei hätten wir uns sogar die folgende Anweisung zum Konstruieren des Bildes P' eines Punktes P sparen können. Fällt Ihnen da etwas ein?

Analog zum Vorgehen bei den bisher eingeführten Abbildungen fragen wir wieder:

Wie konstruieren wir das Bild P' eines Punktes P (P ≠ Z) bei der Punktspiegelung S_Z?

- Die Gerade PZ zeichnen.

- Auf der Geraden PZ den Punkt P' markieren, für den gilt:
  $l(\overline{P'Z}) = l(\overline{PZ})$ und P' ≠ P

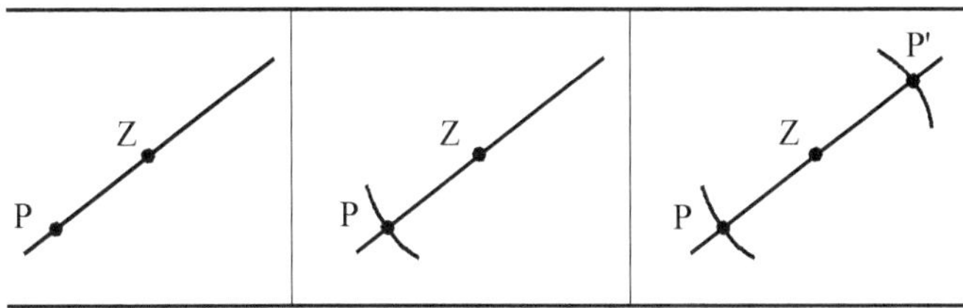

Abb. 81

Eigenschaften der Punktspiegelung

Da die Punktspiegelung ein Spezialfall der Drehung ist ($S_Z = D_{Z,\,180°}$), gelten die oben aufgelisteten Eigenschaften der Drehung auch für die Punktspiegelung. Zusätzlich gibt es die schon aufgeführten *Fixgeraden* (Geraden durch das Zentrum Z).

Für den allgemeinen Fall der Drehung haben wir herausgestellt, dass die Drehung $D_{M,360°-w(\alpha)}$ Umkehrabbildung zu $D_{M,w(\alpha)}$ ist. Übertragen wir diese Aussage auf den Spezialfall $S_Z = D_{Z,\,180°}$, so stellen wir fest, dass S_Z *Umkehrabbildung* zu sich selbst ist.

Die Punktspiegelung ist also wie die Geradenspiegelung eine *involutorische Abbildung*.

Wir haben in diesem Kapitel die Geradenspiegelung, die Verschiebung, die Drehung und die Punktspiegelung als Abbildungen definiert, uns jeweils überlegt, wie die Bilder bei diesen Abbildungen konstruiert werden und Eigenschaften dieser Abbildungen herausgestellt. Wir beenden dieses Kapitel mit der Einführung einer letzten Abbildung, die aus der Nacheinanderausführung zweier bereits definierter Abbildungen entsteht.

Definition 7:   Schub- oder Gleitspiegelung $G_{g,\overrightarrow{ST}}$

Sei g eine Gerade und $\overrightarrow{ST}$ eine Halbgerade mit ST $\parallel$ g.

Die Nacheinanderausführung (Verkettung) der Geradenspiegelung S_g nach der Verschiebung $V_{\overrightarrow{ST}}$ heißt *Schub* oder *Gleitspiegelung* $G_{g,\overrightarrow{ST}}$.

$$G_{g,\overrightarrow{ST}} = S_g \circ V_{\overrightarrow{ST}}$$

(gelesen: „S_g nach $V_{\overrightarrow{ST}}$" oder „S_g verkettet mit $V_{\overrightarrow{ST}}$")

Die Gerade g heißt *Schub-* oder *Gleitspiegelungsachse.*

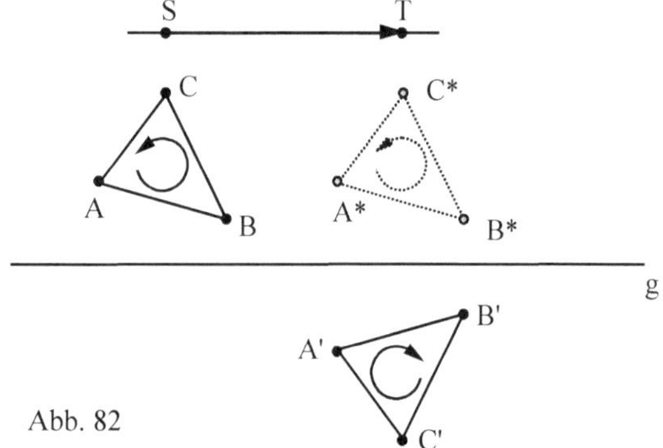

Abb. 82

Wir verzichten auf die Angabe einer Konstruktionsvorschrift, da die Schubspiegelung aus der Verkettung einer Verschiebung und einer Geradenspiegelung besteht, für die wir die Konstruktionsvorschriften kennen.

Als Verkettung einer Bewegung und einer Umwendung ist die Gleitspiegelung eine Umwendung. Der *Umlaufsinn* einer Figur *kehrt sich um* (vgl. Abbildung 82). *Fixpunkte* gibt es keine, die Spiegelachse g ist die einzige Fixgerade. Wie alle anderen bisher beschriebenen Abbildungen ist auch die Schub- oder Gleitspiegelung *geradentreu, parallelentreu, streckentreu, längentreu* und *winkeltreu.*

Wegen dieser Eigenschaften werden Figuren durch diese Abbildungen in kongruente, also deckungsgleiche Figuren überführt. Deshalb nennt man die Abbildungen Geradenspiegelung, Verschiebung, Drehung, Punktspiegelung und Gleitspiegelung *Kongruenzabbildungen.* Detailliert werden wir auf diese Vorab-Information in Kapitel 4.2.4 eingehen.

Bei der Gleitspiegelung spielt es keine Rolle, ob man zunächst verschiebt und anschließend spiegelt – wie in Abbildung 82 – oder ob man erst spiegelt und dann verschiebt[17]. Den Beweis dieses Sachverhalts führen wir an dieser Stelle nicht, weisen jedoch darauf hin, dass er leicht mit Hilfe von Satz 3 gelingt.

Übung: 1)   Geben Sie für jede Abbildung alle Drehungen (mit Drehpunkt   und Drehmaß) an, die die Figuren auf sich selbst abbilden.

2)   Geben Sie für die Figuren aus (1) alle Geradenspiegelungen an, die die Figuren auf sich selbst abbilden.

3)   Finden Sie Firmenzeichen (Logos) bekannter Firmen, die durch (a) eine bzw. (b) mehrere Kongruenzabbildungen auf sich selbst abgebildet werden. Zeichnen Sie jeweils die charakteristischen Parameter dieser Abbildungen in die Firmenzeichen ein.

4)   Betrachten Sie die Figuren 1 bis 3 als Ausschnitte von Ornamenten, die nach rechts und links endlos sind. Geben Sie alle

---

[17]   Im Allgemeinen ist die Reihenfolge bei der Hintereinanderausführung von Abbildungen nicht gleichgültig.

von der identischen Abbildung verschiedenen Abbildungen an, die die Ornamente auf sich selbst abbilden.

Figur 1

Figur 2

Figur 3

5) Zeichnen Sie ein gleichseitiges Dreieck mit der Seitenlänge 4 cm und beschriften Sie die Eckpunkte entgegen dem Uhrzeigersinn mit A, B und C.

  a) Führen Sie mit diesem Dreieck die Drehung $D_{C,120°}$ aus.

  b) Führen Sie am Ausgangsdreieck nacheinander die Geradenspiegelungen S_{CA} und S_{CB} aus. Nun müsste Ihnen etwas auffallen.

6) Zeichnen Sie das Dreieck aus Übung (5) noch einmal.

  a) Führen Sie mit diesem Dreieck die Drehung $D_{C,60°}$ aus.

  b) Welche beiden Geradenspiegelungen müssen Sie nacheinander ausführen, damit Analoges zu (5.b) auffällt?

4.2.2 Verkettung von Kongruenzabbildungen

Wir überlegen, welche Abbildungen entstehen, wenn Geradenspiegelungen miteinander verkettet werden. Zunächst betrachten wir zwei verschiedene Geraden a und b. Für die Lage von a und b gilt a ∥ b oder a ∩ b = {P}. Wir beginnen mit zueinander parallelen Geraden und fragen:

Durch welche Ersatzabbildung kann die Nacheinanderausführung zweier Geradenspiegelungen $S_b \circ S_a$ an zueinander parallelen Geraden ersetzt werden?

Hinführung zu Satz 3:

Aufgabe:

Zeichnen Sie zwei zueinander parallele Geraden a und b sowie ein Dreieck XYZ.

a) Führen Sie nacheinander die Abbildungen S_a und S_b aus. Für diese Verkettung oder Nacheinanderausführung zweier Geradenspiegelungen schreibt man auch $S_b \circ S_a$, gelesen: „ S_b nach S_a" oder auch „ S_b verkettet mit S_a".

b) Überlegen Sie anschließend, durch welche Ersatzabbildung Sie die Verkettung $S_b \circ S_a$ ersetzen könnten.

Abbildung 83 zeigt die Lösung:

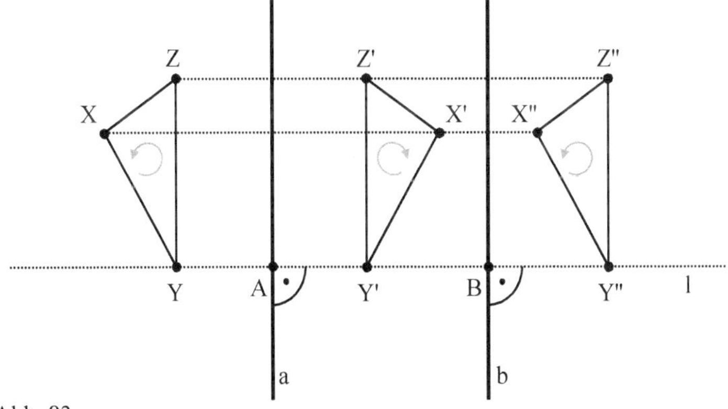

Abb. 83

Wir überlegen:

- In Abbildung 83 wird Dreieck XYZ (kurz: ΔXYZ) durch S_a auf ΔX'Y'Z' abgebildet, der Umlaufsinn ändert sich.

  Danach wird ΔX'Y'Z' durch S_b auf ΔX"Y"Z" abgebildet, der Umlaufsinn ändert sich ein zweites Mal, stimmt also mit dem Umlaufsinn der Ausgangsfigur wieder überein.

- Die Ersatzabbildung, die ΔXYZ direkt auf ΔX"Y"Z" abbildet, muss also eine Bewegung (Verschiebung, Drehung) sein. Geradenspiegelung und Gleitspiegelung ändern den Umlaufsinn, scheiden also als Ersatzabbildung an dieser Stelle aus.

- Wir betrachten nun die Punkte Y, Y' und Y" in Abbildung 83.
  Alle drei Punkte liegen auf der zusätzlich in die Darstellung aufgenommenen Geraden l (mit $l \perp a \ \wedge \ l \perp b$), die die Geraden a und b in A und B schneidet.
  Y und Y' sind $2 \cdot l(\overline{AY'})$ voneinander entfernt.
  Y' und Y" sind $2 \cdot l(\overline{Y'B})$ voneinander entfernt.
  Dann beträgt die Entfernung von Y und Y"
  $$2 \cdot l(\overline{AY'}) + 2 \cdot l(\overline{Y'B}) = 2 \cdot (\, l(\overline{AY'}) + l(\overline{Y'B})\,) = 2 \cdot l(\overline{AB}) .$$

- Der Punkt Y wird also durch $S_b \circ S_a$ um $2 \cdot l(\overline{AB})$ in Richtung der Halbgeraden $\overrightarrow{AB}$ verschoben. Dabei ist $2 \cdot l(\overline{AB})$ genau das Doppelte des Abstandes der Geraden a und b.

- Offensichtlich lassen sich diese Überlegungen analog auf die Punkte X, X', X" bzw. Z, Z', Z" aus Abbildung 83 übertragen.

Wir halten für dieses Beispiel fest:

Sind die Geraden a und b zueinander parallel, so können wir $S_b \circ S_a$ durch eine Verschiebung ersetzen.

Die Richtung dieser Verschiebung wird durch die Halbgerade $\overrightarrow{AB}$ bestimmt; ihre Länge beträgt $2 \cdot l(\overline{AB})$, also das Doppelte des Abstandes der Geraden a und b.

Wir formulieren den am Beispiel gefundenen Zusammenhang in Satz 3.

Satz 3:   Es seien a und b Geraden mit a ∥ b, P sei ein beliebiger Punkt der Ebene und l eine Gerade durch P mit l ⊥ a. Ferner sei l ∩ a = {A} und l ∩ b = {B}. Dann gilt:

Die Verkettung der Geradenspiegelungen $S_b \circ S_a$ ist die Verschiebung $V_{\overrightarrow{AB},\, 2\, l(\overline{AB})}$.

Beweis: Es gilt: $P' = S_a(P) \land P'' = S_b(P')$

Wir betrachten $S_b \circ S_a (P) = S_b (S_a (P)) = S_b(P') = P''$.

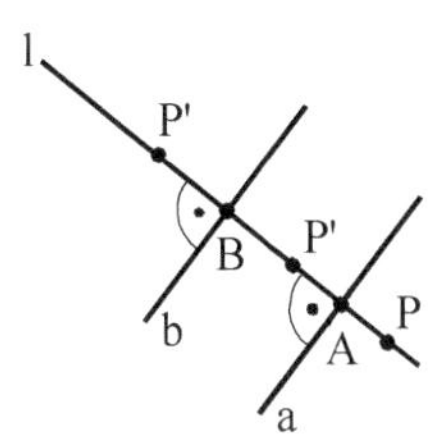

- Nach Spiegelungsaxiom SA1 und der Definition von S_g gilt:

  $l(\overline{PA}) = l(\overline{P'A}) \land l(\overline{P'B}) = l(\overline{P''B})$

  sowie PP' ⊥ a ∧ P'P'' ⊥ b

- Weil a ∥ b und l ⊥ a liegen P, P' und P'' auf der Geraden l.

- P'' geht also aus P durch eine Verschiebung in Richtung $\overrightarrow{PP''}$ hervor, wobei $\overrightarrow{PP''}$ richtungsgleich zu $\overrightarrow{AB}$ ist.

Wir untersuchen nun die Länge dieser Verschiebung. Die Anwendung des Längenmaßaxioms LMA1 und die mehrfache Anwendung der Definition der Geradenspiegelung S_g liefern:

$$l(\overline{PP''}) = 2\, l(\overline{AP'}) + 2\, l(\overline{P'B})$$
$$= 2\, (\, l(\overline{AP'}) + l(\overline{P'B}))$$
$$= 2\, l(\overline{AB})$$

Dieser Zusammenhang gilt auch, wenn P zwischen a und b liegt (Abbildung 84a) ...

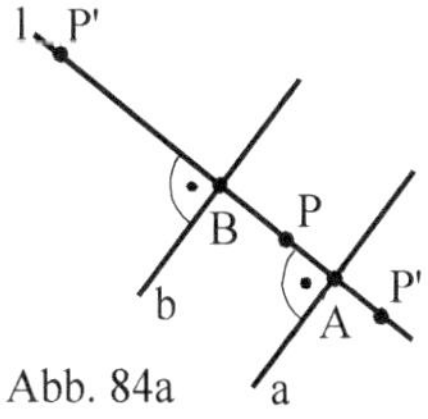

$$l(\overline{PP''}) = l(\overline{P'P''}) - l(\overline{PP'})$$
$$= 2\, l(\overline{BP'}) - 2\, l(\overline{P'A})$$
$$= 2\, (\, l(\overline{BP'}) - l(\overline{P'A}))$$
$$= 2\, l(\overline{AB})$$

Abb. 84a

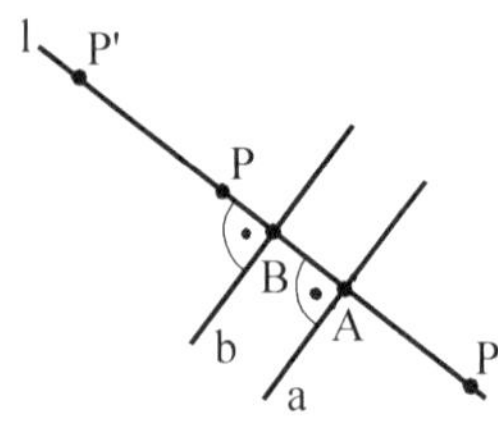

Abb. 84b

... und auch wenn P auf der anderen Seite von b liegt (Abbildung 84b):

$$l(\overline{PP''}) = l(\overline{P'P''}) - l(\overline{PP'})$$
$$= 2\,l(\overline{BP'}) - 2\,l(\overline{P'A})$$
$$= 2\,(\,l(\overline{BP'}) - l(\overline{P'A})\,)$$
$$= 2\,l(\overline{AB})$$

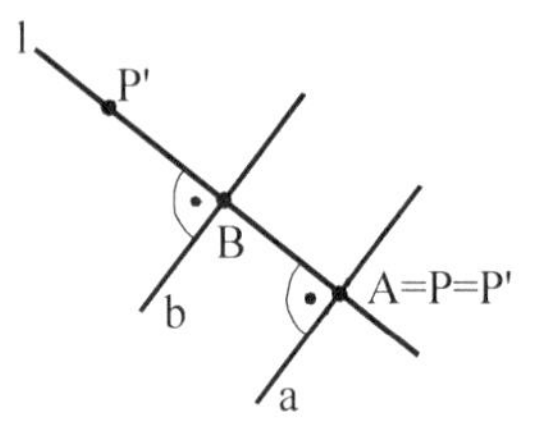

Abb. 84c

... und auch wenn P = A oder P = B, was wir hier nur für den Fall P = A zeigen. Das Vorgehen lässt sich analog auf den Fall P = B übertragen (Abbildung 84c).

$$l(\overline{PP''}) = l(\overline{P''B}) + l(\overline{AB})$$
$$= l(\overline{AB}) + l(\overline{AB})$$
$$= 2\,l(\overline{AB})$$

Die Verkettung zweier Geradenspiegelungen an zueinander parallelen Geraden kann also stets durch eine Verschiebung ersetzt werden (vgl. Abbildung 85a).

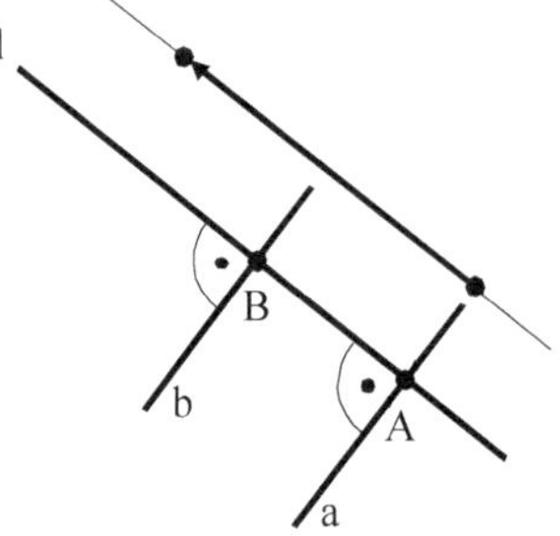

Abb. 85a

Umgekehrt lässt sich jede Verschiebung als Verkettung von zwei Geraden-spiegelungen auffassen:

Dabei sind die Geraden dieser Spiegelungen zueinander parallel und senkrecht zur Trägergeraden[18] der Verschiebungshalbgeraden. Ihr Abstand ist halb so groß wie die Länge der Verschiebung.

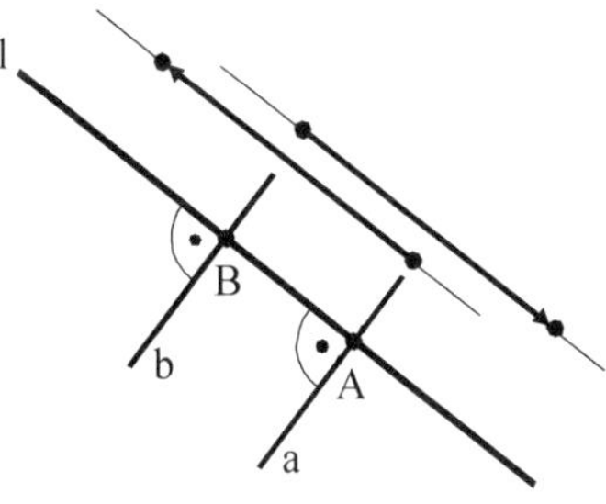

Abb. 85b

Unter diesen Bedingungen kann die erste Gerade frei gewählt werden. Danach ist dann die Richtung der Verschiebung zu beachten (vgl. Abbildung 85b). Die Reihenfolge der nacheinander ausgeführten Geradenspiegelungen ist nämlich nicht vertauschbar. Mit den Bezeichnungen der Abbildung 85b gilt:

$$S_a \circ S_b = V_{\overrightarrow{BA},\, 2\cdot l(\overline{BA})}$$

ist die Umkehrabbildung (Gegenverschiebung) von

$$S_b \circ S_a = V_{\overrightarrow{AB},\, 2\cdot l(\overline{AB})} \; .$$

Wir betrachten nun die Verkettung zweier Geradenspiegelungen, deren Geraden nicht zueinander parallel sind und fragen:

---

[18] Auf jeder Geraden AB können besondere Objekte / Teilmengen wie $\overrightarrow{AB}$, $\overrightarrow{BA}$ oder $\overline{AB}$ betrachtet werden. Wir reden dann von AB als Träger-geraden der Objekte $\overrightarrow{AB}$, $\overrightarrow{BA}$ bzw. $\overline{AB}$.

Durch welche Ersatzabbildung können wir die Nacheinanderausführung zweier Geradenspiegelungen $S_b \circ S_a$ ersetzen, deren Achsen sich in einem Punkt M schneiden?

Hinführung zu Satz 4:

Aufgabe:

Zeichnen Sie zwei Geraden a und b, die sich in einem Punkt M schneiden, sowie ein Dreieck ΔXYZ.

a) Konstruieren Sie das Bilddreieck $\Delta X''Y''Z''$ von ΔXYZ bei der Verkettung $S_b \circ S_a$.

b) Überlegen Sie anschließend, durch welche Ersatzabbildung Sie die Verkettung $S_b \circ S_a$ mit $a \cap b = \{M\}$ ersetzen können.

Abbildung 86 zeigt die Lösung:

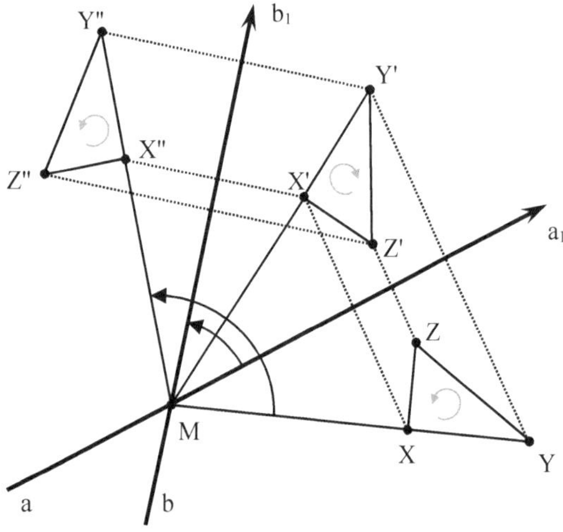

Abb. 86

-   In Abbildung 86 wird ΔXYZ durch S_a auf $\Delta X'Y'Z'$ abgebildet, danach wird $\Delta X'Y'Z'$ durch S_b auf $\Delta X''Y''Z''$ abgebildet. Dabei ändert sich zweimal der Umlaufsinn; Urbild und Bild haben also nach der Ausführung von $S_b \circ S_a$ gleichen Umlaufsinn.

- Als Ersatzabbildung für $S_b \circ S_a$ kommen also nur die Bewegungen Drehung oder Verschiebung in Betracht. Die Verschiebung können wir ausschließen, da wir schon per Augenschein erkennen, dass nicht alle Urbild- und Bildpunkte gleich weit voneinander entfernt sind. Es bleibt offensichtlich die Drehung um M übrig – aber:

Wie groß ist das Drehmaß der Drehung um M?

- Wir betrachten die Punkte X, X' und X" in Abbildung 86 [19]. In die Überlegungen beziehen wir die auf a und b ausgezeichneten Halbgeraden ein. Dann gilt:

$X \xrightarrow{\ S_a\ } X'$, also $w(\overrightarrow{MX}, a_1) = w(a_1, \overrightarrow{MX'})$, denn S_g ist winkelmaßtreu,

$X' \xrightarrow{\ S_b\ } X''$, also $w(\overrightarrow{MX'}, b_1) = w(b_1, \overrightarrow{MX''})$, denn S_g ist winkelmaßtreu.

Dann folgt:

$$w(\overrightarrow{MX}, \overrightarrow{MX''}) = w(\overrightarrow{MX}, a_1) + w(a_1, \overrightarrow{MX'}) + w(\overrightarrow{MX'}, b_1) + w(b_1, \overrightarrow{MX''})$$
$$= 2 \cdot [\, w(a_1, \overrightarrow{MX'}) + w(\overrightarrow{MX'}, b_1)\,]$$
$$= 2 \cdot \quad w(a_1, b_1)$$

- Das gesuchte Drehmaß der Drehung um M ist also doppelt so groß wie die Größe des Winkels $\sphericalangle(a_1, b_1)$, den die auf a und b ausgezeichneten Halbgeraden bilden.

Die gesuchte Ersatzabbildung ist also die Drehung $D_{M,\, 2 \cdot w(a_1, b_1)}$.

Wir formulieren diese am Beispiel gefundene Erkenntnis in Satz 4.

Satz 4:   Es seien a und b zwei Geraden mit dem gemeinsamen Punkt M. Dann gilt:

Die Verkettung der Geradenspiegelungen $S_b \circ S_a$ ist die Drehung $D_{M,\, 2 \cdot w(a_1, b_1)}$.

Formal: $S_b \circ S_a = D_{M,\, 2 \cdot w(a_1, b_1)}$, wobei

a_1: Halbgerade auf a mit Anfangspunkt M und
b_1: Halbgerade auf b mit Anfangspunkt M

---

[19] Diese Überlegungen gelten analog für Y, Y', Y" und Z, Z', Z".

Beweis: z.z.:   Für alle Punkte P der Ebene mit P $\neq$ M gilt:

1. $l(\overline{MP}) = l(\overline{MP''})$

2. $w(\overrightarrow{MP}, \overrightarrow{MP''}) = 2 \cdot w(a_1, b_1)$

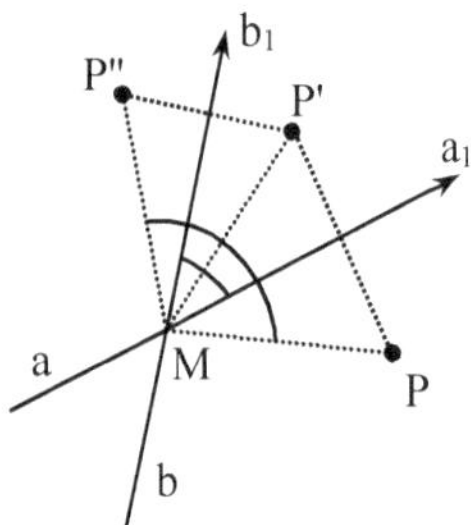

zu (1): Es gilt: $P' = S_a(P) \ \wedge \ P'' = S_b(P')$

   Dann folgt:

$$l(\overline{MP}) \ = l(\overline{MP'}) \qquad / \ SA1$$
$$\phantom{l(\overline{MP})} = l(\overline{MP''}) \qquad / \ SA1$$
$$\Rightarrow \ \ l(\overline{MP}) \ = l(\overline{MP''}) \qquad / \ \text{Trans. von ''=''}$$

zu (2): Für das Winkelmaß des Winkels $\sphericalangle(a_1, b_1)$ können zwei Fälle unterschieden werden, von denen Fall 1 zwei Sonderfälle einschließt, auf die wir nach dem Beweis noch eingehen werden:

  1. Fall: $0° \leq w(a_1, b_1) < 180°$
  2. Fall: $180° \leq w(a_1, b_1) < 360°$

  Wir beweisen hier nur den wichtigen ersten Fall[20].

Sei also $0° \leq w(a_1, b_1) < 180°$. Dann gilt:

$$w(\overrightarrow{MP}, \overrightarrow{MP''}) = w(\overrightarrow{MP}, a_1) + w(a_1, \overrightarrow{MP'}) + w(\overrightarrow{MP'}, b_1) + w(b_1, \overrightarrow{MP''})$$
$$\hspace{6cm} / \ WMA \ 2$$
$$= 2\, w(a_1, \overrightarrow{MP'}) + 2\, w(\overrightarrow{MP'}, b_1) \qquad / \ SA \ 2$$
$$= 2\, [\, w(a_1, \overrightarrow{MP'}) + w(\overrightarrow{MP'}, b_1)\,] \qquad / \ DG \ \cdot, + \ \text{in} \ \mathbb{R}$$
$$= 2 \cdot w(a_1, b_1) \qquad / \ WMA \ 2$$

Für alle $P \in \mathbb{E} \backslash \{M\}$ gilt also $S_b \circ S_a = D_{M,\, 2 \cdot w(a_1, b_1)}$.

Wenn nun P = M gilt wegen $\{M\} = a \cap b$ auch $S_b(M) = M \wedge S_a(M) = M$, also auch $(S_b \circ S_a)(M) = M = D_{M,\, 2 \cdot w(a_1, b_1)}(M)$ und es folgt die Behauptung.

Der Beweis von Satz 4 schließt zwei Sonderfälle ein:

-   Im Sonderfall $w(a_1, b_1) = 90°$,
  wenn also die Spiegelgeraden a und b einen rechten Winkel miteinander bilden, gilt

---

[20] Fall 1 garantiert uns, Drehungen mit einem Drehmaß $0° \leq w(\alpha) < 360°$ als Verkettung zweier Geradenspiegelungen darzustellen.

$$S_b \circ S_a = D_{M,\,2\cdot 90°} = D_{M,\,180°} = S_M \,.$$

In diesem Fall ist die Verkettung $S_b \circ S_a$ also eine Punktspiegelung, die den Schnittpunkt der beiden Geraden als Spiegelzentrum hat.

- Im Sonderfall $w(a_1,b_1) = 0°$,
  wenn also die Spiegelgeraden a und b aufeinander fallen, gilt
  $$S_b \circ S_a = D_{M,\,2\cdot 0°} = D_{M,\,0°} = id \,.$$

  Mit der Verkettung $S_b \circ S_a$ haben wir also in diesem Fall die Nulldrehung bzw. die identische Abbildung id vorliegen.

Wir wollen aus den Sätzen 3 und 4 zwei einfache Folgerungen ziehen, auf die wir weiter unten mehrfach zurückkommen werden. Wir fragen:

Unter welchen Voraussetzungen kann die Verkettung von zwei Geradenspiegelungen $S_h \circ S_g$ durch die Verkettung $S_f \circ S_e$ ersetzt werden?

Folgerung aus Satz 3

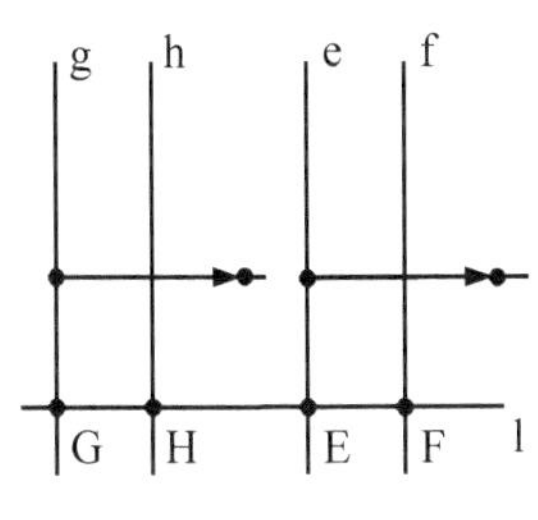

Abb. 87

Voraussetzungen 1:

Wir betrachten zunächst zueinander parallele Geraden g, h, e, f. Die Schnittpunkte dieser Geraden mit der Lotgeraden l (l $\perp$ g) seien die in Abbildung 87 markierten Punkte G, H, E, F.
Ferner gelte: $l(\overline{GH}) = l(\overline{EF})$

Dann gilt nach Satz 3:
$$S_h \circ S_g = V_{\overrightarrow{GH},\,2\cdot l(\overline{GH})} \quad \text{und}$$

$$S_f \circ S_e = V_{\overrightarrow{EF},\,2\cdot l(\overline{EF})}$$

Da $\overrightarrow{GH}$ richtungsgleich zu $\overrightarrow{EF}$ ist und weil wegen der Voraussetzung $l(\overline{GH}) = l(\overline{EF})$ auch $2 \cdot l(\overline{GH}) = 2 \cdot l(\overline{EF})$ gilt, stimmen beide Verschiebungen überein. $V_{\overrightarrow{GH},\,2\cdot l(\overline{GH})}$ und $V_{\overrightarrow{EF},\,2\cdot l(\overline{EF})}$ sind also zwei unterschiedliche Darstellungen für ein und dieselbe Verschiebung. Mit der Symmetrie und Transitivität der Gleichheitsrelation folgern wir, dass dann auch $S_h \circ S_g = S_f \circ S_e$ gilt.

Antwort 1: Wir können die Verkettung der Geradenspiegelungen $S_h \circ S_g$ mit g ∥ h durch die Verkettung der Geradenspiegelungen $S_f \circ S_e$ ersetzen, wenn sich das Geradenpaar (e, f) durch eine Verschiebung des Geradenpaares (g, h) erzeugen lässt.

<u>Etwas salopper</u>: Wir können das Geradenpaar (g, h) beliebig verschieben, ohne dass sich die durch $S_h \circ S_g$ festgelegte Verschiebung ändert.

Folgerung aus Satz 4

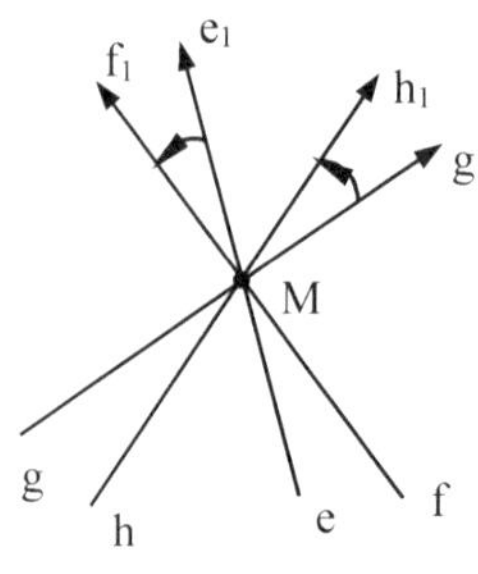

Abb. 88

<u>Voraussetzungen 2</u>:

Wir betrachten die Geraden g, h, e, f, die sich alle in Punkt M schneiden.

Auf g, h, e, f seien – wie in Abbildung 88 dargestellt – die Halbgeraden g_1, h_1, e_1, f_1 mit dem gemeinsamen Anfangspunkt M ausgezeichnet.

Ferner gelte: $w(g_1,h_1) = w(e_1,f_1)$

Dann gilt nach Satz 4:
$S_h \circ S_g = D_{M,\, 2 \cdot w(g_1,h_1)}$ und

$S_f \circ S_e = D_{M,\, 2 \cdot w(e_1,f_1)}$

Beide Drehungen stimmen im Drehpunkt M überein. Wegen der Voraussetzung $w(g_1,h_1) = w(e_1,f_1)$ gilt auch $2 \cdot w(g_1,h_1) = 2 \cdot w(e_1,f_1)$. Damit stimmen beide Drehungen in Drehpunkt und Drehmaß überein. $D_{M,\, 2 \cdot w(g_1,h_1)}$ und $D_{M,\, 2 \cdot w(e_1,f_1)}$ sind also zwei verschiedene Konkretisierungen ein und derselben Drehung[21]. Mit der Symmetrie und Transitivität der Gleichheitsrelation folgern wir, dass dann auch $S_h \circ S_g = S_f \circ S_e$ gilt.

<u>Antwort 2</u>: Die Verkettung zweier Geradenspiegelungen $S_h \circ S_g$ kann durch die Verkettung der Geradenspiegelungen $S_f \circ S_e$ ersetzt werden, wenn g und h denselben Schnittpunkt wie e und f haben und wenn g und h einen Winkel der gleichen Größe wie e und f miteinander bilden[22].

---

[21] Wir könnten diese Drehung etwa $D_{M,\, w(\alpha)}$ nennen, wenn wir einen entsprechenden Winkel α in unsere Abbildung aufgenommen hätten.

[22] Genauer: „...wenn die auf g und h ausgezeichneten Halbgeraden g_1, h_1 einen Winkel der gleichen Größe miteinander bilden wie die auf e und f ausgezeichneten Halbgeraden e_1, f_1 .“

Etwas salopper: Wir können das Geradenpaar (g, h) um M drehen, ohne dass sich die durch $S_h \circ S_g$ festgelegte Drehung ändert.

Der Dreispiegelungssatz

Auf den nächsten Seiten werden wir der Frage nachgehen, durch welche Abbildung die Verkettung dreier Geradenspiegelungen $S_c \circ S_b \circ S_a$ ersetzt werden kann.
Hinsichtlich der Lage der Geraden a, b und c können die folgenden Fälle unterschieden werden:

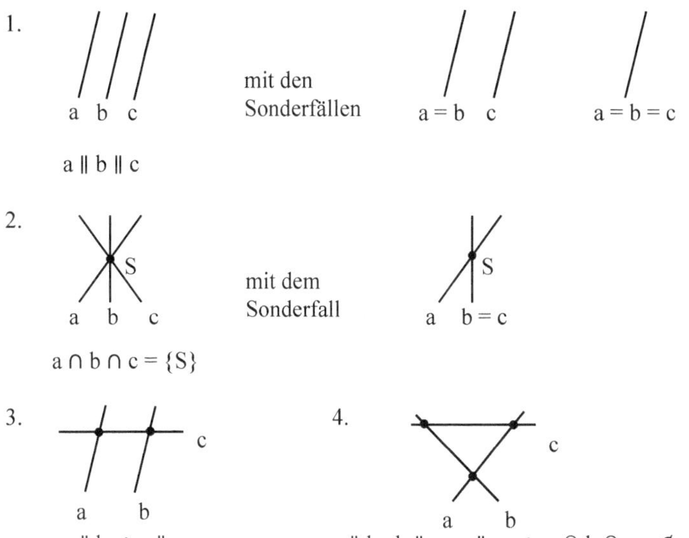

Wir betrachten zunächst diejenigen Verkettungen $S_c \circ S_b \circ S_a$, bei denen alle Spiegelgeraden parallel zueinander sind (Fall 1) bzw. genau einen Schnittpunkt haben (Fall 2), und wir werden das Ergebnis dieser Überlegungen in den Sätzen 5 und 6 formulieren. Für die oben herausgestellten Fälle 3 und 4 werden wir in Satz 8 eine Aussage herleiten.

Hinführung zu Satz 5:

Wir betrachten $S_c \circ S_b \circ S_a$ mit $a \parallel b \parallel c$.

Durch welche Ersatzabbildung können wir $S_c \circ S_b \circ S_a$ ersetzen?

In Abbildung 89a wird das Dreieck $\triangle XYZ$ nacheinander an den Geraden a, b und c gespiegelt:

$$\triangle XYZ \xrightarrow{S_a} \triangle X^*Y^*Z^* \xrightarrow{S_b} \triangle X^{**}Y^{**}Z^{**} \xrightarrow{S_c} \triangle X'Y'Z'$$

Das Bilddreieck $\triangle X'Y'Z'$ hat einen anderen Umlaufsinn als das Urbild $\triangle XYZ$, die gesuchte Ersatzabbildung könnte also eine Geradenspiegelung oder eine Gleitspiegelung sein.

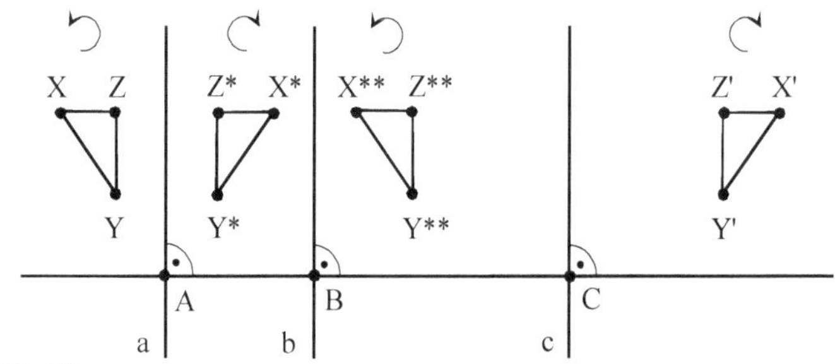

Abb. 89a

Nach der Folgerung aus Satz 3 können wir $S_b \circ S_a$ durch ein anderes Paar Geradenspiegelungen ersetzen (vgl. Abbildung 89b). Dabei müssen die Geraden des neuen Paares den gleichen Abstand voneinander haben wie a und b und sie müssen parallel zu a und b sein, sie müssen sich also durch Verschiebung des Paares (a, b) erzeugen lassen.

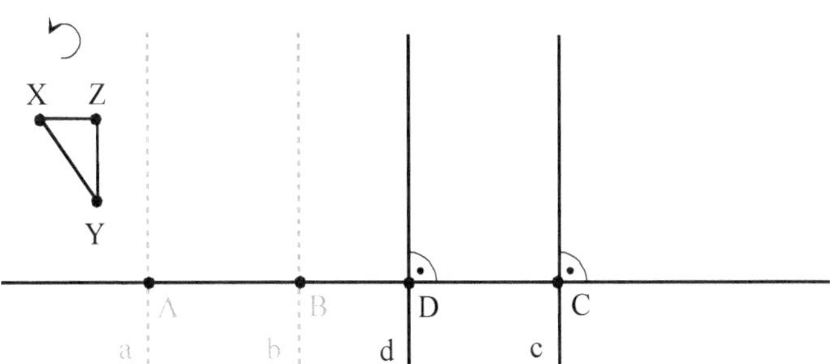

Abb. 89b

In $S_c \circ S_b \circ S_a$ ersetzen wir also $S_b \circ S_a$ durch $S_c \circ S_d$ und erhalten damit $S_c \circ S_c \circ S_d$.

Nach Satz 1 wissen wir, dass die Geradenspiegelung eine involutorische Abbildung ist, also Umkehrabbildung zu sich selbst.

In $S_c \circ S_c \circ S_d$ ist also $S_c \circ S_c$ die identische Abbildung und wir erhalten schließlich als gesuchte Ersatzabbildung: $S_c \circ S_b \circ S_a = S_d$.

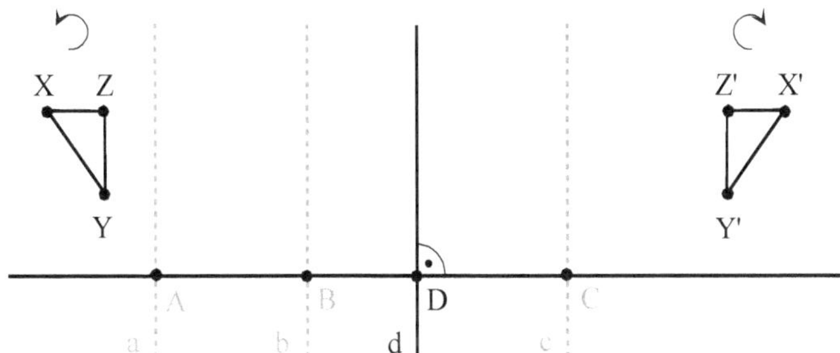

Abb. 89c

Die Verkettung dreier Geradenspiegelungen $S_c \circ S_b \circ S_a$, deren Achsen alle parallel zueinander sind, ist also eine Geradenspiegelung S_d (vgl. Abbildung 89c). Dabei ist d parallel zu a, b und c.

Wir formulieren die in der Hinführung gewonnene Erkenntnis in Satz 5.

Satz 5: Dreispiegelungssatz (Teil a)

Seien a, b, c zueinander parallele Geraden. Dann ist die Verkettung $S_c \circ S_b \circ S_a$ eine Geradenspiegelung S_d. Dabei ist d parallel zu a, b und c.

$$S_c \circ S_b \circ S_a = S_d \quad \text{mit a } \| \text{ b } \| \text{ c } \| \text{ d}$$

Konstruktion von d (vgl. Abbildung 90):

1. Die parallelen Geraden a, b, c zeichnen.
2. Eine Lotgerade l zu a zeichnen.
3. Die entstandenen Schnittpunkte nacheinander mit A, B, C bezeichnen.
4. Punkt D auf l zeichnen, so dass gilt:

   $\overrightarrow{AB}$ ist richtungsgleich zu $\overrightarrow{DC}$ und

   $l(\overline{AB}) = l(\overline{DC})$.
5. Die Gerade d durch D mit d∥c zeichnen.

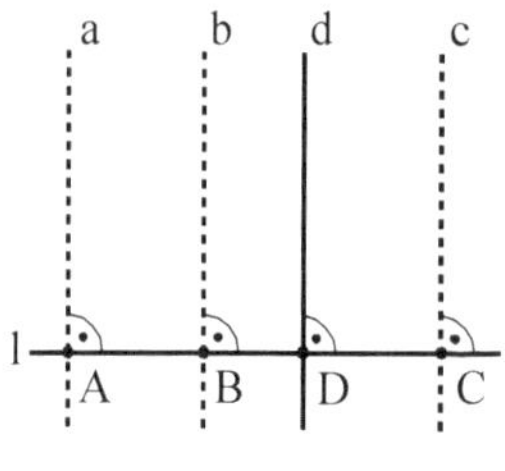

Abb. 90

Beweis:

Sei l eine Lotgerade zu a mit $l \cap a = \{A\}$, $l \cap b = \{B\}$, $l \cap c = \{C\}$. Ferner sei d eine Parallele zu c mit $l \cap d = \{D\}$, $\overrightarrow{DC}$ richtungsgleich zu $\overrightarrow{AB}$ und $l(\overline{DC}) = l(\overline{AB})$. Dann gilt:

$$
\begin{aligned}
S_c \circ S_b \circ S_a &= S_c \circ (S_b \circ S_a) && / \text{ AG für "}\circ\text{" von Abbildungen} \\
&= S_c \circ V_{\overrightarrow{AB},\, 2 \cdot l(\overline{AB})} && / \text{ Satz 3, da a } \| \text{ b} \\
&= S_c \circ V_{\overrightarrow{DC},\, 2 \cdot l(\overline{DC})} && / \text{ Vorauss.; Folg. aus Satz 3} \\
&= S_c \circ (S_c \circ S_d) && / \text{ Satz 3, da d } \| \text{ c} \\
&= (S_c \circ S_c) \circ S_d && / \text{ AG für "}\circ\text{" von Abbildungen} \\
&= S_d && / \text{ Satz 1, } S_g \circ S_g = \text{id}
\end{aligned}
$$

Hinführung zu Satz 6:

Wir betrachten $S_c \circ S_b \circ S_a$ mit $a \cap b \cap c = \{M\}$.

Durch welche Ersatzabbildung können wir $S_c \circ S_b \circ S_a$ ersetzen?

In Abbildung 91a wird das Dreieck $\triangle XYZ$ nacheinander an den Geraden a, b und c gespiegelt:

$$\Delta XYZ \xrightarrow{\ S_a\ } \Delta X^*Y^*Z^* \xrightarrow{\ S_b\ } \Delta X^{**}Y^{**}Z^{**} \xrightarrow{\ S_c\ } \Delta X'Y'Z'$$

Das Bilddreieck $\Delta X'Y'Z'$ hat einen anderen Umlaufsinn als das Urbild ΔXYZ, die gesuchte Ersatzabbildung kann also eine Geradenspiegelung oder eine Gleitspiegelung sein.

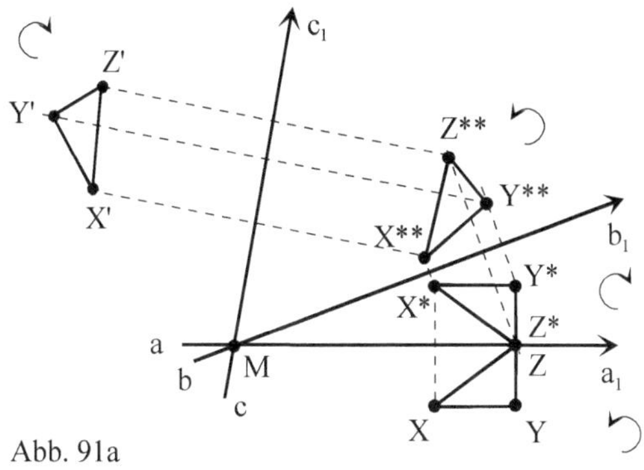

Abb. 91a

In $S_c \circ S_b \circ S_a$ stellt $S_b \circ S_a$ nach Satz 4 die Drehung $D_{M,\,2\cdot w(a_1,b_1)}$ dar. Nach der Folgerung aus Satz 4 können wir $S_b \circ S_a$ auch durch die Verkettung zweier anderer Geradenspiegelungen darstellen, wenn deren Geraden sich ebenfalls in M schneiden und die auf ihnen ausgezeichneten Halbgeraden einen Winkel gleicher Größe miteinander bilden, wie die entsprechenden auf a und b ausgezeichneten Halbgeraden.

In $S_c \circ S_b \circ S_a$ ersetzen wir
$S_b \circ S_a$ durch $S_c \circ S_d$
und erhalten

$S_c \circ S_c \circ S_d$ (Abbildung 91b).
Nach Satz 1 wissen wir, dass
die Geradenspiegelung eine involutorische Abbildung ist.

In $S_c \circ S_c \circ S_d$ ist $S_c \circ S_c$ also
die identische Abbildung id und
wir erhalten: $S_c \circ S_b \circ S_a = S_d$.

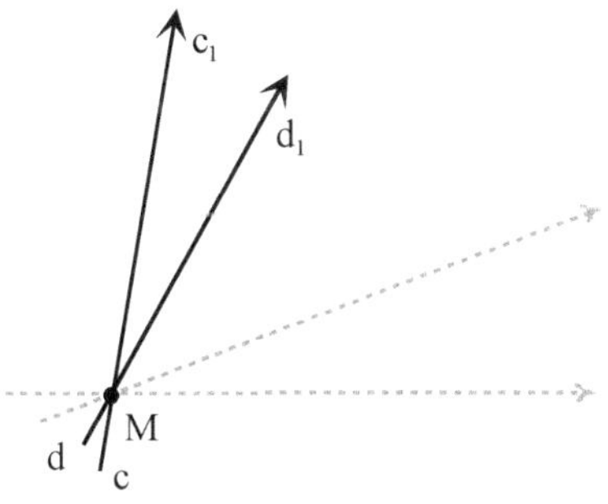

Abb. 91b

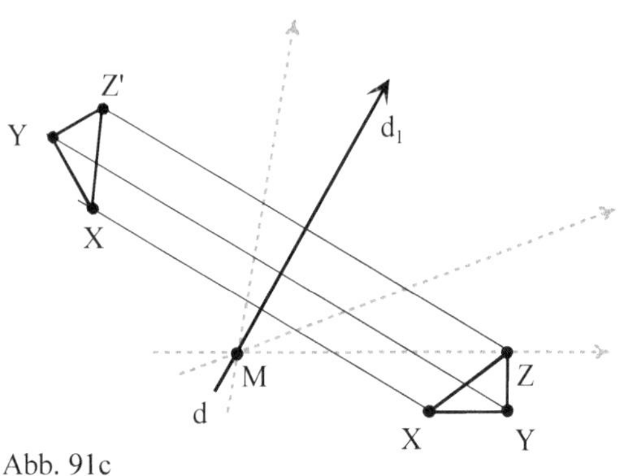

Abb. 91c

Die Verkettung der Geradenspiegelungen $S_c \circ S_b \circ S_a$, deren Geraden sich in einem Punkt M schneiden, ist also eine Geradenspiegelung S_d (vgl. Abbildung 91c). Dabei geht d ebenfalls durch M.

Wir formulieren die in dieser Hinführung gewonnene Erkenntnis in Satz 6.

Satz 6:   Dreispiegelungssatz (Teil b)

Seien a, b, c Geraden, die sich in einem Punkt M schneiden. Dann ist die Verkettung $S_c \circ S_b \circ S_a$ eine Geradenspiegelung S_d . Dabei geht die Achse d ebenfalls durch M.

$S_c \circ S_b \circ S_a = S_d$ mit $a \cap b \cap c \cap d = \{M\}$

Konstruktion von d (vgl. Abbilung 92):

1. Den Punkt M festlegen.

2. Die Geraden a, b, c durch M zeichnen und auf ihnen die Halbgeraden a_1, b_1, c_1 mit Anfangspunkt M auszeichnen.

3. Die Halbgerade d_1 mit Anfangspunkt M zeichnen für die gilt:
$$w(d_1,c_1) = w(a_1,b_1)$$
oder $w(c_1,d_1) = 360° - w(a_1,b_1)$

4. Die Trägergerade d zu d_1 zeichnen.

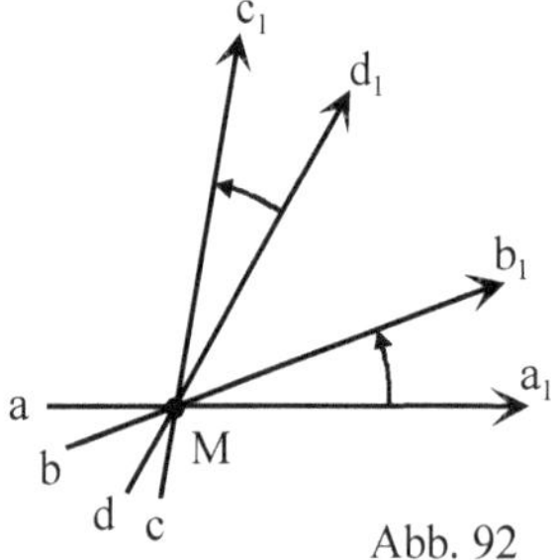

Abb. 92

Beweis:
Seien a_1, b_1, c_1 Halbgeraden auf a, b, c mit gemeinsamem Anfangspunkt M.
Dann gilt:

$$S_c \circ S_b \circ S_a \ = \ S_c \circ D_{M,\,2\cdot w(a_1,b_1)} \qquad / \text{ Satz 4, da } a \cap b = \{M\}$$

$$= \ S_c \circ D_{M,\,2\cdot w(d_1,c_1)} \qquad / \text{ wobei } d_1 \text{ Halbgerade mit Anfangs-}$$

punkt M und $w(d_1,c_1) = w(a_1,b_1)$;
(vgl. Folgerung aus Satz 4)

$$= \ S_c \circ (S_c \circ S_d) \qquad / \text{ Satz 4, wobei d Trägergerade von } d_1$$

$$= \ (S_c \circ S_c) \circ S_d \qquad / \text{ AG für "}\circ\text{" von Abbildungen}$$

$$= \ S_d \qquad / \text{ Satz 1a}; \ S_g \circ S_g = \text{id}$$

Die Aussagen der bewiesenen Sätze 5 und 6 werden in der Regel zu einem Satz, dem Dreispiegelungssatz, zusammengefasst:

Sätze 5 und 6: Dreispiegelungssatz

Die Verkettung von drei Geradenspiegelungen, deren Geraden sich in genau einem Punkt schneiden oder die alle parallel zueinander sind, ist eine Geradenspiegelung:

$$S_c \circ S_b \circ S_a = S_d$$

mit $a \cap b \cap c \cap d = \{M\}$ oder $a \parallel b \parallel c \parallel d$

In dieser Form stellt der Dreispiegelungssatz lediglich die Existenz einer Ersatzspiegelung S_d sicher. Die in Satz 7 vorgenommene Umformulierung des Dreispiegelungssatzes gibt darüber hinaus Hinweise auf die Lage der Geraden. Abbildung 93a veranschaulicht die Lage der Geraden d und d' für den Fall $a \parallel b \parallel c$, Abbildung 93b für den Fall $a \cap b \cap c = \{M\}$.

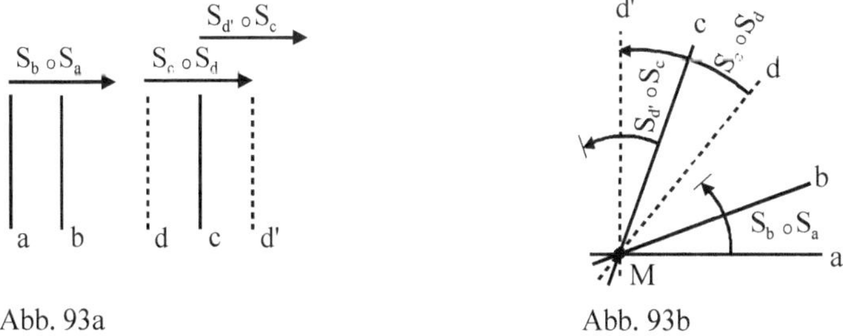

Abb. 93a   Abb. 93b

Satz 7:   Gilt für drei Geraden $a \cap b \cap c = \{M\}$ oder $a \parallel b \parallel c$, dann
                     gibt es stets

     I.   eine Gerade d, so dass $S_b \circ S_a = S_c \circ S_d$, und

     II. eine Gerade d', so dass $S_b \circ S_a = S_{d'} \circ S_c$.

Beweis:

Voraussetzung: $a \cap b \cap c = \{M\}$ oder $a \parallel b \parallel c$

zu I.:

Wenden wir den Dreispiegelungssatz auf die Verkettung $S_c \circ S_b \circ S_a$ an, was
wir laut Voraussetzung dürfen, so folgt:

$$S_c \circ S_b \circ S_a = S_d$$

Verknüpfen wir beidseitig links mit S_c, so erhalten wir:

$$S_c \circ S_c \circ S_b \circ S_a \quad = S_c \circ S_d$$

$\Rightarrow (S_c \circ S_c) \circ S_b \circ S_a \quad = S_c \circ S_d$ / AG für „∘" von Abbildungen

$\Rightarrow \qquad\qquad S_b \circ S_a \quad = S_c \circ S_d$ (*) / Satz 1a; $S_g \circ S_g = \mathrm{id}$

zu II.:

Wenden wir den Dreispiegelungssatz auf die Verkettung $S_b \circ S_a \circ S_c$ an, was
wir nach Voraussetzung dürfen, so folgt:

$$S_b \circ S_a \circ S_c = S_{d'}$$

Verknüpfen wir beidseitig rechts mit S_c, so erhalten wir:

$$S_b \circ S_a \circ S_c \circ S_c \quad = S_{d'} \circ S_c$$

$\Rightarrow S_b \circ S_a \circ (S_c \circ S_c) = S_{d'} \circ S_c$ / AG für „∘" von Abbildungen

$\Rightarrow S_b \circ S_a \qquad\qquad = S_{d'} \circ S_c$ (**) / Satz 1a; $S_g \circ S_g = \mathrm{id}$

Aus (*) und (**) folgt die Behauptung.

Hinführung zu Satz 8

Nachdem wir im Dreispiegelungssatz geklärt haben, dass sich die Verkettung
von drei Geradenspiegelungen, deren Geraden sich alle in einem Punkt
schneiden bzw. alle parallel zueinander sind, durch eine Geradenspiegelung
ersetzen lässt, betrachten wir die zu Beginn dieses Unterkapitels herausgestellten Fälle 3 und 4 und fragen:

Durch welche Ersatzabbildung lässt sich die Verkettung von drei Geradenspiegelungen $S_c \circ S_b \circ S_a$ ersetzen, deren Geraden nicht den Bedingungen des Dreispiegelungssatzes genügen?

Wir werden in Satz 8 behaupten, dass die Verkettung derartiger Geradenspiegelungen eine Gleitspiegelung ist. Bei Betrachtung der Geraden a, b, c und den auf ihnen ausgezeichneten Halbgeraden a_1, b_1, c_1 scheint diese Behauptung jedoch gar nicht nahe zu liegen. Wir versuchen diesen Zusammenhang zunächst unter lockerer Heranziehung der Beweisidee zu verstehen. Dabei werden wir intensiven Gebrauch von Satz 7 (bzw. der Folgerung aus Satz 4) machen.

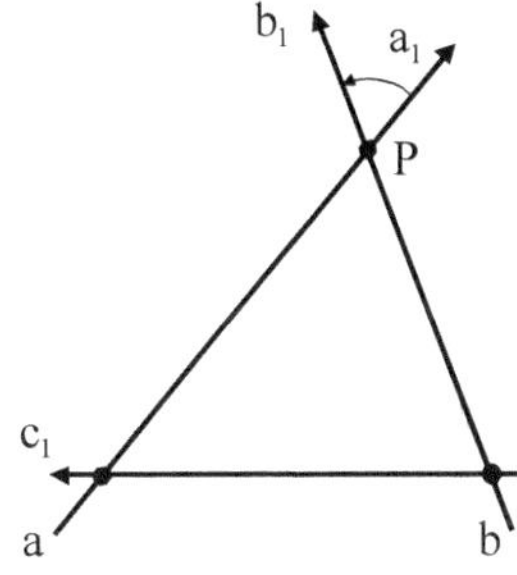

Abb. 94a

In $S_c \circ S_b \circ S_a$ stellt $S_b \circ S_a$ eine Drehung um P mit dem Drehmaß $2 \cdot w(a_1,b_1)$ dar, die wir nach der Folgerung aus Satz 4 auch durch ein geeignetes anderes Geradenpaar ersetzen können.

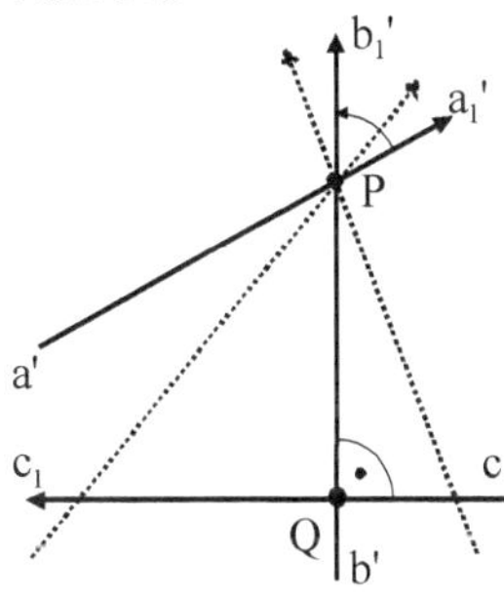

Abb. 94b

Anders argumentiert: Nach Satz 7 gibt es zu a, b und b' eine Gerade a', so dass
$S_b \circ S_a = S_{b'} \circ S_{a'}$.
Dabei wählen wir b' derart, dass $b' \perp c$.

Also:
$S_c \circ (S_b \circ S_a) = S_c \circ (S_{b'} \circ S_{a'})$,
wobei für die Halbgeraden a_1', b_1' auf a', b' gilt: $w(a_1',b_1') = w(a_1,b_1)$

Wir nutzen die Assoziativität von Abbildungen und klammern um:
$S_c \circ (S_{b'} \circ S_{a'}) = (S_c \circ S_{b'}) \circ S_{a'}$

Wir lassen a' unverändert. $S_c \circ S_{b'}$ stellt eine Drehung um Q um 180° dar. Wie oben kann auch diese Drehung wieder durch ein anderes zueinander senkrechtes Geradenpaar ersetzt werden, dessen Schnittpunkt ebenfalls Q ist.

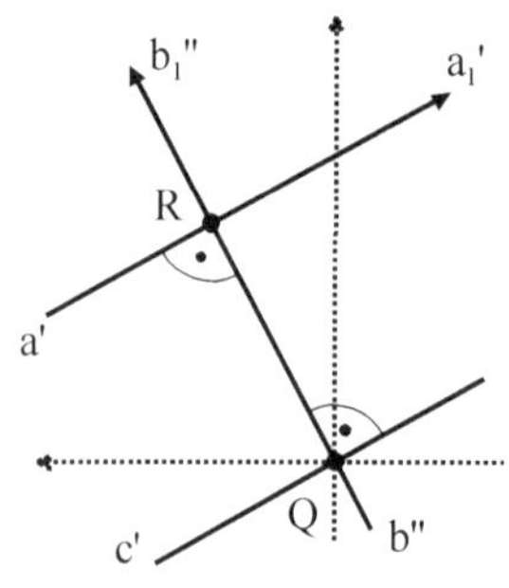

Abb. 94c

Anders argumentiert: Nach Satz 7 gibt es zu c, b' und c' eine Gerade b", so dass
$S_c \circ S_{b'} = S_{b''} \circ S_{c'}$.
Dabei wählen wir c' derart, dass c' $\parallel$ a'.

Wir erhalten schließlich:

$$\begin{aligned}
(S_c \circ S_{b'}) \circ S_{a'} &= (S_{b''} \circ S_{c'}) \circ S_{a'} \\
&= S_{b''} \circ (S_{c'} \circ S_{a'}) \\
&= S_{b''} \circ V_{\overrightarrow{RQ},\, 2\cdot l(\overline{RQ})} \\
&= G_{b'',\, \overrightarrow{RQ},\, 2\cdot l(\overline{RQ})}
\end{aligned}$$

Wir fassen die gewonnene Erkenntnis in Satz 8 zusammen.

Satz 8:   Die Verkettung dreier Geradenspiegelungen $S_c \circ S_b \circ S_a$ an Geraden, die den Voraussetzungen des Dreispiegelungssatzes nicht genügen, ist eine Gleitspiegelung.

Konstruktion (vgl. Abbildung 95):

1. Die Geraden a, b, c mit a $\cap$ b = {P} zeichnen.

2. Die Senkrechte b' zu c durch P zeichnen; b' $\cap$ c = {Q} .

3. Die Gerade a' durch P zeichnen für die gilt: w(a',b') = w(a,b) . [23]

4. Die Senkrechte b" zu a' durch Q zeichnen; a' $\cap$ b" = {R} .

5. Die Senkrechte c' zu b" durch Q zeichnen.

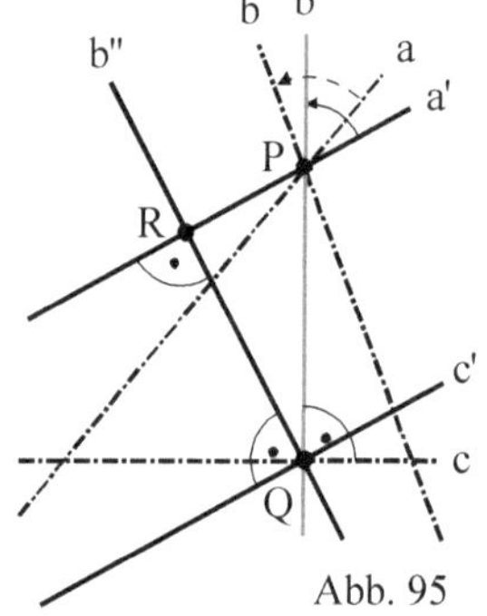

Abb. 95

---

[23] Natürlich werden Winkel und Winkelgrößen über Halbgeraden festgelegt. Exakt müssten auf den Geraden zunächst Halbgeraden ausgezeichnet werden und danach Aussagen über Winkel (-größen) aufgestellt werden. Wir verzichten an dieser Stelle zugunsten der Lesbarkeit hierauf.

Beweis: z.z.: $S_c \circ S_b \circ S_a$ ist eine Gleitspiegelung.

Es gilt:

	$S_c \circ S_b \circ S_a$	
$=$	$S_c \circ (S_{b'} \circ S_{a'})$	wobei gilt: $w(b',c) = 90°$, $a' \cap b' = \{P\}$, $w(a',b') = w(a,b)$ und $b' \cap c = \{Q\}$ / Satz 7
$=$	$(S_c \circ S_{b'}) \circ S_{a'}$	/ AG für "$\circ$" von Abbildungen
$=$	$D_{Q,180°} \circ S_{a'}$	/ Satz 4 [24]
$=$	$(S_{b''} \circ S_{c'}) \circ S_{a'}$	mit $w(c', b'') = 90°$, $c' \cap b'' = \{Q\}$, $c' \parallel a'$ und $b'' \cap a' = \{R\}$ / Satz 4
$=$	$S_{b''} \circ (S_{c'} \circ S_{a'})$	/ AG für "$\circ$" von Abbildungen
$=$	$S_{b''} \circ V_{\overrightarrow{RQ}, \, 2 \cdot l(\overline{RQ})}$	mit $RQ \parallel b''$, da $R, Q \in b''$ / Satz 3, da $c' \parallel a'$
$=$	$G_{b'', \, \overrightarrow{RQ}, \, 2 \cdot l(\overline{RQ})}$	/ Def. 7 (Gleitspiegelung)

Die Verkettung von mehr als drei Geradenspiegelungen

Wir schauen zurück und fassen zusammen:

Die Verkettung *zweier Geradenspiegelungen* ist eine Verschiebung oder eine Drehung, je nachdem, ob die beiden Geraden parallel zueinander sind oder sich in genau einem Punkt schneiden[25].

Die Verkettung *dreier Geradenspiegelungen* ist eine Geradenspiegelung, wenn die drei Geraden parallel zueinander sind oder sich in genau einem Punkt schneiden[26], sonst eine Gleitspiegelung[27].

---

[24] Auf diesen Beweisschritt kann auch verzichtet werden. Wie lautet dann die Begründung des folgenden Schrittes?

[25] Vergleichen Sie hierzu die Sätze 3 und 4.

[26] Vergleichen Sie hierzu die Sätze 5, 6 und 7.

[27] Vergleichen Sie hierzu Satz 8.

Diese kleine Zusammenfassung ist geradezu darauf angelegt, die nächste Frage

Welche Ersatzabbildung(en) können wir für die Verkettung von vier Geradenspiegelungen angeben?

zu stellen, auch wenn sich an dieser Stelle bei vielen unserer Studierenden – und sicherlich auch unserer Leserinnen und Leser – fortgeschrittene Faltenbildung in der oberen Gesichtshälfte einstellen mag. Zum Trost und zur Motivation stellen wir Ihnen ein baldiges und unerwartetes „happy end" dieses Fragealgorithmus in Aussicht.

Satz 9: Die Verkettung von vier Geradenspiegelungen kann immer als Verkettung von zwei Geradenspiegelungen dargestellt werden.

Beweis: Seien S_d, S_c, S_b, S_a die vier Geradenspiegelungen.

1. Diejenigen Fälle, in denen die Geraden von drei nacheinander ausgeführten Geradenspiegelungen den Bedingungen des Dreispiegelungssatzes genügen, sind trivial und brauchen nicht näher betrachtet werden.

2. Auch für all diejenigen Verkettungen, in denen zwei aufeinander folgende Geradenspiegelungen identisch sind und sich daher aufheben, liegt die Gültigkeit von Satz 9 unmittelbar auf der Hand.

Es bleiben daher nur die folgenden Konstellationen der Geraden a, b, c und d zu untersuchen:

3. $a \cap b = \{M\}$ $\wedge$ $c \cap d = \{N\}$

4. $a \cap b = \{M\}$ $\wedge$ $c \parallel d$

5. $a \parallel b$ $\wedge$ $c \cap d = \{N\}$

6. $a \parallel b$ $\wedge$ $c \parallel d$

zu 3:

Sei also $a \cap b = \{M\}\ \wedge\ c \cap d = \{N\}$.

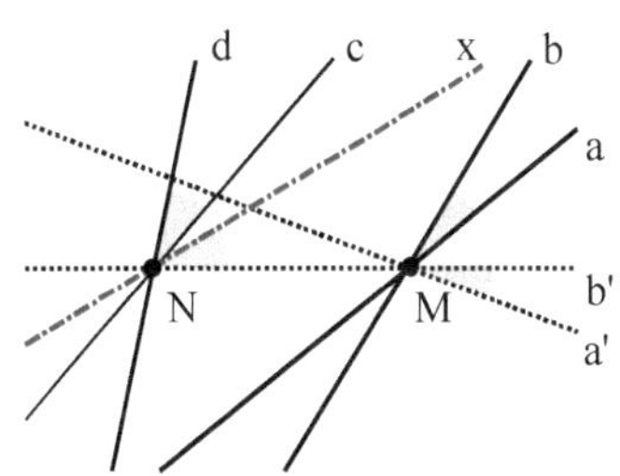

Wir benennen die Gerade NM mit b'.

Nach Satz 7 gibt es zu a, b und b' eine Gerade a', so dass gilt:

$$S_b \circ S_a = S_{b'} \circ S_{a'} \quad (*)$$

Für die Verkettung der vier Geradenspiegelungen folgt dann:

$$
\begin{aligned}
&\ S_d \circ S_c \circ S_b \circ S_a \\
=\ &\ S_d \circ S_c \circ S_{b'} \circ S_{a'} \ \text{mit } d \cap c \cap b' = \{N\} && \text{/ Satz 7, } (*) \\
=\ &\ (S_d \circ S_c \circ S_{b'}) \circ S_{a'} && \text{/ AG für „} \circ \text{"} \\
=\ &\ S_x \circ S_{a'} && \text{/ Satz 6}
\end{aligned}
$$

zu 4:

Sei also $a \cap b = \{M\}\ \wedge\ c \parallel d$.

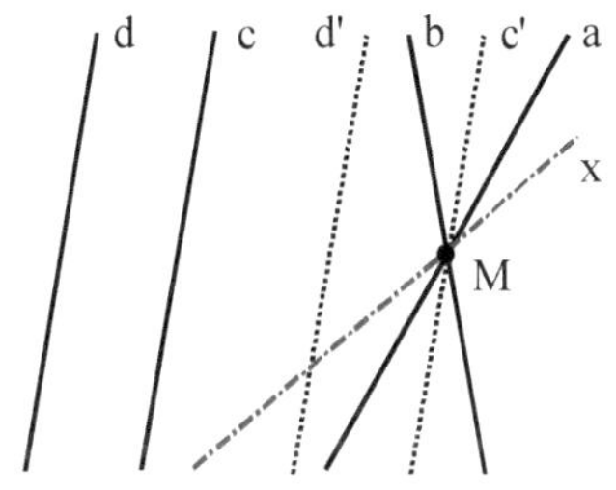

Sei c' eine Parallele zu c durch M $(c' \parallel c \wedge c' \cap a = \{M\})$.

Nach Satz 7 gibt es dann zu d, c und c' eine Gerade d' so dass gilt:

$$S_d \circ S_c = S_{d'} \circ S_{c'} \quad (*)$$

Für die Verkettung der vier Geradenspiegelungen folgt wieder:

$$
\begin{aligned}
&\ S_d \circ S_c \circ S_b \circ S_a \\
=\ &\ (S_d \circ S_c) \circ S_b \circ S_a && \text{/ AG für „} \circ \text{"} \\
=\ &\ (S_{d'} \circ S_{c'}) \circ S_b \circ S_a \ \text{mit } c' \cap b \cap a = \{M\} && \text{/ Satz 7, } (*) \\
=\ &\ S_{d'} \circ (S_{c'} \circ S_b \circ S_a) && \text{/ AG für „} \circ \text{"} \\
=\ &\ S_{d'} \circ S_x && \text{/ Satz 6}
\end{aligned}
$$

zu 5:

Sei also $a \parallel b \ \wedge \ c \cap d = \{N\}$.

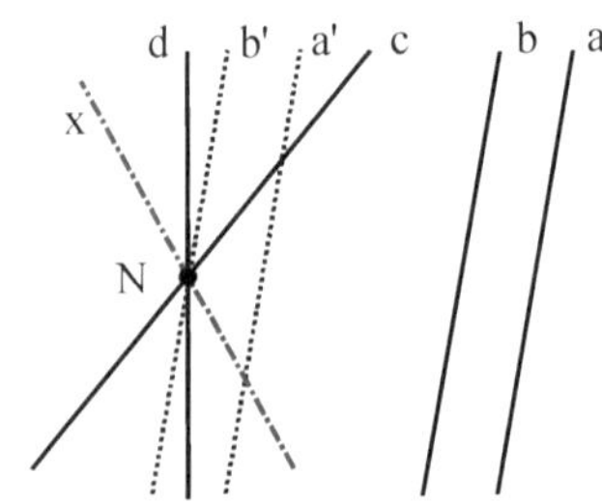

Sei b' eine Parallele zu b durch N ($b' \parallel b \ \wedge \ b' \cap c = \{N\}$).

Nach Satz 7 gibt es dann zu b, a und b' eine Gerade a' so dass gilt:

$$S_b \circ S_a = S_{b'} \circ S_{a'} \quad (*)$$

Für die Verkettung der vier Geradenspiegelungen folgt wieder:

$$
\begin{aligned}
&\ S_d \circ S_c \circ S_b \circ S_a & \\
=&\ S_d \circ S_c \circ S_{b'} \circ S_{a'} & \text{/ Satz 7, (*)} \\
=&\ (S_d \circ S_c \circ S_{b'}) \circ S_{a'} & \text{/ AG für „}\circ\text{“} \\
=&\ S_x \circ S_{a'} & \text{/ Satz 6}
\end{aligned}
$$

zu 6:

Sei also $a \parallel b \ \wedge \ c \parallel d$.

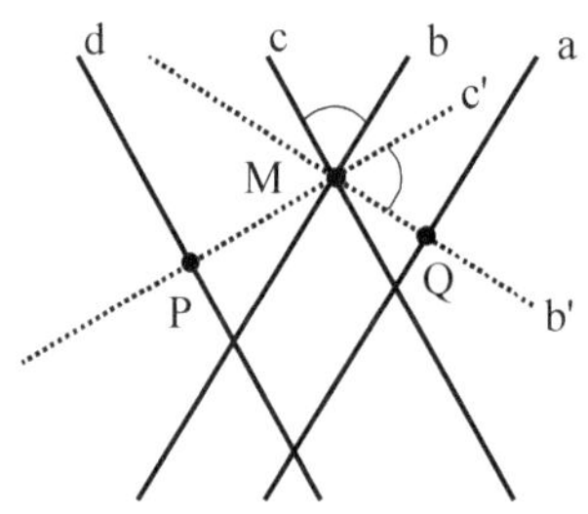

Für Fall 6 ist eine zusätzliche Ersetzung notwendig: Wir ersetzen das Geradenpaar (b, c) so durch das Paar (b', c'), dass sich c' und d, aber auch b' und a jeweils in einem Punkt schneiden. Dann verfahren wir wie in Fall 3.

Sei $c \cap b = \{M\}$.

Wir betrachten nun die Gerade c' mit $c' \cap b = \{M\}$, $c' \perp d$ und $c' \cap d = \{P\}$[28].

Nach Satz 7 gibt es zu c, b und c' eine Gerade b', so dass gilt:

$$S_c \circ S_b = S_{c'} \circ S_{b'} \quad (*)$$

Sei $b' \cap a = \{Q\}$.

---

[28]   Die Bedingung $c' \perp d$ ist nicht unbedingt erforderlich, erleichtert jedoch das weitere Vorgehen. Mindestens muss für c' gelten: $c' \neq c$ und $c' \neq b$.

Für die Verkettung der vier Geradenspiegelungen folgt wieder:

$$S_d \circ S_c \circ S_b \circ S_a$$
$$= \quad S_d \circ (S_c \circ S_b) \circ S_a \qquad\qquad / \text{ AG für } „\circ“$$
$$= \quad S_d \circ (S_{c'} \circ S_{b'}) \circ S_a \qquad\qquad / \text{ Satz 7, (*)}$$
$$= \quad S_d \circ S_{c'} \circ (S_{b'} \circ S_a) \qquad\qquad / \text{ AG für "}\circ\text{"}$$

Mit $S_d \circ S_{c'} \circ (S_{b'} \circ S_a)$ haben wir eine Verkettung vorliegen, bei der sich d und c' in Punkt P schneiden und b' und a den Punkt Q gemeinsam haben. Damit haben wir Fall 6 auf Fall 3 zurückgeführt und sind fertig.

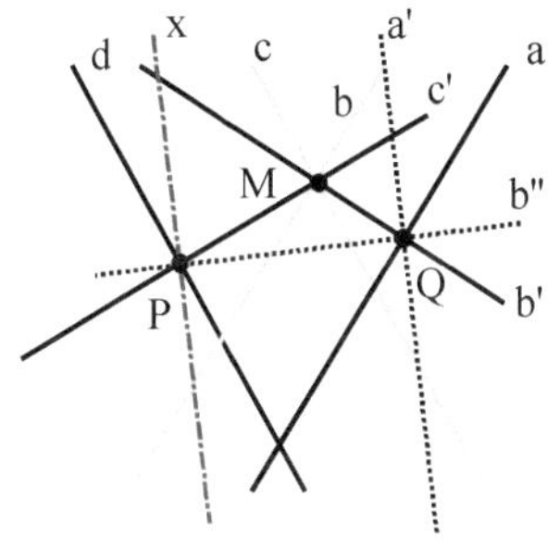

Nur um die abgebildete Konstruktion der beiden Ersatzgeraden argumentativ zu begleiten, stellen wir die verbleibende Überlegung analog zu Fall 3 dar:

Sei b" = PQ.

Nach Satz 7 gibt es zu b', a und b" eine Gerade a' so dass gilt:

$$S_{b'} \circ S_a = S_{b''} \circ S_{a'} \quad (*)$$

Dies setzen wir in unsere letzte Gleichung ein und erhalten:

$$= \quad S_d \circ S_{c'} \circ (S_{b''} \circ S_{a'}) \qquad\qquad / \text{ Satz 7, (*)}$$
$$= \quad (S_d \circ S_{c'} \circ S_{b''}) \circ S_{a'} \qquad\qquad / \text{ AG für } „\circ“$$
$$= \quad S_x \circ S_{a'} \qquad\qquad / \text{ Satz 6}$$

Aus (1) – (6) folgt die Behauptung.

Wenn sich nun vier Geradenspiegelungen durch zwei Geradenspiegelungen ersetzen lassen, dann kann man fünf Spiegelungen durch drei ersetzen. Die resultierende Abbildung ist also je nach Lage der drei Spiegelungen eine Geradenspiegelung oder eine Gleitspiegelung.

Bei sechs Spiegelungen lassen sich vier durch zwei ersetzen, diese vier Spiegelungen dann wieder durch zwei Geradenspiegelungen. Die resultierende Abbildung ist also eine Drehung oder Verschiebung.

Bei sieben Geradenspiegelungen lassen sich vier durch zwei ersetzen, es verbleiben also insgesamt nur noch 5 Geradenspiegelungen. Fünf Geradenspiegelungen lassen sich dann wieder wie oben durch drei ersetzen.

Anzahl der verketteten Geradenspiegelungen	lassen sich ersetzen durch	resultierende Abbildung ist dann
4	2	Drehung o. Verschiebung
5	2+1=3	Gleit- o. Geradenspiegelung
6	4+2→2+2=4→2	Drehung o. Verschiebung
7	4+3→2+3=5→3	Gleit- o. Geradenspiegelung
8	4+4→2+2=4→2	Drehung o. Verschiebung
9	8+1→2+1=3→3	Gleit- o. Geradenspiegelung
…	…	…

Wir wissen jetzt, dass wir mit höchstens drei Geradenspiegelungen auskommen. Braucht man wirklich drei, so liegt im allgemeinen Fall eine Gleitspiegelung vor (Satz 8), in Sonderfällen eine Geradenspiegelung (Satz 5,6). Kommt man mit zwei Geraden aus, so sind nur die Fälle möglich, dass die Geraden parallel sind oder sich schneiden. Wir haben dann also stets eine Verschiebung (Satz 3) oder eine Drehung (Satz 4) vorliegen. Das bedeutet auch, dass die Hintereinanderausführung von beliebig vielen verschiedenen Kongruenzabbildungen stets durch eine der von uns definierten Kongruenzabbildungen ersetzbar ist.

Führt man z.B. zuerst eine Gleitspiegelung und anschließend eine Drehung aus, so kann die erste Abbildung durch drei, die zweite durch zwei Geradenspiegelungen ersetzt werden, also die gesamte Abbildung durch fünf Geradenspiegelungen. Diese sind ersetzbar durch drei andere Geradenspiegelungen. Das wiederum kann eine Gleitspiegelung oder eine einfache Geradenspiegelung sein.

Zeichnen wir also z.B. ein Dreieck und irgendwo ein dazu kongruentes Dreieck auf ein Blatt Papier, so kann man diejenige Kongruenzabbildung bestimmen, die das eine in das andere Dreieck überführt. Dies wollen wir im Folgenden üben.

Wir betrachten Abbildung 96 mit drei zueinander kongruenten Dreiecken. Gesucht sind die beiden Abbildungen, die

a) $\Delta A_1 B_1 C_1$ auf $\Delta A_2 B_2 C_2$ bzw.
b) $\Delta A_1 B_1 C_1$ auf $\Delta A_3 B_3 C_3$ abbilden.

Einen ersten Hinweis auf die gesuchten Abbildungen liefert der Umlaufsinn der Dreiecke. $\Delta A_2B_2C_2$ hat denselben Umlaufsinn wie $\Delta A_1B_1C_1$, also kann $\Delta A_2B_2C_2$ nur durch eine Verschiebung oder durch eine Drehung aus $\Delta A_1B_1C_1$ entstanden sein. Eventuell ist die Drehung sogar eine Punktspiegelung. Bei $\Delta A_1B_1C_1$ und $\Delta A_3B_3C_3$ stimmt der Umlaufsinn nicht überein, als Abbildung kommt also nur eine Geradenspiegelung oder eine Gleitspiegelung in Frage.

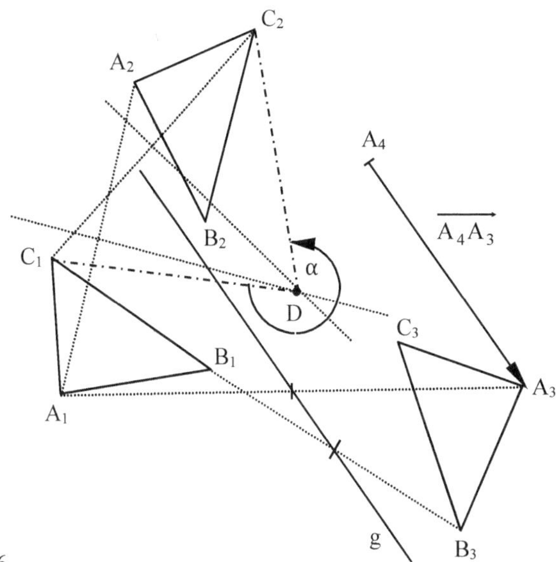

Abb. 96

zu a) Wir suchen zunächst die Verschiebung oder Drehung, die $\Delta A_1B_1C_1$ in $\Delta A_2B_2C_2$ überführt.

Die Verschiebung scheidet sofort aus, denn die Strecken $\overline{A_1A_2}$ und $\overline{C_1C_2}$ sind offensichtlich nicht parallel. Also ist die gesuchte Abbildung eine Drehung. Da der Drehpunkt D von Urbild und Bild denselben Abstand hat, liegt D auf den Mittelsenkrechten zu $\overline{A_1A_2}$, $\overline{B_1B_2}$ und $\overline{C_1C_2}$ (vgl. Satz 2). Um D zu bestimmen reicht es, zwei dieser Mittelsenkrechten zu konstruieren, z.B. die zu $\overline{A_1A_2}$ und zu $\overline{C_1C_2}$ (in Abbildung 96 punktiert dargestellt). Ihr Schnittpunkt ist D. Den Drehwinkel α erhalten wir, indem wir z.B. C_1 und C_2 mit D verbinden. Beachten Sie, dass wir gegen den Uhrzeigersinn drehen. In Abbildung 96 beträgt $w(\alpha)$ ca. 288°, also liegt keine Punktspiegelung vor.

Mit $D_{D,288°}$ ist die Abbildung gefunden, die $\Delta A_1B_1C_1$ in $\Delta A_2B_2C_2$ überführt. Es gilt also: $D_{D,288°}(\Delta A_1B_1C_1) = \Delta A_2B_2C_2$

zu b)   Suchen wir nun also die Geradenspiegelung oder Gleitspiegelung, die $\Delta A_1B_1C_1$ in $\Delta A_3B_3C_3$ überführt.

Falls die Abbildung, die $\Delta A_1B_1C_1$ in $\Delta A_3B_3C_3$ überführt, eine Geradenspiegelung an einer Geraden g ist, dann verläuft g durch die Mittelpunkte der Strecken $\overline{A_1A_3}$, $\overline{B_1B_3}$ und $\overline{C_1C_3}$ (Definition 1). Wir können die in Frage kommende Gerade g konstruieren, indem wir bei zwei dieser Strecken die Mittelpunkte bestimmen und durch diese eine Gerade legen. Wir wählen in Abbildung 96 die Mittelpunkte von $\overline{A_1A_3}$ und $\overline{B_1B_3}$. Unsere gesuchte Abbildung ist ganz sicher keine Geradenspiegelung an g, denn dann müsste g auch senkrecht zu $\overline{A_1A_3}$ und $\overline{B_1B_3}$ sein. Also haben wir es mit einer Gleitspiegelung zu tun. Wir spiegeln A_1 an g und erhalten den Punkt A_4. Die Halbgerade $\overrightarrow{A_4A_3}$ gibt die Richtung der Verschiebung an, $l(\overline{A_4A_3})$ die Länge der Verschiebung, g die Gleitspiegelungsachse, denn g verläuft nach Konstruktion durch den Mittelpunkt von $\overline{A_1A_3}$, durch den Mittelpunkt von $\overline{A_1A_4}$, und steht senkrecht auf A_1A_4. Folglich ist A_4A_3 parallel zu g, wie es bei einer Gleitspiegelung gefordert ist.

Mit $G_{g;\overrightarrow{A_4A_3},l(\overline{A_4A_3})}$ bzw. $G_{g;\overrightarrow{A_4A_3}}$ ist die Abbildung gefunden, die $\Delta A_1B_1C_1$ auf $\Delta A_3B_3C_3$ abbildet.

Es gilt also: $G_{g;\overrightarrow{A_4A_3},l(\overline{A_4A_3})}(\Delta A_1B_1C_1) = \Delta A_3B_3C_3$

Übung: 1)   In Abbildung 96 gilt:
                 $D_{D,288°}(\Delta A_1B_1C_1) = \Delta A_2B_2C_2$
                 Konstruieren Sie Geraden h und i mit $h\|A_1B_1$ für die gilt:
                 $S_i \circ S_h = D_{D,288°}$

            2)   Wir bleiben bei Abbildung 96.
                 Konstruieren Sie zwei Geraden e und f, so dass $S_g \circ S_f \circ S_e$
                 die Gleitspiegelung ist, die $\Delta A_1B_1C_1$ in $\Delta A_3B_3C_3$ überführt.
                 Dabei soll e durch A_1 verlaufen.

3) Welche Abbildung überführt jeweils das Dreieck ΔABC auf das Dreieck $\Delta A'B'C'$?

Benennen Sie diese Abbildung in der eingeführten formalen Notation mit allen Parametern (z.B.: $D_{E,63°}$) und konstruieren Sie ihre Spiegelachse, ihren Drehpunkt, ihr Spiegelzentrum, ihren Verschiebungspfeil, ...

Stellen Sie schließlich die erkannte Abbildung durch eine Verkettung von möglichst wenigen Geradenspiegelungen dar.

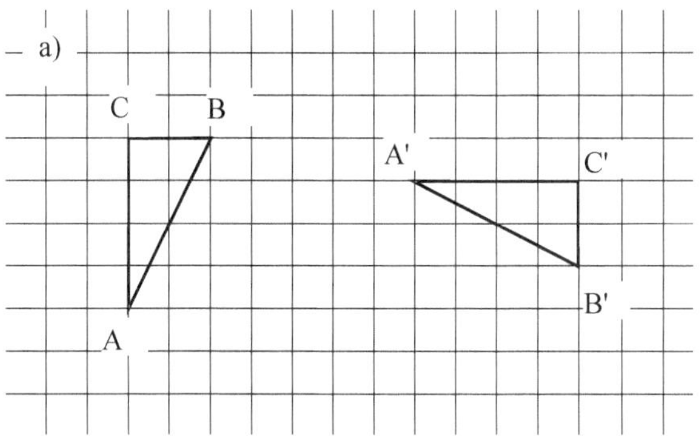

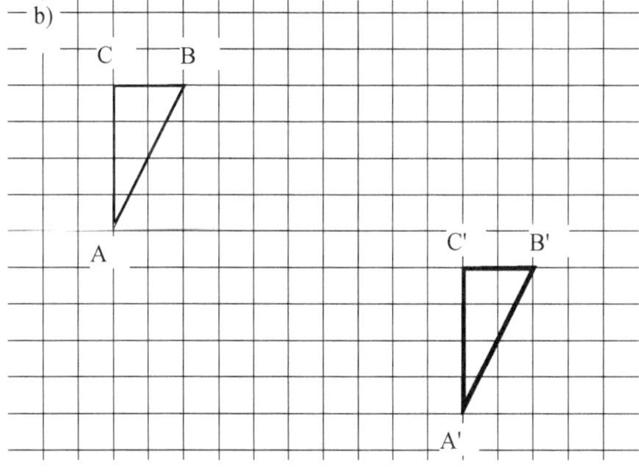

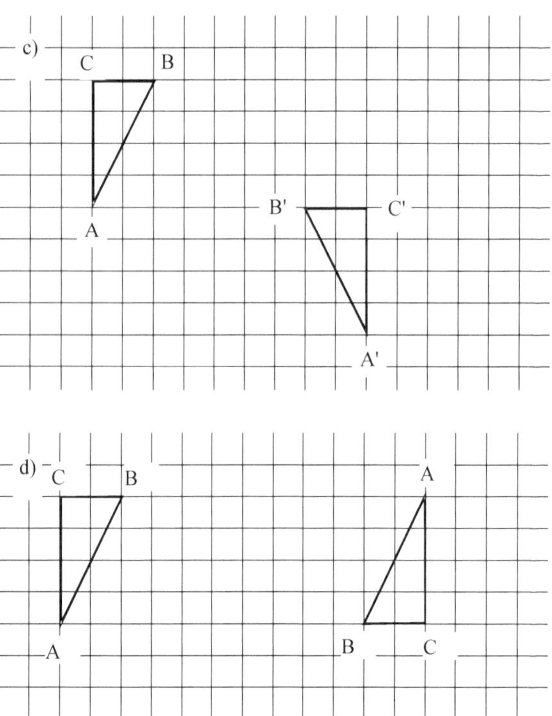

4.a) Im Allgemeinen ist die Verkettung zweier Geradenspiegelungen nicht kommutativ,
also: $S_b \circ S_a \neq S_a \circ S_b$
Zeigen Sie das an einem Beispiel Ihrer Wahl.

b) Dennoch gibt es zwei Sonderfälle, in denen gilt:
$S_b \circ S_a = S_a \circ S_b$. Welche sind das?

5) Übertragen Sie die unten dargestellten Geraden auf Karo-
papier.

a) Überlegen Sie: Durch welche der von uns definierten Abbildungen kann die Verkettung $S_d \circ S_c \circ S_b \circ S_a$ jeweils
ersetzt werden?

b) Ersetzen Sie dann die Verkettung $S_d \circ S_c \circ S_b \circ S_a$ durch möglichst wenig Geradenspiegelungen. Dokumentieren Sie Ihre Umformungen in einer Gleichungskette.

Dezenter Einsatz von Buntstiften kann die Übersichtlichkeit erhöhen.

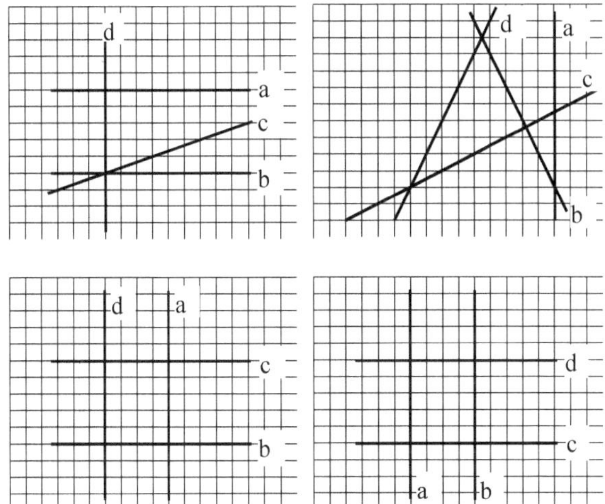

Hilfe: Erläuterungen im Beweis des Satzes 9

6) Zeichnen Sie ein gleichseitiges Dreieck ΔABC. Spiegeln Sie es zunächst an der Seite c. Drehen Sie nun das Bilddreieck um B um 60°, und führen Sie anschließend die Verschiebung $V_{\overrightarrow{AB},\, l(\overline{AB})}$ aus.

a) Kann $V_{\overrightarrow{AB},\, l(\overline{AB})} \circ D_{B,60°} \circ S_c$ durch genau eine der von uns definierten Kongruenzabbildungen ersetzt werden?

b) Stellen Sie $V_{\overrightarrow{AB},\, l(\overline{AB})} \circ D_{B,60°} \circ S_c$ durch die Verkettung von höchstens drei Geradenspiegelungen dar.

7) Die in der Abbildung markierten Punkte sind Eckpunkte eines Quadratgitters. Welche Aussagen sind wahr, welche sind falsch?

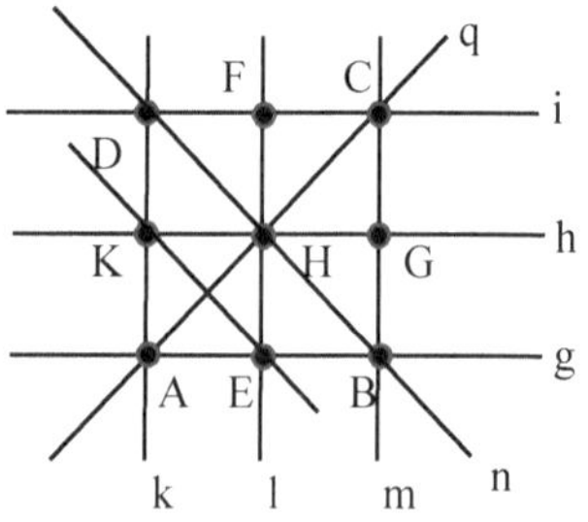

A1: $S_q = S_k \circ S_g$

A2: $S_q \circ S_n = D_{H,180°}$

A3: $S_m \circ S_l \circ S_k = S_l$

A4: $S_i \circ S_h = S_h \circ S_i$

A5: $S_l \circ S_n \circ S_q = S_h$

A6: $S_q \circ S_h = S_h \circ S_q$

A7: $S_i \circ S_n \circ S_k = S_n$

A8: $S_D \circ S_C \circ S_B \circ S_A = id$

A9: $S_B \circ S_A = V_{\overrightarrow{AB},2\cdot l(\overline{AB})}$

A10: $S_m \circ V_{\overrightarrow{FE},2\cdot l(\overline{AB})}$ ist eine Gleitspiegelung.

A11: $S_l \circ S_h \circ S_n \circ S_q = id$

8) Die identische Abbildung id ist diejenige Abbildung, die alle Punkte der Ebene E auf sich selbst abbildet. Vervollständigen Sie die folgende Zeile, indem Sie vier Bezeichnungen für id angeben:

id =   =   =   =

4.2.3 Weitere Sätze zur Verkettung von Kongruenzabbildungen

Mit Hilfe der vorangegangenen Sätze lassen sich auf der Ebene des Verkettens von Abbildungen leicht weitere Sätze herleiten, deren Beweise wir Ihnen zur Übung überlassen. Legen Sie zu jedem Beweis zunächst eine Skizze an.

Satz 10: Bei der Gleitspiegelung $G_{g,\overrightarrow{ST}}$ spielt es keine Rolle, ob man zunächst die Geradenspiegelung und danach die Verschiebung ausführt oder umgekehrt.

Es gilt: $G_{g,\overrightarrow{ST}} = S_g \circ V_{\overrightarrow{ST}} = V_{\overrightarrow{ST}} \circ S_g$

Beweis: mit Hilfe der Sätze 3, 4

Satz 11: Die Verkettung $S_g \circ S_Z$ einer Punktspiegelung S_Z und einer Geradenspiegelung S_g mit $Z \notin g$ ist eine Gleitspiegelung.

Beweis: Der „fleißige" Weg führt über Satz 4,
der elegantere Weg über einen späteren Satz.

Satz 12: Die Verkettung zweier Verschiebungen $V_{\overrightarrow{CD}} \circ V_{\overrightarrow{AB}}$ ist eine Verschiebung.

Beweis: mit Hilfe von Satz 9, Fall 6

Satz 13: Die Verkettung einer Drehung und einer Verschiebung ist eine Drehung.

Beweis: mit Hilfe von Satz 9, Fall 4 und 5

Satz 14: Die Verkettung zweier Punktspiegelungen $S_N \circ S_M$ mit verschiedenen Spiegelzentren ($N \neq M$) ist eine Verschiebung.

Beweis: mit Hilfe von Satz 9, Fall 3

Satz 15a: Die Verkettung zweier Drehungen $D_{M,\,w(\alpha)} \circ D_{M,\,w(\beta)}$ mit gleichem Drehzentrum ist ...

- die Drehung $D_{M,\,w(\alpha)+w(\beta)}$, falls $w(\alpha) + w(\beta) < 360°$;

- die Drehung $D_{M,\,w(\alpha)+w(\beta)\,-\,360°}$, falls $w(\alpha) + w(\beta) \geq 360°$.

Beweis: mit Hilfe von Satz 4

Satz 15b: Die Verkettung zweier Drehungen mit verschiedenen Drehzentren $D_{N,\,w(\beta)} \circ D_{M,\,w(\alpha)}$ ist ...

- die Drehung $D_{P,\,w(\alpha)+w(\beta)}$, falls $w(\alpha) + w(\beta) \neq 360°$;

- eine Verschiebung, falls $w(\alpha) + w(\beta) = 360°$.

Beweis: mit Hilfe von Satz 9, Fall 3 bzw. der Sätze 3, 4

Übung: 1) Beh.: Die Verkettung $S_g \circ S_Z$ einer Punktspiegelung S_Z und einer Geradenspiegelung S_g mit $Z \notin g$ ist eine Gleitspiegelung.

a) Beweisen Sie die Behauptung durch Verkettung von Abbildungen in einer Gleichungskette und begründen Sie jeden Schritt. Fügen Sie dem Beweis bitte eine vollständig beschriftete Erläuterungsskizze bei.

b) Wie ändert sich die Behauptung, wenn $Z \in g$? Begründen Sie bitte verbal.

2) Die beiden folgenden Skizzen erläutern den Beweis zu einem Satz zur Verkettung zweier Abbildungen. Formulieren Sie den Satz und führen Sie den Beweis unter Verwendung der benutzten Bezeichnungen.

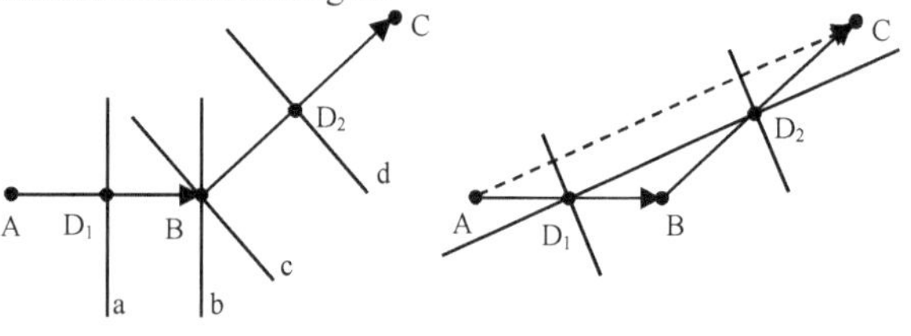

3.a) Beweisen Sie in einer Gleichungskette:
Satz: Betrachtet seien zwei Punkte A, B mit $A \neq B$. Dann gilt: $S_B \circ S_A = V_{\overrightarrow{AB},\, 2\, l(\overline{AB})}$

b) Formulieren Sie einen Satz zur Verkettung $S_B \circ S_A$ zweier Punktspiegelungen mit $B = A$.
Begründen Sie diesen Satz mit wenigen Sätzen rein verbal.

4) Es seien A, B, C drei verschiedene Punkte der Ebene. Formulieren Sie einen Satz zur Verkettung $S_C \circ S_B \circ S_A$ und beweisen Sie ihn durch Verkettung von Abbildungen in einer Gleichungskette.

5) Es seien A, B, C, D vier verschiedene Punkte der Ebene. Formulieren Sie einen Satz zur Verkettung $S_D \circ S_C \circ S_B \circ S_A$ und beweisen Sie ihn durch Verkettung von Abbildungen in einer Gleichungskette.

6) Es sei $C \notin AB$.
Formulieren Sie einen Satz zur Verkettung $S_C \circ V_{\overrightarrow{AB}}$ und beweisen Sie ihn.

7) Beweisen oder widerlegen Sie:
Im Quadrat ABCD gilt:
$S_D \circ S_C \circ S_B \circ S_A = \mathrm{id}$

8) Begründen oder widerlegen Sie durch verbale Argumentation:
a) Die Verkettung von Geradenspiegelungen $S_b \circ S_a$ ist kommutativ, wenn $a \perp b$.
b) Die Verkettung von acht Geradenspiegelungen kann eine Verschiebung oder Drehung sein.
c) Die Verkettung von fünf Verschiebungen kann eine Gleitspiegelung sein.
d) Die identische Abbildung id kann durch fünf geeignete Geradenspiegelungen dargestellt werden.

4.2.4 Die Gruppe der Kongruenzabbildungen

Im bisherigen Verlauf des Kapitels 4 haben wir die Geradenspiegelung, die Verschiebung, die Drehung, die Punktspiegelung und die Gleitspiegelung als Kongruenzabbildungen bezeichnet. Dabei haben wir in Kapitel 4.2.3 erfahren, dass sich die genannten fünf Kongruenzabbildungen allesamt durch die Nacheinanderausführung von bis zu drei Geradenspiegelungen ersetzen lassen und dass ferner jede beliebige Anzahl von verketteten Geradenspiegelungen immer durch maximal drei nacheinander ausgeführte Geradenspiegelungen ersetzt werden kann.

Wir wollen an dieser Stelle den Begriff der Kongruenzabbildung allgemeiner fassen und definieren:

Definition 8:   Kongruenzabbildung

Jede Verkettung von endlich vielen Geradenspiegelungen heißt *Kongruenzabbildung*.

Die Menge aller Kongruenzabbildungen heißt $\mathbb{K}$.

Ist also φ eine Kongruenzabbildung ($\varphi \in \mathbb{K}$), dann kann φ dargestellt werden als $\varphi = S_{g_n} \circ S_{g_{n-1}} \circ S_{g_{n-2}} \circ ... \circ S_{g_1}$ mit $n \in \mathbb{N}$.

Mit Definition 8 übertragen sich wichtige Eigenschaften der Geradenspiegelung S_g auf jede Kongruenzabbildung $\varphi \in \mathbb{K}$:

- Bei jeder Kongruenzabbildung φ ist das Bild einer Strecke $\overline{AB}$ eine zu $\overline{AB}$ gleichlange Strecke $\overline{A'B'}$. φ ist strecken- und längentreu.

- Bei jeder Kongruenzabbildung φ ist das Bild einer Geraden wieder eine Gerade. φ ist geradentreu.

- Bei jeder Kongruenzabbildung φ ist das Bild eines Winkels ein Winkel mit gleichem Winkelmaß. φ ist winkeltreu[29].

---

[29] In Analogie zur Strecken- und Längentreue müssten wir eigentlich von Winkel- und Winkelmaßtreue reden. Eine derartige Sprachpräzision ist in der Literatur allerdings nicht gebräuchlich.

In Kapitel 4.1 hatten wir *Bewegungen* wie die Drehung oder Verschiebung vorläufig als Abbildungen charakterisiert, bei denen die Urbildfigur durch Bewegen einer Folienkopie mit der Bildfigur zur Deckung gebracht werden kann. Kopieren wir hingegen bei einer *Umwendung* wie der Geradenspiegelung oder der Gleitspiegelung die Urbildfigur auf Folie, so können wir die Folienkopie nur dann mit der Bildfigur zur Deckung bringen, wenn wir die Folie einmal umwenden.

Die Eigenschaft, Bewegung oder Umwendung zu sein, hängt offensichtlich eng mit dem Umlaufsinn einer Figur zusammen, der sich mit jeder durchgeführten Geradenspiegelung ändert: Führt man eine geradzahlige Anzahl von Geradenspiegelungen nacheinander aus, stimmen Umlaufsinn von Urbild und Bild überein, die Folie kann *bewegt* werden. Bei einer ungeraden Anzahl nacheinander ausgeführter Geradenspiegelungen haben Urbild und Bild entgegengesetzten Umlaufsinn, die Folie muss *umgewendet* werden.

Im Anschluss an Definition 8 können wir nun die Bewegungen und Umwendungen allgemeiner bestimmen:

Definition 9:   Bewegung bzw. Umwendung

        Besteht eine Kongruenzabbildung φ aus der Verkettung von 2n Geradenspiegelungen ($n \in \mathbb{N}$), so heißt sie *Bewegung*, sonst *Umwendung* [30].

Bevor wir im Folgenden zeigen werden, dass die Menge der Kongruenzabbildungen $\mathbb{K}$ bezüglich der Verkettung „∘" eine Gruppe ist, rufen wir den Gruppen- und Untergruppenbegriff in Erinnerung[31]:

Definition 10a: Gruppe

        Ein Paar (G,∘) bestehend aus einer nichtleeren Menge G und einer Verknüpfung „∘" heißt *Gruppe*, wenn folgende vier Bedingungen erfüllt sind:

        a) Mit a, b ∈ G liegt stets auch a ∘ b in G.
            (*Abgeschlossenheit*)

---

[30] Gelegentlich findet man in der Literatur auch die Rede von „eigentlichen Bewegungen" (für Bewegungen) und „uneigentlichen Bewegungen" (für Umwendungen), der wir aber nicht folgen wollen.

[31] Vgl. auch Benölken, Gorski und Müller-Philipp 2018, Kapitel 8.

b) $(a \circ b) \circ c = a \circ (b \circ c)$ für alle a, b, c $\in$ G
   (*Assoziativität*)

c) Es gibt ein *neutrales Element* e $\in$ G mit
   $e \circ a = a \circ e = a$ für alle a $\in$ G .

d) Zu jedem a $\in$ G gibt es ein $a^i \in$ G, so dass
   $a \circ a^i = a^i \circ a = e$.
   a^i heißt *inverses Element* zu a.

Eine Gruppe (G,$\circ$) heißt *kommutativ* oder *abelsch*, wenn zusätzlich zu den Bedingungen a) bis d) für alle a, b $\in$ G gilt: $a \circ b = b \circ a$

Definition 10b: Untergruppe

Sei (G,$\circ$) eine Gruppe. (H,$\circ$) heißt *Untergruppe* von (G,$\circ$), wenn gilt: (H,$\circ$) ist eine Gruppe und H $\subseteq$ G.

Beispiele für Gruppen aus der Arithmetik sind ($\mathbb{Z}$; +), ($\mathbb{Q}$; $\cdot$) oder die Restklassenmenge R_m mit der Restklassenaddition $\oplus$.
In Satz 16 lernen Sie ein Beispiel aus der Geometrie kennen.

Satz 16:   Die Menge der Kongruenzabbildungen $\mathbb{K}$ bildet mit der Verknüpfung „$\circ$" (Nacheinanderausführung) eine Gruppe. Also: ($\mathbb{K}$;$\circ$) ist eine Gruppe.

Beweis: z.z.: a) Abgeschlossenheit
                   b) Assoziativität
                   c) Existenz eines neutralen Elements
                   d) Inverseneigenschaft

zu a) Abgeschlossenheit

Seien φ_1, $\varphi_2 \in \mathbb{K}$ mit

$\varphi_1 = S_{a_m} \circ S_{a_{m-1}} \circ S_{a_{m-2}} \circ ... \circ S_{a_1}$ mit m $\in \mathbb{N}$,

$\varphi_2 = S_{b_n} \circ S_{b_{n-1}} \circ S_{b_{n-2}} \circ ... \circ S_{b_1}$ mit n $\in \mathbb{N}$.

Dann gilt:

$\varphi_2 \circ \varphi_1 = (S_{b_n} \circ S_{b_{n-1}} \circ S_{b_{n-2}} \circ ... \circ S_{b_1}) \circ (S_{a_m} \circ S_{a_{m-1}} \circ S_{a_{m-2}} \circ ... \circ S_{a_1})$

Da dies eine Verkettung von m + n Geradenspiegelungen ist, folgt mit Definition 8: $\varphi_2 \circ \varphi_1 \in \mathbb{K}$

zu b) Assoziativität

z.z.: Für $\varphi_1, \varphi_2, \varphi_3 \in \mathbb{K}$ gilt: $\varphi_3 \circ (\varphi_2 \circ \varphi_1) = (\varphi_3 \circ \varphi_2) \circ \varphi_1$

Sei X ein beliebiger Punkt der Ebene.
Dann gilt:

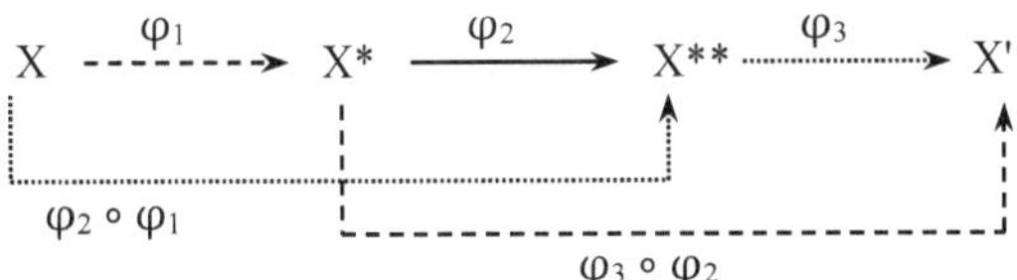

Somit:

$$X \quad\xrightarrow{\quad\varphi_3 \circ (\varphi_2 \circ \varphi_1)\quad}\quad X'$$

$$X \quad\xrightarrow{\quad(\varphi_3 \circ \varphi_2) \circ \varphi_1\quad}\quad X'$$

Da die Bilder von $\varphi_3 \circ (\varphi_2 \circ \varphi_1)$ und $(\varphi_3 \circ \varphi_2) \circ \varphi_1$ für jeden beliebigen Punkt X der Ebene übereinstimmen, sind beide Abbildungen gleich.
Es gilt also: $\varphi_3 \circ (\varphi_2 \circ \varphi_1) = (\varphi_3 \circ \varphi_2) \circ \varphi_1$

zu c) Existenz eines neutralen Elements

Es gibt in $\mathbb{K}$ ein Element id, so dass für alle $\varphi \in \mathbb{K}$ gilt:
$\text{id} \circ \varphi = \varphi \circ \text{id} = \varphi$
id ist aus $\mathbb{K}$, denn nach Satz 1a ist die Geradenspiegelung S_g eine involutorische Abbildung und es gilt: $\text{id} = S_g \circ S_g$

zu d) Inverseneigenschaft

z.z.: Zu jeder Kongruenzabbildung φ gibt es eine inverse Kongruenzabbildung φ^i, so dass $\varphi \circ \varphi^i = \varphi^i \circ \varphi = \text{id}$.

$$\text{Sei}\qquad \varphi = S_{a_m} \circ S_{a_{m-1}} \circ S_{a_{m-2}} \circ \ldots \circ S_{a_1} \qquad \text{mit } m \in \mathbb{N},$$

$$\text{dann ist}\qquad \varphi^i = S_{a_1} \circ S_{a_2} \circ S_{a_3} \circ \ldots \circ S_{a_m} \qquad \text{mit } m \in \mathbb{N},$$

denn:
$$\varphi^i \circ \varphi = (S_{a_1} \circ S_{a_2} \circ \ldots \circ S_{a_{m-1}} \circ S_{a_m}) \circ (S_{a_m} \circ S_{a_{m-1}} \circ \ldots \circ S_{a_1})$$
$$= S_{a_1} \circ S_{a_2} \circ \ldots \circ S_{a_{m-1}} \circ (S_{a_m} \circ S_{a_m}) \circ S_{a_{m-1}} \circ \ldots \circ S_{a_1}$$

$$= \quad S_{a_1} \circ S_{a_2} \circ \dots \circ S_{a_{m-1}} \circ \quad id \quad \circ S_{a_{m-1}} \circ \dots \circ S_{a_1}$$

$$= \quad \dots$$

Die insgesamt m-fache Anwendung der Assoziativität von „∘" (Satz 16, Teil b) und von $S_g \circ S_g = id$ (Satz 16, Teil c) liefern schließlich:

$$= \quad \dots$$

$$\varphi^i \circ \varphi = \quad id$$

Analog zeigt man $\varphi \circ \varphi^i = id$.

Aus a), b), c) und d) folgt, dass $(\mathbb{K}; \circ)$ eine Gruppe ist.

$(\mathbb{K}; \circ)$ ist *nicht* kommutativ.

Die erläuternde Abbildung 97a könnte im Hinblick auf Ihre Beschriftung noch optimiert werden. In jedem Fall sollte sie bei Ihnen schöne Erinnerungen an Satz 3 bzw. die Erläuterungen nach Satz 3 wecken.

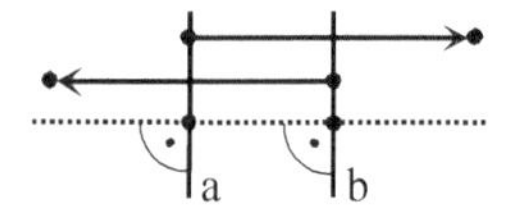

Abb. 97a

Wenn Sie hinsichtlich des Ihnen vorliegenden *Leitfadens Geometrie* über Administratorrechte verfügen[32], dann nutzen Sie den freien Platz rechts zum Einfügen einer weiteren Abbildung mit der Nummer 97b, die

„$(\mathbb{K}; \circ)$ ist *nicht* kommutativ."

ebenfalls erläutert und bei Ihnen schöne Erinnerungen an Satz 4 bzw. die Erläuterungen nach Satz 4 weckt.

(do-it-yourself-) Abb. 97b

---

[32] Achtung: Wenn Sie Ihren *Leitfaden Geometrie* aus der Seminarbibliothek des Instituts für Didaktik der Mathematik an der Universität Münster oder Wuppertal ausgeliehen haben, dann verfügen Sie definitiv nicht über die erforderlichen Administratorrechte. Legen Sie in diesem Fall Ihren Vorschlag auf einem zusammengefalteten DIN A5-Zettel (ggf. mit Ihrer Emailadresse) ins ausgeliehene Buch ein.

4.2.5 Kongruenz von Strecken, Winkeln, Dreiecken

Bilden wir eine Punktmenge F, die wir im Folgenden als Figur F bezeichnen, durch die Verkettung von endlich vielen Geradenspiegelungen – also durch eine Kongruenzabbildung – auf eine Figur F' ab, dann stimmen Urbild- und Bildfigur in den Längen entsprechender Strecken und den Größen entsprechender Winkel überein (Abbildung 98). Diese Übereinstimmungen sind eine unmittelbare Folge der Längen- und Winkeltreue aller Kongruenzabbildungen. Offensichtlich unterscheiden sich Urbild und die durch Kongruenzabbildungen erzeugten Bilder nur durch ihre verschiedene Lage in der Ebene[33]. Diese besondere Beziehung zwischen Figuren beschreiben wir durch die Relation „ ... ist kongruent zu ...“ (in Zeichen: „≡“). Wir legen fest:

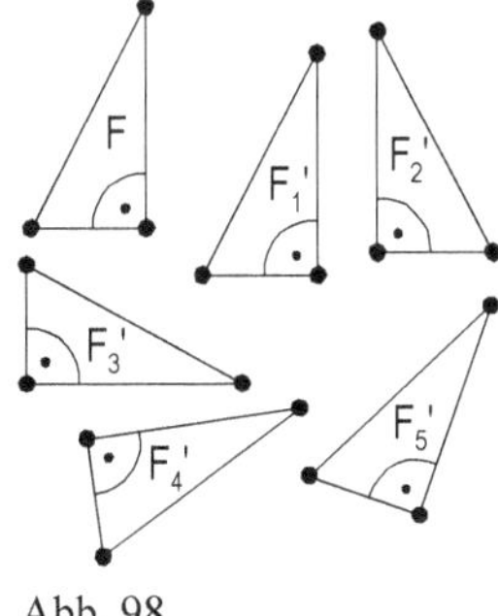

Abb. 98

Definition 11: Relation „ ... ist kongruent zu ... “

Eine Figur F heißt genau dann kongruent zur Figur F' (in Zeichen: F ≡ F'), wenn es eine Kongruenzabbildung $\varphi \in \mathbb{K}$ gibt, so dass $\varphi(F) = F'$.

Beispiel:

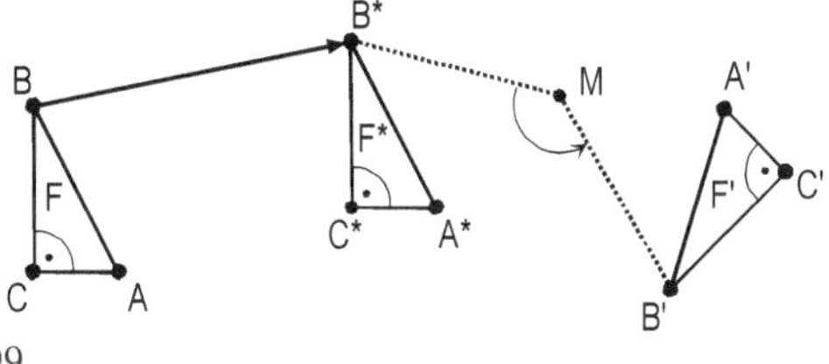

Abb. 99

In Abbildung 99 gilt F ≡ F', denn

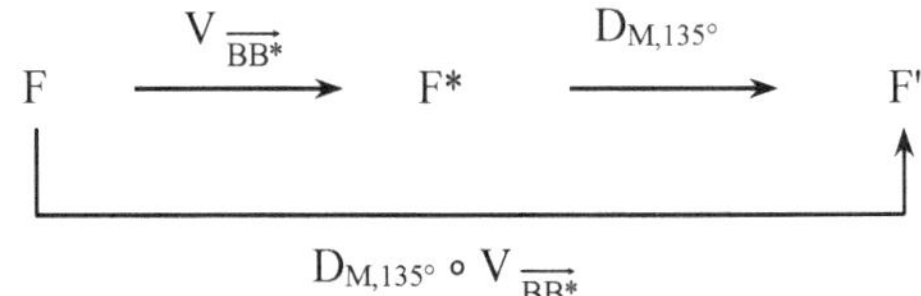

---

[33] Damit sind Urbild und Bild natürlich nicht notwendig identisch.

Mit Hilfe von Satz 16 lässt sich leicht zeigen, dass die Relation „$\equiv$" eine Äquivalenzrelation ist.

Satz 17:　　　　　Die Relation „ ... ist kongruent zu ... " (in Zeichen: „$\equiv$") ist eine Äquivalenzrelation.

Beweis:　　　　　z.z.:　1. „$\equiv$" ist reflexiv,
　　　　　　　　　　　　　2. „$\equiv$" ist symmetrisch und
　　　　　　　　　　　　　3. „$\equiv$" ist transitiv.

zu 1: Reflexivität
Jede Figur F ist zu sich selbst kongruent, denn nach Satz 16(c) gibt es in $\mathbb{K}$ das Element id und es gilt: id (F) = F .

zu 2: Symmetrie; z.z.: $F \equiv F' \Rightarrow F' \equiv F$
Es gelte also:

	$F \equiv F'$	/ Voraussetzung
$\Rightarrow$	$\exists \, \varphi \in \mathbb{K}$, so dass $\varphi(F) = F'$	/ Def. 11
$\Rightarrow$	$\exists \, \varphi^i \in \mathbb{K}$ mit $\varphi^i (F') = F$	/ Satz 16(d)
$\Rightarrow$	$F' \equiv F$ [34]	/ Def. 11

zu 3: Transitivität; z.z.: $F \equiv F^* \wedge F^* \equiv F' \Rightarrow F \equiv F'$
Es gelte also:

	$F \equiv F^* \wedge F^* \equiv F'$	/ Voraussetzung
$\Rightarrow$	$\exists \, \varphi_1, \varphi_2 \in \mathbb{K}$ mit $\varphi_1(F) = F^* \wedge \varphi_2(F^*) = F'$	/ Def. 11
$\Rightarrow$	$\varphi_2(\varphi_1(F)) = F'$	/ s.o., $\varphi_1(F) = F^*$
$\Rightarrow$	$(\varphi_2 \circ \varphi_1)(F) = F' \wedge (\varphi_2 \circ \varphi_1) \in \mathbb{K}$	/ Satz 16(a), Abgeschl.
$\Rightarrow$	$\exists \, \varphi \in \mathbb{K}$ mit $\varphi(F) = F'$	/ nämlich $\varphi = (\varphi_2 \circ \varphi_1)$
$\Rightarrow$	$F \equiv F'$	/ Def. 11

Für die Beweise der Kongruenzsätze (Sätze 20 bis 23) am Ende dieses Kapitels benötigen wir zwei „Hilfssätze" über die Strecken- und Winkelkongruenz, die von der Anschauung her unmittelbar klar sind. Wir werden in

---

[34] Erst jetzt – nach dem Beweis der Symmetrie der Kongruenzrelation – macht es übrigens Sinn, von *zueinander* kongruenten Figuren zu reden.

den beiden folgenden Sätzen zeigen, dass gleich lange Strecken ebenso zueinander kongruent sind wie Winkel gleicher Winkelgrößen.

Satz 18:   Zwei Strecken sind genau dann gleich lang, wenn sie kongruent zueinander sind.

formal: Seien $\overline{AB}$, $\overline{CD}$ Strecken. Dann gilt:

$l(\overline{AB}) = l(\overline{CD}) \Leftrightarrow \overline{AB} \equiv \overline{CD}$

Beweis:

„$\Rightarrow$"   Voraussetzung: $l(\overline{AB}) = l(\overline{CD})$

z.z.: $\exists\ \varphi \in \mathbb{K}$, so dass $\varphi(\overline{AB}) = \overline{CD}$.

Wir geben diese Abbildung φ zu Beginn des Beweises an und zeigen dann, dass $\overline{AB}$ durch φ auf $\overline{CD}$ abgebildet wird.

$\varphi = D_{C,w(\gamma)} \circ V_{\overrightarrow{AC}}$, wobei $\gamma = \sphericalangle(\overrightarrow{CB^*}, \overrightarrow{CD})$ mit $B^* = V_{\overrightarrow{AC}}(B)$,

ist die gesuchte Abbildung, denn:

Durch $V_{\overrightarrow{AC}}$ wird A auf C = A* und B auf B* abgebildet.

Also: $V_{\overrightarrow{AC}}(\overline{AB}) = \overline{CB^*} \wedge l(\overline{AB}) = l(\overline{CB^*})$ (1) / Eigensch. v. $\varphi \in \mathbb{K}$

Wegen $l(\overline{AB}) = l(\overline{CB^*})$ / (1)

und $l(\overline{AB}) = l(\overline{CD})$ / Voraussetzung

folgt $l(\overline{CB^*}) = l(\overline{CD})$ (2) / Symm., Trans. „="

Sei nun $\gamma = \sphericalangle(\overrightarrow{CB^*}, \overrightarrow{CD})$.

Dann gilt: $D_{C,w(\gamma)}(C) = C$ / C ist Fixpunkt, Def. 5

und wegen $w(\overrightarrow{CB^*}, \overrightarrow{CD}) = w(\gamma)$

und $l(\overline{CB^*}) = l(\overline{CD})$ / (2)

gilt: $D_{C,w(\gamma)}(B^*) = D$ / Def. 5

Also: $D_{C,w(\gamma)}(\overline{CB^*}) = \overline{CD}$ (3) / Eigensch. v. $\varphi \in \mathbb{K}$

Aus (1) und (3) folgt: $D_{C,w(\gamma)} \circ V_{\overrightarrow{AC}}(\overline{AB}) = \overline{CD}$, also $\overline{AB} \equiv \overline{CD}$.

„⇐"   Voraussetzung: $\overline{AB} \equiv \overline{CD}$

Wenn $\overline{AB} \equiv \overline{CD}$, dann gibt es nach Definition 11 eine Kongruenzabbildung φ mit $\varphi(\overline{AB}) = \overline{CD}$.

Da alle Kongruenzabbildungen als Verkettung endlich vieler Geradenspiegelungen längentreu sind, folgt $l(\overline{AB}) = l(\overline{CD})$.

Satz 19:   Zwei Winkel sind genau dann gleich groß, wenn sie kongruent zueinander sind.

                          formal:
                          Seien a, b Halbgeraden mit Anfangspunkt S und seien c, d
                          Halbgeraden mit Anfangspunkt T. Dann gilt:
                          $w(a,b) = w(c,d) \Leftrightarrow \sphericalangle(a,b) \equiv \sphericalangle(c,d)$

Beweis:

„⇒"   Voraussetzung: $w(a,b) = w(c,d)$

z.z.: Wir müssen ein $\varphi \in \mathbb{K}$ angeben, so dass $\varphi(\sphericalangle(a,b)) = \sphericalangle(c,d)$.

Wir geben diese Kongruenzabbildung φ wieder zu Beginn des Beweises an und zeigen dann, dass φ tatsächlich a auf c und b auf d abbildet.

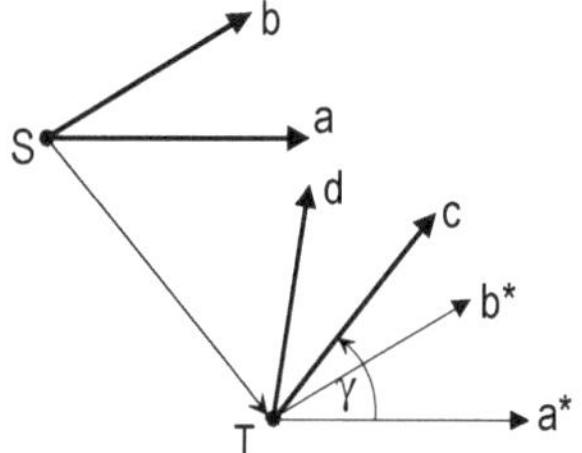

$\varphi = D_{T,w(a^*,c)} \circ V_{\overrightarrow{ST}}$ ist die gesuchte Kongruenzabbildung, denn:

$V_{\overrightarrow{ST}}(a) = a^*$, $V_{\overrightarrow{ST}}(b) = b^*$ und

$w(a,b) = w(a^*,b^*)$ (1) / Eigensch. v. $\varphi \in \mathbb{K}$

Sei nun $\gamma = \sphericalangle(a^*, c)$. Dann gilt:

$D_{T,w(\gamma)}(a^*) = a' = c$, $D_{T,w(\gamma)}(b^*) = b'$ und $w(a^*,b^*) = w(c,b')$
                                                        (2) / Eigensch. v. $\varphi \in \mathbb{K}$

Aus (1) und (2) folgt:

$\qquad$ w(a,b) = w(a*,b*) $\wedge$ w(a*,b*) = w(c,b')

$\Rightarrow \qquad$ w(a,b) = w(c, b') $\qquad\qquad\qquad\qquad$ / Trans. von „="

$\Rightarrow \qquad$ w(a,b) = w(c,b') $\wedge$ w(a,b) = w(c,d) $\qquad$ / Voraussetzung

$\Rightarrow \qquad$ w(c,d) = w(c,b') $\qquad\qquad\qquad\qquad$ / Symm., Trans. von „="

$\Rightarrow \qquad\quad$ d = b' $\qquad\qquad\qquad\qquad\qquad$ (3) / Folgerung aus WMA 4

Also gilt: φ(a) = c (wegen (1), (2)) und φ(b) = d (wegen (1), (2), (3)), was zu zeigen war.

„$\Leftarrow$" Voraussetzung: $\sphericalangle$(a,b) $\equiv$ $\sphericalangle$(c,d)

Wenn $\sphericalangle$(a,b) $\equiv$ $\sphericalangle$(c,d), dann gibt es nach Definition 11 eine Kongruenzabbildung φ mit φ($\sphericalangle$(a,b)) = $\sphericalangle$(c,d). Da alle Kongruenzabbildungen als Verkettungen einer endlichen Anzahl von Geradenspiegelungen winkeltreu sind, folgt w(a,b) = w(c,d) .

Vielleicht haben Sie bei den verbalen Formulierungen der Sätze 18 und 19 zunächst gezaudert – mit Recht. Auch wir hätten beide Sätze weitaus lieber in vernünftigem Deutsch und / oder prägnanter formuliert. So klingen Formulierungen wie „Zwei gleich lange Strecken sind zueinander kongruent." oder „Zwei gleich große Winkel sind zueinander kongruent." doch wesentlich salopper und merkbarer.

Bei genauer Betrachtung derartiger Formulierungen erkennen Sie jedoch recht schnell, dass diese saloppen Formulierungen die behauptete und bewiesene Äquivalenz recht effektiv verschleiern: Beide Sätze werden um ihre Rückrichtungen kastriert. Wir weisen an dieser Stelle daher besonders darauf hin, dass Satz 18 in der Rückrichtung sicherstellt, dass zueinander kongruente Strecken die gleiche Länge haben, und dass uns Satz 19 in seiner Rückrichtung garantiert: Zueinander kongruente Winkel sind stets gleich groß (haben stets dasselbe Winkelmaß).

Mit Satz 20 und Satz 21 formulieren wir nun zwei Sätze, die fester Bestandteil des Mathematikunterrichts im Sekundarbereich I sind. Die Beweise beider Sätze überlassen wir Ihnen. Da es sich in beiden Fälle um Aussagen über die Größe besonderer Winkel handelt, wird gewiss Satz 19 beim Beweis hilfreich sein.

Satz 20:   Stufenwinkel an geschnittenen Parallelen sind gleich groß.

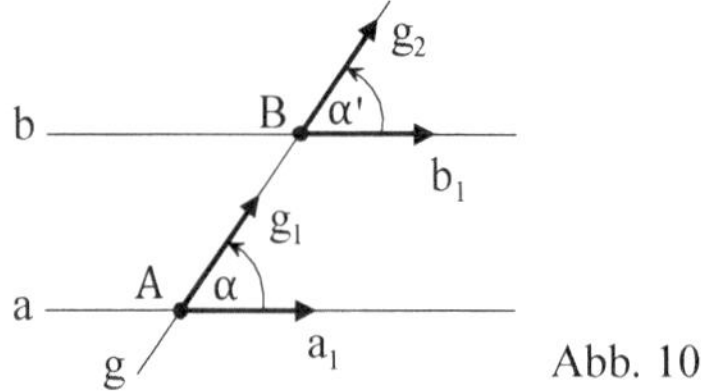

Abb. 100

Satz 21:   Wechselwinkel an geschnittenen Parallelen sind gleich groß.

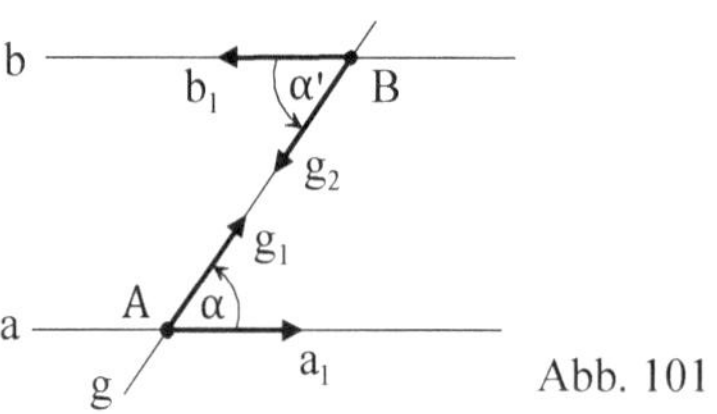

Abb. 101

Hinführung zu den Kongruenzsätzen

Was besagen eigentlich die Kongruenzsätze ?
Was verbirgt sich hinter den Kürzeln „SSS, SWS, WSW und SSW_{ggS}" ?

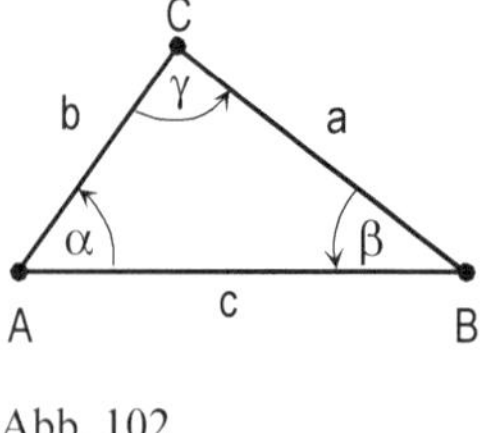

Abb. 102

Dreiecke sind durch sechs so genannte *Bestimmungsstücke* charakterisiert:

die Längen der drei Seiten a, b und c sowie die Größen der drei Innenwinkel α, β und γ.

Sie werden sich erinnern, dass die Kenntnis dreier dieser Bestimmungsstücke ausreicht, um ein Dreieck zu konstruieren.

Versuchen wir jedoch, ein Dreieck aufgrund der Vorgabe der Größe der drei Innenwinkel $w(\alpha) = 70°$, $w(\beta) = 20°$ und $w(\gamma) = 90°$ zu konstruieren, so stellen wir sehr schnell fest, dass es unendlich viele Lösungen dieser Aufgabe gibt, von denen drei in Abbildung 103 als Beispiele dargestellt sind.

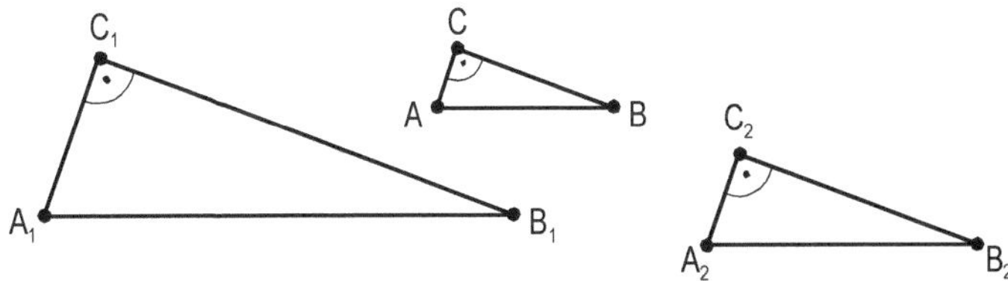

Abb. 103

In Abbildung 103 erkennen Sie auch, dass die drei konstruierten Dreiecke keineswegs kongruent zueinander sind. Wären sie kongruent, so müssten wir eine Kongruenzabbildung φ vorweisen können, die etwa ΔABC auf $\Delta A_1B_1C_1$ abbildet. Die Überflüssigkeit dieses Suchprozesses wird sofort klar, wenn Sie erinnern, dass bei Kongruenzabbildungen Strecken auf gleich lange Strecken abgebildet werden.

Versuchen wir eine zweite Konstruktion mit anderen Bestimmungsstücken:

Gegeben seien:

$l(c) = 2{,}6$ cm
$l(b) = 1{,}7$ cm
$w(\alpha) = 70°$

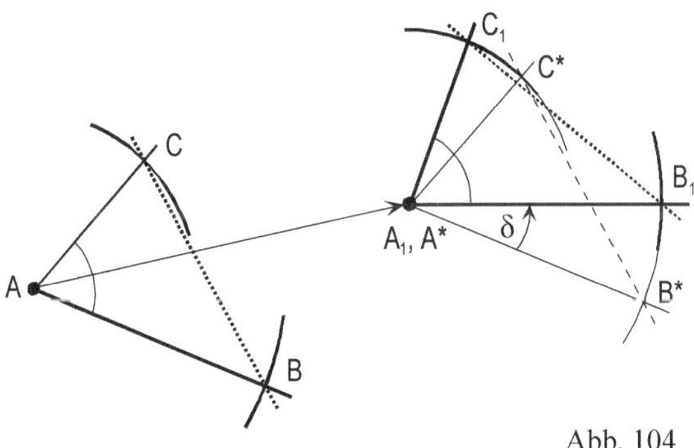

Abb. 104

Zwei Konstruktionsergebnisse dieser Aufgabe, nämlich die Dreiecke $\triangle ABC$ und $\triangle A_1B_1C_1$, haben wir in Abbildung 104 zusammengestellt[35]. Zunächst einmal halten wir fest, dass die Dreiecke $\triangle ABC$ und $\triangle A_1B_1C_1$ *nicht identisch* sind, bestehen sie doch aus verschiedenen – in diesem Fall sogar disjunkten – Punktmengen.

Die beiden in Abbildung 104 dargestellten Konstruktionsergebnisse unterscheiden sich deutlich von den Ergebnissen der vorangegangenen Aufgabe:

Zwar sind $\triangle ABC$ und $\triangle A_1B_1C_1$ nicht identisch, wohl aber *kongruent* zueinander, denn es lässt sich eine Kongruenzabbildung φ angeben, die $\triangle ABC$ auf $\triangle A_1B_1C_1$ abbildet. Offensichtlich lassen sich alle Konkretisierungen dieser Konstruktionsaufgabe durch die Abbildung

$$\varphi = D_{A^*,w(\delta)} \circ V_{\overrightarrow{AA^*}} \, ,$$

wobei $A^* = V_{\overrightarrow{AA^*}}(A)$, $B^* = V_{\overrightarrow{AA^*}}(B)$ und $\delta = \sphericalangle(\overrightarrow{A^*B^*}, \overrightarrow{A_1B_1})$,

aufeinander abbilden. Alle derart konstruierten Dreiecke sind also bis auf ihre Lage in der Ebene eindeutig bestimmt (kongruent).

Um „Konstruktionsaufgaben" dieses zweiten Typs geht es in den vier Kongruenzsätzen, die wir im Folgenden formulieren und beweisen werden. Wir werden zeigen, dass es bei vier verschiedenen Kombinationen von jeweils drei Bestimmungsstücken (aus sechs Bestimmungsstücken) gelingt, ausschließlich kongruente Dreiecke zu konstruieren.

Dreiecke sind zueinander kongruent, wenn sie ...

- in den drei Seitenlängen übereinstimmen (Abkürzung: SSS).

- in zwei Seitenlängen und der Größe des eingeschlossenen Innenwinkels übereinstimmen (Abkürzung: SWS).

- in einer Seitenlänge und der Größe der beiden anliegenden Innenwinkel übereinstimmen (Abkürzung: WSW).

- in zwei Seitenlängen und der Größe des Innenwinkels übereinstimmen, der der größeren Seite gegenüberliegt (Abkürzung: SSW_{ggS}).

Damit haben wir zunächst die Aussagen der angesprochenen Kongruenzsätze und die Bedeutung der Kürzel SSS, SWS, WSW und SSW_{ggS} geklärt.

---

[35] Machen Sie sich klar, dass sich leicht beliebig viele weitere Konkretisierungen dieser Konstruktionsaufgabe angeben ließen.

Die Kongruenzsätze und ihre Beweise

Wir werden in den Beweisen der Kongruenzsätze zeigen, dass jeweils zwei Dreiecke (ΔABC und ΔA'B'C'), die in den oben genannten Bestimmungsstücken übereinstimmen, kongruent zueinander sind. Natürlich müssen wir hierfür nach Definition 11 jeweils eine Kongruenzabbildung φ vorweisen, die ΔABC auf ΔA'B'C' abbildet.

Dem mehr oder weniger, hoffentlich aber noch nicht vollkommen geneigten Leser mag bei der oben aufgeführten vorläufigen Formulierung der vier Kongruenzsätze aufgefallen sein, dass jeder Satz wenigstens ein Paar gleichlange Seiten voraussetzt. Diese Besonderheit machen wir uns zunutze, indem wir aus ihr übergeordnete Voraussetzungen formen, die in den Beweis jedes Kongruenzsatzes eingehen werden.

O.B.d.A. gehen wir davon aus, dass für ΔABC und ΔA'B'C' gilt:

$$l(\overline{AB}) = l(\overline{A'B'})$$

Wegen Satz 18 folgt: $\qquad \overline{AB} \equiv \overline{A'B'}$

Dann gibt es also ein $\varphi \in \mathbb{K}$ mit: $\quad \varphi(A) = A' \wedge \varphi(B) = B'$

Die Bilder von C, α, β bei φ bezeichnen wir mit C*, α*, β*.

Wir werden in jedem Beweis zu zeigen haben, dass C* = C'.

Dabei gehen wir von zwei übergeordneten Voraussetzungen V1 und V2 aus.

übergeordnete Voraussetzung V1:

Für alle weiteren Überlegungen setzen wir voraus, dass C* und C' in derselben Halbebene von A'B' liegen. Ist dies bei einem ersten „Entwurf" der Abbildung φ noch nicht der Fall, so gelingt es durch Anhängen der Geradenspiegelung $S_{A'B'}$.

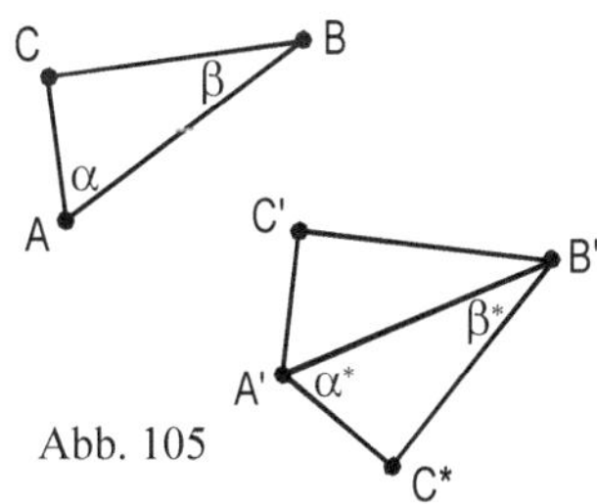

Abb. 105

übergeordnete Voraussetzung V2:

Da $\varphi \in \mathbb{K}$ und da $\varphi(A) = A'$, $\varphi(B) = B'$ und $\varphi(C) = C^*$ folgt aufgrund der Eigenschaften von Kongruenzabbildungen als Verkettung von endlich vielen Geradenspiegelungen[36]:

$\quad$ l($\overline{AC}$) = l($\overline{A'C^*}$)

$\wedge \quad$ l($\overline{BC}$) = l($\overline{B'C^*}$)

$\wedge \quad$ w(α) = w(α^*)

$\wedge \quad$ w(β) = w(β^*)

Satz 22: $\qquad\qquad$ Kongruenzsatz SSS

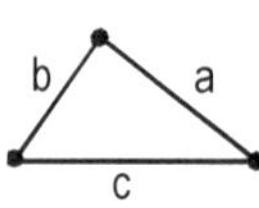

$\qquad\qquad\qquad$ Wenn die Dreiecke ΔABC und $\Delta A'B'C'$ in den Längen aller drei Seiten übereinstimmen, dann sind sie zueinander kongruent.

Abb. 106 $\qquad\qquad$ formal:

$\qquad$ l($\overline{AB}$) = l($\overline{A'B'}$) $\wedge$ l($\overline{BC}$) = l($\overline{B'C'}$) $\wedge$ l($\overline{AC}$) = l($\overline{A'C'}$)

$\qquad \Rightarrow \exists \, \varphi \in \mathbb{K}$: $\varphi(A) = A'$ $\wedge$ $\varphi(B) = B'$ $\wedge$ $\varphi(C) = C'$

$\qquad\qquad$ also $\Delta ABC \equiv \Delta A'B'C'$

Beweis:

Zusätzlich zu V1 und V2 gelten die Voraussetzungen

V3: l($\overline{BC}$) = l($\overline{B'C'}$)   und   V4: l($\overline{AC}$) = l($\overline{A'C'}$)

$\qquad$ l($\overline{BC}$) = l($\overline{B'C'}$) $\wedge$ l($\overline{BC}$) = l($\overline{B'C^*}$) $\qquad\qquad$ / V3, V2

$\Rightarrow$ l($\overline{B'C'}$) = l($\overline{B'C^*}$) $\qquad\qquad\qquad\qquad$ (1)   / Sym., Trans. von „="

$\qquad$ l($\overline{AC}$) = l($\overline{A'C'}$) $\wedge$ l($\overline{AC}$) = l($\overline{A'C^*}$) $\qquad\qquad$ / V4, V2

$\Rightarrow$ l($\overline{A'C'}$) = l($\overline{A'C^*}$) $\qquad\qquad\qquad\qquad$ (2)   / Sym., Trans. von „="

Annahme[37]: $C^* \neq C'$

Aus (1) und (2) folgt:

$\qquad$ A' liegt auf der Mittelsenkrechten zu $\overline{C^*C'}$. $\qquad$ / Satz 2 und $C^* \neq C'$

---

[36] Vgl. hierzu Definition 8, die Eigenschaften der Geradenspiegelung und Spiegelungsaxiom SA1.

[37] Zu Grundlagen und Technik der indirekten Beweisführung sei auf Benölken, Gorski und Müller-Philipp 2018, Kapitel 2 verwiesen.

$\wedge$ B' liegt auf der Mittelsenkrechten zu $\overline{C*C'}$.   / Satz 2 und $C* \neq C'$

$\Rightarrow$ A'B' ist die Mittelsenkrechte zu $\overline{C*C'}$ / I 1
    und es gilt: $S_{A'B'}(C*) = C'$ / A' $\neq$ B' in ΔA'B'C'

Das ist ein Widerspruch zu V1, dass C* und C' in derselben Halbebene von A'B' liegen.
Die Annahme ist zu verneinen. Es folgt: C* = C'

Satz 23:   Kongruenzsatz SWS

Wenn die Dreiecke ΔABC und ΔA'B'C' in zwei Seitenlängen und der Größe des eingeschlossenen Winkels übereinstimmen, dann sind sie zueinander kongruent.

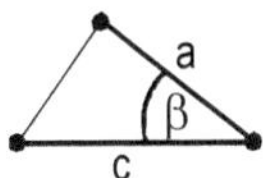

formal:

Seien ΔABC und ΔA'B'C' Dreiecke mit dem Innenwinkel β bzw. β'.

Abb. 107

$$l(\overline{AB}) = l(\overline{A'B'}) \wedge l(\overline{BC}) = l(\overline{B'C'}) \wedge w(\beta) = w(\beta')$$
$$\Rightarrow \exists \varphi \in \mathbb{K}: \varphi(A) = A' \wedge \varphi(B) = B' \wedge \varphi(C) = C'$$
$$\text{also } \Delta ABC \equiv \Delta A'B'C'$$

Beweis:

Zusätzlich zu V1 und V2 gelten die Voraussetzungen

V3: $l(\overline{BC}) = l(\overline{B'C'})$ und   V4: $w(\beta) = w(\beta')$. Dann gilt:

$l(\overline{BC}) = l(\overline{B'C'})$ $\wedge$ $l(\overline{BC}) = l(\overline{B'C*})$ / V3, V2

$\Rightarrow$ $l(\overline{B'C'}) = l(\overline{B'C*})$ (1)   / Sym., Trans. von „="

$w(\beta) = w(\beta')$ $\wedge$ $w(\beta) = w(\beta*)$ / V4, V2

$\Rightarrow$ $w(\beta') = w(\beta*)$ (2)   / Sym., Trans. von „="

Annahme: $C* \neq C'$

Es gilt:

$w(\beta*) = w(\beta')$ / wegen (2)

$\Rightarrow$ $w(\overrightarrow{B'C*}, \overrightarrow{B'A'}) = w(\overrightarrow{B'C'}, \overrightarrow{B'A'})$ / C*, C' liegen nach V1
                              in der gleichen Halb-
                              ebene von A'B'

$\Rightarrow \overrightarrow{B'C*} = \overrightarrow{B'C'}$ (3)   / Folgerung aus WMA 4

Andererseits gilt:

$l(\overline{B'C'}) = l(\overline{B'C*}) \wedge C* \neq C'$ / (1) und Annahme

$\Rightarrow$ B' liegt auf der Mittelsenkrechten m zu $\overline{C*C'}$.   / Satz 2

$\Rightarrow S_m(C*) = C' \wedge S_m(B') = B' \wedge S_m(\overrightarrow{B'C'}) = \overrightarrow{B'C*}$

/ Def. 1, Satz 1c

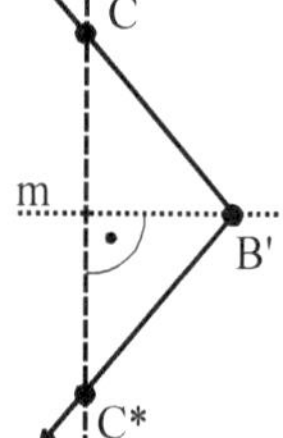

$\Rightarrow \overrightarrow{B'C'}$ und $\overrightarrow{B'C*}$ liegen bis auf ihren Anfangspunkt B' in verschiedenen Halbebenen von m, sind also nicht identisch.

Das ist ein Widerspruch zu (3).
Die Annahme ist zu verneinen. Es folgt: $C* = C'$

Satz 24:   Kongruenzsatz WSW

Wenn die Dreiecke ΔABC und $\Delta A'B'C'$ in der Länge einer Seite und den Größen der beiden anliegenden Winkel übereinstimmen, dann sind sie zueinander kongruent.

formal:

ΔABC und $\Delta A'B'C'$ seien Dreiecke mit den Innenwinkeln α, β bzw. α', β'.

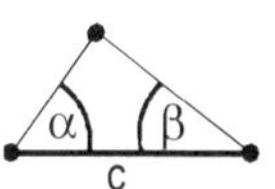

Abb. 108

$l(\overline{AB}) = l(\overline{A'B'}) \wedge w(\alpha) = w(\alpha') \wedge w(\beta) = w(\beta')$

$\Rightarrow \exists\, \varphi \in \mathbb{K}: \varphi(A) = A' \wedge \varphi(B) = B' \wedge \varphi(C) = C'$

also $\Delta ABC \equiv \Delta A'B'C'$

Beweis:

Zusätzlich zu V1 und V2 gelten die Voraussetzungen

V3: $w(\alpha) = w(\alpha')$ und   V4: $w(\beta) = w(\beta')$. Dann gilt:

$w(\alpha) = w(\alpha') \wedge w(\alpha) = w(\alpha*)$ / V3, V2

$\Rightarrow w(\alpha') = w(\alpha*)$ (1)   / Sym., Trans. von „="

$w(\beta) = w(\beta') \wedge w(\beta) = w(\beta*)$ / V4, V2

$\Rightarrow w(\beta') = w(\beta*)$ (2)   / Sym., Trans. von „="

Weil C' und C* nach V1 in derselben Halbebene von A'B' liegen, folgt aus (1) und (2):

$$w(\overrightarrow{A'B'}, \overrightarrow{A'C'}) = w(\overrightarrow{A'B'}, \overrightarrow{A'C*}) \;\wedge\; w(\overrightarrow{B'C'}, \overrightarrow{B'A'}) = w(\overrightarrow{B'C*}, \overrightarrow{B'A'})$$

$\Rightarrow\; \overrightarrow{A'C'} = \overrightarrow{A'C*} \;\wedge\; \overrightarrow{B'C'} = \overrightarrow{B'C*}$ / Folgerung aus WMA 4

- Es gilt also $\overrightarrow{A'C'} = \overrightarrow{A'C*}$.

  Da diese beiden Halbgeraden (Punktmengen) gleich sind, stimmen sie nicht nur in ihrem Anfangspunkt A', sondern in allen Punkten überein. Insbesondere gilt auch $C* \in \overrightarrow{A'C'}$.   (3)
  Die Abbildung rechts zeigt mögliche Lagen von C* auf $\overrightarrow{A'C'}$.

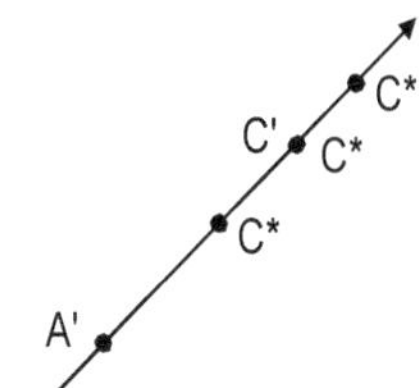

- Es gilt auch $\overrightarrow{B'C'} = \overrightarrow{B'C*}$.

  Analog zu oben folgt $C* \in \overrightarrow{B'C'}$.   (4)

- Da A', B' und C' Eckpunkte eines Dreiecks sind, kann B' nicht auf $\overrightarrow{A'C'}$ liegen ($B' \notin \overrightarrow{A'C'}$).

  $\overrightarrow{A'C'}$ und $\overrightarrow{B'C'}$ sind also verschieden. Zwei verschiedene Geraden (A'C' und B'C') können höchstens einen Punkt gemeinsam haben[38]. Das gilt erst Recht für zwei Teilmengen ($\overrightarrow{A'C'}$ und $\overrightarrow{B'C'}$) dieser Geraden.   (5)

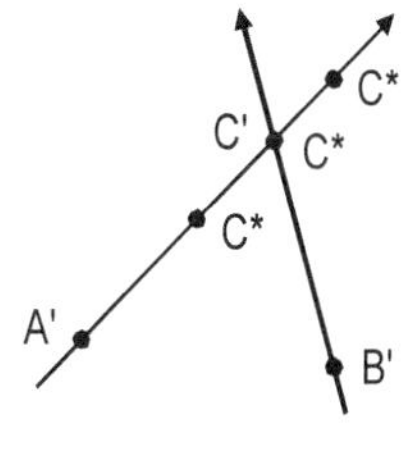

- Da $C' \in \overrightarrow{B'C'} \wedge C' \in \overrightarrow{A'C'}$

  $\Rightarrow C' \in \overrightarrow{B'C'} \cap \overrightarrow{A'C'}$ (6)   / Def. „∩"

- Wegen (3) und (4) gilt:

  $C* \in \overrightarrow{B'C'} \wedge C* \in \overrightarrow{A'C'}$

  $\Rightarrow C* \in \overrightarrow{B'C'} \cap \overrightarrow{A'C'}$ (7)   / Def. „∩"

- Weil die Halbgeraden $\overrightarrow{B'C'}$ und $\overrightarrow{A'C'}$ höchstens einen Punkt gemeinsam haben können (5), folgt aus (6) und (7): $C* = C'$

---

[38] Vgl. Kapitel 3, Satz 1.

Satz 25:   Kongruenzsatz SSW$_{ggS}$

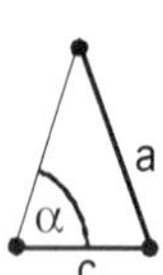

Abb. 109

Wenn die Dreiecke ΔABC und $\Delta A'B'C'$ in den Längen zweier Seiten und der Größe des Winkels, der der größeren der beiden Seiten gegenüberliegt, übereinstimmen, dann sind sie zueinander kongruent.

formal:

ΔABC und $\Delta A'B'C'$ seien Dreiecke mit dem Innenwinkel α bzw. α'.

$l(\overline{AB}) = l(\overline{A'B'}) \wedge l(\overline{BC}) = l(\overline{B'C'}) \wedge l(\overline{BC}) > l(\overline{AB}) \wedge$
$w(\alpha) = w(\alpha')$
$\Rightarrow \exists\, \varphi \in \mathbb{K}:\ \varphi(A) = A' \wedge \varphi(B) = B' \wedge \varphi(C) = C'$
$\qquad\qquad$ also $\Delta ABC \equiv \Delta A'B'C'$

Beweis:

Zusätzlich zu V1 und V2 gelten die Voraussetzungen

V3: $l(\overline{BC}) = l(\overline{B'C'})$,   V4: $l(\overline{BC}) > l(\overline{AB})$ und   V5: $w(\alpha) = w(\alpha')$

Dann gilt:

$\quad w(\alpha) = w(\alpha') \wedge w(\alpha) = w(\alpha^*)$ $\qquad\qquad\qquad$ / V5, V2
$\Rightarrow w(\alpha') = w(\alpha^*)$ $\qquad\qquad\qquad\qquad$ (1)   / Sym., Trans. von „=“

$\quad$ und da C*, C' in derselben Halbebene
$\quad$ von A'B' liegen
$\Rightarrow w(\overrightarrow{A'B'}, \overrightarrow{A'C'}) = w(\overrightarrow{A'B'}, \overrightarrow{A'C^*})$
$\Rightarrow \overrightarrow{A'C'} = \overrightarrow{A'C^*}$ $\qquad\qquad\qquad\qquad$ (2)   / Folgerung aus WMA 4

$\quad l(\overline{BC}) = l(\overline{B'C'}) \wedge l(\overline{BC}) = l(\overline{B'C^*})$ $\qquad\qquad$ / V3, V2
$\Rightarrow l(\overline{B'C'}) = l(\overline{B'C^*})$ $\qquad\qquad\qquad\quad$ (3)   / Sym., Trans. von „=“

$\quad l(\overline{BC}) > l(\overline{AB})$ $\qquad\qquad\qquad\qquad\qquad$ / V4
$\Rightarrow l(\overline{B'C'}) > l(\overline{A'B'})$ $\qquad\qquad\qquad\qquad$ (4)   / V3, V2

Wir zeigen im Folgenden indirekt, dass C* = C'.

Annahme: $C^* \neq C'$

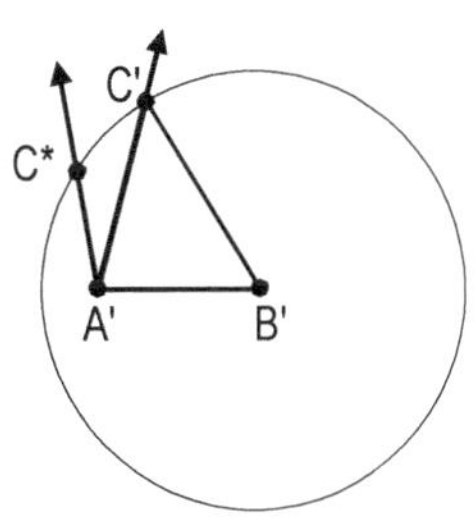

* Wenn also $C^* \neq C'$ und wenn wegen (3) ferner $l(\overline{B'C'}) = l(\overline{B'C^*})$ gilt, dann sind C^* und C' *verschiedene* Punkte auf dem Kreis um B' mit dem Radius $l(\overline{B'C'})$.
  A' liegt wegen (4) innerhalb dieses Kreises.

* Dann schneiden die Halbgeraden $\overrightarrow{A'C^*}$ und $\overrightarrow{A'C'}$ mit dem gemeinsamen Anfangspunkt A' diesen Kreis in verschiedenen Punkten (C^*, C') und es gilt[39]: $\overrightarrow{A'C'} \neq \overrightarrow{A'C^*}$

Das ist ein Widerspruch zu $\overrightarrow{A'C'} = \overrightarrow{A'C^*}$ (2).
Die Annahme ist zu verneinen. Es folgt: $C^* = C'$

Übung: 1)   Im Beweis der „Hinrichtung" von Satz 18 (Streckenkongruenz) haben wir $D_{C,w(\gamma)} \circ V_{\overline{AC}}$ als diejenige Abbildung angegeben, die $\overline{AB}$ auf $\overline{CD}$ abbildet.

a) Zeigen Sie jeweils mit einer Skizze, dass dies auch für besondere Lagen der Strecken $\overline{AB}$ und $\overline{CD}$ gilt, nämlich:
Lage 1: $A = C \wedge B \neq D$
Lage 2: $A = D \wedge B = C$
Lage 3: $A = C \wedge B = D$

---

[39] Wir benutzen hier den Satz: Jede Halbgerade, deren Anfangspunkt im Innern eines Kreises liegt, schneidet diesen Kreis in genau einem Punkt. Auf einen Beweis verzichten wir an dieser Stelle.

b) Für die unter (a) genannten Sonderfälle lassen sich auch einfachere[40] Kongruenzabbildungen φ als $D_{C,\,w(\gamma)} \circ V_{\overrightarrow{AC}}$ angeben, so dass $\varphi(\overline{AB}) = \overline{CD}$.

2) Beweisen Sie die Sätze 20 und 21.

3) Entscheiden Sie, welche der folgenden Aussagen wahr bzw. falsch sind.

   a. Die Verkettung von n Geradenspiegelungen, $n \in \mathbb{N}$, ist stets eine Drehung oder Verschiebung.

   b. Die Verkettung von 12 Geradenspiegelungen kann eine Verschiebung oder Drehung sein.

   c. Die Verkettung von 5 Verschiebungen kann eine Gleitspiegelung sein.

   d. Die Verkettung von 2 Drehungen um den gleichen Punkt P ist wieder eine Drehung.

   e. Die Verkettung von 2 Umwendungen ist wieder eine Umwendung.

   f. Die Verkettung von 2 Umwendungen kann die identische Abbildung sein.

   g. Die Verkettung von 2 Bewegungen kann die identische Abbildung sein.

   h. Die identische Abbildung kann durch die Verkettung von 5 geeigneten Geradenspiegelungen dargestellt werden.

   i. Die Verkettung von n Bewegungen und n Umwendungen, $n \in \mathbb{N}$, ist eine Bewegung.

   j. Die Verkettung von n Bewegungen und n+1 Umwendungen, $n \in \mathbb{N}$, ist eine Bewegung.

   k. Die Verkettung von n Umwendungen, $n \in \mathbb{N}$, ist eine Bewegung.

   l. Es gibt genau 5 Kongruenzabbildungen.

---

[40] Mit einer „einfacheren" Kongruenzabbildung meinen wir eine solche, die sich aus einer kleineren Anzahl von nacheinander ausgeführten Geradenspiegelungen darstellen lässt.

m. Die Verkettung von zwei Gleitspiegelungen ist eine Drehung oder Verschiebung.

n. Die Verkettung von Geradenspiegelungen S_c, S_b, S_a ist immer assoziativ.

o. Die Verkettung von Geradenspiegelungen S_c, S_b, S_a ist nur dann assoziativ, wenn a $\parallel$ b $\parallel$ c oder a $\cap$ b $\cap$ c = {S}.

p. Die Verkettung von Geradenspiegelungen S_b, S_a ist kommutativ.

q. Die Verkettung von Geradenspiegelungen S_b, S_a ist kommutativ, wenn a $\perp$ b.

r. Die Verkettung von Geradenspiegelungen S_b, S_a ist kommutativ, wenn a $\parallel$ b.

s. Die Verkettung von Geradenspiegelungen S_b, S_a ist kommutativ, wenn $S_b \circ S_a$ eine Drehung mit einem von 180° verschiedenen Drehmaß ist.

4.2.6　Symmetrie

Der Begriff „achsensymmetrisch" ist Ihnen im *Leitfaden Geometrie* bereits begegnet. Im Rahmen der Einführung in die Abbildungsgeometrie (Kapitel 4.1) haben wir ihn benutzt, um Besonderheiten eines indischen Ornaments (Abb. 69b), eines Mandalas (Abb. 70), der Rosetten zweier Kathedralen (Abb. 71) und natürlich der Proportionaldarstellung des vitruvianischen Menschen (Abb. 73) herauszustellen. Danach ist der Begriff nicht mehr aufgetaucht. Wir knüpfen an Ihre Vorerfahrungen an, um den Begriff zu präzisieren:

Firmenzeichen sind ein nicht unbedeutender Teil des äußeren Erscheinungsbildes eines Unternehmens. Weil Firmenzeichen u.a. einprägsam und leicht reproduzierbar sein sollen und darüber hinaus ein hoher Wiedererkennungswert von ihnen erwartet wird, greifen die Designer bei ihrer Arbeit gern auf Symmetrien zurück.

In Abbildung 110 sind Markenzeichen einiger Hersteller aus der Automobilbranche zusammengestellt (wir machen hier keine versteckte Werbung, sondern halten es wie die öffentlich-rechtlichen Sendeanstalten). Welche Symmetrien erkennen Sie?

a) Opel   b) Mitsubishi Motors   c) Volkswagen   d) Renault

e) Toyota   f) Audi   g) Alfa Romeo   h) Mercedes Benz

Abb. 110[41]

Wenn Sie 10 Achsen-, 7 Drehsymmetrien und keine Translationssymmetrie[42] entdeckt haben, könnten Sie richtig liegen. Zeichnen Sie in diesem Fall die Symmetrieachsen, Drehzentren und Drehwinkel in die Abbildungen ein[43].

Allgemein können wir die Symmetrie wie folgt definieren:

Definition 12: symmetrisch

Eine Figur F der Ebene heißt *symmetrisch*, wenn sie durch eine von der identischen Abbildung verschiedene Kongruenzabbildung auf sich selbst abgebildet wird.

---

[41] Alle abgebildeten Zeichen sind natürlich Eigentum der entsprechenden Markeninhaber.

[42] Die Translationssymmetrie wird auch als Schubsymmetrie bezeichnet. Wir vermeiden die Begriffsverwendung „Schubsymmetrie" um Interferenzen zwischen „Schubsymmetrie" (hier geht's um eine Verschiebung) und „Schubspiegelung" (hier geht's um eine Gleitspiegelung) aus dem Weg zu gehen.

[43] Bitte höchstens dann, wenn Sie den *Leitfaden Geometrie* nicht aus der Seminarbibliothek des Instituts für Didaktik der Mathematik und Informatik der Universität Münster ausgeliehen haben.

Bitte beachten Sie, dass Drehungen mit dem Drehmaß 0° und die Nullver-schiebung andere Bezeichnungen für die identische Abbildung sind. Würden wir diese Abbildung(en) nicht ausnehmen, müssten wir das Firmenzeichen von Alfa Romeo als symmetrisch bezeichnen.

Je nachdem, welche Kongruenzabbildung die Symmetrie erzeugt, können besondere Formen der Symmetrie unterschieden werden:

Definition 12a: achsensymmetrisch

Eine Figur F der Ebene heißt *achsensymmetrisch*, wenn es eine Geradenspiegelung S_g gibt, die die Figur auf sich selbst abbildet. $S_g(F) = F$.

Beispiele in Abbildung 110: Die Markenzeichen c), e) sind einfach achsensymmetrisch; Zeichen f) zweifach achsensymmetrisch; Zeichen b), h) dreifach achsensymmetrisch.

Nun haben wir geklärt, wann eine Figur achsensymmetrisch *ist* (statische Definition). Im Mathematikunterricht stellt sich allerdings häufig(er) die Frage: Wie *erzeugt* man eine achsensymmetrische Figur (genetische Defini-tion)?

Das Herstellen von achsensymmetrischen Klecksbildern im Mathe-matikunterricht der Grundschule (Abbildung 111) veranschaulicht das Verfahren sehr gut, wenn die gewählte Lage der Spiegelgeraden keinen Sonderfall repräsentiert.

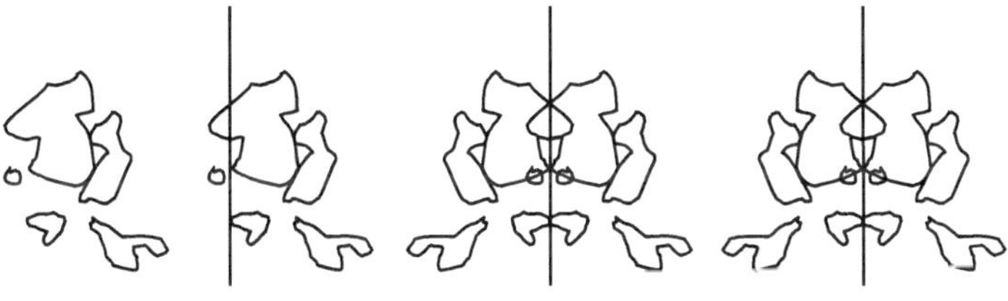

Auswahl der Grundfigur (Urbild)	Auswahl der Spiegelgeraden	Spiegelung des Urbilds an der Spiegelgeraden	Vereinigen von Urbild und Bild

Abb. 111

Man *erzeugt* aus einer Ausgangsfigur (Urbild) eine achsensymmetrische Figur, indem man

a) eine beliebige Spiegelgerade g auswählt,

b) das Urbild an g spiegelt und

c) Urbild und Bild vereinigt.

Offensichtlich muss es sich bei der Ausgangsfigur nicht um eine zusammenhängende Figur handeln und ebenso ist die besondere Lage der Spiegelgeraden bezüglich der Ausgangsfigur für das Zustandekommen der achsensymmetrischen Gesamtfigur unerheblich.

Definition 12b: drehsymmetrisch

Eine Figur F der Ebene heißt *drehsymmetrisch*, wenn es eine von der identischen Abbildung verschiedene Drehung $D_{M,w(\alpha)}$ gibt[44], die die Figur auf sich selbst abbildet.

$D_{M,w(\alpha)} (F) = F.$

Je nachdem, ob es sich bei der existierenden Drehung um eine Halb-, Drittel-, Viertel- ... Drehung handelt, unterscheidet man 2-, 3-, 4-, ... zählige Drehsymmetrie.

Beispiele in Abbildung 110: Die Markenzeichen a), d), f) sind 2-zählig drehsymmetrisch; Zeichen b), h) sind 3-zählig drehsymmetrisch.

Ähnlich wie bei der Achsensymmetrie können wir auch hier fragen: Wie *erzeugt* man eine drehsymmetrische Figur? Bitte geben Sie eine genetische Definition an. Die Definition „drehsymmetrisch" und Abbildung 112 zur Herstellung drehsymmetrischer Figuren sind dabei ggf. hilfreich.

  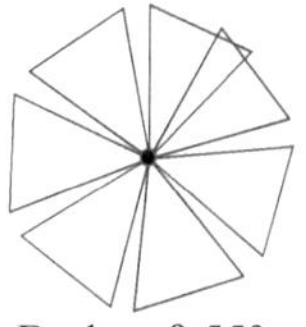 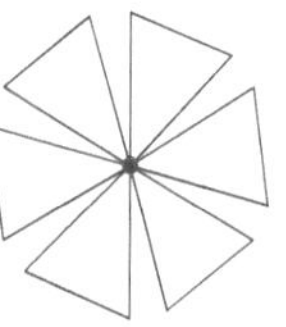

Urbild   Drehmaß 50°   Drehmaß 55°   Drehmaß 60°

Abb. 112

---

[44]   Also: $w(\alpha) \neq 0°$.

Definition 12c: punktsymmetrisch

Eine Figur F der Ebene heißt *punktsymmetrisch*, wenn es eine Punktspiegelung S_Z gibt, die die Figur auf sich selbst abbildet: $S_Z(F) = F$

Die Punktsymmetrie ist ein Sonderfall der Drehsymmetrie.

Beispiele in Abbildung 110: Markenzeichen a), d), f).

Da die Punktsymmetrie einen Sonderfall der Drehsymmetrie darstellt, verzichten wir – zunächst – auf die Behandlung der Frage: Wie *erzeugt* man eine punktsymmetrische Figur?

Definition 12d: translationssymmetrisch

Eine Figur F der Ebene heißt *translationssymmetrisch*, wenn es eine von der identischen Abbildung verschiedene Verschiebung $V_{\overrightarrow{ST},l(a)}$ gibt[45], die die Figur auf sich selbst abbildet: $V_{\overrightarrow{ST},l(a)}(F) = F$

Beispiele in Abbildung 110: leider keine

Das oben ausgedrückte Bedauern, dass Abbildung 110 kein Beispiel für eine translationssymmetrische Figur enthält, entspricht der Wahrheit. Trotzdem wissen wir aus Gesprächen mit Studierenden, dass das Audizeichen allzu gern für translationssymmetrisch gehalten wird. Dabei wird besonders gern die in Abbildung 113 dargestellte Verschiebung $V_{\overrightarrow{ST}}$ als diejenige Verschiebung genannt, die das Zeichen (angeblich) auf sich abbildet.

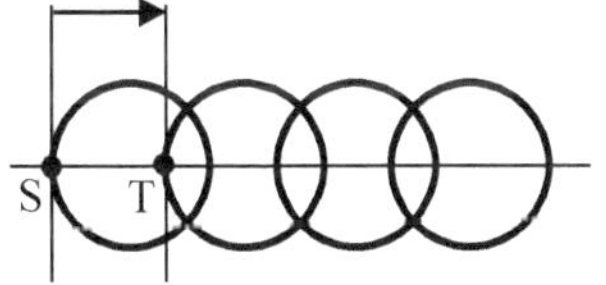
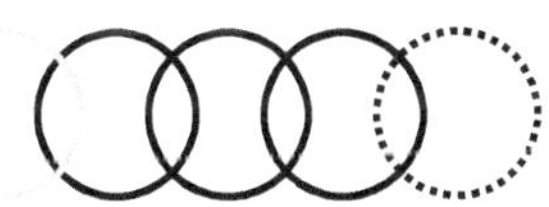

Abb. 113

Das ist natürlich nicht richtig, denn:

---

[45] Also: $S \neq T$ und $l(a) \neq 0$ cm .

$V_{\overrightarrow{ST}}$ bildet zwar die Ringe 1, 2, 3 auf die Ringe 2, 3, 4 ab, der vierte „Audi-ring" würde jedoch auf den in Abbildung 113 gestrichelt dargestellten Ring abgebildet, der nicht mehr zu diesem Markenzeichen gehört. Ebenso wird kein Ring auf Ring 1 abgebildet. Die Figur wird nicht auf sich selbst abgebildet: Es scheitert rechts und es scheitert links.

Wir können nun versuchen, die Defizite des Audi-Zeichens hinsichtlich einer Translationssymmetrie auszubessern: Wir verschieben das Zeichen etwa gemäß der in Abbildung 114 abgebildeten Verschiebung unendlich oft nach rechts und mit der Umkehrabbildung zur dargestellten Verschiebung unendlich oft nach links. Anschließend vereinigen wir das Urbild und alle Bilder.

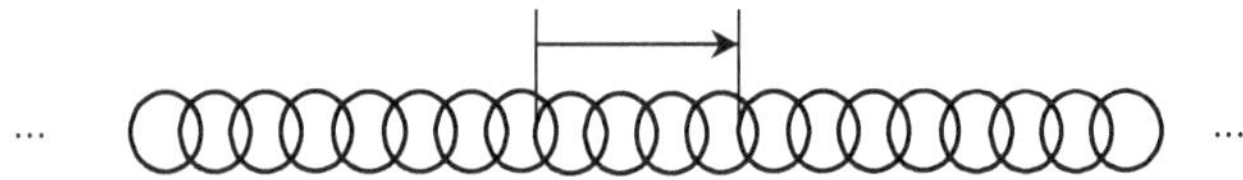

Abb. 114

Als Ergebnis erhalten wir eine translationssymmetrische Figur. Die in Definition 12d geforderte Verschiebung, die die Figur auf sich selbst abbildet, ist in der Abbildung eingezeichnet. Wir haben ein *Bandornament* hergestellt.

Bandornamente sind translationssymmetrische Figuren, die zwangsläufig von zueinander parallelen Geraden begrenzt werden. Bandornamente sind insofern *endlos*, als sich eine *Elementarfigur* in Richtung der Verschiebung und der Umkehrverschiebung unendlich oft wiederholt. Der Abstand, in dem sich die *Elementarfigur* in beiden Richtungen wiederholt, heißt *Elementardistanz*. Aus dieser Begriffsbildung „*Bandornament*" folgt, dass sich ein *Bandornament* nie ganz, sondern allenfalls zu einem repräsentativen Teil darstellen lässt[46].

Abb. 115 (Bandornament mit hervorgehobener Elementarfigur P)

---

[46] In Abbildung 115 deuten wir die Endlosigkeit des Bandornaments durch „...." an, im Folgenden stellen wir nur noch einen repräsentativen Teil dar.

Unser P-Bandornament in Abbildung 115 ist – wie jedes Bandornament – translationssymmetrisch. Benutzen wir andere Elementarfiguren, können zusätzliche Symmetrien auftreten.

Abb. 116

Das D-Ornament in Abbildung 116 zeichnet sich durch eine zusätzliche Achsensymmetrie zur Mittellinie des Streifens aus (Längsspiegelung). Diese Eigenschaft ist insofern nicht sonderlich überraschend, als sie durch die Achsensymmetrie des einzelnen Buchstabens „D" in das Ornament hineingetragen wird.

Andere Buchstaben unseres Alphabets weisen andere Symmetrien auf:

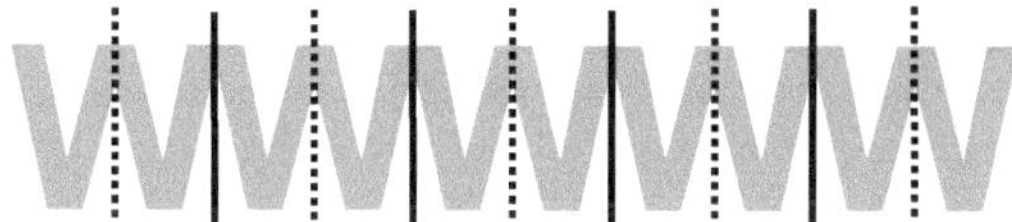

Abb. 117

Das W-Ornament in Abbildung 117 weist zusätzliche Achsensymmetrien zu Loten auf die Mittellinie des Streifens auf (Querspiegelungen). Zwei Typen von Achsensymmetrien können unterschieden werden: Solche, bei denen die Spiegelgerade innerhalb der Elementarfigur liegt, und solche, bei denen sie zwischen zwei Elementarfiguren liegt.

Abb. 118

Das S-Bandornament in Abbildung 118 weist zwei Typen von Punktsymmetrien zu Punkten auf der Mittellinie auf, die in der Abbildung verschiedenfarbig dargestellt sind.

Bei den in den Abbildungen 116 bis 118 dargestellten Bandornamenten konnten Sie erkennen, dass Symmetrien in der Elementarfigur die Vielfalt der Symmetrien des erzeugten Bandornaments vergrößern. Das in der folgenden Abbildung dargestellte Bandornament weist zusätzlich zur Translationssymmetrie eine weitere Symmetrie auf, die wir bislang nicht thematisiert haben. Auch bei diesem Ornament wird die zusätzliche Symmetrie durch die Elementarfigur in das Ornament hineingetragen. Weil es in unserem Alphabet keinen Buchstaben gibt, der über diese neue Symmetrie verfügt, mussten wir für die Elementarfigur eine Buchstabenkombination bemühen. Die Elementarfigur ist in Abbildung 119 farblich hervorgehoben. Finden Sie vor dem Weiterlesen heraus, von welcher zusätzlichen Symmetrie hier die Rede ist.

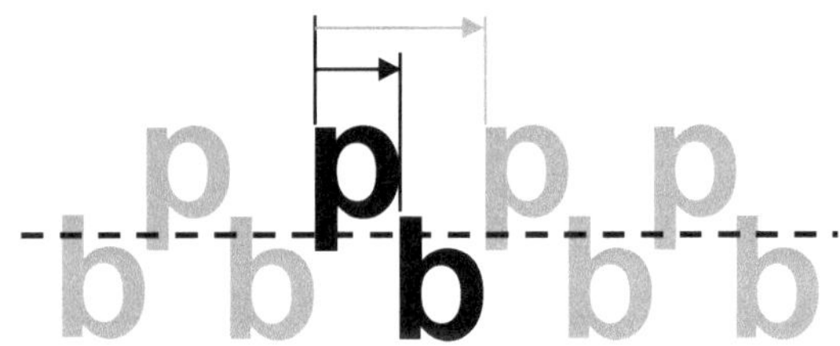

Abb. 119

Das **pb**-Bandornament in Abbildung 119 ist zusätzlich *gleitspiegelungssymmetrisch*. Wir können den Begriff analog zu den Definitionen 12a bis 12d festlegen:

Definition 12e: gleitspiegelungssymmetrisch

Eine Figur F der Ebene heißt *gleitspiegelungssymmetrisch*, wenn es eine Gleitspiegelung $G_{g,\overrightarrow{ST},l(a)}$ mit $S \neq T$ und

$l(a) \neq 0$ cm gibt, die die Figur auf sich selbst abbildet:

$$G_{g,\overrightarrow{ST},l(a)} (F) = F$$

In Abbildung 119 ist der Verschiebungspfeil, der Richtung und Elementardistanz der Translation festlegt, grau dargestellt. Der schwarz gestellte Verschiebungspfeil der Gleitspiegelung stimmt in der Richtung natürlich mit dem Pfeil der Translation überein, ist aber nur halb so lang wie dieser.

Grundsätzlich ist es natürlich möglich, dass die Länge der Verschiebung der Gleitspiegelung mit der Länge der Translation, über die jedes Bandornament verfügt, übereinstimmt[47]. In diesem Fall erhält das Bandornament durch die zusätzliche Gleitspiegelungssymmetrie aber nur eine weitere Achsensymmetrie an der Längsachse (Längsspiegelung) hinzu.

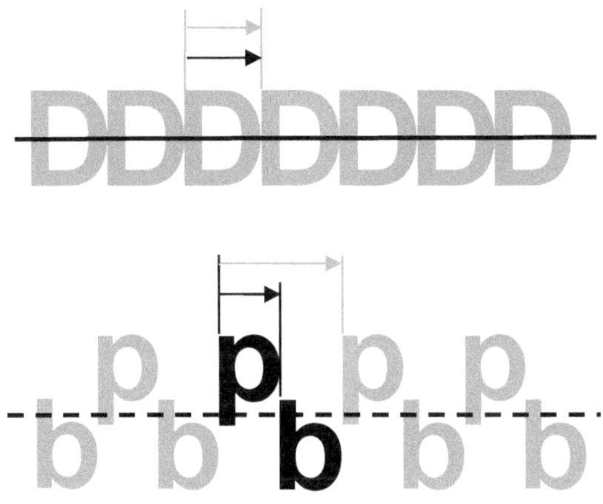

Abb. 120

Jedes Bandornament, das längsspiegelungssymmetrisch (achsensymmetrisch zur Mittellinie) ist, ist zwangsläufig auch gleitspiegelungssymmetrisch. Man spricht in diesem Fall, den Definition 12e durchaus zulässt, von *unechter Gleitspiegelungssymmetrie*. Ein Beispiel für *unechte* Gleitspiegelungssymmetrie ist das D-Ornament in Abbildung 120 (oben).

Man spricht hingegen von *echter Gleitspiegelungssymmetrie*, wenn die Länge der Verschiebung der Gleitspiegelung halb so groß wie die Länge der Translation ist. Ein Beispiel für *echte* Gleitspiegelungssymmetrie ist das pb-Ornament in Abbildung 120 (unten).

Interessant wird die Herstellung von Bandornamenten, wenn das Ornament über verschiedene Symmetrien verfügen soll, man aber nur einen begrenzten Figurensatz zur Verfügung hat. Wir stellen im Folgenden sieben Typen von

---

[47] Siehe D-Ornament in Abbildung 120 (oben).

Bandornamenten heraus, die über einen jeweils unterschiedlichen Satz von Symmetrien verfügen. Als Grundfiguren benutzen wir die in Abbildung 121 dargestellten LTZ-Figuren, die aus jeweils vier Quadraten zusammengesetzt sind.[48]

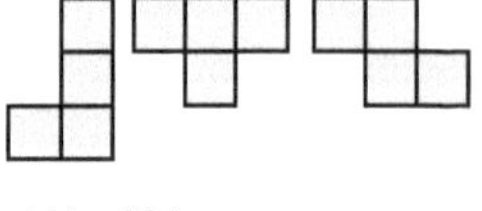

Abb. 121

Sieben Typen von Bandornamenten

Typ 1: nur translationssymmetrisch

Die Herstellung gelingt besonders einfach mit der L-Figur, die über keine Symmetrie verfügt.

Die Herstellung gelingt aber auch mit Z-Figuren, wenn man die Punktsymmetrie einer einzelnen Z-Figur durch geeignete Anordnung einer zweiten Z-Figur zerstört.

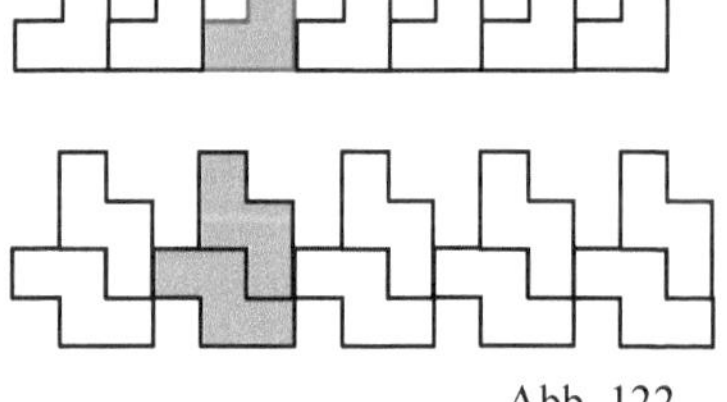

Abb. 122

Typ 2: translations- und punktsymmetrisch

Die einzelne Z-Figur trägt ihre Punktsymmetrie ins Bandornament hinein.

Die Herstellung gelingt aber auch mit L-Figuren, wenn man eine zweite L-Figur derart anordnet, dass eine punktsymmetrische Elementarfigur entsteht.

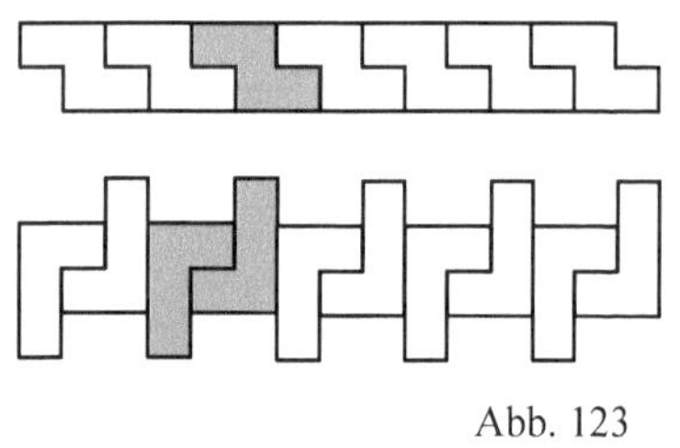

Abb. 123

---

[48] Für den Mathematikunterricht in der Grundschule gibt es diese Figuren auch als farbige LTZ-Plättchen im Handel. Stellt man sie selbst in beliebiger Größe aus Moosgummi her, kann man sie bei Bedarf mit Wasser befeuchten und Bandornamente an der Tafel fixieren.

Typ 3: translations- und achsensymmetrisch (Querspiegelung[49])

Die einzelne T-Figur trägt ihre Achsensymmetrie ins Bandornament hinein.

Die Herstellung gelingt auch mit L-Figuren, wenn man eine zweite L-Figur derart anordnet, dass eine achsensymmetrische Elementarfigur entsteht.

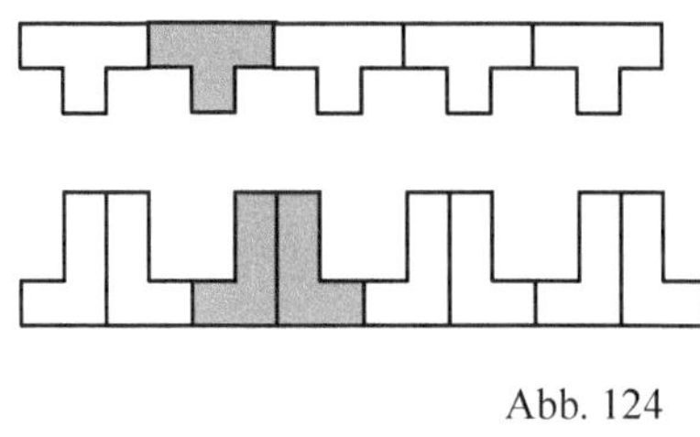

Abb. 124

Typ 4: translations- und (echt) gleitspiegelungssymmetrisch

Keine der LTZ-Figuren weist diese Symmetrie auf, wie auch?

Aus einer L- bzw. Z-Figur wird durch Gleitspiegelung und anschließende Vereinigung von Urbild und Bild die Elementarfigur erzeugt. Gleitspiegelungsgerade ist die Mittellinie des Bandornaments, der Verschiebungspfeil der Gleitspiegelung ist in der Abbildung eingefügt.

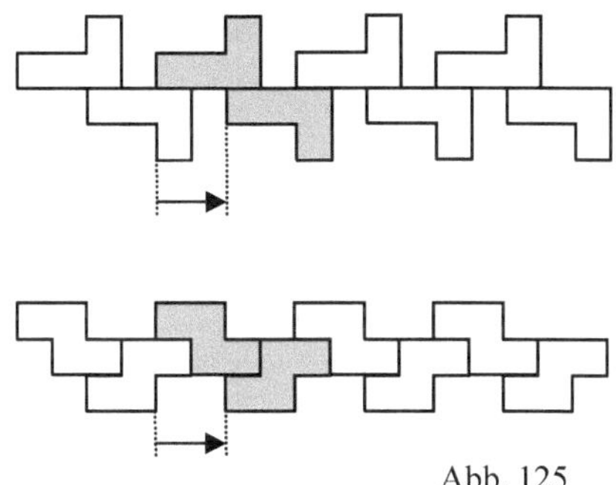

Abb. 125

Typ 5: translations- und achsensymmetrisch (Längsspiegelung[50])

Hier können wir analog zur Erzeugung eines Bandornaments vom Typ 3 vorgehen.

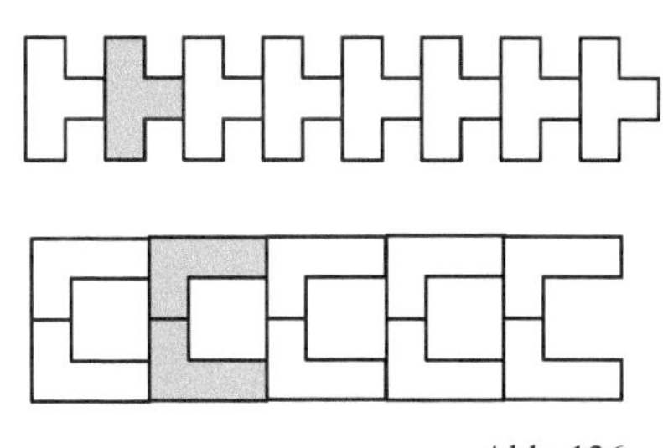

Abb. 126

---

[49] Spiegelung an Lotgeraden zur Mittellinie des Bandornaments.
[50] Spiegelung an der Mittellinie des Bandornaments.

Typ 6:   translations-, punkt-, echt gleitspiegelungs- und achsensymmetrisch
         (Querspiegelung)

Bis auf die Spiegelgeraden
der Gleitspiegelungen haben
wir in beide Bandornamente
die Parameter der relevanten
Kongruenzabbildungen ein-
gezeichnet.

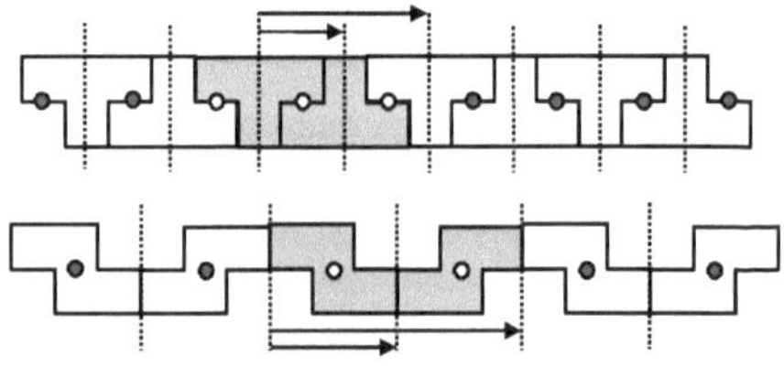

Abb. 127

Haben Sie's bemerkt? Im ersten Ornament ist die T-Figur achsensymmetrisch, die aus der Elementarfigur (durch ...) erzeugte Elementarfigur
keineswegs. Die zwei Typen der unendlich vielen Spiegelgeraden entstehen
erst bei der Erzeugung des Bandornaments durch Verschiebung.

Typ 7:   translations-, punkt-, und zweifach achsensymmetrisch (Längs- und
         Querspiegelung)

In die Überlegungen zur
Herstellung dieser beiden
Bandornamente gehen die
Überlegungen zur Erzeu-
gung der Ornamente von
Typ 2, 3 und 5 ein.

Beide Ornamente verfügen
über genau eine Längsspie-
gelungsgerade, zwei Typen
unendlich vieler Querspie-
gelungsgeraden und zwei
Typen unendlich vieler
Punktspiegelungen.

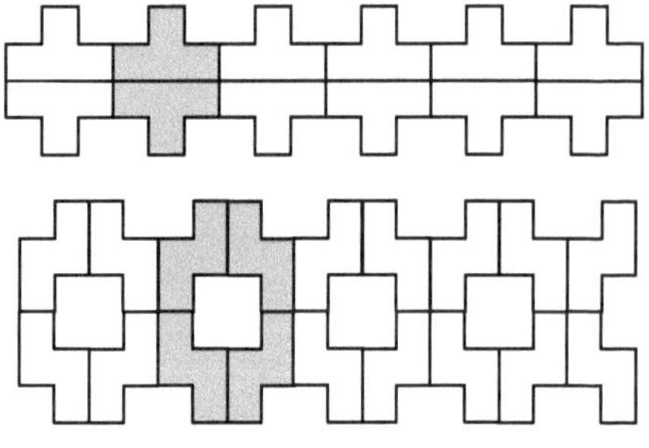

Abb. 128

Parkettierungen sind regelmäßige Flächenaufteilungen der Ebene. Auch bei Parkettierungen treten Symmetrien auf.

Unter einer Parkettierung versteht man eine vollständige, überlappungsfreie, lückenlose Überdeckung der Ebene mit deckungsgleichen Figuren (Grundfiguren). Parkettierungen sind translationssymmetrisch mit mehr als einer Verschiebungsrichtung.

Wir betrachten zunächst Parkettierungen mit regulären n-Ecken. Abbildung 129 liefert ein erstes Beispiel für eine Parkettierung mit regulären Dreiecken.

n = 3

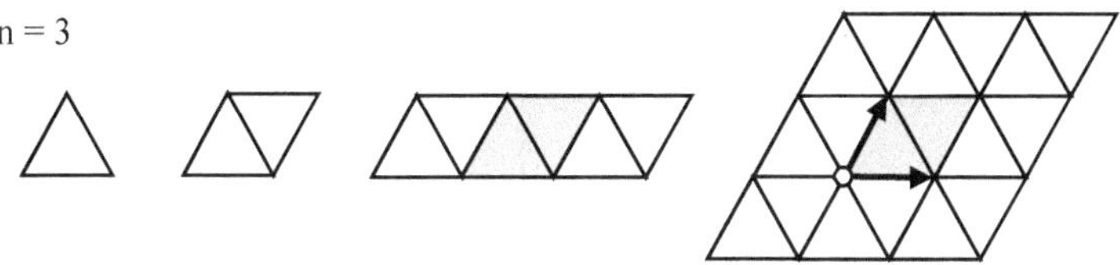

Abb. 129

Man spiegele das gleichseitige Dreieck an einem Seitenmittelpunkt. Die entstandene punktsymmetrische Figur ist ein Parallelogramm[51].

Aus diesem Parallelogramm stelle man mit Hilfe der dargestellten Verschiebung ein Bandornament (einen Streifen) her.

Aus diesem Bandornament (Streifen) erzeuge man mit Hilfe der zweiten dargestellten Verschiebung eine neue translationssymmetrische Figur, das Parkett.

n = 4

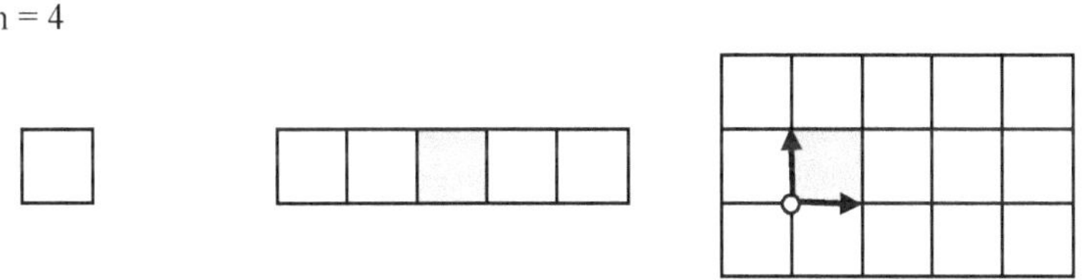

Abb. 130

Bei einer Parkettierung mit regulären Vierecken, also beim Quadrat, entfällt das Herstellen der punktsymmetrischen Figur, ansonsten kann man analog vorgehen (Abbildung 130).

---

[51] Beziehungsweise sogar eine Raute.

n = 6

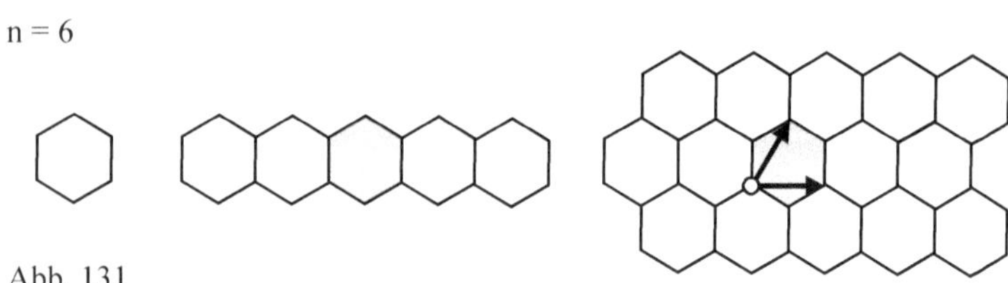

Abb. 131

Das gleiche Verfahren führt zur Parkettierung der Ebene mit regulären Sechsecken (Abbildung 131). Eine Betrachtung der Winkelgrößen macht im Übrigen deutlich, dass die einzelnen Streifen wirklich exakt ineinander greifen:

Der Innenwinkel im regulären Sechseck beträgt 120°. In jedem Gitterpunkt des Sechseckgitters kommen 3 Sechsecke zusammen, die Winkel ergänzen sich exakt zum Vollwinkel.

n = 5

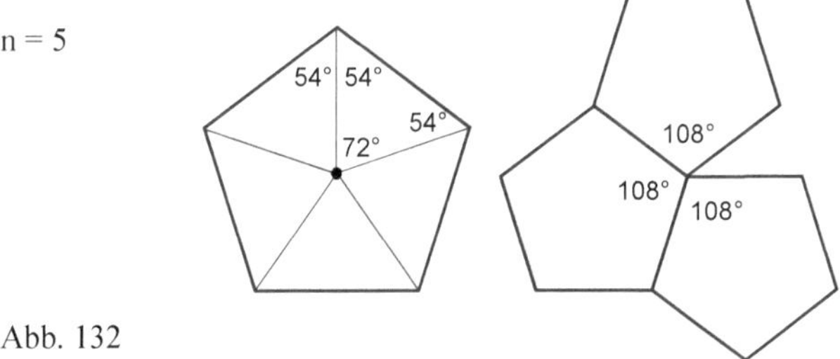

Abb. 132

Das bei regulären Drei-, Vier- und Sechsecken so erfolgreich praktizierte Verfahren zum Parkettieren der Ebene scheitert bei regulären Fünfecken. Im regelmäßigen Fünfeck beträgt das Winkelmaß der Innenwinkel 108° und 108° ist kein Teiler von 360°: Die Ebene kann mit regulären Fünfecken nicht parkettiert werden (Abbildung 132).

Analoge Überlegungen schließen die regulären n-Ecke mit n = 7, 8, 9, ... als geeignete Parkettierungsfiguren aus. Unter den regelmäßigen Vielecken eignen sich ausschließlich gleichseitige Dreiecke, Quadrate und regelmäßige Sechsecke zum Parkettieren der Ebene.

Auch wenn eine Parkettierung mit regulären Fünfecken, die immerhin neun Achsen- und Drehsymmetrien aufweisen, nicht möglich ist, gelingt es doch die Ebene mit Fünfecken zu parkettieren, die deutlich weniger Symmetrien aufweisen. Wir zeigen im Folgenden zwei Möglichkeiten auf:

In Abbildung 133 ist die Parkettierung „Cairo Tiling" dargestellt. Der Name geht auf eine Straßenpflasterung zurück, die es in Cairo geben soll bzw. tatsächlich gibt[52].

Die kleinste Figur, die in diesem Parkett auftaucht, ist ein achsensymmetrisches Fünfeck (nennen wir es das Cairo-Fünfeck) mit den Innenwinkelgrößen 120°, 120°, 90°, 120° und 90°.

Finden Sie die Grundfigur und die Verschiebungen, die das Parkett auf sich selbst abbilden.

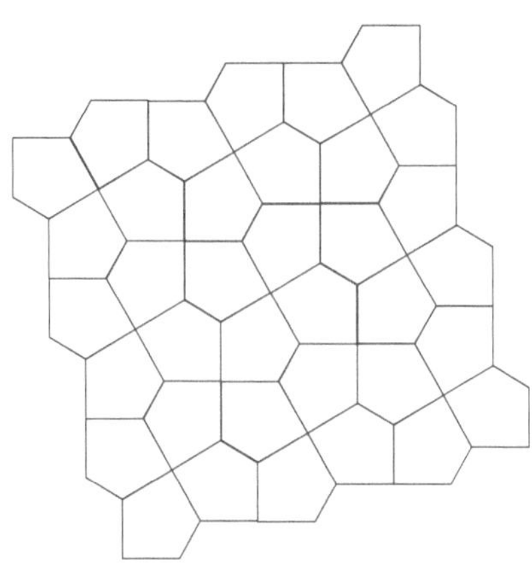

Abb. 133

Über welche weiteren Symmetrien verfügt diese charmante Parkettierung? Benennen Sie sie und tragen Sie die Parameter in die Abbildung ein.

Ein anderes Fünfeck, das sich zum Parkettieren eignet, ist das in Abbildung 134 abgebildete „Hausfünfeck", bei dem die Längen der Seiten a, b und e übereinstimmen.

Die Parkettierung der Ebene mit diesen Hausfünfecken gelingt in den gleichen drei Schritten, die wir beim Parkettieren mit gleichseitigen Dreiecken verfolgt haben (siehe die Abbildung 135 auf der folgenden Seite):

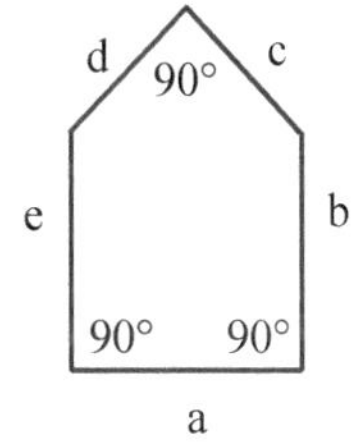

Abb. 134

---

[52] H. Donnelly hat diese Pflasterung nach mehr als 20-jähriger Suche 2010 tatsächlich in Cairo ausfindig gemacht und durch ein Foto dokumentiert (http://www.tess-elation.co.uk/cairo-pentagon---truly-named-).

Durch Punktspiegelung am Mittelpunkt der Seite a erzeugen wir die punkt-symmetrische Grundfigur. Wir erhalten ein punktsymmetrisches Sechseck (Schritt 1).

Mit Hilfe einer der beiden in Abbildung 135 dargestellten Verschiebungen stellen wir aus der Grundfigur zunächst ein Bandornament her (Schritt 2).

Schließlich erzeugen wir aus diesem Bandornament eine vollständige Überdeckung der Ebene, die translations-symmetrisch hinsichtlich der zweiten angegebenen Ver-schiebung ist (Schritt 3).

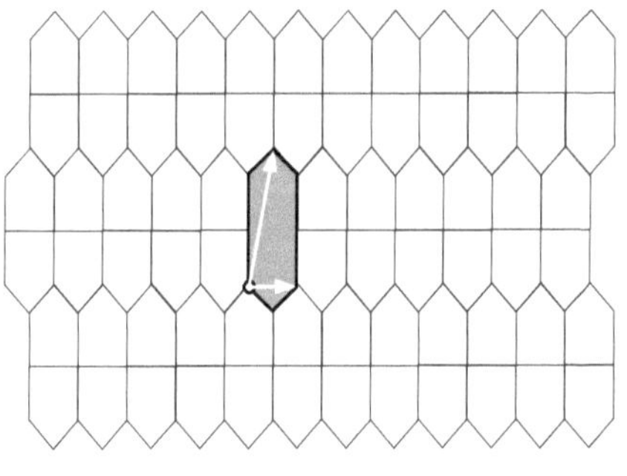

Abb. 135

Eine Betrachtung der Winkelgrößen (Abbildung 136) macht schließlich deutlich, dass die bei der Herstellung des Parketts aneinandergesetzten Streifen tatsächlich exakt ineinandergreifen und wir auch wirklich eine lückenlose und überlappungsfreie Überdeckung der Ebene erreicht haben.

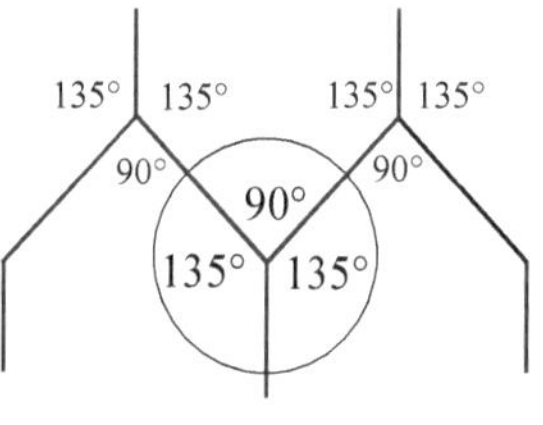

Abb. 136

Die Ebene lässt sich also mit „Cairo-Fünfecken" und „Hausfünfecken" par-kettieren. Darüber hinaus gibt es eine Vielzahl weiterer Klassen von Fünf-ecken, die sich zum Parkettieren eignen[53], auf die wir aber hier nicht eingehen wollen.

Wir haben weiter oben konstruktiv gezeigt, dass sich die Ebene mit regulären Vierecken (Quadraten) parkettieren lässt.

Jetzt behaupten wir:

---

[53] Der vermeintlich makellose Schönling „reguläres Fünfeck" ist nicht dabei.

Die Ebene lässt sich auch mit beliebigen Rechtecken parkettieren
und wir bitten Sie, dies jetzt konstruktiv zu zeigen. Bitte geben Sie zwei
qualitativ unterschiedliche Parkettierungen an.[54]

Jetzt behaupten wir:

Die Ebene lässt sich auch mit beliebigen Rauten parkettieren
und wir bitten Sie, dies jetzt konstruktiv zu zeigen. Bitte geben Sie zwei
qualitativ unterschiedliche Parkettierungen an.

Jetzt behaupten wir:

Die Ebene lässt sich auch mit beliebigen Parallelogrammen parkettieren
und wir bitten Sie, dies jetzt konstruktiv zu zeigen. Bitte geben Sie zwei
qualitativ unterschiedliche Parkettierungen an.

Jetzt behaupten wir:

Die Ebene lässt sich auch mit beliebigen Trapezen parkettieren[55]
und wir bitten Sie, dies jetzt konstruktiv zu zeigen. Bitte geben Sie zwei
qualitativ unterschiedliche Parkettierungen an.

Und jetzt behaupten wir:

Die Ebene lässt sich mit jedem beliebigen Viereck parkettieren
und wir bitten Sie, sich jetzt einmal zu entspannen[56], weil wir Ihnen dies
zeigen werden.

Wir betrachten also ein beliebiges Viereck ABCD. Durch Punktspiegelung
am Mittelpunkt der Seite b erzeugen wir aus diesem Viereck das
punktsymmetrische Sechseck ABD'A'CD in Abbildung 137. Dieses
Sechseck wird die Grundfigur für unsere Parkettierung.

---

[54] Wir hoffen, Sie stimmen mit uns darin überein: Die Grundfigur „beliebiges Rechteck" einmal in Längsrichtung und einmal „hochkant" darzustellen, führt nicht wirklich zu qualitativ unterschiedlichen Parkettierungen.
Der qualitative Unterschied ist an anderer Stelle zu suchen. Wenn Sie nun
aber ganz und gar nicht fündig werden, dann besuchen Sie nach Ihrer
ersten Teillösung eine gute Freundin und schauen sich das (endliche)
Holzfußbodenparkett in ihrem Wohnzimmer an. Vielleicht dürfen Sie ja
sogar einen Blick ins Schlafzimmer werfen.

[55] Was man so alles behaupten kann – nicht wahr, nicht? Wenn Sie aber der
Ansicht sind, dass das nun wirklich zu weit geht, dann finden Sie ein besonderes Trapez, mit dem das Parkettieren definitiv scheitert und begründen Sie das.

[56] Das Entspannungsangebot gilt nur, wenn Sie die vorangegangenen vier
Aufträge für konstruktive Begründungen tatsächlich ausgeführt haben.

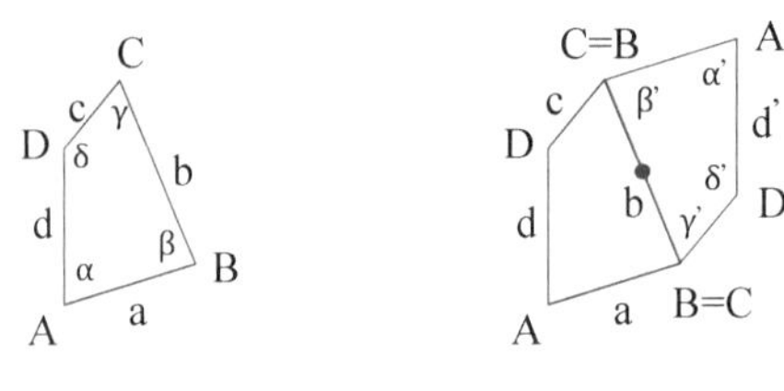

Abb. 137

Weil die Punktspiegelung strecken-, längen- und winkelmaßtreu ist, stimmen in Urbild und Bild die Längen einander entsprechender Strecken ebenso überein wie die Größen einander entsprechender Winkel. Außerdem gilt AD∥A'D'.

Aus dieser Grundfigur erzeugen wir nun einen Streifen, der translationssymmetrisch zur Verschiebung $V_{\overrightarrow{AD'}}$ ist.

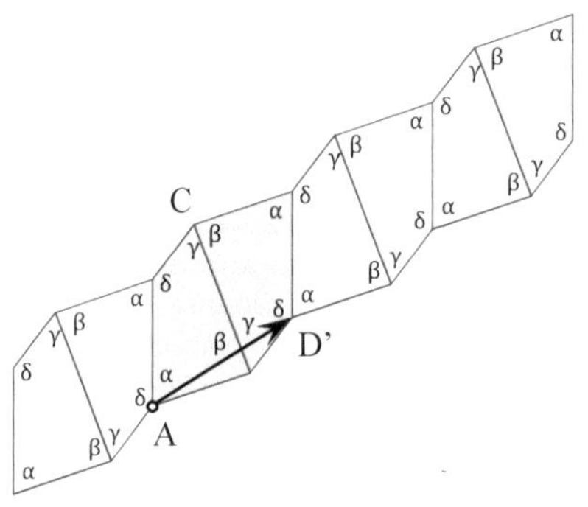

Abb. 138 (Bandornament (Streifen) aus Vierecken)

Weil die Verschiebung[57] längen-, strecken- und winkelmaßtreu ist und weil das Bild einer Geraden g bei der Verschiebung eine zu g parallele Gerade ist, entstehen zur Grundfigur kongruente Figuren, die jeweils genau eine Seite gemeinsam haben.

---

[57] Siehe Kapitel 4.2.1.

Aus diesem translationssymmetrischen Streifen können wir schließlich ein Parkett erzeugen, dass zusätzlich zur Verschiebung $V_{\overline{AC}}$ translationssymmetrisch ist.

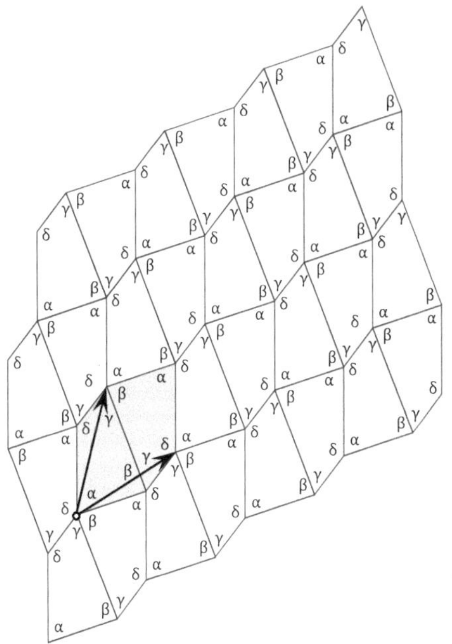

Abb. 139 (Parkettierung aus Vierecken)

Eine Betrachtung der in der Parkettierung auftretenden Winkel macht deutlich: In jeder Ecke kommen vier Winkel mit denjenigen Winkelgrößen zusammen, die sich im Viereck zu 360° ergänzt haben. Die erreichte Überdeckung der Ebene ist also lückenlos und überlappungsfrei.[58]

Die Ebene lässt sich also mit beliebigen Vierecken parkettieren. Eigentlich haben wir aber sogar noch mehr gezeigt – oder?

---

[58] Wir weisen ausdrücklich darauf hin, dass die in den Abbildungen 138 und 139 mit α bezeichneten Winkel korrekt mit α, α', α'', α''', ... benannt werden müssten, denn sie sind allesamt Bilder des Winkels α. Die saloppe Darstellung ist allein der besseren Übersichtlichkeit geschuldet. Analoges gilt für die mit β, γ und δ markierten Winkel.

Die Grundfigur, die wir zum Parkettieren herangezogen haben, war ein punktsymmetrisches Sechseck (Abbildung 137). In der Argumentation haben wir dann begründet, dass sich damit ein Parkett herstellen lässt.

Damit haben wir also gezeigt: Auch punktsymmetrische Sechsecke eignen sich zum Parkettieren.

Parkettierungen mit regulären Sechsecken sind Sonderfälle des Sonderfalls der Parkettierung mit punktsymmetrischen Sechsecken, im Allgemeinen eignen sich beliebige Sechsecke nicht zum Parkettieren.

Wir wollen zum Ende dieses Kapitels Parkettierungen thematisieren, die auf bescheidenem Niveau bereits in der Grundschule auftauchen und auf hohem künstlerischen Niveau eine Rolle bei vielen Arbeiten des schon erwähnten Künstlers M. C. Escher[59] spielen.

Wir erstellen aus einem (beliebigen) Viereck – wir wählen hier ein Quadrat – eine Parkettierung. Dieses Parkett ist eine regelmäßige Flächenaufteilung der Ebene. Dabei wird die Regelmäßigkeit durch die beiden Translationen, die das Parkett auf sich selbst abbilden, sichergestellt. Die Eigenschaft, Aufteilung zu sein, ist dadurch gewährleistet, dass ausschließlich zueinander kongruente Figuren (mit gleichem Flächeninhalt) verwendet werden und dadurch, dass die Figuren lückenlos und überlappungsfrei aneinandergrenzen.

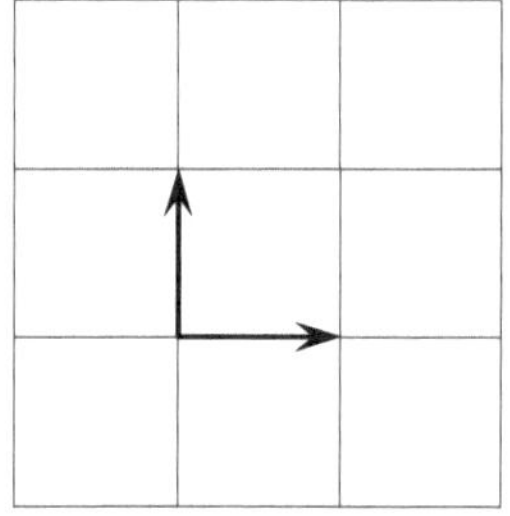

Wir verändern nun das zum Parkettieren verwendete Quadrat ABCD mit Hilfe einer Kongruenzabbildung derart, dass der Flächeninhalt konstant bleibt.

Abb. 140 (Ausgangsparkettierung)

Wir zeigen zwei Möglichkeiten:

Der erste Weg führt über eine Verschiebung. Dazu zeichnen wir ein Dreieck aus, dessen eine Seite mit $\overline{CD}$ zusammenfällt und dessen dritte Ecke Z_1 ein

---

[59]   Maurits Cornelis Escher lebte von 1898 bis 1972 in den Niederlanden. Er schuf insbesondere zahlreiche Holzschnitte und Lithografien. Besonders bekannt sind seine „unmöglichen Welten" und seine „Flächenfüllungen". Bei den „Flächenfüllungen" geht es dem Künstler darum, die Zeichenfläche (nicht die Ebene) mit zueinander kongruenten Figuren lückenlos und überlappungsfrei zu füllen.

beliebiger Punkt im Inneren des Quadrats ABCD ist. In Abbildung 141 haben wir das Dreieck ΔCDZ_1 gewählt.

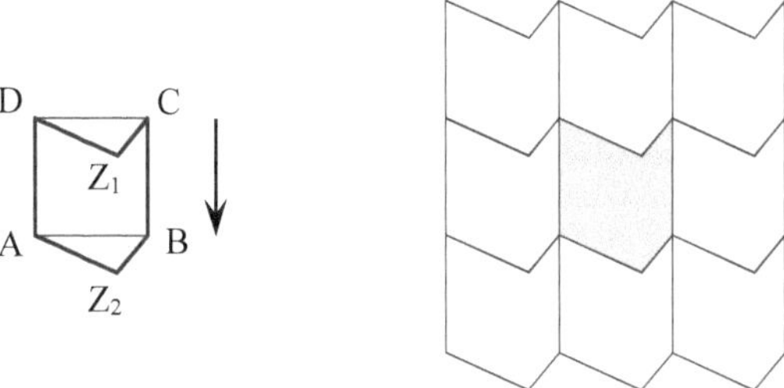

Abb. 141 (Parkettierung mit neuem Sechseck)

$V_{\overline{CB}}$ lagert ΔCDZ_1 an der Seite $\overline{BA}$ an, die $\overline{CD}$ gegenüberliegt:

$V_{\overline{CB}}(\Delta CDZ_1) = \Delta BAZ_2$. Die Vereinigung des Fünfecks $ABCZ_1D$ und des Dreiecks AZ_2B führt zum Sechseck AZ_2BCZ_1D. Die Eigenschaften der Verschiebung garantieren uns, dass wir die Ebene mit dem neu entstandenen Sechseck AZ_2BCZ_1D parkettieren können. Da die Wahl des Eckpunkts Z_1 beliebig war, haben wir gezeigt:

Es gibt unendlich viele Sechsecke, die sich zum Parkettieren eignen.

In der Literatur ist die oben vorgestellte Technik des Parkettierens als „Knabbertechnik" bekannt: An einer Seite des Quadrats wird Etwas abgeknabbert, anschließend wird das Abgeknabberte an der gegenüberliegenden Seite wieder angesetzt[60].

Abknabbern und Ansetzen kann man aber auch anders und damit kommen wir auf die zweite Möglichkeit des Modifizierens der Ausgangsfigur, die wir oben versprochen haben. Auch bei diesem Weg zeichnen wir wieder ein Dreieck aus. Eine Dreiecksseite stimmt mit der Seite $\overline{CD}$ des Quadrats überein, die dritte Ecke des Dreiecks ist ein beliebiger Punkt im Innern des Vierecks (siehe Abbildung 142). Die Drehung des Dreiecks CDZ_1 um C um 90° führt zum Bilddreieck CBZ_2. Die Vereinigung des Fünfecks $ABCZ_1D$ und des Dreiecks CBZ_2 führt zum Sechseck ABZ_2CZ_1D. Dreht man dieses Sechseck nun

---

[60] Einen schönen Aufsatz zur Knabbertechnik, der nicht nur für Grundschullehrer interessant ist, finden Sie etwa bei Lorenz 1991.

nacheinander um 90°, 180°, 270° um C und vereinigt das Urbild und alle Bilder, erhält man das in Abbildung 142 dargestellte Quadrat. Mit diesem (als Grundfigur) lässt sich wieder ein Parkett herstellen.

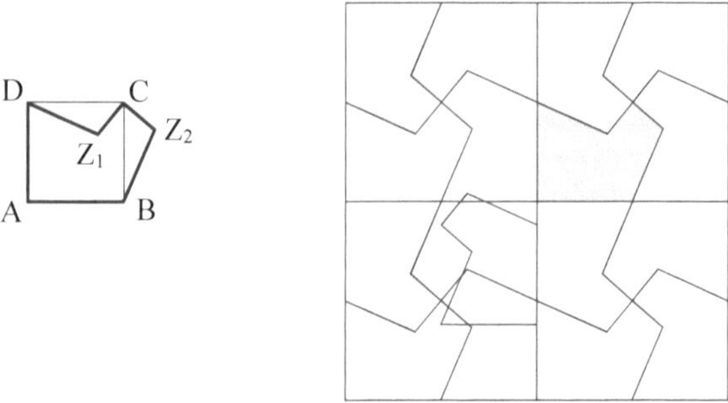

Abb. 142 (Parkettierung mit neuem Sechseck (zweiter Weg))

Wir kommen auf das in Abbildung 141 dargestellte Vorgehen zurück und verändern das Quadrat der Ausgangsparkettierung weiter: Dazu zeichnen wir diesmal ein Viereck aus, dessen eine Seite mit $\overline{CD}$ übereinstimmt und dessen weitere Ecken (und Seiten) im Innern des Quadrats liegen.

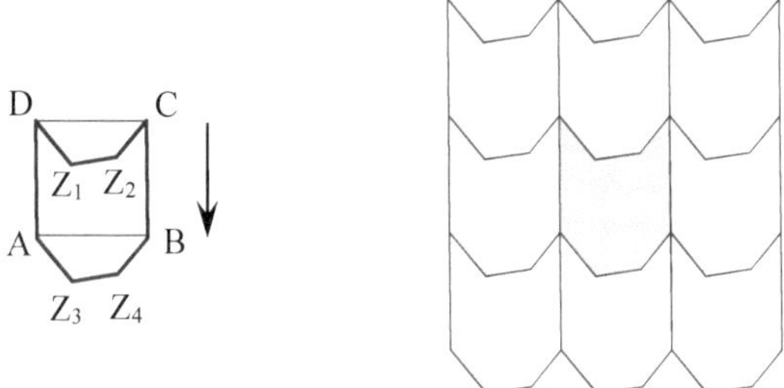

Abb. 143 (Parkettierung mit einem Achteck)

Vollkommen analog zur Argumentation weiter oben erhalten wir diesmal ein Achteck, das sich zum Parkettieren der Ebene eignet. Weil auch hier die Wahl der Ecken Z_1 und Z_2 im Innern des Quadrats ABCD beliebig war, folgt:

Es gibt unendlich viele Achtecke, die sich zum Parkettieren eignen.

Sie ahnen, wie's weitergeht?

Wir zeichnen im Ausgangsquadrat ein Fünfeck aus, dessen eine Seite mit $\overline{CD}$ übereinstimmt, verschieben es gemäß der eingezeichneten Verschiebung, erhalten als neue Figur ein Zehneck, mit dem sich wieder problemlos parkettieren lässt.

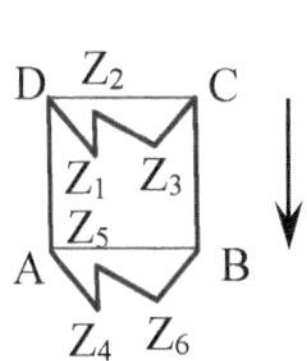
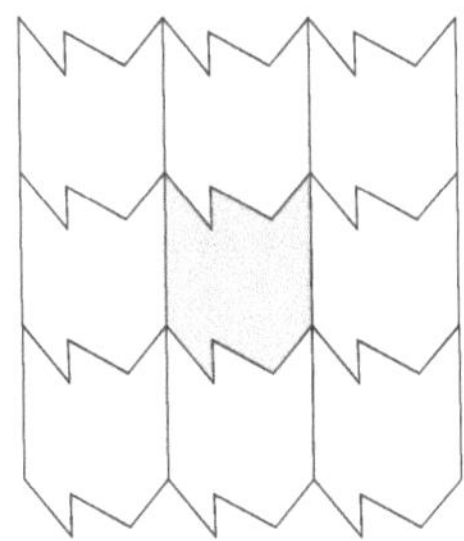

Abb. 144 (Parkettierung mit einem Zehneck)

Bitte machen Sie sich mit einer Winkelbetrachtung klar, dass die doch recht unregelmäßigen „Zacken" dieses Zehnecks beim Parkettieren tatsächlich exakt ineinandergreifen und dass der Flächeninhalt dieses Zehnecks immer noch genauso groß ist wie der des Ausgangsquadrats, das im linken Teil der Abbildung 144 immer noch durchschimmert.

Damit haben wir gezeigt:

Es gibt unendlich viele Zehnecke, die sich zum Parkettieren eignen.

Die oben „eingefädelte" Strategie lässt sich offensichtlich fortgesetzt konkretisieren[61]. Vergrößern wir die Eckenzahl des n-Ecks im Quadrat ABCD um k, dann vergrößert sich die Eckenzahl des n-Ecks, das wir für die Erzeugung des ersten Streifens (Bandornament) benötigen, um 2k, denn: Der „abgeknabberte" Teil des Quadrats ABCD wird ja in jedem Fall gemäß der Verschiebung $V_{\overline{CB}}$ verschoben und mit dem „Rest" des Quadrats ABCD vereinigt.

Mit der obigen Argumentation folgt:

Es gibt unendlich viele n-Ecke (mit geradem $n \in \mathbb{N}$ und $n \geq 4$), die sich zum Parkettieren eignen.

---

[61] Dabei ist es keinesfalls notwendig, stets die Seite $\overline{CD}$ durch ein neues n-Eck (mit größerem n) zu manipulieren. Genauso gut kann in jedem beliebigen Schritt die Seite $\overline{AD}$ manipuliert werden, die neue Figur ist dann jedoch in Richtung $\overline{AB}$ um die Länge $l(\overline{AB})$ zu verschieben.

Nun mag es beruhigend sein zu wissen, dass es unendlich viele Vierecke, Sechsecke, Achtecke, Zehnecke, ..., 2n-Ecke ($n \in \mathbb{N} \wedge n \geq 4$) gibt, mit denen man die Ebene parkettieren kann. Aber wie sieht's mit den 3-, 5-, 7-, ... , n-Ecken aus, bei denen n ungerade ist? Wir vermuten an dieser Stelle erst einmal, dass es auch von diesen n-Ecken unendlich viele gibt, die sich zum Parkettieren eignen und versuchen eine weitgehend analoge Strategie zu entwickeln, die das belegt.

Wir wissen bereits: Mit regulären Dreiecken lässt sich die Ebene parkettieren. Wir betrachten eine solche Parkettierung mit regulären Dreiecken (Abbildung 145).

Analog zum Vorgehen bei der Parkettierung der Ebene mit Sechsecken formen wir hier das Ausgangsdreieck mit Hilfe einer Kongruenzabbildung in ein flächeninhaltsgleiches Fünfeck um.

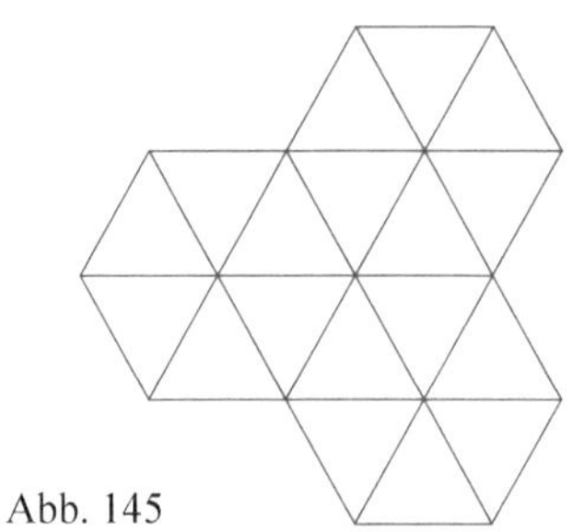

Abb. 145

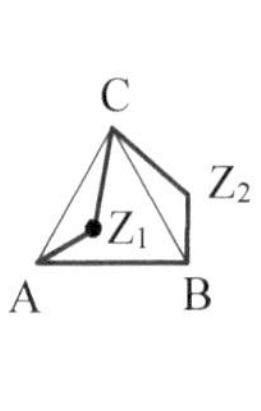

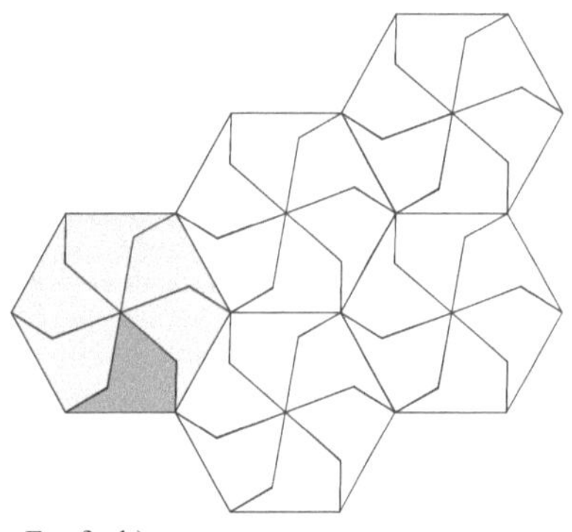

Abb. 146 (Parkettierung mit einem Fünfeck)

Wir zeichnen ein Dreieck aus, dessen eine Seite mit der Seite $\overline{AC}$ des Dreiecks ABC übereinstimmt und dessen dritte Ecke Z_1 ein beliebiger Punkt im Innern des Dreiecks ABC ist. $D_{C,60°}$ bildet $\triangle AZ_1C$ auf $\triangle BZ_2C$ ab und die

Vereinigung von Viereck $ABCZ_1$ und $\Delta\ BZ_2C$ liefert das in Abbildung 146 markierte Fünfeck ABZ_2CZ_1. Bei diesem Fünfeck ist die Größe des Innenwinkels bei C nach wie vor 60°, die Größe der beiden Winkel bei Z_1 und die Größe der beiden Winkel bei Z_2 stimmen überein, so dass sich durch wiederholte Drehung um C um 60°, 120°, 180°, 240°, 300° und anschließende Vereinigung des Urbilds und aller Bilder ein reguläres Sechseck herstellen lässt. Mit diesem regulären Sechseck lässt sich die Ebene parkettieren.

Da die Wahl der Dreiecksecke Z_1 beliebig war, haben wir gezeigt:

Es gibt unendlich viele Fünfecke, die sich zum Parkettieren eignen.

Im Dreieck ABC lässt sich natürlich auch ein Viereck auszeichnen, dessen eine Seite mit der Dreiecksseite $\overline{AC}$ übereinstimmt.

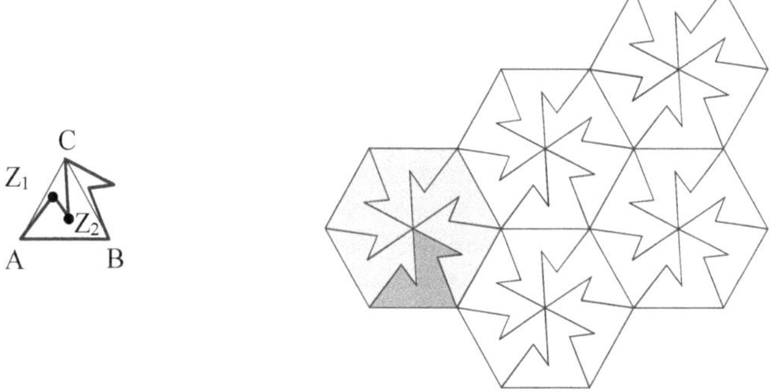

Abb. 147 (Parkettierung mit einem Siebeneck)

Vollkommen analog zum oben beschriebenen Verfahren wird ΔABC in Abbildung 147 in ein flächeninhaltsgleiches Siebeneck transformiert. Auch die Überdeckung der Ebene mit diesen Siebenecken gelingt analog zur vorangegangenen Parkettierung mit Fünfecken über die Grundfigur eines regulären Sechsecks.

Da auch hier die Wahl der beiden Viereckecken Z_1 und Z_2 im Innern des Dreiecks ABC beliebig ist, folgt:

Es gibt unendlich viele Siebenecke, die sich zum Parkettieren eignen.

Abbildung 148 zeigt schließlich einen möglichen Weg, wie sich das Dreieck ABC in ein flächeninhaltsgleiches Neuneck überführen lässt, mit dem dann eine Parkettierung gelingt. Auch hier gelten die oben angeführten Überlegungen analog.

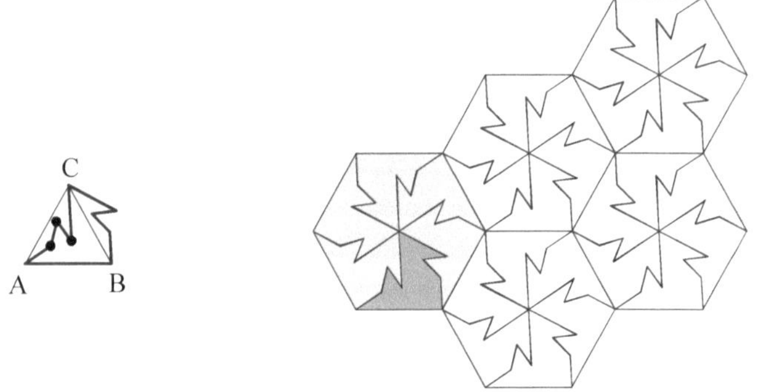

Abb. 148 (Parkettierung mit Neuneck)

Da wieder die Wahl der drei Zusatzpunkte im Innern von $\triangle ABC$ beliebig war, gilt:

Es gibt unendlich viele Neunecke, die sich zum Parkettieren eignen.

Spätestens an dieser Stelle wird die Strategie deutlich: Vergrößern wir die Eckenzahl des n-Ecks im Dreieck ABC um k, dann vergrößert sich die Eckenzahl des n-Ecks, dass wir für die Erzeugung des ersten regulären Sechsecks benötigen, um 2k, denn: Der „abgeknabberte" Teil des Dreiecks ABC wird ja jedes Mal um C um 60° gedreht und mit dem „Rest" des Dreiecks ABC vereinigt.

Die Strategie lässt sich offensichtlich beliebig lange fortsetzen, da das Dreieck ABC unendlich viele Punkte für neue Ecken bereithält.

Mit der obigen Argumentation folgt:

Es gibt unendlich viele n-Ecke (mit ungeradem $n \in \mathbb{N}$ und $n \geq 3$), die sich zum Parkettieren eignen.

Damit haben wir insgesamt gezeigt:

Es gibt unendlich viele n-Ecke (mit $n \in \mathbb{N}$ und $n \geq 3$), die sich zum Parkettieren eignen.

Wir beenden dieses Kapitel mit einem Zitat M. C. Eschers, dem modernen Meister der Parkettierungen, und wünschen Ihnen, dass Sie die Schönheit von Parkettierungen nachvollziehen können. Anregende Umgebungen dafür finden Sie nicht nur in den grafischen Werken Eschers, sondern auch im Erbe der Mauren, dass Sie in hochkonzentrierter Form etwa in der Alhambra oder im Real Alcazar (in Sevilla) erleben können. Bei aller Begeisterung für die an den genannten Orten zu betrachtende Schönheit angewandter Mathematik wünschen wir Ihnen aber auch, dass Sie nicht besessen davon werden, was gewiss bei zahllosen namenlosen maurischen „Künstlern", aber auch bei M. C. Escher der Fall war:

„Lange bevor ich in der Alhambra bei den maurischen Künstlern eine Verwandtschaft mit der regelmäßigen Flächenaufteilung entdeckte, hatte ich sie bei mir selbst entdeckt. Am Anfang hatte ich keine Vorstellung, wie ich meine Figuren systematisch aufbauen könne. Ich kannte keine einzige Spielregel und versuchte – beinahe ohne zu wissen was ich tat – kongruente Flächen, denen ich Tierformen zu geben versuchte, aneinander zu passen ... später gelang das Entwerfen von neuen Motiven allmählich mit weniger Mühe als am Anfang und doch blieb es stets eine spannende Beschäftigung, eine wahre ‚Manie', von welcher ich besessen war und von der ich mich nur mit großer Mühe frei machen konnte." (M. C. Escher 1958)[62]

Übung: 1.a) Aus einer beliebigen Ausgangsfigur F lassen sich achsensymmetrische Figuren durch Geradenspiegelung und das anschließende Vereinigen von Urbild und Bild herstellen.

Zeigen Sie dies für die Ausgangsfigur eines Dreiecks mit den Seitenlängen 3,5 cm, 4 cm und 5 cm und vier *qualitativ unterschiedliche* Lagen der Spiegelgeraden g (bezogen auf die Ausgangsfigur F). Überlegen Sie selbst, was „qualitativ unterschiedliche Lagen" der Spiegelgeraden g sind.

---

[62] Zitiert nach Ernst 1994, S. 41.

b) Nur wenn Sie Lehrer/in werden wollen: Begründen Sie, warum Aufgabe (1.a) gerade für angehende Lehrer/innen der Grundschule und der Sekundarstufe I wertvoll ist.

2) Drehsymmetrische Figuren erhält man durch fortgesetztes Drehen einer Figur F um denselben Drehpunkt mit einem Drehmaß, das 360° teilt und anschließender Vereinigung des Urbilds und aller Bilder.

a) Analog zu Aufgabe (1) können auch beim Herstellen drehsymmetrischer Figuren qualitativ unterschiedliche Lagen (hier) des Drehzentrums unterschieden werden.

b) Erzeugen Sie aus dem Dreieck aus Aufgabe (1) je eine Figur mit 3-, 4-, 5- und 8-zähliger Drehsymmetrie. Dabei soll bei jeder Teilaufgabe die qualitative Lage des Drehzentrums verschieden sein.

3) Welche Symmetrien entdecken Sie?
Zeichnen Sie alle Symmetrieachsen und -punkte, Verschiebungspfeile usw. ein.

a) Mäander, Griechenland (ca. 900 – 700 v. Chr.), benannt nach dem heute türkischen Fluss Maiandros, der seinerzeit als Inbegriff für „Krümmung" galt

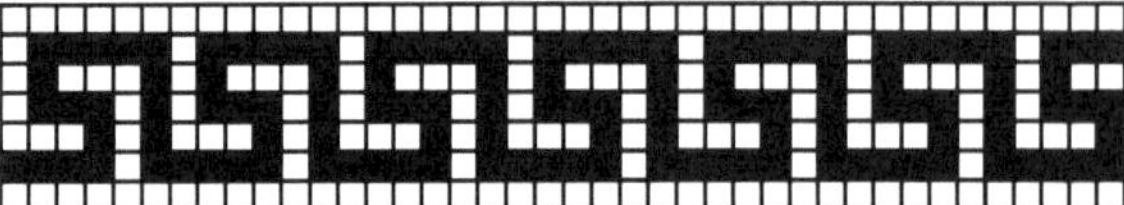

b) Ornament in der Alhambra, Granada 13. Jh.

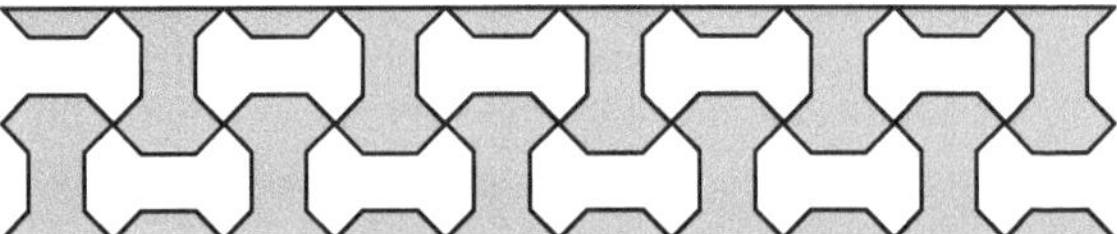

c) Ohne Namen, also nennen wir es „Up and down"

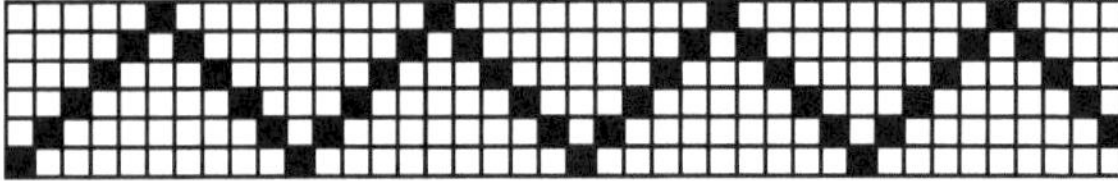

4) Im Unterricht wurden alle didaktischen Zugänge zur Achsensymmetrie behandelt (Falten und Klecksen, Falten und Schneiden, Spiegeln mit dem Spiegel, Legen, Zeichnen). Dann stellt die Lehrerin den Lernenden folgende Aufgabe, die sich in der Grundschule gut zum Fördern und Differenzieren eignet:

Ole Olsen sucht sich eine Ausgangsfigur,
umrandet sie mit Bleistift und
spiegelt sie an der eingezeichneten Geraden.
Anschließend malt er die erhaltene achsensymmetrische Figur „schwarz" aus.

a) Zeichne Oles Ausgangsfigur.

b) Besprich deine Lösung mit deinem Nachbarn.

c) Stellt dann eure Lösung der Klasse vor.

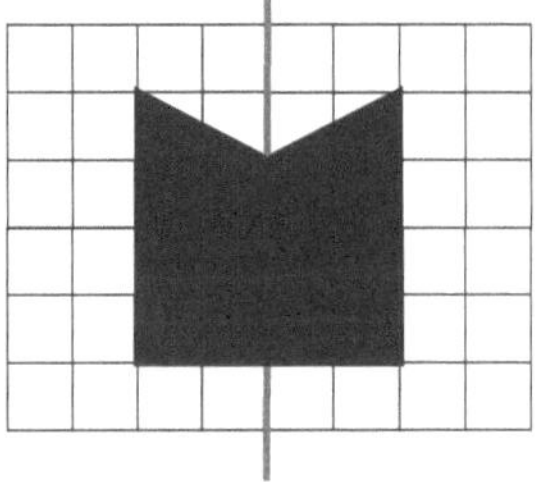

Lösen Sie die Aufgabe fachlich korrekt und erläutern Sie die Lösung.

5) Geben Sie eine weitere Definition für „punktsymmetrisch" an, die in diesem Kapitel nahegelegt, aber nicht explizit genannt wird.

6) Äußern Sie sich zur folgenden Definition eines lernenden Wesens[63]:

„Ich erhalte eine punktsymmetrische Figur, indem ich mir ein erzeugendes Urbild und einen beliebigen Punkt P aussuche und dann das Urbild an P punktspiegele."

---

[63] Wir gehen mit dieser Begriffswahl bewusst genderspezifischen Langformulierungen (wie Schülerinnen und Schüler) aus dem Wege, weil diese die Minderheit derjenigen Lernenden, die nicht eindeutig einem Geschlecht zuzuordnen sind, beharrlich ignorieren.

7)   Zeichnen Sie ein Bandornament aus L-Figuren, das zusätzlich zur Translationssymmetrie, über die ja jedes Bandornament verfügt, eine Drehsymmetrie aufweist. Bitte heben Sie die Grundfigur farblich hervor.

8)   Zeichnen Sie ein Bandornament aus T-Figuren, das keine weitere Symmetrie aufweist. Bitte heben Sie die Grundfigur wieder farblich hervor.

9)   Wir haben in diesem Kapitel sieben Typen von Bandornamenten unter Benutzung von LTZ-Figuren herausgestellt. Zeigen Sie, dass das auch mit den Ihnen bekannten Viereckstypen möglich ist.

10) Die folgende Abbildung zeigt: Die besonderen achsensymmetrischen Fünfecke des „Cairo Tiling" (Cairo-Fünfecke) aus Abbildung 133 können auch anders als im „Cairo Tiling" angeordnet werden.

Auch in diesem Fall entsteht ein ansprechendes Parkett, das aus Cairo-Fünfecken und regulären Sechsecken besteht.

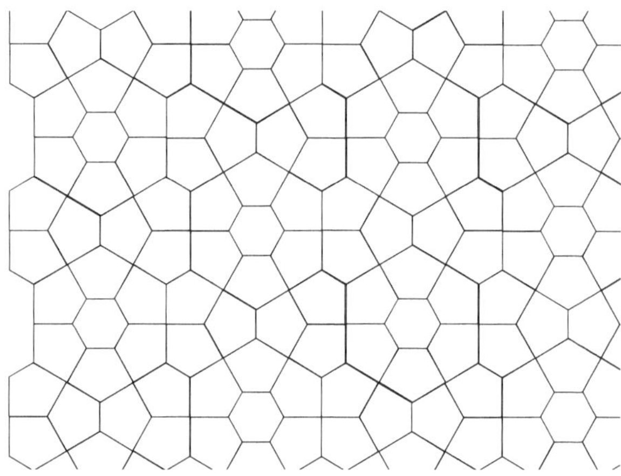

a) Aus welcher Grundfigur lässt sich das Parkett allein durch Verschiebungen erzeugen?

b) Geben Sie die Verschiebungspfeile der Translationssymmetrien an.

c) Über welche weiteren Symmetrien verfügt das Parkett? Zeichnen Sie die Parameter dieser Symmetrien in das Parkett ein.

11) Zeigen Sie durch „Knabbern" und Drehen, dass es unendlich viele Achtecke gibt, die sich zum Parkettieren eignen.

12) Wir haben in diesem Kapitel gezeigt, dass sich die Ebene mit Vierecken parkettieren lässt. Die Erläuterungsfiguren in den Abbildungen 137 – 139 enthalten nur konvexe Vierecke.
Zeigen oder widerlegen Sie, dass die Behauptung auch für nicht konvexe Vierecke gilt.

13) Besorgen Sie sich im Bastelladen zwei Bögen Pappkarton (mindestens 180 g/m^2). Einer der Bögen sollte DIN-A3- oder besser noch DIN-A2-Format aufweisen, der zweite kann kleiner sein.

Mit Cairo-Fünfecken lässt sich die Ebene trefflich parkettieren. Konstruieren (!) Sie auf dem kleineren Bogen ein Cairo-Fünfeck. Die Maße dieses Cairo-Fünfecks überlassen wir Ihnen. Verändern Sie dieses Cairo-Fünfeck durch Anwenden der „Knabbertechnik" konstruktiv in eine attraktive neue Figur. Lassen Sie sich dabei gern von Escher, dem modernen Meister des Parkettierens, inspirieren, indem Sie die neue Figur anmalen, verzieren, ausgestalten usw. Schneiden Sie die neue Figur aus und erzeugen Sie mit dieser Figur auf dem großen Bastelbogen ein attraktives (leider nur endliches) Parkett.

4.2.7 Deckabbildungsgruppen

Wir knüpfen an das vorangegangene Kapitel an und legen fest:

Kongruenzabbildungen, die eine ebene Figur auf sich selbst abbilden, nennt man *Deckabbildungen*.

Wir schauen uns einige einfache Figuren an und prüfen, ob es zu ihnen Deckabbildungen gibt.

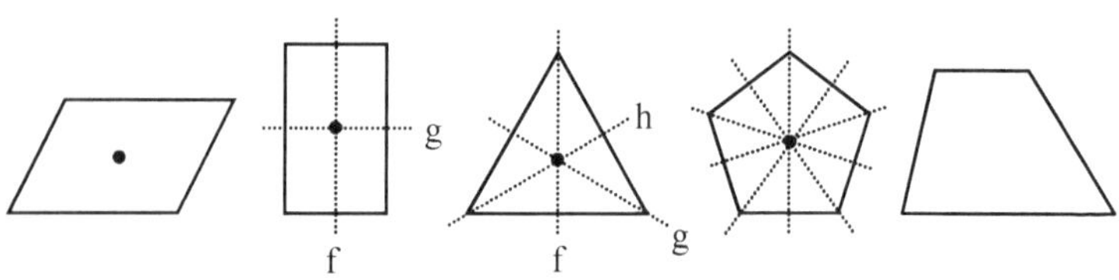

Abb. 149

Das Parallelogramm wird durch eine Drehung um den eingezeichneten Drehpunkt auf sich selbst abgebildet, wenn man um 180° dreht. Es ist *punktsymmetrisch*.

Das Rechteck ist ebenfalls punktsymmetrisch, zusätzlich ist es aber auch *achsensymmetrisch* bezüglich seiner Mittelsenkrechten. Sowohl S_f als auch S_g bilden das Rechteck auf sich selbst ab. Da $f \perp g$ folgt die Punktsymmetrie zwangsläufig aus dieser doppelten Achsensymmetrie (vgl. Satz 4).

Das gleichseitige Dreieck besitzt sogar drei Symmetrieachsen f, g und h, und die Drehungen um den Schnittpunkt der Mittelsenkrechten um 120° und 240° sind ebenfalls Deckabbildungen. Das Dreieck ist also auch *drehsymmetrisch*.

Zum regelmäßigen Fünfeck gehören fünf Geradenspiegelungen, und es lässt sich um 72°, 144°, 216° und 288° drehen.

Das Trapez aus Abbildung 149 ist nicht symmetrisch. Dennoch besitzt es wie jede noch so unregelmäßige Figur eine Deckabbildung. Dies ist die Identität id (denken Sie an eine Drehung um 0°). Diese Deckabbildung soll stets dazugehören, also auch bei den übrigen Figuren aus Abbildung 149.

So uninteressant Ihnen die identische Abbildung auch erscheinen mag, sie spielt eine ganz wichtige Rolle. Verknüpfen Sie eine beliebige Deckabbildung φ einer ebenen Figur mit id, so erhalten Sie als Ersatzabbildung dieser Verkettung stets wieder φ. Die identische Abbildung id ist für die Verkettung von Deckabbildungen also das, was die „1" für die Multiplikation von rationalen Zahlen ist: das neutrale Element.

„Logisch", werden Sie sagen: „Das muss ja so sein. Schließlich ist id in der Menge $\mathbb{K}$ das neutrale Element bezüglich der Verkettung „∘" und die Menge der Deckabbildungen einer ebenen Figur ist nur eine Teilmenge von $\mathbb{K}$. Folglich ist id natürlich auch in dieser Teilmenge das neutrale Element.", und Sie haben Recht.

Wir untersuchen jetzt die Menge G der Deckabbildungen einer ebenen Figur mit der Verknüpfung „∘". Als erste Figur betrachten wir das gleichseitige Dreieck. Die Menge G umfasst 6 Elemente:

$G = \{id, D_{M,120°}, D_{M,240°}, S_f, S_g, S_h\}$

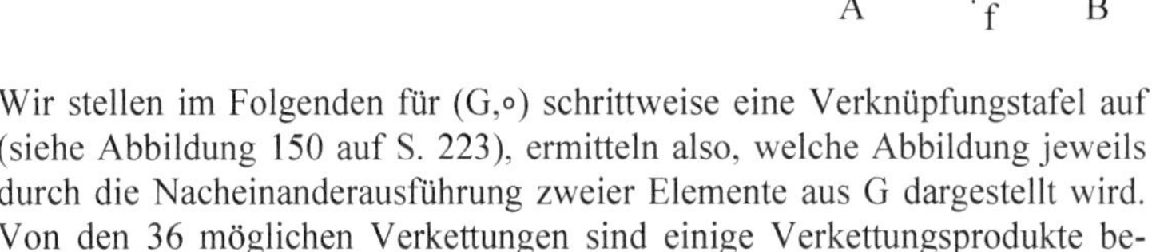

Wir stellen im Folgenden für (G,∘) schrittweise eine Verknüpfungstafel auf (siehe Abbildung 150 auf S. 223), ermitteln also, welche Abbildung jeweils durch die Nacheinanderausführung zweier Elemente aus G dargestellt wird. Von den 36 möglichen Verkettungen sind einige Verkettungsprodukte besonders einfach zu bestimmen:

Da id ∘ φ = φ ∘ id = φ für alle Abbildungen φ aus G gilt[64], stehen die erste Zeile und die erste Spalte der Tafel sofort fest. Die Verknüpfung zweier Drehungen um denselben Drehpunkt ist nach Satz 15a wieder eine Drehung um die Summe der Drehwinkelmaße. Also gilt:

$D_{M,120°} ∘ D_{M,120°} = D_{M,240°}$,

$D_{M,120°} ∘ D_{M,240°} = D_{M,360°} = D_{M,0°} = id$ und

$D_{M,240°} ∘ D_{M,240°} = D_{M,480°} = D_{M,120°}$.

Da die Geradenspiegelung eine involutorische Abbildung ist, gilt
$S_f ∘ S_f = S_g ∘ S_g = S_h ∘ S_h = id$.

Für die übrigen Felder der Tafel in Abbildung 150 müssen wir etwas mehr überlegen:

Am besten zeichnet man die Ausgangsfigur (hier also das gleichseitige Dreieck) incl. der Spiegelachse und Eckenbezeichnungen, überträgt das Dreieck (ohne die Spiegelachse) auf eine Folie und führt die Abbildungen mit dieser

---

[64] Vgl. „Ihre" Argumentation oben.

Folie *konkret handelnd* aus. An der endgültigen Lage der Eckpunkte auf der Folie auf der Ausgangsfigur kann man die gesuchte Abbildung ablesen. Alternativ kann man auch die Figur nach jeder ausgeführten Abbildung skizzieren und Endzustand mit Ausgangszustand vergleichen[65].

Beispiel: Gesucht ist $D_{M,120°} \circ S_f$.

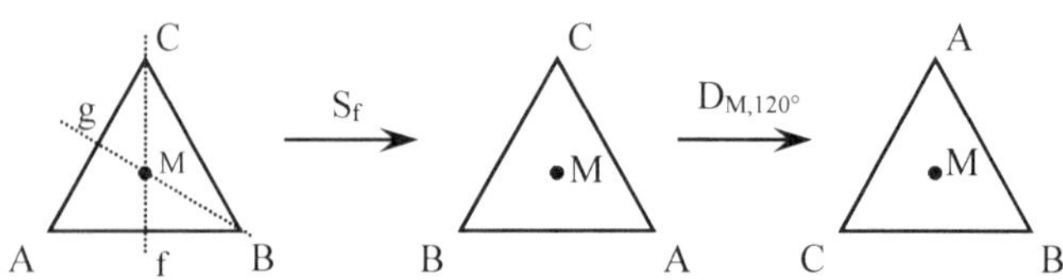

Insgesamt ist B auf B abgebildet worden, A und C haben die Plätze getauscht. Dies hätten wir ersatzweise sofort durch S_g erreicht.
Also gilt $D_{M,120°} \circ S_f = S_g$.

Die Ersatzabbildungen für die Hintereinanderausführung der Geradenspiegelungen können Sie prinzipiell genauso ermitteln, etwa durch wiederholtes Umwenden der Folie. Andererseits können Sie diese Verkettungsprodukte auch besonders effizient auf der Ebene der sprachlich-begrifflichen Erkenntnistätigkeit durch Anwenden des Satzes 4 bestimmen: $S_f \circ S_h$ muss $D_{M,120°}$ sein, da sich h und f in M schneiden und der Winkel von h nach f genau 60° beträgt.

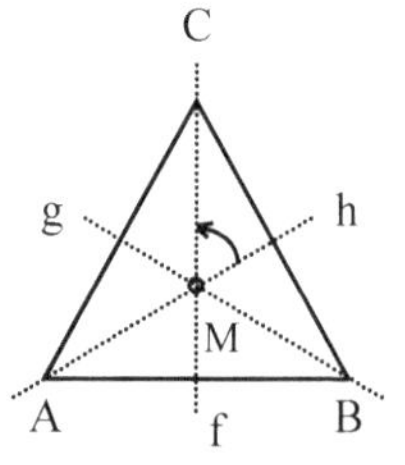

So oder so füllen Sie die noch fehlenden Zellen der Verknüpfungstafel in Abbildung 150.

Wir vereinbaren, dass wir beim Aufstellen von Verknüpfungstafeln immer zuerst die Drehungen aufführen und dass ferner die in der Kopfzeile der Tafel notierten Abbildungen diejenigen sind, die zuerst ausgeführt werden.

---

[65] Konkrete Handlungen mit Dingen im drei- oder zweidimensionalen Raum sind die Basis jeder Raumvorstellung. Ikonisierungen dieser Handlungen unterstützen das Verinnerlichen dieser Handlungen. Damit fördern beide oben vorgeschlagenen Vorgehensweisen das räumliche Vorstellungsvermögen (bzw. das räumliche Operieren) und sind in keiner Weise „minderwertige" Strategien der Erkenntnistätigkeit.

Die Verknüpfungstafel für die Deckabbildungen des gleichseitigen Dreiecks:

$\circ$	id	$D_{M,120°}$	$D_{M,240°}$	S_f	S_g	S_h
id	id	$D_{M,120°}$	$D_{M,240°}$	S_f	S_g	S_h
$D_{M,120°}$	$D_{M,120°}$	$D_{M,240°}$	id	S_g	S_h	S_f
$D_{M,240°}$	$D_{M,240°}$	id	$D_{M,120°}$	S_h	S_f	S_g
S_f	S_f	S_h	S_g	id	$D_{M,240°}$	$D_{M,120°}$
S_g	S_g	S_f	S_h	$D_{M,120°}$	id	$D_{M,240°}$
S_h	S_h	S_g	S_f	$D_{M,240°}$	$D_{M,120°}$	id

Abb. 150

In Abbildung 150 sind alle Verkettungen der Deckabbildungen des gleichseitigen Dreiecks unter Berücksichtigung der o.g. Konventionen zusammengestellt. Wir fragen:

Ist die Menge der Deckabbildungen des gleichseitigen Dreiecks mit der Verkettung „$\circ$" eine Gruppe?

Wir prüfen die Gruppeneigenschaften mit Hilfe der Verknüpfungstafel:

a) Zunächst erkennen wir, dass in der Tafel nur Elemente aus G auftreten. Die Nacheinanderausführung der Deckabbildungen ist also *abgeschlossen*.

b) Weiter bemerken wir, dass sich die Tabelleneingänge in der ersten Zeile bzw. der ersten Spalte wiederholen. Die identische Abbildung id ist also das *neutrale* Element.

c) Mit zunehmender Begeisterung stellen wir fest, dass id in jeder Zeile und in jeder Spalte einmal auftritt. Zu jeder Deckabbildung gibt es also ein *inverses* Element: Die Geradenspiegelungen und id sind zu sich selbst invers, $D_{M,120°}$ und $D_{M,240°}$ sind zueinander invers.

d) Die Gültigkeit des Assoziativgesetzes kann der Verknüpfungstafel nicht augenscheinlich entnommen werden. Sie könnte jetzt einzeln für jede mögliche Kombination gezeigt werden. Dieses Vorgehen sei dem fleißigen Leser zur Übung überlassen. Wenn Sie sich dieser Lesergruppe nicht zurechnen, was wir insgeheim hoffen, können Sie argumentieren: „Die Verkettung von Kongruenzabbildungen ist assoziativ (Satz 16b). Die Menge der Deckabbildungen des gleichseitigen Dreiecks ist eine Teilmenge aller Kongruenzabbildungen, für die die *Assoziativität* dann natürlich auch gilt."

Aus (a) bis (d) folgt:
Die Menge der Deckabbildungen des gleichseitigen Dreiecks mit der Verkettung „∘" ist eine Gruppe.

Mit Hilfe der Verknüpfungstafel erkennen wir schließlich, dass die Deckabbildungsgruppe des gleichseitigen Dreiecks *nicht kommutativ* ist. So gilt z.B. $D_{M,240°} \circ S_h = S_g \neq S_f = S_h \circ D_{M,240°}$. Wäre diese Deckabbildungsgruppe kommutativ, müsste die Verknüpfungstafel offensichtlich symmetrisch zur Hauptdiagonalen sein.

Wir bleiben beim gleichseitigen Dreieck, in das wir die Symmetrieachsen einzeichnen. Das Dreieck wird so in sechs kleine Dreiecke zerlegt, von denen wir einige schwarz färben (Abbildung 151a bis 151c). Auf diese Weise sollen absichtlich einige der ursprünglich vorhandenen Symmetrien zerstört werden. Wir untersuchen die neu entstandenen Figuren auf Deckabbildungen und stellen für die modifizierten Figuren die Verknüpfungstafeln auf.

∘	id	$D_{M,120°}$	$D_{M,240°}$
id	id	$D_{M,120°}$	$D_{M,240°}$
$D_{M,120°}$	$D_{M,120°}$	$D_{M,240°}$	id
$D_{M,240°}$	$D_{M,240°}$	id	$D_{M,120°}$

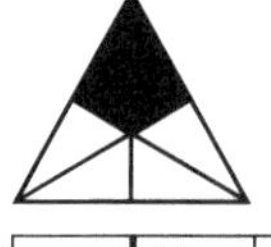

∘	id	S_f
id	id	S_f
S_f	S_f	id

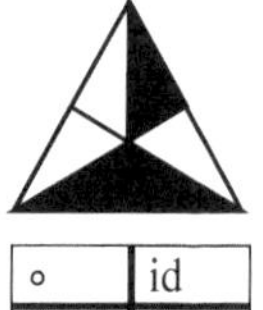

∘	id
id	id

Abb. 151a　　　　　　Abb. 151b　　　　　　Abb. 151c

Beim ersten Dreieck sind weiterhin die Drehungen Deckabbildungen der Figur, die Achsenspiegelungen sind durch die Färbung verschwunden. Die Deckabbildungen dieses Dreiecks sind eine Teilmenge der Deckabbildungen des gleichseitigen Dreiecks, und ein Blick auf die Verknüpfungstafel zeigt, dass auch sie eine Gruppe bilden. Sie bilden eine *Untergruppe* der Deckabbildungsgruppe des gleichseitigen Dreiecks. Abbildung 151a zeigt darüber hinaus, dass die Untergruppe der Drehungen kommutativ ist.

Auch die Deckabbildungen der beiden übrigen Dreiecke bilden zusammen mit der Verkettung „∘" Gruppen. Beim dritten Dreieck in Abbildung 151c ist dies die *triviale* Untergruppe, die nur aus dem neutralen Element besteht. Es gibt noch eine weitere *triviale* Untergruppe, das ist die Gruppe selbst. Beim Dreieck in Abbildung 151b hätte man auch so färben können, dass wir nicht zu $(\{id, S_f\}, \circ)$, sondern zu den Untergruppen $(\{id, S_g\}, \circ)$ oder $(\{id, S_h\}, \circ)$ gekommen wären.

Damit haben wir alle Untergruppen der Deckabbildungsgruppe des gleichseitigen Dreiecks gefunden: Es sind die trivialen Untergruppen $(G, \circ)$ und $(\{id\}, \circ)$, die Untergruppe der Drehungen $(\{id, D_{M,120°}, D_{M,240°}\}, \circ)$ sowie die Untergruppen $(\{id, S_f\}, \circ)$, $(\{id, S_g\}, \circ)$ und $(\{id, S_h\}, \circ)$.

Weitere Untergruppen kann es nicht geben. Betrachtet man zum Beispiel $(\{id, D_{M,120°}\}, \circ)$, so liegt das Verkettungsprodukt $D_{M,120°} \circ D_{M,120°} = D_{M,240°}$ nicht mehr in $\{id, D_{M,120°}\}$. Betrachtet man id mit zwei Geradenspiegelungen hinsichtlich „∘", also zum Beispiel $(\{id, S_f, S_g\}, \circ)$, so entstehen Drehungen als Verkettungsprodukte, die in der betrachteten Teilmenge von G nicht enthalten sind. Da all diese Gebilde also bereits nicht abgeschlossen sind, erübrigt sich die Überprüfung der weiteren Gruppeneigenschaften.

Hilfreich bei der Suche nach Untergruppen ist der folgende Satz, auf dessen Beweis wir an dieser Stelle verzichten:[66]

Satz 26:   Die Untergruppenordnung ist stets ein Teiler der Gruppen-
                      ordnung. Unter der Ordnung versteht man dabei die Anzahl
                      der Elemente.

Wir verlassen das gleichseitige Dreieck und wenden uns den Deckabbildungen des Quadrats zu.

---

[66] Hierbei handelt es sich um den in der Gruppentheorie sehr bekannten und
       wichtigen „Satz von Lagrange", benannt nach dem italienischen
       Mathematiker Joseph-Louis Lagrange (1736 – 1813). Für Interessierte:
       Den Beweis samt notwendiger algebraischer Präliminarien sowie weitere
       gruppentheoretisch relevante Begriffe u.Ä., auf die wir Sie in folgenden
       Fußnoten nochmals als „Spotlights" hinweisen, finden Sie beispielsweise
       bei Fischer 2017.

Ausgehend von der Deckabbildungsgruppe des Quadrats werden wir eine Systematik in die uns bekannten Viereckstypen Quadrat, Rechteck, Raute, Drachen, Parallelogramm und Trapez bringen.

Die Menge der Deckabbildungen des Quadrates umfasst acht Elemente[67]:

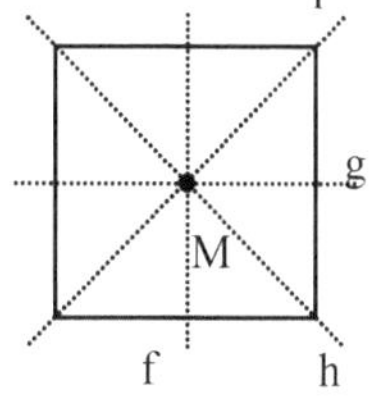

Abb. 152

- die vier Drehungen $D_{M,0°}$, $D_{M,90°}$, $D_{M,180°}$, $D_{M,270°}$ um den Schnittpunkt der Mittelsenkrechten und

- die vier Geradenspiegelungen S_f , S_g , S_h , S_i an den beiden Mittelsenkrechten bzw. den beiden Diagonalen.

Stellen Sie zur Übung die Verknüpfungstafel auf und zeigen Sie ähnlich wie beim gleichseitigen Dreieck, dass die Menge der Deckabbildungen des Quadrats mit der Verkettung „∘" eine Gruppe ist.

Die größten echten Untergruppen, haben nach Satz 26 vier Elemente.
$(\{id,\ D_{M,90°},\ D_{M,180°},\ D_{M,270°}\},∘)$ ist eine vierelementige Untergruppe[68] der Deckabbildungsgruppe des Quadrates. Unter den genannten Vierecken ist allerdings keines, das diese Untergruppe als Deckabbildungsgruppe hat. Ein Viereck, das zu dieser Untergruppe passt, sollen Sie in Übung 3 herstellen.

Weitere vierelementige Untergruppen finden wir mit $(\{id,\ D_{M,180°},\ S_f,\ S_g\},∘)$ bzw. $(\{id,\ D_{M,180°},\ S_h,\ S_i\},∘)$[69]. Ein punktsymmetrisches Viereck, das seine beiden Mittelsenkrechten als Symmetrieachsen hat, ist ein Rechteck. Ein punktsymmetrisches Viereck, das bezüglich seiner beiden Diagonalen achsensymmetrisch ist, ist eine Raute.

In Abbildung 153 auf der folgenden Seite ordnen wir das Rechteck und die Raute gleichberechtigt nebeneinander unterhalb des Quadrates an. Überzeugen Sie sich anhand der Verknüpfungstafel des Quadrates, dass es keine weiteren vierelementigen Untergruppen geben kann.

Wir betrachten nun die zweielementigen Untergruppen:
$(\{id,\ D_{M,180°}\},∘)$, $(\{id,\ S_f\},∘)$, $(\{id,\ S_g\},∘)$, $(\{id,\ S_h\},∘)$ und $(\{id,\ S_i\},∘)$

---

[67] Allgemein umfasst die Deckabbildungsgruppe eines regelmäßigen n-Ecks stets 2n Elemente, n Drehungen und n Geradenspiegelungen. Man nennt diesen Typ von Gruppen *Dieder-Gruppen*. Die Diedergruppe D_6 haben Sie oben beim gleichseitigen Dreieck kennen gelernt.

[68] Es handelt sich um eine *zyklische Gruppe* der Ordnung 4 (Z_4).

[69] Diese Untergruppen sind vom Typ der *Kleinschen Vierergruppe* (V_4).

Ein punkt-, aber nicht achsensymmetrisches Viereck ist ein Parallelogramm. Dieses hat also $(\{id, D_{M,180°}\}, \circ)$ als Deckabbildungsgruppe.

Ein bezüglich einer Mittelsenkrechten symmetrisches Viereck ist ein gleichschenkliges Trapez. Dabei ist eine Unterscheidung zwischen einem Trapez, das $(\{id, S_f\}, \circ)$ als Deckabbildungsgruppe hat und einem Trapez mit der Deckabbildungsgruppe $(\{id, S_g\}, \circ)$ auf der Ebene der Viereckstypen nicht sinnvoll.

$(\{id, S_h\}, \circ)$ und $(\{id, S_i\}, \circ)$ sind die Deckabbildungsgruppen von Vierecken, die eine ihrer Diagonalen als Symmetrieachsen besitzen. Solche Vierecke sind Drachen. Auch hier lohnt eine Unterscheidung zwischen der einen und der anderen Diagonale nicht. Da Parallelogramm, gleichschenkliges Trapez und Drachen jeweils Deckabbildungsgruppen der Ordnung 2 (zum Begriff: Satz 26) haben, ordnen wir sie in Abbildung 153 nebeneinander an.

Damit haben wir, ausgehend von der Deckabbildungsgruppe des Quadrats, die folgende Systematik von Vierecken gewonnen:

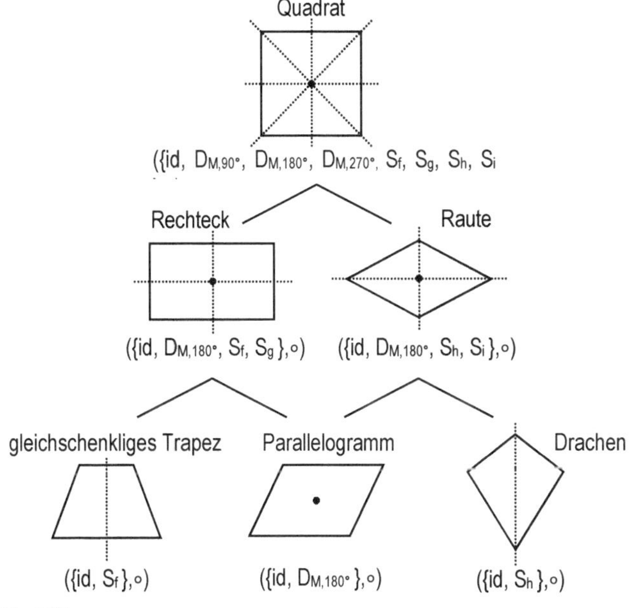

Abb. 153

Alle übrigen Vierecke haben die triviale Untergruppe ({id},∘) als Deckabbildungsgruppe und sind insofern gleichberechtigt.

Trotzdem ist diese Situation etwas unbefriedigend, da das allgemeine Trapez nicht untergebracht wurde. Zwar ist es nicht symmetrisch, aber immerhin sind zwei Seiten zueinander parallel.

Wenn wir statt der Deckabbildungen Eigenschaften von Seiten, Winkeln und Diagonalen der Vierecke betrachten, dann können wir eine Systematik in die Vierecke bringen, in der auch das allgemeine Trapez angemessen untergebracht ist. Die folgenden Überlegungen dieser Systematisierung werden in Abbildung 154 auf der folgenden Seite anschaulich zusammengefasst:

Bei einem *Quadrat* sind die sich gegenüberliegenden Seiten gleich lang und parallel, die Diagonalen sind gleich lang, sie halbieren sich und stehen senkrecht aufeinander.

Verzichtet man auf die Orthogonalität der Diagonalen, so gelangt man zum *Rechteck*. Verzichtet man darauf, dass die Diagonalen gleich lang sind, behält aber ihre Orthogonalität bei, so gelangt man zur *Raute*.

Vom Rechteck gelangt man zum *gleichschenkligen Trapez*, indem man die Parallelität gegenüberliegender Seiten nur noch für ein Seitenpaar verlangt, die gleiche Länge der Diagonalen aber beibehält.

Verzichtet man auf die gleiche Länge der Diagonalen und behält die Parallelität gegenüberliegender Seiten bei, so gelangt man vom Rechteck zum *Parallelogramm*. Dorthin kommt man auch von der Raute, indem man die Parallelität je zweier gegenüberliegender Seiten beibehält, aber nicht mehr fordert, dass die Diagonalen orthogonal sind.

Wir begeben uns zur Raute. Wenn man die Orthogonalität der Diagonalen beibehält und die Tatsache, dass sich die Diagonalen halbieren, zumindest für eine Diagonale fordert, so kommt man von der Raute zum *Drachen*.

Beibehalten der Parallelität eines Paares gegenüberliegender Seiten führt vom gleichschenkligen Trapez und auch vom Parallelogramm zum allgemeinen *Trapez*.

Verzichtet man beim Drachen auf die Orthogonalität der Diagonalen und verlangt nur noch, dass die eine Diagonale von der anderen halbiert wird, so erhält man ein Viereck, das als *schräger Drachen* bezeichnet wird. Zu diesem Viereck kommt man auch, wenn man beim Parallelogramm auf alle Eigenschaften verzichtet bis auf die, dass eine Diagonale von der anderen halbiert wird.

Verzichtet man beim schrägen Drachen und beim Trapez auf die letzten bescheidenen Besonderheiten dieser Vierecke, dann erhält man in der untersten Ebene das allgemeine Viereck.

Diese Systematik der Vierecke wird auch als das „Haus der Vierecke" bezeichnet:

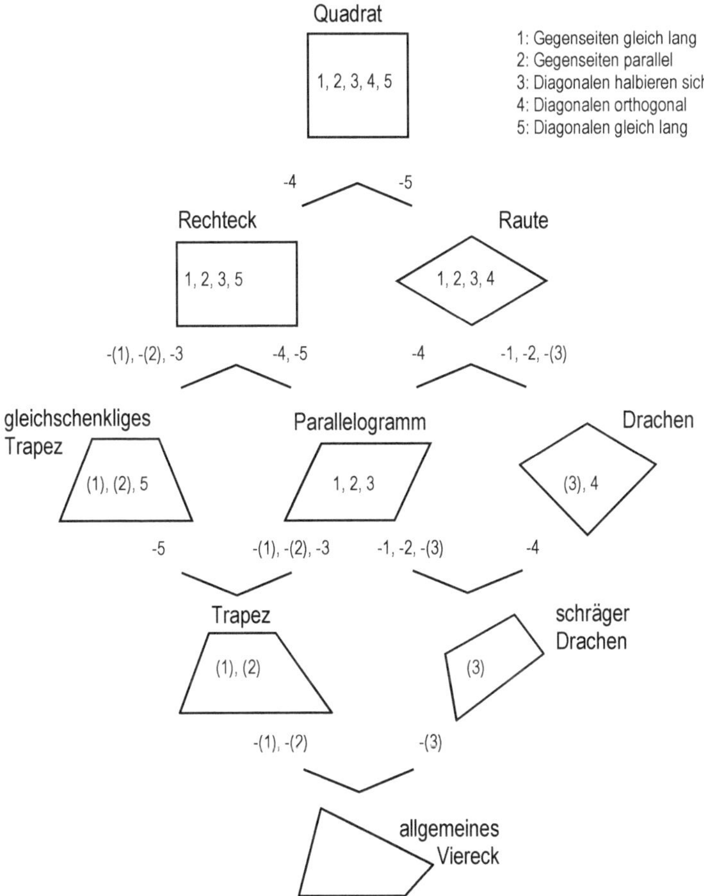

Abb. 154

Man kann auch mit anderen Kriterien eine Systematik in die Menge der Vierecke bringen, z.B. mit der Mindestanzahl der zur Konstruktion notwendigen Stücke. Ein Quadrat ist durch die Angabe einer Seitenlänge schon eindeutig bestimmt. Beim Rechteck benötigt man zwei Angaben (z.B. zwei benachbarte Seiten oder auch eine Diagonalenlänge und der Winkel zwischen der Diagonalen und einer Seite), ebenso bei der Raute (z.B. die Länge der beiden Diagonalen). Für die mittlere Etage unseres Hauses brauchen wir drei Angaben (bei allen gelingt die Konstruktion mit zwei Seiten und dem eingeschlossenen Winkel). Das allgemeine Trapez und der schräge Drachen sind nur konstruierbar, wenn man vier brauchbare Angaben hat (z.B. zwei Seiten und zwei Winkel), für ein allgemeines Viereck sind fünf Bestimmungsstücke erforderlich. Dieses Vorgehen führt uns aber auf neue Viereckstypen (z.B. auf ein Viereck mit zwei gleichen Winkeln), die auch durch Angabe von vier Stücken eindeutig bestimmt sind, also auf der Ebene von Trapez und schrägem Drachen einzuordnen wären, die man üblicherweise aber nicht gesondert betrachtet. So interessant die Suche nach neuen Viereckstypen auch wäre, wir verfolgen das nicht weiter.

Der Versuch, andere besondere Vierecke wie das in Kapitel 5 auftauchende Sehnenviereck in unser Haus zu integrieren, verursacht Störungen und erfordert Umbauten. Wir wollen auch das hier nicht weiterverfolgen und verweisen auf Neubrand 1981. Hier sollte nur angedeutet werden, dass eine bestehende Ordnung nicht, wie oft suggeriert wird, naturgegeben ist und dass auch mathematische Definitionen bzw. Systematisierungsbemühungen Gegenstand von Abwägungen sind. Auch hat sich gezeigt, dass der Versuch, Ordnung in Bekanntes zu bringen, neue Begriffe hervorbringen kann, z.B. den des schrägen Drachens.

Übung: 1)   Stellen Sie die Verknüpfungstafel für die Deckabbildungsgruppe des Quadrates auf.

           2)   Begründen Sie möglichst mit der unter (1) aufgestellten Verknüpfungstafel: Die Menge der Deckabbildungen des Quadrats mit der Verknüpfung „∘" bildet eine Gruppe. Ist die Gruppe kommutativ?

3) Zeichnen Sie wie in der Abbildung ein Quadrat mit den Mittellinien f, g und den Diagonalen h, i. Entfernen Sie aus Ihrer Figur Segmente (bzw. färben Sie Teile Ihrer Figur aus), so dass die sich ergebende Restfigur die folgende Deckabbildungsgruppe besitzt. Stellen Sie jeweils die Verknüpfungstafel auf.

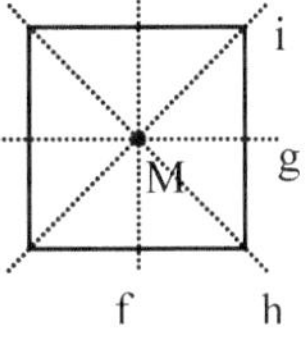

a) $(\{id, D_{M,90°}, D_{M,180°}, D_{M,270°}\}, \circ)$

b) $(\{id, D_{M,180°}, S_f, S_g\}, \circ)$

c) $(\{id, D_{M,180°}, S_h, S_i\}, \circ)$

d) $(\{id, D_{M,180°}\}, \circ)$

e) $(\{id, S_f\}, \circ)$

f) $(\{id, S_h\}, \circ)$

g) $(\{id\}, \circ)$

4) Wir betrachten die Deckabbildungen der Firmenzeichen[70] einiger Automobilhersteller (siehe auch Abbildung 110 auf S. 189). Schatten und Lichtreflektionen usw. lassen wir außer Acht. Die Mengen der Deckabbildungen dieser Zeichen bezeichnen wir mit M (bei Mercedes), C (bei Citroën), O (bei Opel) und A (bei Audi).

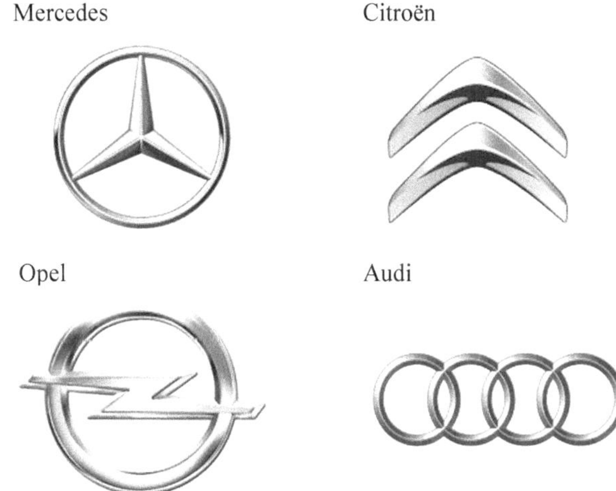

Äußern Sie sich zu folgenden Aussagen:

a) Die Menge der Deckabbildungen eines der Firmenzeichen enthält nur Bewegungen.

b) Die Menge der Deckabbildungen eines der Firmenzeichen enthält nur Umwendungen.

c) Die Deckabbildungsmenge A enthält unter anderem eine Verschiebung.

d) (A;∘) ist eine Gruppe.

e) (A;∘) hat 5 Untergruppen.

f) Das Citroënzeichen verfügt über genau eine Symmetrie. Die Menge der Deckabbildungen dieses Zeichens hat genau zwei Elemente.

g) (M;∘) ist eine kommutative Gruppe.

h) Wenn man die Deckabbildungen des Opelzeichens geeignet benennt und in der Verknüpfungstafel geeignet anordnet, erhält man die gleiche Verknüpfungstafel wie bei den Deckabbildungen der Raute mit der Verknüpfung „∘".

4.3 Ähnlichkeitsabbildungen

Die Milchtüten in Abbildung 155 sind sicher nicht durch eine Kongruenzabbildung entstanden. Vielmehr denken wir bei der Betrachtung der Abbildung eher an einen Vergrößerungs- oder Verkleinerungsprozess. Vielleicht erinnert sich der eine oder andere auch an einen gemütlichen Diaabend und interpretiert die dargestellten Tüten als verschiedene Bilder eines Dias auf Projektionsleinwänden mit verschiedenen Abständen zum Projektor.

Sicher sind die in der Abbildung rechts dargestellten Milchtüten nicht deckungsgleich, aber sie sind einander *ähnlich*.

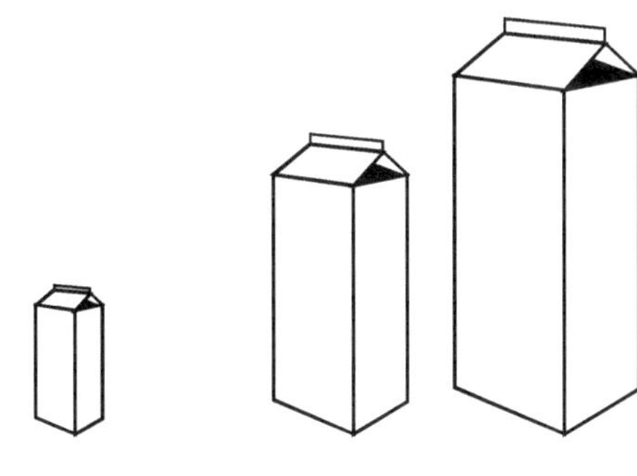

Abb. 155

Unter *Ähnlichkeit* verstehen die Mathematiker, dass die Figuren in entsprechenden Winkeln übereinstimmen und das Verhältnis entsprechender Seitenlängen konstant ist.

Auf der Suche nach einer dieser Ähnlichkeit zugrunde liegenden Abbildung zeichnen wir einige Ecken unserer Milchtüten aus und verbinden einander entsprechende Ecken durch Geraden (Abbildung 156).

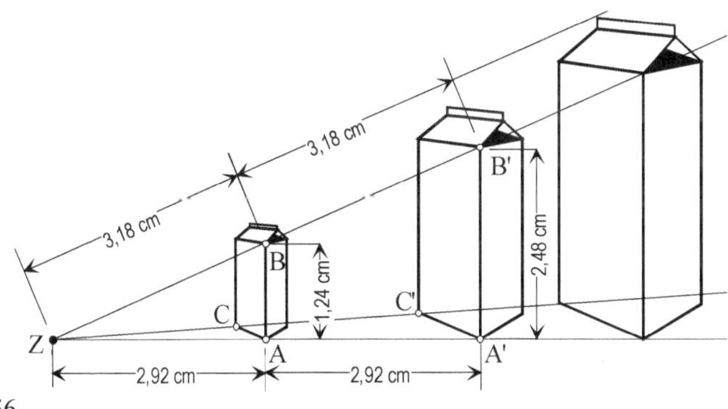

Abb. 156

Wir stellen fest, dass sich diese Geraden in einem Punkt Z schneiden und die Längenverhältnisse $l(\overline{A'Z}) : l(\overline{AZ}) = l(\overline{B'Z}) : l(\overline{BZ}) = l(\overline{C'Z}) : l(\overline{CZ})$ konstant sind[71]. Eine Abbildung, die dies leistet, nennt man *zentrische Streckung*. Wir werden sie ebenso wie die Kongruenzabbildungen durch Angabe der Konstruktionsvorschrift definieren.

Definition 13:   Zentrische Streckung $Z_{Z,k}$

Gegeben sei ein Punkt Z, das *Streckzentrum*, und eine reelle Zahl k, k ≠ 0, der *Streckfaktor*.
Die *zentrische Streckung* $Z_{Z,k}$ ist diejenige Abbildung der Ebene auf sich, die jedem Punkt P seinen Bildpunkt P' nach folgender Vorschrift zuordnet:
a) Wenn P = Z, dann gilt P = P' (Z ist Fixpunkt.).
b) Wenn P ≠ Z, dann gilt:

Wenn k > 0: P' so wählen, dass $P' \in \overrightarrow{ZP}$
und $l(\overline{ZP'}) = k \cdot l(\overline{ZP})$.

Wenn k < 0: P' so wählen, dass $P' \in ZP$ und $P' \notin \overrightarrow{ZP}$
und $l(\overline{ZP'}) = |k| \cdot l(\overline{ZP})$. [72]

Abbildung 157 zeigt ausgewählte zentrische Streckungen der Strecke $\overline{PQ}$ am Streckzentrum Z mit besonders „interessanten" Streckfaktoren k.

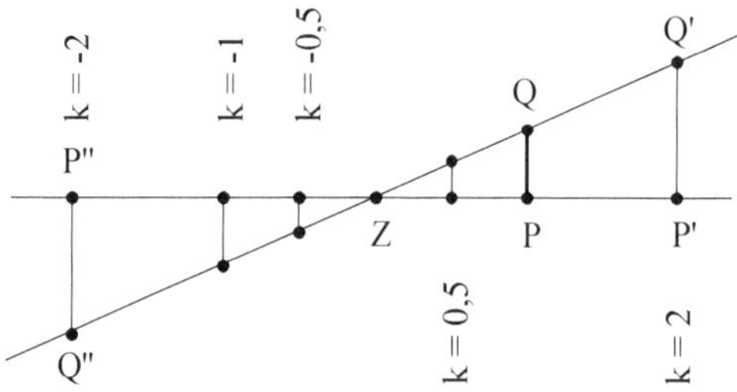

Abb. 157

In Abbildung 158 sind die Bilder des Dreiecks $\triangle ABC$ bei den zentrischen Streckungen $Z_{Z,\,1,4}$ und $Z_{Z,\,-2}$ dargestellt.

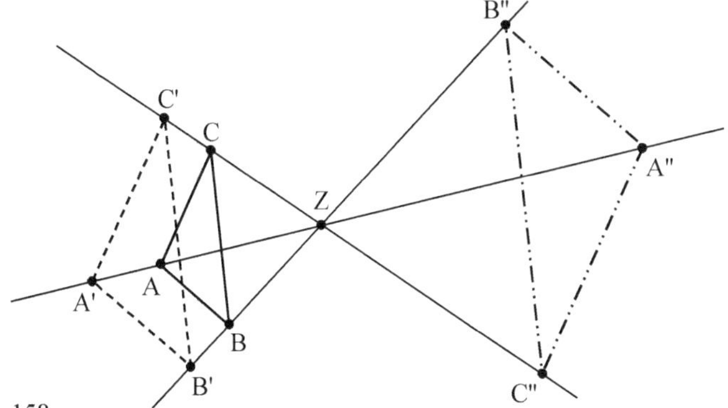

Abb. 158

Im Folgenden begnügen wir uns damit, wesentliche Eigenschaften der zentrischen Streckung herauszustellen. Vertiefende Darstellungen hierzu finden sich etwa bei Mitschka, Strehl und Hollmann 1998, S. 222 ff.

Eigenschaften der zentrischen Streckung $Z_{Z,k}$

-   Die zentrische Streckung ist *winkeltreu.*

-   Die zentrische Streckung ist *längenverhältnistreu.* Für jede Bildstrecke $\overline{A'B'}$ einer Strecke $\overline{AB}$ gilt: $l(\overline{A'B'}) = |k| \cdot l(\overline{AB})$.

-   Das Zentrum Z ist der einzige *Fixpunkt.*

-   Alle Geraden durch Z sind *Fixgeraden.*

-   Bei der zentrischen Streckung werden Geraden wieder auf Geraden abgebildet. $Z_{Z,k}$ ist also *geradentreu.*

-   Es gilt sogar, dass das Bild g' einer Geraden g zu g parallel ist:

    Für g durch Z gilt g = g'.

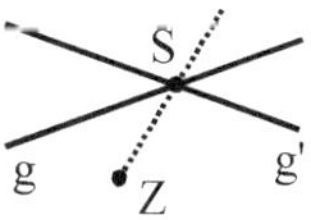

Abb. 159

Für Geraden, die nicht durch Z gehen, folgt dies aus der Tatsache, dass Z der einzige Fixpunkt ist. Würden sich nämlich g und g' in S schneiden, so wäre S ein weiterer Fixpunkt.

Die zentrische Streckung ist folglich auch *parallelentreu*: Aus g'∥g, g∥h und h∥h' folgt g'∥h'.

- Weiter stellen wir fest, dass sich der *Umlaufsinn* einer Figur bei der zentrischen Streckung nicht ändert.

- Im Fall k = 1 ergibt sich die *identische Abbildung* ($Z_{Z,1}$ = id).

- Im Fall k = −1 ist die zentrische Streckung eine *Punktspiegelung* mit Z als Spiegelungszentrum ($Z_{Z,-1}$ = S_Z).

- Die *Umkehrabbildung* einer zentrischen Streckung mit Streckzentrum Z und Streckfaktor k ist eine zentrische Streckung mit demselben Zentrum Z und dem Streckfaktor $\dfrac{1}{k}$.

Mit Hilfe der zentrischen Streckung und ihrer Eigenschaften können wir nun die Strahlensätze beweisen.

Satz 27:   1. Strahlensatz

Werden zwei Geraden, die sich im Punkt Z schneiden, von Parallelen in A und B bzw. A' und B' geschnitten, dann gilt:

$$l(\overline{A'Z}) : l(\overline{AZ}) = l(\overline{B'Z}) : l(\overline{BZ})$$

Beweis:

- Durch Z, A und A' ist die zentrische Streckung $Z_{Z,k}$ mit |k| = $l(\overline{A'Z})$: $l(\overline{AZ})$ festgelegt.

- Das Bild der Geraden AB bei $Z_{Z,k}$ verläuft durch A' und ist nach unseren obigen Überlegungen parallel zu AB.

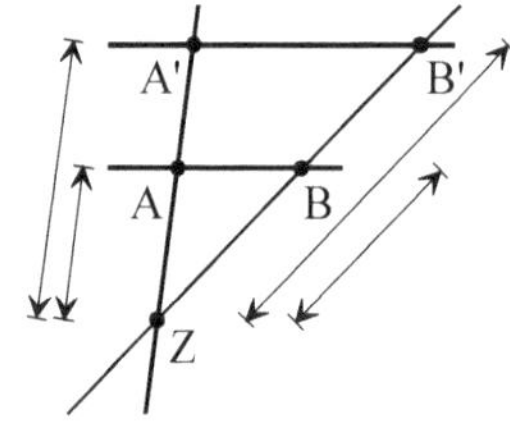

- Nach Voraussetzung verläuft auch A'B' durch A' und ist parallel zu AB.

- Nach dem Parallelenaxiom ist die Parallele zu AB durch A' eindeutig bestimmt. Also ist A'B' das Bild von AB bei der zentrischen Streckung und damit B' das Bild von B.

Nach Definition 13 gilt dann $l(\overline{B'Z})$: $l(\overline{BZ})$ = |k|.

Mit der Transitivität und Symmetrie der „=“-Relation folgt:

$$l(\overline{A'Z}) : l(\overline{AZ}) = l(\overline{B'Z}) : l(\overline{BZ})$$

Satz 28:   2. Strahlensatz

Werden zwei Geraden, die sich im Punkt Z schneiden, von Parallelen in A und B bzw. in A' und B' geschnitten, dann gilt: $l(\overline{A'B'}) : l(\overline{AB}) = l(\overline{A'Z}) : l(\overline{AZ})$

Beweis:

- Wieder ist durch Z, A und A' die zentrische Streckung $Z_{Z,k}$ mit

$|k| = l(\overline{A'Z}) : l(\overline{AZ})$ festgelegt.

(1)

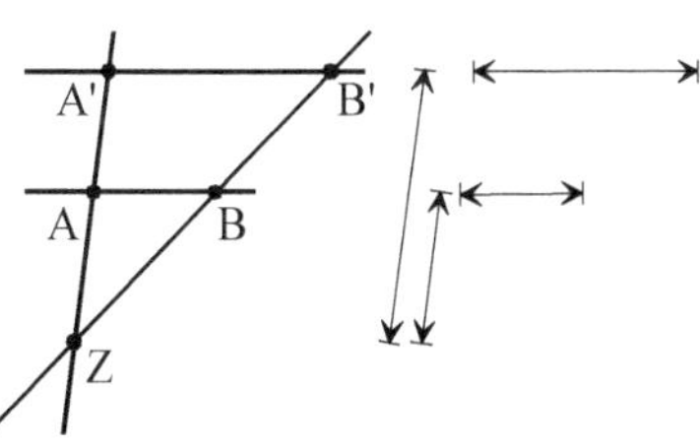

- Nach den Überlegungen im Beweis des ersten Strahlensatzes ist $\overline{A'B'}$ das Bild von $\overline{AB}$ bei $Z_{Z,k}$.

- Wegen der Längenverhältnistreue gilt $l(\overline{A'B'}) = |k| \cdot l(\overline{AB})$, was gleichbedeutend ist zu $l(\overline{A'B'}) : l(\overline{AB}) = |k|$. (2)

- Aus (1) und (2) folgt mit der Transitivität der Gleichheitsrelation $l(\overline{A'B'}) : l(\overline{AB}) = l(\overline{A'Z}) : l(\overline{AZ})$, was zu zeigen war.

Der erste Strahlensatz gilt auch in seiner Umkehrung:

Satz 29:   Umkehrung des 1. Strahlensatzes

Werden zwei Geraden, die sich in einem Punkt Z schneiden, von zwei anderen Geraden in A und B bzw. A' und B' geschnitten und gilt $l(\overline{A'Z}) : l(\overline{AZ}) = l(\overline{B'Z}) : l(\overline{BZ})$, dann sind AB und A'B' parallel.

Beweis:

- Aus der Voraussetzung $l(\overline{A'Z}) : l(\overline{AZ}) = l(\overline{B'Z}) : l(\overline{BZ})$ schließen wir, dass A' das Bild von A und B' das Bild von B bei der zentrischen Streckung[73] $Z_{Z,k}$ mit $|k| = l(\overline{A'Z}) : l(\overline{AZ})$ ist.

- Dann ist A'B' das Bild von AB bei $Z_{Z,k}$, denn jede Gerade ist durch zwei Punkte eindeutig bestimmt.

---

[73] „Geteiltes Leid ist halbes Leid." Im vagen Vertrauen auf diesen Satz des Volksmundes versichern wir: Wir teilen Ihr Leid beim Anblick der „Streckung". Freuen wir uns vielmehr, dass wir nicht schon „Str-eckung" in diesem Buch finden (müssen). It could have come worse.

- Weil nach den Eigenschaften der zentrischen Streckung $Z_{Z,k}$ die Bildgerade parallel zur Urbildgeraden ist, folgt AB ∥ A'B', die Behauptung.

Der zweite Strahlensatz ist nicht umkehrbar, wie Abbildung 160 zeigt:

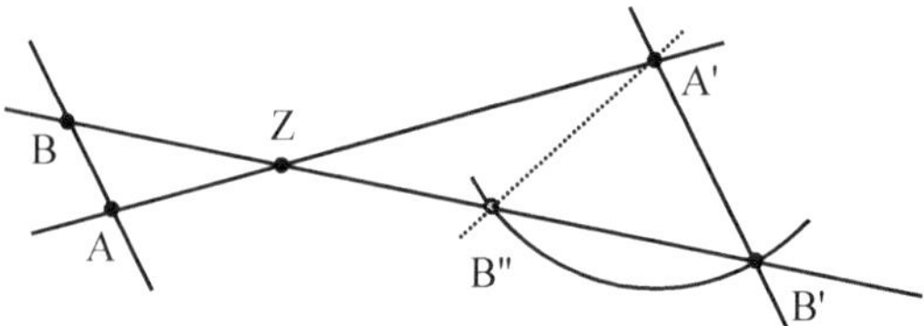

Abb. 160

Schlägt man um A' einen Kreis mit Radius $l(\overline{A'B'})$, so findet man einen Punkt B", für den ebenfalls $l(\overline{A'B''}) : l(\overline{AB}) = l(\overline{A'Z}) : l(\overline{AZ})$ gilt, aber A'B" ist nicht parallel zu AB.

Wir verlassen die Strahlensätze, wenden uns wieder der zentrischen Streckung zu und fragen:

Durch welche Abbildung können wir die Nacheinanderausführung zweier zentrischer Streckungen $Z_{Z_2,k_2} \circ Z_{Z_1,k_1}$ ersetzen?

Auf der Suche nach einer Antwort unterscheiden wir zwei Fälle:
1. Fall: Die Streckzentren fallen zusammen. $Z_1 = Z_2 = Z$
2. Fall: Die Streckzentren sind verschieden. $Z_1 \neq Z_2$

zu Fall 1: Wir betrachten Z_{Z,k_1} , Z_{Z,k_2} und einen beliebigen Punkt P.
Nach Definition 13 gilt dann:

$$l(\overline{P'Z}) = |k_1| \cdot l(\overline{PZ}) \land l(\overline{P''Z}) = |k_2| \cdot l(\overline{P'Z})$$

$$\Rightarrow \quad l(\overline{P''Z}) = |k_2| \cdot |k_1| \cdot l(\overline{PZ}) \qquad\qquad / \text{ 1. in 2. Gleichung eingesetzt}$$

$$\Rightarrow \quad l(\overline{P''Z}) = |k_1 \cdot k_2| \cdot l(\overline{PZ}) \qquad\qquad / |b| \cdot |a| = |a| \cdot |b| = |a \cdot b|; \, a, \, b \in \mathbb{R}$$

-     $Z_{Z,k_2} \circ Z_{Z,k_1}$ ist also wieder eine zentrische Streckung am Zentrum Z
      mit dem Streckfaktor $k = k_1 \cdot k_2$.

- Sind beide Streckfaktoren positiv oder negativ, so ist auch $k_1 \cdot k_2$ positiv, ist genau einer der beiden positiv, so ist $k_1 \cdot k_2$ negativ.

- Wenn $k_1 \cdot k_2 = 1$, so gilt $Z_{Z,k_2} \circ Z_{Z,k_1} = Z_{Z,1} = \mathrm{id}$. Dieser Fall tritt offensichtlich immer dann ein, wenn $k_2 = \dfrac{1}{k_1}$, wenn also eine zentrische Streckung mit ihrer Umkehrabbildung verkettet wird[74].

zu Fall 2: Wir betrachten Z_{Z_1,k_1}, Z_{Z_2,k_2} mit $Z_1 \neq Z_2$ und eine beliebige Strecke $\overline{AB}$.

Da bei der zentrischen Streckung Geraden auf parallele Geraden abgebildet werden, gilt:

$\qquad$ AB ∥ A'B' ∧ A'B' ∥ A''B''

$\Rightarrow \quad$ AB ∥ A''B'' $\qquad\qquad\qquad\qquad$ / Trans. der „∥"- Relation

Wegen der Längenverhältnistreue gilt:

$\qquad l(\overline{A'B'}) = |k_1| \cdot l(\overline{AB}) \;\wedge\; l(\overline{A''B''}) = |k_2| \cdot l(\overline{A'B'})$

$\Rightarrow \quad l(\overline{A''B''}) = |k_2| \cdot |k_1| \cdot l(\overline{AB}) \qquad$ / 1. in 2. Gleichung eingesetzt

$\Rightarrow \quad l(\overline{A''B''}) = |k_1 \cdot k_2| \cdot l(\overline{AB}) \qquad$ / $|b| \cdot |a| = |a| \cdot |b| = |a \cdot b|$; $a,b \in \mathbb{R}$

- Wenn $l(\overline{AB}) \neq l(\overline{A''B''})$ gilt, dann schneiden sich die Geraden AA" und BB" in einem Punkt Z (Abbildung 161).

$\overline{A''B''}$ ist dann das Bild der zentrischen Streckung an Z mit dem Streckfaktor $k = k_1 \cdot k_2$. Das Zentrum Z dieser Streckung liegt dann auf der Geraden durch Z_1 und Z_2, denn diese Gerade ist Fixgerade bei beiden Streckungen, also auch bei der Nacheinanderausführung von beiden. Folglich muss diese Gerade auch durch Z gehen.

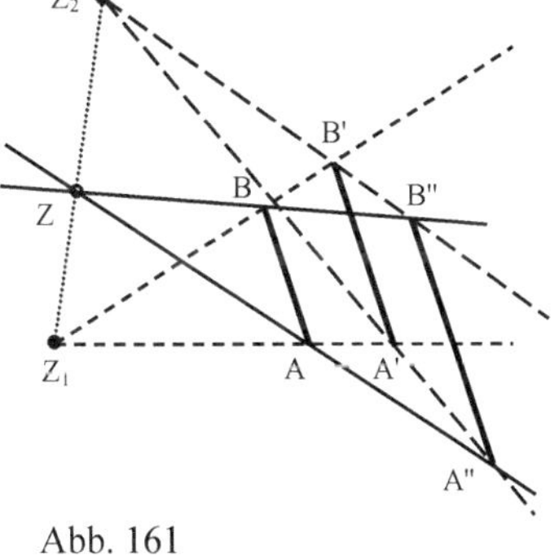

Abb. 161

---

[74] Wir verweisen auf die Eigenschaften der zentrischen Streckung.

- Der Fall $l(\overline{AB}) = l(\overline{A''B''})$ tritt einerseits auf, wenn $k_1 \cdot k_2 = 1$ gilt und wird durch Abbildung 162 veranschaulicht. In diesem Fall ist $Z_{Z_2,k_2} \circ Z_{Z_1,k_1}$ die Verschiebung $V_{\overrightarrow{AA''},\, l(\overline{AA''})}$.
Dabei gilt $AA'' \parallel Z_1 Z_2$.

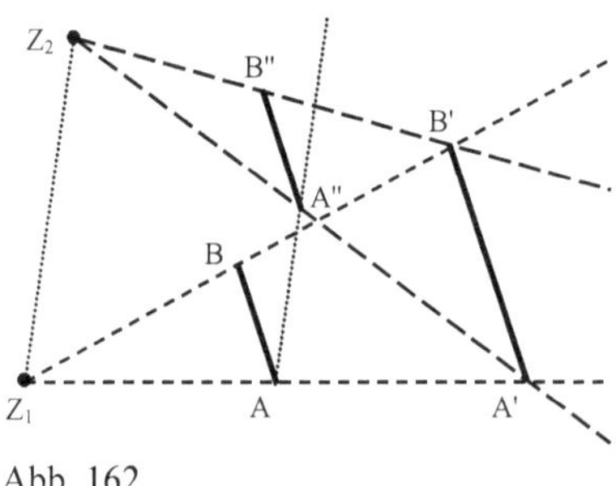

Abb. 162

Der Fall $l(\overline{AB}) = l(\overline{A''B''})$ tritt andererseits auch auf, wenn $k_1 \cdot k_2 = -1$ gilt (Abbildung 163).

In diesem Fall ist $Z_{Z_2,k_2} \circ Z_{Z_1,k_1}$ eine Punktspiegelung an einem Punkt P mit $P \in Z_1 Z_2$.

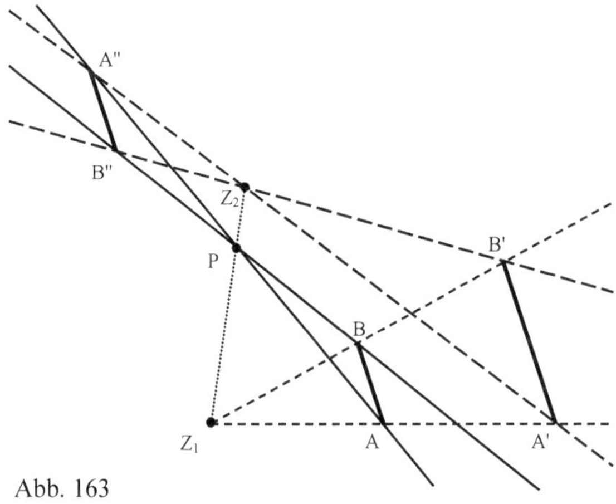

Abb. 163

Die zentrische Streckung ist geraden-, winkel- und längenverhältnistreu. Jede Abbildung der Ebene, die diese Eigenschaften besitzt, nennt man *Ähnlichkeitsabbildung*. Auch die Kongruenzabbildungen sind demnach Ähnlichkeitsabbildungen, denn die Längentreue (k = 1) ist ein Spezialfall der Längenverhältnistreue ($k \in \mathbb{R} \setminus \{0\}$). Auch alle Verkettungen von Kongruenzabbildungen und zentrischen Streckungen sind Ähnlichkeitsabbildungen.

Es gilt umgekehrt, dass jede Ähnlichkeitsabbildung als Verkettung einer zentrischen Streckung und einer Kongruenzabbildung dargestellt werden kann. Es lässt sich zeigen, dass die Menge aller Ähnlichkeitsabbildungen zusammen mit der Nacheinanderausführung „∘" eine Gruppe bildet, die die Kongruenzabbildungen als Untergruppe hat.

Figuren, die durch eine Ähnlichkeitsabbildung ineinander überführt werden können, heißen *ähnlich* (Zeichen: ~). So sind z.B. alle Strecken, alle Kreise, alle Quadrate, alle gleichseitigen Dreiecke usw. einander ähnlich. Wie bei den Kongruenzsätzen kann man für beliebige Dreiecke Kriterien angeben, wann sie einander ähnlich sind. Dies ist z.B. dann der Fall, wenn sie in zwei Winkeln übereinstimmen (womit der dritte Winkel automatisch auch übereinstimmt).

Zur zentrischen Streckung, den Strahlensätzen und der Ähnlichkeit gibt es eine Fülle von Anwendungsaufgaben, von denen hier nur einige wenige exemplarisch vorgestellt werden[75].
Die zentrische Streckung stellt im Fall $k \neq \pm 1$ eine maßstabsgerechte Vergrößerung oder eine Verkleinerung dar. Denken Sie an Kopiergeräte, Diaprojektoren, Karten mit unterschiedlichen Maßstäben etc.

Ein Hilfsmittel zum Vergrößern oder Verkleinern von Zeichnungen ist der *Storchschnabel* (Pantograph), den man in einer einfachen Papp- oder Holzversion selbst herstellen kann. Vier Stäbe sind in den Punkten A, A', B und C gelenkig miteinander verbunden. Dabei bilden die Punkte A, B, C, A' ein Parallelogramm. Der Mechanismus wird in Z drehbar fixiert.

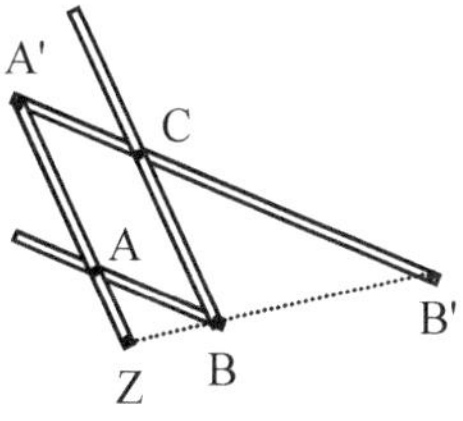

Abb. 164

Bewegt man nun einen Führungsstift in B an einer Figur entlang, dann zeichnet ein in B' befestigter Schreibstift ein vergrößertes Bild der Figur. Der Vergrößerungsfaktor ist dabei $l(\overline{A'Z}) : l(\overline{AZ})$. Man kann ihn variieren, indem man $l(\overline{AB})$ und $l(\overline{BC})$ verändert. Eine Verkleinerung erreicht man, indem man den Führungsstift bei B' anbringt und den Schreibstift bei B.

---

[75] Wir empfehlen Ihnen einen Blick in verschiedene Schulbücher.

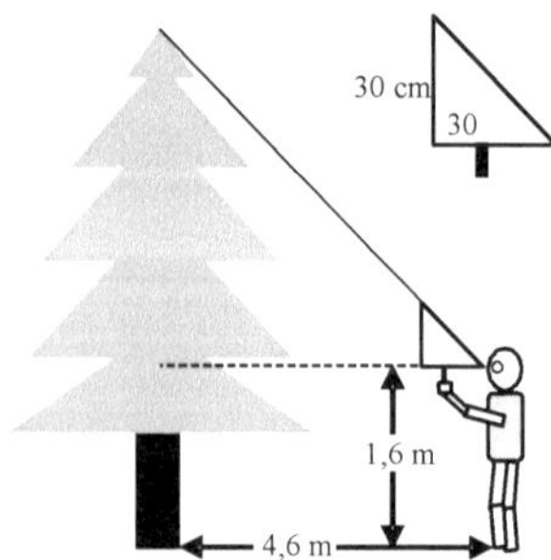

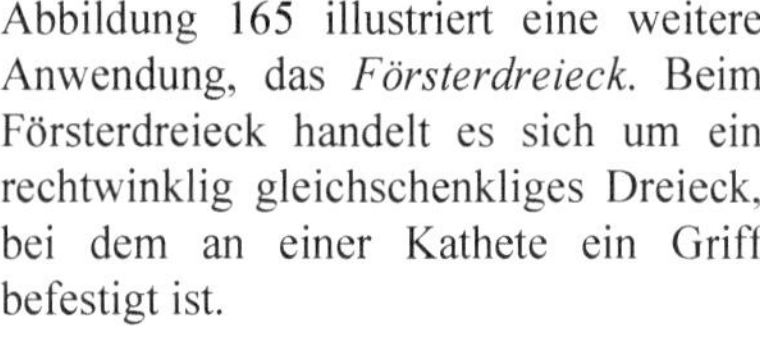

Abb. 165

Abbildung 165 illustriert eine weitere Anwendung, das *Försterdreieck*. Beim Försterdreieck handelt es sich um ein rechtwinklig gleichschenkliges Dreieck, bei dem an einer Kathete ein Griff befestigt ist.

Aus dem zweiten Strahlensatz folgt sofort, dass die Höhe des Baumes gleich der Entfernung des Försters vom Baum plus der Augenhöhe des Försters ist, in Abbildung 165 also 6,2 m.

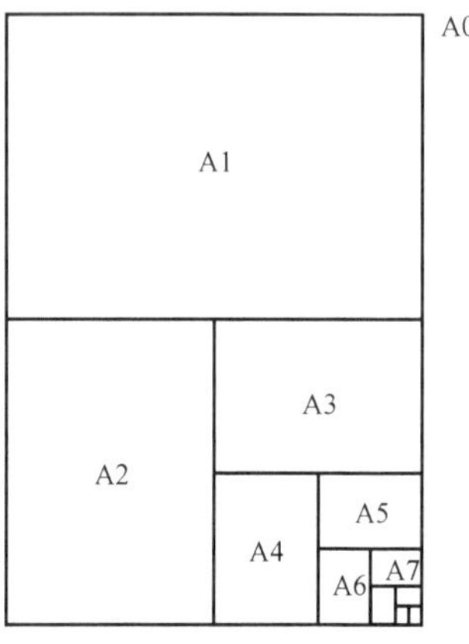

Abb. 166

Als letzte Anwendung betrachten wir die DIN-Formate unseres Papiers. Zwei regelmäßige n-Ecke sind einander stets ähnlich. Zwei Rechtecke sind einander nur dann ähnlich, wenn ihr Seitenverhältnis übereinstimmt. Sie wissen vermutlich, dass unsere DIN-Formate A0 bis A10 durch fortgesetztes Halbieren entstehen (s. Abbildung 166) und dass ein Blatt A0 den Flächeninhalt von 1 m² hat. Legt man Blätter verschiedener Größen wie in Abbildung 167 aufeinander, so stellt man fest, dass diese Formate durch eine zentrische Streckung auseinander hervorgehen.

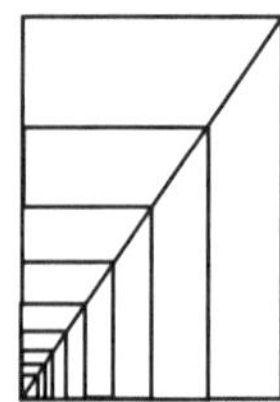

Abb. 167

Den Streckfaktor ermitteln wir wie folgt: Das Seitenverhältnis des Formates DIN An sei a:b, das des Formates DIN An+1 ist dann $b:\dfrac{a}{2}$.

Da diese übereinstimmen folgern wir:

$$a{:}b = b{:}\dfrac{a}{2} \ \Leftrightarrow \ a{:}b = 2b{:}a \ \Leftrightarrow \ a^2 = 2b^2 \ \Rightarrow \ a = \sqrt{2}\,b\,.$$

Der Streckfaktor ist also $\sqrt{2}$, das Verhältnis der Seitenlängen unserer DIN A-Papierformate ist $\sqrt{2}$.

Übung: 1) Gegeben sei ein Dreieck ABC mit $l(a) = 7{,}5$ cm, $l(b) = 6$ cm und $l(c) = 7$ cm. Konstruieren Sie in dieses Dreieck ein Quadrat $Q_1Q_2Q_3Q_4$ für das gilt:

Q_1, Q_2 liegen auf c,
Q_3 liegt auf a und
Q_4 liegt auf b.

2) Konstruieren Sie ein Rechteck, dessen Seiten sich im Verhältnis 5:4 verhalten und dessen Eckpunkte auf einem Kreis mit dem Radius 5 cm liegen.

3) Verbindet man in einem beliebigen Dreieck $\triangle ABC$ jeweils die Ecken mit den Mittelpunkten der gegenüberliegenden Seiten (Seitenhalbierende), so erhält man als Schnittpunkt den Schwerpunkt S.

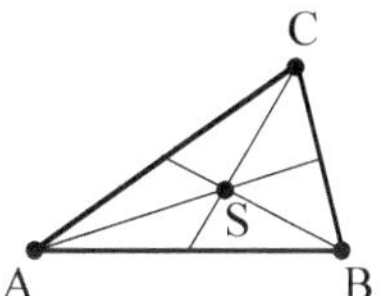

a) Zeigen Sie, dass das Viereck, das aus den Mittelpunkten von $\overline{AS}$, $\overline{BS}$, $\overline{BC}$ und $\overline{AC}$ gebildet wird, ein Parallelogramm ist.

b) Unter welchen Bedingungen ist dieses Viereck ein Rechteck, unter welchen Bedingungen ein Quadrat?

4) Bei Adriano kostet die Pizza di Mare (Durchmesser 36 cm) 10 €. Seit seiner Eheschließung mit der Sizilianerin Gina hat diese die Produkt- und Preisgestaltung übernommen[76]. Gina hat sofort die Pizza di Mare Bambini (Durchmesser 18 cm) für 4,50 € in die Speisekarte übernommen. Man sagt: Seit Adriano unter der Haube ist, gehts mit der Pizzeria bergauf. Äußern Sie sich qualifiziert zur Situation.

5) Ein Würfel wird mit dem Faktor k zentrisch gestreckt. Wie verändern sich Volumen und Oberflächeninhalt?

---

[76] Gina hat die Geschäftsführung bei ihrem Vater Don Paolo gelernt, dessen Pizzerias ganze Landstriche von Sizilien dominieren.

6)   Bei den gängigen Försterdreiecken beträgt die Länge beider Katheten 30 cm.

a)   Bei einer Augenhöhe von 160 cm und einem Augenabstand von 8 cm visiert der Förster die Baumspitze 20 Schritte vom Baum entfernt an. Die Schrittlänge des Mannes beträgt 80 cm, sein Bauchumfang gute 105 cm, er ist 170 cm groß, verheiratet und hat zwei Kinder, das Dritte ist unterwegs. Aber wie hoch ist nun der Baum?

b)   Grundsätzlich funktionieren Försterdreiecke mit allen möglichen Kathetenlängen, so auch mit Katheten der Länge 40 cm und 30 cm. Warum nimmt man dennoch gern gleichschenklige Dreiecke?

7)   Licht- und Schattengestalten

Edward bringt seine Bella zur Uni. Die Sonne scheint und die 1,70 m große Bella wundert sich, dass sie nur noch einen Schatten von 0,70 m wirft (am Morgen war er noch viel länger)[77], während das Hörsaalgebäude immerhin einen Schatten von 2,50 m wirft.

Wie hoch ist wohl das Hörsaalgebäude?

---

[77]   Edward wirft nie einen Schatten, mag die Sonne nicht und hat an keinem Spiegel dieser Welt ein Spiegelbild. Edward ist ein …
Bildquelle der Abbildung unten:
https://pixabay.com/de/flederm%C3%A4 use-fliegen-vamps-vampir-151735/

8) Geraden mit „Biss"

Natürlich handelt es sich bei der Darstellung der Geraden b_1 und b_2 auf dem Denkzettel nur um eine Faustskizze, aber alle Längenangaben stimmen.

Sind die Geraden b_1 und b_2 nun parallel oder sind es „Biss-Geraden"?

9) Hasenrücken an Thymiansauce … hm!

Bei einem Jagdgewehr beträgt die Länge der Visierlinie (Abstand Auge-Korn) 50 cm. Wenn Ostern vorbei ist und die Osterhasen ihre Pflichten erfüllt haben, müssen sie nicht mehr besonders geschützt werden. Stellen Sie sich also vor: Weidmann entdeckt in 100 m Entfernung einen Hasen, der permanent am Klee fressen ist. Ruhendes Ziel – so viel Glück hat Weidmann nicht immer. Beim Auslösen des Schusses macht er einen Fehler von 2 mm.

a) Ob er Meister Lampe wohl erlegt?[78]

b) Wie sind bei gleichem Fehler die Trefferaussichten, wenn die Visierlinie kürzer wird? Begründen Sie bitte exakt.

---

[78] Bedenkenträger stellen sich gern einen Klee fressenden Hasen aus Schokolade (aber in Originalgröße!) vor, dessen Haltbarkeitsdatum deutlich überschritten ist. Dann wird kein Tier getötet, kein Lebensmittel missbraucht.
Trotzdem: Es geht um Hasenrücken an Thymiansauce!

4.4   Affine Abbildungen

Von den *affinen Abbildungen*, das sind alle geradentreuen Abbildungen der
Ebene auf sich, wollen wir hier nur die besonders häufig vorkommende
Scherung und die *Schrägspiegelung* behandeln.

Definition 14:   Scherung $\text{Sche}_{g,w(\alpha)}$

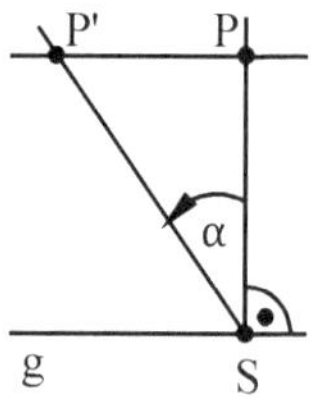

Gegeben sei eine Gerade g, die *Sche-*
rungsachse, und ein Winkel α, der
Scherungswinkel, mit $0° \leq w(\alpha) < 90°$
$\lor\ 270° < w(\alpha) < 360°$.
Die *Scherung* $\text{Sche}_{g,w(\alpha)}$ ist diejenige
Abbildung der Ebene auf sich, die je-
dem Punkt P seinen Bildpunkt P' nach
folgender Vorschrift zuordnet:

a) Wenn $P \in g$, dann $P = P'$. (Alle $P \in g$ sind Fixpunkte.)

b) Wenn $P \notin g$, dann gilt: $PP' \parallel g\ \land\ w(\overrightarrow{SP}, \overrightarrow{SP'}) = w(\alpha)$,
   wobei $S \in g$ und $SP \perp g$.

Gilt für den Scherungswinkel $w(\alpha) = 0°$, so haben wir die identische Abbil-
dung vorliegen ($\text{Sche}_{g,0°} = \text{id}$). Für Scherungswinkel α mit $w(\alpha) \neq 0°$ sind alle
Punkte auf der Scherungsachse g Fixpunkte, alle Parallelen zur Sche-
rungsachse sind Fixgeraden. Die Umkehrabbildung der Scherung $\text{Sche}_{g,w(\alpha)}$
ist die Scherung $\text{Sche}_{g,360°-w(\alpha)}$.

Beispiel:

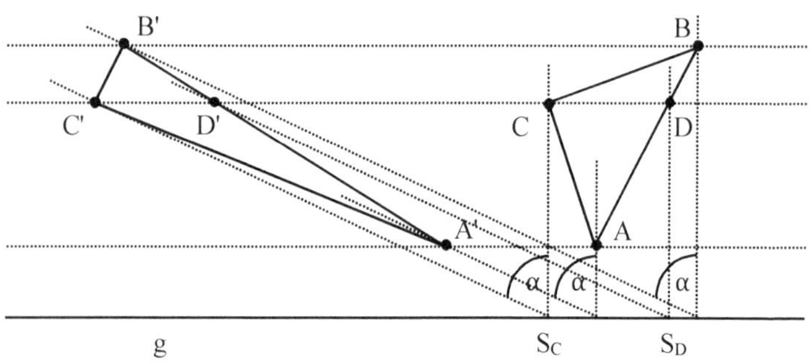

Abb. 168

Abbildung 168 zeigt, wie das Dreieck $\triangle ABC$ durch die Scherung $Sche_{g,65°}$ auf Dreieck $\triangle A'B'C'$ abgebildet wird. Alle Winkelmaße und Streckenlängen haben sich verändert, ebenso das Verhältnis der Seitenlängen. Die Scherung ist im Allgemeinen also weder winkel-, noch längen- noch längenverhältnistreu. Sie ist allerdings *flächeninhaltstreu*.

Um zu zeigen, dass der Flächeninhalt von $\triangle ABC$ gleich dem von $\triangle A'B'C'$ ist, betrachten wir den Hilfspunkt D, der auf der Parallelen zu g durch C liegt, und seinen Bildpunkt D':

- Nach Konstruktion gilt CD = C'D' und C'D' ∥ g. Ebenso folgt aus der Abbildungsvorschrift in Definition 14, dass $\overline{S_D D'}$ ∥ $\overline{S_C C'}$. Demnach ist das Viereck $S_C S_D D'C'$ ein Parallelogramm.

  Also gilt $l(\overline{C'D'}) = l(\overline{S_C S_D}) = l(\overline{CD})$.

- Nun zerlegt die Strecke $\overline{CD}$ das Dreieck $\triangle ABC$ in zwei Teildreiecke $\triangle CDB$ und $\triangle ADC$. Die Strecke $\overline{C'D'}$ zerlegt das Bilddreieck $\triangle A'B'C'$ ebenfalls in zwei Teildreiecke $\triangle C'D'B'$ und $\triangle A'D'C'$. Die Dreiecke $\triangle CDB$ und $\triangle C'D'B'$ haben gleichlange Grundseiten und stimmen in den Längen ihrer Höhen überein, da B und B' nach Definition der Scherung auf einer Parallelen zur Grundseite liegen. Also sind $\triangle CDB$ und $\triangle C'D'B'$ flächeninhaltsgleich.

- Dasselbe gilt für $\triangle ADC$ und $\triangle A'D'C'$.

- Also haben auch $\triangle ABC$ und $\triangle A'C'B'$ den gleichen Flächeninhalt.

- Da man jedes beliebige Vieleck in Dreiecke zerlegen kann, bleibt der Flächeninhalt eines solchen Vielecks durch eine Scherung ebenfalls unberührt. Die Aussage gilt auch für beliebige Figuren, die man durch Polygone annähern kann.

Blättern Sie noch einmal zurück zur Abbildung 74b aus dem Einstiegsabschnitt dieses Kapitels. Alle dort abgebildeten Dreiecke sind durch Scherungen entstanden. Die Scherungsachse war jeweils die Grundseite des Dreiecks. Wir haben es also in Abbildung 74b mit einer besonders „günstigen" Lage der Dreiecke zu tun, bei der man die Flächeninhaltsgleichheit sofort erkennen kann.

Da die Scherung eine flächeninhaltstreue Abbildung ist, lassen sich Fragestellungen, bei denen es um den Vergleich von Flächeninhalten geht, oft besonders elegant mit Hilfe von Scherungen lösen. Dazu gehören Beweise und/oder Verwandlungsaufgaben, bei denen Figuren in andere Figuren gleichen Flächeninhalts mit bestimmten anderen Eigenschaften transformiert werden, z.B. ein Fünfeck in ein Viereck, ein Quadrat in eine Raute mit bestimmter Seitenlänge o.Ä. Wir gehen hierauf an dieser Stelle nicht weiter ein, weisen jedoch darauf hin, dass wir auf entsprechende Fragestellungen bei der Behandlung des Umfangswinkelsatzes bzw. des Satzes von Pythagoras in Kapitel 5 zurückkommen werden.

Wir wenden uns jetzt der Schrägspiegelung zu. Beim Haus der Vierecke sind wir dem schrägen Drachen begegnet. Bei diesem Viereck wird die Diagonale $\overline{BD}$ durch die Diagonale $\overline{AC}$ halbiert (Abbildung 169). $\overline{AC}$ zerteilt aber auch den gesamten schrägen Drachen in zwei inhaltsgleiche „Hälften". Die Dreiecke ΔDMC und ΔMBC haben nämlich eine gleichlange Grundseite $(l(\overline{DM}) = l(\overline{MB}))$ und stimmen in der Länge ihrer Höhe h_1 überein. Analoges gilt für ΔDMA und ΔMBA. Also sind auch ΔACD und ΔACB gleich groß.

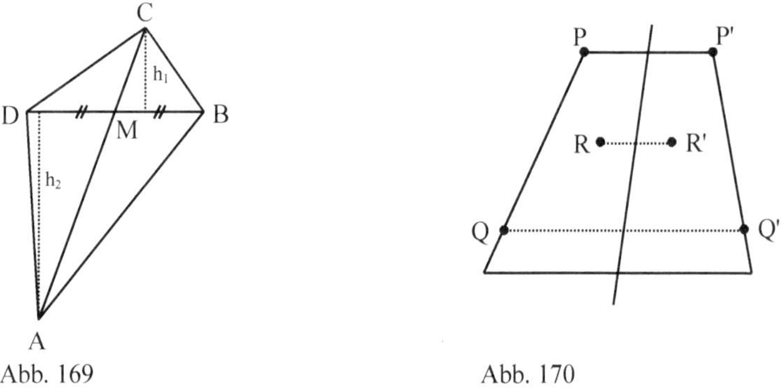

Abb. 169   Abb. 170

Auch beim allgemeinen Trapez zerlegt die Mittellinie durch die beiden parallelen Trapezseiten die Figur in zwei flächeninhaltsgleiche Teilfiguren (Abbildung 170). Jedem Punkt P des Trapezes (bzw. des schrägen Drachens) lässt sich ein Punkt P' so zuordnen, dass die Mittellinie (bzw. die Diagonale des schrägen Drachens) die Strecke $\overline{PP'}$ halbiert und die Strecken $\overline{PP'}$, $\overline{QQ'}$, $\overline{RR'}$, ... zueinander parallel sind. Man sagt dann, dass diese Figuren *schrägspiegelungssymmetrisch* sind.

Ausgehend von diesen hinführenden Beispielen definieren wir die Schrägspiegelung jetzt allgemein:

Definition 15:   Schrägspiegelung Schr$_{g,h}$

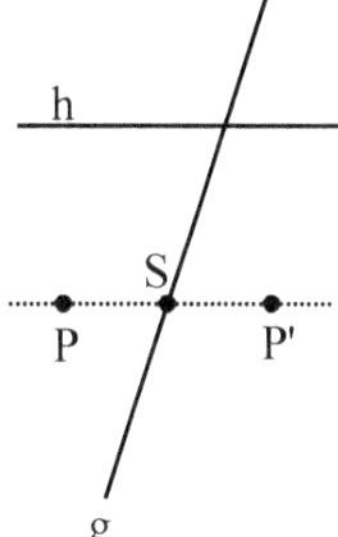

Gegeben sei eine Gerade g, die *Schrägspiegelungsachse*, und eine Gerade h mit g ∩ h ≠ ∅.

Die *Schrägspiegelung* Schr$_{g,h}$ ist diejenige Abbildung der Ebene auf sich, die jedem Punkt P seinen Bildpunkt P' nach folgender Vorschrift zuordnet:

a) Wenn P ∈ g, dann P = P' .
   (Alle P ∈ g sind Fixpunkte.)

b) Wenn P ∉ g, dann gilt PP' ∥ h ∧ l($\overline{PS}$) = l($\overline{P'S}$),
   wobei PP' ∩ g = {S}.

Obwohl auf der Geraden h keine Orientierung ausgezeichnet ist, sagt man, h gebe die *Schrägspiegelungsrichtung* an.
Bei der Schrägspiegelung sind alle Punkte der Schrägspiegelungsachse Fixpunkte. Alle Parallelen zu h sind Fixgeraden. Die Schrägspiegelung ist involutorisch, ist also Umkehrabbildung zu sich selbst. Alle Strecken, die parallel zur Geraden h verlaufen[79], werden auf Strecken gleicher Länge abgebildet. Im allgemeinen Fall g ⊥ h ist die Schrägspiegelung nicht längentreu und auch nicht winkeltreu (vgl. Abbildung 171). Im Fall g ⊥ h ist die Schrägspiegelung eine Geradenspiegelung. Vergleichen Sie hierzu auch die Definitionen der Schräg- und der Geradenspiegelung miteinander.

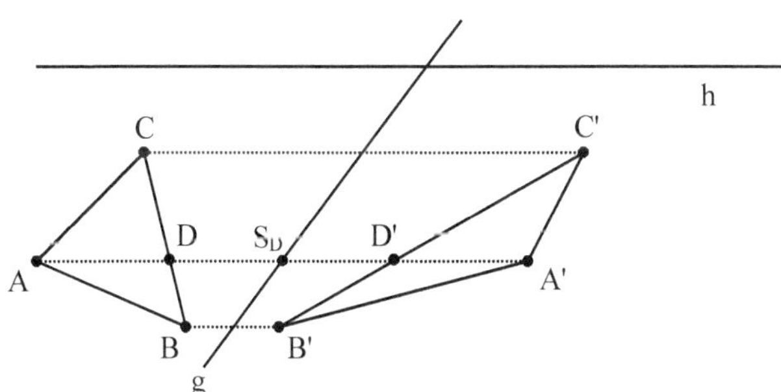

Abb. 171

---

[79] Eigentlich: „ ... deren Trägergeraden parallel zur Geraden h sind.“

In Abbildung 171 wurde das Dreieck ΔABC durch eine Schrägspiegelung auf das Dreieck ΔA'B'C' abgebildet. Dreieck und Bilddreieck haben denselben Flächeninhalt. Beweisen Sie dies zur Übung selbst. Verwenden Sie dabei, dass Strecken, die parallel zur Geraden h sind, auf Strecken gleicher Länge abgebildet werden. Die Schrägspiegelung ist eine flächeninhaltstreue Abbildung.

Übung: 1) Ein Parallelogramm ist schrägspiegelungssymmetrisch. Finden Sie alle Schrägspiegelungsachsen und geben Sie die dazugehörigen Geraden h (die die Schrägspiegelungsrichtung festlegen) an.

2) Begründen Sie das Verfahren zur Flächeninhaltsbestimmung am Parallelogramm

a) mit Hilfe einer geeigneten Kongruenzabbildung,

b) mit Hilfe einer affinen Abbildung.

Stellen Sie jeweils auch eine geeignete Skizze her.[80]

3) „Der Flächeninhalt eines Dreiecks ist halb so groß wie der des entsprechenden Parallelogramms ($A_{\text{Dreieck}} = \dfrac{g \cdot h}{2}$)."[81]

a) Erklären Sie diese schöne Verbalisierung zum Verständnis der Formel durch eine Skizze und die Heranziehung einer geeigneten Kongruenzabbildung.

b) Klären Sie auch, was mit einem „entsprechenden Parallelogramm" gemeint ist.

c) Eine Lehrerin fragt:

„Wie kannst du den Flächeninhalt eines Dreiecks bestimmen?"

---

[80] Hinweise zu dieser und den beiden folgenden unmittelbar unterrichtsrelevanten Übungsaufgaben finden Sie in geeigneten Schulbüchern, bei Holland 2007, insbesondere jedoch in der hervorragenden Veröffentlichung von Palzkill und Schwirtz 1971.

[81] Ebenda.

Eine Schülerin antwortet:

„Sei M der Mittelpunkt einer Dreiecksseite. Führt man nun die Punktspiegelung S_M aus und vereinigt Urbild- und Bildfigur, dann entsteht ein Parallelogramm. Dessen Flächeninhalt kann ich nach dem bekannten Verfahren bestimmen: $A_{Parallelogramm} = g \cdot h$. Weil das Parallelogramm aus zwei zueinander kongruenten Dreiecken besteht, ist der Flächeninhalt eines Dreiecks halb so groß wie der des Parallelogramms. Also $A_{Dreieck} = \dfrac{A_{Parallelogramm}}{2} = \dfrac{g \cdot h}{2}$.“

Stellen Sie Positives und Negatives dieser Argumentation heraus.

d) Bügeln Sie die Defizite der o.g. Argumentation aus.

4) *Formal* bestimmt man den Flächeninhalt eines Trapezes nach der Formel

$$A_{Trapez} = \frac{(g_1 + g_2) \cdot h}{2} .$$

Die Abbildung rechts *ikonisiert* das Verfahren zur Flächeninhaltsbestimmung am Trapez. [82]

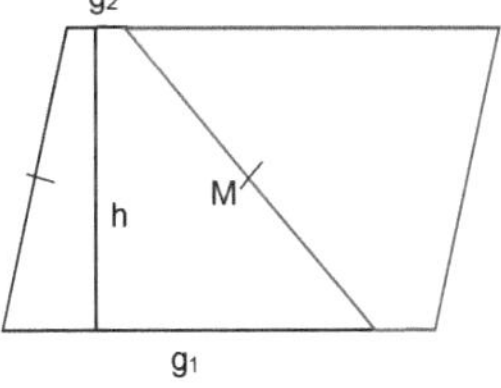

a) Finden Sie eine *Verbalisierung*, die den Zusammenhang zwischen der Ikonisierung und Formalisierung des Verfahrens mit Begriffen der Abbildungsgeometrie herstellt. M.a.W.: Erklären Sie die Formel verbal mit Begriffen der Abbildungsgeometrie.

b) Wie könnte die Verbalisierung eines leistungsschwachen Achtklässlers aussehen, die Sie fachlich gerade noch akzeptieren würden?

c) Zeigen Sie eine Möglichkeit auf, das Verfahren ausgehend von einer Handlung (*Enaktivierung*) zu finden.

---

[82] Ebenda.

5 Geometrische Konstruktionen

5.1 Einstieg

Beim Konstruieren geht es darum, auf der Basis vorgegebener Größen Figuren zeichnerisch exakt darzustellen. Zum Einstieg greifen wir sechs Situationen mit Aufforderungscharakter heraus:

Situation 1

In Weitweg, dem größten Land des Sterns Irgendwo, ist 1 w die kleinste nicht mehr unterteilte Längeneinheit[1]. Da 1 w für viele Messungen unpraktisch groß ist, und weil in Weitweg im Siebenersystem[2] gerechnet wird, soll die Einheit 1 w konstruktiv in sieben exakt gleich große Teile unterteilt werden, es soll also gelten: 1 w = 7 sw.

Situation 2

In einem Schlossgarten stehen drei alte Rosenbüsche R_1, R_2 und R_3, die nicht mehr verpflanzt werden können. Es werden zahlreiche ähnlich große Rosenbüsche zugekauft und so eingepflanzt, dass alle Büsche zusammen einen großen Kreis bilden.

Situation 3

Das Zimmer eines Musikliebhabers ist 4 m breit und 3,50 m lang. Die beiden Lautsprecher (Grundriss 20 cm × 40 cm, Lautsprecherchassis an der schmalen Seite) stehen an einer der längeren Zimmerseiten und haben von der Rückwand und der entsprechenden Seitenwand je 80 cm Abstand.
Audiophiler Genuss kann (höchstens) dann entstehen, wenn der Musikhörer im so genannten Sweetpoint sitzt. Der Sweetpoint ist derjenige Punkt, der mit den Lautsprecherchassis – insbesondere den Hochtönern – ein gleichseitiges Dreieck bildet. Stellen Sie einen Regiesessel im Sweetpoint auf.

---

[1] 1 w entspricht so ungefähr 85 cm, ganz genau wissen wir das auch nicht mehr – wie oft kommt man schon nach Weitweg?

[2] Vielleicht haben die Bewohner Weitwegs sieben Finger an einer Hand oder sie haben drei Finger an der linken und vier an der rechten Hand.

© Springer Fachmedien Wiesbaden GmbH, ein Teil von Springer Nature 2018
R. Benölken, *Leitfaden Geometrie*, https://doi.org/10.1007/978-3-658-23378-5_5

Situation 4

Wegen des Baus einer neuen Autobahn bietet das Land dem Besitzer eines rechteckigen Grundstücks (18 m × 65 m) ein quadratisches Stück Land mit gleichem Flächeninhalt an.

Situation 5

Konstruieren Sie ein Trapez ABCD mit:
DC ∥ AB ; l(a) = 9 cm; l(b) = 4,5 cm; l(c) = 4 cm; l(d) = 7,5 cm

Situation 6

Rudi zu Wilhelm nach dem n-ten Glas (n ∈ ℕ) im Ackerbürger (einer gemütlichen Burgsteinfurter Kneipe): „Wetten, dass ich den Rolinck (gemeint ist der Bierdeckel in Abbildung 172) mit Ulrikes spitzem Bleistift (Ulrike ist Rudis Nachbarin und sitzt heute neben Wilhelm.) in Waage halten kann?"

Rudi gelingt das Behauptete nach längerem, mehr oder weniger systematischem Probieren. Eine konstruktive Lösung sollte in etwa sechs Schritten möglich sein.

Abb. 172

Solche oder ähnliche Situationen sind Ihnen sicher im Alltag oder im Geometrieunterricht der Sekundarstufe I bereits begegnet. Gemeinsam ist all diesen Fragestellungen, dass sie sich rein konstruktiv, d.h. ohne jede Berechnung, lösen lassen. Dabei ist es durchaus möglich, dass es sich bei Ihren konstruktiven Lösungen um Routinekonstruktionen oder um Konstruktionsprobleme handelt.

Bevor Sie mit dem Lesen fortfahren, empfehlen wir Ihnen, die vorgestellten Anwendungssituationen konstruktiv zu lösen. Heben Sie Ihre Lösungen auf und ziehen Sie sie als konkretes Anschauungsmaterial für die in den folgenden Kapiteln knapp vorgestellten Konstruktionen heran.

Rein konstruktives Lösen einer Fragestellung geht auf Euklid zurück und bedeutet, dass für eine Konstruktion ausschließlich die so genannten *euklidischen Werkzeuge*, nämlich Zirkel und Lineal, benutzt werden dürfen. Auch wenn wir heute das Konstruieren als eine fundamentale mathematische Idee[3] hoch schätzen, sind keineswegs alle geometrischen Figuren allein unter Zuhilfenahme der euklidischen Werkzeuge konstruktiv herstellbar. Wir denken in diesem Zusammenhang heute vielleicht am ehesten an Schnitte des Kegels, die nicht parallel zur Grundfläche verlaufen, oder an viele regelmäßige n-Ecke. Aus der antiken Mathematik der Griechen sind uns drei klassische Fragestellungen überliefert, die durch Konstruieren mit euklidischen Werkzeugen nicht lösbar erschienen:

1. Die Würfelverdopplung

Im 5. Jahrhundert vor Chr. verlangte das Orakel von Delphi von der Bevölkerung der Insel Delos als Gegenleistung für einen erteilten Ratschlag die Volumenverdopplung eines würfelförmigen Altars. Mathematisch läuft diese Forderung darauf hinaus, die Kantenlänge des neuen Altars $\sqrt[3]{2}$ konstruktiv zu erzeugen, m.a.W. ist die Gleichung $x^3 = 2$ zu lösen.

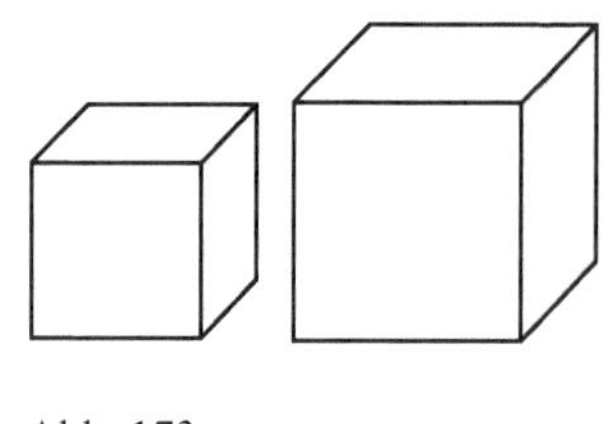

Abb. 173

2. Die Quadratur des Kreises

Bei diesem Problem geht es darum, einen Kreis konstruktiv in ein flächeninhaltsgleiches Quadrat umzuformen.
Weil für den Flächeninhalt A und den Umfang U eines Kreises

$$A = \pi \cdot r^2 \quad \text{und} \quad U = 2 \cdot \pi \cdot r \quad \text{gilt, folgt}$$

$$A = \frac{U \cdot r^2}{2 \cdot r} = \frac{1}{2} \cdot U \cdot r$$

Der Flächeninhalt eines Kreises ist also so groß wie der Flächeninhalt eines Drei-

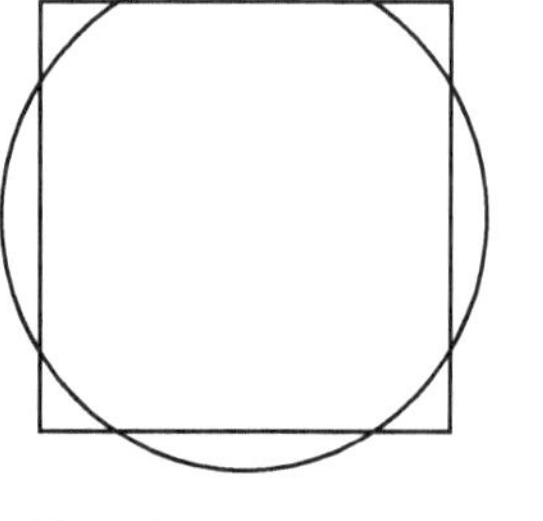

Abb. 174

---

ecks mit der Grundseite U und der Höhe r. Weil sich Dreiecke leicht in flächeninhaltsgleiche Quadrate umformen lassen, läuft das Problem letztlich auf die Aufgabe der Konstruktion von U und damit auf die Konstruktion von π hinaus.

3. Die Dreiteilung eines beliebigen Winkels α

Mit der Dreiteilung eines Winkels α ist die Konstruktion von zwei Halbgeraden aufgerufen, die den Winkel α in drei Winkel α_1, α_2 und α_3 mit gleichem Winkelmaß zerlegen. Dies ist bei besonderen Winkeln durchaus möglich, führt jedoch im allgemeinen Fall zu einer Gleichung dritten Grades.

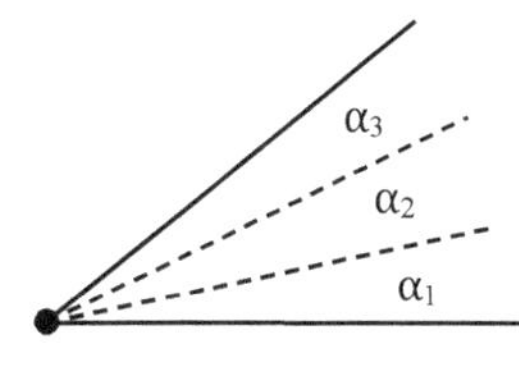

Abb. 175

Das Finden konstruktiver Lösungen – ausschließlich mit Zirkel und Lineal – beschäftigte (nicht nur) die Mathematiker über viele Jahrhunderte. Erst im 19. Jahrhundert konnte gezeigt werden, dass die genannten Problemstellungen mit euklidischen Werkzeugen nicht konstruktiv lösbar sind[4]. Die Würfelverdopplung und die Dreiteilung eines beliebigen Winkels führen auf das Lösen von Gleichungen dritten Grades; die „transzendente" Zahl π kann nicht Lösung einer algebraischen Gleichung sein. Mit Zirkel und Lineal lassen sich nur solche Größen konstruieren, die sich durch endlich viele Additionen, Subtraktionen, Multiplikationen, Divisionen und Quadratwurzelbildungen aus vorgegebenen Größen ausdrücken lassen, die also Lösungen von quadratischen oder linearen Gleichungen sind. Den Konstruktionen von genau solchen Größen wenden wir uns im Folgenden zu.

---

[4] Mit den entsprechenden Beweisen bzw. mit zentralen Vorarbeiten zu diesen Beweisen sind Namen wie Evariste Galois, Carl Friedrich Gauß, Charles Hermite, Ferdinand von Lindemann und Pierre Wantzel verbunden.

5.2 Grundlegendes

Bei reinen Zirkel-Lineal-Konstruktionen sind die folgenden Tätigkeiten erlaubt:

- das Zeichnen oder Markieren beliebiger Punkte der Ebene,
- das Zeichnen oder Markieren beliebiger Punkte auf existierenden Strecken, Geraden, Kreisen,
- durch zwei existierende Punkte eine Gerade zeichnen,
- existierende Punkte durch Strecken verbinden,
- Schnittpunkte von Strecken, Geraden oder Kreisen markieren,
- Kreise um einen existierenden Mittelpunkt durch einen anderen Punkt zeichnen,
- Kreise um einen existierenden Mittelpunkt mit einem bestimmten Radius zeichnen, wenn der Radius von zwei bereits existierenden Punkten abgenommen werden kann.

Weil ein Lineal, jedenfalls ein „euklidisches" Lineal, keinen Maßstab enthält[5], kann man mit einem Lineal zwar Geraden problemlos in einem Schritt zeichnen, nicht aber Strecken mit vorgegebenen Längen. Wie lässt sich dann – ausschließlich mit euklidischen Werkzeugen – eine Strecke $\overline{AB}$ der Länge 3 cm zeichnen?

Im Wesentlichen können zwei Wege unterschieden werden:

Weg 1:

Ein beliebiger Repräsentant für 3 cm ist gegeben.

- Mit dem Lineal eine Gerade g zeichnen.
- Auf g den Anfangspunkt A der Strecke markieren.[6]
- Die Länge des Repräsentanten mit dem Zirkel abgreifen.

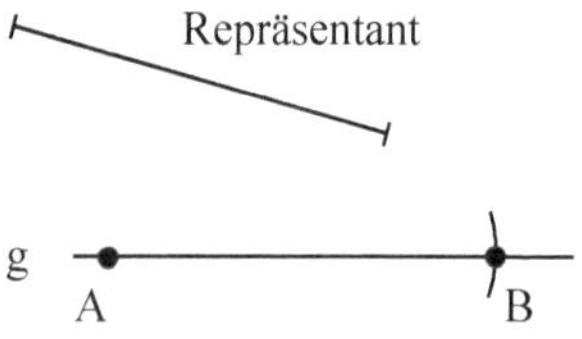

Abb. 176

[5] Nahezu allen heute in Großserienproduktion hergestellten Linealen wird additiv ein Maßstab aufgedruckt. Beim Kauf eines solchen Produktes erwerben Sie ein Lineal mit Maßstab, machen also ein Schnäppchen.

[6] Alternativ kann auch zunächst ein Punkt A markiert und im zweiten Schritt eine Gerade g durch A gezeichnet werden.

- Die abgegriffene Länge auf g in Punkt A in die gewünschte Richtung abtragen.
- Den Endpunkt B nennen.

Weg 2:

Eine Einheit ist gegeben, in diesem Fall etwa 1 cm.

- Mit dem Lineal eine Gerade g zeichnen.
- Auf g den Anfangspunkt A der Strecke markieren.
- Die Länge der Einheitsstrecke mit dem Zirkel abgreifen.

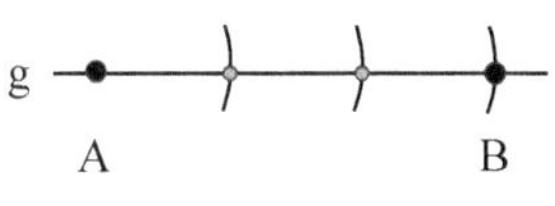

Abb. 177

- Die abgegriffene Länge auf g von Punkt A aus wiederholt in die gewünschte Richtung abtragen.
- Den Endpunkt B nennen.

Typische Konstruktionsaufgaben in der Sekundarstufe I sind etwa von der Form:

Konstruiere ein Dreieck ΔABC.
Gegeben seien $l(c) = 3$ cm, $w(\alpha) = 60°$, $w(\beta) = 45°$.

Mit der Redeweise „Gegeben seien …" ist dabei gemeint, dass ein Repräsentant für die Länge 3 cm und Repräsentanten für die Winkelmaße 60° bzw. 45° vorgegeben sind. Den Konstruierenden müssen also die für die Konstruktionsaufgabe notwendigen Repräsentanten zur Verfügung gestellt werden (Abbildung 178) oder es muss sichergestellt sein, dass der Konstruierende über geeignete Repräsentanten verfügt.

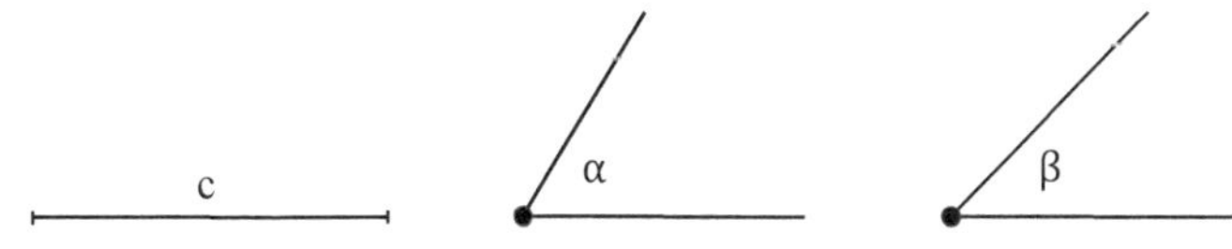

Abb. 178

Die Aufgabe des Konstruierenden besteht nun darin, die in Abbildung 178 vorgegebenen Objekte mit Zirkel und Lineal so *abzutragen*, dass das gesuchte Dreieck $\triangle ABC$ entsteht.

Werden in einer Konstruktionsaufgabe keine Repräsentanten von Längen vorgegeben, dann benutzen wir ein Lineal mit Maßstab oder auch das Geodreieck als Speicher für unendlich viele Repräsentanten von Längen, die analog zum oben erläuterten Vorgehen mit Lineal (ohne Maßstab) und Zirkel in der Konstruktion abgetragen werden können.
Fehlen in einer Konstruktionsaufgabe die Repräsentanten für Winkelmaße, benutzen wir den Winkelmesser oder das Geodreieck mit der Winkelmaßskala als Speicher für unendlich viele Repräsentanten von Winkelmaßen.

Wir kommen noch einmal auf die in den Abbildungen 176 und 177 vorgestellten Möglichkeiten zur Herstellung einer Strecke der Länge 3 cm zurück. In beiden Wegen wird die Idee der *Ortslinien*, die eng mit geometrischem Konstruieren verbunden ist, deutlich. Ortslinien oder auch Ortskurven sind Punktmengen geometrischer Örter, die den in der Konstruktionsaufgabe formulierten Bedingungen genügen. Mit anderen Worten könnten wir eine Ortslinie auch als Zusammenfassung von Bedingungsträgern beschreiben. In den beiden oben vorgestellten Wegen zum Konstruieren einer Strecke $\overline{AB}$ der Länge 3 cm entsteht der Punkt B als Schnittpunkt zweier Ortslinien:

- Der Geraden g (Bedingungsträger dafür, dass die Strecke Teilmenge einer Geraden ist) und

- eines Kreisbogens (Bedingungsträger für die in der Konstruktionsaufgabe geforderte Länge der Strecke).

Weitere Beispiele für Ortslinien:

Die Ortslinie aller Punkte, die von zwei gegebenen Punkten A und B gleichen Abstand haben, ist die Mittelsenkrechte der Strecke $\overline{AB}$.[7]

Die Ortslinie aller Punkte, die von den beiden Schenkeln eines Winkels den gleichen Abstand haben, ist die Winkelhalbierende w des Winkels[8] (Abbildung 179 auf der folgenden Seite).

---

[7]   Vgl. Kapitel 4.2.1, Satz 2.

[8]   Vgl. Kapitel 6.2, Satz 9.

Die Ortslinie aller Punkte, die von einem Punkt M den Abstand l(r) haben, ist der Kreis um Punkt M mit dem Radius l(r).

Die Ortslinie aller Punkte, die von zwei parallelen Geraden g und h gleichen Abstand haben, ist die Mittelparallele m zu g und h (Abbildung 180).

Die Ortslinie aller Punkte, die von einer Geraden den Abstand l(d) haben, sind die beiden Parallelen p_1 und p_2 zu g im Abstand l(d) (Abbildung 181).

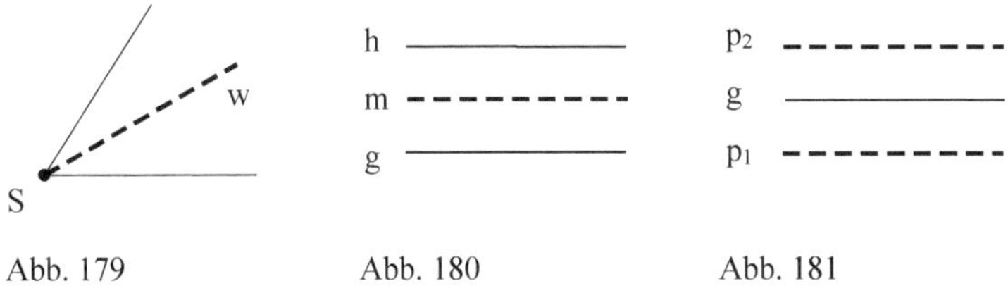

Abb. 179   Abb. 180   Abb. 181

Die Ortslinie aller Punkte, von denen zwei Punkte A und B unter einem Winkel w(δ) gesehen werden, sind die beiden Fasskreise über der Sehne $\overline{AB}$ mit dem Mittelpunktswinkel 2·w(δ).[9]

In Abbildung 182 sind A und B von allen Punkten, die auf den beiden Faßkreisen liegen, unter einem Winkel von 45° zu sehen.

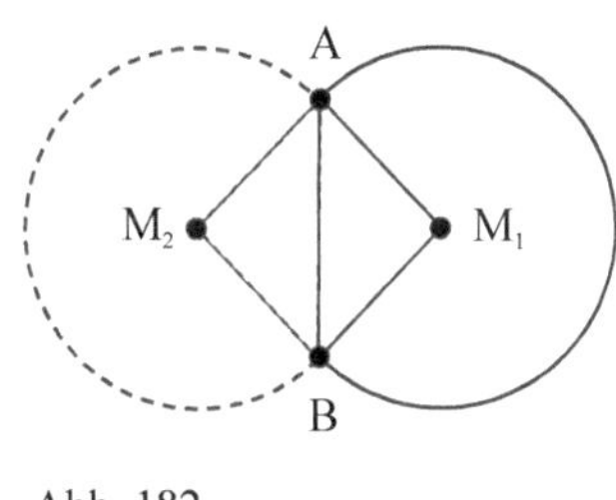

Abb. 182

In Kapitel 4 haben wir bei Strecken und Winkeln stets sauber zwischen den Objekten und ihren Eigenschaften wie der Länge einer Strecke und der Größe eines Winkels unterschieden und dies durch Notationsformen wie a bzw. l(a) und α bzw. w(α) zum Ausdruck gebracht. Weil wir in diesem Kapitel nahezu ausschließlich die Länge von Strecken und die Größe von Winkeln betrachten, werden wir – wenn keine Missverständnisse zu befürchten sind – die saloppere Schreibweise a bzw. α auch für Streckenlängen bzw. Winkelgrößen verwenden.

---

9   Vgl. Kapitel 6.3, Satz 14 (Umfangswinkelsatz).

5.3   Ausgewählte Hilfsmittel zum Konstruieren

Zum Konstruieren steht eine Vielzahl von Zeichenhilfsmitteln zur Verfügung. Abbildung 183 zeigt eine Auswahl.

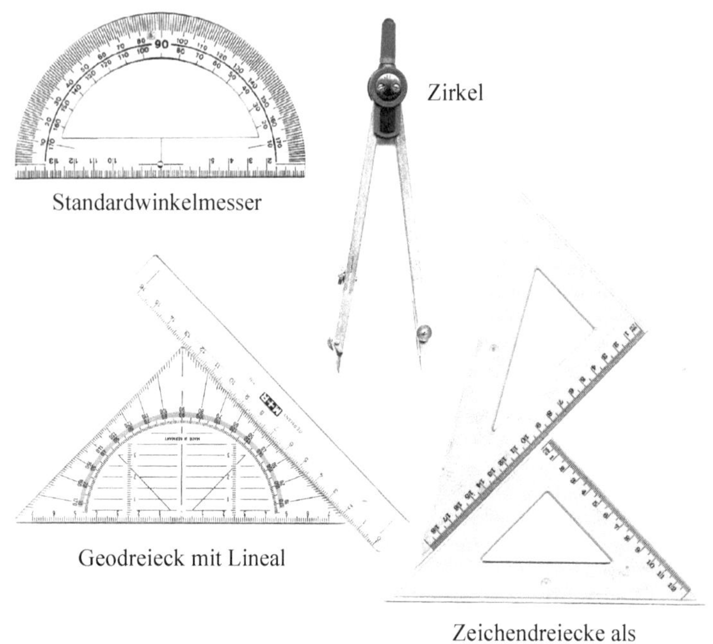

Abb. 183

Nicht alle der abgebildeten Werkzeuge werden auch heute noch mit dem Konstruieren im Mathematikunterricht in Zusammenhang gebracht. Hilfsmittel wie Standardwinkelmesser oder Parallelenschieber gelten als weitgehend überholt, weil sich ihre Funktionen ganz oder in wesentlichen Teilen im Geodreieck bzw. im Geodreieck mit Lineal wieder finden. Wir wenden uns im Folgenden den verbleibenden Werkzeugen zu.

Der Zirkel

Mit dem Zirkel lassen sich Kreise mit vorgegebenem Mittelpunkt und Radius zeichnen. Der Radius ist innerhalb der konstruktiv vorgegebenen Spannweite des Geräts frei wählbar. Wir verabreden für einen Kreis um den Mittelpunkt M mit dem Radius r die Notationsform k(M,r).

Das Geodreieck – ohne oder mit zusätzlichem Lineal

Seit geraumer Zeit hat das Geodreieck den Standardwinkelmesser, das Zeichendreieck und das Lineal (mit und ohne Maßstab) in ihren Bedeutungen für schulisches Konstruieren abgelöst. Die Ursache hierfür liegt im multifunktionalen Angebot des Geräts.[10] Das Geodreieck: Eine eierlegende Wollmilchsau?

a)   Jede der drei Seiten dieses Hilfsmittels realisiert die Funktionalität eines euklidischen Lineals.

b)   Die auf der langen Seite des Geodreiecks aufgebrachte cm-Skala dient als Speicher für Repräsentanten des Größenbereichs der Längen.

c)   Die auf einem Halbkreis aufgebrachte Grad-Skala dient als Speicher für Repräsentanten von Winkeln mit einem Winkelmaß $\leq 180°$.

d)   Das Erstellen von Senkrechten wird – abgesehen von der Grad-Skala – zusätzlich durch eine senkrecht auf der langen Seite stehende Linie unterstützt (Repräsentant für einen rechten Winkel).

e)   Mit Hilfe der auf dem Geodreieck aufgebrachten Parallelen können zueinander parallele Geraden gezeichnet werden, sagt man. Oder?

Nun ja, mit dieser Funktionalität ist keine besondere Zeichengenauigkeit gewährleistet. Die für die Genauigkeit entscheidende Anlagelänge, die bei einem Abstand der Parallelen von 1 cm noch vertretbare 8 cm beträgt, nimmt mit größer werdendem Abstand der Parallelen deutlich ab: Bei einem Parallelenabstand von 4 cm beträgt die Anlagelänge

---

[10]   Voll Spannung erwarten wir weniger die nächsten Vertreter dieser Gattung, die zusätzlich zu den implementierten Funktionen die erfolgreiche Überprüfung eines rechten Winkels mit einem Klingelton quittieren, als vielmehr die folgende Generation von Multimediadreiecken, die den gleichen Arbeitsschritt mit dem Abspielen eines im Setup einstellbaren MP3-Songs bestätigen.

knappe 3 cm. Parallelen mit einem Abstand > 4 cm sind mit dieser Funktionalität überhaupt nicht mehr zu zeichnen.

Sowohl die Ungenauigkeit wie auch die Unmöglichkeit des Herstellens zueinander paralleler Geraden mit einem Abstand von mehr als 4 cm lassen sich überwinden, wenn man das Geodreieck in Verbindung mit einem Lineal oder auch einem zweiten Geodreieck als Parallelenschieber verwendet (siehe Abbildung 183). Dennoch sollte man sich im Klaren darüber sein, dass man bei beiden vorgestellten Einsatzvarianten des Geodreiecks den Rahmen des Konstruierens mit euklidischen Werkzeugen verlässt.[11]

Wir kommen noch einmal auf die oben unter (c) dargestellte Funktionalität des Geodreiecks zurück: Die dem Zeichengerät aufgedruckte Grad-Skala dient zusammen mit der langen Seite des Geodreiecks als Speicher für Repräsentanten von Winkeln mit einem Winkelmaß $\leq 180°$.

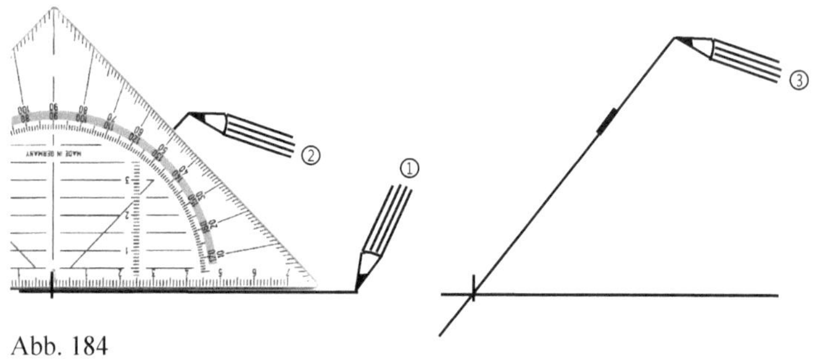

Abb. 184

Abbildung 184 zeigt, wie ein Winkel der Größe 51° mit dem Geodreieck hergestellt wird. Der Weg ist übrigens strukturgleich mit dem Vorgehen bei der Benutzung eines Standardwinkelmessers. Nicht nur genau genommen verlassen wir auch bei diesem Vorgehen in Schritt ② das Konstruieren mit euklidischen Werkzeugen. Ein Winkel, der sich nicht durch gegebenenfalls

---

[11]   Es gibt genau zwei euklidische Werkzeuge.

wiederholte Halbierung[12] aus einem gegebenen Winkel herstellen lässt, ist mit euklidischen Werkzeugen nicht konstruierbar[13].

Der Sachverhalt ist grundsätzlich anderer Natur, wenn ein konkreter Winkel der fraglichen Größe (hier 51°) vorgegeben ist. Dann kann der Winkel mit euklidischen Werkzeugen exakt abgetragen werden. Der dabei abzuarbeitende Algorithmus „Abtragen eines Winkels" ist in Kapitel 5.4.1 dargestellt. Ist ein solcher Winkel jedoch nicht konkret vorgegeben, sind wir bei Verwendung des Geodreiecks auf den in Abbildung 184 vorgestellten Weg angewiesen, der im Übrigen im Gegensatz zum Abtragen eines Winkels mit Zirkel und Lineal[14] in seiner Genauigkeit deutlich durch den Radius der Grad-Skala des verwendeten Geodreiecks limitiert ist.

5.4 Grundkonstruktionen

In den folgenden Kapiteln stellen wir Algorithmen für grundlegende Konstruktionen knapp zusammen.

5.4.1 Abtragen

Wir unterscheiden im Folgenden das Abtragen einer Strecke, eines Winkels und das Abtragen von Dreiecken.

Strecken der Länge s abtragen

Gegeben ist eine Strecke $\overline{AB}$ der Länge s als konkreter Repräsentant (zum Beispiel auch auf dem Geodreieck). An einem Punkt A' soll eine Strecke $\overline{A'B'}$ mit gleicher Länge s angetragen werden.

---

[12]   ... und / oder Dreiteilung bei einigen Winkelgrößen aus dem Vollwinkel oder einem gegebenen Winkel.

[13]   Vgl. hierzu Kapitel 5.1.

[14]   Beim Abtragen eines Winkels mit Zirkel und Lineal kann der am Zirkel eingestellte Radius jeder gewünschten Genauigkeit angepasst werden. Gewährleistet ein industriell gefertigter Zirkel aufgrund seiner begrenzten Spannweite den Genauigkeitsanspruch nicht mehr, sei die Verwendung eines Zirkels empfohlen, bei dem ein an einer Schnur befestigter Bleistift um einen gespitzten Lagerpunkt bewegt werden kann. Bei einem derartigen Zirkel kann über die Länge der Schnur (fast) jede gewünschte Genauigkeit realisiert werden.

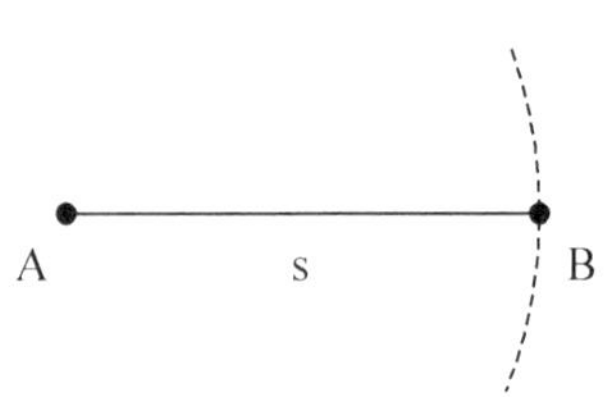
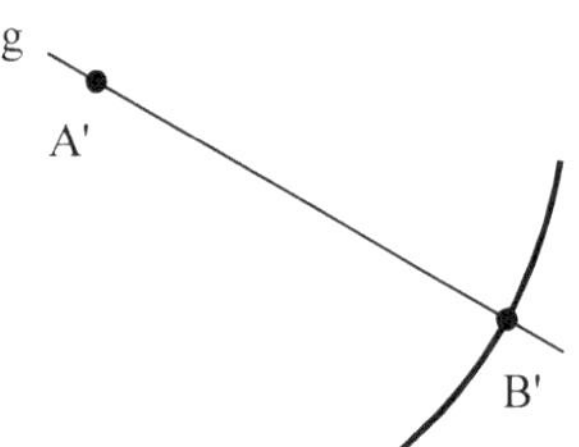

Abb. 185

Konstruktionsschritt	Erläuterung
1. $k_1(A; r_1 = s)$	Länge s des Repräsentanten in den Zirkel nehmen
2. g mit $A' \in g$	Gerade g durch A' zeichnen
3. $k_2(A'; r_2 = r_1)$	Kreis um A' mit Radius $r_1 = s$ zeichnen
4. $k_2 \cap g = \{B'\}$	Der Schnittpunkt dieses Kreises mit g liefert B'. [15]

Winkel abtragen

Gegeben ist ein Winkel α mit Scheitelpunkt S und den Schenkeln s_1 und s_2 als konkreter Repräsentant. Dieser Winkel soll an einem Punkt S' angetragen werden.

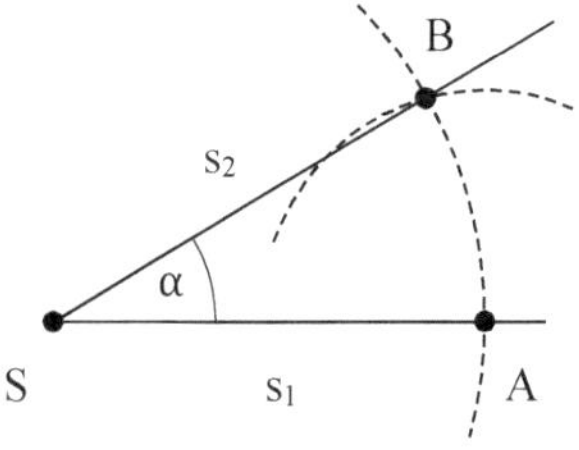
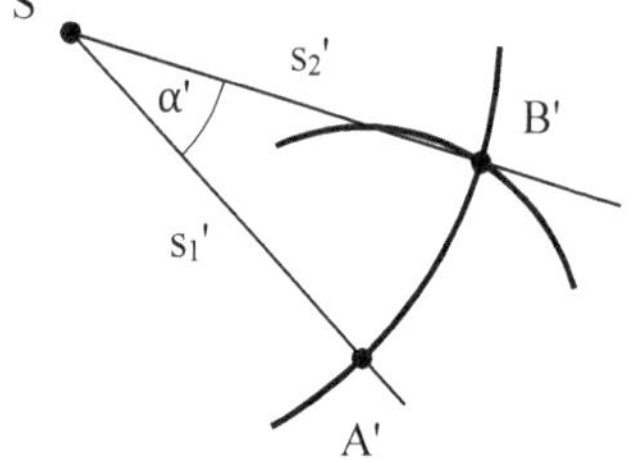

Abb. 186

---

[15] Der Kreis k_2 liefert natürlich einen weiteren Schnittpunkt mit g. Hier ist situationsadäquat zu entscheiden, ob der eine, der andere oder beide Schnittpunkte lösungsrelevant sind.

Konstruktionsschritt	Erläuterung
1. $k_1(S; r_1$ beliebig)	Kreis k_1 um S mit beliebigem Radius zeichnen.
2. $k_1 \cap s_1 = \{A\}$ $k_1 \cap s_2 = \{B\}$	Die Schnittpunkte dieses Kreises mit den beiden Schenkeln heißen A und B.
3. s_1' mit Anfangspunkt S'	Halbgerade s_1' mit Anfangspunkt S' zeichnen.
4. $k_2(S'; r_2 = r_1)$ $k_2 \cap s_1' = \{A'\}$	Kreis k_2 um S' mit Radius r_1 zeichnen. Sein Schnittpunkt mit s_1' liefert A'.
5. $k_3(A; r_3 = l(\overline{AB}))$	Kreis k_3 um A mit Radius $l(\overline{AB})$ zeichnen.
6. $k_4(A'; r_4 = r_3)$ $k_2 \cap k_4 = \{B'\}$	Kreis k_4 um A' mit Radius $l(\overline{AB})$ zeichnen. Einer der beiden Schnittpunkte der Kreise k_2 und k_4 liefert B'.
7. $\overrightarrow{S'B'} = s_2$	Die Halbgerade $\overrightarrow{S'B'}$ zeichnen.

In der Erläuterung zum sechsten Konstruktionsschritt heißt es:
Einer der beiden Schnittpunkte der Kreise k_2 und k_4 liefert B'.
Wenn der gegebene Winkel $\alpha < 180°$ ist, dann ist der Schnittpunkt als B' zu wählen, für den das Punktetripel (A', B', S') ein Linkstripel ist. Wenn der gegebene Winkel $\alpha > 180°$ ist, dann wähle man den Schnittpunkt der Kreise k_2 und k_4 als B', für den (A', B', S') ein Rechtstripel ist.

Liegt kein konkreter Repräsentant für den herzustellenden Winkel vor, so liefert das Antragen des Winkels mit Hilfe des Geodreiecks den schnellsten und wohl auch genauesten Weg. Dabei verlässt man allerdings das Konstruieren mit euklidischen Werkzeugen.

Dreiecke abtragen

Gegeben ist ein Dreieck $\triangle ABC$.
$\triangle ABC$ soll an einem Punkt A' angetragen werden.

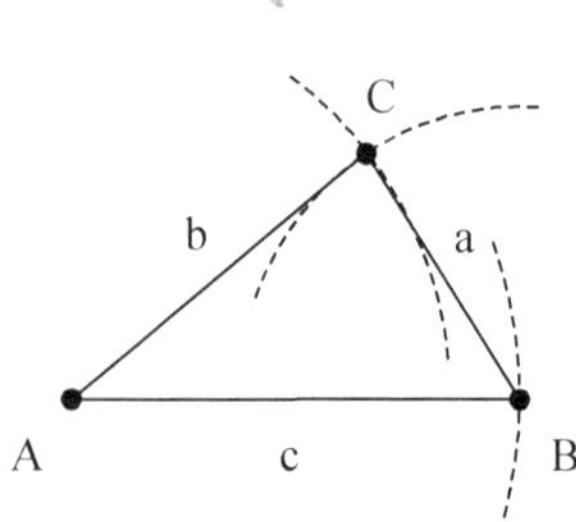

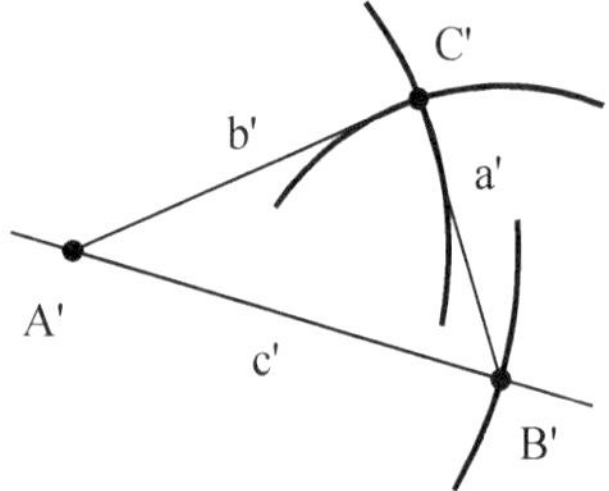

Abb. 187

Konstruktionsschritt	Erläuterung
1. $k_1(A; r_1 = c)$	
2. c' mit A' $\in$ c'	
3. $k_2(A'; r_2 = r_1)$ $\quad k_2 \cap c' = \{B'\}$	Bis hierher wird das Modul „Abtragen einer Strecke" abgearbeitet.
4. $k_3(A; r_3 = b)$ $\quad k_4(A'; r_4 = r_3)$	k_4 ist Ortslinie für alle Punkte, die von A' den Abstand r_3 haben.
5. $k_5(B; r_5 = a)$ $\quad k_6(B'; r_6 = r_5)$	k_6 ist Ortslinie für alle Punkte, die von B' den Abstand r_5 haben.
6. $k_4 \cap k_6 = \{C'\}$	
7. $\overline{A'C'} = b'$ und $\overline{B'C'} = a'$	Die Strecken $\overline{A'C'}$, $\overline{B'C'}$ zeichnen.

Nachdem die Strecke $\overline{AB}$ in Schritt 3 abgetragen ist, könnten ab Schritt 4 ebenso auch die Winkel α und β abgetragen werden. C entsteht dann als Schnittpunkt der beiden freien Schenkel dieser Winkel. Die Formulierung der entsprechenden Konstruktionsschritte sei Ihnen als Übung überlassen.

5.4.2 Halbieren

Wir unterscheiden im Folgenden das Halbieren einer Strecke und das Halbieren eines Winkels. Dabei meinen wir mit der saloppen Rede vom „Halbieren einer Strecke" das Zerlegen einer Strecke in zwei Teilstrecken gleicher Länge und entsprechend mit dem „Halbieren eines Winkels" das Zerlegen eines Winkels in zwei Winkel mit gleichem Winkelmaß.

Strecken halbieren

Gegeben ist eine Strecke $\overline{AB}$ mit der Länge $s = l(\overline{AB})$.

Die Strecke soll in zwei Teilstrecken gleicher Länge zerlegt werden.

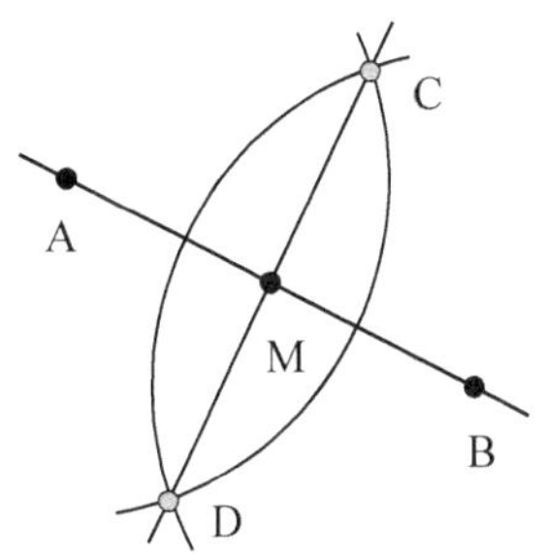

Alle Punkte P, die von zwei Punkten A und B gleichen Abstand haben, liegen auf der Mittelsenkrechten $m_{\overline{AB}}$ der Strecke $\overline{AB}$.

Beim Halbieren der Strecke $\overline{AB}$ interessiert uns genau derjenige Punkt P = M der Ortslinie „Mittelsenkrechte", der auf $\overline{AB}$ liegt.

Abb. 188

Konstruktionsschritt	Erläuterung
1. $k_1(A; r_1 > \frac{s}{2})$	
2. $k_2(B; r_2 = r_1)$	
3. $k_1 \cap k_2 = \{C, D\}$	Die Schnittmenge beider Kreise liefert die Punkte C und D.
4. $CD \cap \overline{AB} = \{M\}$	Die Schnittmenge der Geraden CD und der Strecke $\overline{AB}$ ist der Mittelpunkt M der Strecke $\overline{AB}$.

Winkel halbieren

Gegeben ist ein Winkel α mit Scheitelpunkt A und den Schenkeln a_1 und a_2. Der Winkel soll in zwei Winkel mit gleichem Winkelmaß zerlegt werden.

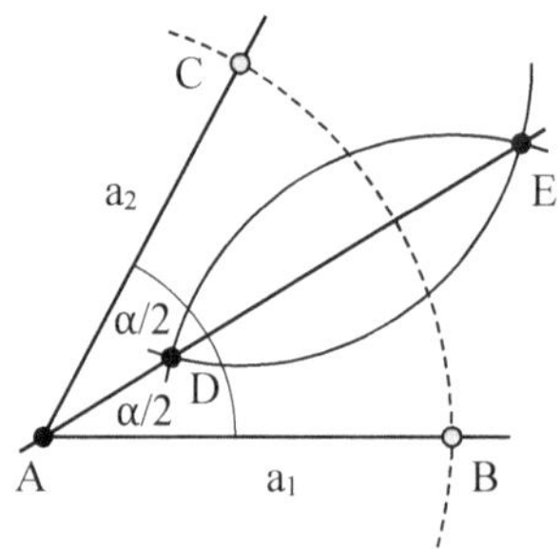

Abb. 189

Konstruktionsschritt	Erläuterung
1. $k_1(A; r_1$ bel.$)$ 2. $k_1 \cap a_1 = \{B\}$, $k_1 \cap a_2 = \{C\}$ 3. $k_2(B; r_2 > \dfrac{l(\overline{BC})}{2})$ 4. $k_3(C; r_3 = r_2)$ 5. $k_2 \cap k_3 = \{D, E\}$ 6. $\overrightarrow{AE}$	 Die Halbgerade durch die Punkte A und E (bzw. D) ist die gesuchte Winkelhalbierende.

Das haben Sie sicher schon tausend Mal probiert und tausend Mal ist nichts passiert. Aber jetzt fragen zwei nach: Ab dem dritten Konstruktionsschritt wird doch eigentlich keine eigenständige Konstruktion für eine Winkelhalbierende w_α vorgestellt, sondern vielmehr der bekannte Algorithmus für die Mittelsenkrechte $m_{\overline{BC}}$ der Strecke $\overline{BC}$ abgearbeitet.

Oder? Oder auch nicht – doch? Kann, darf, soll, muss das so sein?

Lesen Sie erst dann weiter, wenn aus dieser Unklarheit eine Klarheit geworden ist. [16]

---

[16] Kap. 4, Satz 2 und Kap. 6, Satz 9 könnten (auf-)klärend wirken.

5.4.3 Lote (Senkrechte)

Wir betrachten im Folgenden das Fällen und das Errichten von Loten.
Im ersten Fall geht darum, das Lot zu einer Geraden g durch einen Punkt P zu konstruieren, der nicht auf g liegt.
Im zweiten Fall ist das Lot zu einer Geraden g durch einen Punkt P auf g zu konstruieren.

Lote fällen

Gegeben ist eine Gerade g und ein Punkt A mit A $\notin$ g.
Gesucht ist die Lotgerade[17] zu g durch A.

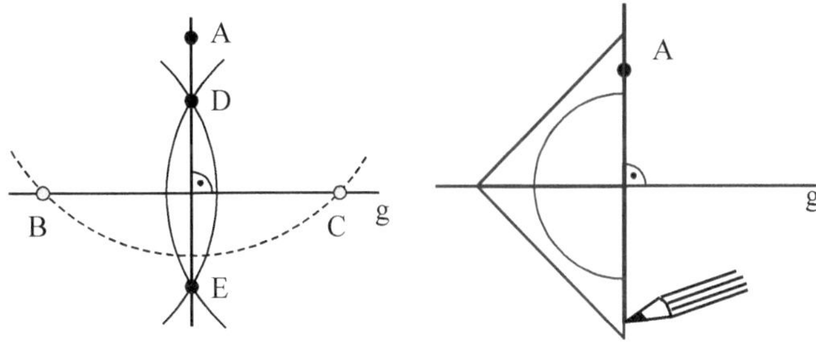

Abb. 190   Abb. 191

Konstruktionsschritt	Anmerkung
1. $k_1(A; r_1)$	r_1 muss größer als der Abstand von A zu g sein.
2. $k_1 \cap g = \{B, C\}$	
3. $k_2(B; r_2 > \dfrac{l(\overline{BC})}{2})$	Durch geeignetes Anlegen des Geodreiecks (siehe Abbildung 191) lässt sich das Lot schnell fällen.
4. $k_3(C; r_3 = r_2)$	
5. $k_2 \cap k_3 = \{D, E\}$	
6. $AE = DE = AD$ ist das Lot durch A auf g.	

[17] Die Begriffe „Lotgerade zu g", „Lot auf g", „senkrechte Gerade zu g" oder „Senkrechte zu g" werden synonym verwendet.

Neben dieser exakten Konstruktion mit Zirkel und Lineal war es früher auch üblich, Lote „schnell" mit Zeichendreieck und Lineal bzw. mit zwei Zeichendreiecken zu fällen. Mit Aufkommen des Geodreiecks setzte sich die in Abbildung 191 dargestellte Technik als Alternative durch.

Auch wenn die Genauigkeit dieser Vorgehensweisen der in Abbildung 190 abgebildeten Zirkelkonstruktion kaum nachstehen dürfte, möchten wir doch darauf hinweisen, dass hierbei das Konstruieren mit euklidischen Werkzeugen im engeren Sinn verlassen wird.

Lote errichten

Gegeben ist eine Gerade g und ein Punkt A mit $A \in g$.
Gesucht ist die Senkrechte zu g in A.

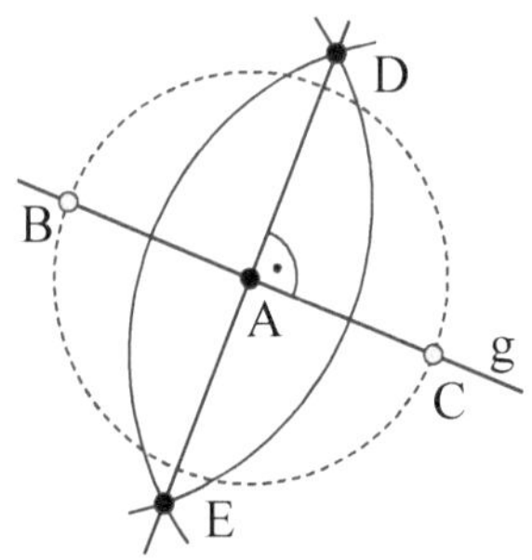

Abb. 192

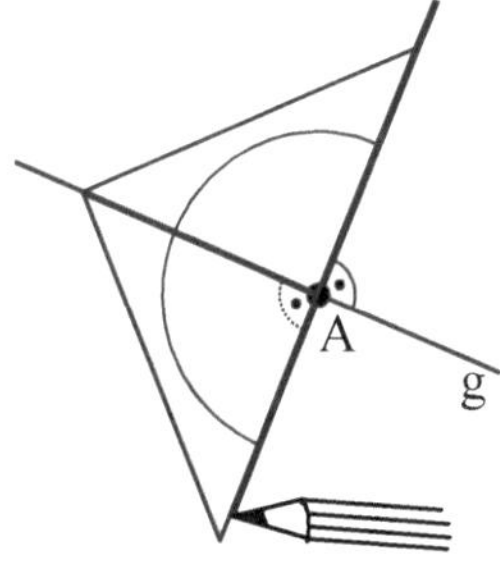

Abb. 193

Konstruktionsschritt	Anmerkung
1. $k_1(A; r_1$ bel.)	Durch geeignetes Anlegen des
2. $k_1 \cap g = \{B, C\}$	Geodreiecks (siehe Abbildung 193)
3. $k_2(B; r_2 > r_1)$	lässt sich das Lot schnell errichten.
4. $k_3(C; r_3 = r_2)$	
5. $k_2 \cap k_3 = \{D, E\}$	
6. DE ist das Lot zu g in A.	

Mittelsenkrechte

Gegeben ist eine Strecke $\overline{AB}$. Gesucht ist die Senkrechte durch den Mittelpunkt von $\overline{AB}$.

Die Mittelsenkrechte einer Strecke $\overline{AB}$ ist diejenige Gerade, die senkrecht durch den Mittelpunkt von $\overline{AB}$ geht[18]. Alle Punkte P, die von A und B gleichen Abstand haben, liegen auf der Mittelsenkrechten von $\overline{AB}$ [19].

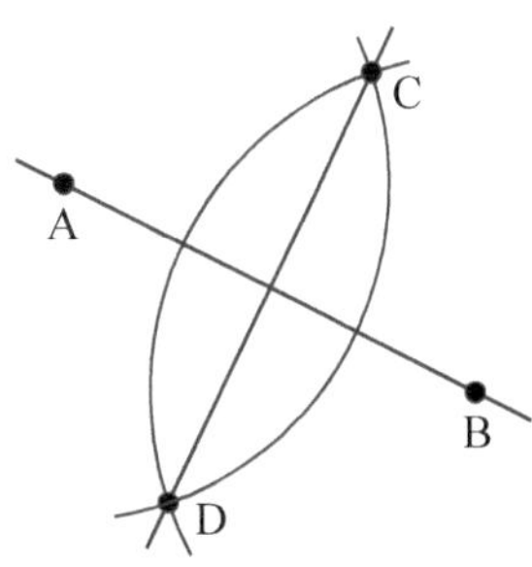

Abb. 194

Die Ortslinie für alle Punkte, die von A denselben Abstand r haben, ist der Kreis um A mit dem Radius r. Die Ortslinie für alle Punkte, die von B denselben Abstand r haben, ist der Kreis um B mit dem Radius r.

Die Schnittmenge beider Ortslinien liefert zwei Punkte der Geraden „Mittelsenkrechte", die damit eindeutig darstellbar ist[20].

Die Konstruktion der Mittelsenkrechten zur Strecke $\overline{AB}$ verläuft analog zur Halbierung einer Strecke $\overline{AB}$.

Konstruktionsschritt	Erläuterung
1. $k_1(A; r_1 > \dfrac{l(\overline{AB})}{2})$	Ohne die an r_1 geknüpfte Bedingung entstehen in Schritt 3 keine Schnittpunkte.
2. $k_2(B; r_2 = r_1)$	
3. $k_1 \cap k_2 = \{C, D\}$	
4. $CD = m_{\overline{AB}}$	CD ist Mittelsenkrechte von $\overline{AB}$.

---

[18] Könnten wir eigentlich in Anlehnung an die Definition der Geradenspiegelung in Kap. 4.2.1 auch festlegen: Die Mittelsenkrechte einer Strecke $\overline{AB}$ ist die Symmetrieachse der Punkte A und B? Und was halten Sie von: Die Mittelsenkrechte einer Strecke $\overline{AB}$ ist *eine* Symmetrieachse der Punkte A und B?

[19] Vgl. hierzu auch Kap. 4.2.1.

[20] Finden Sie eine Begründung für die Behauptung im Relativsatz.

5.4.4 Parallele durch einen Punkt

Gegeben ist eine Gerade g und ein Punkt P mit P $\notin$ g.
Gesucht ist die Parallele zu g durch P.[21]

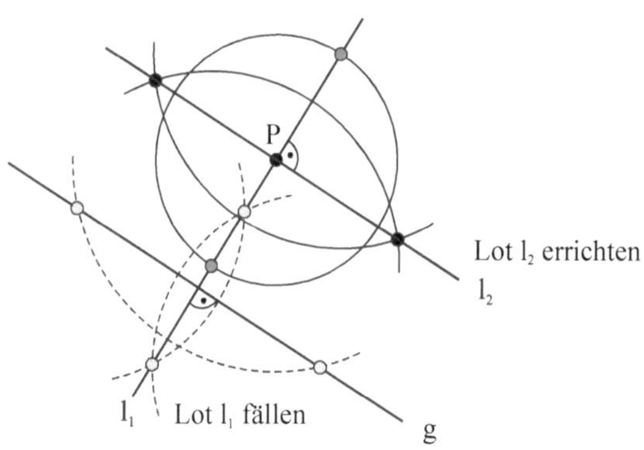

Abb. 195

Täuschen wir uns nicht: Der folgende Konstruktionsalgorithmus gerät nur darum so kompakt, weil wir in der Beschreibung der Konstruktionsschritte auf zuvor festgelegte Module zurückgreifen können.

Konstruktionsschritt	Erläuterung
1. Lot l_1 durch P auf g fällen.	Abarbeiten des Moduls „das Lot fällen" (Kap. 5.4.3, Abbildung 190f.)
2. In P das Lot l_2 auf l_1 errichten.	Abarbeiten des Moduls „das Lot errichten" (Kap. 5.4.3, Abbildung 192f.)

---

[21] Wie stehen Sie eigentlich zur Formulierung „Gesucht ist *eine* Parallele zu g durch P." oder der ähnlich charmanten Redeweise „Gesucht sind *einige* Parallelen zu g durch P."? Eine abschließende Stellungnahme sollten Sie durch ein Axiom, eine Definition oder einen Satz stützen.

Beim Abarbeiten dieser Konstruktion mit euklidischen Werkzeugen sind insgesamt sechs Bögen bzw. Kreise herzustellen. Es bieten sich also sechs Stellen an, Ungenauigkeiten in die Konstruktion einfließen zu lassen. Fehler an „frühen" Stellen eines Konstruktionsweges haben in der Regel zur Folge, dass sie sich bei der weiteren Abarbeitung des Algorithmus fortschreiben oder sogar vervielfachen: Die berühmten Geheimnisse von Addition und Multiplikation. Der Leser möge einmal überprüfen, wie sich ein und dieselbe Ungenauigkeit an zwei verschiedenen Stellen des Konstruktionsalgorithmus auf die Genauigkeit des Endprodukts auswirkt.

Wir betrachten im Folgenden Konstruktionswege, in denen nicht ausschließlich mit Zirkel und Lineal gearbeitet wird:
Abbildung 196 zeigt, wie die Konstruktion einer Parallelen zu einer gegebenen Geraden durch einen Punkt mit Hilfe des Geodreiecks durchgeführt wird.

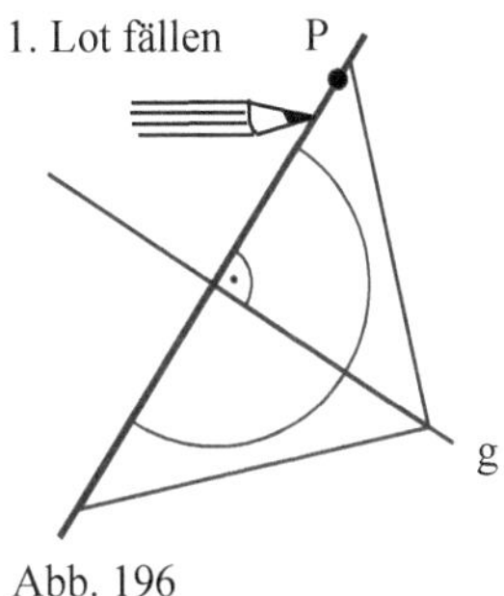

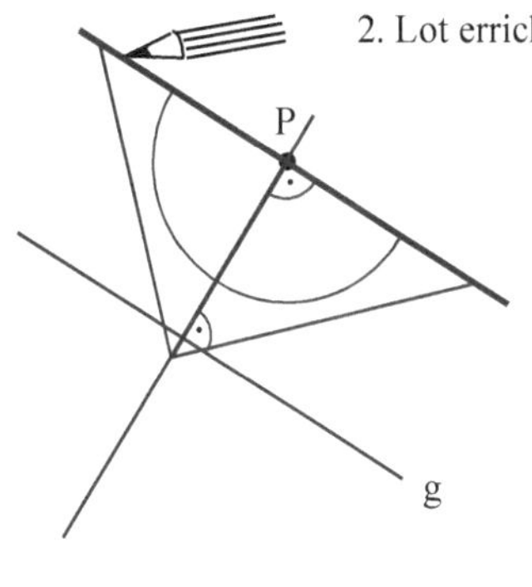

Abb. 196

In Abbildung 197 wird die gleiche Konstruktion mit Hilfe von zwei Geodreiecken durchgeführt, wobei das als Anschlag benutzte Dreieck ② auch durch ein Lineal ersetzt werden kann.

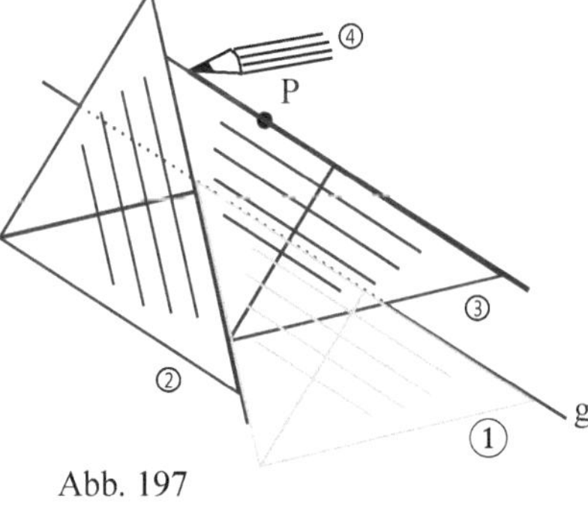

Abb. 197

Der zu-, nicht ab-, allenfalls leicht geneigte Leser möge auch bei den in den Abbildungen 196 und 197 dargestellten Vorgehen eine Genauigkeitsbetrachtung anstellen und mit der Genauigkeit der Zirkelkonstruktion in Abbildung 195 vergleichen.

Unzureichend ist das in Abbildung 198 abgebildete Vorgehen, das bereits beim Erkunden der Funktionalität des Geodreiecks in der Grundschule problematisiert werden kann.

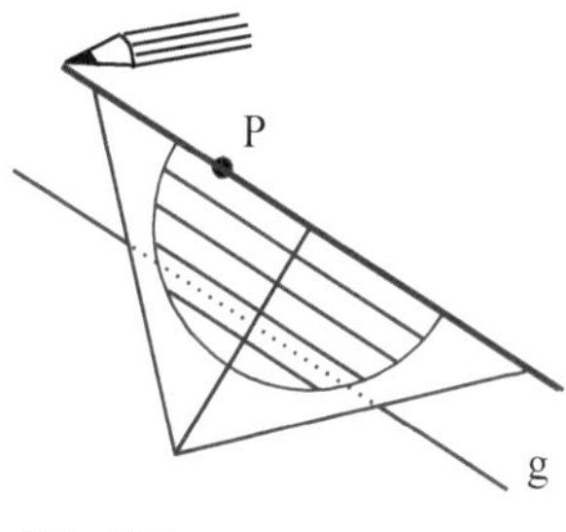

Abb. 198

5.4.5 Mittelparallele

Gegeben sind zwei Geraden g und h mit g ∥ h. Gesucht ist die Parallele m zu g und h, die von g und h gleichen Abstand hat.

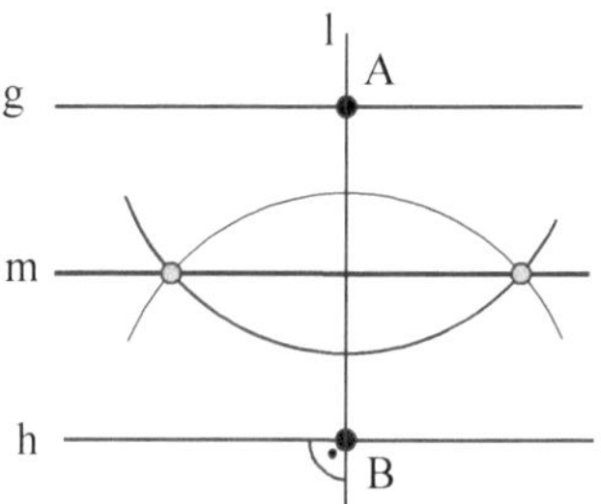

Abb. 199

Konstruktionsschritt	Erläuterung
1. bel. l mit l ⊥ h	Ein beliebiges Lot l auf h errichten. (Kap. 5.4.3)
2. l ∩ g = {A} und l ∩ h = {B}	
3. $m_{\overline{AB}}$	Die Mittelsenkrechte zur Strecke $\overline{AB}$ konstruieren. (Kap. 5.4.3)

5.4.6 Linien im Dreieck

Höhen

Sind Höhen eigentlich Geraden oder Strecken?

Nun, als Lote von einer Ecke des Dreiecks auf die Trägergerade der gegenüberliegenden Dreiecksseite sind Höhen Geraden.

Trotz dieser klaren Aussage wäre eine konsequente Unterscheidung zwischen den Begriffen *Höhengerade* und *Höhe* durchaus wünschenswert, denn insbesondere in schulischen Konstruktionsaufgaben findet man häufig Aussagen wie „$l(h_c) = 3,5$ cm" oder „$h_c = 3,5$ cm".

Die Höhengerade h_c kann hier ganz offensichtlich nicht gemeint sein. In diesem Fall versteht man unter h_c nur eine Teilmenge der Höhengeraden: die *Strecke* zwischen dem Dreieckspunkt C und dem Schnittpunkt der Höhengeraden mit der gegenüberliegenden Seite c (bzw. deren Verlängerung).

Solange aufgrund des Kontextes keine Verständnisschwierigkeiten zu befürchten sind, schließen wir uns dieser sonst eher in den Gesellschaftswissenschaften üblichen „offenen" Begriffsverwendung an.

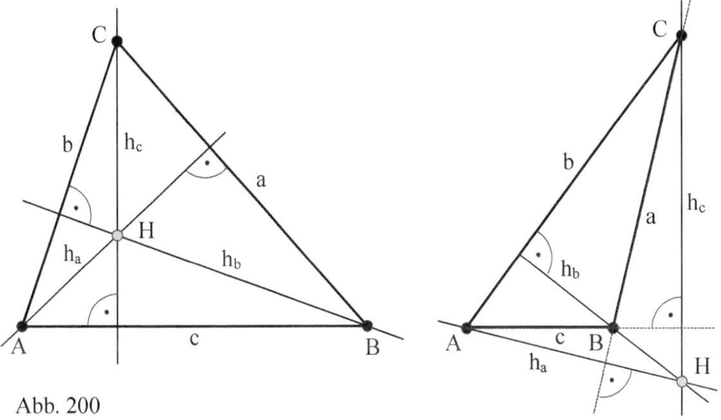

Abb. 200

Die Konstruktion der Höhen erfolgt durch wiederholtes Abarbeiten des Moduls „das Lot fällen"[22].

Die drei Höhen eines Dreiecks schneiden sich in einem Punkt H.[23]

---

[22] Vgl. Kap. 5.4.3.
[23] Wir verweisen hierzu auch auf Kapitel 6.2, Satz 7.

Seitenhalbierende

Seitenhalbierende sind diejenigen *Strecken*, die die Dreiecksecken mit den Mittelpunkten der gegenüberliegenden Seite verbinden. Mit dieser Begriffsklärung wird klar, dass zur Konstruktion der Seitenhalbierenden eines Dreiecks wiederholt das Modul „eine Strecke halbieren" (Kapitel 5.4.2) abzuarbeiten ist. In Übungsaufgabe 4 am Ende dieses Kapitels können Sie entdecken, warum Seitenhalbierende auch *Schwerelinien* heißen.

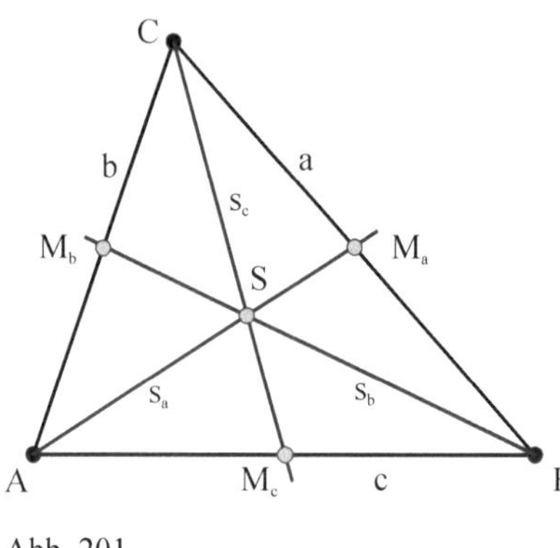

Abb. 201

Die drei Seitenhalbierenden eines Dreiecks schneiden sich in einem Punkt S, dem Schwerpunkt.

In der klassischen Physik wird der Schwerpunkt S eines Körpers als derjenige Punkt betrachtet, in dem seine Masse vereint zu sein scheint. Das heißt: Die Masse eines Körpers hat auf andere Körper die gleiche Wirkung als wäre sie im Schwerpunkt konzentriert.

Ebenso kann man die Kraft, die von außen auf alle Massepunkte des Körpers wirkt, als diejenige Kraft auffassen, die auf den Schwerpunkt S wirkt.

Durch den Schwerpunkt wird jede Seitenhalbierende im Verhältnis 2:1 geteilt.[24] Auch diese Information unterstreicht die Streckeneigenschaft der Seitenhalbierenden.

Mittelsenkrechte

Eine exakte Begriffsfestlegung finden Sie in Definition 3 des Kapitels 4.2.1. Unabhängig davon weist allein der Name „Mittelsenkrechte" recht deutlich darauf hin, mit welcher Art von Objekten wir es hier zu tun haben, nämlich

- mit Senkrechten, d. h. Loten, d. h. Geraden,

- durch den Mittelpunkt von Strecken (hier den Dreiecksseiten).

---

[24] Wir verweisen in diesem Zusammenhang auf Kapitel 6.2, Satz 8.

Dennoch ist es – ähnlich wie bei den Höhen – gerade im Zusammenhang mit Konstruktionskontexten üblich, von der Länge einer Mittelsenkrechten zu reden. „Wie das?", mag sich der an dieser Stelle zu Recht erschrockene Leser fragen. Analog zur „Länge einer Höhe" fasst man bei der Rede von der „Länge einer Mittelsenkrechten" diejenige Teilmenge (Strecke) der Mittelsenkrechten ins Auge, die im Inneren des Dreiecks liegt. Auch hier schließen wir uns dieser „offenen Begriffsverwendung" an, die im Übrigen bei Weitem nicht so „geöffnet" ist wie die Verwendung des Begriffs „offener Unterricht" oder gar „Freiarbeit", solange Missverständnisse weitgehend ausgeschlossen sind.

Zur Konstruktion einer Mittelsenkrechten ist

a)   der Mittelpunkt einer Dreiecksseite zu bestimmen und

b)   in diesem Punkt das Lot zur Dreiecksseite[25] zu errichten.

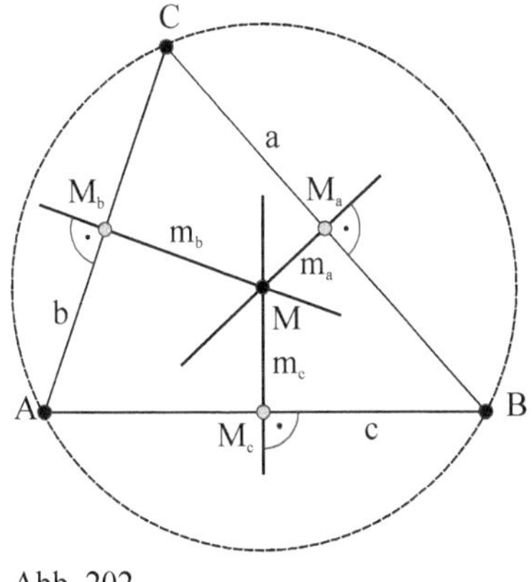

Abb. 202

Alle Punkte P auf der Mittelsenkrechten m_c haben von den Dreiecksecken A und B den gleichen Abstand, das wissen Sie aus Kapitel 4, Satz 2. Entsprechendes gilt für die Punkte auf den Mittelsenkrechten m_b und m_a.

Überlegen Sie selbst, warum sich um den Schnittpunkt M der drei Mittelsenkrechten m_a, m_b und m_c immer ein Kreis mit dem Radius $r = l(\overline{AM})$ zeichnen lässt, der alle drei Ecken des Dreiecks berührt, der so genannte Umkreis des Dreiecks. Wann eigentlich liegt der Mittelpunkt des Umkreises innerhalb / außerhalb des Dreiecks? Gibt es seltsame Dreiecke, deren Umkreismittelpunkt auf einer Dreiecksseite liegt?

---

[25] Genau muss es eigentlich heißen: „... das Lot zur Trägergeraden der Dreiecksseite ..."

Winkelhalbierende

Weil Winkel ∢(a,b) durch zwei Halbgeraden (dem Erst- und Zweitschenkel) mit gemeinsamem Anfangspunkt S (dem Scheitelpunkt) festgelegt werden[26], macht es Sinn, auch die Winkelhalbierende des Winkel ∢(a,b) als Halbgerade aufzufassen.

Die Winkelhalbierenden w_α, w_β und w_γ der Innenwinkel α, β und γ eines Dreiecks erhält man, indem man wiederholt den Algorithmus „einen Winkel halbieren" (vgl. Kapitel 5.4.2) abarbeitet.

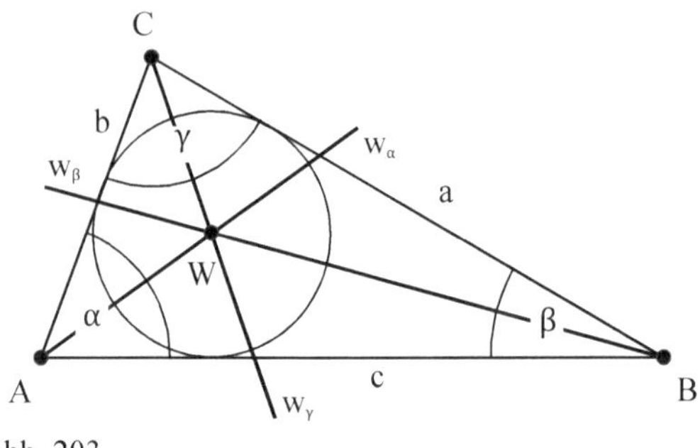

Abb. 203

Die drei Winkelhalbierenden eines Dreiecks schneiden sich in einem Punkt W, dem Mittelpunkt des so genannten *Inkreises*, also des Kreises, der alle Dreiecksseiten (in genau einem Punkt) *berührt*.[27]

Analog zu den Überlegungen nach möglichen Lagen des Umkreismittelpunktes können Sie auch hier fragen: Wann eigentlich liegt der Mittelpunkt des Inkreises innerhalb / außerhalb des Dreiecks? Gibt es seltsame Dreiecke, deren Inkreismittelpunkt auf einer Dreiecksseite liegt?

---

[26] Wir erinnern uns in diesem Zusammenhang gern an Kapitel 3.5.
[27] Mehr zu diesem besonderen Kreis und seinen „Verwandten" – den *Ankreisen* – erfahren Sie in den Sätzen 10 und 11 des Kapitels 6.2.

5.4.7 Konstruktionen am Kreis

Mittelpunkt eines Kreises bestimmen

Sicher erinnern Sie sich an Rudis Geschicklichkeitsübung im Ackerbürger aus Situation 5 des Einstiegskapitels zum Konstruieren: Rudi fand den Mittelpunkt des Rolinckbierdeckels durch „mehr oder weniger systematisches Probieren" und wir stellten am angegebenen Ort in Aussicht, dass eine konstruktive Lösung in etwa sechs Schritten möglich sein sollte.

Nun ja, Rudi hatte im Ackerbürger wieder mal seine euklidischen Werkzeuge nicht dabei, dafür müssen Sie die Lösung der Aufgabe ohne eine Steinfurter Köstlichkeit nachvollziehen – annähernd vergleichbare Mankos!

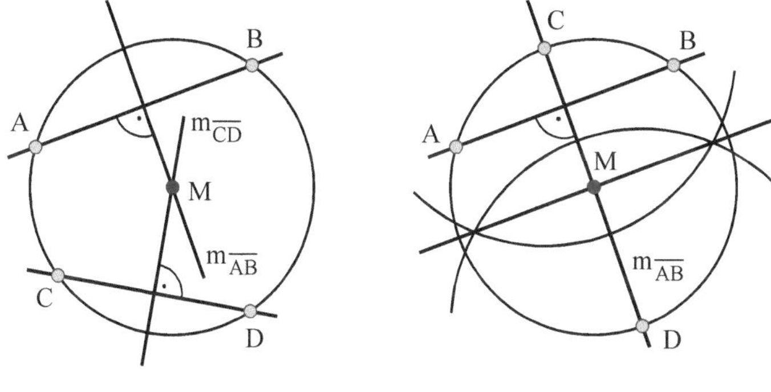

Abb. 204   Abb. 205

Zur Bestimmung des Mittelpunktes eines Kreises wird zunächst eine beliebige Sehne $\overline{AB}$ eingezeichnet und deren Mittelsenkrechte $m_{\overline{AB}}$ bestimmt[28]. Danach führen die beiden in Abbildung 204 und 205 dargestellten Vorgehensweisen zum Kreismittelpunkt M:

a) Es wird eine beliebige zweite Sehne $\overline{CD}$ eingezeichnet und ebenfalls deren Mittelsenkrechte $m_{\overline{CD}}$ bestimmt. Der Schnittpunkt beider Mittelsenkrechten ist der Kreismittelpunkt (Abbildung 204).

b) Der Mittelpunkt der Kreissehne, die durch die Mittelsenkrechte $m_{\overline{AB}}$ entsteht, wird bestimmt (Abbildung 205).

---

[28] Hier ist das Modul „die Mittelsenkrechte konstruieren" (Kapitel 5.4.3) abzuarbeiten.

Tangente an einen Kreis

Gegeben ist ein Kreis $k_1(M; r_1)$ und ein Punkt P außerhalb des Kreises. Gesucht ist diejenige Gerade / sind diejenigen Geraden durch P, die den Kreis in genau einem Punkt berührt / berühren.

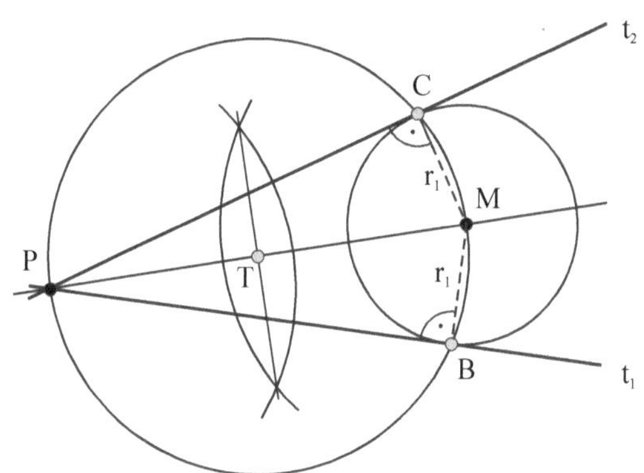

Abb. 206

Konstruktionsschritt	Erläuterung
1. $M_{\overline{PM}} = \{T\}$	Den Mittelpunkt der Strecke $\overline{PM}$ bestimmen und T nennen (vgl. Kapitel 5.4.2, eine Strecke halbieren).
2. $k_2(T; r_2 = l(\overline{TM}))$	Den Thaleskreis (siehe Kap. 6.3) über der Strecke $\overline{PM}$ zeichnen.
3. $k_2(T; r_2) \cap k_1(M; r_1) = \{B, C\}$	Die Schnittpunkte des Thaleskreises mit dem Kreis $k_1(M; r_1)$ als B und C benennen.
4. $PB = t_1$, $PC = t_2$	Die Geraden PB und PC sind die gesuchten Tangenten t_1 und t_2.

Die Gerade, die den Kreis in genau einem Punkt berührt, muss senkrecht auf den (Berühr-) Radius r_1 stehen, also mit r_1 einen rechten Winkel bilden.

Die Ortslinie für alle rechten Winkel über einer Strecke $\overline{PM}$ ist der Thaleskreis[29] über der Strecke $\overline{PM}$ und der schneidet den Kreis $k_1(M; r_1)$ gleich zweimal. Die Fragestellung führt also zu zwei Lösungen, der Geraden PB und der Geraden PC.

Tangente durch einen Punkt P auf einem Kreis

Gegeben ist ein Kreis $k_1(M; r_1)$ und ein Punkt P mit $P \in k_1(M; r_1)$.
Gesucht ist diejenige Gerade, die den Kreis in P berührt.

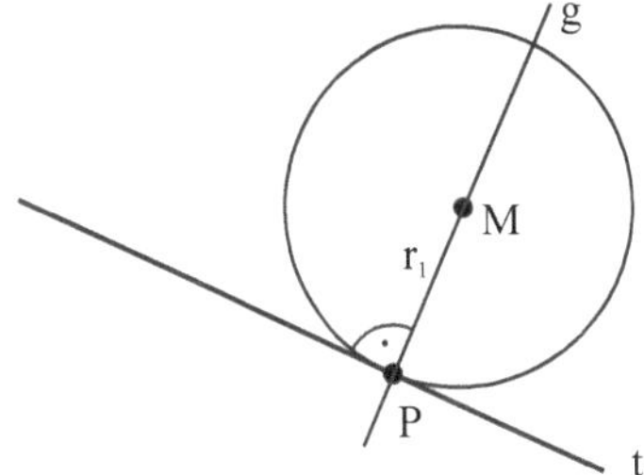

Abb. 207

Konstruktionsschritt	Erläuterung
1. g = PM	Die Gerade g durch P und M zeichnen.
2. t ⊥ g ∧ P ∈ t	In P das Lot t auf g errichten (vgl. Kapitel 5.4.3). t ist die gesuchte Tangente.

---

[29] Wie in der Erläuterung der Tabelle bereits angedeutet: Zum Thaleskreis verweisen wir auf Kapitel 6.3. Der Satz des Thales von Milet (Kap. 6.3, Satz 15) ist ein Sonderfall des Umfangs- oder Peripheriewinkelsatzes (Kap. 6.3, Satz 14).

5.4.8   Teilung in n gleiche Teile

Strecken in n gleich lange Teilstrecken teilen

Bei Fragestellungen dieser Art geht es um das Unterteilen einer gegebenen Strecke $\overline{AB}$ in n gleich lange Teilstrecken:
Bekannt sind die Länge der Ausgangsstrecke und die Anzahl n der Teilstrecken.
Gesucht ist die Länge jeder der Teilstrecken.

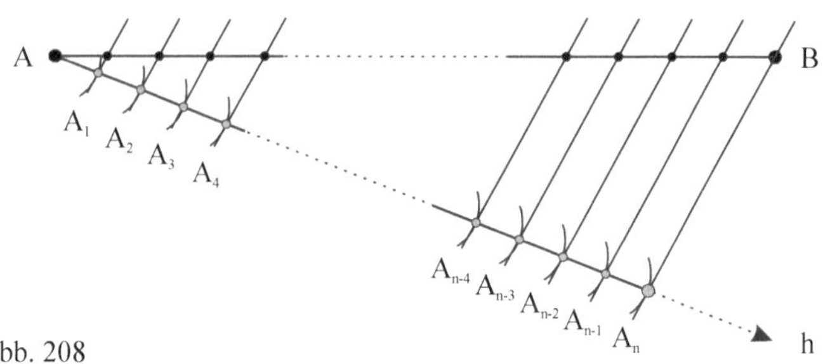

Abb. 208

Konstruktionsschritt	Erläuterung
1. Vom Endpunkt A der Strecke $\overline{AB}$ eine beliebige Halbgerade h zeichnen, für die gilt: $w(h, \overrightarrow{AB}) < 90°$.	Halbgerade h bildet mit der Halbgeraden $\overrightarrow{AB}$ einen spitzen Winkel.
2. Auf h von A aus wiederholt eine Strecke beliebiger Länge abtragen. Die Endpunkte A_i dieser Strecken seien A_1, A_2, … A_n.	Aus pragmatischer Sicht wählt man für die wiederholt abgetragene Strecke eine Länge, die etwa der ungefähren Soll-Länge entspricht.
3. Zur Geraden BA_n die Parallelen durch alle A_i zeichnen.	
4. Die Schnittpunkte der Parallelen mit $\overline{AB}$ kennzeichnen die Teilpunkte der Strecke $\overline{AB}$.	

Mit einem Beispiel zum Teilen einer Strecke in n gleich lange Strecken haben wir Sie zu Beginn des Kapitels 5.1 konfrontiert. Gemeint ist die Situation, in der es darum ging, die im Land Weitweg eingeführte unpraktische Längeneinheit 1 w in 7 gleich große Teile zu unterteilen. Wir möchten an dieser Stelle anmerken, dass die Fragestellung strukturgleich zur Aufgabe

> „Schneewittchen möchte eine Lakritzstange ‚gerecht' an ihre geliebten Zwerge verteilen."

ist und eine stilreine Beispielsituation für die im Zusammenhang mit der Einführung der Division bedeutsame Grundvorstellung des Verteilens darstellt.

Winkel in n Winkel mit gleichem Winkelmaß teilen

Auf die Konstruktion zum Halbieren eines Winkels sind wir in Kapitel 5.4.2 eingegangen. Durch wiederholte Anwendung dieses Algorithmus ist es möglich, einen gegebenen Winkel in 2^2, 2^3, 2^4, ... 2^n Teile zu teilen.

Abgesehen vom Halbieren, Vierteln, Sechzehnteln, ... eines Winkels lässt sich kein allgemeingültiges Verfahren für die n-Teilung eines Winkels mit beliebigem Winkelmaß angeben. Wir stoßen an dieser Stelle unmittelbar an die Grenzen des Konstruierens mit euklidischen Werkzeugen und damit auf eines der klassischen Probleme der antiken Mathematik, das wir in Kapitel 5.1 angesprochen haben.[30]

Und die Folge? Im allgemeinen Fall lässt sich das Winkelmaß des n-ten Teils eines Winkels α allein durch die Division $\dfrac{w(\alpha)}{n}$ ermitteln.

Strecken im Verhältnis p:q vergrößern bzw. verkleinern

Eine Strecke wird im Verhältnis p:q vergrößert bzw. verkleinert, indem man

a) die Strecke zunächst um das p-fache vergrößert, also die Strecke p-mal abträgt (siehe Kapitel 5.4.1) und

b) anschließend in q gleich lange Teilstrecken teilt und eine davon auszeichnet (vgl. Kapitel 5.4.8).

---

[30] Vielleicht müssen wir an dieser Stelle doch noch eine kleine Einschränkung einfügen? Dem nach Erkenntnis strebenden Leser sei Übungsaufgabe 8 am Ende des Kapitels nahe gelegt.

In Abbildung 209 wird die Strecke $\overline{AB}$ im Verhältnis 3:4 zur Strecke $\overline{AB'}$ verkleinert.

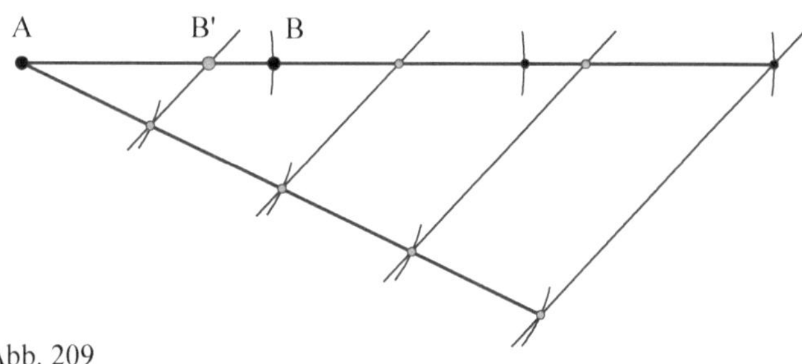

Abb. 209

Ein weiteres Verfahren benutzt die in Abbildung 210 dargestellte Strahlensatzfigur[31]. Mit den in der Abbildung benutzten Bezeichnungen gilt:

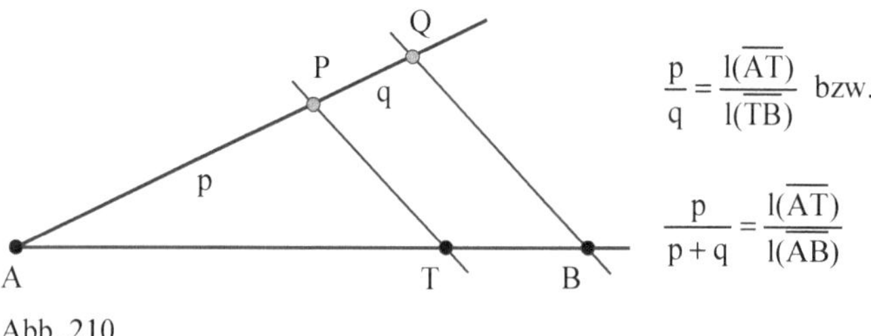

$$\frac{p}{q} = \frac{l(\overline{AT})}{l(\overline{TB})} \quad \text{bzw.}$$

$$\frac{p}{p+q} = \frac{l(\overline{AT})}{l(\overline{AB})}$$

Abb. 210

---

[31] Zu den Strahlensätzen sei auf Kapitel 4.3 hingewiesen.

Übung: 1)   Finden Sie zwei (nicht gekünstelte) Alltagssituationen, in denen das Abtragen eines Winkels (ohne Geodreieck) erforderlich ist, und formulieren Sie zu jeder Situation eine attraktive Aufgabe für den Geometrieunterricht im Sekundarbereich I.

          2)   Was wird hier eigentlich konstruiert? Wird hier überhaupt konstruiert oder eher kreativ herumgezirkelt?

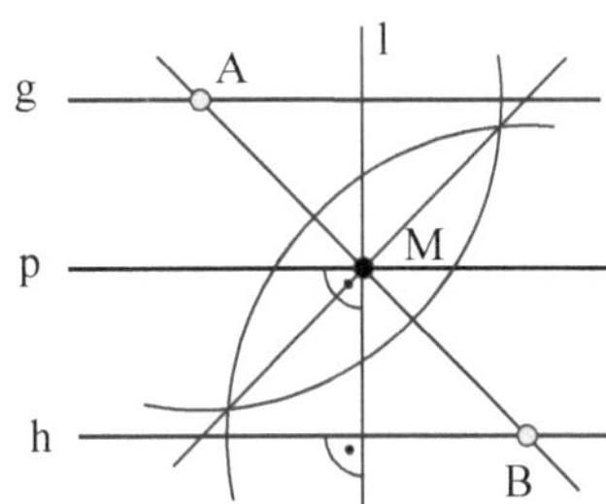

Gegeben sind zwei Geraden g und h mit g ∥ h.

Konstruktionsschritt	Erläuterung
1. A∈ g, B ∈ h beliebig	
2. Strecke $\overline{AB}$	
3. Mittelpunkt M von $\overline{AB}$	Kap. 5.4.2
4. Parallele p zu h durch M	Kap. 5.4.4

          3)   Die Einstiegssituation 1 zu Beginn des Kapitels 5.1 ist eine typische Situation zum *Verteilen*.

               a)   Insbesondere Studierende mit dem Ziel Lehramt Primarstufe sollten sich an dieser Stelle eine strukturgleiche Situation zum Kontext

                    „Es gibt Äpfel, es gibt Beutel und es gibt Personen, die gern Äpfel hätten.“

                    generieren und sich die strukturellen Merkmale von Situationen zum Aufteilen und Verteilen klar machen.

b) Ändern Sie die Einstiegssituation 1 dahin gehend ab, dass sie ein Beispiel zum *Aufteilen* wird. 1 w soll in Ihrer Aufgabe auch vorkommen.

c) Ist Messen (mit den bei uns standardisierten Maßeinheiten) ein Prozess des Aufteilens oder Verteilens? Begründen Sie Ihre Antwort.

4) Konstruieren Sie ein Dreieck mit $l(a) = 13$ cm, $w(\beta) = 30°$, $l(c) = 16$ cm auf Karton. Ermitteln Sie den Schwerpunkt S als Schnittpunkt der Seitenhalbierenden s_a, s_b und s_c.
Schneiden Sie Ihr Dreieck exakt aus und überprüfen Sie die Schwerpunkteigenschaft mit einem platonischen Gerät.

5) Konstruktionen

Legen Sie vor allen Konstruktionen eine beschriftete Planskizze an. Geben Sie auch zu jeder der Teilaufgaben eine Konstruktionsbeschreibung.

a) $\triangle ABC$ aus :

$l(a) = 5{,}6$ cm, $w(\sphericalangle CBA) = 43°$, $l(h_a) = 3{,}5$ cm

b) Trapez ABCD mit: $DC \| AB$ und

$l(a) = 9$ cm, $l(b) = 4{,}5$ cm, $l(c) = 4$ cm, $l(d) = 7{,}5$ cm

c) $\triangle ABC$ aus: $l(a) = 7$ cm, $l(s_b) = 6{,}3$ cm, $l(s_c) = 5{,}2$ cm

d) Jeden 7. Dezember, wenn dieser ganze Stress vorbei ist, treffen sich rote und grüne Nikoläuse zum Kreisballspielen[32] in Grönland[33]. Drei grüne Nikoläuse sind schon da, stehen irgendwie verteilt auf einer großen Eisscholle und bewegen sich bis zum Spielbeginn kein Stück, denn es ist kalt. Dann plötzlich große Freude: Es kommen 4 rote

---

[32] Kreisballspielen: Die roten und die grünen Nikos stellen sich in einem großen Kreis auf und werfen sich einen Ball untereinander zu. Alle Weil nimmt man einen Schluck aus dem dänischen Ålborg zu sich. Es verliert diejenige Mannschaft, bei der der Ball zuerst zu Boden geht.

[33] Die grünen Nikoläuse versorgen die Kinder in den nördlichen Gebieten, die roten sind eher für unsere Regionen zuständig.

Nikoläuse dazu[34]. Spielen Sie Knecht Ruprecht und verteilen Sie die Neuzugänge so, dass tatsächlich ein rot-grüner Nikolauskreis entsteht. Lösen Sie die Aufgabe konstruktiv.

6) Gegeben sei das abgebildete Dreieck $\triangle ABC$.

a) Übertragen Sie das Dreieck konstruktiv mit euklidischen Werkzeugen auf Ihr Zeichenpapier.

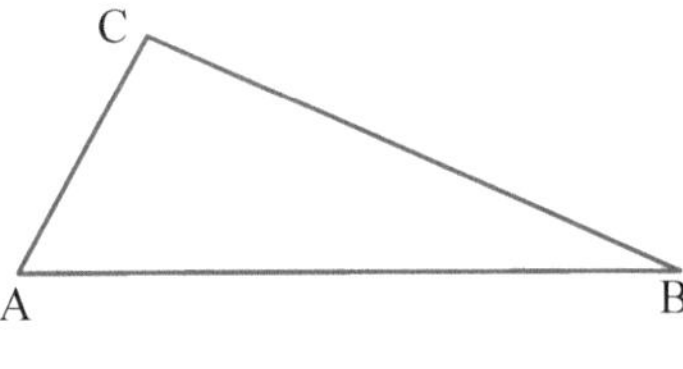

b) Vergrößern / verkleinern Sie es mit ausschließlich euklidischen Werkzeugen im Maßstab k = 28:20.

c) Vergrößern / verkleinern Sie es mit ausschließlich euklidischen Werkzeugen im Maßstab k = 3:4.

7) Milchbauer Runkel stöhnt zurecht über die Preisentwicklung im Milchmarkt, auch wenn er mit der folgenden Äußerung am Stammtisch vermutlich etwas übertreibt: „Wenn wir in 5 Jahren noch den gleichen Milchpreis pro Tüte erzielen wollen, dann müssen wir ähnliche Milchtüten (Jumbotüten) mit 8-fachem Volumen füllen."

Die Abbildung zeigt die Jetztzeitmilchtüte (Urbildtüte). Stellen Sie die Urbildtüte und die konstruierte Jumbotüte in einer Abbildung dar. Dabei soll gelten:

a) Die Urbildtüte steht in der Jumbotüte. Die linke vordere untere Ecke von Urbild- und Jumbotüte fallen zusammen.

---

[34] Wundern Sie sich nicht sonderlich: Die roten Nikoläuse kommen fast jedes Jahr zu spät zum Kreisballspielen.

    b) Die Jumbotüte steht links genau neben der Urbildtüte. Die Vorderflächen beider Tüten sind bündig (in der gleichen Ebene).

    c) Die Urbildtüte steht in der Mitte der Grundfläche der Jumbotüte.

8)   * News * News * News * News * News * News * News * Verfahren zur Dreiteilung eines beliebigen Winkels α gefunden

Nanu Nana – haben wir da doch eine Möglichkeit zur Dreiteilung eines Winkels gefunden und der Leibnizpreis steht in Aussicht?

Gegeben sei ein Winkel α mit Scheitelpunkt S (siehe nebenstehende Abbildung).

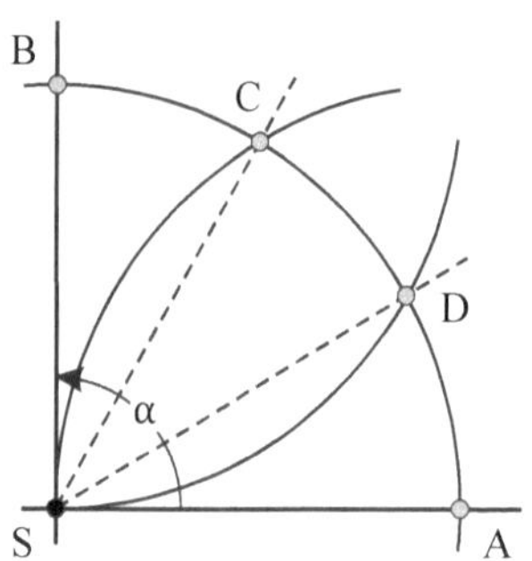

Konstruktion:

-   $k_1(S; r_1)$ zeichnen, wobei r_1 beliebig ist.
-   Die Schnittpunkte von k_1 mit dem Erstschenkel von α mit A, mit dem Zweitschenkel von α mit B benennen.
-   $k_2(A; r_2 = r_1)$ und $k_3(B; r_3 = r_1)$ zeichnen.
-   $k_1 \cap k_2 = \{C\}$ und $k_1 \cap k_3 = \{D\}$.
-   Halbgeraden $\overrightarrow{SD}$ und $\overrightarrow{SC}$ zeichnen.

$\overrightarrow{SD}$ und $\overrightarrow{SC}$ dritteln den Winkel $\alpha = \sphericalangle(\overrightarrow{SA}, \overrightarrow{SB})$.

    a) Äußern Sie sich charmant und so wohlwollend wie möglich zur vorgelegten Konstruktion für die Dreiteilung des Winkels α.

    b) Äußern Sie sich differenziert kritisch zur vorgelegten Konstruktion zur Dreiteilung eines Winkels.

    c) Funktioniert das vorgestellte Verfahren eigentlich auch bei der Dreiteilung eines gestreckten Winkels?

6 Fragestellungen der euklidischen Geometrie

6.1 Einstiegsproblem

Abb. 211 (Bienenwaben mit leerer Weiselzelle[1])

Bis vor nicht allzu langer Zeit waren wir im Glauben, dass die Waben der Honigbiene aus Sechsecksprismen bestehen. Man sieht die Parkettierung mit regelmäßigen Sechsecken und macht sich wenig Gedanken über die Beschaffenheit der Rückwand der einzelnen Wabenzelle. Wir haben uns diese wohl platt vorgestellt. An der ebenen Rückwand sitzt wiederum eine Schicht von Zellen, die von der anderen Seite zugänglich ist.

Vor ein paar Jahren lasen wir dann bei Bender und Schreiber (1985, S. 71), dass die Bienenwaben keine sechseckigen Prismen sind, sondern halbe Rhombendodekaeder[2], die jeweils ein Stück in die andere Wabenschicht hineinragen. Auf der folgenden Seite beschreiben Bender und Schreiber, wie man aus einem Prisma über einem regelmäßigen Sechseck ein Rhombendo-

---

[1] Foto Waugsberg in: http://de.wikipedia.org/wiki/Weiselzelle
[2] Zum Rhombendodekaeder sei auf Kapitel 2 verwiesen.

© Springer Fachmedien Wiesbaden GmbH, ein Teil von Springer Nature 2018
R. Benölken, *Leitfaden Geometrie*, https://doi.org/10.1007/978-3-658-23378-5_6

dekaeder erzeugt. Lassen Sie sich nicht von einigen Besonderheiten in Abbildung 211 irritieren:

Mehrere der unteren Wabenzellen sind bereits ganz oder teilweise mit einem Nektar- / Pollengemisch zur Aufzucht der Larven (Arbeiterbienen) aufgefüllt. Das große eiförmige Gebilde (etwas über der Bildmitte) ist eine Weiselzelle. Weiselzellen sind diejenigen Zellen, in denen künftige Bienenköniginnen heranwachsen. Während alle anderen Bienen in normalen Waben heranwachsen, bedarf es für die Aufzucht von Königinnen, die deutlich größer als (Arbeiter-) Bienen werden, größerer „Kinderzimmer", eben dieser Weiselzellen. Auch werden die von der Königin in den Weiselzellen abgelegten Eier von den Ammenbienen mit dem berühmten Gelée Royale gefüttert, während die Larven der späteren Arbeiterbienen mit einem Nektar- / Pollengemisch aufgezogen werden. Die unterschiedliche Fütterung entscheidet den späteren Status der Biene.

Von den sechs Ecken des Prismenbodens wählt man drei so aus, dass sie ein gleichseitiges Dreieck bilden. Durch jede dieser Seiten schneidet man eine Prismenecke so ab, dass drei kongruente Dreieckspyramiden entstehen. Diese dreht man entlang der Schnittkanten am Prismenboden um 180°, so dass sie auf dem Rest des Prismenbodens zu stehen kommen.

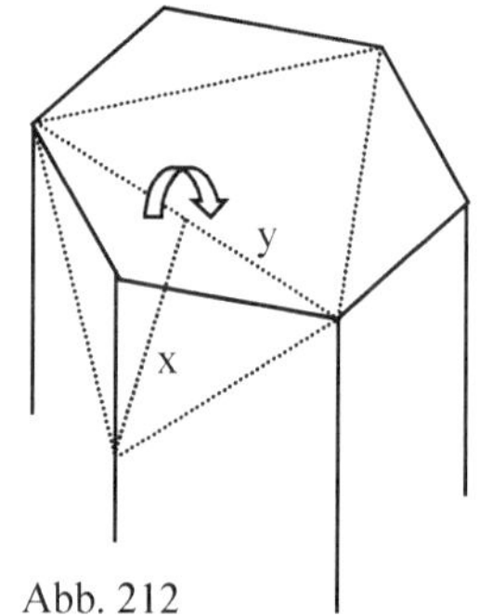

Abb. 212

Aus dem ehemaligen Prismenboden ist nun die Ecke eines Körpers geworden, in dem drei Rauten zusammenstoßen. Noch ist man frei in der Wahl des Neigungswinkels des Schnittes. Der neue Körper hat immer dasselbe Volumen, nämlich das des Prismas. Man kann aber zeigen, dass seine Oberfläche dann am kleinsten ist, wenn x und y aus der obigen Abbildung in folgendem Verhältnis zueinander stehen: $2x\sqrt{2} = y$. Die Diagonalen der Rauten stehen also im Verhältnis $\sqrt{2}$ zueinander, wir haben ein halbes Rhombendodekaeder erhalten, in das lückenlos eine zweite Schicht aus halben Rhombendodekaedern auf der Rückseite passt. Unter dem Aspekt des Materialverbrauchs ist diese Wabenkonstruktion fast ideal. Allerdings ist die Arbeit der Biene so ungenau, dass sie von der Ökonomie der Wabenform nicht wirklich profitieren kann. Auch sind die echten Waben tiefer als ein halbes Rhombendodekaeder.

Die Form der Bienenwaben ist wohl mehr durch die Art ihres Herstellungsprozesses bedingt. Während des Bauens kreisen die Bienen in den Waben,
wodurch diese einen kreisförmigen Querschnitt erhalten und etwa gleich groß
werden. Wie ein Blick auf Abbildung 213 zeigt, ist die dichteste Lagerung
von Kreisen die rechts abgebildete, bei der die Mittelpunkte der Kreise die
Ecken von gleichseitigen Dreiecken bilden.

Während des Bauens ist das Wachs, aus denen die Waben bestehen, noch
halbflüssig und die kreisförmigen Wände werden so in Richtung der Drei-
ecksmitten gedrückt, bis schließlich jeweils zwei Wabenwände zusammenfallen, wodurch der Materialverbrauch minimiert wird. Es entstehen regelmäßige Sechsecke.

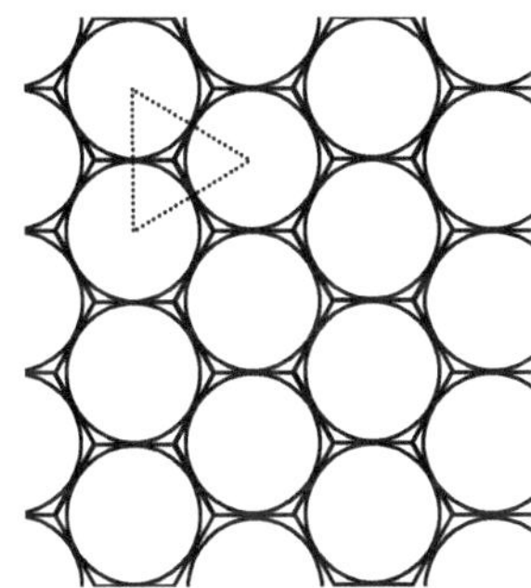

Abb. 213

Nun sind die Bienenwaben aber keine ebenen Gebilde, sondern räumliche.
Wir stellen sie uns als Halbkugeln vor, von denen drei so angeordnet sind,
dass ihre Mittelpunkte ein gleichseitiges Dreieck bilden. Betrachtet man die
Rückseite dieser drei sich berührenden Halbkugeln, so sieht man eine Lücke,
in die eine weitere Halbkugel mit der Öffnung in die andere Richtung passt.
Die Mittelpunkte dieser vier Halbkugeln bilden ein Tetraeder. Wie bei unseren Überlegungen mit den Kreisen in der Ebene bilden sich nun aus den
Wänden der Halbkugeln flächige Gebilde. Es entstehen halbe Rhombendodekaeder, die jeweils ein Stück in die andere Wabenschicht hineinragen und
deren Öffnungen regelmäßige Sechsecke sind.

Abbildung 214 zeigt noch einmal einen Bienenwabenverband, bei dem die
seitlichen Zellwände, die in Abbildung 211 noch vorhanden waren, bis zum
Boden der Wabe mechanisch entfernt wurden. Dafür sieht man insbesondere
in der rechten Hälfte dieses Kastrats sehr schön wie im Zellboden drei Rauten

in einer Ecke zusammenkommen und einen Teil des halben Rhombendodekaeders ausbilden. Biologen und Naturliebhaber erfreuen sich an den im rechten Bildteil gut zu erkennenden länglichen aufrechtstehenden Eiern, die nahezu perfekt an der Stelle angeheftet wurden, in der die drei Rauten eine Raumecke ausbilden. Aus diesen Eiern werden Arbeiterbienen. In den Waben im linken oberen Bildteil ist der Entwicklungsprozess etwas fortgeschritten: Sie können wenige Tage alte Larven erkennen, die in Futtersaft schwimmen.

Abb. 214 (Bienenwaben mit Eiern und Brut[3])

Wir verzichten im Folgenden auf Eier und Larven, nehmen dafür aber die seitlichen Zelltrennwände wieder hinzu und skizzieren in Abbildung 215 das Netz eines halben Rhombendodekaeders:

---

[3]   Foto Waugsberg:
      https://commons.wikimedia.org/wiki/File:Bienenwabe_mit_Eiern_und_B
      rut_5.jpg

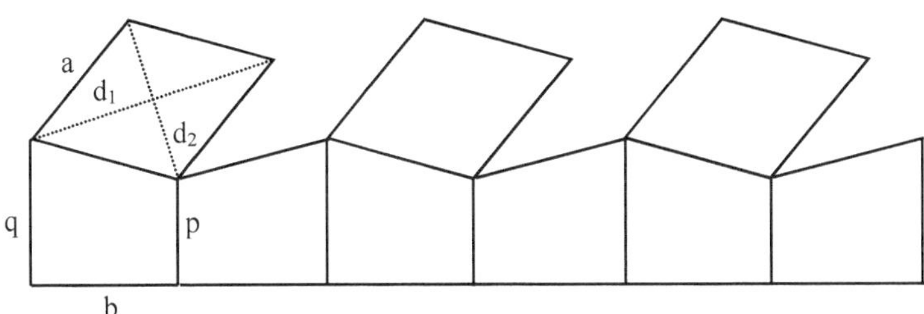

Abb. 215

Will man zu einer gegebenen Kantenlänge a des Rhombendodekaeders das obige Netz konstruieren, so sind die Werte d_1, d_2, p, q und b zu berechnen.

1. Berechnung der Rautendiagonalen

In Kapitel 2.1 haben wir schon mit dem Satz des Pythagoras[4] berechnet, dass für die kürzere Rautendiagonale $d_2 = \dfrac{2}{\sqrt{3}}a$ gilt und folglich

$$d_1 = \frac{2 \cdot \sqrt{2}}{\sqrt{3}}\,a\,, \text{ da } d_1 = \sqrt{2} \cdot d_2 \text{ ist.}$$

2. Berechnung von p und q

Da unser Rhombendodekaeder halbiert wird, verlaufen die Schnitte so durch die Seitenflächen, dass sie im rechten Winkel durch die Rautenseiten und durch die Rautenmittelpunkte verlaufen (Abb. 216).

Wir wissen:

1. Pythagoras: $d_1 = \dfrac{2 \cdot \sqrt{2}}{\sqrt{3}}\,a$ (s.o.)

2. $p + q = a \Leftrightarrow p = a - q$

3. Höhensatz: $h^2 = p \cdot q$

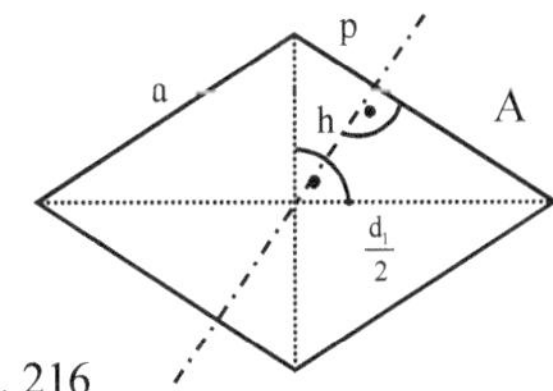

Abb. 216

---

[4] Pythagoras von Samos, um 570 – 496 v. Chr., griech. Naturphilosoph.

4. Pythagoras: $h^2 + q^2 = \left(\dfrac{d_1}{2}\right)^2$

Wir setzen 1. in 4. ein und erhalten

$$h^2 + q^2 = \left(\frac{d_1}{2}\right)^2 = \left(\frac{2\cdot\sqrt{2}}{\sqrt{3}}\cdot\frac{a}{2}\right)^2 = \frac{2}{3}a^2$$

In dieser Gleichung ersetzen wir nach 3. h^2 durch pq und erhalten

$$pq + q^2 = \frac{2}{3}a^2 \quad \text{und daraus wegen 2.}$$

$$(a-q)q + q^2 = \frac{2}{3}a^2 \;\Rightarrow\; aq - q^2 + q^2 = \frac{2}{3}a^2 \;\Rightarrow\; aq = \frac{2}{3}a^2$$

Also gilt $q = \dfrac{2}{3}a$ und $p = \dfrac{1}{3}a$.

3. Berechnung von b

Wir wissen jetzt, dass q doppelt so lang ist wie p, und dass $p = \dfrac{1}{3}a$ ist.

Wir können wieder den Satz des Pythagoras anwenden und erhalten:

$$p^2 + b^2 = a^2 \quad\Rightarrow\quad \left(\frac{1}{3}a\right)^2 + b^2 = a^2$$

$$\Rightarrow\quad \frac{1}{9}a^2 + b^2 = a^2 \Rightarrow b^2 = \frac{8}{9}a^2$$

$$\Rightarrow\quad b = \frac{2\sqrt{2}}{3}a$$

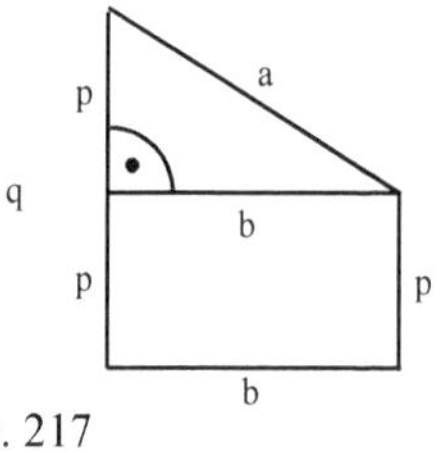

Abb. 217

Damit haben wir alle Maße, die wir zur Konstruktion des Netzes eines halben Rhombendodekaeders benötigen, in Abhängigkeit von der Kantenlänge a der Rauten ausgedrückt. Soll diese z.B. 6 cm betragen, dann ist b $\approx$ 5,66 cm, q = 4 cm, p = 2 cm, $d_1 \approx$ 9,80 cm und $d_2 \approx$ 6,93 cm.

Wir haben das Problem der Geometrie der Bienenwaben nicht nur deshalb ausgewählt, weil es zentrale Ideen und Objekte aus Kapitel 2 aufgreift, weil es fächerübergreifend ist, ein hohes Maß an Ästhetik beinhaltet und der

Schulung der Raumvorstellung dient, sondern auch, weil man zur Konstruktion eine Reihe von Berechnungen anzustellen hat, die auf Ihnen aus der Schule bekannten Sätzen basieren und die Inhalt dieses Kapitels sind.

In diesem Kapitel sollen also Kenntnisse aus der Schulgeometrie aufgefrischt und auf einen gemeinsamen Stand gebracht werden. Darüber hinaus werden Sie auch einige neue Sätze kennen lernen und beweisen.

Übung: 1) Konstruieren Sie das Netz einer „idealen" Bienenwabenzelle mit der Kantenlänge 6 cm und basteln Sie vier solcher Zellen aus Zeichenkarton (technische Hinweise s. Übungsaufgabe 1 nach Kapitel 2.1). Heften Sie drei der fertigen Zellen mit Büroklammern aneinander und demonstrieren Sie, dass die vierte Zelle perfekt in die Rückwand der bereits aufgebauten Wabenschicht passt.

6.2   Besondere Punkte und Linien im Dreieck

Verbindet man drei Punkte der Ebene, die nicht auf einer Geraden liegen, paarweise durch Strecken, so erhält man ein Dreieck. Die Ecken bezeichnen wir wie üblich mit A, B, C und zwar fortlaufend gegen den Uhrzeigersinn. Die Seiten werden mit a, b, c bezeichnet, wobei die Seite a der Ecke A, b dem Punkt B und c dem Eckpunkt C gegenüber liegt. Die Innenwinkel nennen wir α, β und γ. α ist der Winkel an A, β der an B und γ der an C (vgl. die Abbildung unten im Beweis zu Satz 1).

Im Kapitel 4 haben wir bei Strecken und Winkeln stets sauber zwischen den Objekten und ihren Eigenschaften wie der Länge einer Strecke und der Größe eines Winkels unterschieden und dies durch Notationsformen wie a bzw. l(a) und α bzw. w(α) zum Ausdruck gebracht. Weil wir in diesem Kapitel nahezu ausschließlich die Länge von Strecken und die Größe von Winkeln betrachten, werden wir – wenn keine Missverständnisse zu befürchten sind – die saloppere Schreibweise a bzw. α auch für Streckenlängen bzw. Winkelgrößen verwenden.

Satz 1:   Im Dreieck beträgt die Summe der Innenwinkelmaße 180°.

Beweis:

Durch den Punkt C zeichnen wir die nach dem Parallelenaxiom (Kap. 3) eindeutig bestimmte Parallele zur Dreiecksseite c. Neben γ entstehen dadurch zwei Winkel, die als Wechselwinkel ebenso groß sind wie α und β (Kap. 4, Satz 21). α, γ und β ergänzen sich zu einem gestreckten Winkel, also gilt:

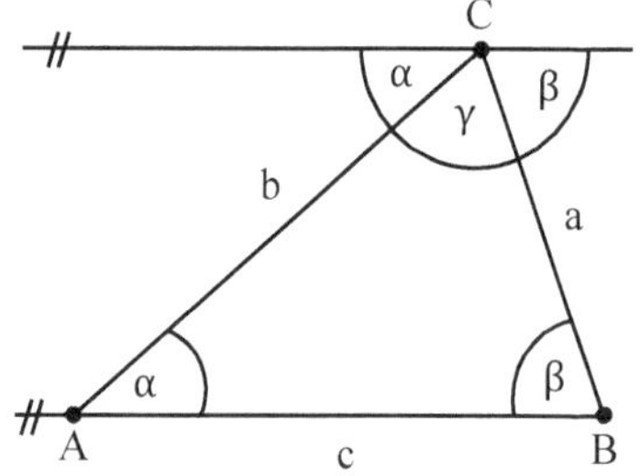

$\alpha + \beta + \gamma = 180°$ (Kap. 3, Satz 9)

Außer den Innenwinkeln interessieren im Folgenden noch die *Außenwinkel* des Dreiecks (vgl. die Abbildung unten im Beweis zu Satz 2). Verlängert man die Dreiecksseiten über die Eckpunkte hinaus, so entstehen jeweils drei neue Winkel. Einer davon ist der Scheitelwinkel zu dem entsprechenden Innenwinkel, folglich ebenso groß wie dieser. Die beiden anderen sind Nebenwinkel zu dem entsprechenden Innenwinkel. Da sie zueinander Scheitelwinkel sind, haben auch sie gleiches Winkelmaß. Bei diesen

Folgerungen beziehen wir uns auf Kap. 3, Satz 9. Diese außen liegenden Winkel, in der Abbildung im Beweis von Satz 2 mit α', β' und γ' bezeichnet, nennt man Außenwinkel. Über diese können wir nun Sätze formulieren.

Satz 2:   Jeder Außenwinkel eines Dreiecks ist gleich der Summe der beiden nicht anliegenden Innenwinkel.

Mit den Bezeichnungen der Abbildung unten im Beweis behauptet Satz 2 formal: $\alpha' = \beta + \gamma$ und $\beta' = \alpha + \gamma$ und $\gamma' = \alpha + \beta$

Beweis:

Wir führen den Beweis nur für $\alpha' = \beta + \gamma$. Die beiden anderen Gleichungen zeigt man vollkommen analog.

Wir wissen:

(1) $\alpha + \beta + \gamma = 180°$ / Satz 1

$\Rightarrow$ $\alpha = 180° - \beta - \gamma$

(2) $\alpha + \alpha' = 180°$ / Kap. 3, Satz 9

$\Rightarrow$ $\alpha' = 180° - \alpha$

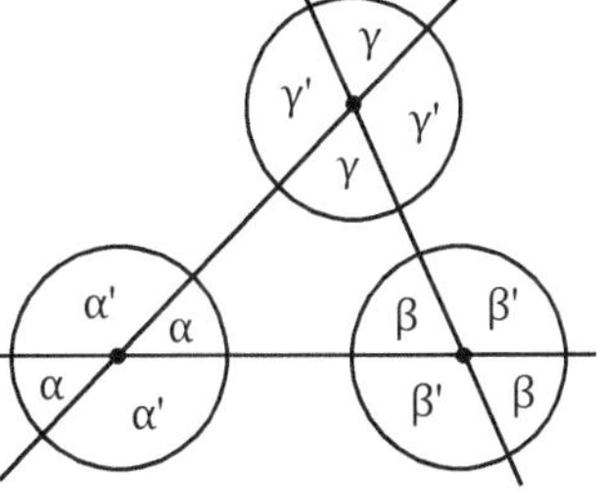

Dann gilt:

$\alpha' = 180° - \alpha$ / s. (2)

$\Rightarrow$ $\alpha' = 180° - (180° - \beta - \gamma)$ / s. (1)

$\Rightarrow$ $\alpha' = 180° - 180° + \beta + \gamma$

$\Rightarrow$ $\alpha' = \beta + \gamma$

Eine unmittelbare Folgerung aus diesem Satz ist Satz 3:

Satz 3:   Jeder Innenwinkel ist kleiner als die nicht anliegenden Außenwinkel.

Beweis:

Wir zeigen lediglich $\alpha < \beta'$ und $\alpha < \gamma'$. Der Beweis für die anderen Innenwinkel verläuft analog.

Es gilt:

$\beta' = \alpha + \gamma \;\wedge\; \gamma' = \alpha + \beta$ / Satz 2

$\Rightarrow$ $\beta' > \alpha \quad\wedge\quad \gamma' > \alpha$ / da $\gamma > 0° \wedge \beta > 0°$

Eine weitere Aussage über die Außenwinkel enthält Satz 4:

Satz 4:   Im Dreieck beträgt die Summe der Außenwinkelmaße 360°.

Beweis:

Wir wissen:
(1) $\alpha + \beta + \gamma = 180°$ / Satz 1
(2) $\alpha' = \beta + \gamma \;\land\; \beta' = \alpha + \gamma \;\land\; \gamma' = \alpha + \beta$ / Satz 2

Dann gilt:

$$
\begin{aligned}
\alpha' + \beta' + \gamma' \;&= (\beta + \gamma) + (\alpha + \gamma) + (\alpha + \beta) && \text{/ wegen (2)}\\
&= 2\alpha + 2\beta + 2\gamma && \text{/ AG+ und KG+ in } \mathbb{R}\\
&= 2\,(\alpha + \beta + \gamma) && \text{/ DG } \cdot,\, + \text{ in } \mathbb{R}\\
&= 2 \cdot 180° && \text{/ wegen (1)}\\
&= 360°
\end{aligned}
$$

Dreiecke mit zwei gleichlangen Seiten heißen *gleichschenklig*. Die dritte Dreiecksseite nennt man *Basis*, die an ihr anliegenden Winkel *Basiswinkel*.

Satz 5:   Im gleichschenkligen Dreieck sind die Basiswinkel gleich groß.

Beweis:

Sei M der Mittelpunkt von $\overline{AB}$. Durch $\overline{MC}$ wird Dreieck $\triangle ABC$ in die Teildreiecke $\triangle AMC$ und $\triangle MBC$ zerlegt. Für die Seiten dieser Teildreiecke gilt:

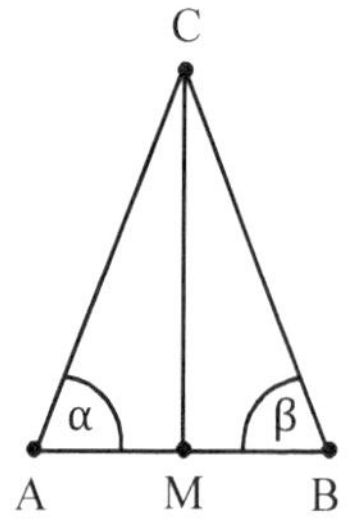

- $\overline{AM}$ und $\overline{MB}$ sind gleich lang.   / M Mittelpkt.

- $\overline{AC}$ und $\overline{BC}$ sind gleich lang.   / Vorauss.

- $\overline{MC}$ ist gemeinsame Seite.

Nach Kongruenzsatz SSS (Kap. 4, Satz 22) sind die Teildreiecke $\triangle AMC$ und $\triangle MBC$ kongruent, also gilt auch $\alpha = \beta$.

Im Folgenden formulieren und beweisen wir Sätze über besondere Linien im Dreieck, die Ihnen zum größten Teil aus der Schule bekannt sein dürften. Solche besonderen Linien sind die *Mittelsenkrechten* auf die Dreiecksseiten, die *Winkelhalbierenden* der Innen- und Außenwinkel, die *Höhen* sowie die *Seitenhalbierenden*.

Höhen sind Lote von einer Dreiecksecke auf die Trägergerade der gegenüber-liegenden Dreiecksseite. Besser, aber unüblich, wäre eine Differenzierung zwischen Höhen und Höhengeraden, denn gelegentlich versteht man unter der Höhe auch den Abstand des Eckpunkts von der Trägergeraden der gegenüberliegenden Dreiecksseite (Bsp.: $h_c = 5$ cm).

Seitenhalbierende sind die Strecken von den Seitenmittelpunkten zu den gegenüberliegenden Ecken. Gelegentlich werden in der Literatur auch die Trägergeraden dieser Strecken als Seitenhalbierende bezeichnet, die sich dann allerdings schwerlich im Verhältnis 1:2 teilen können (Satz 8).

Satz 6:   Die Mittelsenkrechten eines Dreiecks schneiden sich in einem Punkt M. Dieser Punkt ist der Mittelpunkt des *Um-kreises* des Dreiecks.

Beweis[5]:

Wir wissen:

Alle Punkte auf der Mittelsenkrechten $m_{\overline{XY}}$ der Strecke $\overline{XY}$ haben von X und Y denselben Abstand (Kap. 4, Satz 2).

Wir betrachten zunächst nur die beiden Mittelsenkrechten $m_{\overline{AB}}$ und $m_{\overline{BC}}$ und ihren Schnittpunkt M.

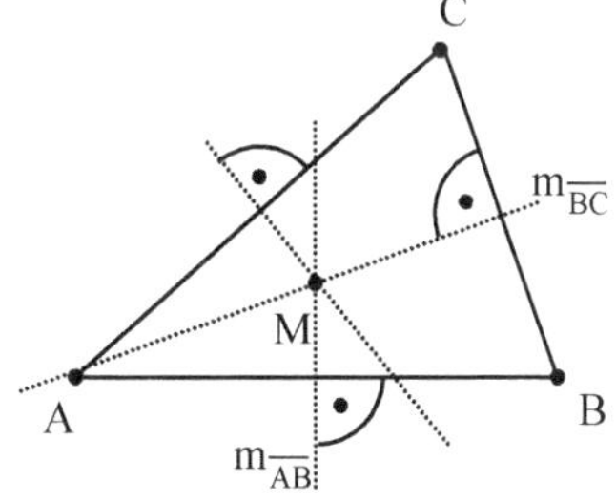

Dann gilt:

$\quad$ M ∈ $m_{\overline{AB}}$ $\quad \Rightarrow \quad$ M hat denselben Abstand von A wie von B; also

$$l(\overline{MA}) = l(\overline{MB}) \qquad\qquad\qquad\text{/ Kap. 4, Satz 2}$$

∧ $\quad$ M ∈ $m_{\overline{BC}}$ $\quad \Rightarrow \quad$ M hat denselben Abstand von B wie von C; also

$$l(\overline{MB}) = l(\overline{MC}) \qquad\qquad\qquad\text{/ Kap. 4, Satz 2}$$

mit der Transitivität der „="-Relation folgt:

$\Rightarrow \quad$ M hat dieselbe Entfernung von A wie von C; also $l(\overline{MA}) = l(\overline{MC})$. Demnach liegt M also auch auf der Mittelsenkrechten $m_{\overline{AC}}$.

$\Rightarrow \quad$ Alle Mittelsenkrechten schneiden sich damit in Punkt M.

---

[5] $\quad$ Die Beweisidee werden wir in mehreren Folgesätzen analog verwenden.

Da M von allen Eckpunkten des Dreiecks denselben Abstand hat, liegen die Eckpunkte auf einem Kreisbogen. M ist der Mittelpunkt dieses *Umkreises*.

Sind in einem Dreieck alle Innenwinkel spitz (spitzwinkliges Dreieck), dann liegt M innerhalb des Dreiecks. Bei einem Dreieck mit einem stumpfen Innenwinkel (stumpfwinkliges Dreieck) liegt M außerhalb des Dreiecks (Abbildung 218). Überlegen Sie selbst, wo M im Falle eines rechtwinkligen Dreiecks liegt. Auf diesen berühmten Satz werden wir später noch eingehen.

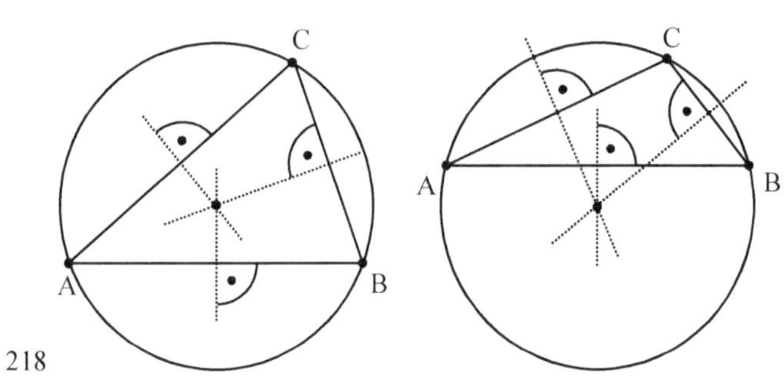

Abb. 218

Satz 7:   Die Höhen eines Dreiecks schneiden sich in einem Punkt H.

Zum Vorgehen im Beweis:

Aus Satz 6 wissen wir, dass sich die Mittelsenkrechten eines Dreiecks in einem Punkt schneiden. Wenn es gelingt zu zeigen, dass die Höhen eines Dreiecks $\triangle ABC$ die Mittelsenkrechten eines gewiss anderen Dreiecks $\triangle XYZ$ sind, dann wären wir fertig.

Beweis:

Verbindet man die Mittelpunkte M_a, M_b und M_c der Dreiecksseiten miteinander, so entsteht ein neues Dreieck, das so genannte *Mittendreieck*.

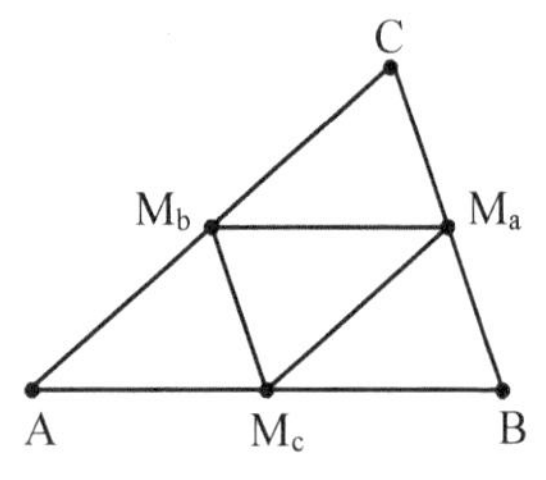

Wir zeigen zunächst:

Die Seiten des Mittendreiecks sind parallel zu den Seiten des Ausgangsdreiecks $\triangle ABC$.

Wir beweisen dies mit der Umkehrung des ersten Strahlensatzes (Kap. 4, Satz 29).

Sei C unser Zentrum.

Da M_a der Mittelpunkt von a und M_b der Mittelpunkt von b ist, gilt

$$l(\overline{CM_a}) : l(\overline{CB}) = l(\overline{CM_b}) : l(\overline{CA}) = 1:2,$$

woraus folgt, dass $M_aM_b \| AB$ und damit auch $\overline{M_aM_b} \| \overline{AB}$.

Mit Hilfe des zweiten Strahlensatzes (Kap. 4, Satz 28) lässt sich darüber hinaus folgern:

$$l(\overline{CM_b}) : l(\overline{CA}) = l(\overline{M_bM_a}) : l(\overline{AB}) = 1 : 2, \ \text{d.h.} \ l(\overline{AB}) = 2 \cdot l(\overline{M_bM_a})$$

Analog begründet man, dass die beiden übrigen Seiten des Mittendreiecks parallel zu den Dreiecksseiten und jeweils halb so lang wie diese sind (was zunächst zu zeigen war).

Jedes Dreieck $\triangle ABC$ ist nun seinerseits das Mittendreieck eines eindeutig bestimmten anderen Dreiecks $\triangle XYZ$.

Die Höhen von $\triangle ABC$ sind die Mittelsenkrechten von $\triangle XYZ$, und diese schneiden sich in einem Punkt (Satz 6). Genau dies wollten wir zeigen.

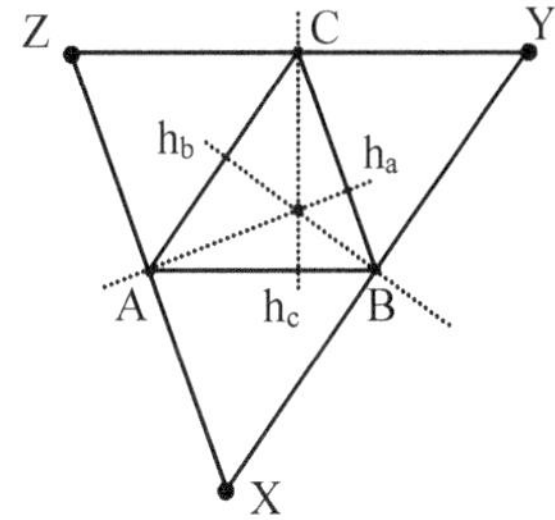

Überlegen Sie, wo sich der Höhenschnittpunkt im Fall eines spitzwinkligen, eines stumpfwinkligen und eines rechtwinkligen Dreiecks befindet.

Satz 8: Die Seitenhalbierenden eines Dreiecks schneiden sich in einem Punkt S und teilen sich im Verhältnis 1:2. Der Punkt S heißt *Schwerpunkt* des Dreiecks.

Beweis:

Wir wissen aus dem Beweis von Satz 7, dass $M_aM_b \| AB$ und

$$l(\overline{M_aM_b}) = \tfrac{1}{2} l(\overline{AB}).$$

Wir zeichnen die Seitenhalbierenden s_a und s_b und ihren Schnittpunkt S und erhalten eine Strahlensatzfigur mit Zentrum S.

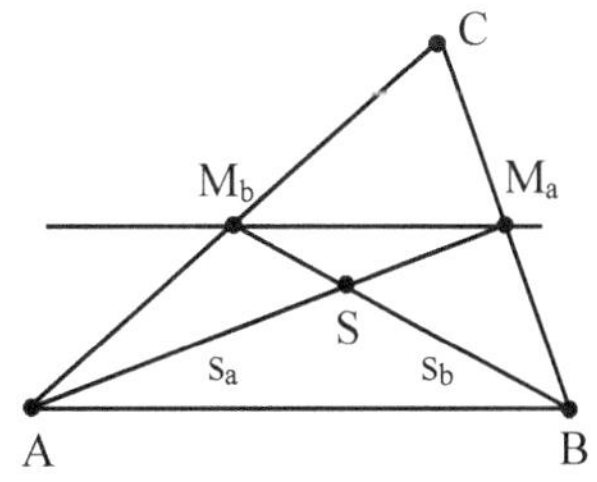

Dann gilt:

$\qquad l(\overline{SM_a}) : l(\overline{SA}) \qquad = l(\overline{SM_b}) : l(\overline{SB}) \qquad$ / 1. Strahlensatz

$\wedge \quad l(\overline{SM_b}) : l(\overline{SB}) \qquad = l(\overline{M_aM_b}) : l(\overline{AB}) \qquad$ / 2. Strahlensatz

$\wedge \quad l(\overline{M_aM_b}) : l(\overline{AB}) \quad = 1 : 2 \qquad\qquad$ / Teilbeweis von Satz 7

$\Rightarrow \quad$ S teilt also die Seitenhalbierenden s_a, s_b im Verhältnis 1 : 2. [6] $\qquad$ (1)

Wir betrachten nun s_a, s_c und ihren Schnittpunkt S'.

Da wir aus dem Beweis von Satz 7 wissen, dass $M_aM_c \parallel AC$ und

$$l(\overline{M_aM_c}) = \frac{1}{2} \, l(\overline{AC}),$$

können wir analog zu oben folgern:

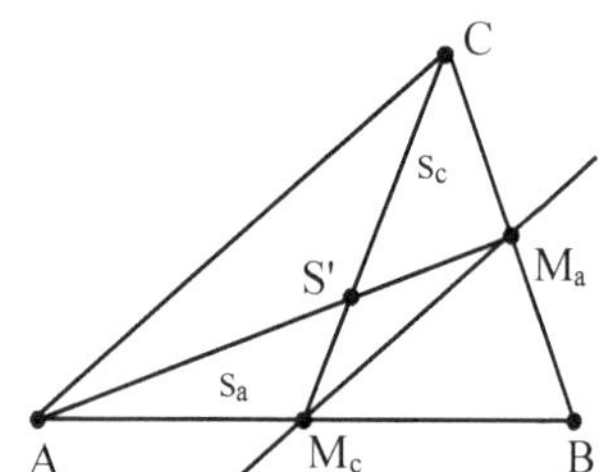

Es gilt:

$\qquad l(\overline{S'M_c}) : l(\overline{S'C}) \qquad = l(\overline{S'M_a}) : l(\overline{S'A}) \qquad$ / 1. Strahlensatz

$\wedge \quad l(\overline{S'M_a}) : l(\overline{S'A}) \qquad = l(\overline{M_aM_c}) : l(\overline{AC}) \qquad$ / 2. Strahlensatz

$\wedge \quad l(\overline{M_aM_c}) : l(\overline{AC}) \quad = 1 : 2 \qquad\qquad$ / Teilbeweis von Satz 7

$\Rightarrow \quad$ S' teilt also die Seitenhalbierenden s_a, s_c im Verhältnis 1 : 2. [7] $\qquad$ (2)

Aus (1) und (2) folgt:

Die Seitenhalbierende s_a wird also von S und S' im Verhältnis 1 : 2 geteilt. Es muss also S = S' gelten.

Der Schwerpunkt S eines Dreiecks liegt immer innerhalb des Dreiecks. Er ist gleichzeitig der Schwerpunkt des Mittendreiecks. Bildet man das Mittendreieck des Mittendreiecks, so ist S auch hiervon der Schwerpunkt. Durch die Bildung von Mittendreiecken kann man den Punkt S einschachteln. Auch so könnte man Satz 8 herleiten.

---

[6] Dabei ist die Strecke zwischen Schnitt- und Eckpunkt doppelt so lang wie die zwischen Schnittpunkt und Seitenmittelpunkt.

[7] Auch hier ist die Strecke zwischen Schnitt- und Eckpunkt doppelt so lang wie die zwischen Schnittpunkt und Seitenmittelpunkt.

Mit Hilfe des folgenden Satzes werden wir in Satz 10 zeigen, dass sich auch die Innenwinkelhalbierenden eines Dreiecks in einem Punkt schneiden.

Satz 9: Ein Punkt P liegt genau dann auf der Winkelhalbierenden w_α eines Winkels α, wenn P von beiden Schenkeln denselben Abstand hat.

Beweis: „$\Rightarrow$"

Voraussetzung: $P \in w_\alpha$

z.z.: P hat von beiden Schenkeln denselben Abstand, also $\overline{PQ} = \overline{PQ'}$

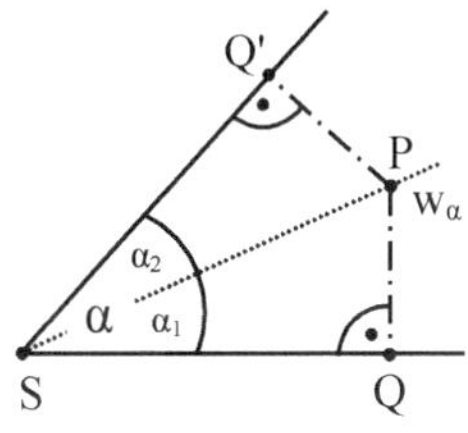

- Wir betrachten ΔSQP und $\Delta SPQ'$. Seite $\overline{SP}$ ist gemeinsame Seite beider Dreiecke. (1)

- Q und Q' sind Lotfußpunkte, also sind $\sphericalangle PQS$ und $\sphericalangle SQ'P$ recht. α_1 und α_2 sind gleich groß, da w_α die Winkelhalbierende von α ist. Damit stimmen in den Dreiecken ΔSQP und $\Delta SPQ'$ die Größen der Innenwinkel bei P überein. (2)

- Mit (1) und (2) liegen die Voraussetzungen für die Anwendung des Kongruenzsatzes WSW (Kap. 4, Satz 24) vor. Die betrachteten Dreiecke sind kongruent, stimmen also auch in den Längen von $\overline{PQ}$ und $\overline{PQ'}$ überein.

„$\Leftarrow$"

Voraussetzung: $\overline{PQ} = \overline{PQ'}$

z.z.: $P \in w_\alpha$

- Wieder betrachten wir ΔSQP und $\Delta SPQ'$. $\sphericalangle PQS$ und $\sphericalangle SQ'P$ sind rechte Winkel weil Q und Q' Lotfußpunkte sind. (3)

- Nach Voraussetzung gilt $\overline{PQ} = \overline{PQ'}$. (4)

- Schließlich ist $\overline{SP}$ gemeinsame Seite beider Dreiecke. (5)

- Wegen (3)–(5) sind die Dreiecke ΔSQP und $\Delta SPQ'$ nach Kongruenzsatz „SSW$_{ggs}$" (Kap. 4, Satz 25)[8] kongruent und stimmen insbesondere in den

---

[8] Im rechtwinkligen Dreieck ist die Hypotenuse immer die längste Seite.

Winkelgrößen von α_1 und α_2 überein. Damit ist $\overrightarrow{SP} = w_\alpha$ die Winkelhalbierende von α und es gilt: P liegt auf der Winkelhalbierenden w_α .

Satz 10:   Die Innenwinkelhalbierenden eines Dreiecks schneiden sich in einem Punkt W. Dieser Punkt ist der Mittelpunkt des *Inkreises* des Dreiecks.

Beweisidee: Wir führen den Beweis analog zum Satz über den Schnittpunkt der Mittelsenkrechten (Satz 6).

Beweis:

Wir wissen:

Jeder Punkt auf einer Winkelhalbierenden hat von jedem der beiden Schenkel des Winkels denselben Abstand (Satz 9).

Wir betrachten nun die Winkelhalbierenden w_α und w_β und ihren Schnittpunkt W.

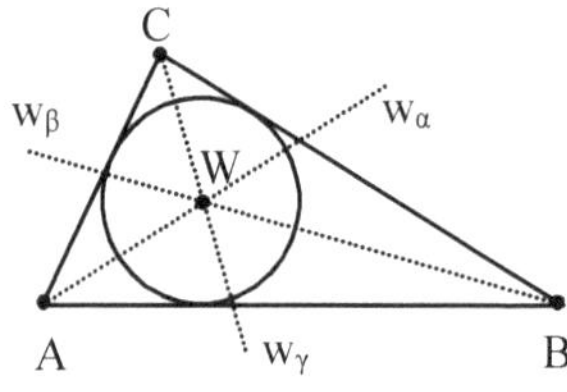

Dann gilt:

$\quad$ $W \in w_\alpha$ $\Rightarrow$ W hat denselben Abstand von AC wie von AB.   /Satz 9 „$\Rightarrow$"

$\wedge$ $\;$ $W \in w_\beta$ $\Rightarrow$ W hat denselben Abstand von AB wie von BC.   /Satz 9 „$\Rightarrow$"

$\Rightarrow$ W hat denselben Abstand von AC wie von BC.   /Transitivität

$\Rightarrow$ W liegt also auch auf der Winkelhalbierenden w_γ .   /Satz 9 „$\Leftarrow$"

Da W von allen Dreiecksseiten denselben Abstand hat, ist er Mittelpunkt des Kreises, der diesen Abstand als Radius hat und der daher alle drei Seiten des Dreiecks berührt. Dieser Kreis heißt *Inkreis* des Dreiecks.

Nachdem wir nun Umkreis und Inkreis eines Dreiecks konstruieren können, wollen wir uns jetzt den *Ankreisen* widmen, also den Kreisen, die eine Dreiecksseite und die Verlängerung der beiden anderen Dreiecksseiten berühren.

Satz 11:   Die Außenwinkelhalbierenden durch je zwei Ecken eines Dreiecks und die Innenwinkelhalbierende durch die dritte Ecke schneiden sich in einem Punkt. Dieser Punkt ist der Mittelpunkt des *Ankreises* des Dreiecks.

Beweisidee: Der Beweis kann analog zum Satz über den Schnittpunkt
                   der Mittelsenkrechten (Satz 6) bzw. zum Satz über den
                   Schnittpunkt der Innenwinkelhalbierenden (Satz 10) geführt
                   werden.

Beweis:

Wir betrachten die Außenwinkelhalbieren-
den $w_{\alpha'}$ und $w_{\gamma'}$ von α' und γ' und ihren
Schnittpunkt P und wenden mehrfach Satz 9
an.

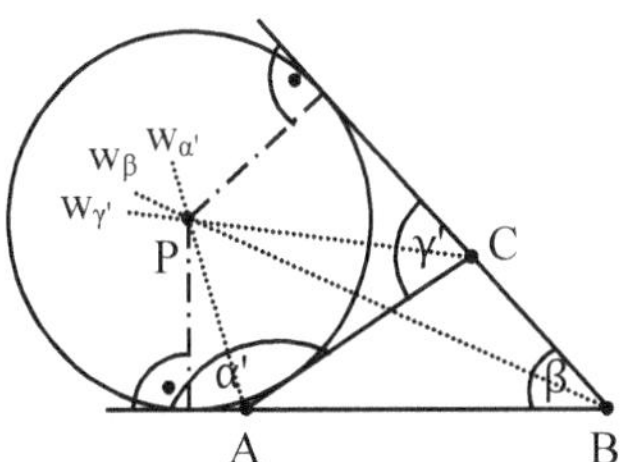

Dann gilt:

   $P \in w_{\alpha'} \Rightarrow$ P hat denselben Abstand von AB wie von AC.   /Satz 9 „$\Rightarrow$"

$\wedge$ $P \in w_{\gamma'} \Rightarrow$ P hat denselben Abstand von AC wie von BC.   /Satz 9 „$\Rightarrow$"

$\Rightarrow$ P hat denselben Abstand von AB wie von BC.   /Transitivität

$\Rightarrow$ P liegt also auch auf w_β.   /Satz 9 „$\Leftarrow$"

Da P denselben Abstand von AB, AC und BC hat, berührt der Kreis um P mit
diesem Abstand als Radius die genannten Geraden. Dieser Kreis heißt
Ankreis.

Entsprechend zeigt man die Behauptung für die übrigen Außen- und Innenwinkel.

In Abbildung 219 sind der Inkreis und die
drei Ankreise eines Dreiecks konstruiert
worden. Dabei kann man benutzen, dass die
Außenwinkelhalbierende   und   die   Innenwinkelhalbierende in einer Dreiecksecke
zueinander senkrecht sind.

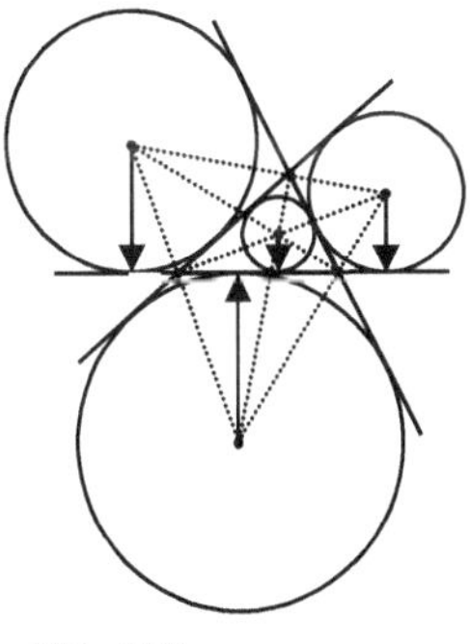

Abb. 219

Satz 12:　　　　　Der Schwerpunkt S eines Dreiecks, sein Umkreismittel-
punkt M und sein Höhenschnittpunkt H liegen auf einer
Geraden, der *Eulerschen Geraden*. Dabei liegt S zwischen
M und H und es gilt: $l(\overline{HS}) = 2 \cdot l(\overline{SM})$

Beweis:

Im Falle eines gleichseitigen Dreiecks
gilt H = S = M. Diesen uninteressan-
ten Fall wollen wir ausschließen. Wir
gehen also von S ≠ M aus. Durch
diese beiden Punkte ist eine Gerade
festgelegt, die wie e nennen.

Auf e, genauer auf der Halbgeraden
$\overrightarrow{MS}$, suchen wir den Punkt P, für den
gilt $l(\overline{PS}) = 2 \cdot l(\overline{SM})$. Wir müssen
nun zeigen, dass P der Höhenschnitt-
punkt H ist.

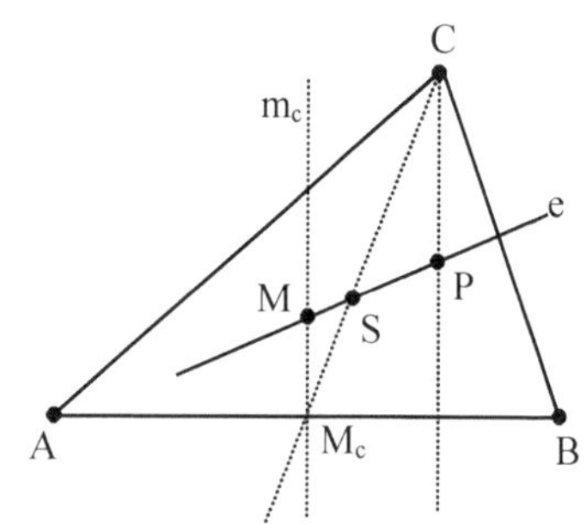

Wir wissen:

$$l(\overline{PS}) = 2 \cdot l(\overline{SM}) \quad \Leftrightarrow \quad l(\overline{PS}) : l(\overline{SM}) = 2{:}1 \quad (1) \quad / \text{Wahl von P}$$
$$\wedge \quad l(\overline{CS}) = 2 \cdot l(\overline{SM_c}) \quad \Leftrightarrow \quad l(\overline{CS}) : l(\overline{SM_c}) = 2{:}1 \quad (2) \quad / \text{Satz 8}$$

Aus (1) und (2) folgt:

$$l(\overline{PS}) : l(\overline{SM}) = l(\overline{CS}) : l(\overline{SM_c})$$

$\Rightarrow$　　PC ∥ m_c　　　　　　　　　　／ Umkehrung 1. Strahlensatz
$\Rightarrow$　　PC ⊥ c　　　　　　　　　　　／ m_c ⊥ c, Kap. 3, Satz 10, Teil 2
$\Rightarrow$　　P ∈ h_c　　　　　　　　　　　／ PC ⊥ c und P,C ∈ PC

Analog zeigt man, dass P auf der Höhe h_a oder h_b liegt. Machen Sie dies zur
Übung selbst. P muss also der Höhenschnittpunkt H sein.

Zum Schluss dieses Abschnitts über bemerkenswerte Punkte und Linien in
Dreiecken machen wir Sie mit dem *Neunpunktekreis*, nach seinem Entdecker
auch *Feuerbachscher*[9] *Kreis* genannt, bekannt.

---

[9]　Karl Wilhelm Feuerbach, 1800 – 1834, deutscher Mathematiker.

Satz 13: Die Seitenmittelpunkte M_a, M_b, M_c, die Höhenfußpunkte H_a, H_b, H_c und die Mittelpunkte P_a, P_b, P_c der Strecken $\overline{HA}$, $\overline{HB}$, $\overline{HC}$, wobei H der Höhenschnittpunkt ist, liegen auf einem Kreis, dem *Feuerbachschen Kreis* (Abbildung 220). Der Mittelpunkt M_f des Feuerbachschen Kreises liegt ebenfalls auf der Eulerschen Geraden und zwar in der Mitte von $\overline{HM}$. Er ist der Umkreis des Mittendreiecks, und sein Radius ist halb so groß wie der des Umkreises.

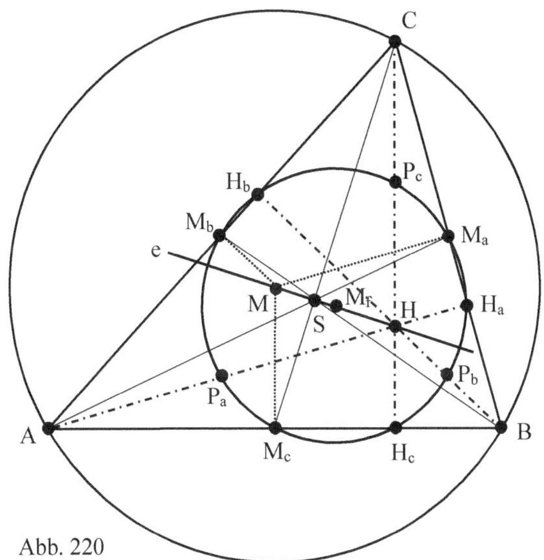

Abb. 220

Beweis:

Wir zeigen die umfangreiche Aussage von Satz 13 in mehreren Teilbeweisen.

1. Wir zeigen, dass die Mittelpunkte der Dreiecksseiten und die Mittelpunkte P_a, P_b, P_c der Strecken $\overline{HA}$, $\overline{HB}$, $\overline{HC}$ auf einem Kreis liegen.

2. Wir zeigen, dass auch die Höhenfußpunkte Elemente dieses Kreises sind.

3. Wir beweisen, dass der Mittelpunkt M_f dieses Kreises auf der Eulerschen Gerade liegt.

4. Anschließend zeigen wir, dass M_f der Mittelpunkt der Strecke $\overline{HM}$ ist.

5. Zum Schluss beweisen wir, dass der Radius des Feuerbachschen Kreises halb so groß ist wie der des Umkreises von Dreieck $\triangle ABC$.

Zu 1.:

Wir betrachten die Vierecke $P_aP_bM_aM_b$ und $P_bP_cM_bM_c$. Wenn wir zeigen können, dass diese Vierecke Rechtecke sind, dann wissen wir, dass sie Umkreise besitzen, die die Ecken enthalten. Da die beiden Vierecke eine gemeinsame Diagonale $\overline{P_bM_b}$ haben, müssen die beiden Umkreise identisch sein, und dieser Umkreis enthält dann M_a, M_b, M_c, P_a, P_b und P_c.

Es gilt:

$$l(\overline{HA}) \;:\; l(\overline{HP_a}) = 2 : 1 \qquad\qquad / \; P_a \text{ Mittelpunkt von } \overline{HA}$$

$$\wedge \quad l(\overline{HB}) \;:\; l(\overline{HP_b}) = 2 : 1 \qquad\qquad / \; P_b \text{ Mittelpunkt von } \overline{HB}$$

$$\Rightarrow \quad \overline{P_aP_b} \; \| \; \overline{AB} \qquad\qquad\qquad / \text{ Umkehrung 1. Strahlensatz} \qquad (1)$$

Weiter gilt:

$$\overline{M_aM_b} \; \| \; \overline{AB} \qquad\qquad\qquad\qquad / \text{ Teilbeweis von Satz 7} \qquad (2)$$

Aus (1) und (2) folgt $\overline{P_aP_b} \; \| \; \overline{M_aM_b}$. $\qquad\qquad\qquad\qquad\qquad\qquad\qquad (3)$

Außerdem gilt:

$$l(\overline{AC}) \;:\; l(\overline{AM_b}) = 2 : 1 \qquad\qquad / \; M_b \text{ Mittelpunkt von } \overline{AC}$$

$$\wedge \quad l(\overline{AH}) \;:\; l(\overline{AP_a}) = 2 : 1 \qquad\qquad / \; P_a \text{ Mittelpunkt von } \overline{AH}$$

$$\Rightarrow \quad \overline{P_aM_b} \; \| \; \overline{HC} \qquad\qquad\qquad / \text{ Umkehrung 1. Strahlensatz} \qquad (4)$$

$$l(\overline{BC}) \;:\; l(\overline{BM_a}) = 2 : 1 \qquad\qquad / \; M_a \text{ Mittelpunkt von } \overline{BC}$$

$$\wedge \quad l(\overline{BH}) \;:\; l(\overline{BP_b}) = 2 : 1 \qquad\qquad / \; P_b \text{ Mittelpunkt von } \overline{BH}$$

$$\Rightarrow \quad \overline{P_bM_a} \; \| \; \overline{HC} \qquad\qquad\qquad / \text{ Umkehrung 1. Strahlensatz} \qquad (5)$$

Aus (4) und (5) folgt $\overline{P_aM_b} \; \| \; \overline{P_bM_a}$. $\qquad\qquad\qquad\qquad\qquad\qquad\qquad (6)$

(3) und (6) besagen, dass das Viereck $P_aP_bM_aM_b$ zwei Paar parallele Seiten besitzt. Zwei dieser Seiten sind nach (4) und (5) parallel zur Strecke $\overline{HC}$, die als Teil der Höhe senkrecht ist zur Strecke $\overline{AB}$, zu der die beiden anderen Vierecksseiten nach (1) und (2) parallel sind. Also stehen die Vierecksseiten senkrecht zueinander, das Viereck $P_aP_bM_aM_b$ ist ein Rechteck.

In analoger Weise zeigt man, dass auch das Viereck $P_bP_cM_bM_c$ ein Rechteck ist. Wir empfehlen Ihnen diesen Beweisteil als Übung. Da diese beiden Rechtecke wegen Ihrer gemeinsamen Diagonale $\overline{P_bM_b}$ einen gemeinsamen Umkreis haben, liegen also M_a, M_b, M_c und P_a, P_b, P_c auf einem Kreis. Den Mittelpunkt dieses Kreises nennen wir M_f. Er ist Mittelpunkt der Rechteckdiagonalen $\overline{P_aM_a}$, $\overline{P_bM_b}$ und $\overline{P_cM_c}$, was wir im folgenden Teil benötigen.

Zu 2.:
Es gilt:

$$P_a \in h_a \ \wedge \ h_a \perp \overline{BC}$$
$$\Rightarrow \quad w(\sphericalangle P_a H_a M_a) = 90°$$
$$\Rightarrow \quad H_a \in k(M_f, r = \frac{1}{2} l(\overline{P_a M_a})) \qquad\qquad / \text{ Satz des Thales, } „\Leftarrow\text{“ } [10]$$
$$\Rightarrow \quad H_a \text{ liegt auf dem Feuerbachschen Kreis.}$$

$$P_b \in h_b \ \wedge \ h_b \perp \overline{AC}$$
$$\Rightarrow \quad w(\sphericalangle P_b H_b M_b) = 90°$$
$$\Rightarrow \quad H_b \in k(M_f, r = \frac{1}{2} l(\overline{P_b M_b})) \qquad\qquad / \text{ Satz des Thales, } „\Leftarrow\text{“}$$
$$\Rightarrow \quad H_b \text{ liegt auf dem Feuerbachschen Kreis.}$$

$$P_c \in h_c \ \wedge \ h_c \perp \overline{AB}$$
$$\Rightarrow \quad w(\sphericalangle P_c H_c M_c) = 90°$$
$$\Rightarrow \quad H_c \in k(M_f, r = \frac{1}{2} l(\overline{P_c M_c})) \qquad\qquad / \text{ Satz des Thales, } „\Leftarrow\text{“}$$
$$\Rightarrow \quad H_c \text{ liegt auf dem Feuerbachschen Kreis.}$$

Damit liegen also alle drei Höhenfußpunkte auf dem Feuerbachschen Kreis, der damit seinen zweiten Namen Neunpunktekreis verdient hat.

Zu 3.:
Zunächst stellen wir fest, dass der Feuerbachsche Kreis der Umkreis des Mittendreiecks $\triangle M_a M_b M_c$ ist, denn er enthält die Punkte M_a, M_b und M_c. Die Eulersche Gerade des Dreiecks $\triangle ABC$ bezeichnen wir mit e, die Eulersche Gerade des Mittendreiecks nennen wir e_m. Mit M_m bezeichnen wir den Umkreismittelpunkt des Mittendreiecks, mit S_m seinen Schwerpunkt und mit H_m seinen Höhenschnittpunkt. Dann gilt:

$$M, S, H \in e \qquad\qquad\qquad / \text{ Satz 12}$$
$$\wedge \quad M_m, S_m, H_m \in e_m \qquad / \text{ Satz 12}$$
$$\wedge \quad M_m = M_f \qquad\qquad\quad / \ M_f \text{ Umkreismittelpunkt Mittendreieck} \qquad (1)$$
$$\wedge \quad H_m = M \qquad\qquad\quad\ / \text{ Teilbeweis von Satz 7} \qquad\qquad\qquad\quad (2)$$
$$\wedge \quad S_m = S \qquad\qquad\qquad / \text{ Bemerkung nach Satz 8} \qquad\qquad\qquad (3)$$

Nach (2) und (3) haben die Eulerschen Geraden e und e_m zwei gemeinsame Punkte, sie stimmen also überein. Nach (1) liegt der Mittelpunkt des Feuerbachschen Kreises auf dieser Geraden e.

---

[10] Wir erlauben uns hier einen kleinen Vorgriff auf den nächsten Abschnitt.

Zu 4.:

Es gilt:

$$l(\overline{MM_f}) \;=\; l(\overline{SM}) + l(\overline{SM_f}) \tag{1}$$

$$\wedge \quad l(\overline{HS}) \;=\; 2 \cdot l(\overline{SM}) \qquad\qquad / \text{ Satz 12 für } \Delta ABC$$

$$\Rightarrow \quad l(\overline{SM}) \;=\; \frac{1}{2} \cdot l(\overline{HS}) \tag{2}$$

$$\wedge \quad l(\overline{H_m S_m}) \;=\; 2 \cdot l(\overline{S_m M_m}) \qquad\qquad / \text{ Satz 12 für } \Delta\, M_a M_b M_c$$

$$\Rightarrow \quad l(\overline{SM}) \;=\; 2 \cdot l(\overline{SM_f}) \qquad\qquad / \; H_m = M,\ S_m = S,\ M_m = M_f\,,\ \text{s.o.}$$

$$\Rightarrow \quad l(\overline{SM_f}) \;=\; \frac{1}{2} \cdot l(\overline{SM}) \tag{3}$$

Wir setzen (2) und (3) in Gleichung (1) ein:

$$l(\overline{MM_f}) \;=\; l(\overline{SM}) + l(\overline{SM_f})$$

$$\Rightarrow \quad l(\overline{MM_f}) \;=\; \frac{1}{2} \cdot l(\overline{HS}) + \frac{1}{2} \cdot l(\overline{SM})$$

$$\Rightarrow \quad 2 \cdot l(\overline{MM_f}) \;=\; l(\overline{HS}) + l(\overline{SM}) = l(\overline{HM})$$

$$\Rightarrow \quad M_f \text{ ist Mittelpunkt von } \overline{HM}.$$

Zu 5.:

Nach Gleichung (3) in Beweisteil 4 wissen wir: $l(\overline{SM}) : l(\overline{SM_f}) = 2 : 1$.
Nach Satz 8 gilt: $l(\overline{AS}) : l(\overline{SM_a}) = 2 : 1$. Wir haben also eine Strahlensatz-figur mit Zentrum S vorliegen und können mit der Umkehrung des 1. Strahlensatzes folgern, dass $\overline{AM} \parallel \overline{M_f M_a}$. Somit sind die Voraussetzungen für die Anwendung des 2. Strahlensatzes gegeben:

$$l(\overline{AM}) : l(\overline{M_f M_a}) = l(\overline{AS}) : l(\overline{SM_a}) = 2 : 1 \;\Rightarrow\; l(\overline{M_f M_a}) = \frac{1}{2} l(\overline{AM})$$

Der Radius des Feuerbachschen Kreises ist also halb so groß wie der Radius des Umkreises von ΔABC.

Übung: 1)   Beweisen Sie:
Sind in einem Dreieck zwei Seitenhalbierende gleich lang, dann ist das Dreieck gleichschenklig.

2)   Der Schwerpunkt von $\triangle ABC$ ist 5 cm von A und 3 cm von C entfernt. Die Seite $\overline{AB}$ ist 11 cm lang. Konstruieren Sie $\triangle ABC$ oder begründen Sie, warum das nicht möglich ist.

3)   In Satz 1 haben wir gezeigt, dass die Summe der Innenwinkelmaße im Dreieck 180° beträgt. Beweisen Sie diesen Satz noch einmal über einen Spezialfall:

a) Zeigen Sie dabei zunächst, dass der Satz für ein rechtwinkliges Dreieck gilt. Führen Sie dann den Beweis des allgemeinen Falls mit Hilfe dieses Sonderfalls.

b) Gilt der Satz auch für Dreiecke mit $\beta > 90°$?

4)   Um beim Beweis des Basiswinkelsatzes (Satz 5) einen der Kongruenzsätze anwenden zu können, sind wir vom Mittelpunkt M der Seite $\overline{AB}$ ausgegangen.

a) Gelingt der Beweis eigentlich auch, wenn man stattdessen von …

a_1) der Winkelhalbierenden w_γ ausgeht?

a_2) der Seitenhalbierenden s_c ausgeht?

a_3) der Mittelsenkrechten $m_{\overline{AB}}$ der Seite $\overline{AB}$ ausgeht?

b) Führen Sie den Beweis für die Fälle, die Sie mit „ja" beantwortet haben.

5)   Konstruieren Sie ein Dreieck aus den folgenden Angaben.
a) $l(a) = 6$ cm, $w(\alpha) = 70°$, $w(\beta) = 50°$
b) $l(a) = 6$ cm, $w(\beta) = 50°$, $l(h_a) = 5$ cm
c) $l(a) = 5$ cm, $l(b) = 6$ cm, $l(s_b) = 5{,}3$ cm
d) $l(a) = 5$ cm, $l(s_a) = 6$ cm, $l(s_c) = 4{,}2$ cm
e) $w(\alpha) = 70°$, $w(\beta) = 80°$, $l(w_a) = 5$ cm

6) In der Abbildung seien p_1 und p_2 zueinander parallele Geraden. Zeigen Sie, dass gilt:

$$\frac{b}{a} = \frac{d}{c}$$

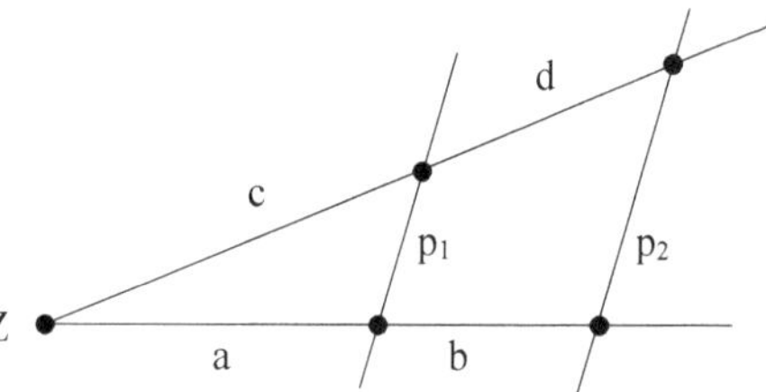

7) Beweisen Sie:

Satz: In jedem Dreieck $\triangle ABC$ zerlegt die Winkelhalbierende eines Winkels die gegenüberliegende Dreiecksseite im Verhältnis der anliegenden Seiten.

Mit den Bezeichnungen der Abbildung gilt:

$$\overline{DA} : \overline{DB} = \overline{CA} : \overline{CB}$$

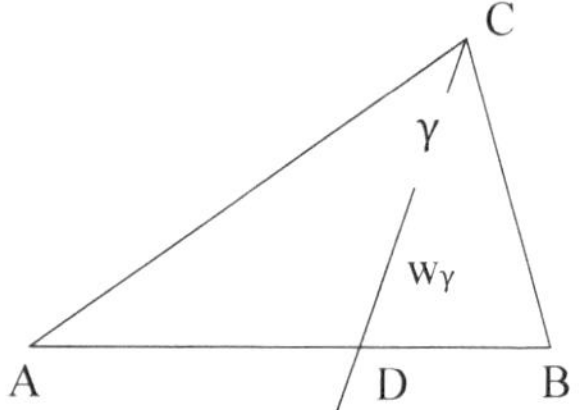

8) Gegeben sei ein Quadrat ABCD mit den Seitenlängen (a+b). Verbindet man diejenigen Punkte, die die Quadratseiten im Verhältnis a:b teilen, miteinander, so entsteht ein neues Viereck EFGH. Zeigen Sie, dass dieses Viereck ebenfalls ein Quadrat ist.

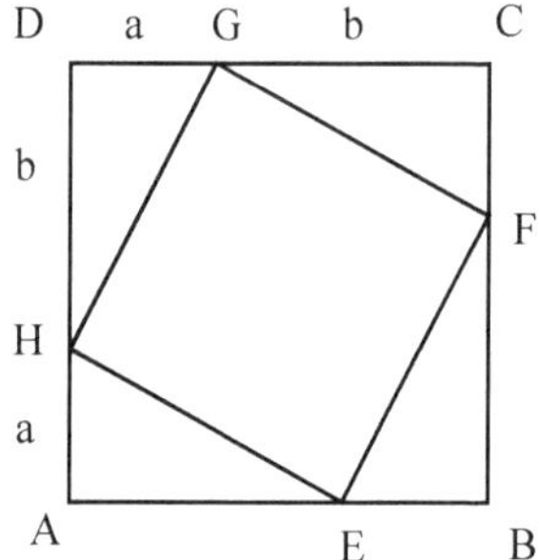

6.3   Sätze am Kreis

Stellen Sie sich vor, Sie sind im Urlaub, nicht irgendwo, sondern im schönen Ostfriesland, der Gegend mit der enormen Weite, in der sich Himmel, Meer und Land am Horizont zu berühren scheinen und in der die Kühe schöner seien sollen als die ... . Wind, Wellen, Wasser und die beeindruckende Weite des Landes schaffen ein einmaliges Ambiente zum Erholen und – zum Betreiben von Urlaubsgeometrie.

Bekleidet mit dem für Touristen signifikanten Ostfriesennerz sehen Sie auf Ihren Spaziergängen immer wieder drei markante Punkte: Den Leuchtturm von A-Dorf, den Sendemast in B-Dorf und den Kirchturm von C-Stadt. Während Ihrer Wanderungen stellen Sie fest, dass sich die Winkelbeziehungen zu diesen markanten Punkten stetig ändern. Wenn Sie nun im glücklichen Besitz einer Karte dieser Gegend und eines Theodoliten[11] sind, dann können Sie aus der Kenntnis der Winkel, unter denen Sie die drei markanten Punkte sehen, Ihren genauen Standort auf der Karte zeichnerisch bestimmen.
Wieso gelingt das und wie geht das?

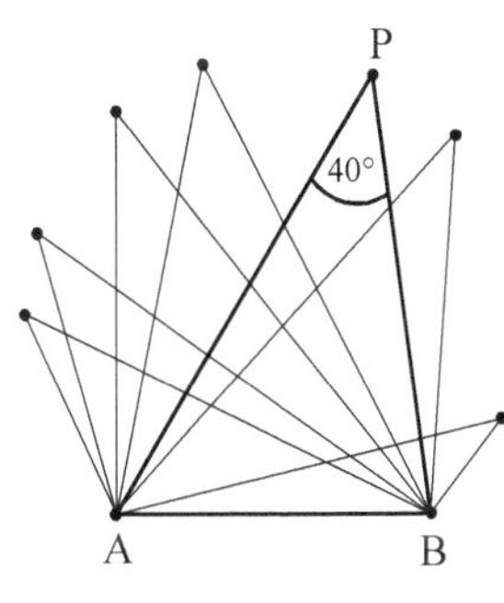

Abb. 221

Betrachten wir zunächst nur zwei der Punkte, den Leuchtturm A und den Sendemasten B. Von unserem Standpunkt P sehen wir diese unter einem Winkel von, sagen wir, 40°. Damit liegt unser Standort P noch nicht fest. Es gibt viele Punkte mit w($\sphericalangle$APB) = 40°, also Dreiecke ΔABP mit $\overline{AB}$ als Seite und einem Winkel von 40° bei P. Wir konstruieren mal einige. Dabei können wir verschieden vorgehen. Eine Möglichkeit besteht darin, von der Winkelsumme von 180° auszugehen, 40° abzuziehen, und w(α) und w(β) so zu wählen, dass ihre Summe 140° beträgt. In Abbildung 221 sind so einige mögliche Standorte P konstruiert worden.

Bei der Konstruktion der Dreiecke in Abbildung 221 haben wir uns auf Punkte der oberen Halbebene beschränkt. Unterhalb von $\overline{AB}$ finden wir natürlich weitere mögliche Standorte. Diese Beschränkung auf eine der Halb-

---

[11] Präzisionsinstrument zum Messen von Winkeln im Vermessungswesen.

ebenen entspricht der Annahme einer Zusatzinformation, z.B. dass in einer der Halbebenen das Meer Spaziergänge ausschließt oder dass wir von unserem Standort aus den Leuchtturm rechts vom Sendemasten sehen.

Beim Betrachten der Abbildung 221 drängt sich der Verdacht auf, dass die möglichen Standpunkte auf einem Kreisbogen liegen. Wir gehen diesem Verdacht nach und nehmen drei der vermutlich auf einem Kreisbogen liegenden Punkte und konstruieren zu diesem Dreieck den Umkreis, dessen Mittelpunkt wir nach Satz 6 dieses Kapitels als Schnittpunkt der Mittelsenkrechten erhalten. Der Kreis verläuft tatsächlich durch alle unsere möglichen Standorte und durch A und B (Abbildung 222). Das ist natürlich kein Zufall, sondern die Konsequenz des folgenden Satzes.

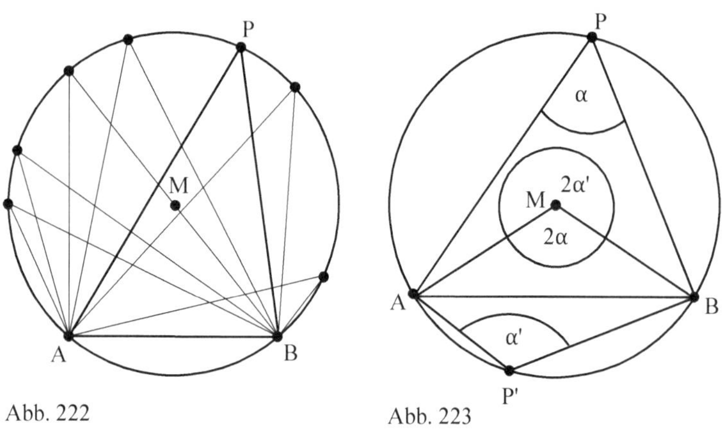

Abb. 222   Abb. 223

Satz 14:   Umfangswinkelsatz

Seien A und B zwei verschiedene Punkte der Ebene. Durch jeden Punkt P außerhalb von AB kann der Umkreis des Dreiecks △ABP konstruiert werden. Sei M der Mittelpunkt dieses Kreises.

Dann ist der *Umfangswinkel* ∢APB halb so groß wie der *Mittelpunktswinkel* ∢AMB, den die Radien $\overline{AM}$ und $\overline{BM}$ auf dem P abgewandten Teil des Kreises einschließen (Abbildung 223).

Satz 14 besagt damit auch, dass alle Umfangswinkel über einer festen Sehne $\overline{AB}$, die in derselben durch AB gebildeten Halbebene liegen, untereinander gleich groß sind, da sie alle halb so groß sind wie der zu ihnen gehörende Mittelpunktswinkel. Außerdem kann man folgern, dass sich zwei Umfangswinkel α und α' in verschiedenen Halbebenen derselben Sehne $\overline{AB}$ zu 180° ergänzen, denn die zugehörigen Mittelpunktswinkel 2α und $2\alpha'$ ergänzen sich zu 360° (s. Abbildung 223).

Beweis:

Hinsichtlich der Lage von M unterscheiden wir drei Fälle: M liegt auf $\overline{AB}$, innerhalb von $\triangle ABP$ bzw. außerhalb von $\triangle ABP$.

1. Fall: M liegt auf $\overline{AB}$.

- Dann sind $\triangle AMP$ und $\triangle BMP$ gleichschenklig, denn
  $l(\overline{AM}) = l(\overline{BM}) = l(\overline{PM})$
  (Radius desselben Kreises).

- Weil in gleichschenkligen Dreiecken die Basiswinkel gleich groß (Satz 5) sind, können wir die Winkelgrößen wie rechts bezeichnen.

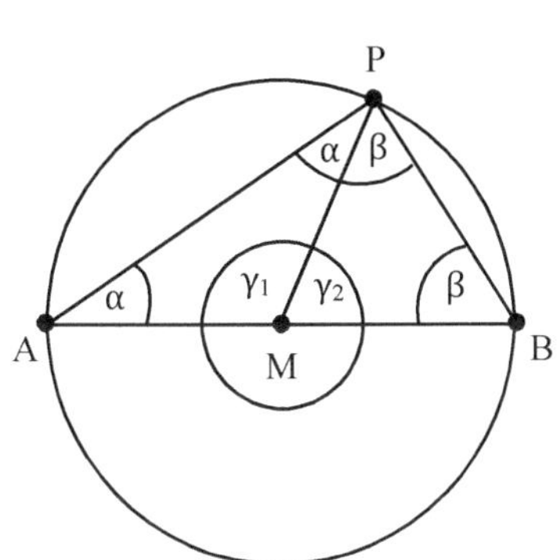

Dann gilt:

$\quad 2\alpha + \gamma_1 = 180°$ \hfill / Winkelsumme in $\triangle AMP$

$\wedge \quad 2\beta + \gamma_2 = 180°$ \hfill / Winkelsumme in $\triangle BMP$

$\Rightarrow \quad 2\alpha + \gamma_1 + 2\beta + \gamma_2 = 360°$ \hfill / Gleichungen addiert

$\Rightarrow \quad 2(\alpha + \beta) + \gamma_1 + \gamma_2 = 360° \qquad (1)$ \hfill / AG+, KG+, DG·,+ in $\mathbb{R}$

Weil M auf $\overline{AB}$ liegt, gilt ferner:

$\quad \gamma_1 + \gamma_2 = 180° \qquad (2)$ \hfill / γ_1, γ_2 gestreckter Winkel

$\Rightarrow \quad 2(\alpha + \beta) + 180° = 360°$ \hfill / (2) in (1) eingesetzt

$\Rightarrow \quad 2(\alpha + \beta) = 180°$ \hfill / $-180°$

$\Rightarrow \quad \alpha + \beta = 90°$ \hfill / :2

Der Umfangswinkel ist also halb so groß wie der gestreckte Mittelpunktswinkel.

2. Fall: M liegt innerhalb von $\triangle ABP$.

Dann sind $\triangle ABM$, $\triangle BPM$ und $\triangle PAM$ gleichschenklig und es gelten die in der Abbildung dargestellten Winkelgrößen.

Dann gilt für die Winkelsummen in den Dreiecken $\triangle ABP$ bzw. $\triangle ABM$:

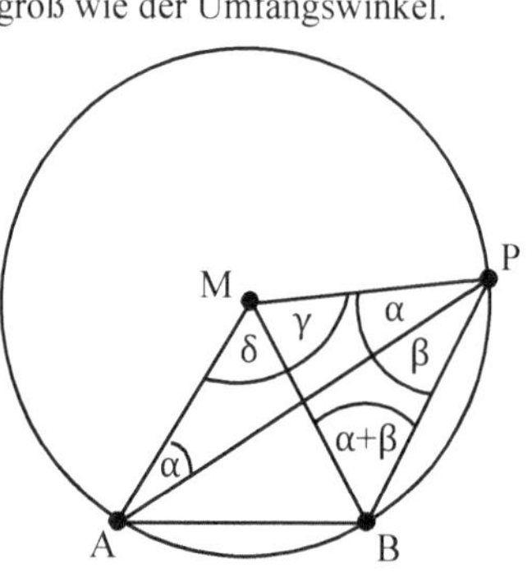

$$2\alpha + 2\beta + 2\gamma = 180° \quad (1) \quad / \triangle ABP$$
$$2\alpha + \delta = 180° \qquad\qquad / \triangle ABM$$
$$\Rightarrow 2\alpha = 180° - \delta \qquad\quad (2)$$

Einsetzen von (2) in (1) liefert:

$$180° - \delta + 2\beta + 2\gamma = 180°$$
$$\Rightarrow 2\beta + 2\gamma = \delta \qquad\qquad / - 180° + \delta$$
$$\Rightarrow 2(\beta + \gamma) = \delta \qquad\qquad / \, DG\cdot,+ \text{ in } \mathbb{R}$$

Der Mittelpunktswinkel ist also doppelt so groß wie der Umfangswinkel.

3. Fall: M liegt außerhalb von $\triangle ABP$.

Dann sind die Dreiecke $\triangle APM$ und $\triangle BPM$ gleichschenklig und wir können die Winkelgrößen wie in der Abbildung dargestellt angeben.

Dann gilt für die Winkelsumme in $\triangle BMP$:

$$(\alpha + \beta) + (\beta + \alpha) + \gamma = 180°$$
$$\Rightarrow 2\alpha + 2\beta + \gamma = 180° \qquad\qquad / \, KG+, AG+ \text{ in } \mathbb{R}$$
$$\Rightarrow \gamma = 180° - 2\alpha - 2\beta \quad (1) \qquad / - (2\alpha + 2\beta)$$

In $\triangle APM$ gilt:

$$2\alpha + \delta + \gamma = 180° \qquad\qquad\qquad / \text{ Winkelsumme in } \triangle APM$$
$$\Rightarrow 2\alpha + \delta + 180° - 2\alpha - 2\beta = 180° \qquad / \text{ wegen (1)}$$
$$\Rightarrow \delta + 180° - 2\beta = 180° \qquad\qquad\quad / \text{ zusammengefasst}$$
$$\Rightarrow \delta = 2\beta \qquad\qquad\qquad\qquad\qquad\quad / - 180° + 2\beta$$

Auch hier ist der Umfangswinkel halb so groß wie der Mittelpunktswinkel.

Einen 4. und 5. Fall, dass nämlich der Mittelpunkt M auf einer der Dreiecksseiten $\overline{AP}$ oder $\overline{BP}$ liegt, brauchen wir nicht zu untersuchen, da dieser durch den 2. Fall mit abgedeckt ist ($\gamma = 0°$ bzw. $\beta = 0°$). Wir empfehlen die Betrachtung dieses Sonderfalls dennoch als Übung.

Unabhängig von der Lage des Umkreismittelpunktes M ist der Umfangswinkel also stets halb so groß wie der Mittelpunktswinkel, was wir beweisen wollten.

Kommen wir auf unser Ausgangsproblem der Standortbestimmung zurück.

Wie konstruiert man zu zwei vorgegebenen Punkten A und B und bekanntem Umfangswinkel den Mittelpunkt M des Kreisbogens (*Fasskreisbogen*), auf dem der Standort P liegen kann?

Da M zu A und B denselben Abstand hat, schließlich ist M Mittelpunkt eines Kreises durch A und B, liegt M auf der Mittelsenkrechten von $\overline{AB}$. Aus der Kenntnis des Umfangswinkels können wir den Mittelpunktswinkel errechnen und damit die Größe der Basiswinkel des gleichschenkligen Dreiecks $\triangle ABM$. Wir müssen dabei aufpassen, welchen der drei folgenden Fälle wir vorliegen haben:

-   Ist der Umfangswinkel ein spitzer Winkel, dann liegen M und P auf derselben Seite von $\overline{AB}$.
-   Ist der Umfangswinkel ein rechter Winkel, dann ist M der Mittelpunkt von $\overline{AB}$.
-   Im Fall eines stumpfen Umfangswinkels liegen M und P auf verschiedenen Seiten von $\overline{AB}$.

Außerdem ist zu beachten, dass man ohne Zusatzinformationen zwei Mittelpunkte M und M' konstruieren kann.

Wie konstruiert man nun zu drei vorgegebenen Punkten A, B und C und zwei bekannten Umfangswinkeln den Standort P?

In Abbildung 224 ist die Konstruktion für das Beispiel zweier spitzer Umfangswinkel durchgeführt. Von unserem gesuchten Standort P sehen wir die Strecke $\overline{AB}$ unter einem Winkel von 39° und die Strecke $\overline{AC}$ unter einem Winkel von 48°. Wir konstruieren zunächst zu $\overline{AB}$ den Punkt M und den

Fasskreisbogen, auf dem P liegen könnte (durchgezogene Linie), sowie M'
und den entsprechenden Fasskreisbogen (gestrichelt gezeichnet). Anschließend konstruieren wir zu $\overline{AC}$ die Mittelpunkte M_1 bzw. M_1'. Aus den
Schnittpunkten der Fasskreise ergeben sich zwei mögliche Standorte P und
P', die beide die Bedingungen erfüllen. Erst durch eine Zusatzinformation,
wie man sie in der Praxis immer hat, lässt sich entscheiden, wo wir uns tatsächlich befinden. Sehen wir z.B. B links von A, dann befinden wir uns bei P.

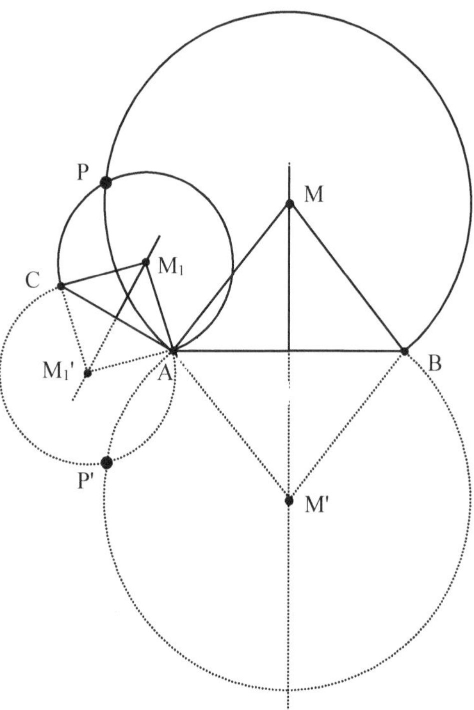

Abb. 224

Sie haben vermutlich schon gemerkt, dass der Umfangswinkelsatz einen
Spezialfall enthält, der Ihnen aus der Schulgeometrie bekannt ist. Na klar, wir
meinen den Fall, bei dem aus einem Mittelpunktswinkel der Umfangswinkel
von 90° resultiert. Er soll hier wegen seiner Bedeutung trotzdem als eigen-
ständiger Satz aufgeführt und eigenständig bewiesen werden: Wir tun also so,
als hätten wir noch nie etwas vom Umfangswinkelsatz gehört.

Satz 15:   Satz des Thales[12]

Durch A, B, C sei ein Dreieck gegeben. M sei der Mittelpunkt von $\overline{AB}$.

Der Winkel γ (bei C) ist genau dann ein Rechter, wenn C auf dem Kreis um M mit Radius $l(\overline{AM})$ liegt.

Beweis:

Zu zeigen sind zwei Richtungen.

„$\Leftarrow$"

Zu zeigen ist: Wenn C auf dem Kreis um M mit dem Radius $l(\overline{AM})$ liegt, dann ist γ ein rechter Winkel.

Nach Voraussetzung sind ΔAMC und ΔBCM gleichschenklig.

Wir können die Winkelgrößen daher wie in der Abbildung dargestellt angeben.

Dann gilt:

$$\alpha + \beta + (\alpha + \beta) = 180°$$ / Winkelsumme in ΔABC

$\Rightarrow \quad 2\alpha + 2\beta = 180°$ / AG+, KG+ in $\mathbb{R}$

$\Rightarrow \quad 2(\alpha + \beta) = 180°$ / DG·,+ in $\mathbb{R}$

Da weiterhin $\gamma = \alpha + \beta$ gilt, folgt:

$\Rightarrow \quad 2\gamma = 180°$

$\Rightarrow \quad \gamma = 90°$ / : 2

(Dies war der erste Fall im Beweis des Umfangswinkelsatzes: Wenn M auf $\overline{AB}$ liegt, ist der Umfangswinkel halb so groß wie der gestreckte Mittelpunktswinkel.)

„$\Rightarrow$"

Zu zeigen ist:

Wenn $\gamma = 90°$, dann liegt C auf dem Kreis um M mit dem Radius $l(\overline{AM})$.

Wir gehen indirekt vor.

---

[12] Thales von Milet, um 650 – 560 v.Chr., griechischer Naturphilosoph.

Annahme: w(γ) = 90° und C liegt nicht auf dem Kreis um M mit dem Radius l($\overline{AM}$).

Dann sind zwei Fälle möglich: C liegt außerhalb des Kreises oder C liegt innerhalb. Wir betrachten zunächst den ersten Fall.

- Wir verbinden C und A.
  $\overline{AC}$ schneidet den Kreis um M mit dem Radius l($\overline{AM}$) in C'.[13]

- Nach Teil „⇐" dieses Beweises ist ∢AC'B ein rechter Winkel.
  Dann muss auch ∢BC'C ein rechter Winkel sein, denn C' liegt auf $\overline{AC}$ (und ∢AC'C ist gestreckt).

- Wenn ∢BC'C ein rechter Winkel ist und die Winkelsumme in ΔBC'C 180° beträgt, dann muss jeder der Winkel bei B und bei C (γ) kleiner als 90° sein.

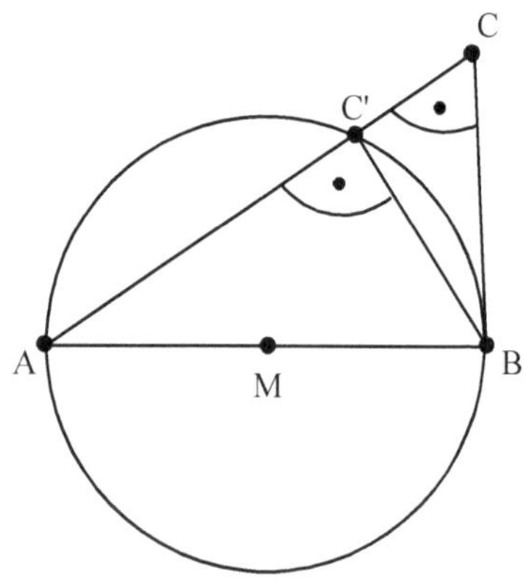

Das ist ein Widerspruch zur Annahme, dass γ eine Größe von 90° hat. Es folgt die Behauptung.

Den zweiten Fall (C innerhalb des Kreises) führt man analog zum Widerspruch. Dabei ist die Strecke $\overline{AC}$ über C hinaus zu verlängern, bis sie den Kreis in C' schneidet. Führen Sie diesen Beweisteil zur Übung selbst durch. Vielleicht sollten Sie an dieser Stelle zu den Bemerkungen nach dem Beweis von Satz 6 dieses Kapitels zurückblättern.

Eine weitere Folgerung aus dem Umfangswinkelsatz ist der folgende Satz über ein besonderes Viereck:

---

[13] Falls C so „unglücklich" liegt, dass die Strecke $\overline{AC}$ keinen Schnittpunkt mit dem Kreis zustande bringt, dann schafft es die Strecke $\overline{BC}$ allemal und die Argumentation verläuft analog.

| **Satz 16:** | Ein Viereck ABCD hat genau dann einen Umkreis, wenn sich die Größen der gegenüberliegenden Winkel zu 180° ergänzen. Ein solches Viereck nennt man *Sehnenviereck.* |

Beweis:

„⇒"

Voraussetzung: Das Viereck ABCD hat einen Umkreis.

z.z.: Die Größen der gegenüberliegenden
Winkel ergänzen sich zu 180°.

- Nach Voraussetzung liegen die Eckpunkte des Vierecks auf einem Kreis um M mit dem Radius l($\overline{AM}$).

- Die Diagonale $\overline{AC}$ zerlegt das Viereck in zwei Dreiecke, die denselben Umkreis haben, nämlich den Kreis um M mit dem Radius l($\overline{AM}$).

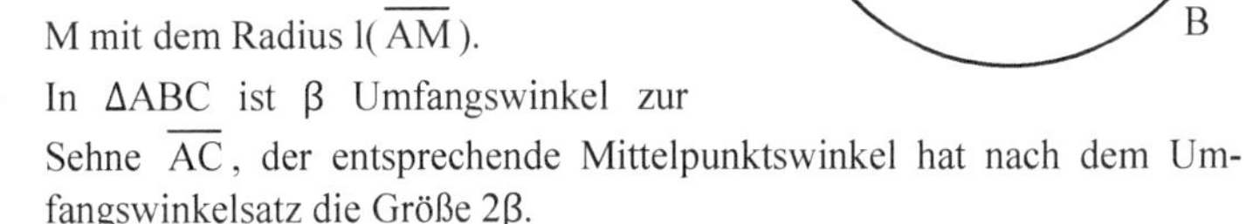

- In $\triangle ABC$ ist β Umfangswinkel zur Sehne $\overline{AC}$, der entsprechende Mittelpunktswinkel hat nach dem Umfangswinkelsatz die Größe 2β.

- In $\triangle ACD$ ist δ Umfangswinkel zur Sehne $\overline{AC}$, der entsprechende Mittelpunktswinkel hat nach dem Umfangswinkelsatz die Größe 2δ.

- Da es sich um ein und denselben Umkreis handelt[14] gilt:

$$2\beta + 2\delta = 360°$$
$$\Rightarrow \quad 2(\beta + \delta) = 360° \qquad / \text{ DG·,+ in } \mathbb{R}$$
$$\Rightarrow \quad \beta + \delta = 180° \qquad / :2$$

Für die beiden anderen Winkel α und γ kann man analog verfahren, oder man nutzt aus, dass die Winkelsumme im Viereck 360° beträgt.

„⇐"

Voraussetzung: Die Größen der gegenüberliegenden Winkel ergänzen sich zu 180°.

z.z.: Das Viereck ABCD hat einen Umkreis.

---

[14] β und δ sind Umfangswinkel in zwei verschiedenen Halbebenen zu derselben Sehne.

- Nach Voraussetzung haben wir ein Viereck ABCD vorliegen, für das gilt: $\alpha + \gamma = 180° \wedge \beta + \delta = 180°$

- Wieder zerlegt die Diagonale $\overline{AC}$ das Viereck in zwei Dreiecke.

- Wir betrachten β und δ als Umfangswinkel über $\overline{AC}$.

- Da sie sich zu 180° ergänzen, haben beide eine Größe von 90° (Fall 1) oder einer dieser Winkel ist spitz und der andere stumpf (Fall 2).

- Also fallen die Mittelpunkte M_1 bzw. M_2 der beiden Umkreise von $\triangle ABC$ bzw. $\triangle ACD$ im Mittelpunkt von $\overline{AC}$ zusammen (Fall 1) oder sie liegen in derselben Halbebene von AC (Fall 2).

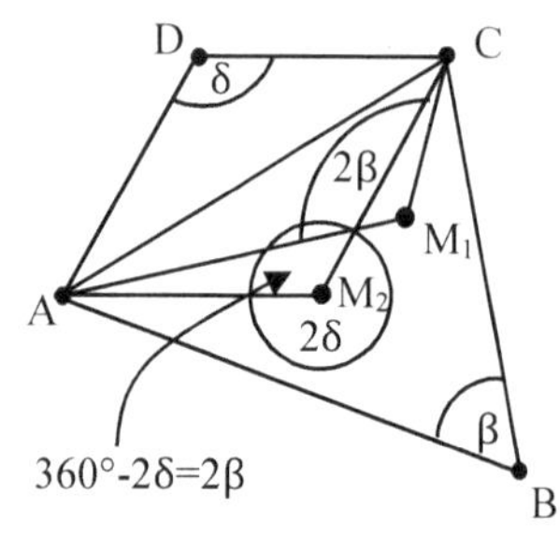

- *Im ersten Fall* sind wir schon fertig, da die beiden Umkreise dann denselben Mittelpunkt M und denselben Radius l($\overline{AM}$) haben, also zusammenfallen.

- *Im zweiten Fall* gilt:

$$\begin{array}{lll} & \beta + \delta = 180° & \text{/ nach Voraussetzung} \\ \Rightarrow & 2(\beta + \delta) = 360° & / \cdot 2 \\ \Rightarrow & 2\beta + 2\delta = 360° & \text{/ DG·,+ in } \mathbb{R} \\ \Rightarrow & 2\beta = 360° - 2\delta & / - 2\delta \end{array}$$

- Der zum Mittelpunktswinkel 2δ komplementäre Winkel bei M_2 hat also die Größe 2β, ist also genauso groß wie der Mittelpunktswinkel bei M_1.

- Also gilt: $w(\sphericalangle CM_1A) = w(\sphericalangle CM_2A)$, woraus folgt, dass auch die Basiswinkel im $\triangle AM_1C$ und $\triangle AM_2C$ gleich groß sind. Da diese Dreiecke die Seite $\overline{AC}$ gemeinsam haben, sind sie nach dem Kongruenzsatz WSW (Kap. 4, Satz 24) kongruent. Insbesondere gilt: $M_1 = M_2$

- Damit sind die Umkreise zu $\triangle ABC$ und $\triangle ADC$ identisch, sie bilden also einen Umkreis des Vierecks ABCD.

Übung: 1)   Konstruieren Sie ein Dreieck aus:

    a) $l(c) = 6$ cm, $w(\gamma) = 50°$, $l(h_c) = 4$ cm

    b) $l(c) = 6$ cm, $w(\gamma) = 60°$, $l(b) = 5$ cm

    c) $l(c) = 6$ cm, $w(\gamma) = 50°$, $l(s_c) = 4$ cm

    d) $l(c) = 6$ cm, $w(\gamma) = 120°$, $l(a) = 4$ cm

2)   Gegeben seien drei Punkte A, B und C mit:

$l(\overline{AB}) = 6$ cm, $l(\overline{BC}) = 5$ cm, $w(CBA) = 90°$

Konstruieren Sie alle Punkte, von denen aus man $\overline{AB}$ unter einem Winkel von 50° und $\overline{BC}$ unter einem Winkel von 110° sieht.

3)   Gegeben sind drei Punkte A, B und C als Eckpunkte eines Dreiecks mit $l(c) = 10$ cm, $l(a) = 8$ cm und $w(\beta) = 52°$. Die Strecke $\overline{AB}$ sehen Sie unter einem Winkel von 134°, die Strecke $\overline{BC}$ unter einem Winkel von 64°. Konstruieren Sie alle möglichen Standorte. Beschreiben Sie Ihre Konstruktion.

4)   Betrachtet sei $\triangle ABC$ mit
$l(a) = 8$ cm, $l(b) = 9$ cm, $l(c) = 10$ cm. Ein Mensch behauptet:

Beh.:   Im $\triangle ABC$ (und nicht nur in dem) gibt es einen Punkt, von dem aus man alle Dreiecksseiten unter demselben Winkel sieht[15]. (Was man so alles behaupten kann – nicht wahr?)

Wenn die Behauptung wahr ist, dann *konstruieren* Sie diesen Punkt *und* begründen Ihren Weg mit den Sätzen, Verfahren, die Sie bislang im Leitfaden Geometrie kennengelernt haben.

Wenn die Behauptung falsch ist, dann beweisen Sie *indirekt*[16], dass es einen solchen Punkt nicht geben kann. Den Satz über den Schnittpunkt der Winkelhalbierenden dürfen Sie nicht benutzen.

---

[15] Es kann natürlich sein, dass man sich für dieses eindrucksvolle Schauspiel mal (um-)drehen muss.

[16] Ausführliche Hinweise zum indirekten Beweisen finden Sie in Benölken, Gorski, Müller-Philipp 2018, Kapitel 2.

5)   Da schau her!

I.

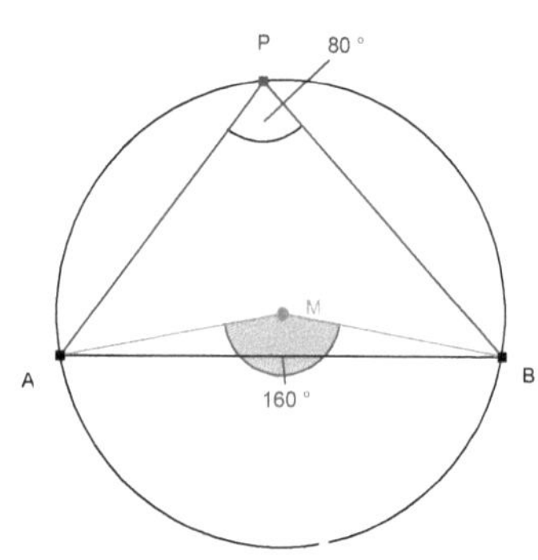

II.

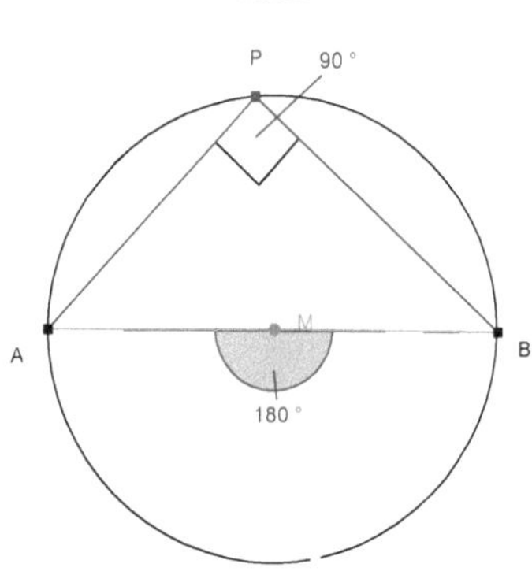

III.

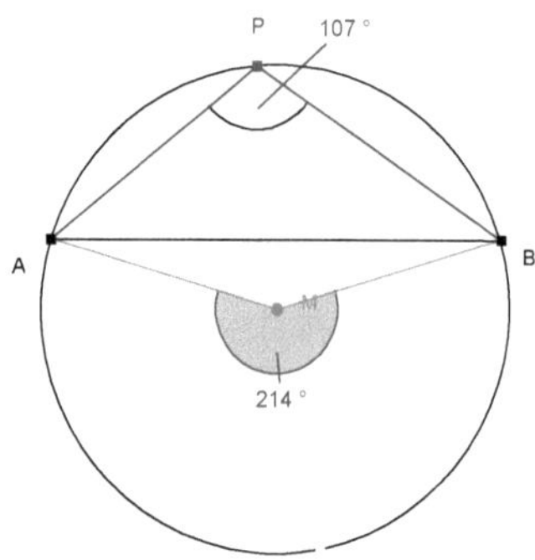

6) Zeigen Sie für die Situation rechts, dass der Umfangswinkel halb so groß ist wie der Mittelpunktswinkel. Besonders elegant gelingt der Beweis, wenn Sie Satz 2 dieses Kapitels verwenden.

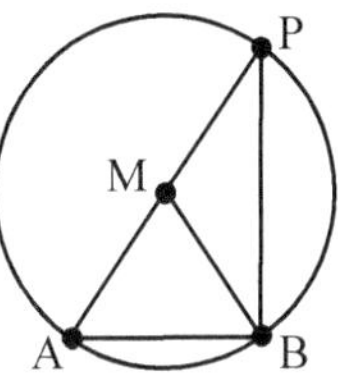

7) Ein gleichseitiges Dreieck ΔABC habe die Seitenlänge 5 cm. Verwandeln Sie dieses Dreieck unter Beibehaltung von $\overline{AB}$ in ein flächeninhaltsgleiches Dreieck mit $w(\gamma) = 40°$.

8) Konstruieren Sie ein Viereck ABCD mit: $l(\overline{AB}) = 6$ cm, $l(\overline{BC}) = 5$ cm, $w(\sphericalangle CBA) = 105°$, $w(\sphericalangle ADC) = 75°$. Außerdem soll es einen Punkt geben, von dem aus man alle Seiten des Vierecks unter demselben Winkel sieht.

9) Beim Beweis des Umfangswinkelsatzes (Satz 14) kann man auch von folgender Fallunterscheidung ausgehen:

    1. Fall: $P \in AM$; 2. Fall: P liegt in der linken Halbebene von AM; 3. Fall: P liegt in der rechten Halbebene von AM.

    Führen Sie den Beweis von Satz 14 noch einmal. Beweisen Sie zunächst den Sonderfall 1. Führen Sie dann die Fälle 2 und 3 im Beweis auf den Sonderfall 1 zurück.

    Hilfestellung: Ergänzen Sie die Erläuterungsskizzen zu den Fällen 2 und 3 durch eine Hilfsgerade.

6.4   Die Satzgruppe des Pythagoras

In diesem Kapitel geht es um die Herleitung von drei Sätzen, die Sie aus der Schulgeometrie kennen und die in der Literatur oft als Satzgruppe des Pythagoras zusammengefasst werden. Außer dem Satz des Pythagoras gehören Höhen- und Kathetensatz in diesen Zusammenhang. In den Beweisen, in denen es wesentlich um Längenbeziehungen und Winkelgrößen geht, werden wir die Eigenschaftsnotationen l(a) und w(α) durchgängig zugunsten einer kompakteren Darstellung a bzw. α aufgeben. Die durch diesen Tribut an eine bessere Lesbarkeit möglichen Verwechslungen zwischen Objekt und Objekteigenschaft werden wir durch die Argumentationstexte versuchen auszuschließen.

Die folgenden Aktivitäten sind auch mit Kindern der Sekundarstufe I möglich und werden durch die Arbeit mit konkretem Plättchenmaterial in der Grundschule gut vorbereitet (s. Wittmann 1997). Wir wollen hier einige der Aktivitäten nachvollziehen.

Ausgangspunkt für unsere erste Aktivität sind zwei Papierquadrate, die jeweils entlang einer Diagonalen gefaltet sind. Wir zerschneiden sie entlang der Faltlinien. Auf diese Weise erhalten wir vier kongruente, gleichschenklig-rechtwinklige Dreiecke. Aus diesen Dreiecken lässt sich Verschiedenes legen, u.a. ein großes Quadrat. Unsere kleinen Quadrate kann man zu einem Rechteck zusammenschieben.

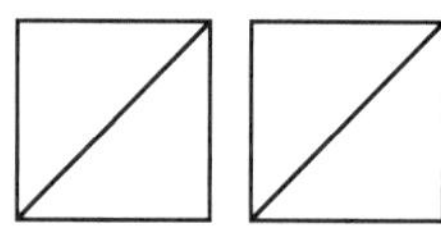
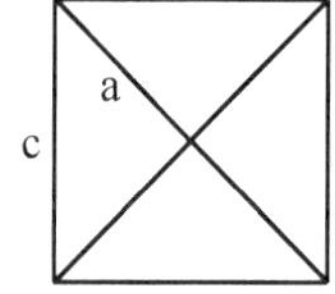
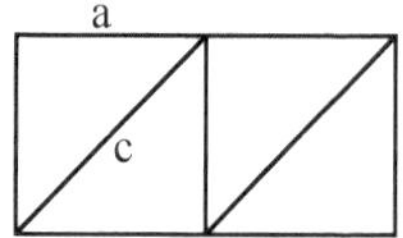

Abb. 225

Natürlich sind die Flächeninhalte des großen Quadrates und des Rechtecks in Abbildung 225 gleich, schließlich bestehen sie aus den gleichen dreieckigen Teilflächen. Bezeichnen wir die Seitenlänge des großen Quadrates mit c und die der kleinen Quadrate mit a, so gilt also die Beziehung:
$$c^2 = 2 \cdot a^2.$$

Damit haben wir einen Spezialfall des Satzes von Pythagoras hergeleitet. Wir wissen auch etwas über die Diagonalenlänge im Quadrat. Es gilt:
$$c = \sqrt{2} \cdot a.$$

Wir versuchen mit derselben Idee jetzt die Diagonalenlänge in einem beliebigen Rechteck zu bestimmen. Wir zerschneiden also zwei kongruente Rechtecke entlang einer Diagonalen (s. Abbildung 226) und versuchen, aus den vier kongruenten Dreiecken, die sich ergeben, ein Quadrat zusammenzusetzen.

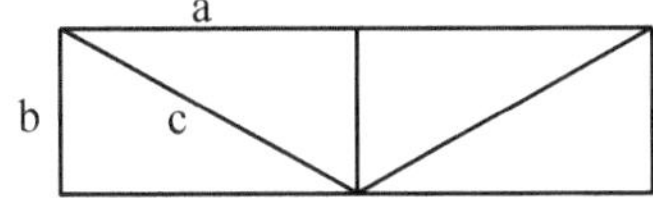

Abb. 226

Probieren Sie es jetzt selbst, und lesen Sie erst dann weiter.

Nach vielen Versuchen gelangt man vielleicht zu der folgenden Figur, einem Quadrat mit Loch (Abbildung 227), oder einer Figur wie in der Abbildung im Beweis 2 von Satz 17.

Bevor wir uns darüber Gedanken machen, wieso die Figur in Abbildung 227 wirklich ein Quadrat ist und auch das Loch quadratisch ist, überlegen wir, welche Erkenntnis wir gewonnen haben.

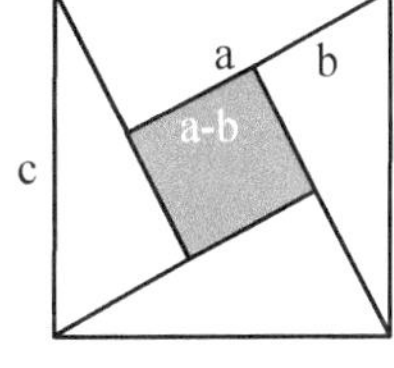

Das große Quadrat hat den Flächeninhalt c^2. Das Loch hat den Flächeninhalt $(a - b)^2$. Das große Quadrat ohne das Loch hat denselben Flächeninhalt wie unsere beiden Rechtecke aus Abbildung 226, also 2ab. Es gilt also:

Abb. 227

$$
\begin{aligned}
& c^2 - (a - b)^2 = 2ab \\
\Leftrightarrow \quad & c^2 - (a^2 - 2ab + b^2) = 2ab \\
\Leftrightarrow \quad & c^2 - a^2 - b^2 = 0 \\
\Leftrightarrow \quad & c^2 = a^2 + b^2
\end{aligned}
$$

Wenn wir jetzt noch nachweisen können, dass sowohl die große Figur als auch das Loch quadratisch sind, dann haben wir den Satz des Pythagoras bewiesen.

Zunächst überlegen wir, dass die vier Dreiecke, die durch das Zerschneiden der Rechtecke entstanden sind, zueinander kongruent sind. Das sind sie, da sie jeweils in den Seiten a und b und dem eingeschlossenen rechten Winkel übereinstimmen. Dies folgt daraus, dass beim Rechteck die gegenüberliegenden Seiten gleichlang und alle Innenwinkel rechte sind.

Da die Dreiecke rechtwinklig sind, ergänzen sich die beiden der Seite c anliegenden Winkel zu 90°. In den Ecken der großen Figur stoßen jeweils zwei solche Winkel aufeinander, also entstehen hier rechte Winkel. Obendrein sind alle Seiten der Figur gleich lang. Es handelt sich also um ein Quadrat.

Für das Loch gilt ebenfalls, dass alle Seiten gleich lang sind, da sie jeweils die Differenz der beiden Katheten der Teildreiecke sind. Die Winkel im Loch sind die Nebenwinkel der rechten Winkel der Dreiecke, also ebenfalls rechte Winkel.

Damit haben wir einen **ersten Beweis** des Satzes von Pythagoras geführt und zwar den, der dem indischen Mathematiker Bhaskara[17] zugeschrieben wird. Wir nennen diesen Beweis den *indischen Beweis*. Wir werden noch weitere Beweise dieses Satzes kennen lernen, allerdings nicht alle der über 200 bekannten Beweise! Doch zuvor formulieren wir den Satz.

Satz 17:   Satz des Pythagoras

Im rechtwinkligen Dreieck ist die Summe der Flächeninhalte der Quadrate über den Katheten gleich dem Flächeninhalt des Quadrates über der Hypotenuse.

Beweis 2:

- Ausgangspunkt für diesen Beweis ist ein Quadrat mit der Seitenlänge a + b.

- Wie in der Abbildung rechts verbinden wir die Punkte, die die Seiten in Strecken der Länge a und b unterteilen. Es entstehen vier Dreiecke und ein innen liegendes Viereck.

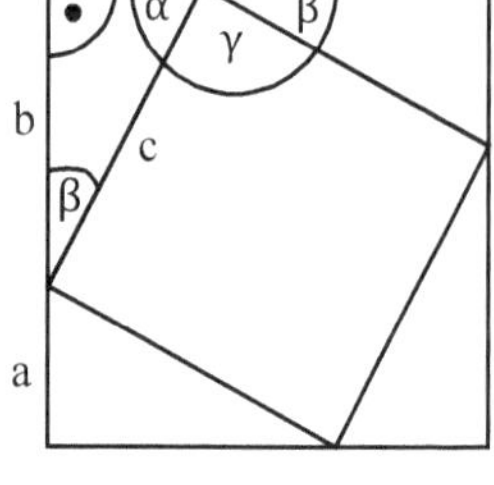

- Die vier Dreiecke sind kongruent, da sie in zwei Seiten und dem eingeschlossenen Winkel übereinstimmen.
  Also sind die vier Seiten des innen liegenden Vierecks gleich lang.

- Da die Dreiecke rechtwinklig sind, folgt wegen der Winkelsumme im Dreieck für die beiden anderen Winkel $\alpha + \beta = 90°$.

---

[17] Bhaskara lebte von 1114 bis 1185 und wird vielerorts als wichtigster Mathematiker des frühen Mittelalters in Indien bezeichnet. Primär beschäftigte sich Bhaskara mit arithmetischen, algebraischen und sachrechnerischen Fragestellungen. Seinen Beweis des Satzes von Pythagoras soll er Überlieferungen zufolge mit dem Ausruf „Sieh da!" vorgelegt haben.

- Weiter gilt $\alpha + \beta + \gamma = 180°$, da sich diese Winkel zu einem gestreckten Winkel ergänzen. (Scheitelpunkt von γ liegt auf einer Quadratseite.)

- Also gilt $\gamma = 90°$ und das innen liegende Viereck ist also ein Quadrat.

- Das große Quadrat hat den Flächeninhalt $(a + b)^2$, die Dreiecke haben jeweils den Flächeninhalt $\dfrac{a \cdot b}{2}$ und das kleine Quadrat hat den Flächeninhalt c^2.

Dann gilt:

$$(a + b)^2 = 4 \cdot \frac{a \cdot b}{2} + c^2$$
$$\Leftrightarrow \quad a^2 + 2ab + b^2 = 2ab + c^2$$
$$\Leftrightarrow \quad a^2 + b^2 = c^2$$

Diesen Beweis nennt man den *arithmetischen Beweis*. Wir stellen im Folgenden überblicksartig noch Ideen für einige weitere Beweise vor.

Beweis(-idee) 3:

Wir zeichnen auf dem sogenannten *Stuhl der Braut* (zwei Quadrate mit den Seitenlängen a und b, s. Abbildung rechts) zwei kongruente rechtwinklige Dreiecke ΔSM_1L und ΔSRM_2 aus.

Diese beiden Dreiecke sind zueinander kongruent, weil sie in zwei Seiten und dem eingeschlossenen Winkel übereinstimmen.

Die Drehung $D_{M_1,90°}$ bildet ΔSM_1L auf $\Delta S'M_1L'$ ab.

Die Drehung $D_{M_2,270°}$ bildet ΔSRM_2 auf $\Delta S^*R^*M_2$ ab.

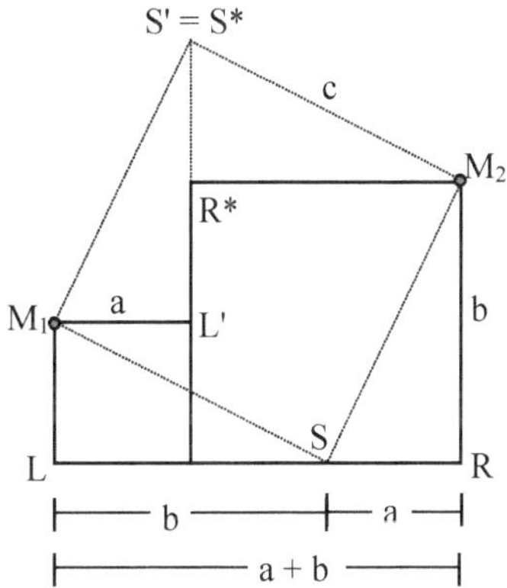

Dadurch entsteht das große Quadrat M_1SM_2S' mit der Seitenlänge c (s. die Abbildung). Es hat denselben Flächeninhalt wie die beiden kleinen Quadrate zusammen.

Also: $a^2 + b^2 = c^2$

Beweis(-idee) 4:

Durch den Mittelpunkt des größeren Kathetenquadrates werden Schnitte senkrecht bzw. parallel zur Hypotenuse gelegt (Abbildung rechts). Mit den entstehenden vier kongruenten Vierecken und dem kleineren Kathetenquadrat lässt sich das Hypotenusenquadrat auslegen. Natürlich müsste man noch den Nachweis der Kongruenz der entsprechenden Teilstücke führen, worauf wir hier verzichten. Dieser Beweis heißt *Schaufelradbeweis*.

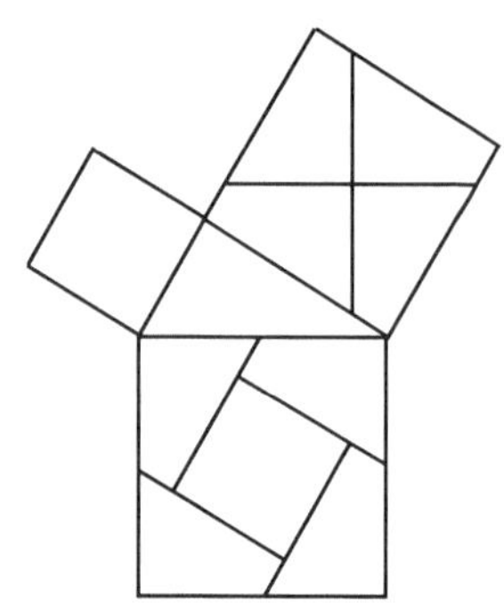

Alle bisherigen Beweise basierten auf der *Zerlegungsgleichheit*: Zwei Figuren haben denselben Flächeninhalt, wenn sie sich in paarweise kongruente Teilfiguren zerlegen lassen. Wir möchten Ihnen jetzt eine Beweisidee des Satzes von Pythagoras vorstellen, der auf der *Ergänzungsgleichheit* basiert, bei dem also die Gleichheit der Flächeninhalte gezeigt wird, indem beide Flächen durch Hinzufügen kongruenter Flächen zu zwei kongruenten größeren Figuren ergänzt werden.

Beweis(-idee) 5:

In der Abbildung rechts wird das Hypotenusenquadrat durch vier kongruente Dreiecke zu einem großen Quadrat mit der Kantenlänge a + b ergänzt. Durch dieselben Dreiecke lassen sich auch die beiden Kathetenquadrate zu einem großen Quadrat der Seitenlänge a + b ergänzen.

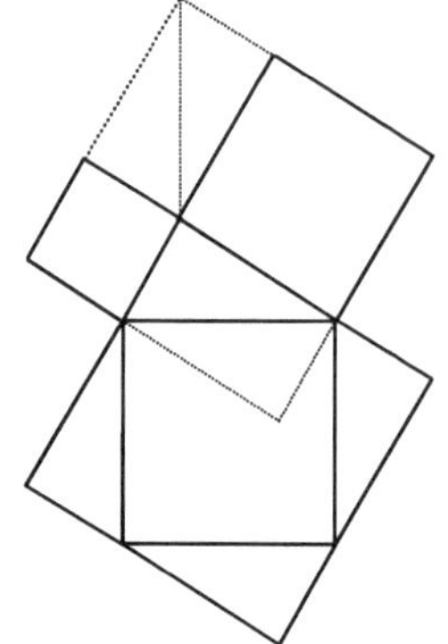

Sie sind immer noch nicht von der Gültigkeit des Satzes von Pythagoras überzeugt? Nun gut – versuchen wir's mal rein abbildungsgeometrisch und mit den Mitteln des „Films".

Beweis(-idee) 6:

Wir wissen: Die Scherung ist zwar keine Kongruenzabbildung, aber sie ist flächeninhaltstreu. Von dieser Eigenschaft machen wir in dieser Beweisidee wiederholt Gebrauch. In der ersten Einstellung stellen wir Ihnen die Hauptdarsteller vor, die beiden Kathetenquadrate:

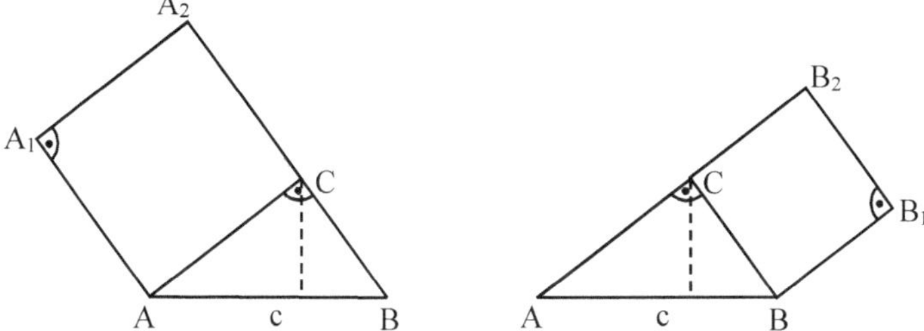

In der folgenden Szene scheren wir diese Quadrate zu Parallelogrammen. Die Scherung an $\overline{AC}$ mit Scherungswinkel $\sphericalangle A_1AA_1'$ bildet das Quadrat A_1ACA_2 auf das Parallelogramm $A_1'ACA_2'$ ab. Dabei ist $\sphericalangle A_1AA_1' = 360° - \alpha$, denn der komplementäre Winkel zu diesem ergibt zusammen mit δ einen rechten Winkel, ebenso wie α. Analog scheren wir das Quadrat BB_1B_2C an $\overline{BC}$ mit Winkel β zum Parallelogramm $BB_1'B_2'C$.

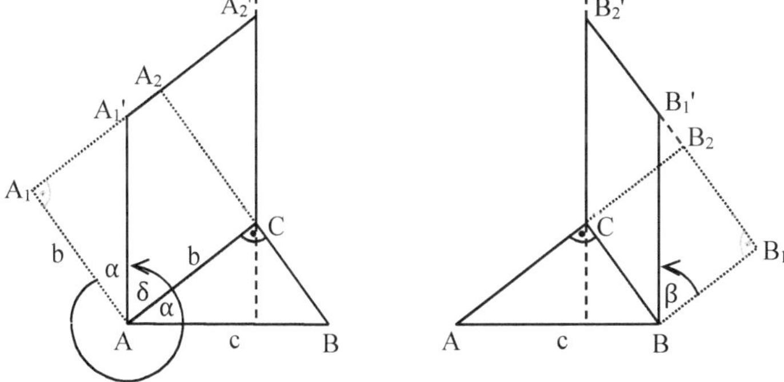

Das Parallelogramm $A_1'ACA_2'$ geht durch Scherung an AA_1' mit dem Winkel $360° - \alpha$ in das Rechteck $A_1'AC'A_2''$ über. Das Parallelogramm $BB_1'B_2'C$ scheren wir an BB_1' mit dem Winkel β zum Rechteck $BB_1'B_2''C'$.

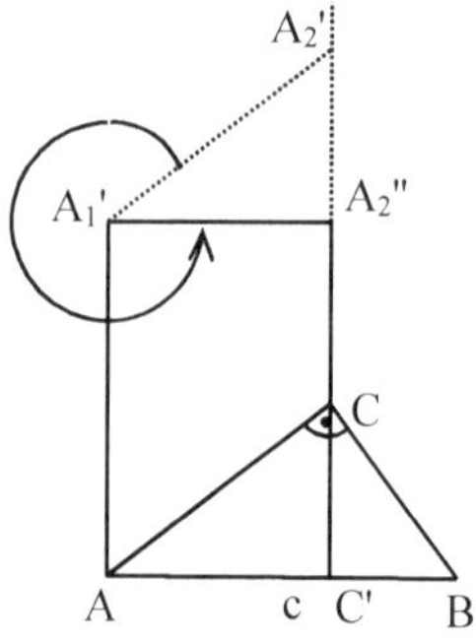

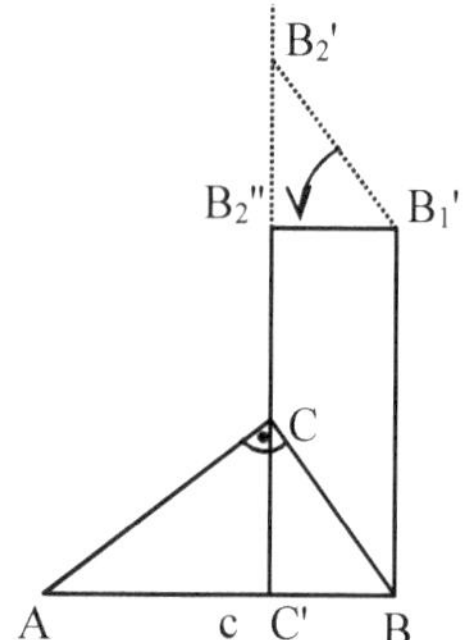

Letzte Einstellung: Die Dreiecke A_1AA_1' und ABC sind kongruent, denn sie stimmen in der Seite b und den beiden anliegenden Winkeln überein. Also gilt: $l(\overline{AA_1'}) = c$

Analog folgert man $l(\overline{BB_1'}) = c$.

Insgesamt gilt also:
$$a^2 + b^2 = c^2$$

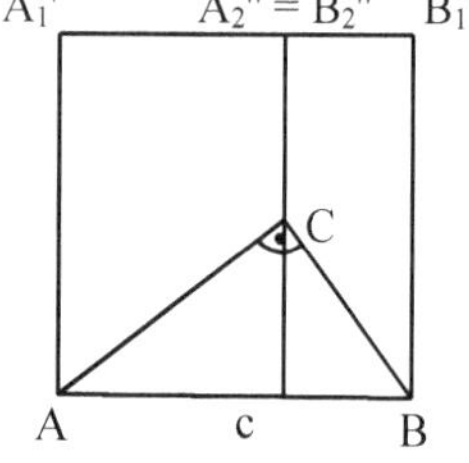

The End

Mit dem Satz des Pythagoras eng verwandt sind die beiden folgenden Sätze.

Satz 18:   Höhensatz

Im rechtwinkligen Dreieck ist der Flächeninhalt des Quadrates über der Höhe gleich dem Flächeninhalt des Rechtecks aus den beiden Hypotenusenabschnitten.
Mit den Bezeichnungen aus der Abbildung im folgenden Beweis gilt: $h^2 = p \cdot q$.

Beweis:
Da die Höhe senkrecht auf der Hypotenuse steht, unterteilt sie das große rechtwinklige Dreieck in zwei kleine rechtwinklige Dreiecke mit den Hypotenusen a bzw. b. Auf diese wenden wir den Satz des Pythagoras an.

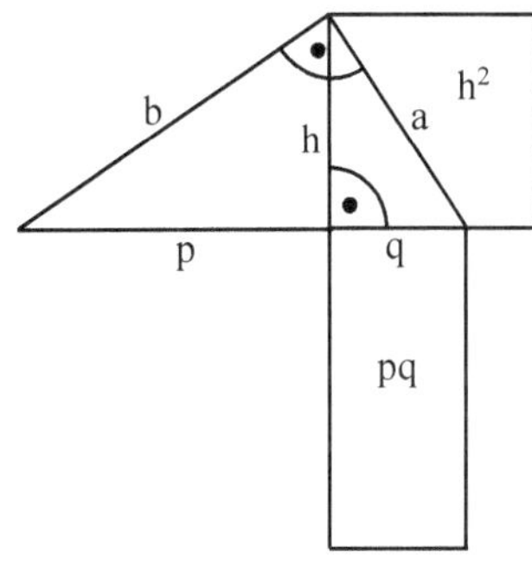

Es gilt:

$$h^2 + p^2 = b^2$$ und $$h^2 + q^2 = a^2$$

Wir addieren die Gleichungen und erhalten:

$$h^2 + q^2 + h^2 + p^2 = a^2 + b^2$$

$\Rightarrow h^2 + q^2 + h^2 + p^2 = c^2$ / Pythagoras für das große Dreieck

$\Rightarrow 2h^2 + q^2 + p^2 = (p + q)^2$ / $c = p + q$

$\Rightarrow 2h^2 + q^2 + p^2 = p^2 + 2pq + q^2$ / binomische Formel

$\Rightarrow 2h^2 = 2pq$ / $-p^2,\ -q^2$

$\Rightarrow h^2 = pq$ / :2

Satz 19:   Kathetensatz

In einem rechtwinkligen Dreieck ist der Flächeninhalt des Quadrates über einer Kathete gleich dem Flächeninhalt des Rechtecks aus der Hypotenuse und dem der Kathete anliegenden Hypotenusenabschnitt.

Mit den Bezeichnungen aus der Abbildung im folgenden Beweis gilt: $a^2 = c \cdot q$ und $b^2 = c \cdot p$

Beweis:

Es gilt:

$$\begin{aligned}
a^2 &= h^2 + q^2 && \text{/ Satz des Pythagoras} \\
\Rightarrow a^2 &= pq + q^2 && \text{/ Höhensatz} \\
\Rightarrow a^2 &= q(p + q) && \text{/ DG} \cdot, + \text{ in } \mathbb{R} \\
\Rightarrow a^2 &= qc && \text{/ } c = p + q
\end{aligned}$$

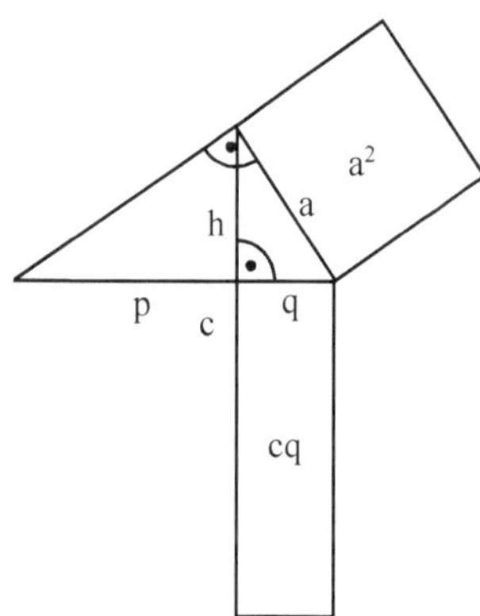

Die Beziehung $b^2 = cp$ zeigt man analog.

Die Sätze 17, 18 und 19 stehen in einem engen Zusammenhang. Jeder Satz kann aus jedem der anderen beiden hergeleitet werden (s. Übung 1). Deshalb spricht man bei diesen Sätzen auch von der *Satzgruppe des Pythagoras*, die wir eingangs bereits angedeutet hatten.

Der Satz des Pythagoras wurde übrigens nicht von Pythagoras entdeckt. Bestenfalls hat er ihn zuerst bewiesen. Schon lange vorher war er den Ägyptern, Babyloniern, Indern und Chinesen bekannt:

In Ägypten wurden nach den regelmäßig auftretenden Nilüberschwemmungen die Felder mit Hilfe von Seilen neu vermessen, die in gleichen Abständen Knoten enthielten. Ein Seil mit 13 Knoten erlaubt es, einen rechten Winkel herzustellen. Aus den 12 gleichlangen Seilabschnitten zwischen den Knoten wird ein Dreieck hergestellt, das Seitenlängen von 3, 4 und 5 Abschnitten hat. Der 13. Knoten fällt dabei auf den ersten. Das Dreieck ist rechtwinklig, denn es gilt $3^2 + 4^2 = 5^2$.

Dabei hat man allerdings nicht den Satz des Pythagoras verwendet, sondern seine ebenfalls geltende Umkehrung.

Satz 20: Umkehrung des Satzes von Pythagoras

Wenn für die Längen der Seiten a, b, c eines Dreiecks die Beziehung $a^2 + b^2 = c^2$ gilt, dann ist das Dreieck rechtwinklig.

Beweis: indirekt

Voraussetzung: Für die Längen der Seiten a, b, c eines Dreiecks gilt:
$$a^2 + b^2 = c^2$$

Annahme: Das Dreieck ist nicht rechtwinklig.

- Dann sind zwei Fälle möglich: (1) $0° < \gamma < 90°$ und (2) $90° < \gamma < 180°$

- Für den Fall $\gamma = 90°$ wissen wir nach dem Satz von Pythagoras, dass die Beziehung $a^2 + b^2 = c_{90}^2$ gilt.

- Wir lassen die Seitenlängen von a und b konstant und beobachten das Verhalten der Länge von Seite c bei sich ändernden Winkelgrößen von γ.

1. Fall: $0° < \gamma < 90°$

$\Rightarrow c < c_{90}$

$\Rightarrow c^2 < c_{90}^2$

$\Rightarrow c^2 < a^2 + b^2$

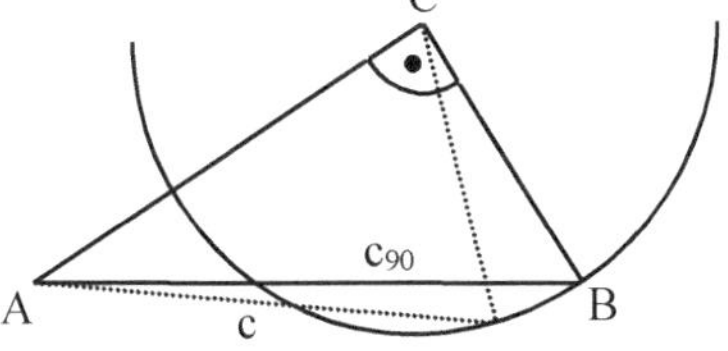

Das ist ein Widerspruch zur Voraussetzung, dass $a^2 + b^2 = c^2$.

Die Annahme ist zu verneinen: Das Dreieck ist rechtwinklig.

2. Fall: $90° < \gamma < 180°$

$\Rightarrow c > c_{90}$

$\Rightarrow c^2 > c_{90}^2$

$\Rightarrow c^2 > a^2 + b^2$

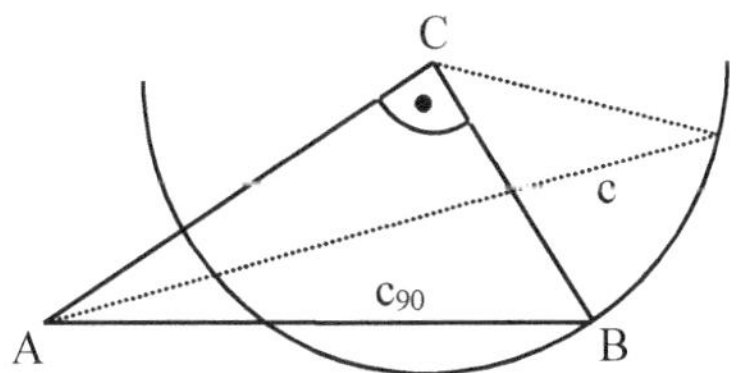

Das ist ein Widerspruch zur Voraussetzung, dass $a^2 + b^2 = c^2$.

Die Annahme ist zu verneinen: Das Dreieck ist rechtwinklig.

Ähnlich wie wir uns beim Satz des Pythagoras unterschiedlicher Beweismethoden bedient haben, bemühen wir uns am Ende dieses Kapitels noch einmal um eine Vernetzung der Inhalte von Kapitel 4 und 6 und fragen:

Können wir die Aussagen der Satzgruppe des Pythagoras auch mit Hilfe der Ähnlichkeitsabbildungen beweisen?

Zeichnet man in ein rechtwinkliges Dreieck die Höhe auf die Hypotenuse ein, so wird das Dreieck in zwei Dreiecke zerlegt, die zueinander und zu dem Ausgangsdreieck ähnlich sind. Mit den Bezeichnungen aus Abbildung 228 gilt also:

$\triangle ABC \sim \triangle ADC \sim \triangle BCD$

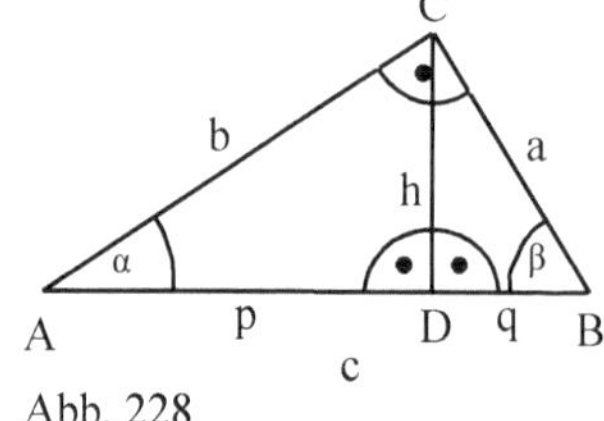

Abb. 228

Die Dreiecke $\triangle ABC$ und $\triangle ADC$ haben α als gemeinsamen Winkel und besitzen beide einen rechten Winkel, stimmen also in allen drei Innenwinkelmaßen überein. Sie sind folglich ähnlich zueinander.

$\triangle ABC$ und $\triangle BCD$ stimmen in β überein und besitzen ebenfalls beide einen rechten Winkel, woraus die Ähnlichkeit von $\triangle ABC$ und $\triangle BCD$ folgt.

Damit sind auch $\triangle ADC$ und $\triangle BCD$ zueinander ähnlich.

Wegen der Ähnlichkeit sind entsprechende Seitenlängenverhältnisse gleich:

(1) $\triangle ABC \sim \triangle ADC:$ $\dfrac{c}{b} = \dfrac{b}{p}$ $\Leftrightarrow$ $b^2 = cp$ (Das ist der Kathetensatz.)

(2) $\triangle ABC \sim \triangle BCD:$ $\dfrac{c}{a} = \dfrac{a}{q}$ $\Leftrightarrow$ $a^2 = cq$ (Das ist der Kathetensatz.)

(3) $\triangle ADC \sim \triangle BCD:$ $\dfrac{p}{h} = \dfrac{h}{q}$ $\Leftrightarrow$ $h^2 = pq$ (Das ist der Höhensatz.)

Aus (1) und (2) können wir bekanntlich leicht den Satz des Pythagoras herleiten. Damit haben Sie eine erste Variante für die Satzgruppe des Pythagoras und eine weitere Beweisart für den Satz des Pythagoras kennen gelernt.

Übung: 1)   Die drei Sätze der Satzgruppe des Pythagoras lassen sich auch untereinander beweisen:

a) Beweisen Sie den Satz des Pythagoras (allein) mit Hilfe des Kathetensatzes.

b) Beweisen Sie den Kathetensatz (allein) mit Hilfe des Satzes von Pythagoras.

c) Stellen Sie sich selbst weitere Beweisaufgaben für diesen Kontext.

2)   Zeichnen Sie das Schrägbild eines Würfels mit der Kantenlänge a = 4 cm. Konstruieren Sie in dieses Schrägbild das größtmögliche Tetraeder und berechnen Sie dann die Kantenlänge des Tetraeders (auf mm gerundet).

3)   Der Satz des Pythagoras gilt in der Hin- und der Rückrichtung, ist also eine Äquivalenzaussage. Wir haben in Kapitel 6.4 versäumt, diese Äquivalenzaussage zu formulieren.

a) Formulieren Sie diese Äquivalenzaussage verbal in perfektem Hochdeutsch.

b) Formulieren Sie diese Äquivalenzaussage mathematisch korrekt aber sprachlich verarmt. Das Zeichen „$\Leftrightarrow$" soll an einer Stelle verwendet werden.

4)   Die Möndchen des Hippokrates[18]

Gegeben ist ein rechtwinkliges Dreieck $\triangle ABC$. Über a ist der Halbkreis H_a, über b der Halbkreis H_b und über c der Halbkreis H_c gezeichnet.

Beweisen Sie, dass die Summe der Flächeninhalte der beiden grauen Möndchen so groß ist wie der Flächeninhalt des rechtwinkligen Dreiecks.

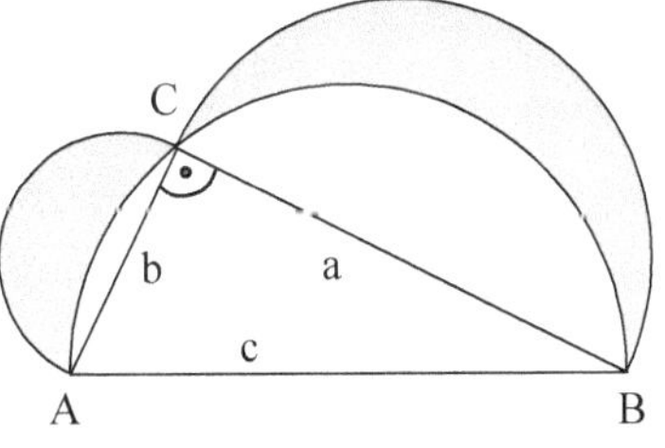

---

[18] Hippokrates von Kos (um 460 v. Chr.) wird als Begründer der medizinischen Wissenschaft angesehen.

5)   Geben Sie für ein gleichseitiges Dreieck die Länge der Höhe, den Radius des Umkreises und den Radius des Inkreises in Abhängigkeit von der Seitenlänge des Dreiecks an.

6)   Wie hoch ist ein Tetraeder bei bekannter Kantenlänge k?

7)   „Die Bahn verbindet" [19]

Nun ja: irgendwann – irgendwie

A-Stadt liegt genau südlich von B-Stadt. Zwischen A-Stadt und B-Stadt verläuft die 50 km lange ICE-Strecke genau geradlinig. Auf dieser Strecke verunglückt der ICE auf seinem Weg nach B-Stadt nahe C-Dorf. Glücklicherweise befinden sich 40 km westlich von A-Stadt und 30 km westlich von B-Stadt medizinische Versorgungszentren. Unmittelbar nach Eingang des Notrufs starten in beiden Zentren Hubschrauber[20] in Richtung der Unfallstelle und treffen dort gleichzeitig ein.

Bestimmen Sie a) rechnerisch und b) zeichnerisch wie weit der Unfallort von A-Stadt entfernt ist.

8)   Der Kathetensatz (Satz 19) macht eine Aussage über den Flächeninhalt eines Quadrats und eines Rechtecks.

Formen Sie also ein Rechteck mit $l(a) = 4\,cm$ und $l(b) = 3\,cm$ mit Hilfe des Kathetensatzes rein zeichnerisch-konstruktiv und ohne jede Berechnung in ein Quadrat mit gleichem Flächenhalt um.

9)   Der Höhensatz (Satz 18) macht ebenfalls eine Aussage über den Flächeninhalt eines Quadrats und eines Rechtecks.

Formen Sie also ein Rechteck mit $l(a) = 4\,cm$ und $l(b) = 3\,cm$ mit Hilfe des Höhensatzes rein zeichnerisch-konstruktiv und ohne jede Berechnung in ein Quadrat mit gleichem Flächenhalt um.

---

[19] So lautete einmal ein Werbespruch der Deutschen Bahn, den das Unternehmen schon länger nicht mehr benutzt.

[20] Gehen Sie davon aus, dass sich die Hubschrauber geradlinig und mit gleicher (Durchschnitts-) Geschwindigkeit auf den Unfallort zubewegen.

10) Betrachtet sei ein rechtwinkliges Dreieck ΔXYZ mit rechtem Winkel bei X. Es sei M der Mittelpunkt von $\overline{YZ}$ und N der Fußpunkt der Höhe auf $\overline{YZ}$. Die Freihandskizze diene allein der Veranschaulichung.

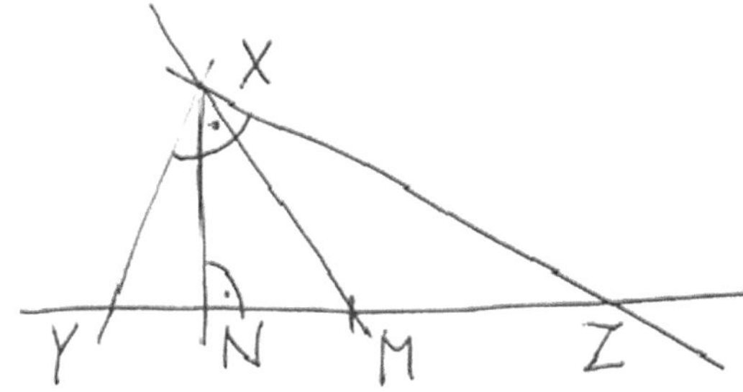

Äußern Sie sich zu den folgenden Behauptungen (mit Begründung):

a) $l(\overline{NZ})^2 \cdot l(\overline{YZ})^2 = l(\overline{XN})^2$

b) $l(\overline{XM})^2 + l(\overline{MZ})^2 = l(\overline{XZ})^2$

c) $l(\overline{MY}) = l(\overline{MX})$

d) $l(\overline{XY})^2 = l(\overline{YN}) \cdot l(\overline{YZ})$

e) $l(\overline{YN})^2 = l(\overline{XY})^2 - l(\overline{XN})^2$

f) $l(\overline{XN})^2 = l(\overline{YN}) \cdot l(\overline{NM})$

g)   Der Flächeninhalt von ΔXYZ ist doppelt so groß wie der von ΔXYM.

h)   Der Winkel $\sphericalangle ZMX$ ist so groß wie die Summe der Winkelmaße von $\sphericalangle NYX$ und $\sphericalangle YXM$.

i) $w(\sphericalangle XMY) = 180° - 2 \cdot w(\sphericalangle MYX)$

j)   Der Umkreismittelpunkt eines Dreiecks ist der Schnittpunkt der Mittelsenkrechten. Der Umkreismittelpunkt von ΔXYZ liegt nicht auf der Geraden XM.

k) ΔXYM ist gleichseitig.

11. Wer zuletzt lacht …

Zwei Türme A und B sind 50 Schritt voneinander entfernt. Turm A ist 40 Schritt, Turm B ist 30 Schritt hoch. Auf jeder Turmspitze sitzt ein Falke. Auf der Verbindungsstrecke der Fußpunkte der beiden Türme liegt ein Mauseloch C. Als Daisy, die Bewohnerin desselben, vorsichtig zur Nahrungssuche ausrücken will, lachen beide Falken verschmitzt und fliegen dann gleichzeitig los. Kurz darauf kommt es in C zu einem Zusammenstoß der beiden Vögel, wobei die Maus nacheinander rennt, schwitzt und lacht.

Welchen Abstand hat C von A?

a) Lösen Sie die Aufgabe rechnerisch mit dem Satz von Pythagoras.[21]

b) Lösen Sie die Aufgabe unter Benutzung eines geeigneten Maßstabes rein zeichnerisch.

Foto des Falken aus: https://pixabay.com/de/falke-greifvogel-wildtier-federn-2681832/

---

[21] Hinweis: Gehen Sie trotz besseren Wissens von konstanter Fluggeschwindigkeit und geradliniger Flugbahn der Falken aus.

6.5 Der goldene Schnitt

Betrachten Sie zum Einstieg in dieses Kapitel die Rechtecke in Abbildung 229 und entscheiden Sie spontan, welches Ihnen am besten gefällt.

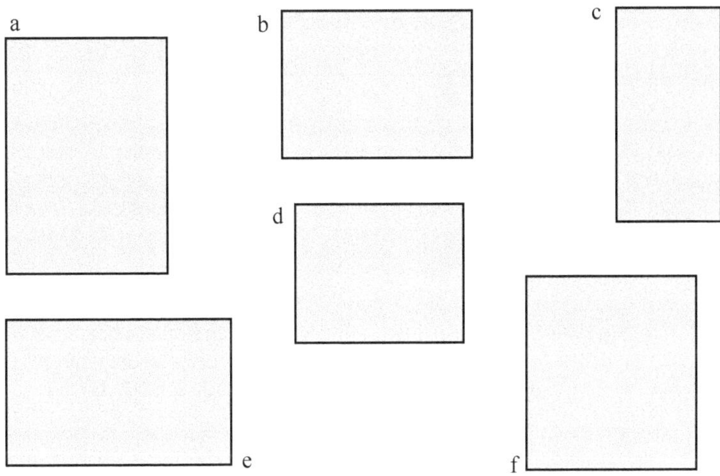

Abb. 229 (Goldsuche)

Wir haben diese Schönheitskonkurrenz der Rechtecke regelmäßig in unseren Vorlesungen durchgeführt, wobei wir nach Art der früheren Saalwetten in der Fernsehsendung „Wetten dass ...?" die Studierenden für ihr Lieblingsrechteck applaudieren ließen. Regelmäßig zeichneten sich im ersten Durchgang zwei klare Favoriten ab: Die Rechtecke a und e. Bei der anschließenden Stichwahl setzte sich bisher immer Rechteck e als Sieger durch.

Während Rechteck f (Seitenlängenverhältnis 9:10) vielleicht keine Chance hat, da es aussieht wie ein missglücktes Quadrat, und das doppelquadratische Rechteck c evtl. etwas magersüchtig wirkt, obwohl (oder gerade weil?) unsere Geldscheine annähernd dieses Format haben, erstaunt das schlechte Abschneiden von b (3:4) und d (4:5) doch auf den ersten Blick. Was macht uns die Rechtecke a und e so vertraut und gefällig?

Rechteck a hat unser DIN A - Format. Seine Seitenlängen stehen im Verhältnis $1:\sqrt{2}$, das sich bei Halbierung erhält (vgl. Kapitel 4.3). Es entstehen durch die fortgesetzte Halbierung lauter ähnliche Rechtecke. Von daher ist es nicht verwunderlich, dass uns dieses Rechteck als alter Bekannter gut gefällt.

Das Rechteck e hat eine andere, aber nicht weniger bemerkenswerte Eigenschaft. Trennt man von ihm das größtmögliche Quadrat ab, so ergibt sich ein „Restrechteck", bei dem die Seitenlängenverhältnisse identisch zu denen im Ausgangsrechteck sind. Auch diesen Prozess des Abtrennens größtmöglicher Quadrate kann man beliebig lange fortsetzen, es entstehen als Reste lauter zueinander ähnliche Rechtecke.

Bei einem Rechteck mit dieser Eigenschaft stehen die Seitenlängen im Verhältnis des *goldenen Schnitts* zueinander, ein Verhältnis, das uns offenbar als besonders ästhetisch erscheint. Wir finden es in der Kunst, in der Architektur, am menschlichen Körper, im Bauplan von Schneckengehäusen, der Anordnung von Blütenblättern, dem Samenstand von Tannenzapfen, in Galaxien, in der Musik, im Buchdruck usw.

Wir wollen uns hier nicht in die Diskussion begeben, ob der goldene Schnitt quasi ein Bauplan der Natur ist, den wir Menschen entdeckt haben, oder ob wir den goldenen Schnitt nachträglich in viele Phänomene hinein interpretieren, weil er uns so sinnträchtig erscheint. Gehen wir die Sache nüchtern an.

Als eine Anwendung des Satzes von Pythagoras, aber auch wegen der eigenständigen Bedeutung innerhalb der Mathematik betrachten wir am Ende des Kapitels zur euklidischen Geometrie den goldenen Schnitt. Schließlich runden wir auf diese Weise das Kapitel 5 zu den geometrischen Grundkonstruktionen ab, indem die Konstruierbarkeit von weiteren Figuren und Winkeln gezeigt wird.

Definition 1:   Goldener Schnitt

Eine Strecke $\overline{AB}$ wird durch den Teilpunkt X genau dann im *goldenen Schnitt* geteilt, wenn gilt:

$$\frac{l(\overline{AB})}{l(\overline{AX})} = \frac{l(\overline{AX})}{l(\overline{XB})}$$

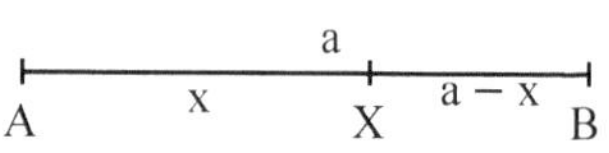

Abb. 230

Bezeichnet man die Länge der Strecke $\overline{AB}$ mit a und die Länge der Strecke $\overline{AX}$ mit x, woraus sich dann für die Strecke $\overline{XB}$ die Länge a − x ergibt, so lässt sich die Beziehung aus Definition 1 auch so notieren: $\dfrac{a}{x} = \dfrac{x}{a-x}$ (1)

Wie aber kommt man nun an die Lage des Punktes X, der die Strecke $\overline{AB}$ im goldenen Schnitt teilt?

Wir beginnen mit Gleichung (1) und formen diese um:

$$\frac{a}{x} = \frac{x}{a-x}$$

$$\Rightarrow \quad a(a-x) = x^2$$

$$\Rightarrow \quad x^2 + ax - a^2 = 0$$

$$\Rightarrow \quad x_{1,2} = -\frac{a}{2} \pm \sqrt{\left(\frac{a}{2}\right)^2 + a^2} = -\frac{a}{2} \pm \sqrt{\frac{5a^2}{4}} = -\frac{a}{2} \pm \frac{a}{2}\sqrt{5}$$

$$\Rightarrow \quad x_1 = \left(\frac{\sqrt{5}-1}{2}\right)a \ \text{ und } x_2 = \left(\frac{-\sqrt{5}-1}{2}\right)a$$

$$\Rightarrow \quad x_1 \approx 0{,}618a \ \text{ und } x_2 \approx -1{,}618a$$

Der Wert für x_1 lässt sich leicht interpretieren. Er gibt uns zur vorgegebenen Streckenlänge a an, welche Länge x die Stecke haben muss, die wir von A abtragen, um zum Teilpunkt X zu gelangen. Beträgt a beispielsweise 6 cm, dann teilt X die Ausgangsstrecke in Stücke zu ca. 3,71 cm und 2,29 cm. Das längere Teilstück einer im goldenen Schnitt geteilten Strecke nennt man übrigens *major*, das kürzere Stück heißt *minor*.

Wie aber lässt sich die negative Lösung der obigen quadratischen Gleichung interpretieren? Wir ignorieren das Vorzeichen und tragen die Länge 1,681a von B aus nach links an und erhalten einen „äußeren" Teilpunkt X', im Beispiel unserer Strecke von 6 cm liegt X' ca. 9,71 cm links von B. In diesem Fall teilt A die Strecke $\overline{X'B}$ im goldenen Schnitt, es gilt also

$$\frac{a}{x_1} = \frac{x_1}{(a-x_1)} = \frac{x_2}{a} \approx 1{,}618.$$

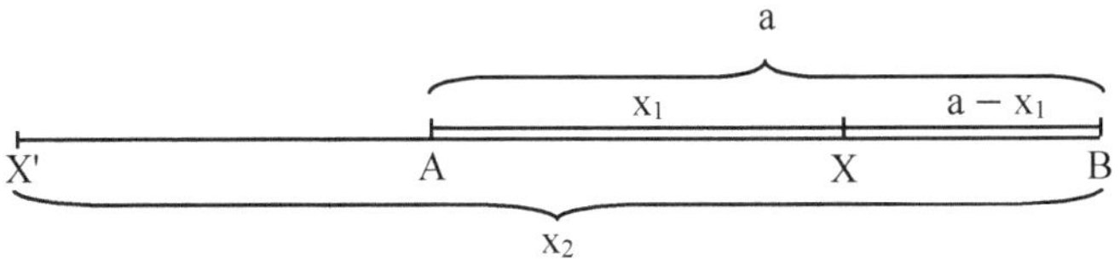

Abb. 231

Mit dem Ausdruck *goldener Schnitt* bezeichnet man den Vorgang der Teilung, den Teilpunkt X und auch das Verhältnis a:x. Um keine babylonische Sprachverwirrung zu stiften, werden wir nur den Vorgang der Teilung als solchen als goldenen Schnitt bezeichnen. Für den Punkt X werden wir Formulierungen wie „der Punkt X teilt die Strecke im goldenen Schnitt" verwenden, und die Konstante a : x werden wir, wie die meisten unserer Kolleginnen und Kollegen, Φ nennen[22]. Für die ganz großen Zahlenliebhaber unter Ihnen sei die irrationale Zahl Φ mit so vielen Nachkommastellen angegeben, wie sie der Satzspiegel verträgt.

$$\Phi \;=\; 1{,}6180339887498948482045868343656381177203091798057628621 3$$

Wie oben versprochen werden wir nun eine weitere Anwendung des Satzes von Pythagoras vorstellen und Ihr Repertoire an geometrischen Grundkonstruktionen erweitern. Unser Ziel ist die Teilung einer Strecke im goldenen Schnitt unter ausschließlicher Verwendung der euklidischen Werkzeuge.

Dazu zeichnen wir zunächst die Strecke, die im goldenen Schnitt geteilt werden soll. Ihre Länge betrage a. Wir errichten in einem Endpunkt der Strecke das Lot und tragen auf dem Lot von B aus die Länge $\dfrac{a}{2}$ ab. Hier memorieren Sie die Grundkonstruktionen „Strecke halbieren" (vgl. Kapitel 5.4.2), „Lot errichten" (vgl. Kapitel 5.4.3) und „Abtragen von Strecken" (vgl. Kapitel 5.4.1).

Mit Hilfe des Satzes von Pythagoras sollte es Ihnen nun leicht gelingen, die Länge der Hypotenuse des resultierenden rechtwinkligen Dreiecks zu bestimmen. Sie beträgt

$$c = \frac{a}{2}\sqrt{5}\,.$$

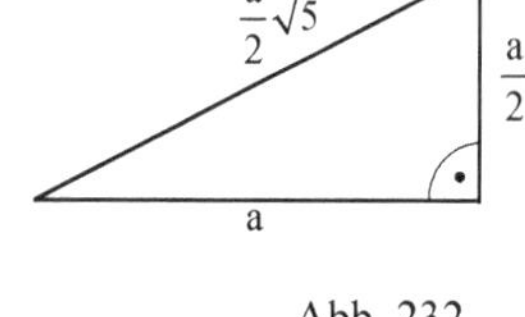

Abb. 232

---

[22] Der Buchstabe Φ ehrt den griechischen Bildhauer Phidias (ca. 500 bis 432 v. Chr.), in dessen Arbeiten der goldene Schnitt häufig zu finden ist bzw. nachträglich hineininterpretiert wurde. Phidias ist auch der Schöpfer der Zeusstatue zu Olympia, die zu den sieben antiken Weltwundern gehört.

Tragen wir nun mit Hilfe eines Zirkels die Länge $\frac{a}{2}$ von dieser Hypotenuse ab, so ergibt sich als Länge des „Restes" der Hypotenuse die Länge $\frac{a}{2}\sqrt{5} - \frac{a}{2} = \left(\frac{\sqrt{5}-1}{2}\right)a$. Damit

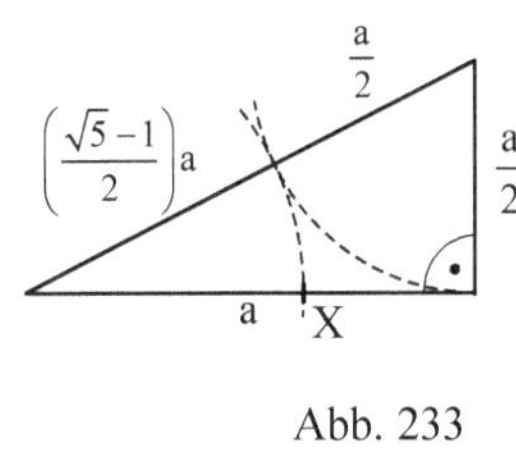

Abb. 233

haben wir das längere Stück (major) der im goldenen Schnitt geteilten Ausgangsstrecke konstruiert. Tragen wir diese Länge auf die Ausgangsstrecke ab (erneuter Zirkeleinsatz!), so haben wir den Teilpunkt X erzeugt.

Sie sind jetzt in der Lage, eine gegebene Strecke im goldenen Schnitt zu teilen. Neben der hier vorgestellten, besonders populären Konstruktion gibt es eine Reihe anderer Konstruktionsmöglichkeiten, die Sie bei Interesse in einschlägigen Lehrwerken oder im Internet nachschlagen können. Eine weitere Grundkonstruktion wollen wir Ihnen nicht vorenthalten. Ihr Ziel ist die Verlängerung einer gegebenen Strecke, z.B. der Seite eines Quadrats, so dass bei Beibehaltung einer Quadratseite ein Rechteck entsteht, dessen Seiten im Verhältnis des goldenen Schnitts zueinander stehen.

Wir zeichnen ein Quadrat mit Seitenlänge x, dessen Eckpunkte wir nach einem berühmten Fußballer oder auch dem Onkel der Autorin GERD nennen. In einem ersten Schritt konstruieren wir den Mittelpunkt M der Quadratseite $\overline{DR}$. Es entsteht ein rechtwinkliges Dreieck REM[23] mit den Seitenlängen x und $\frac{x}{2}$ (s. Abbildung 234). Die Berechnung der Länge der Hypotenuse $\overline{EM}$ dieses Dreiecks haben Sie in der vorangegangenen Konstruktion schon geleistet. Sie beträgt $\frac{x}{2}\sqrt{5}$. Wenn wir nun die Quadratseite $\overline{DR}$ über R hinaus verlängern und von M ausgehend diese Hypotenusenlänge auf die Gerade DR übertragen, so erhalten wir einen Punkt L, der von D den Abstand $\frac{x}{2} + \frac{x}{2}\sqrt{5}$ hat, zu $\overline{DR}$ also in dem magischen Verhältnis des goldenen Schnitts steht. Errichten wir in L nun noch das Lot auf DR und verlängern die Quadratseite $\overline{GE}$ über E hinaus, so ergibt sich der Schnittpunkt O von Lot und verlänger-

---

[23] Beachten Sie auch hier die geschickte Wahl der Bezeichnungen.

ter Quadratseite. Das resultierende Rechteck GOLD[24] ist eines, in dem sich die Seitenlängen im goldenen Schnitt verhalten. Auch das Rechteck REOL ist ein Goldenes. Beweisen Sie das zur Übung.

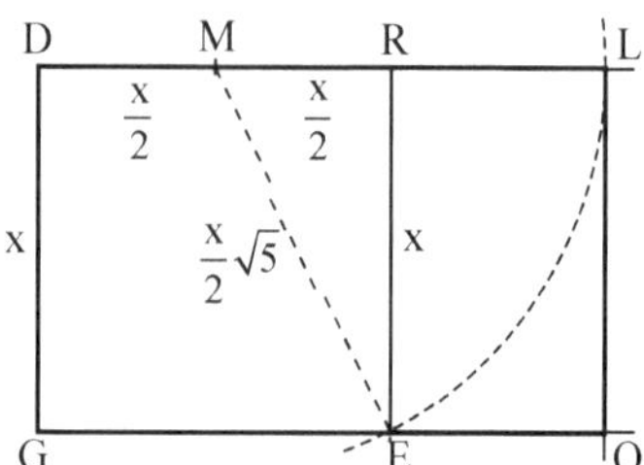

Abb. 234

Definition 2:   Goldenes Rechteck, goldenes Dreieck

Ein Rechteck heißt *goldenes Rechteck*, wenn seine Seitenlängen zueinander im Verhältnis Φ stehen.

Ein gleichschenkliges Dreieck heißt *goldenes Dreieck*, wenn Basis und Schenkel zueinander im Verhältnis Φ stehen.

Φ ist eine irrationale Zahl. Sie alle wissen, dass sich $\sqrt{5}$ nicht als Bruch darstellen lässt, folglich kann auch Φ keine rationale Zahl sein. Diese Erkenntnis hatten die alten Griechen jedoch noch nicht. So waren die Pythagoreer überzeugt, dass sich die Welt vollständig durch ganze Zahlen beschreiben lässt. Diese Gewissheit widerlegte Hippasos von Metapont[25] ausgerechnet am Pentagramm, dem Symbol der Pythagoreer, indem er nachwies, dass sich das Verhältnis von Seite und Diagonale eines regelmäßigen Fünfecks nicht durch einen Bruch darstellen lässt, eine Erkenntnis, die er veröffentlichte. Der Legende nach soll Hippasos für diesen Frevel im Meer ertränkt worden sein[26].

Sehen wir uns das regelmäßige Fünfeck und die durch seine Diagonalen gegebenen fünfzackigen Sterne näher an (Abbildung 235). Wir entdecken

---

[24]   Beachten Sie wieder die überaus einprägsame Bezeichnung der Punkte.
[25]   Hippasos von Metapont lebte ca. 450 v. Chr. in Griechenland.
[26]   Neueren historischen Untersuchungen nach spielten eher politische Querelen eine entscheidende Rolle, nicht die Existenz irrationaler Zahlen.

zunächst eine Fülle von zueinander kongruenten, gleichschenkligen Dreiecken. Kongruent zueinander sind:

ΔABD, ΔBCE, ΔCDA, ΔDEB, ΔEAC,

aber auch ΔABC, ΔBCD, ΔCDE, ΔDEA, ΔEAB,

sowie ΔHBC, ΔICD, ΔJDE, ΔFEA, ΔGAB

und ΔHGA, ΔIHB, ΔJIC, ΔFJD, ΔGFE.

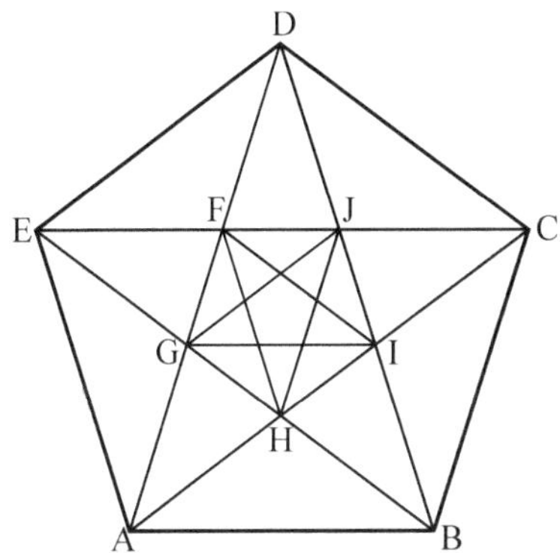

Abb. 235

Noch spannender ist aber die Ähnlichkeit der auftretenden Dreieckstypen.
Zur Erinnerung: Zwei Dreiecke sind zueinander ähnlich, wenn sie in ihren
Winkelmaßen übereinstimmen. Untersuchen wir also die Winkelmaße in der
Figur aus Abbildung 236. Wir listen die Maße lediglich mit kurzer
Begründung auf.

- $w(\sphericalangle CMD) = 72°$ (ein Fünftel von 360°)
- $w(\sphericalangle DCM) = w(\sphericalangle MDC) = (180° - 72°):2 = 54°$ (ΔCDM gleichschenklig)
- $w(\sphericalangle EDC) = 2·54° = 108°$
- $w(\sphericalangle CED) = w(\sphericalangle DCE) = (180° - 108°):2 = 36°$ (ΔECD gleichschenklig)
- $w(\sphericalangle EDF) = w(\sphericalangle JDC) = 36°$ (ΔEFD und ΔJCD gleichschenklig)
- $w(\sphericalangle ADB) = 108° - 2·36° = 36°$
- $w(\sphericalangle DBA) = w(\sphericalangle BAD) = (180° - 36°):2 = 72°$
- $w(\sphericalangle GBA) = 180° - 2·72° = 36°$
- $w(\sphericalangle HAG) = 36°$
- $w(\sphericalangle GHA) = w(\sphericalangle AGH) = 72°$
- ...

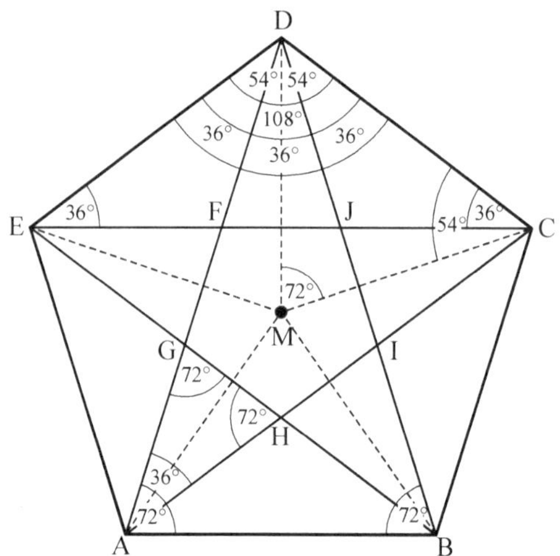

Abb. 236

Wegen derselben Winkelmaße (72°, 72°, 36°) sind die spitzwinkligen Dreiecke ΔABD, ΔAGB und ΔHGA zueinander ähnlich. Also gilt:

$$\frac{l(\overline{AB})}{l(\overline{AD})} = \frac{l(\overline{AG})}{l(\overline{GB})} = \frac{l(\overline{GH})}{l(\overline{HA})}$$

Damit teilt G die Strecke $\overline{AD}$ im goldenen Schnitt, H teilt $\overline{GB}$ golden.

Die Ähnlichkeit gilt auch für den anderen Typ auftretender Dreiecke, den
stumpfwinkligen mit den Basiswinkeln von 36° und dem dritten Winkel von
108°. Ähnlich sind also ΔECD, ΔEFD, ΔIJF usw. Auch hier teilen
entsprechende Punkte Strecken im goldenen Schnitt, z.B. teilen F oder auch J
die Strecke $\overline{EC}$ in diesem Verhältnis. Goldener Schnitt, wohin man blickt!

Satz 21:   Die Basiswinkel eines spitzen goldenen Dreiecks betragen
                      72°, die eines stumpfen goldenen Dreiecks betragen 36°.
                      Umgekehrt ist jedes gleichschenklige Dreieck mit diesen
                      Winkelmaßen ein goldenes Dreieck.

Da wir gesehen haben, dass beim regulären Fünfeck Fünfecksseite und Diagonale zueinander im Verhältnis des goldenen Schnitts stehen, können wir
das reguläre Fünfeck mit Zirkel und Lineal konstruieren. Wir führen die

Konstruktion für eine gegebene Seitenlänge x des Fünfecks. Zur Übung sollten Sie die Konstruktion zu einer gegebenen Diagonalenlänge durchführen.

Konstruktion:
1. Zeichne $\overline{AB}$ mit $l(\overline{AB}) = x$.
2. Konstruiere Mittelpunkt M von $\overline{AB}$.
3. Errichte Lot l zu $\overline{AB}$ in B.
4. $k_1(B, r_1 = x) \cap l = \{H_1\}$
5. $k_2(M, r_2 = l(\overline{MH_1})) \cap g_{AB} = \{H_2\}$ ($\overline{AH_2}$ ist die goldene Verlängerung von $\overline{AB}$.)
6. $k_3(A, r_3 = l(\overline{AH_2}))$
7. $k_4(B, r_4 = x)$
8. $k_3 \cap k_4 = \{C\}$
9. $k_5(C, r_5 = x)$[27]
10. $k_3 \cap k_5 = \{D\}$
11. $k_6(D, r_6 = x)$
12. $k_7(A, r_7 = x)$
13. $k_6 \cap k_7 = \{E\}$
14. B mit C, C mit D, D mit E und E mit A verbinden.

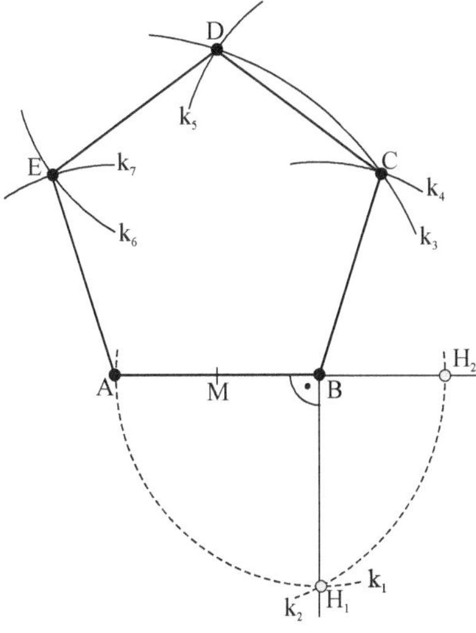

Abb. 237

Außer der Konstruktion des regelmäßigen Fünfecks gelingt uns nun auch
zum Beispiel die Konstruktion des regelmäßigen Zehnecks. Weiter sind alle
in Abbildung 236 auftretenden Winkel mit den euklidischen Werkzeugen
konstruierbar, damit auch ihre Hälften, Viertel usw.

---

[27] Hier sind Variationen möglich. Statt des Kreises um C mit dem Radius x
würde auch ein Kreis um B mit Radius $l(\overline{AH_2})$ zur Ecke D führen.

Übung: 1) Vergrößern Sie ein Quadrat mit der Seitenlänge x = 6 cm zu einem goldenen Rechteck mit den Seitenlängen x und a (Konstruktionsbeschreibung). Beweisen Sie, dass das „angebaute" Rechteck ebenfalls ein goldenes Rechteck ist.

2) Konstruieren Sie ein reguläres Fünfeck, dessen Diagonalen die Länge 8 cm haben.

3) Konstruieren Sie ein reguläres Zehneck mit Seitenlänge 5 cm.

4) Die Westseite des Parthenon-Tempels (Akropolis) passt recht gut in ein goldenes Rechteck. Der Tempel ist 23,5 m breit. Wie hoch muss der Giebel (im Bild rekonstruiert) gewesen sein? Es sieht so aus, als habe die gepunktete waagerechte Linie von der Rechtecksseite und der gestrichelten waagerechten Linie denselben Abstand. Ist das bloß eine Täuschung?

7 Darstellende Geometrie

7.1 Einstiegsproblem

Mit dem Kantenmodell eines Quaders und unterschiedlichen Lichtquellen kann man Schattenbilder des Quaders erzeugen und auf Papier festhalten. Auf diese Weise erhält man ebene Darstellungen eines dreidimensionalen Objektes. Dabei fällt auf, dass das immer gleiche Kantenmodell ganz verschiedene Schattenbilder ergibt. Der Schatten ist zum einen davon abhängig, in welcher Lage wir das Kantenmodell halten und in welchem Abstand zur Wand es sich befindet. Zum anderen hängt das Schattenbild davon ab, welche Art von Lichtquelle den Schatten erzeugt. Die parallelen Lichtstrahlen des PKW-Abblendlichts erzeugen einen Schatten wie in Abbildung 238. Auch direkt einfallendes Sonnenlicht erzeugt einen derartigen Schatten. Zwar ist unsere Sonne ein „Punkt"strahler, aber durch ihre enorme Entfernung erreichen uns auf der Erde praktisch nur noch parallele Lichtstrahlen.

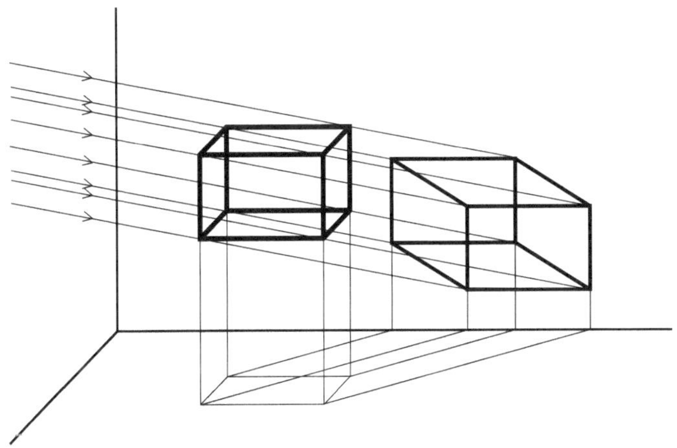

Abb. 238 (in Anlehnung an DIFF 1978, HE 4, S. 63)

Einen ganz anderen Schatten erhält man, wenn das Kantenmodell des Quaders von einer punktförmigen Lichtquelle beschienen wird (Abbildung 239). Wir vergleichen die Schattenbilder miteinander. Beim Versuch mit parallelen Lichtstrahlen sind alle am Quader parallel verlaufenden Kanten auch im

© Springer Fachmedien Wiesbaden GmbH, ein Teil von Springer Nature 2018
R. Benölken, *Leitfaden Geometrie*, https://doi.org/10.1007/978-3-658-23378-5_7

Schattenbild parallel. Beim Versuch mit der punktförmigen Lichtquelle trifft dies nicht mehr für alle Quaderkanten zu, die in Wirklichkeit parallel sind. So verlaufen die nach hinten wegstrebenden Kanten im Schattenbild nicht mehr parallel. Verlängert man diese Kanten, so stellt man fest, dass sie sich in einem Punkt schneiden. Die übrigen Quaderkanten wurden allerdings auf parallele Kanten abgebildet.

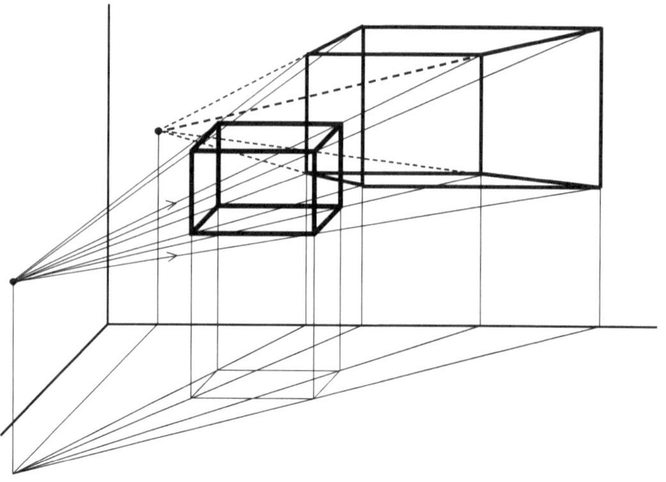

Abb. 239 (in Anlehnung an DIFF 1978, HE 4, S. 48)

Dreht man das Kantenmodell so, dass seine Vorderseite nicht mehr parallel zu der Wand liegt, auf der wir seinen Schatten untersuchen, dann verlieren weitere Kanten im Bild ihre Parallelität. Hält man das Kantenmodell so, dass keine Kante mehr senkrecht oder parallel zu der Wand verläuft, auf der wir das Schattenbild betrachten, so gibt es im Bild keinerlei Parallelität mehr.

Eine Abbildung eines Objektes in eine Ebene nennt man *Projektion*. Eine Projektion, die dem Schattenbild bei parallel einfallendem Licht entspricht, heißt *Parallelprojektion*. Eine Abbildung, bei der die Projektionsstrahlen aus einem Punkt kommen, wird als *Zentralprojektion* bezeichnet. Abbildungen, die durch Zentralprojektion entstehen, nennt man *Perspektive*. Perspektive Bilder erscheinen uns besonders anschaulich, weil auch unser Auge solche Bilder auf der Netzhaut produziert. Auch Fotografien sind perspektive Bilder (s. Abbildungen 240 und 241). Perspektive Bilder tragen auch dem Umstand Rechnung, dass uns Gegenstände umso kleiner erscheinen, je weiter sie von uns entfernt sind. Die hinten liegende Quaderkante (Abbildung 241) erscheint unserem Auge z.B. kürzer als die vorne, obwohl sie in Wirklichkeit natürlich gleich lang sind. Denken Sie z.B. an Bahngleise, die sich in der Ferne zu treffen scheinen (Abbildung 240).

Abb. 240   (Gotthard-Tunnel) [1]   Abb. 241   (Arc de Triomphe) [2]

Die Anschaulichkeit perspektiver Bilder bringt aber auch Nachteile mit sich. Zum einen ist es eine recht anspruchsvolle Aufgabe, solche Bilder zu zeichnen. Zum anderen kann man einem perspektiven Bild nur schwer Längen- oder Winkelmaße entnehmen. Beides ist bei der Parallelprojektion schon leichter. Denken Sie aber auch an Architekten oder Werkzeugmacher. Die brauchen Abbildungen, aus denen jederzeit die Abmessungen des Originals leicht zu ermitteln sind. Ein Architekt bedient sich dabei Grundrisszeichnungen und Seitenansichten eines Hauses mit Angabe eines möglichst einfachen Maßstabs. Grundriss und Seitenansichten entstehen durch eine spezielle Parallelprojektion. Dabei verlaufen die Projektionsstrahlen senkrecht zur Bildebene (s. Abbildung 242). Man spricht hier von einer *orthogonalen Parallelprojektion.*

---

[1]   Foto von: W.Rebel in
        https://commons.wikimedia.org/wiki/File:GBT_2012_July_b.jpg
[2]   Foto von: Yair Haklai in
        https://commons.wikimedia.org/wiki/File:Arc_de_Triomphe_de_l'Étoile-Paris.jpg

Bei dieser Projektion entstehen auf drei Bildebenen jeweils Ansichten des Objektes, bei denen alle zur Bildebene parallelen Strecken und Winkel in ihrer wahren Größe abgebildet werden. Der Nachteil dabei ist, dass man sich aus verschiedenen Ansichten, die alle für sich wenig anschaulich sind, im Kopf ein Gesamtbild des Objektes zusammensetzen muss.

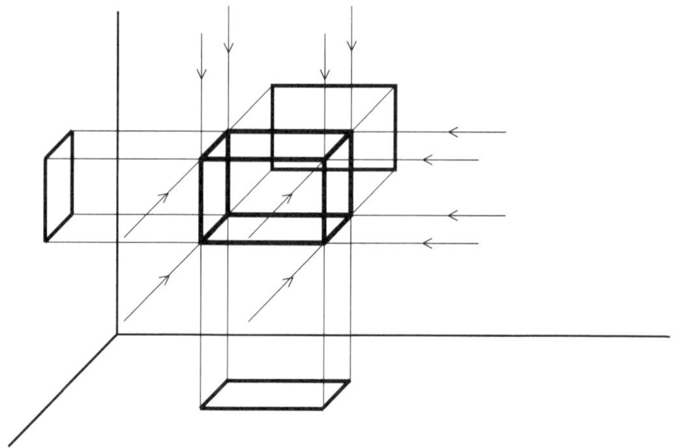

Abb. 242

In diesem Kapitel sollen Sie lernen, ebene Abbilder räumlicher Objekte nach verschiedenen Verfahren herzustellen. Durch das eigenständige Herstellen solcher Bilder werden Sie auch besser in der Lage sein, vorgegebene Darstellungen wie technische Zeichnungen, Karten oder Baupläne zu interpretieren. Damit einher geht eine Schulung des räumlichen Vorstellungsvermögens. Zudem müssen Sie als Lehrerin oder Lehrer jederzeit in der Lage sein, eine Skizze eines geometrischen Körpers an die Tafel zu bringen oder eine saubere Zeichnung für ein Arbeitsblatt zu produzieren. Die hierbei für Sie sicherlich wichtigste Darstellungsart ist die des *Schrägbildes* (Abbildung 238), mit der wir beginnen werden. In vielen Bereichen des Alltags sind Bilder, die durch die orthogonale Parallelprojektion entstehen, von großer Bedeutung (Abbildung 242). Diese sogenannte *Dreitafelprojektion* wird in Kapitel 7.3 behandelt. Zum Schluss gehen wir auf perspektive Bilder ein. Dabei sollen Sie auch den Zusammenhang zwischen den Darstellungsarten kennen lernen, also wie man z.B. aus einem Grundriss und einer Seitenansicht eines Objektes sein Schrägbild erzeugen kann.

Übung: 1)   Vollziehen Sie das Experiment mit dem Kantenmodell des Quaders und unterschiedlichen Lichtquellen und Lagen mit anderen Körpern nach. Kantenmodelle können Sie leicht aus Knete und Schaschlikspießen herstellen.

          2)   Experimentieren Sie in dieser Weise auch mit einer kreisförmigen Pappscheibe. Welche Schatten können Sie erzeugen?

          3)   Unten sehen Sie nacheinander die Ansicht eines Körpers von rechts (Seitenriss) in der xz-Ebene, von vorn (Aufriss) in der yz-Ebene und von oben (Grundriss) in der xy-Ebene.

               Versuchen Sie sich vorzustellen, wie der Körper aussieht. Zeichnen Sie ein möglichst anschauliches Bild dieses Körpers.

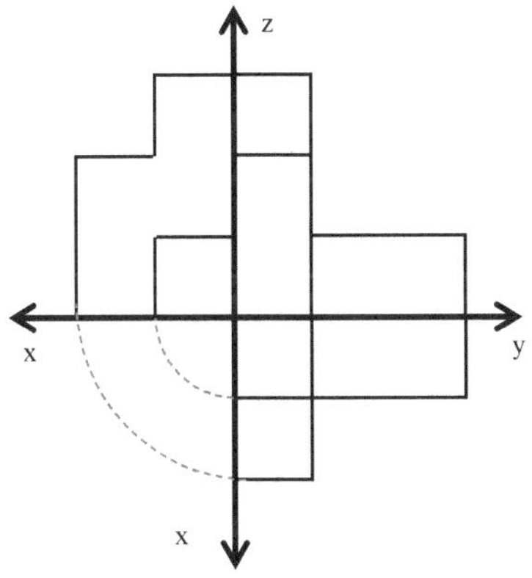

7.2   Axonometrie

Die *Axonometrie* ist eine *schräge Parallelprojektion*, d.h., die Projektionsstrahlen treffen nicht orthogonal, sondern schräg auf die Bildebene B auf. Die Schnittpunkte der Projektionsstrahlen durch P und Q erzeugen in der Bildebene die Bildpunkte P' und Q'.

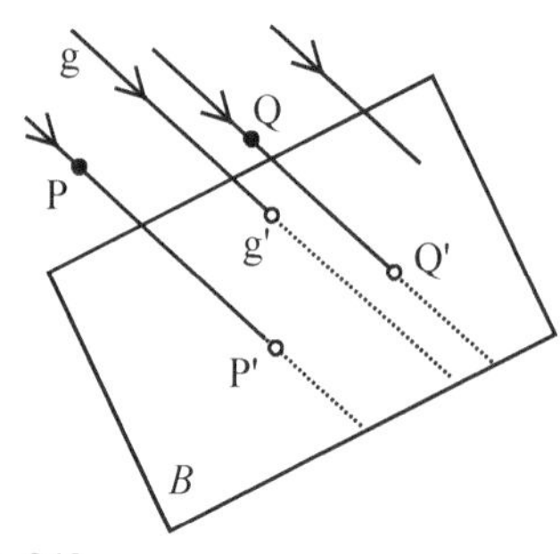

Abb. 243

Die wichtigsten Eigenschaften der Axonometrie sind:

- Geraden, die nicht parallel zur Projektionsrichtung verlaufen, werden auf Geraden abgebildet (*Geradentreue*), Parallelen zur Projektionsrichtung auf Punkte.

- Parallele Geraden werden auf parallele Geraden abgebildet (*Parallelentreue*), sofern sie nicht parallel zur Projektionsrichtung sind.

- Die Axonometrie ist *längenverhältnistreu*, insbesondere bleibt ein Mittelpunkt im Original auch Mittelpunkt im Bild.

- Jede Figur, die in einer zur Bildebene parallelen Ebene liegt, wird auf eine *kongruente* Figur abgebildet.

Zwei Sonderfälle der schrägen Parallelprojektion sind in der Darstellenden Geometrie von besonderer Bedeutung. Es handelt sich um die *Kavalierprojektion* und die *Militärprojektion*, die man oft (fälschlicherweise, da es sich nicht um perspektive Bilder handelt) als Kavalier- bzw. Militär- oder Vogelperspektive bezeichnet.

Bei der Erstgenannten stellt man sich die Bildebene vertikal vor (wie die Zimmerwand in Abbildung 238), bei der Zweitgenannten projizieren wir auf eine horizontale Bildebene (Fußboden). Bei der Axonometrie wird zusammen mit dem Objekt meist ein räumliches Koordinatensystem („Koordinatendreibein", s. Abbildung 244) auf die Bildebene projiziert. Bei der Kavalierprojektion wird dabei also die yz-Ebene (Abbildung 245), bei der Militärprojektion die xy-Ebene (Abbildung 246) parallel zur Bildebene gelegt.

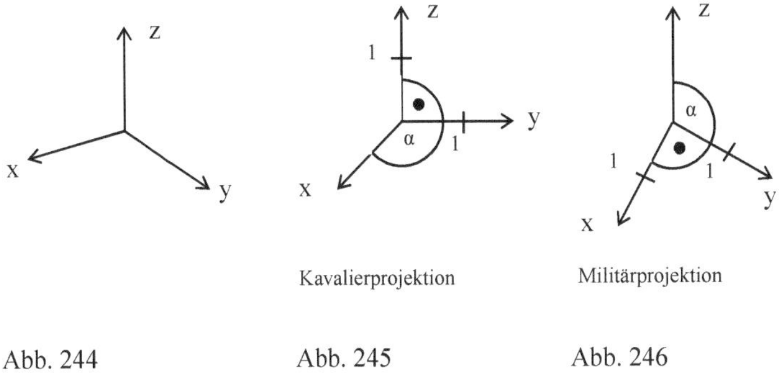

Abb. 244   Abb. 245   Abb. 246

Somit werden also einmal eine Seitenansicht des Objektes und einmal der Grundriss in wahrer Größe abgebildet.

Die Maßstäbe auf und der Winkel zwischen der y- und der z-Achse (Kavalierprojektion) bzw. der x- und der y-Achse (Militärprojektion) liegen also fest (1:1, 90°). Das Winkelmaß des anderen Winkels α ist frei wählbar, ebenso der Maßstab auf der dritten Achse. Man wird allerdings nach Winkelmaßen für α und einem Verkürzungsfaktor $q \in \mathbb{R}$ für die dritte Seite suchen, die ein besonders anschauliches Bild liefern und die zeichentechnisch einfach zu handhaben sind. Sie sollten an dieser Stelle unbedingt mit verschiedenen Maßen für α und q experimentieren.

Bei der Kavalierprojektion eignen sich als Winkelmaß $w(\alpha)$ besonders gut 135° und 45° (die Diagonalen bei kariertem Papier), die Parallelen zur x-Achse verkürzt man am besten mit einem Faktor von $q = 1:2$ oder $q = 1:\sqrt{2}$ (1 cm $\triangleq$ 1 Kästchendiagonale bei kariertem Papier). Für das abzubildende Objekt wählen wir eine besonders einfache Lage (Kanten parallel zu den Achsen). Wir betrachten einige Darstellungen eines Würfels:

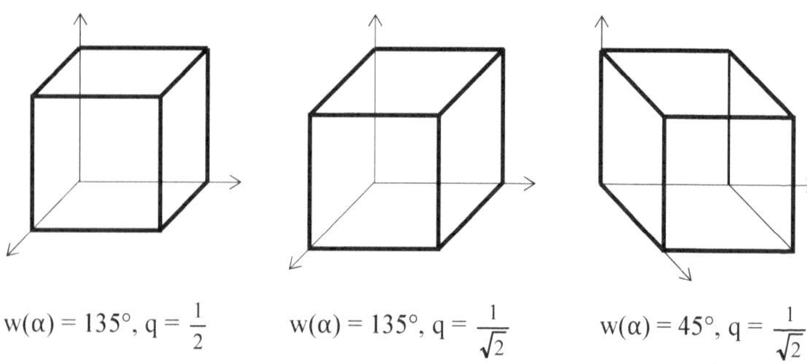

$$w(\alpha) = 135°, \ q = \frac{1}{2} \qquad\qquad w(\alpha) = 135°, \ q = \frac{1}{\sqrt{2}} \qquad\qquad w(\alpha) = 45°, \ q = \frac{1}{\sqrt{2}}$$

Abb. 247   (Kavalierprojektion)

Alle drei Würfeldarstellungen wirken recht anschaulich. In Abbildung 247 wurden die bei einem Massivkörper sichtbaren Kanten stärker ausgezeichnet als die nicht sichtbaren Kanten. Dabei gehen wir davon aus, dass wir in das Koordinatendreibein hineinsehen wie in eine Zimmerecke. Wir können uns jedoch auch vorstellen, dass alle Achsen von uns wegstreben. Wir sehen den Würfel dann von unten. Durch Betonung der dann sichtbaren Kanten (Abbildung 248) kann dieser Eindruck ebenso verstärkt werden wie durch das Fortlassen der nicht sichtbaren (Abbildung 249).

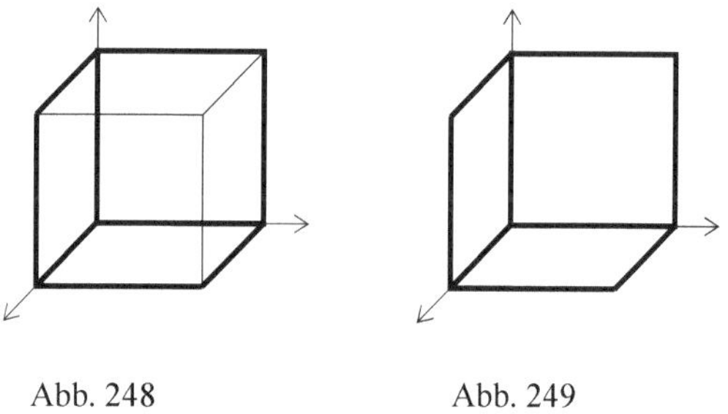

Abb. 248   Abb. 249

Bei der Militärprojektion ist das Winkelmaß $w(\alpha) = 135°$ nicht besonders geeignet. In Abbildung 250 erkennt man, dass die vorne und die hinten liegende Würfelkante im Bild auf einer Linie liegen, was zu ungewünschten Überschneidungen führen kann. Besser wählt man ein Winkelmaß von $120°$ oder $60°$. Die Maße auf der z-Achse werden oft ebenfalls in wahrer Größe gezeichnet oder im Maßstab 1:2 oder 2:3 verkürzt dargestellt.

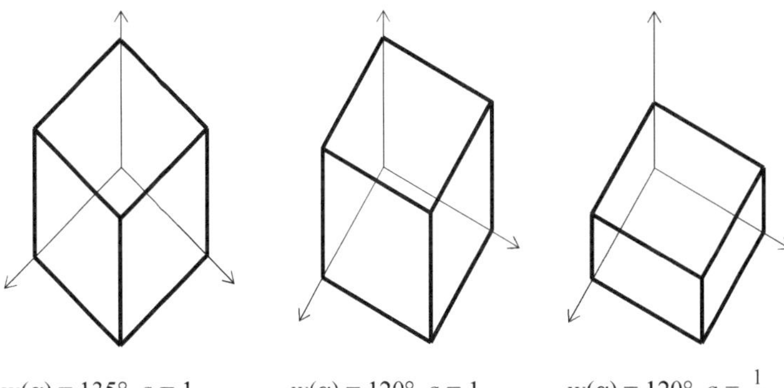

$$w(\alpha) = 135°, \ q = 1 \qquad\qquad w(\alpha) = 120°, \ q = 1 \qquad\qquad w(\alpha) = 120°, \ q = \frac{1}{2}$$

Abb. 250   (Militärprojektion)

Wir wollen nun ein Satteldachhaus in Kavalier- und in Militärprojektion
zeichnen. Das Haus soll 6 Einheiten lang und 4 Einheiten breit sein. Das
Erdgeschoss ist 2 Einheiten hoch, das Dach 3 Einheiten. Wir platzieren es so
im Koordinatendreibein, dass eine Ecke im Ursprung liegt und drei Kanten
auf den Achsen liegen. Die längere Hausseite soll auf der x-Achse liegen. Für
die Kavalierprojektion legen wir $w(\alpha) = 135°$ und $q = 0{,}5$ fest, für die Militärprojektion wählen wir $w(\alpha) = 120°$ und $q = 1$ (Abbildung 251). Um die
Unterschiede deutlich zu machen, zeichnen wir entsprechende Bilder nebeneinander.

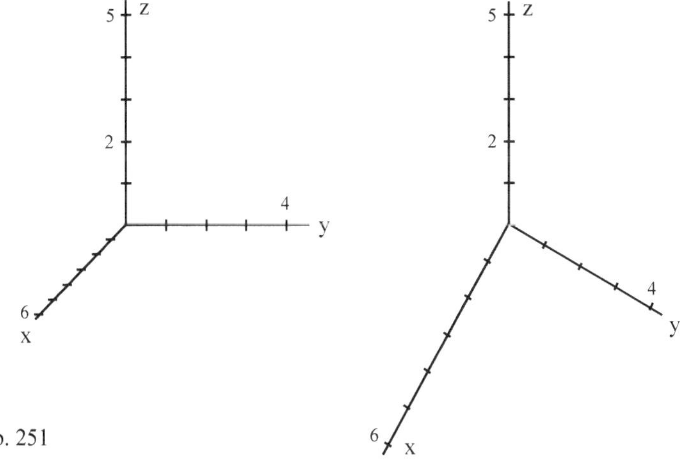

Abb. 251

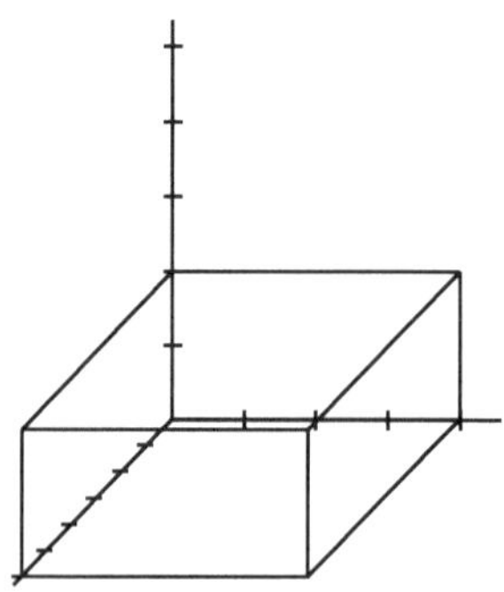

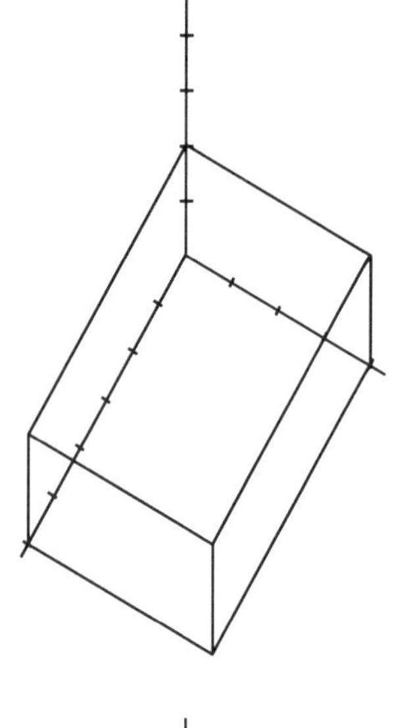

Abb. 252

Zunächst zeichnen wir das Erdgeschoss
nach der Regel, dass Parallelen am Objekt auch im Bild parallel verlaufen
(Abbildung 252).

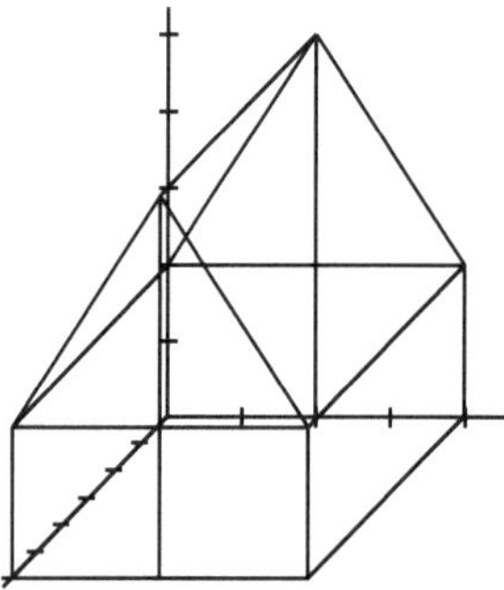

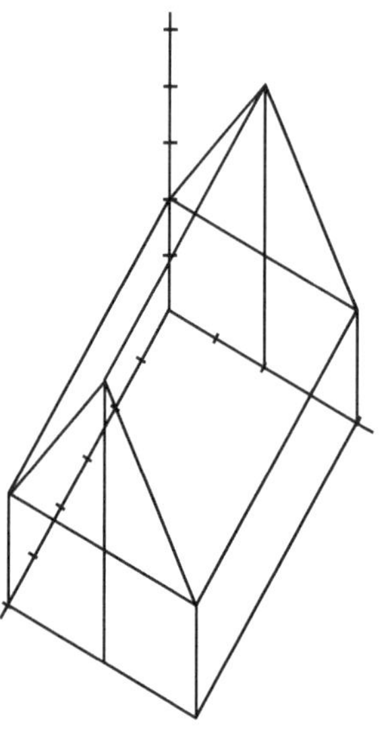

Abb. 253

Wir setzen das Dach auf, indem wir auf
den Mittelpunkten der Giebelseiten die
Höhe parallel zur z-Achse in wahrer
Größe abtragen und die entsprechenden
Punkte miteinander verbinden (Abbil-
dung 253).

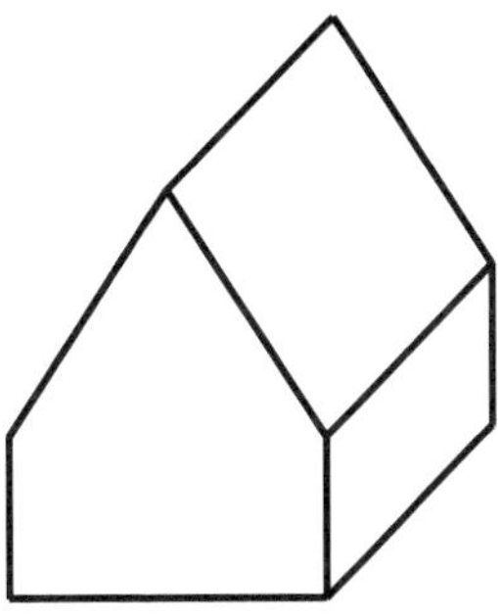

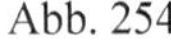
Abb. 254

Hier wurden alle Hilfslinien ausradiert und die sichtbaren Kanten dick nachgezeichnet.

Quader, aus Würfeln zusammengesetzte Körper, einfache Häuser, allgemein Körper, bei denen überwiegend rechte Winkel auftreten, lassen sich in der beschriebenen Weise recht leicht darstellen. Wie erhält man aber das axonometrische Bild eines Körpers, der keine rechten Winkel aufweist oder krummlinig berandete Flächen besitzt? Wir wollen dies am Beispiel des Tetraeders und des Zylinders untersuchen.

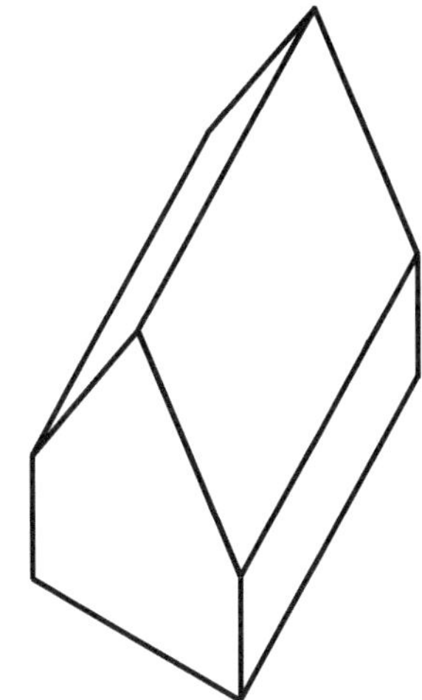

Wir platzieren das Tetraeder, welches die Kantenlänge 4 Einheiten haben soll, so in unser Koordinatendreibein, dass eine Kante auf der y-Achse liegt und eine Ecke im Ursprung. Die Seitenflächen sind gleichseitige Dreiecke. Eines haben wir in der yz-Ebene in wahrer Größe abgebildet (Abbildung 255). Die Höhe in diesem Dreieck, die im rechten Winkel zur Grundseite steht, wird parallel zur x-Achse und auf die Hälfte verkürzt abgebildet. Die wahre Höhe entnehmen wir der Zeichnung oder wir berechnen sie mit dem Satz des Pythagoras.

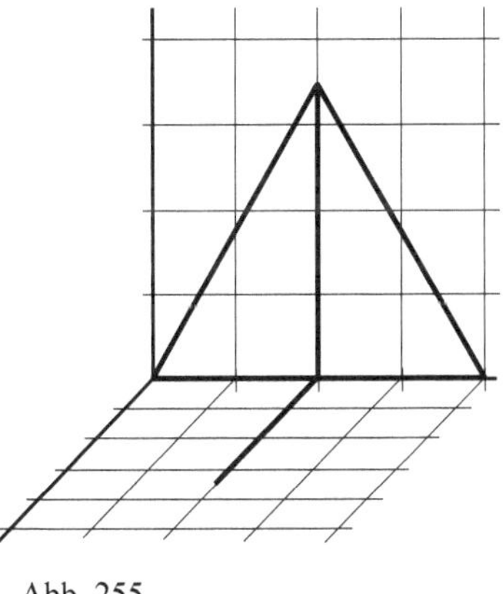
Abb. 255

Die Tetraederhöhe steht senkrecht auf der Grundfläche, sie wird also in wahrer Größe parallel zur z-Achse abgebildet. Ihr Fußpunkt ist der Schwerpunkt des Grundflächendreiecks, den wir als Schnittpunkt zweier Seitenhalbierender konstruieren können (Abbildung 256). Bedenken Sie, dass bei der Axonometrie Längenverhältnisse erhalten bleiben. Die Höhe eines Tetraeders mit der Kantenlänge a haben Sie früher schon berechnet (Übung (6), Kapitel 6.4). Sie beträgt

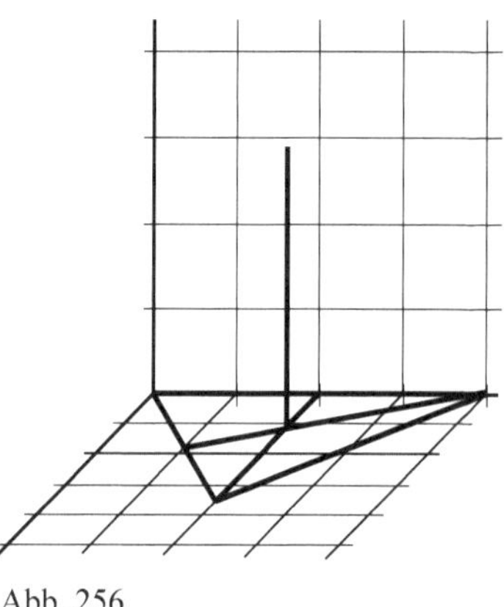

Abb. 256

$$H = \sqrt{\frac{2}{3}}a \text{ , also gilt in unserem Fall}$$

$H \approx 3{,}3$ Einheiten.

Durch die Höhe haben wir die vierte Tetraederecke gefunden. Wir vervollständigen die Zeichnung, entfernen Hilfslinien und zeichnen die sichtbaren Kanten dick nach. Die nicht sichtbare Tetraederkante zeichnen wir der besseren Anschaulichkeit wegen dünn oder gestrichelt (Abbildung 257).

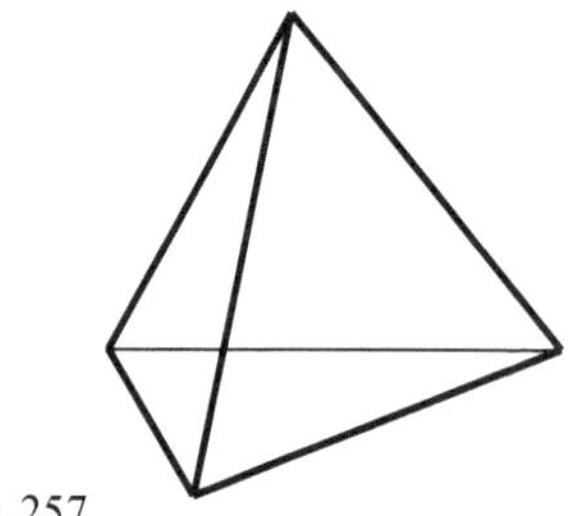

Abb. 257

Zum Schluss betrachten wir die axonometrische Darstellung eines Zylinders. Ein stehender Zylinder ist in der Militärprojektion einfach zu zeichnen, da seine kreisförmige Grundfläche in der xy-Ebene ebenfalls als Kreis dargestellt wird (Abbildung 258). Ebenso unproblematisch ist das Zeichnen eines liegenden Zylinders, dessen Achse parallel zur x-Achse verläuft, in der Kavalierprojektion (Abbildung 259).

Schwieriger ist die Darstellung eines stehenden Zylinders in der Kavalierprojektion. Die kreisförmige Grundfläche erscheint in der xy-Ebene verzerrt und in Richtung der x-Achse verkürzt (Abbildung 260). Die Grundfläche hat die Gestalt einer Ellipse. Wie aber konstruieren wir diese Ellipse?

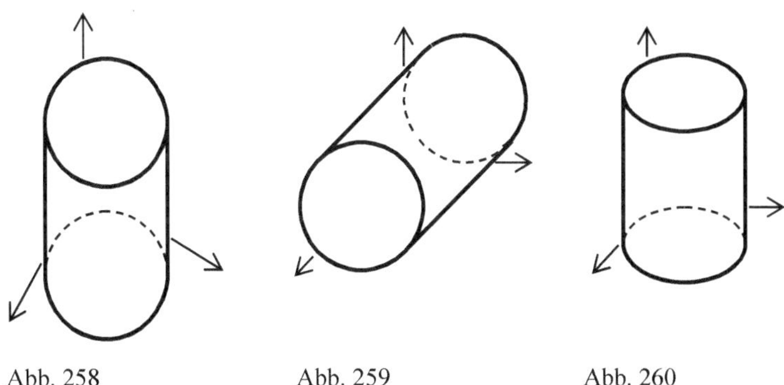

Abb. 258   Abb. 259   Abb. 260

Wie beim Tetraeder zeichnen wir den Kreis in wahrer Größe in der yz-Ebene.
Der Durchmesser soll 4 Einheiten betragen. Um den Kreis zeichnen wir ein
achsenparalleles Quadrat, dessen Seiten Tangenten an den Kreis sind. Das
Bild dieses Quadrates in der xy-Ebene zeichnen wir nach den bekannten
Regeln. Die Seitenmittelpunkte des so entstandenen Parallelogramms sind
vier Punkte der Ellipse (Abbildung 261).

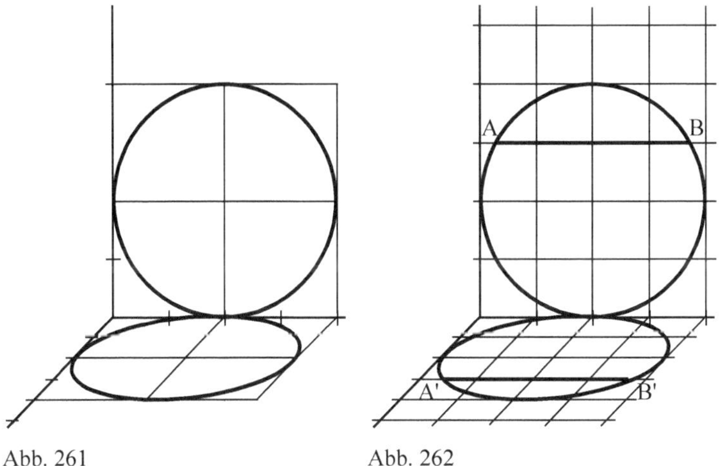

Abb. 261   Abb. 262

Wem diese vier Punkte zum Zeichnen der Ellipse noch zu wenig sind, der
kann sich weitere Punkte konstruieren, indem er achsenparallele Sehnen des

Kreises wie $\overline{AB}$ in Abbildung 262 in die xy-Ebene projiziert. Die Länge von $\overline{A'B'}$ ist ebenso groß wie die von $\overline{AB}$, $\overline{A'B'}$ ist ebenfalls parallel zur y-Achse, ihr Abstand von der y-Achse ist auf die Hälfte gekürzt. Allgemein hilft das Projizieren eines Quadratrasters in die xy-Ebene wie in Abbildung 262 bei der Darstellung krummlinig beranderter oder unregelmäßiger Figuren. Hat man die Grundfläche des Zylinders konstruiert, so werden zwei Tangenten an die Ellipse gezeichnet, die die Mantelfläche darstellen (parallel zur z-Achse, in wahrer Größe), und anschließend die ellipsenförmige Deckfläche eingezeichnet. Ihre Punkte erhält man am einfachsten, indem man von einigen Punkten der Grundfläche die Zylinderhöhe senkrecht nach oben abmisst.

Übung: 1)   Zeichnen Sie in Kavalierprojektion das Bild eines Zylinders, dessen Grundfläche in der xy-Ebene liegt. Der Radius der Grundfläche sei 3 cm, die Höhe betrage 5 cm.

    2)   Vom Bauplan zur axonometrischen Darstellung 1

Die Abbildung unten gehört in den Mathematikunterricht der Klassen 2 bis 4 und taucht dort als formal-symbolische Darstellung immer dann auf, wenn Schüler aus vielen gleichartigen Würfelchen größere Würfel, Quader, Treppen, Pyramiden, ..., allgemein Würfelgebäude gebaut haben oder bauen wollen. Grundschüler nennen diese Darstellung den *Bauplan eines Würfelgebäudes*:

Auf der rechteckigen Fläche ABCD sind viele Würfelchen zu Würfeltürmen aufgebaut und verklebt[3]. Die Zahlen geben jeweils an, wie viele Würfel an der betreffenden Stelle übereinanderstehen. Jeder Würfel habe die Kantenlänge 1.

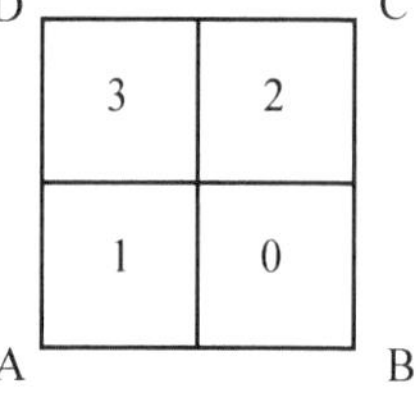

In den folgenden Teilaufgaben ist das Würfelgebäude von der Lehrerin so zu zeichnen[4], als ob es sich um einen einzigen,

---

[3]   In der Grundschule werden die Würfelchen in der Regel nicht verklebt.

[4]   Grundschüler(innen) fertigen ebenfalls axonometrische Darstellungen von derartigen Würfelgebäuden an. Sie benutzen dafür das sogenannte Dreiecksgitterpapier.

homogenen Block aus einheitlichem Material handelt. Klebekanten und nicht sichtbare Kanten sind in der Zeichnung nicht abzubilden.

a) Darstellung in Kavalierprojektion, $w(\alpha) = 135°$, $q = 0,5$, A im Ursprung, $\overline{AD}$ auf der y-Achse

b) Darstellung in Militärprojektion, $w(\alpha) = 120°$, $q = 1$, B im Ursprung, $\overline{BC}$ auf der x-Achse

3) Vom Bauplan zur axonometrischen Darstellung 2

Wieder sehen wir einen Bauplan aus dem Geounterricht der Grundschule. Wieder habe jeder Würfel die Kantenlänge 1.

In den folgenden Teilaufgaben (a) – (d) ist das Würfelgebäude von der Lehrerin wieder so zu zeichnen, als ob es sich um einen einzigen, homogenen Block aus einheitlichem Material handelt. Klebekanten und nicht sichtbare Kanten sind in der Zeichnung nicht abzubilden.

Zeichnen Sie das Würfelgebäude axonometrisch mit den folgenden Koordinatensystemen:

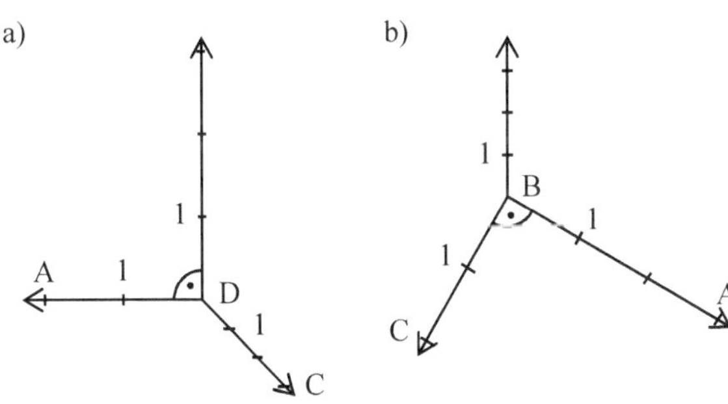

Zeichnen Sie das umgedrehte Würfelgebäude (die Grundfläche ist jetzt ebenes Dach, die Türme verlaufen nach unten)
axonometrisch mit den folgenden Koordinatensystemen:

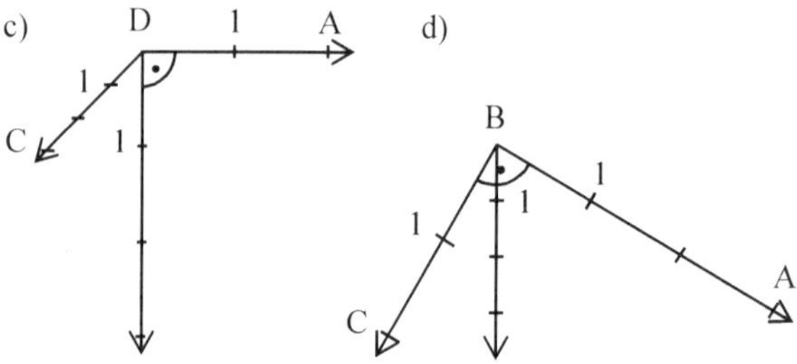

4)   An dieser Stelle können sich angehende Lehrerinnen und
     Lehrer selbst vielfältige weitere Fragestellungen entwickeln.
     Grundschüler in den Klassen 3, 4 fragen sich etwa sowas:
     Wie viele Würfelchen des fest verklebten Dreierwürfels[5]
     (Fünferwürfels, Sechserwürfels, ...) kann ich eigentlich von
     außen nicht sehen, wenn ich diesen Würfel in die Hand neh-
     me und beliebig drehe? Sie könnten sich in den Frageprozess
     einklinken und die Lösung axonometrisch darstellen.

---

[5]   Das ist der Würfel, der aus drei mal drei mal drei kleinen Würfeln aufge-
      baut ist.

7.3 Dreitafelprojektion

Blättern Sie zurück zur Abbildung 242. Dort wurde unser Kantenmodell eines Quaders durch eine spezielle Parallelprojektion auf den Fußboden (xy-Ebene) und zwei Wände (yz-Ebene und xz-Ebene) abgebildet. Dabei verliefen die Projektionsstrahlen jeweils senkrecht zu den drei Bildebenen. Stellen Sie sich nun vor, Sie schneiden diese Abbildung entlang der x-Achse ein und klappen die xy-Ebene und die xz-Ebene so, dass sie in derselben Ebene liegen wie die yz-Ebene[6]. Sie erhalten dann eine Abbildung wie die folgende:

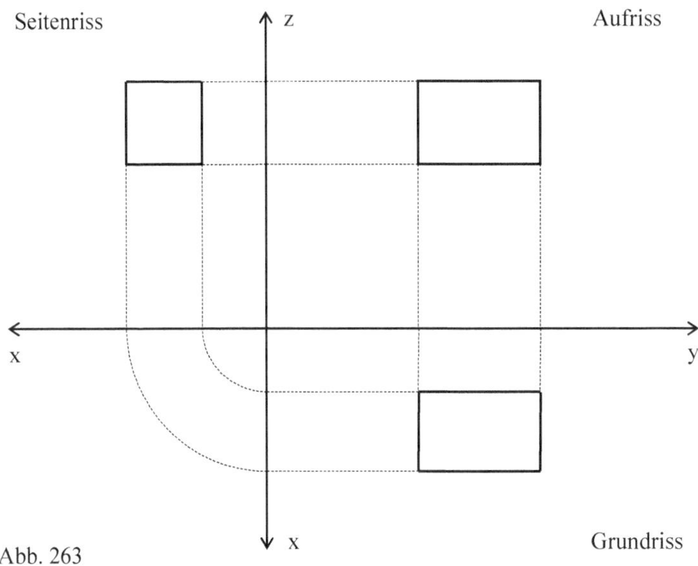

Abb. 263

Eine solche Darstellung nennt man *Dreitafelbild*. Das Bild in der xy-Ebene wird als *Grundriss* bezeichnet, das in der yz-Ebene bezeichnet man als *Aufriss* und das in der xz-Ebene als *Seitenriss*.

---

[6] Am besten bauen Sie aus einem Papierquadrat, das zweimal entlang der Mittellinien gefaltet und einmal entlang einer dieser Linien bis zur Mitte eingeschnitten wurde, eine Raumecke nach. Stellen Sie einen Gegenstand hinein, zeichnen Sie die drei Ansichten, schneiden Sie die Raumecke entlang der x-Achse ein und legen Sie sie flach auf den Tisch.

In Abbildung 263 haben wir den Quader in einer speziellen Lage abgebildet. Seine Kanten verliefen parallel zu den Achsen. Für viele Zwecke ist die Wahl einer solchen Lage auch zweckmäßig. Wir wollen aber auch untersuchen, wie sich die Ansichten verändern, wenn wir den Quader anders platzieren.

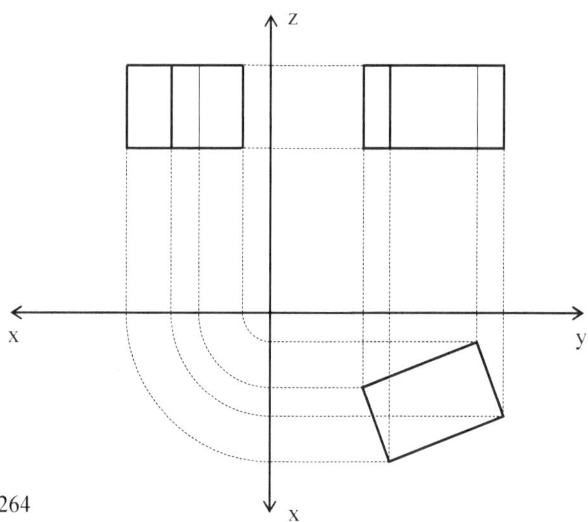

Abb. 264

In Abbildung 264 wurde der Quader ein Stück gedreht, so dass wir nicht mehr nur auf eine Fläche blicken, sondern auf eine Kante und zwei Seitenflächen. Die bei einem Massivquader nicht sichtbare Kante wurde dünn gezeichnet.

Auch von unserem Tetraeder wollen wir ein Dreitafelbild anfertigen. Anders als beim Quader oben, der ja über der xy-Ebene schwebt, wollen wir das Tetraeder auf die Grundrissebene stellen. Wie in den Abbildungen 255 bis 257 legen wir eine Ecke in den Ursprung und eine Kante auf die y-Achse. Im Grundriss sehen wir die Standfläche in wahrer Größe, die Spitze liegt auf dem Schwerpunkt dieses Dreiecks (Abbildung 265). Durch die gestrichelten Ordnungslinien erhalten wir sofort die Ecken der Grundseite im Aufriss und im Seitenriss sowie die Stelle, über der die Spitze liegt. Jetzt fehlt uns nur noch die Höhe des Tetraeders. Wir könnten sie rechnerisch bestimmen, aber wir wählen ein zeichnerisch-konstruktives Verfahren.

Wir wissen, dass die Spitze S des Tetraeders, der Höhenfußpunkt H des Tetraeders und die Ecke A ein rechtwinkliges Dreieck bilden, dessen Hypotenuse eine Tetraederkante ist und dessen eine Kathete gleich $\overline{HA}$ ist. Dieses Dreieck klappen wir um in die Grundrissebene (zur besseren Vorstellung dient das Schrägbild in Abbildung 266). An der im Grundriss in wahrer Größe gegebenen Strecke $\overline{HA}$ können wir aus der Kenntnis des rechten Winkels bei H und der Kantenlänge a des Tetraeders das Dreieck $\triangle ASS'$ konstruieren. Die Länge von $\overline{SS'}$ ist die Tetraederhöhe in wahrer Größe. Wir entnehmen das Maß der Zeichnung und vervollständigen den Aufriss und den Seitenriss.

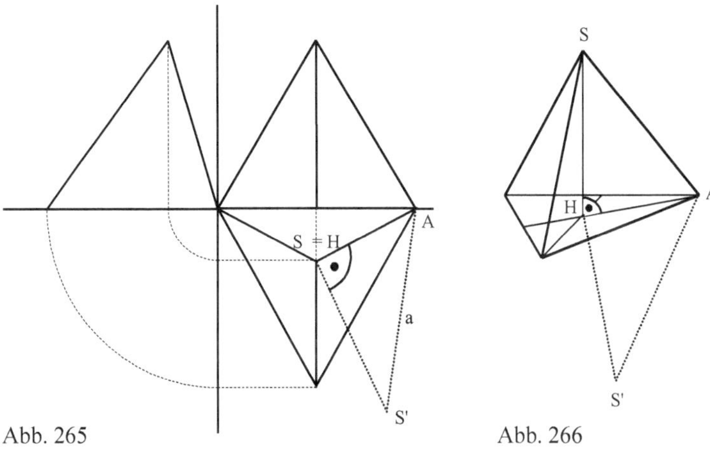

Abb. 265   Abb. 266

Dieses Umklappen von Teilfiguren in die Grundrissebene, der man dann Maße entnehmen kann, ist ein vielseitig einsetzbares Verfahren. Wir demonstrieren es an einem weiteren Beispiel. Zu zeichnen ist das Dreitafelbild einer Pyramide mit quadratischer Grundfläche, deren Seitenflächen gleichseitige Dreiecke sind.

Wenn wir auf eine Seitenfläche der Pyramide blicken, dann sehen wir die Kanten nicht in wahrer Größe, da sie schräg im Raum stehen. Ihre Länge im Aufriss ist so groß wie die Höhe eines der gleichseitigen Dreiecke. Diese ermitteln wir durch Umklappen eines Dreiecks in die Grundrissebene. Die dick gezeichneten Linien in Abbildung 267 sind gleich lang.

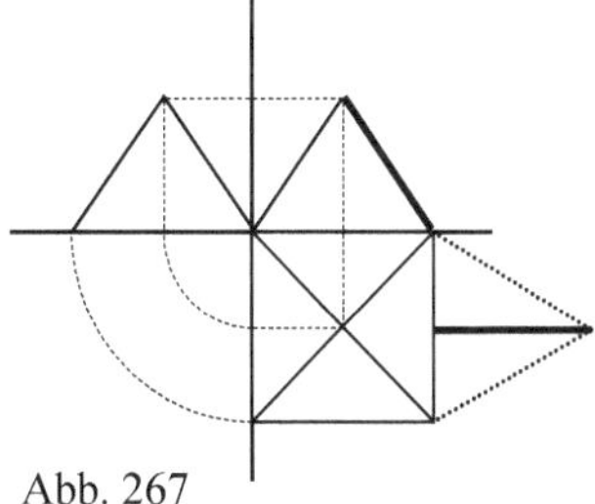

Abb. 267

Zum Schluss dieses Abschnitts soll der Zusammenhang zwischen Dreitafelbild und Schrägbild hergestellt werden. Aus Kenntnis des Grundrisses und
einer Seitenansicht eines Objektes sowie der Projektionsrichtung lässt sich
das Schrägbild dieses Objektes konstruieren. Wir nehmen uns dazu unseren
Quader in der Lage wie in Abbildung 264. Aus Grundriss und Seitenriss und
den darin angegebenen Projektionsstrahlen konstruieren wir in der
Aufrissebene sein Schrägbild (Abbildung 268).

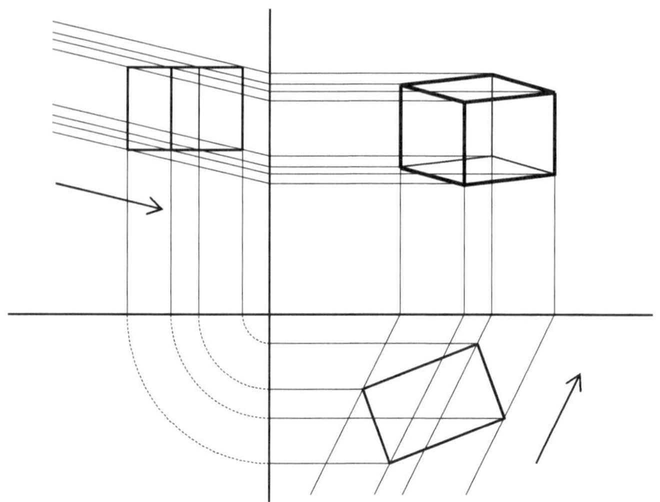

Abb. 268

Übung:

1) Zeichnen Sie Aufriss und Seitenriss eines Oktaeders (Kantenlänge 4 cm) zu dem vorgegebenen Grundriss. Bei (a) liegt die untere Spitze in der xy-Ebene, bei (b) die Grundfläche.

a) 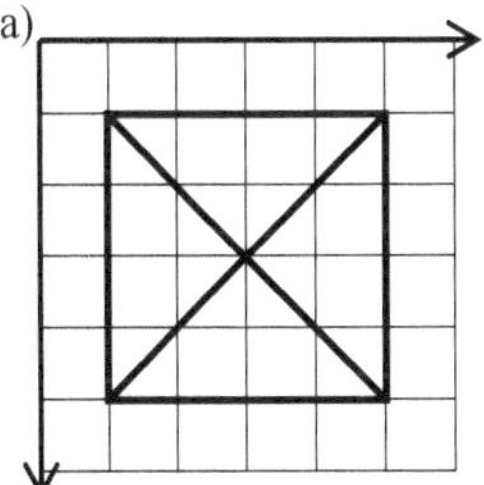

b) 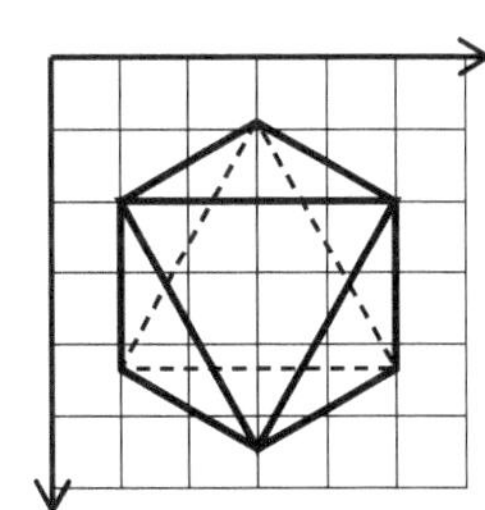

2) Zeichnen Sie das durch den Bauplan vorgegebene Würfelgebäude in Grund-, Auf- und Seitenriss (Kantenlänge eines Würfels 2 cm, keine Klebekanten, keine unsichtbaren Kanten zeichnen).

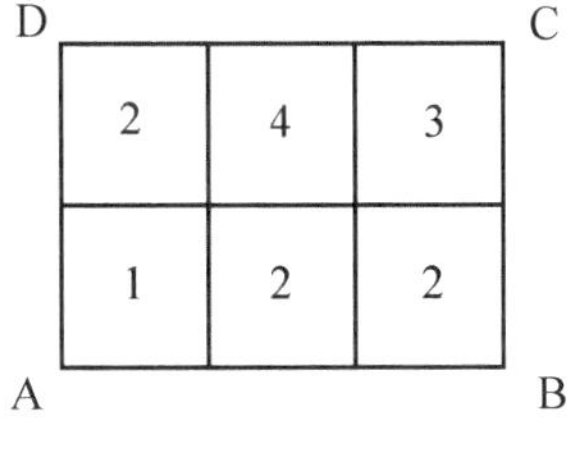

a) Die Seitenflächen bei AB und BC seien sichtbare Vorderfronten, D liege im Ursprung.

b) Die Seitenflächen bei DC und DA seien sichtbare Vorderfronten, B liege im Ursprung.

3) Rechts sehen Sie zwei Seitenansichten und die Draufsicht eines Körpers.

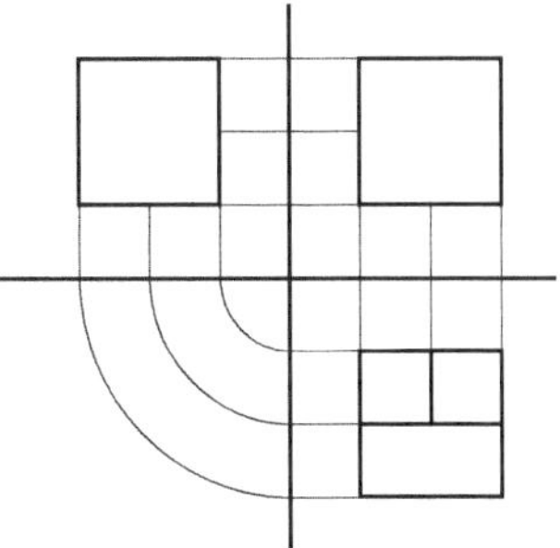

Und hier dasselbe Ob-
jekt aus einem anderen
Blickwinkel.

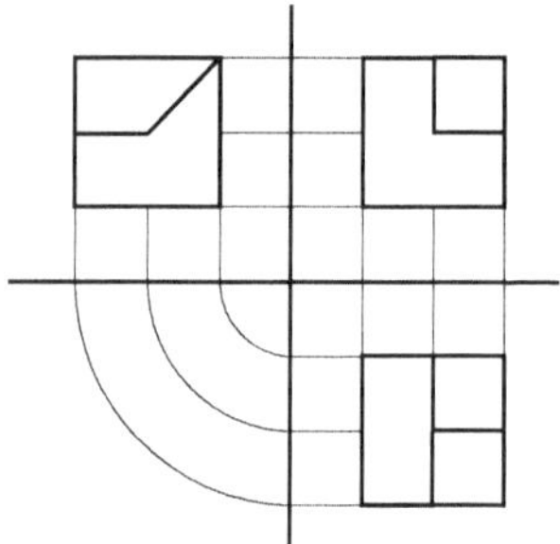

Stellen Sie sich den Körper vor und zeichnen Sie ein
möglichst anschauliches Bild.

4) Die Abbildung zeigt den Grundriss eines Satteldachhauses (Giebel über der kurzen, First parallel zur langen
   Rechteckseite). Konstruieren Sie zu diesem Grundriss den
   Auf- und Seitenriss. Dabei soll das Haus 2 cm über der
   xy-Ebene schweben.

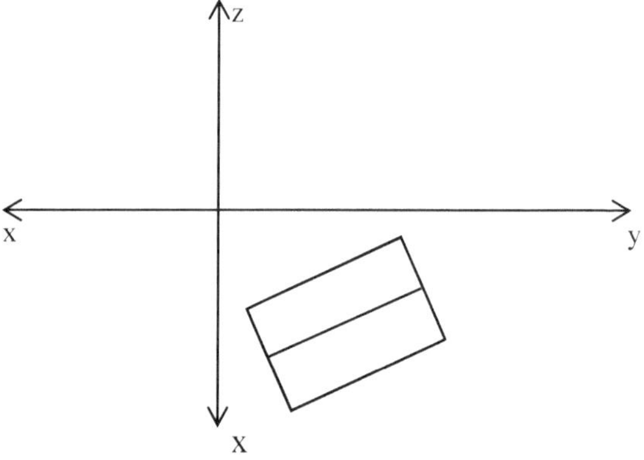

7.4 Zentralprojektion

Aus Abbildung 239, bei der das Kantenmodell des Quaders durch eine punktförmige Lichtquelle angestrahlt wurde, haben wir das Schattenbild herausgelöst (Abbildung 269).

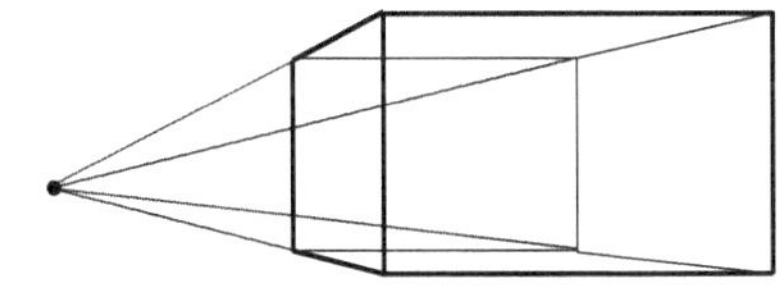

Abb. 269

Wir analysieren diese Abbildung. Das Kantenmodell wurde so gehalten, dass Grund- und Deckfläche parallel zum Fußboden verliefen, also senkrecht zur Projektionsfläche, und seine Vorder- und Rückseite parallel zur Projektionsfläche lagen. Diese Vorder- und Rückseite erscheinen im Bild als Rechtecke, die Kanten verlaufen senkrecht bzw. parallel zur Standebene. Damit haben wir die ersten Eigenschaften der Zentralprojektion entdeckt:

- Parallelen zur Bildebene werden auf Parallelen abgebildet.

- Senkrechte zur Standebene werden auf Senkrechte abgebildet.

Die vier vom Betrachter nach hinten wegstrebenden Quaderkanten, die in Wirklichkeit parallel zueinander sind, werden dagegen nicht auf Parallelen abgebildet. Verlängern wir diese Kanten im Bild, so stellen wir fest, dass sie sich in einem Punkt schneiden. Wir halten als dritte Eigenschaft fest:

- Die Bilder von Parallelen, die nicht zur Bildebene parallel sind, schneiden sich in einem Punkt, dem sog. *Fluchtpunkt*.

Weitere Parallelen, die wir noch untersuchen könnten, enthält unser Kantenmodell nicht. Wir wissen aber, dass entsprechende Diagonalen der Grund- und Deckfläche eines Quaders zueinander parallel verlaufen. In Abbildung 270 sind zwei davon eingezeichnet und verlängert worden.

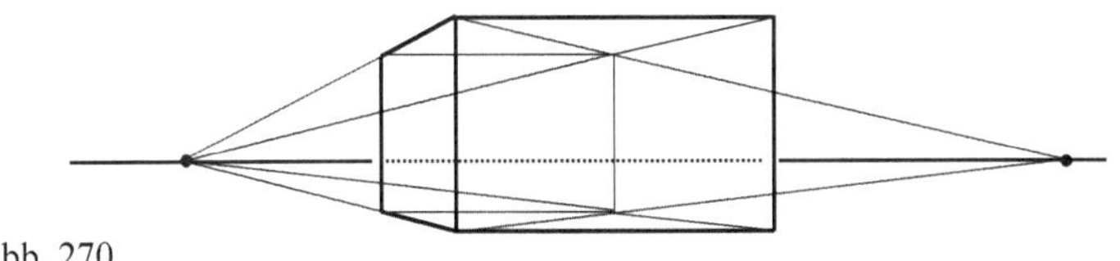

Abb. 270

Auch die Bilder dieser im Original zueinander parallelen Geraden schneiden sich in einem weiteren Fixpunkt. Wir zeichnen die Gerade durch die beiden Fluchtpunkte. Sie verläuft parallel zu den vier Quaderkanten, die parallel zur Standebene und zur Bildebene verlaufen. Diese Gerade nennt man *Horizont*. Sie ist die Begrenzungslinie der unendlichen Standebene, so wie ein Betrachter sie sehen würde, die Linie, wo in einem unendlichen Raum Fußboden und Decke zusammenstoßen, wo sich Himmel und Erde treffen[7].

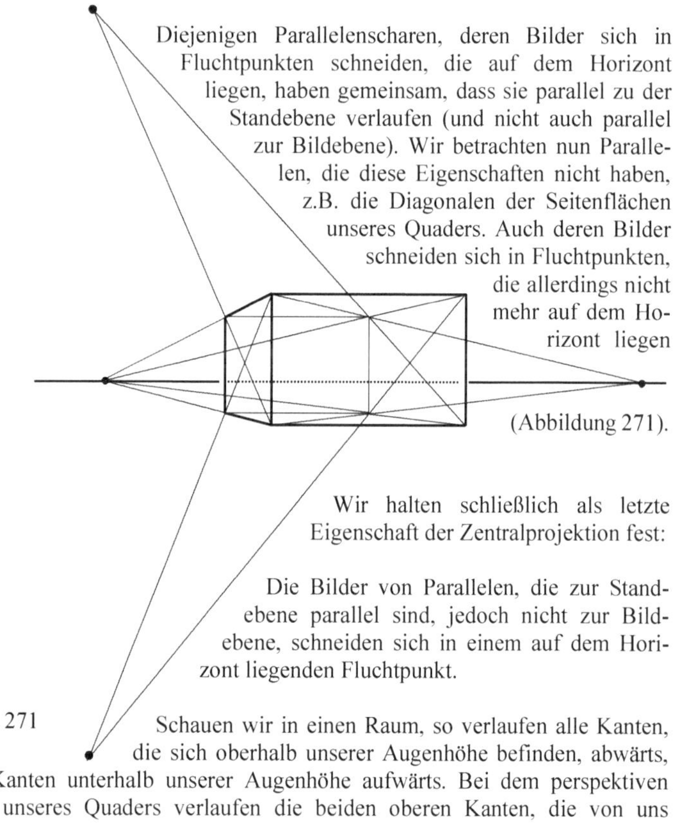

Diejenigen Parallelenscharen, deren Bilder sich in Fluchtpunkten schneiden, die auf dem Horizont liegen, haben gemeinsam, dass sie parallel zu der Standebene verlaufen (und nicht auch parallel zur Bildebene). Wir betrachten nun Parallelen, die diese Eigenschaften nicht haben, z.B. die Diagonalen der Seitenflächen unseres Quaders. Auch deren Bilder schneiden sich in Fluchtpunkten, die allerdings nicht mehr auf dem Horizont liegen

(Abbildung 271).

Wir halten schließlich als letzte Eigenschaft der Zentralprojektion fest:

Die Bilder von Parallelen, die zur Standebene parallel sind, jedoch nicht zur Bildebene, schneiden sich in einem auf dem Horizont liegenden Fluchtpunkt.

Abb. 271

Schauen wir in einen Raum, so verlaufen alle Kanten, die sich oberhalb unserer Augenhöhe befinden, abwärts, die Kanten unterhalb unserer Augenhöhe aufwärts. Bei dem perspektiven Bild unseres Quaders verlaufen die beiden oberen Kanten, die von uns

---

[7] Auch wenn wir auf der Erde nicht auf einer Ebene, sondern auf einer „Kugel"oberfläche leben und der Horizont, so wie wir ihn z.B. bei einem Blick über das Meer sehen, keine Gerade sondern gekrümmt ist, hilft Ihnen diese Vorstellung vielleicht doch, diesen Sachverhalt zu verstehen.

wegstreben, ebenfalls abwärts, die beiden unteren aufwärts. Wir sehen den Quader also nicht von oben oder von unten, wir sehen gewissermaßen in ihn hinein. Unser Auge befindet sich in Höhe des Horizontes.

Wir haben in Kapitel 7.3 gesehen, wie man aus dem Grund- und dem Seitenriss eines Körpers bei Kenntnis der Projektionsrichtung das Schrägbild des Körpers konstruiert. Jetzt soll analog aus Grund- und Seitenriss und der Kenntnis des Projektionszentrums das zentralperspektive Bild des Körpers konstruiert werden. Wir gehen von den gleichen Ausgangsbedingungen wie in Abbildung 268 aus. Statt der Projektionsrichtung ist jetzt ein Projektionszentrum gegeben (Abbildung 272). Es ist so gewählt, dass wir von dem Quader jeweils eine Kante und zwei Seitenflächen sehen und sich unsere Augenhöhe etwas unterhalb der Mitte des Quaders befindet.

Durch das Zentrum projizieren wir in beiden Rissen die Ecken des Quaders auf die Achsen. Von dort geht es dann senkrecht zu den Achsen weiter. Dort wo sich entsprechende Ortslinien schneiden, finden wir die zentralprojektiven Bilder der Quaderecken, die wir passend miteinander verbinden. Für diese Art der Konstruktion benötigen wir keine Fluchtpunkte. Verlängert man nach Fertigstellung des Quaderbildes die in Fluchtpunkten zusammenlaufenden Kanten, so stößt man auf zwei Fluchtpunkte auf dem Horizont durch das Projektionszentrum im Seitenriss. Fällt man von diesen Fluchtpunkten das Lot auf die y-Achse und verbindet die Lotfußpunkte mit dem Projektionszentrum im Grundriss, so stellt man fest, dass diese Strecken parallel zu den Quaderkanten im Grundriss verlaufen und, da der Quadergrundriss ein Rechteck ist, im rechten Winkel zueinander stehen.

Wir hätten unsere Konstruktion des perspektiven Bildes unseres Quaders also auch folgendermaßen durchführen können: Durch das Zentrum im Grundriss zeichnen wir die Parallelen zu den Quaderkanten. An ihren Schnittpunkten mit der y-Achse errichten wir die Senkrechten, die den Horizont (Parallele zur y-Achse durch das Projektionszentrum im Seitenriss) in den beiden Fluchtpunkten schneiden. Wie oben ermitteln wir durch Projektion in Grund- und Seitenriss das Bild der uns zugewandten Quaderkante, deren Endpunkte wir mit den Fluchtpunkten verbinden. Dann projizieren wir noch die linke und die rechte untere Ecke des Quaders im Grundriss auf die y-Achse. Errichten wir dort die Senkrechten, so schneiden diese die Verbindungslinien mit den Fluchtpunkten in zwei weiteren Quaderecken. Durch diese beiden Punkte, die Kante und die Fluchtpunkte, ergeben sich alle anderen Quaderkanten zwangsläufig. Sie sollten dies unbedingt selbst zeichnerisch nachvollziehen.

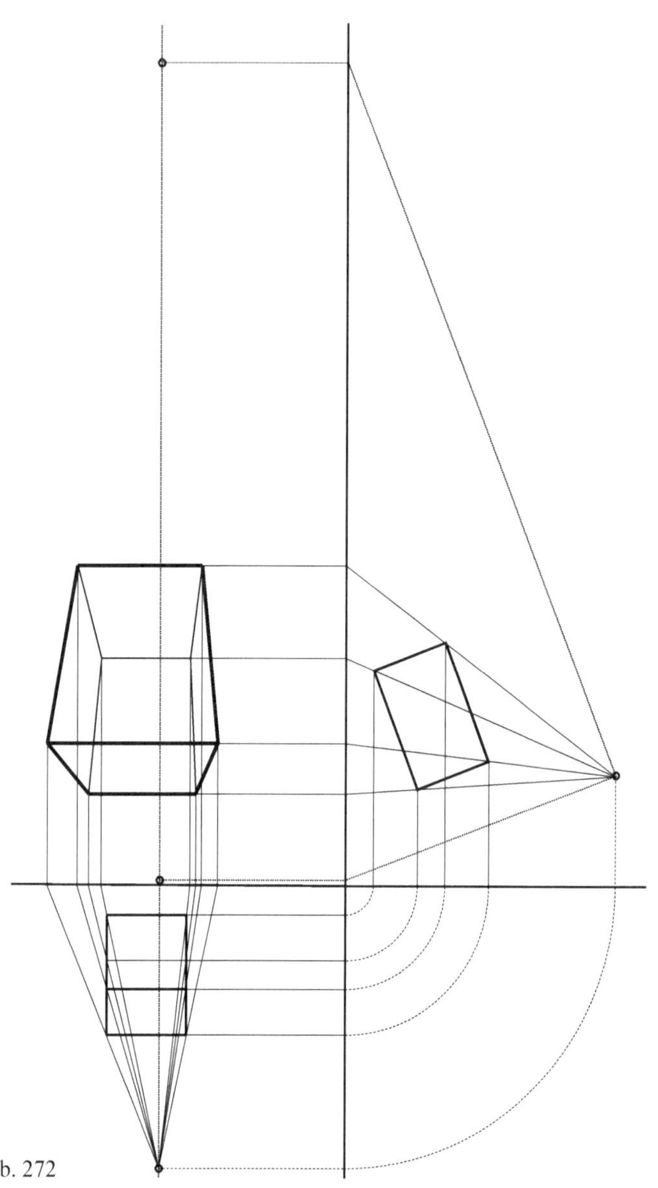

Abb. 272

Zum Schluss dieses Kapitels wollen wir uns noch anschauen, wie man perspektive Bilder als „Faustskizze" anfertigt. Es handelt sich nicht um eine genaue Konstruktion, da wir manche Maße nach Augenmaß schätzen werden. Trotzdem soll die Zeichnung nicht „willkürlicher" sein als nötig. Als darzustellendes Objekt wählen wir das uns bekannte Würfelgebäude, dessen Schrägbild und Bauplan Sie in Abbildung 273 sehen.

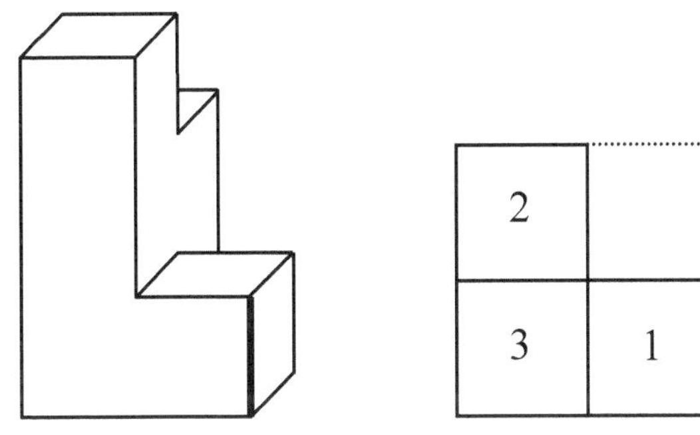

Abb. 273

Als erstes zeichnen wir den Horizont und legen auf diesem zwei Fluchtpunkte fest. Dann bestimmen wir, von welcher Seite wir das Gebäude zeichnen wollen. Die in Abbildung 273 fett gezeichnete Linie soll uns zugewandt sein. Wir stellen uns vor, dass die Bildebene durch diese Kante verläuft, wir zeichnen sie also in wahrer Größe (2 cm) senkrecht zum Horizont (Abbildung 274). So weit, wie wir sie unter dem Horizont platziert haben, bedeutet es, dass sich unsere Augen auf Höhe des dritten Würfels im Dreierwürfelturm befinden.

Abb. 274

Wir wissen, dass die unteren Gebäudekanten in die Fluchtpunkte laufen. Sie erscheinen uns verkürzt. Bei einer Faustskizze legen wir das Maß für die beiden unteren Kanten des Einerwürfels vorne nach Augenmaß fest. In diesen geschätzten Punkten zeichnen wir die Senkrechten zum Horizont bis zu den Fluchtgeraden durch die obere Ecke der Würfelkante (Abbildung 275). Es ergeben sich zwei Würfelecken, die wir mit den entsprechenden Fluchtpunkten verbinden.

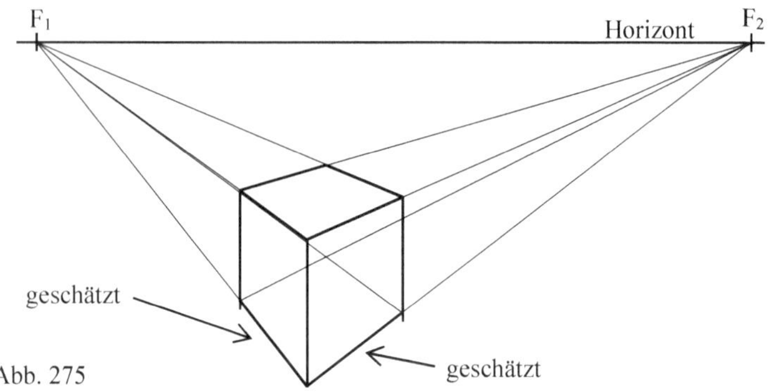

Abb. 275

Die untere Kante des Dreierwürfelturms brauchen wir nicht zu schätzen. Wir stellen uns vor, auf dem Einerwürfel stünde noch ein Würfel. Dessen vordere Kante würde in wahrer Größe abgebildet. Die Seitendiagonale dieses oberen Würfels und die des unteren Würfels aus dem Dreierturm bilden eine Linie.

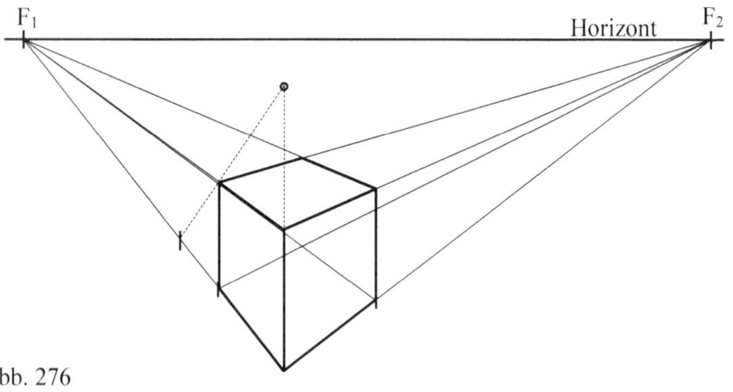

Abb. 276

In Abbildung 276 wurde auf diese Weise die hintere untere Ecke des Dreierwürfelturms konstruiert. Uns fehlt noch seine Höhe, die ja auch verkürzt erscheint. Wenn der Dreierwürfel vorne stünde, würde seine Höhe in wahrer
Größe abgebildet. Wir konstruieren uns dort einen Hilfspunkt, den wir mit F_1
verbinden. Senkrechte zum Horizont bis zu dieser Hilfslinie liefern uns zwei
Kanten des Dreierwürfelturms (Abbildung 277), deren Endpunkte wir oben
noch verbinden.

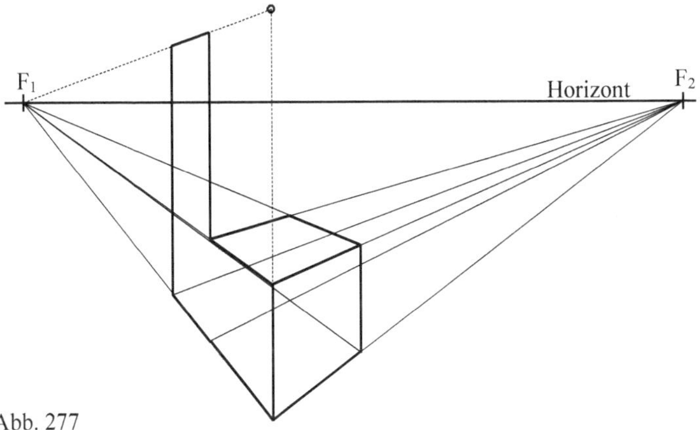

Abb. 277

Die Standfläche des Zweierwürfelturms ergibt sich zwangsläufig, z.B. als
Verlängerung der Diagonale der Einerwürfelstandfläche (Abbildung 278).

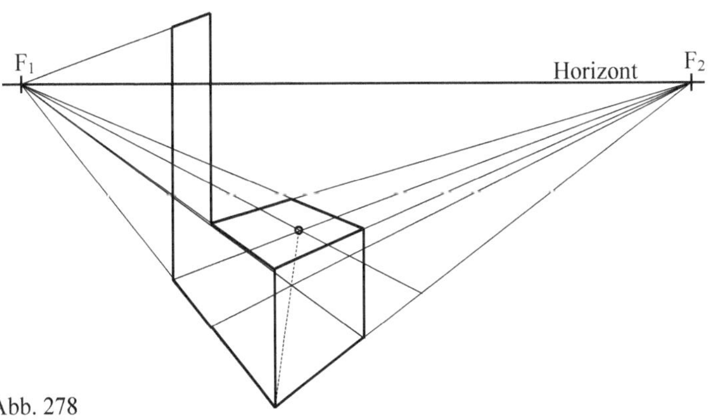

Abb. 278

Die Höhe des Zweierwürfelturms ermitteln wir über eine Hilfslinie durch den Mittelpunkt der den Einerwürfel überragenden Kante des Dreierwürfelturms (Abbildung 279). Nun können wir unsere Zeichnung vervollständigen.

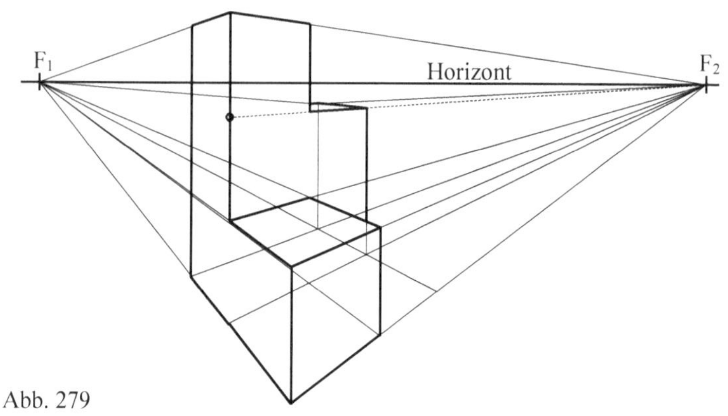

Abb. 279

Übung: 1.a) Stellen Sie das als Bauplan gegebene Würfelgebäude axonometrisch dar. Wählen Sie eines der vorgegebenen Koordinatensysteme so aus, dass eine Abbildung in Militärprojektion entsteht. Das Gebäude soll dabei in der xy-Ebene stehen. Begründen Sie Ihre Wahl und beschreiben Sie die charakteristischen Merkmale dieser Abbildungsform.

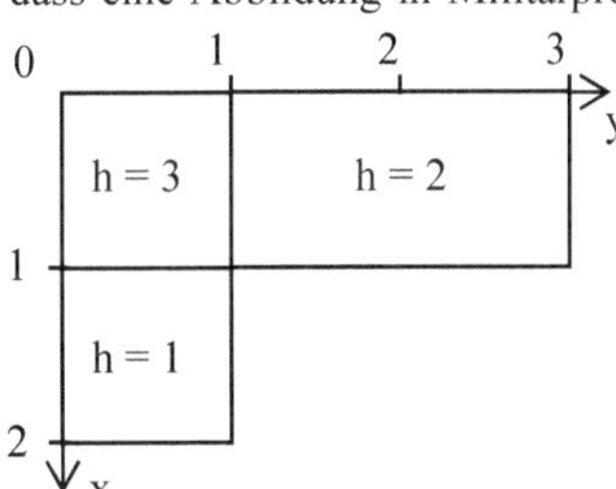

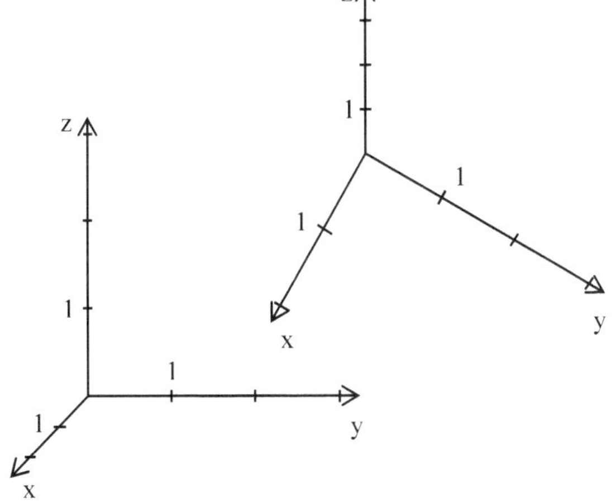

b) Zeichnen Sie zu dem Würfelgebäude aus (a) Grund-, Auf- und Seitenriss. Das Gebäude soll dabei seine Lage zur x- und y-Achse beibehalten und 1 cm über der xy-Ebene schweben.

2) Vervollständigen Sie die unten begonnene Zeichnung eines Satteldachhauses, bei dem das Dachgeschoss dieselbe Höhe wie das Erdgeschoss hat und der First mittig über der Grundfläche verläuft. Die gegebene senkrechte Kante ist die

Höhe des Erdgeschosses in wahrer Größe. Erläutern Sie Ihr
Vorgehen.

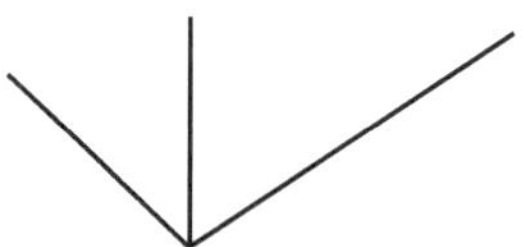

3)   Gegeben ist ein Körper (Grundfläche 4 cm x 6 cm) in
     Dreitafelprojektion.

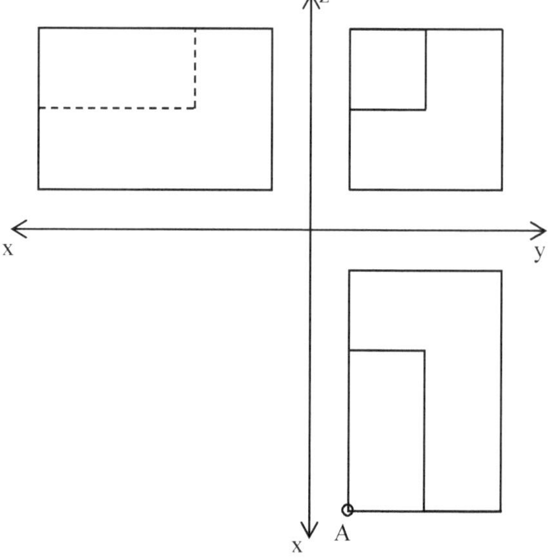

a) Zeichnen Sie den Körper in der Kavalierprojektion mit
   w(α) = 135°, q = 1:2. Der Körper soll so in das Koordinatensystem eingezeichnet werden, wie er in der Dreitafelprojektion liegt.

b) Zeichnen Sie den Körper in der Zentralperspektive. Die Ecke A soll dem Betrachter zugewandt sein. Ansonsten haben Sie die freie Wahl aller notwendigen Parameter.

4) Das rechts abgebildete Würfelgebäude aus sechs Würfeln der Kantenlänge 2 cm soll in Zentralperspektive dargestellt werden. Vervollständigen Sie die unten begonnene Darstellung. Die vertikale Kante bei P soll in wahrer Größe erscheinen.

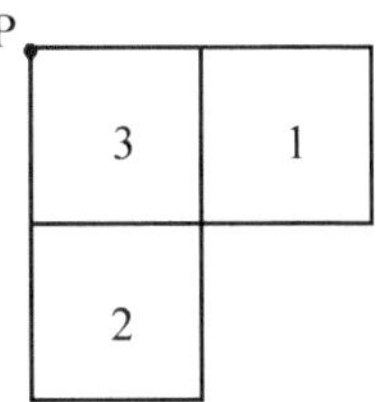

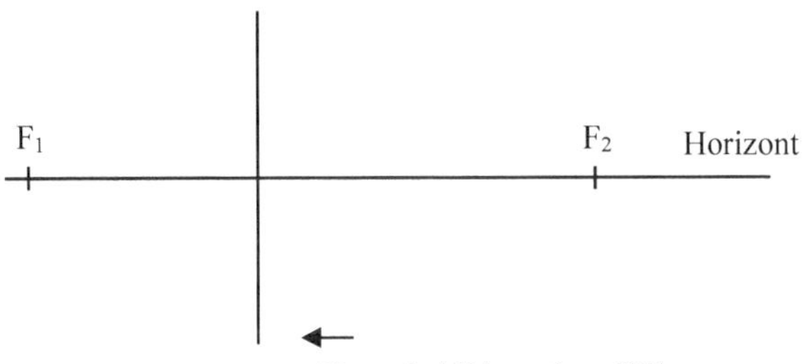

Kante bei P in wahrer Höhe

5) Mit Hilfe der folgenden Vereinbarungen sind Vorgaben zum Herstellen perspektiver Faustskizzen möglich.

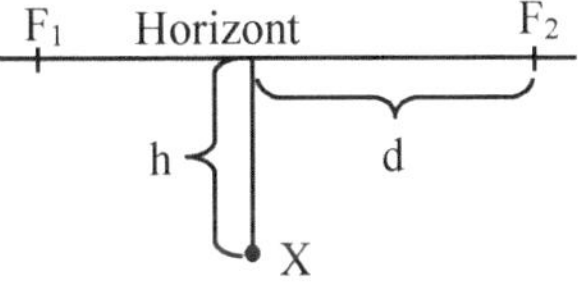

Es seien:

F_1, F_2: Fluchtpunkte auf dem Horizont

X: die dem Betrachter zugewandte Gebäudeecke

h: Abstand der Gebäudeecke X vom Horizont

d: Abstand der Gebäudekante durch X von F_2

Stellen Sie das durch den Bauplan gegebene Würfelgebäude (Würfelkantenlänge 3 cm) gemäß der Vorgaben (a) – (d) perspektiv dar.

Betrachten Sie das Gebäude als massiven Vollkörper. Die Darstellung von Klebekanten und nicht sichtbaren Kanten ist nicht erwünscht. Alle Hilfslinien sollen hingegen dünn eingezeichnet werden.

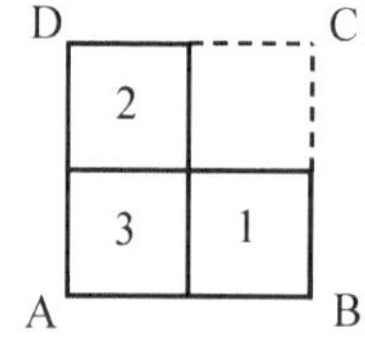

a) $l(\overline{F_1F_2}) = 13$ cm,　　$h = 10$ cm,　　$d = 8$ cm,　　$X = C$

b) $l(\overline{F_1F_2}) = 14$ cm,　　$h = 6$ cm,　　$d = 7$ cm,　　$X = B$

c) $l(\overline{F_1F_2}) = 15$ cm,　　$h = 4{,}5$ cm,　　$d = 5$ cm,　　$X = A$

d) $l(\overline{F_1F_2}) = 15$ cm,　　$h = 0$ cm,　　$d = 9$ cm,　　$X = D$

Lösungen und Hinweise

1 Topologie

Kap. 1.1

1. Ja, ggf. an dem in Abb. 4b eingezeichneten Hamiltonweg orientieren.

Kap. 1.2

1. G_1: schlicht, zusammenhängend, nicht planar, plättbar
   G_2: nicht schlicht, zusammenhängend, planar, plättbar
   G_3: schlicht, zusammenhängend, nicht planar, plättbar
   G_4: nicht schlicht, nicht zusammenhängend, planar, plättbar
   G_5, G_6: schlicht, zusammenhängend, nicht planar, plättbar

   Berücksichtigen Sie beim zweiten Teil der Aufgabe, dass auch die planaren Graphen G_2 und G_4 nach Definition 7 plättbar sind.

2. Zählen Sie einfach aus, wie viele Kanten in einer Ecke zusammenkommen. Achten Sie bei G_4 darauf, dass an der Ecke ganz rechts eine Schlinge sitzt, die Ordnung dieser Ecke also 3 beträgt.

3. Bevor Sie zeitaufwendige Kaliber wie Inzidenztafeln auffahren, notieren Sie zunächst einmal in jedem Graphen die Eckenordnungen und schauen die Graphen „scharf" an:
   G_4 ist als einziger Graph nicht zusammenhängend, kann also zu keinem der anderen Graphen isomorph sein.
   G_3 hat als einziger Graph eine Ecke der Ordnung 1, kann also zu keinem anderen Graphen isomorph sein.
   G_2 hat als einziger Graph Mehrfachkanten, kann also zu keinem der anderen Graphen isomorph sein.
   Bleiben also die Kandidaten G_1, G_2 und G_6.
   G_6 hat vier Ecken der Ordnung 3 und eine Ecke der Ordnung 4. Demgegenüber haben G_1 und G_5 jeweils eine Ecke der Ordnung 2, zwei Ecken der Ordnung 3 und zwei Ecken der Ordnung 4. Also sind G_1 und G_5 Kandidaten für Isomorphie. Hier lohnt es sich, für einen der beiden Graphen eine Inzidenztafel aufzustellen und zu versuchen, den anderen Graphen so zu beschriften, dass er dieselbe Inzidenztafel bekommt.

© Springer Fachmedien Wiesbaden GmbH, ein Teil von Springer Nature 2018
R. Benölken, *Leitfaden Geometrie*, https://doi.org/10.1007/978-3-658-23378-5_8

Kap. 1.3

1. Die Summe aller Eckenordnungen ist doppelt so groß wie die
    Kantenzahl, also $\sum\limits_{E_i \in E} \mathrm{ord}(E_i) = 2 \cdot |K| = 2 \cdot 5 = 10$.

    Zwei Ecken – sagen wir die Ecken E_1 und E_2 – haben die Ordnung 3,
    zusammen also 6.
    Weil nach Satz 2 die Anzahl der Ecken mit ungerader Ordnung stets
    gerade ist, müssen E_3 und E_4 offenbar beide gerade Ordnung oder beide
    ungerade Ordnung haben und zusammen 4 Eckenordnungen „verbrau-
    chen".
    Berücksichtigen Sie beim Zeichnen Ihrer Beispielgraphen aber, dass die
    Aufgabenstellung fordert, dass der Graph nicht schlicht ist.

2. Sie können auf den Vorüberlegungen aus
    Aufgabe (1) aufbauen. Berücksichtigen Sie aber,
    dass Sie keine Schlingen und Mehrfachkanten
    verbauen dürfen. Eine Möglichkeit ist rechts
    angegeben.

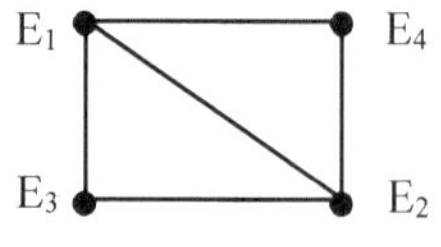

3. Die Aufgabe ist eine unmittelbare Anwendung der in diesem Kapitel
    hergeleiteten Sätze.

4. Na dann bestimmen Sie doch einfach mal die Kantenzahl des V_6, V_7, …
    und überlegen, ob es etwa auch einen $V_{6,7}$ gibt.

5. In der Abb. links eine Kante hinzufügen.
    In der Abb. Mitte zwei Kanten hinzufügen.
    In der Abb. rechts die isolierte Ecke löschen.
    Mit drei Aktionen: Wie oben, nur die isolierte Ecke nicht löschen.

Kap. 1.4

1. G_1 enthält den V_5.
    G_2 enthält den GEW_{3H}.
    G_3 enthält den GEW_{3H}.

2. Der Beweis der Eulerschen Formel wurde in Satz 4 durch vollständige
    Induktion über die Kantenzahl geführt. Im Induktionsschritt ist daher zu
    zeigen, dass wenn die Formel für einen zusammenhängenden planaren

Graphen mit n Kanten gilt, sie auch für einen zusammenhängenden planaren Graphen mit einer Kante mehr gilt (nämlich (n+1) Kanten). Im vorgestellten „Fall 4" wird die Kantenzahl aber um 2 erhöht.

Kap. 1.5

1. Wenn Sie Springreiter(in) sind, wird diese Aufgabe vermutlich überhaupt keine Herausforderung für Sie darstellen. Wenn nicht, dann überlegen Sie, wofür die Punkte und diese Balken der Abbildung stehen könnten. Zeichnen Sie dann einen Graphen und wenden Sie einen der Sätze (mit Nummer ≥ 4) des Kapitels 1 zur Lösung an.

2. Ohje, so einen Weg gibt es für Normalverdiener nicht.
   Wenn die beiden allerdings über hinreichende Mittel verfügen, dann könnten sie sich (nach großzügig bezahltem Eintritt!) mit einem Helikopter zu einer bestimmten Stelle des Parks fliegen lassen und sich von einer bestimmten Stelle des Parks wieder ausfliegen lassen.
   Wenn Sie die Aufgabe 2 unbedingt im Jetset-Umfeld ansiedeln möchten und Ihnen die Lärmbelästigung der Tiere gleichgültig ist, dann geben Sie den Anflugs- und Abflugsort an.

3. Ja, das ist möglich. Beginnen Sie etwa mit ((E, B), (B, A), ...)

4. a) Nicht unikursal. (Satz 8)
   b) Alle Diagonalen in den Untergeschossen löschen.
       Die mittlere untere Ecke löschen.
       Die untersten beiden äußeren Ecken durch eine Kante verbinden.
       Im neuen großen Erdgeschoßrechteck die beiden Diagonalen einzeichnen.
       Hoffen wir mal, dass das Christkind nicht auch noch anbauen will.

5. Der arme Mann kommt erst 5 vor 12 nach Hause.

6. Alle V_n mit ungeradem n und der V_2.
   Beim vollständigen Graphen V_n , n > 1, ist jede der n Ecken mit (n − 1) anderen Ecken durch genau eine Kante verbunden. Die Ordnung aller Ecken beträgt also (n − 1).

Wenn n nun eine ungerade Zahl ist, dann ist $(n - 1)$ eine gerade Zahl. V_n ist also geschlossen unikursal, wenn n ungerade ist. Für $n = 2$ haben wir zwei Ecken der Ordnung 1. In diesem Fall ist V_n (offen) unikursal, aber nicht geschlossen unikursal.

7. Also probieren Sie doch erst einmal:
Zeichnen Sie etwa die Versorgungsgraphen GEW_{1H} bis GEW_{6H}.
Welche dieser Versorgungsgraphen sind unikursal?
Warum ist der GEW_{8H}, den Sie nicht mehr gezeichnet haben, nicht unikursal?
Und jetzt verlassen Sie das Probieren endgültig und begründen allgemein.

8. Die Abbildung zeigt einen von vielen möglichen Grundrissen.
Der geforderte Maßstab (1:50) ist nicht berücksichtigt.

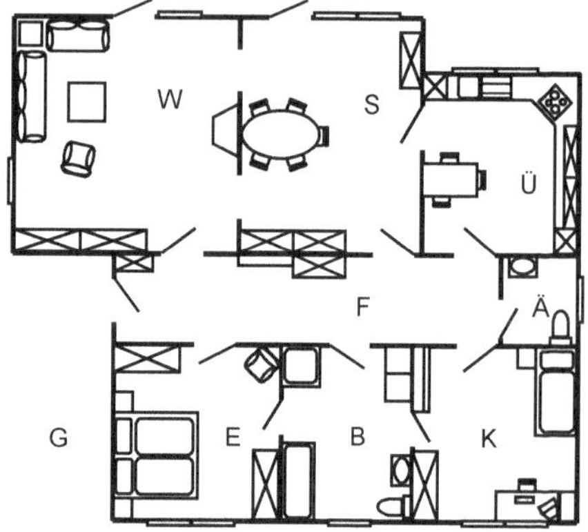

Kap. 1.6

1. Zeichnen Sie in jeder Fläche eine neue Ecke aus. Wenn zwei Flächen eine gemeinsame (Rand-) Kante haben, dann verbinden Sie die neu ausgezeichneten Ecken durch eine neue Kante, die über die gemeinsame (Rand-) Kante führt.

2. 3, 2, 3 Farben

3. Zum Beispiel:

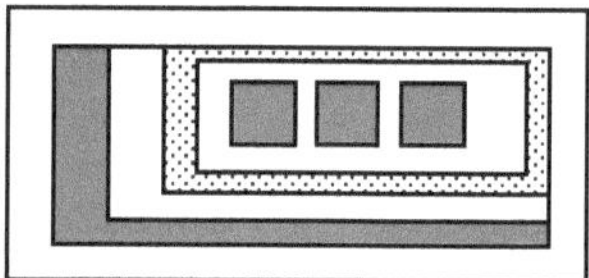

4. Landkarten mit fünf Ländern:

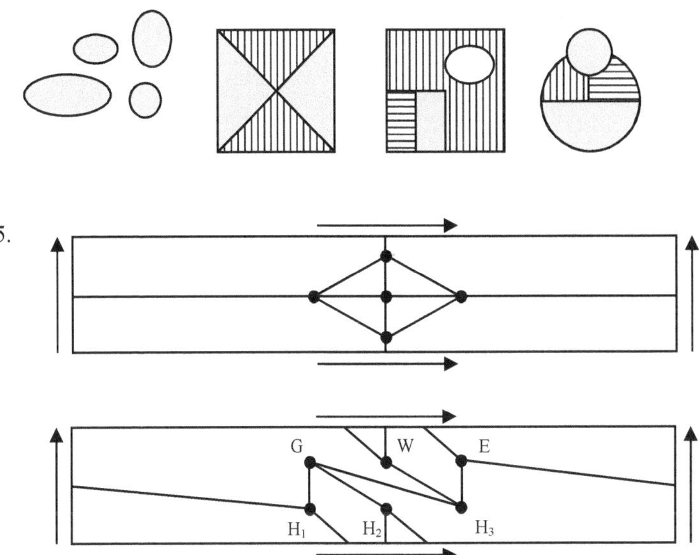

5.

Wenn Sie sich beim Lösen der Aufgabe noch immer schwertun oder
wenn Sie mit den Abbildungen oben so gar nichts anfangen können,
dann bearbeiten Sie zunächst die Aufgabe (10).

6. a)

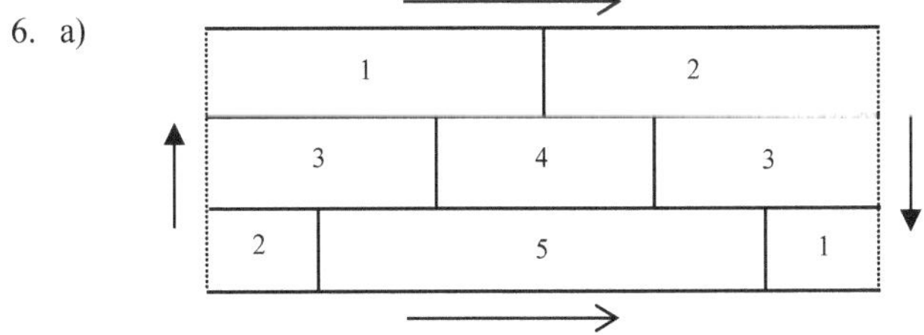

b)

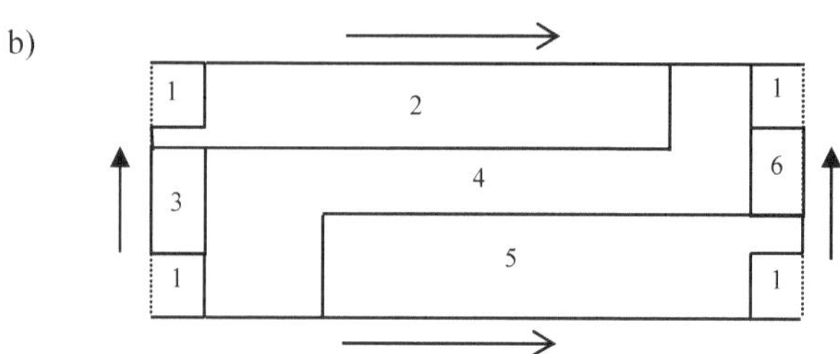

7. Denken Sie an Satz 12.

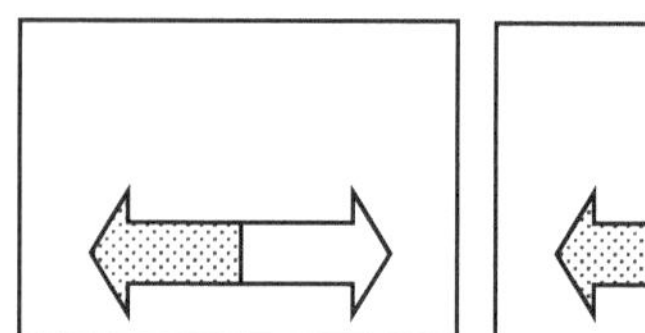 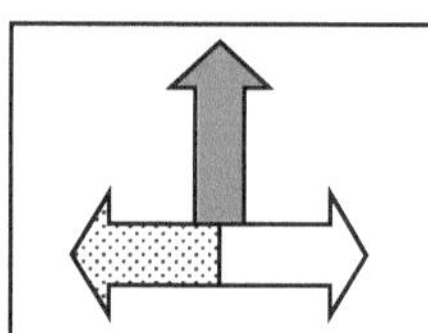

8. Denken Sie an Satz 12.

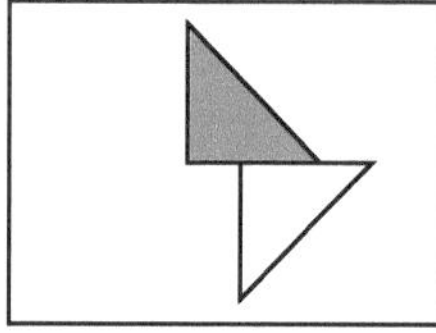 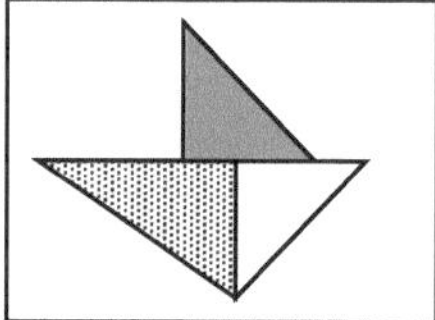

9. Für einen Graphen mit $k = 0$ Kanten liegt die Gültigkeit der Behauptung auf der Hand: 0 Kanten erzeugen keine Eckenordnungen (Def. 8), also ist die Summe aller Eckenordnungen $0 = 2 \cdot 0$, also doppelt so groß wie die Kantenzahl.

I.A.:

z.z.: In einem Graphen mit 1 Kante gilt: $\sum_{E_i \in E} \text{ord}(E_i) = 2$

Nach der Definition „Graph" ...

...

I.S.:

z.z.: Wenn für einen Graphen mit $k = n$ Kanten $\sum_{E_i \in E} \text{ord}(E_i) = 2 \cdot n$ gilt, dann gilt für einen Graphen mit k = n+1 Kanten $\sum\limits_{E_i \in E} \mathrm{ord}(E_i) = 2 \cdot (n+1)$.

Wir betrachten einen Graphen mit k = n Kanten.
Für diesen Graphen gilt nach Induktionsvoraussetzung ...
...

10) All diejenigen, die beim Lösen der Aufgabe (5) von Problemen gequält sind und nicht den Schwimmreif ihrer jüngeren Schwester an einer Stelle durchschneiden möchten[1], ihn zu einer „Wurst" in die Länge ziehen möchten, um ihn dann der Länge nach aufzuschlitzen und anschließend zu probieren, ob man den V_5 oder den GEW_{3H} planar auf diesem Kunststoffrest darstellen kann, benutzen das Schnittmuster, um einen Torus sehr grob angenähert darzustellen.
Natürlich gelingt die Annäherung an einen Torus besser, wenn man statt der abgebildeten fünf Segmente etwa 6, 7, 8, ... 30 Segmente benutzt. Allerdings wird dann das Verhältnis zwischen Leistung und Aufwand immer schlechter.

2 Polyeder

Kap. 2.1

1. Wenn Sie hier nachlesen, haben Sie Schwierigkeiten beim Herstellen des Netzes eines Rhombendodekaeders mit der Rautenkantenlänge 6 cm.
Zwei Schwierigkeitsbereiche können unterschieden werden:
(1) Herstellen der Rauten und
(2) Herstellen des Netzes.

(1) Zum Herstellen der Rauten:

Natürlich lassen sich unendlich viele verschiedene Rauten mit einer Kantenlänge von 6 cm herstellen. In Kapitel 2.1 haben Sie aber erfahren, dass für den Bau eines Rhombendodekaeders nur solche Rauten in Frage kommen, deren Diagonalen d_1 und d_2 (d_1 ist die längere, d_2 die

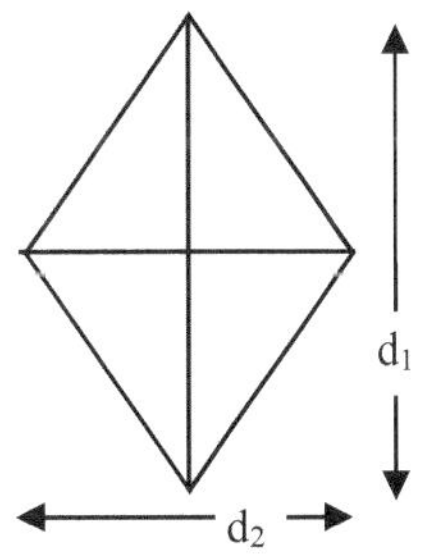

---

[1]   Der daraus resultierende Erkenntnisgewinn ließe sich ja locker mit einem Überraschungsei ausgleichen.

kürzere Diagonale) sich im Verhältnis $1 : \sqrt{2}$ verhalten, also:

$$\frac{d_2}{d_1} = \frac{1}{\sqrt{2}}$$

$$\Rightarrow d_2 \cdot \sqrt{2} = d_1$$

$$\Rightarrow \frac{d_2 \sqrt{2}}{2} = \frac{d_1}{2}$$

Außerdem stehen in Rauten die Diagonalen senkrecht aufeinander. Beschriften Sie also alle „Stücke" in der Skizze oben, tragen bekannte Winkelmaße ein und denken dabei immer an Herrn Pythagoras (s. Kapitel 6).

(2) Zum Herstellen des Netzes:

Beim Herstellen des Netzes, also bei der Anordnung der Rauten zueinander, greifen Sie auf das von Ihnen in Kapitel 2.1 gebastelte Rhombendodekaedermodell zurück. Betrachten Sie es genau: Es gibt Körperecken, in denen drei Rauten zusammenkommen und Körperecken, in denen vier Rauten zusammenkommen. Diese „Zusammenkünfte" muss Ihr Netz ermöglichen.
Übrigens: Grundschüler der Klasse 3 stellen Netze von Pyramiden oder Hexaedern, die immerhin halb so viele Flächen wie das Rhombendodekaeder haben, her, indem sie den fertigen Körper auf die Zeichenfläche setzen und dann abwickeln. Dabei umfahren sie die Kontaktfläche immer mit einem spitzen Bleistift. Manchmal lackieren sie die Körperflächen auch mit unterschiedlichen Wasserfarben und wickeln dann schnell ab. Dabei achten sie natürlich darauf, dass jede Körperfläche nur (genau) einmal auf die Zeichenfläche abgepaust wird. Gar nicht mal uncool – oder?

Vergessen Sie bei all dem nicht zu überlegen, an welchen Stellen Sie Klebelaschen einfügen müssen.

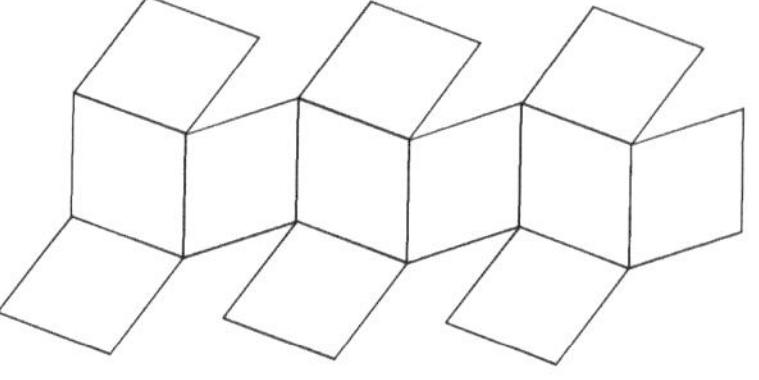

2. a) Die beiden Dreiecke, aus denen sich die rautenförmigen Seiten des Rhombendodekaeders zusammensetzen, liegen in einer Ebene, da die

aufgesetzten Pyramiden halb so hoch sind wie die Würfelkante lang ist. Dies lässt sich mit der Aufrisszeichnung unten gut begründen:

ΔABC und ΔEAF sind rechtwinklig gleichschenklig mit den rechten Winkeln bei C bzw. F. Also haben die beiden anderen Winkel in jedem der beiden Dreiecke ein Winkelmaß von 45°. In A kommen damit zwei Winkel der Größe 45° und der Innenwinkel des Quadrats ACGF (90°) zusammen und bilden einen gestreckten Winkel. M.a.W.: BE ist eine Gerade.

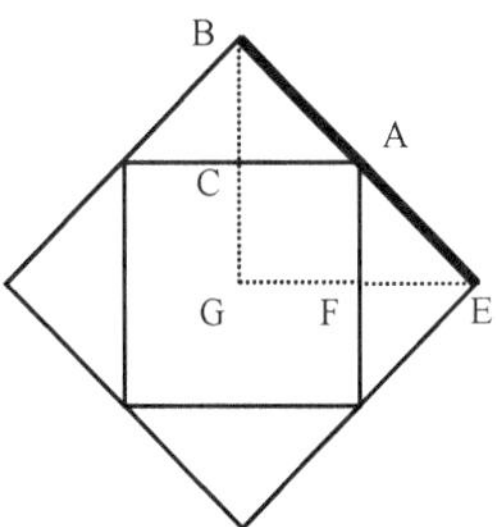

b) Das Volumen des Würfels beträgt b³. Da sich die Pyramidenkette zu einem Würfel der Kantenlänge b zusammenfalten lässt, beträgt auch ihr Volumen b³. Da sich diese Pyramidenkette um den Würfel herum zu einem Rhombendodekaeder falten lässt, beträgt das Volumen des Rhombendodekaeders 2 · b³. Die Volumina von Pyramidenkette und Würfel sind also gleich groß, zusammen bilden sie das Volumen des Rhombendodekaeders.

c) $H = \dfrac{b}{2}$

Die Strecke $\overline{\text{FM}}$ beträgt ebenfalls $\dfrac{b}{2}$.

Da Dreieck ΔFMS rechtwinklig ist, können wir zur Berechnung von h den Satz des Pythagoras anwenden (Kap. 6):

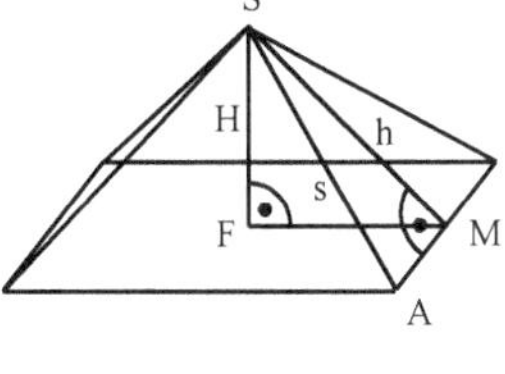

$$h^2 = \left(\frac{b}{2}\right)^2 + \left(\frac{b}{2}\right)^2 = \frac{2b^2}{4} \Rightarrow h = \frac{b}{2}\sqrt{2}$$

Auch die Strecke $\overline{\text{AM}}$ beträgt $\dfrac{b}{2}$.

Dreieck ΔAMS ist ebenfalls rechtwinklig, also folgt mit dem Satz des Pythagoras und Einsetzen für h:

$$s^2 = \left(\frac{b}{2}\right)^2 + \left(\frac{b}{2}\sqrt{2}\right)^2 = \frac{b^2}{4} + \frac{2b^2}{4} = \frac{3b^2}{4} \Rightarrow s = \frac{b}{2}\sqrt{3}$$

d) Für den Flächeninhalt einer Raute gilt: $A_R = \dfrac{d_1 d_2}{2}$ bzw. $4 \cdot \dfrac{d_1 d_2}{2 \cdot 2 \cdot 2}$

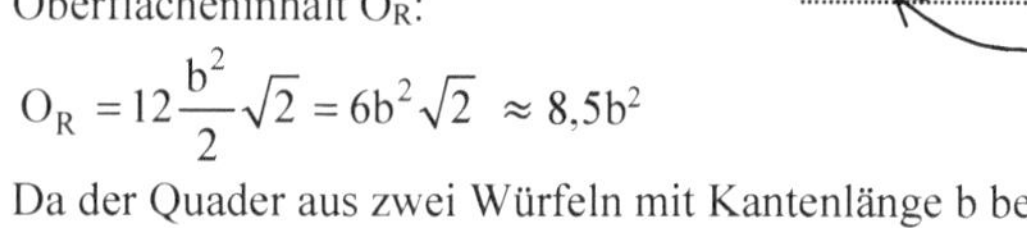

d_2 ist hier gleich b, d_1 ist doppelt so lang wie h. Also gilt:

$$A_R = b \frac{b}{2} \sqrt{2} = \frac{b^2}{2} \sqrt{2}$$

Da das Rhombendodekaeder aus zwölf Rauten besteht, gilt für den Oberflächeninhalt O_R:

$$O_R = 12 \frac{b^2}{2} \sqrt{2} = 6b^2 \sqrt{2} \approx 8{,}5b^2$$

Da der Quader aus zwei Würfeln mit Kantenlänge b besteht, folgt $O_Q = 10\, b^2$ und damit $O_R < O_Q$.

Kap. 2.3

1. Wir empfehlen: Legen Sie sich eine übersichtliche Darstellung für die Anzahlen der Ecken, Kanten und Flächen der platonischen Körper an und betrachten Sie die folgende Abbildung zum Abstumpfen der platonischen Körper.

Die platonischen Körper ...

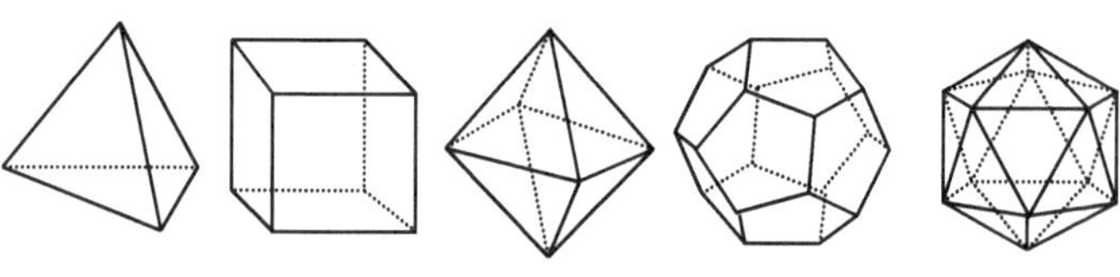

... werden abgestumpft zu:

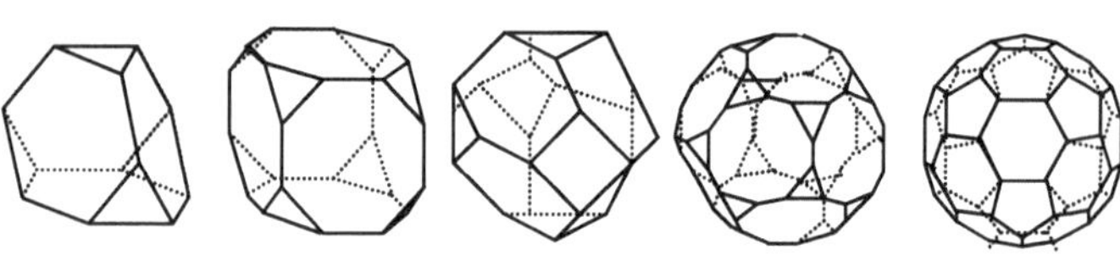

2.

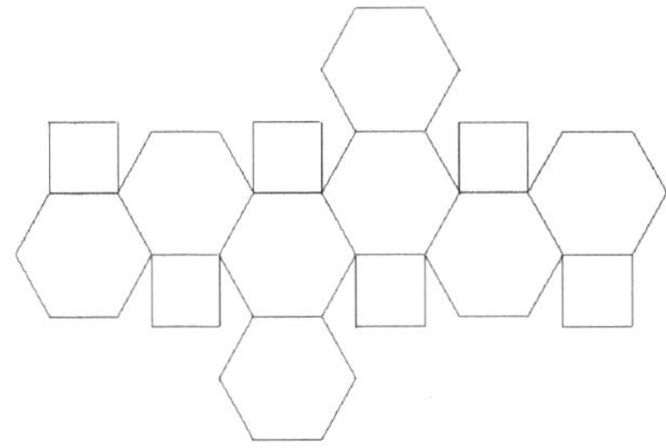

3.a) Das Oktaeder „verschluckt" allmählich das Hexaeder.

Das Hexaeder steckt (dual) im Oktaeder. Beziehungsweise: Die Ecken des Hexaeders berühren die Flächenmittelpunkte des Oktaeders.

3.b) Die Benennung der Neuerungen überlassen wir Ihnen.

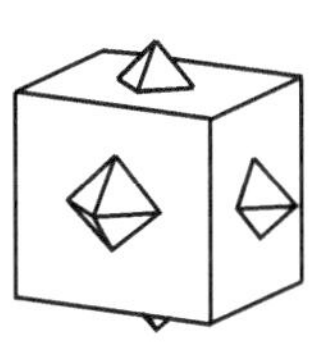

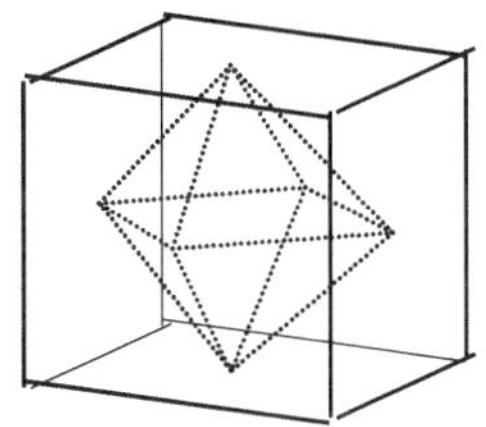

4. Durch Hochfalten des Netzausschnittes in der Vorstellung – und damit durch räumliches Denken – lässt sich schnell ermitteln, dass es sich bei dem gesuchten archimedischen Körper um das abgestumpfte Tetraeder handelt. Der Körper besteht also aus vier Sechsecken und vier Dreiecken. Wir lösen die Aufgabe dennoch einmal ausführlich formal mit Hilfe des Eulerschen Polyedersatzes:

(1) Sei d die Anzahl der Dreiecke, s die Anzahl der Sechsecke, e sei die Anzahl der Ecken des Körpers, k die der Kanten und f die der Flächen.

(2) Bestimmung der Eckenzahl e:

d Dreiecke liefern 3d Ecken, s Sechsecke liefern 6s Ecken, jede Ecke hat die Ordnung 3. Dann gilt: $e = (3d + 6s) : 3$

(3) Bestimmung der Kantenzahl k:

d Dreiecke liefern 3d Kanten, s Sechsecke liefern 6s Kanten, jede Kante gehört zu 2 Flächen. Dann gilt: $k = (3d + 6s) : 2$

(4) Bestimmung der Flächenzahl f:

Weiter gilt für die Flächenzahl: $f = d + s$

(5) Einsetzen in den Eulerschen Polyedersatz $e - k + f = 2$ liefert:

$$\frac{3d + 6s}{3} - \frac{3d + 6s}{2} + d + s = 2$$

$\Leftrightarrow \quad 6d + 12s - 9d - 18s + 6d + 6s = 12$

$\Leftrightarrow \quad 3d = 12$

$\Leftrightarrow \quad d = 4 \qquad\qquad (*)$

(6) Beziehung zwischen s und d:

Jedes Sechseck ist von 3 Dreiecken umgeben; also würde gelten $d = 3s$.
Das ist aber falsch, weil dabei jedes Dreieck dreifach gezählt wird.
Also richtig: $d = 3s : 3$, also $d = s$
Wegen (*) folgt $s = 4$

Der Körper besteht also aus vier Sechsecken und vier Dreiecken. Es handelt sich um das abgestumpfte Tetraeder.

5. Das Vorgehen ist analog zur Lösung der vorangegangenen Übungsaufgaben. Sie müssen zweimal Beziehungen zwischen Anzahlen von n-Ecken aufstellen (Schritt 6).
   12 Zehnecke, 30 Quadrate, 20 Sechsecke; Ikosidodekaederstumpf

6. Beim angegebenen Netzausschnitt darauf achten, mit möglichst wenigen Flächen auszukommen.
   Es gibt Dreiecke, die an die Achtecke angrenzen, und solche, die an die Achtecke anecken.

7. Das Rhombenikosidodekaeder besteht aus 12 Fünfecken, 30 Quadraten und 20 Dreiecken.

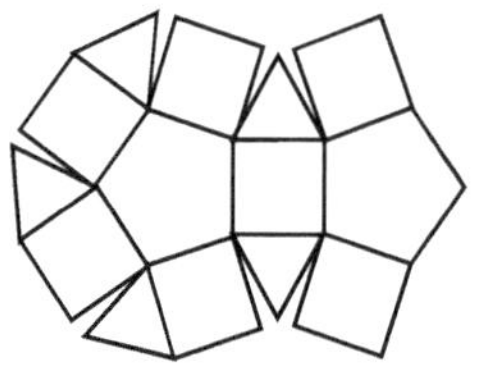

8. Drei Aussagen sind wahr, vier Aussagen sind falsch.

3 Axiomatik

Kap. 3.2

1. a) I 1 – I 3   b) I 2, I 3   c) I 3

2. Parallelen zu BH: BH, AG, CI
    Parallelen zu DI durch A: AF

Kap. 3.3

1. A 2, A 3

2. P 2, P 3, P 4

3. n. e., n. e.

4. a) Sie kommen mit 4 Farben aus, sagen wir mit rot, gelb, silber und pink.

    b) Hier müssten 4 Tripel notiert werden: AI ∥ CH ∥ BG; ...

    c) Zunächst fällt auf, dass sowohl die roten wie auch die gelben, die silbernen und die pinken Geraden für sich genommen jeweils alle Punkte des Neun-Punkte-Modells enthalten.

    Wählen Sie eine beliebige rote[2] Gerade und einen beliebigen Punkt X. Entweder liegt X auf der ausgewählten Geraden, dann ist die ausgewählte Gerade die gesuchte Parallele.

    Oder X liegt nicht auf der ausgewählten Geraden, dann ist diejenige rote Gerade, die durch X geht, die gesuchte Parallele.

    Wählen Sie jetzt eine beliebige gelbe[3] Gerade und wieder einen beliebigen Punkt X. ...

    Fahren Sie so fort[4] und fassen Sie Ihre Ergebnisse anschließend allgemein zusammen.

---

[2] Rot ist immer gut. Im Motorsport steht „rot" für Ferrari und damit für Leistung auf höchstem Niveau.

[3] Gelb steht im Motorsport für Renault, feinste Motorentechnik und zahlreiche Weltmeistertitel.

[4] Passen Sie aber besonders gut bei Ihren pink lackierten Geraden auf!

Kap. 3.4

1. A ⊰ B ⊰ C ∧ A ⊰ C ⊰ D ist gleichbedeutend mit:
      A ⊰ B   (1)
    ∧ B ⊰ C   (2)
    ∧ A ⊰ C   (3)
    ∧ C ⊰ D   (4)
    Von den Eigenschaften der Relation „⊰" Gebrauch machen (O 1).

2. Satz 5 anwenden.

3. Satz 5 anwenden.

Kap. 3.5

1. Scheitelwinkelpaare: $\sphericalangle(b_1,c_3)$ und $\sphericalangle(b_2,c_4)$ sowie drei weitere Paare
    Nebenwinkelpaare: $\sphericalangle(b_1,c_3)$ und $\sphericalangle(c_3,b_2)$ sowie sieben weitere Paare

2. Definitionen „Nebenwinkel" und „gestreckter Winkel" nacheinander
    anwenden.

Kap. 3.6

1. Wenn für drei Punkte A, B, P der Ebene $l(\overline{AB}) = l(\overline{AP}) + l(\overline{PB})$ gilt,
    dann liegt P auf der Strecke $\overline{AB}$. (Umk. LMA 1)

    Wenn für drei Punkte A, B, P der Ebene $l(\overline{AB}) < l(\overline{AP}) + l(\overline{PB})$ gilt,
    dann liegt P nicht auf der Strecke $\overline{AB}$. (Umk. LMA 2)

2. Seien M_1, M_2 zwei Mittelpunkte der Strecke $\overline{AB}$.

    Dann gilt: $M_1 \in \overline{M_2B}$ ∨ $M_1 \in \overline{AM_2}$

    Wenn $M_1 \in \overline{M_2B}$, dann gilt wegen LMA 1:

    $$l(\overline{M_1M_2}) + l(\overline{M_1B}) = l(\overline{M_2B}) \qquad (1)$$

Wegen $l(\overline{M_1B}) = \dfrac{1}{2}l(\overline{AB})$ (2)

und $l(\overline{M_2B}) = \dfrac{1}{2}l(\overline{AB})$ (3)

folgt: $l(\overline{M_1M_2}) + \dfrac{1}{2}l(\overline{AB}) = \dfrac{1}{2}l(\overline{AB})$ / (2), (3) in (1)

also: $l(\overline{M_1M_2}) = 0$ und damit $M_1 = M_2$

($M_1 \in \overline{AM_2}$ zeigt man analog.)

3. Längenmaßaxiom LMA 2 anwenden.

4. Dann gibt es nach Definition 13 auf a, b Halbgeraden a_1, b_1 mit Anfangspunkt S, wobei $\{S\} = a \cap b$, so dass $w(a_1,b_1) = 90°$. ...

5. Angenommen, es gäbe zwei Lotgeraden l und k zu g durch P mit $l \perp g \wedge k \perp g$. Wegen der Definitionen 13 und 14 gibt es dann auf g, l und k Halbgeraden g_1, l_1, k_1 mit Anfangspunkt P, so dass $w(g_1,l_1) = 90° \wedge w(g_1,k_1) = 90°$. Nach WMA 4 ist l_1 aber eindeutig bestimmt.

6. Definition 11 und Satz 7 anwenden.

4 Abbildungen

Kap. 4.1

1. Die Rosette im Hasenfenster kann man um 0°, 120° und 240° drehen. Die Drehung um 0° werden wir später als identische Abbildung bezeichnen. Die Geradenspiegelung an der horizontalen Mittellinie bildet das Tadsch Mahal auf sich selbst ab. Die Geradenspiegelung an der vertikalen Mittellinie des Fotos bildet die Bäume nicht exakt aufeinander ab. Ähnlich wie beim Hasenfenster liefert natürlich auch wieder eine Nulldrehung das Gewünschte.

2. Zwei Drehsymmetrien: Eine um 120° und eine um 240°.
   Drei Achsensymmetrien: Symmetrieachse ist jeweils die Gerade durch die Sternzacken.

Jeder einzelne Hase des Hasenfensters ist für sich genommen nicht achsensymmetrisch, wohl aber die einzelnen Zacken des Mercedessterns. Dadurch gewinnt der Mercedesstern gegenüber dem Hasenfenster drei Achsensymmetrien hinzu.

Natürlich bildet auch eine Drehung um 0° um die jeweiligen Mittelpunkte Stern und Hasenrosette auf sich selbst ab. Hier spricht man aber nicht von einer Drehsymmetrie – dann wäre ja jede Figur drehsymmetrisch.

3. Abb. 69a: zwei verschiedene Typen von Vertikalen, eine durch einen „Knochen", eine durch den Zwischenraum zweier „Knochen"

    Abb. 69b: zwei verschiedene Typen vertikaler, zwei verschiedene Typen horizontaler Achsen

    Abb. 70: vier Achsen

    Abb. 71: vier Achsen, 12 Achsen

4. jeweils eine Möglichkeit für Abb. 69a  bzw. 69b 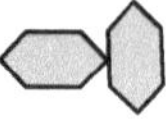

5. In jeder der Abbildungen bildet jede Drehung um jeden beliebigen Punkt der Ebene um 0° die Figur auf sich selbst ab, das ist trivial. Darüber hinaus gilt:

    Abb. 69a: Drehungen um M_1 bzw. M_2 um jeweils 180°

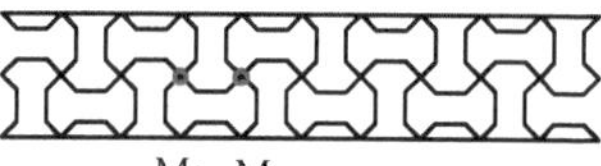

    Abb. 69b: Drehungen um die eingezeichneten Drehpunkte um jeweils 180°.

    Betrachten Sie das Mosaik in alle Richtungen weiter fortgesetzt.

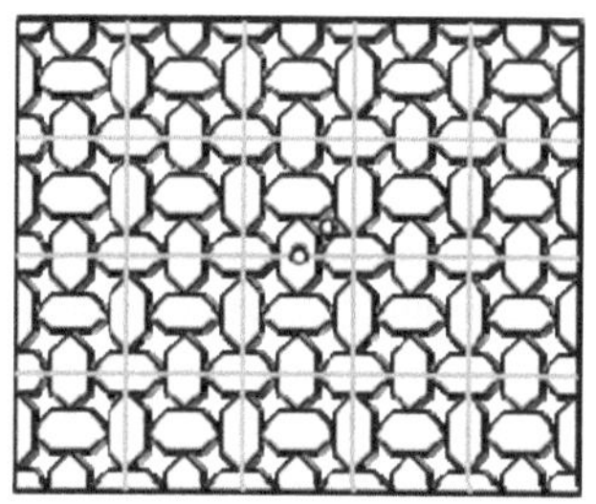

    Abb. 71: Kathedrale Lausanne: Drehung um den Kreismittelpunkt um 90°, 180° oder 270°

> Kathedrale Notre Dame: Insgesamt 24 Drehungen um den
> Kreismittelpunkt um 15°, 30°, 45°, ... , 345°

6. Alle Längenverhältnisse und Winkelgrößen.

7. Bei allen Dreiecken ist die Grundseite gleich lang.

   Bei allen Dreiecken ist die Höhe gleich lang.

   In der Folge haben alle Dreiecke den gleichen Flächeninhalt.

8.

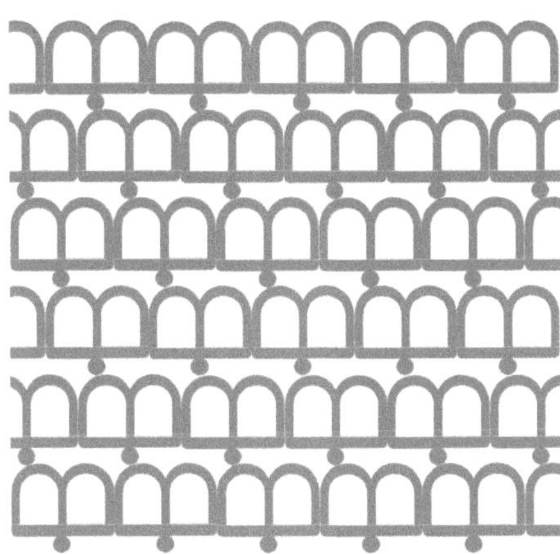

Kap. 4.2.1

1. Wenn Sie die Drehungen (noch) nicht in der Vorstellung bestimmen
   können, dann wechseln Sie auf die enaktive Ebene (Handlungsebene).
   Kopieren Sie die jeweilige Figur auf eine Folie und bestimmen
   Drehpunkt und Drehmaß der gesuchten Drehungen durch *Bewegen* der
   Folienkopie. Denken Sie auch an die Nulldrehung (identische
   Abbildung).

2. Wenn Sie die gesuchten Geradenspiegelungen (noch) nicht in der
   Vorstellung ermitteln können, dann wechseln Sie auf die enaktive Ebene.
   Kopieren Sie die jeweilige Figur auf eine Folie und überprüfen Sie eine
   vermutete Geradenspiegelung durch Umwenden der Folie an der Achse
   der vermuteten Geradenspiegelung.

3. Hier werden Sie etwa bei den Firmenzeichen der Automobilhersteller fündig: VW, Audi, Mercedes-Benz, Alfa Romeo, Mitsubishi, Renault ,... Beachten Sie, dass jedes beliebige Firmenzeichen wenigstens durch die Nulldrehung (alias Nullverschiebung bzw. identische Abbildung) auf sich selbst abgebildet wird.

4. Figur 1: Zwei Typen von Geradenspiegelungen, Verschiebungen.
   Figur 2: Zwei Typen von Geradenspiegelungen, Verschiebungen.
   Figur 3: Verschiebungen, Gleitspiegelungen.

5.

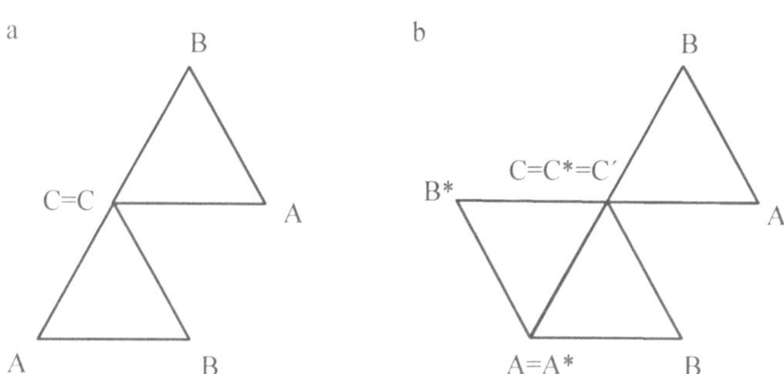

Sowohl die Drehung $D_{C,120°}$ wie auch die Nacheinanderausführung der beiden Geradenspiegelungen $S_{CB}\circ S_{CA}$ bilden das Dreieck $\triangle ABC$ auf das Dreieck $\triangle A'B'C'$ ab.

6.

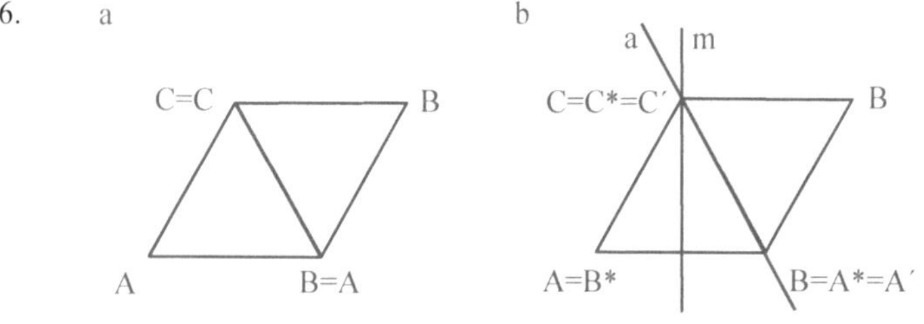

Sei m die Mittelsenkrechte zu $\overline{AB}$ und sei $a = BC$.
Dann wird Dreieck $\triangle ABC$ sowohl durch $D_{C,60°}$ wie auch durch $S_a\circ S_m$ auf $\triangle A'B'C'$ abgebildet.

Kap. 4.2.2

1. Die Gerade h mit h‖A_1B_1 und D∈h zeichnen.
   Die Gerade i zeichnen, für die gilt: D∈i und w(h,i) = 144°. (Anwendung von Satz 4)

2. $G_{g;\overrightarrow{A_4A_3}}$ bildet $\Delta A_1B_1C_1$ auf $\Delta A_3B_3C_3$ ab.

   Wegen Definition 7 gilt $G_{g;\overrightarrow{A_4A_3}} = S_g \circ V_{\overrightarrow{A_4A_3}}$. Wegen Satz 3 kann $V_{\overrightarrow{A_4A_3}}$ nun durch zwei Spiegelungen an den Geraden e und f ersetzt werden, die beide senkrecht auf A_4A_3 stehen und deren Abstand halb so groß wie $l(\overline{A_4A_3})$ ist. Aus den unendlich vielen denkbaren Paaren der Geraden e und f wähle man das Paar aus, bei dem e durch A_1 geht.

3.a) *Finden der Abbildung:* Der Umlaufsinn ändert sich nicht, also Drehung oder Verschiebung. Die Geraden AA', BB' sind nicht parallel zueinander bzw. die Mittelsenkrechten $m_{\overline{AA'}}$ und $m_{\overline{BB'}}$ schneiden sich. Also keine Verschiebung, sondern eine Drehung.

   Bestimmen der Parameter der Drehung: Der Schnittpunkt von $m_{\overline{AA'}}$ und $m_{\overline{BB'}}$ ist das Drehzentrum M. Um das Drehmaß der Drehung zu erhalten, zeichnet man die Halbgeraden $\overrightarrow{MA}$ und $\overrightarrow{MA'}$ ein. Das Drehmaß beträgt dann w($\overrightarrow{MA}$, $\overrightarrow{MA'}$), also etwa 270°.
   Die gesuchte Abbildung ist dann: $D_{M,270°}$

   Darstellung durch Geradenspiegelungen: $D_{M,270°}$ ist ersetzbar durch $S_b \circ S_a$, wobei a und b durch M gehen und einen Winkel der Größe 135° miteinander bilden.

3.b) *Finden der Abbildung:* Der Umlaufsinn ändert sich nicht, also Drehung oder Verschiebung. Die Geraden AA', BB', CC' sind parallel zueinander bzw. die Mittelsenkrechten $m_{\overline{AA'}}$, $m_{\overline{BB'}}$, $m_{\overline{CC'}}$ schneiden sich nicht. Also keine Drehung, sondern eine Verschiebung.

   Bestimmen der Parameter der Verschiebung: Die Halbgerade $\overrightarrow{AA'}$ gibt die Richtung der Verschiebung an, die Länge der Strecke den Betrag der Verschiebung.

Die gesuchte Abbildung ist dann: $V_{\overline{AA'},l(\overline{AA'})}$ oder gemäß unserer Konvention $V_{\overline{AA'}}$.

Darstellung durch Geradenspiegelungen: $V_{\overline{AA'}}$ ist ersetzbar durch $S_b \circ S_a$, wobei a senkrecht auf $\overline{AA'}$ steht und durch A geht und b Mittelsenkrechte von $\overline{AA'}$ ist.

3.c)　　*Finden der Abbildung:* Der Umlaufsinn ändert sich, also Geradenspiegelung oder Gleitspiegelung. Hätten wir es mit einer Geradenspiegelung zu tun, dann müssten die Geraden AA', BB', CC' parallel zueinander sein, denn sie müssten ja laut Definition der Geradenspiegelung alle senkrecht auf der Spiegelgeraden stehen. Das ist offensichtlich nicht der Fall, also Gleitspiegelung.

Bestimmen der Parameter der Gleitspiegelung: Den Mittelpunkt der Strecke $\overline{AA'}$ bestimmen und M_1 nennen. Den Mittelpunkt der Strecke $\overline{BB'}$ bestimmen und M_2 nennen. Die Gerade M_1M_2 zeichnen und g nennen. G ist die Gleitspiegelungsgerade.

Das Bild des Dreiecks ΔABC bei der Spiegelung an g konstruieren und ΔA*B*C* nennen. Die Halbgerade $\overrightarrow{B^*B'}$ zeichnen. $V_{\overrightarrow{B^*B'}}$ ist dann die Verschiebungskomponente der Gleitspiegelung.

Die gesuchte Abbildung ist dann: $G_{g;\overrightarrow{B^*B'},l(\overline{B^*B'})}$ bzw. $G_{g;\overrightarrow{B^*B'}}$

Darstellung durch Geradenspiegelungen: $G_{g;\overrightarrow{B^*B'}}$ ist ersetzbar durch $S_g \circ (S_b \circ S_a)$. Die Gerade g haben Sie ja bereits oben konstruiert. Die Gerade a steht senkrecht auf B*B' und geht durch B*. Die Gerade b ist die Mittelsenkrechte von $\overline{B^*B'}$.

3.d)　　Verfahren Sie analog zu (3.a).

4.a)　　Wenn etwa a∥b, dann sind $S_b \circ S_a$ und $S_a \circ S_b$ wegen Satz 3 Gegenverschiebungen.

$S_b \circ S_a(\Delta ABC)$ in der oberen, $S_a \circ S_b(\Delta ABC)$ in der unteren Figur:

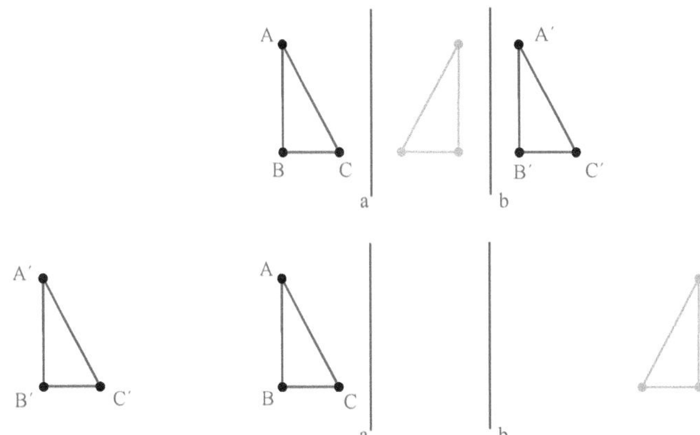

Alternativ hätten Sie auch zwei Geraden a, b mit a ∩ b = {M} und etwa w(a,b) = 45° wählen können:

Dann ist $S_b \circ S_a$ die Drehung $D_{M,90°}$

und $S_a \circ S_b$ die Drehung $D_{M,270°}$.

4.b)   Wenn a ⊥ b und a ∩ b = {M}, dann ist $S_b \circ S_a = S_a \circ S_b = S_M$. /Satz 4

Wenn a = b, dann gilt $S_b \circ S_a = S_a \circ S_b = S_a \circ S_a = $ id .   /Satz 1a

5. In der ersten Teilaufgabe genügen die Geraden b, c und d den Bedingungen des Dreispiegelungssatzes (siehe auch Satz 9, Fall 1). Die Geradenspiegelungen an diesen Geraden können also unmittelbar durch genau eine Geradenspiegelung ersetzt werden.

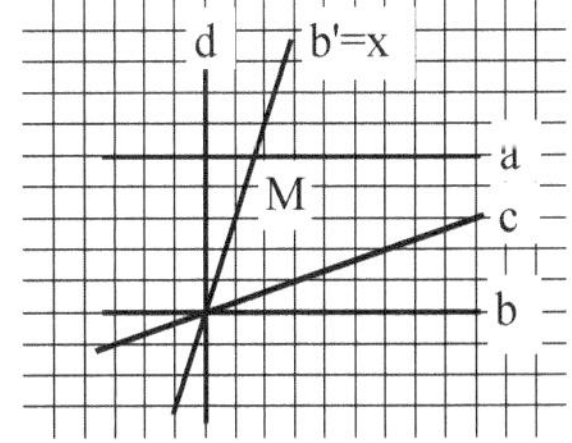

$$S_d \circ S_c \circ S_b \circ S_a$$
$$= (S_d \circ S_c \circ S_b) \circ S_a$$
$$= S_x \circ S_a$$
$$= D_{M,2\cdot w(a,x)}$$

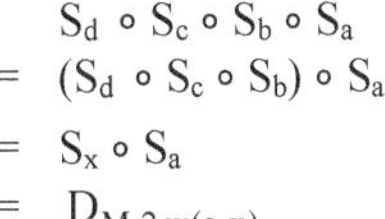

Bei der Lösung der zweiten und dritten Teilaufgabe kann man analog zum Beweis des Satzes 9 (Fall 3) verfahren.

Bei der Lösung der vierten Teilaufgabe kann man analog zum Beweis des Satzes 9 (Fall 6) verfahren.

6.

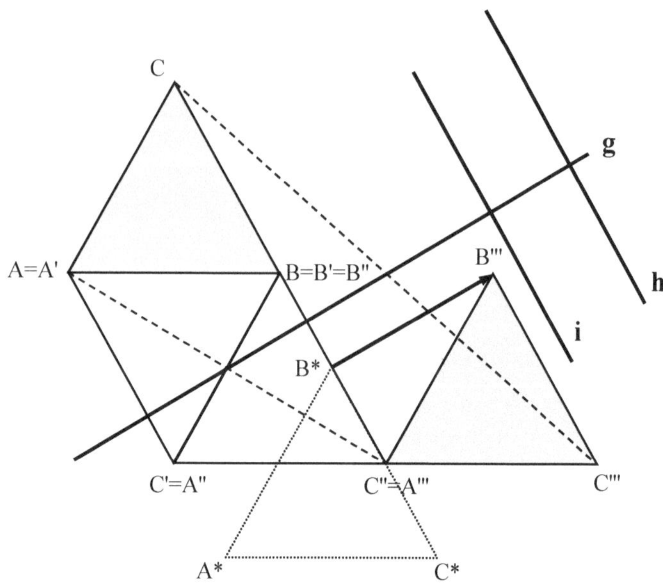

$$V_{\overrightarrow{AB}} \circ D_{B,60°} \circ S_c = G_{g,\overrightarrow{B*B'''}} = S_g \circ S_h \circ S_i$$

7. Acht Aussagen sind wahr, drei sind falsch.

8. $\text{id} = D_{M,0°} = V_{\overrightarrow{ST},0\text{cm}} = S_g \circ S_g = S_T \circ S_T$

Dabei sind M, S, T beliebige Punkte der Ebene und g eine beliebige Gerade.

Kap. 4.2.3

1.a)   z.z.: $S_g \circ S_Z$ ist Gleitspiegelung

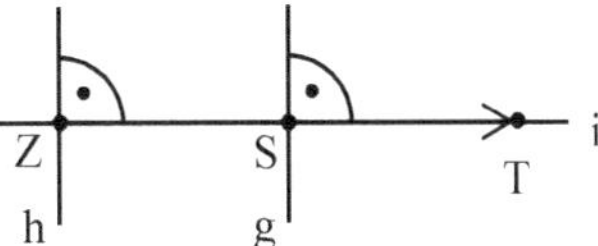

Beweis:

$S_g \circ S_Z$

$= S_g \circ (S_h \circ S_i)$ / Satz 4 mit $i \cap h = \{Z\}$, $i \perp h \ \wedge \ i \cap g = \{S\}$, $i \perp g$

$= (S_g \circ S_h) \circ S_i$ / AG für „$\circ$"

$= V_{\overrightarrow{ZS};2\cdot l(\overline{ZS})} \circ S_i$ / Satz 3, da g || h wegen $h \perp i \perp g$

$= G_{i;\overrightarrow{ZS},2\cdot l(\overline{ZS})}$ / Def. 7, da i || ZS

1.b)   Liegt Z auf g, so lässt sich die Punktspiegelung durch die Verkettung
        zweier Geradenspiegelungen darstellen, deren Geraden sich in Z
        rechtwinklig schneiden. Eine dieser beiden Geraden ist frei wählbar,
        wir können also auch g wählen.

        Dann spiegeln wir zweimal nacheinander an g (identische Abbildung)
        und an einer zu g senkrechten Geraden h durch Z.
        $S_g \circ S_Z$ ist dann eine Geradenspiegelung an einer Senkrechten zu g
        durch Z.

2.   Seien A, B, C drei Punkte der Ebene mit $A \neq B \neq C$. Dann gilt:
        Die Verkettung der Verschiebungen $V_{\overrightarrow{BC}} \circ V_{\overrightarrow{AB}}$ ist wieder eine

        Verschiebung. Oder genauer:
        Die Verkettung der Verschiebungen $V_{\overrightarrow{BC}} \circ V_{\overrightarrow{AB}}$ ist die Verschie-

        bung $V_{\overrightarrow{AC}}$. Formal: $V_{\overrightarrow{BC}} \circ V_{\overrightarrow{AB}} = V_{\overrightarrow{AC}}$

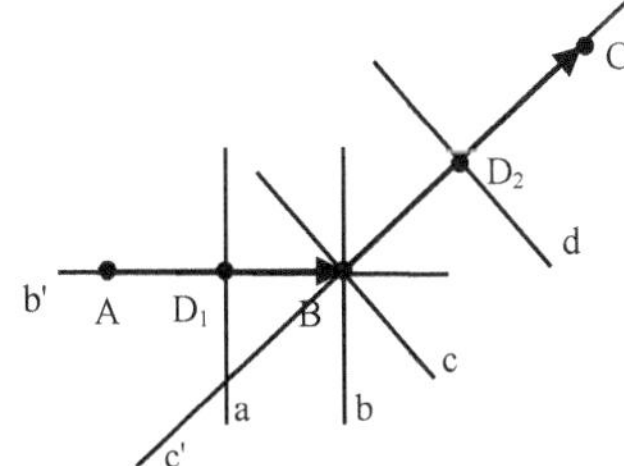

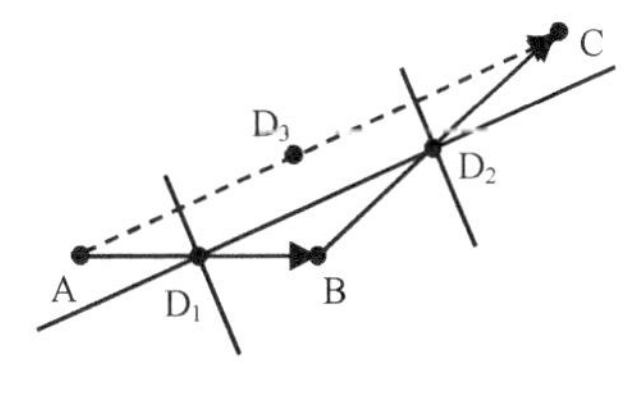

Beweis:

Es gilt:

$V_{\overrightarrow{BC}} \circ V_{\overrightarrow{AB}}$

$= (S_d \circ S_c) \circ (S_b \circ S_a)$ / Satz 3 mit a,b $\perp$ AB, B $\in$ b, a $\cap$ AB = $\{D_1\}$, D_1 Mittelpunkt von $\overline{AB}$ und c,d $\perp$ BC, B $\in$ c, d $\cap$ BC = $\{D_2\}$, D_2 Mittelpunkt von $\overline{BC}$

$= S_d \circ (S_c \circ S_b) \circ S_a$ / AG für „$\circ$"

$= S_d \circ (S_{c'} \circ S_{b'}) \circ S_a$ / Satz 4 mit b' $\cap$ c'=$\{B\}$, w(b,c) = w(b',c') und b'$\perp$a (dann auch c'$\perp$d)

$= (S_d \circ S_{c'}) \circ (S_{b'} \circ S_a)$ /AG für „$\circ$"

$= S_{D2} \circ S_{D1}$ / Satz 4, weil b' $\perp$ a und c' $\perp$ d

$= V_{\overrightarrow{D_1D_2},\,2\cdot l(\overline{D_1D_2})}$ / Satz 14   *

$= V_{\overrightarrow{AC}}$ /Umkehrung des 1. Strahlensatzes (Satz 29) und 2. Strahlensatz (Satz 28) oder Satz über die Seiten des Mittendreiecks (Kap. 6, Satz 7H)

* Bis zu dieser Stelle ist gezeigt: Die Verkettung der Verschiebungen $V_{\overrightarrow{BC}} \circ V_{\overrightarrow{AB}}$ ist wieder eine Verschiebung, nämlich die (recht „unhandliche") Verschiebung $V_{\overrightarrow{D_1D_2},\,2\cdot l(\overline{D_1D_2})}$. Das Einzeichnen der Geraden AC bzw. der Halbgeraden $\overrightarrow{AC}$ bzw. der Strecke $\overline{AC}$ liefert eine Strahlensatzfigur mit Zentrum B.

Oder: Das Einzeichnen der Strecke $\overline{AC}$ und des Mittelpunkts D_3 der Strecke $\overline{AC}$ erzeugt ΔABC und das Mittendreieck $\Delta D_1D_2D_3$ von ΔABC. Wegen Kap. 6, Satz 7H sind die Seiten des Mittendreiecks parallel zu den entsprechenden Seiten des (Um-) Dreiecks und halb so lang wie diese.

3.a)   Beweis:

Sei g = AB. Ferner sei b eine Gerade mit b $\perp$ g und b $\cap$ g = $\{B\}$ und a eine Gerade mit a $\perp$ g und a $\cap$ g = $\{A\}$. Dann gilt:

$\qquad S_B \quad \circ \quad S_A$

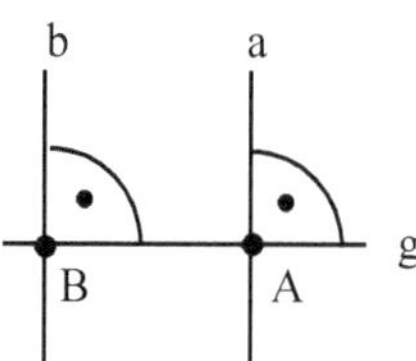

$$= (S_b \circ S_g) \circ (S_g \circ S_a) \qquad / \text{ Satz 4, weil } S_B = D_{B,180°} \text{ und } S_A = D_{A,180°}$$
$$= S_b \circ (S_g \circ S_g) \circ S_a \qquad / \text{ AG für „}\circ\text{"}$$
$$= S_b \circ S_a \qquad\qquad\qquad / \text{ Satz 1a}$$
$$= V_{\overline{AB},\, 2\, l(\overline{AB})} \qquad\qquad / \text{ Satz 3, weil a } \| \text{ b}$$

3.b)   Wenn in $S_B \circ S_A$ A=B gilt, dann wird die Punktspiegelung an Punkt A zweimal nacheinander ausgeführt. Weil die Punktspiegelung eine involutorische Abbildung ist, haben wir's also mit der identischen Abbildung zu tun.

4.   Das AG für „$\circ$" und den in (3.a) bewiesenen Satz anwenden.

5. $S_D \circ S_C \circ S_B \circ S_A = (S_D \circ S_C) \circ (S_B \circ S_A)$ /AG für „$\circ$"
Zweimalige Anwendung des in Übungsaufgabe (3.a) bewiesenen Satzes und anschließende Anwendung des Satzes 12 führen zum Ziel.

6.   Schauen Sie sich Ihre Bearbeitungen der letzten drei Übungsaufgaben noch einmal genau an.

7.   Im Quadrat sind die gegenüberliegenden Seiten gleich lang, benachbarte Seiten stehen senkrecht aufeinander.
Wenden Sie auf $S_D \circ S_C \circ S_B \circ S_A$ das AG für „$\circ$" an und zeigen Sie, dass $S_D \circ S_C$ und $S_B \circ S_A$ Gegenverschiebungen (Umkehrabbildungen zueinander) sind.

8.   a)   Das ist wahr, denn wenn a $\perp$ b, dann auch b $\perp$ a.
Dann ist $S_b \circ S_a$ nach Satz 4 eine Drehung um den Schnittpunkt von a und b um 180°, $S_a \circ S_b$ nach Satz 4 ebenso.

b)   Das ist wahr, denn nach Satz 9 können vier Geradenspiegelungen stets durch zwei Geradenspiegelungen ersetzt werden.

Dann können acht Geradenspiegelungen zweimal durch zwei Geradenspiegelungen ersetzt werden und diese vier wieder durch zwei Geradenspiegelungen. Zwei Geradenspiegelungen sind entweder eine Drehung (wenn $a \cap b = \{S\}$) oder eine Verschiebung (wenn a||b).

c)   Das ist falsch: Fünf Verschiebungen erhalten fünfmal den Umlaufsinn einer Figur, eine Gleitspiegelung kehrt ihn hingegen um.

d) Das ist falsch, denn die identische Abbildung ändert den Umlaufsinn einer Figur nicht, fünf Geradenspiegelungen hingegen ändern ihn definitiv.

Kap. 4.2.5

1.   Betrachtung der besonderen Lagen der Strecken $\overline{AB}$ und $\overline{CD}$:

Lage 1:
Dann ist $V_{\overrightarrow{AC}}$ in $D_{C,w(\gamma)} \circ V_{\overrightarrow{AC}}$ die Nullverschiebung.

Einfachere Kongruenzabbildung: $D_{C,w(\gamma)}$

Lage 2:
In $D_{C,w(\gamma)} \circ V_{\overrightarrow{AC}}$ ist dann $w(\gamma) = 180°$.

Einfachere Kongruenzabbildung: $S_{M_{\overline{AB}}}$

Lage 3:
In $D_{C,w(\gamma)} \circ V_{\overrightarrow{AC}}$ ist dann $V_{\overrightarrow{AC}}$ die Nullverschiebung und $D_{C,w(\gamma)}$ die Nulldrehung.

Einfachere Kongruenzabbildung: id

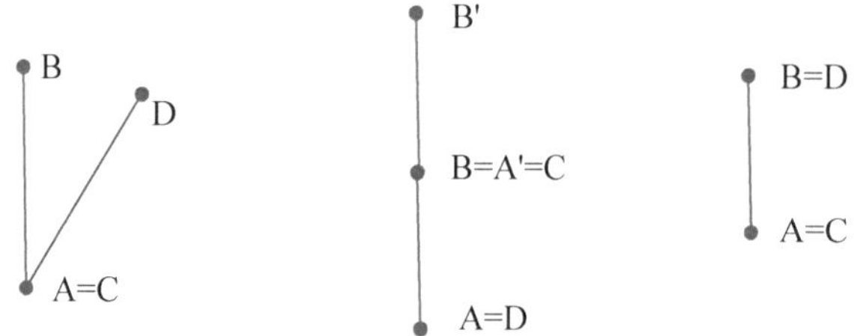

2.   In beiden Sätzen wird jeweils für Winkelpaare die gleiche Größe behauptet. Wegen Satz 19 ist also jeweils eine Kongruenzabbildung φ vorzuweisen, die α auf α' abbildet. Wenn Sie diese Kongruenzabbildung φ exakt benannt haben, begründen Sie, dass φ den Winkel α auch tatsächlich auf α' abbildet, also den Scheitelpunkt von α auf den Scheitelpunkt von α' , den Erstschenkel von α auf den Erstschenkel ... Treffliche Begründungskontexte liefern Ihnen die Definitionen und Eigenschaften der Kongruenzabbildungen.

3.   Sieben Aussagen sind wahr, zwölf Aussagen sind falsch.

Kap. 4.2.6

1. a) Qualitativ unterschiedliche Lagen von g bezüglich F:
       g kann durch F gehen; g kann eine Kante mit F gemeinsam haben;
       g kann genau einen Punkt mit F gemeinsam haben ($|g \cap F| = 1$) und
       g kann außerhalb von F liegen ($g \cap F = \emptyset$).

    b) Die unterrichtliche Fixierung auf eine der oben genannten Lagen
       der Spiegelgeraden g würde bei Schülern den Begriff der Achsen-
       symmetrie unangemessen einengen.

2. a) Drehzentrum liegt im Innern der Figur, außerhalb der Figur, auf
       einem Eckpunkt der Figur oder auf einer Seite der Figur.

    b) Das Dreieck wiederholt um 120°, um 90°, um 72°, um 45° drehen
       und jeweils Urbild und Bilder vereinigen. Dabei jeweils qualitativ
       unterschiedliche Lagen des Drehzentrums wählen.

3. a) Mäander:
       translationssymmetrisch und drehsymmetrisch (punktsymmetrisch)

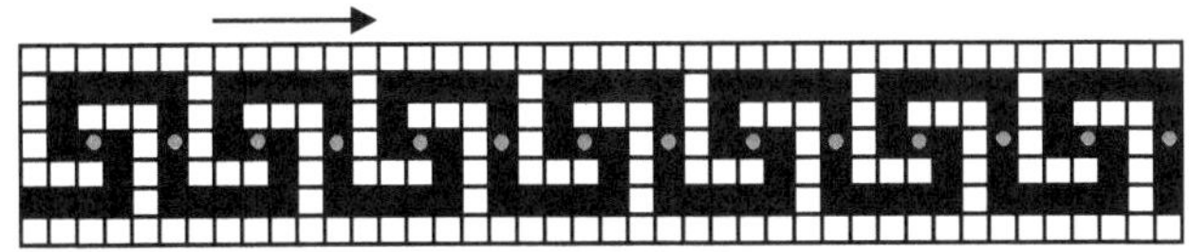

    b) Ornament in der Alhambra, Granada 13. Jh.:
       translationssymmetrisch, drehsymmetrisch, querspiegelungs- und
       echt gleitspiegelungssymmetrisch

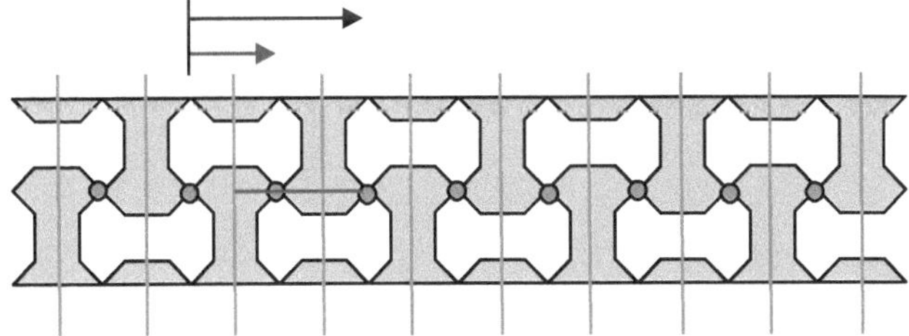

c) Up and down:
    translationssymmetrisch, drehsymmetrisch, querspiegelungs- und
    echt gleitspiegelungssymmetrisch

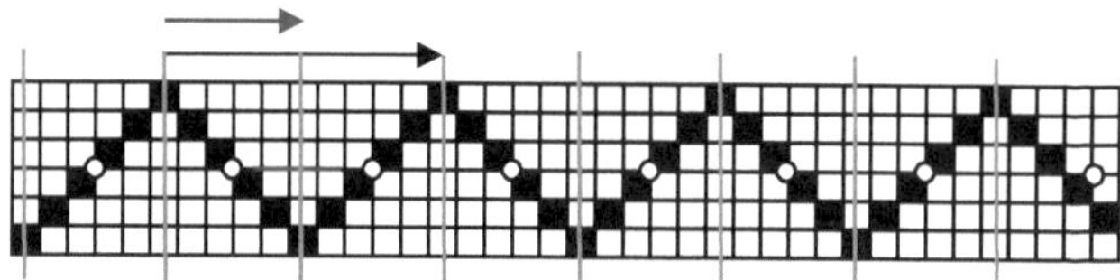

4.   (1) Die Aufgabe hat unendlich viele Lösungen.

          (2) Die wohl gängigste Lösung: Die
          zusammenhängende Seite liegt auf einer Seite
          der Spiegelgeraden g und hat mit g eine Kante
          gemeinsam.

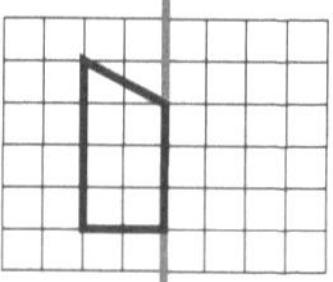

          (3) Die Spiegelgerade g
          kann aber auch durch ge-
          wisse   Vier-,   Fünf-,
          Sechs- oder Nochmehr-
          Ecke gehen.

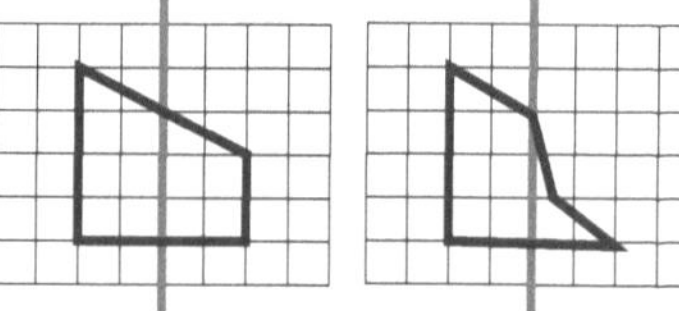

          (4) Schließlich kann die
          Ausgangsfigur aus zwei
          oder mehr Teilen auf ver-
          schiedenen Seiten der
          Spiegelgeraden bestehen.

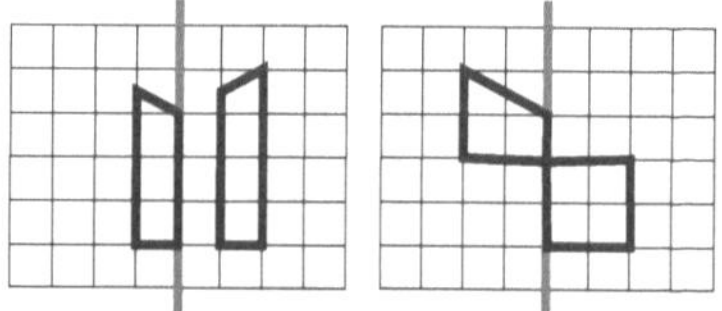

          Dabei ist es auch möglich, dass Bilder von
          Urbildern auf andere Urbilder fallen (siehe
          (3)).

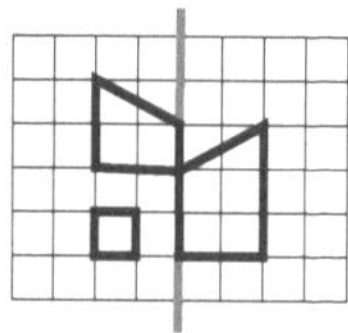

5.   Jede 2-zählig drehsymmetrische Figur heißt punktsymmetrisch.

6.   Eine (erwartungsgemäß) elaborierte Formulierung, allein das notwen-
       dige Vereinigen von Urbild und Bild wird verschwiegen.

7.   Die Drehsymmetrie durch geeignete Anordnung einer zweiten L-
       Figur (in der Grundfigur) in das Ornament hineintragen.

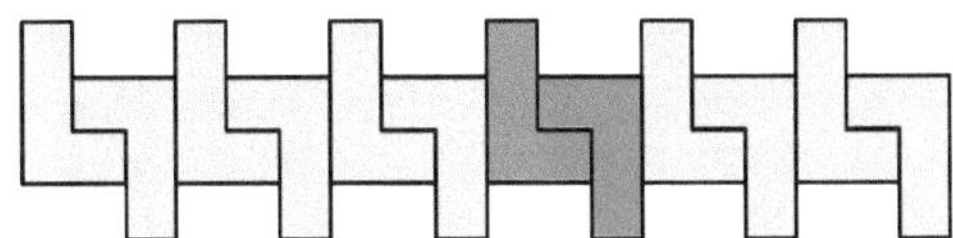

8.   Die Achsensymmetrie der T-Figur durch geeignete Anordnung einer
       zweiten T-Figur (in der Grundfigur) zerstören.

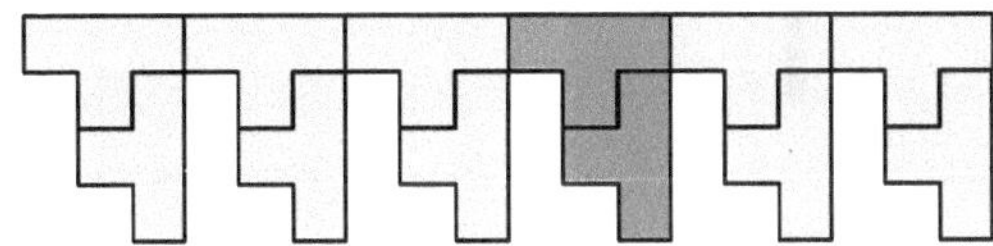

9.   Die L-Figur weist keine Symmetrie auf, die T-Figur verfügt über
       (genau) eine Achsensymmetrie und die Z-Figur ist ausschließlich
       punktsymmetrisch.

       Suchen Sie also nach Vierecken, die über keine Symmetrie, genau
       eine Achsensymmetrie bzw. ausschließlich eine Punktsymmetrie ver-
       fügen und Sie können analog zu den Darstellungen in diesem Kapitel
       verfahren.

       Bei unüberwindbaren Schwierigkeiten können Sie sich der Übungs-
       aufgabe (9) nach Durcharbeiten des Kapitels 4.2.7 noch einmal an-
       nehmen.

10.   Das Parkett lässt sich aus der folgenden Grundfigur durch Verschie-
       bungen erzeugen (nicht die einzige Möglichkeit):

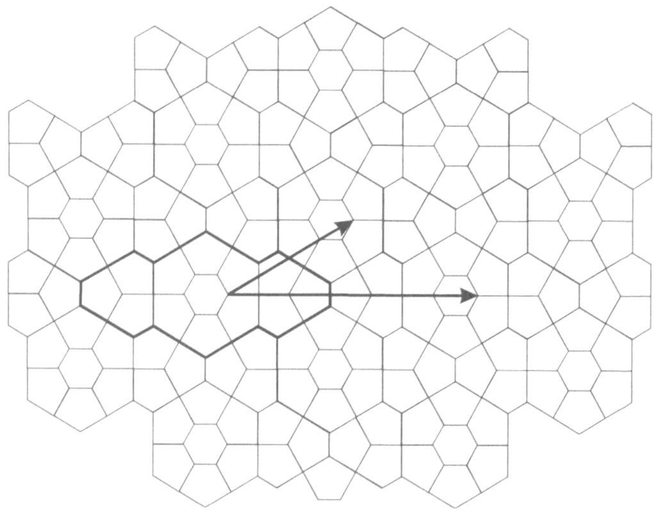

Beim Suchen nach weiteren Symmetrien können Spiegel und Folie hilfreich sein.

11. Hinsichtlich der Ausgangsfigur, deren Bezeichnungen und der Argumentation knüpfen wir an die im Kontext der Abbildung 143 erläuterten Technik „Knabbern" und Verschieben an.

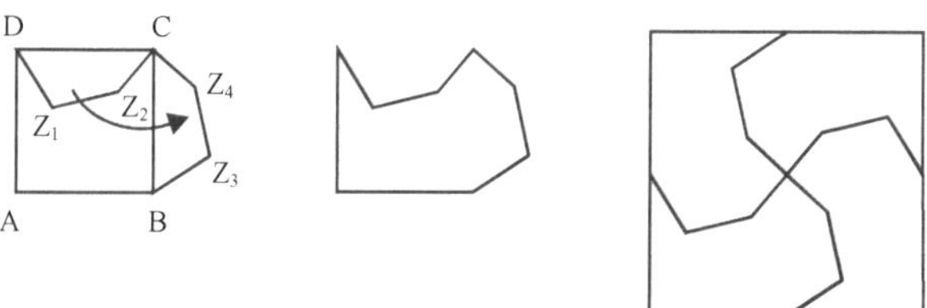

Viereck CDZ_1Z_2 wird um C um 90° gedreht und auf Viereck BZ_3Z_4C abgebildet. Die Wahl der Ecken Z_1 und Z_2 im Innern des Quadrats ABCD war beliebig. Es gibt unendlich viele Achtecke, die sich zum Parkettieren eignen.

12.   Die in den Abbildungen 137 bis 139 an konvexen Vierecken il-
      lustrierte Technik lässt sich analog auf nicht konvexe Vierecke über-
      tragen. Wiederholte Punktspiegelungen an den Seitenmittelpunkten
      des nicht konvexen Vierecks erzeugen zunächst ein Bandornament
      und schließlich ein Parkett. Machen Sie sich an dem im Parkett her-
      vorgehobenen Punkt klar, dass durch die oben beschriebene Technik
      in diesem Punkt tatsächlich alle Innenwinkel des Vierecks zusammen-
      treffen.

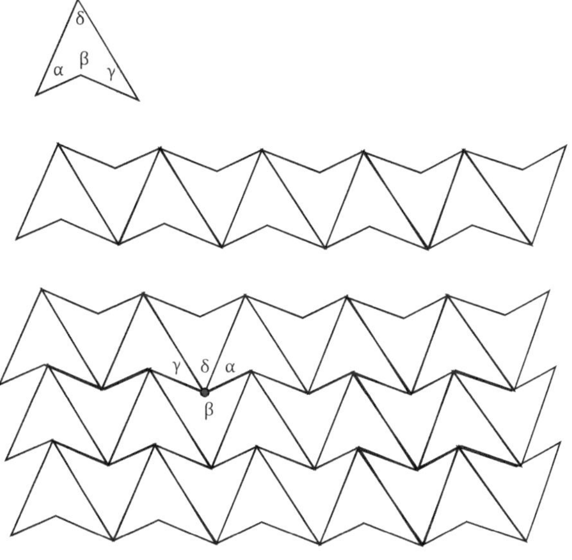

13.   -

Kap. 4.2.7

1. Mit den Bezeichnungen der Abbildung rechts kann die folgende Verknüpfungstafel aufgestellt werden.

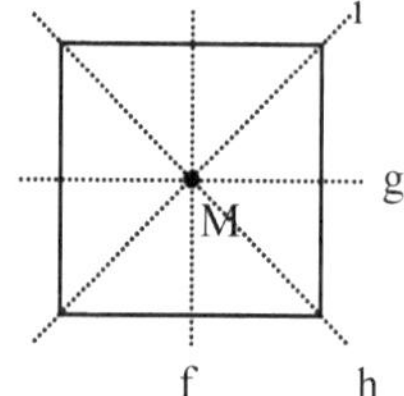

$\circ$	id	$D_{M,90°}$	$D_{M,180°}$	$D_{M,270°}$	S_f	S_g	S_h	S_i
id	id	$D_{M,90°}$	$D_{M,180°}$	$D_{M,270°}$	S_f	S_g	S_h	S_i
$D_{M,90°}$	$D_{M,90°}$	$D_{M,180°}$	$D_{M,270°}$	id	S_h	S_i	S_g	S_f
$D_{M,180°}$	$D_{M,180°}$	$D_{M,270°}$	id	$D_{M,90°}$	S_g	S_f	S_i	S_h
$D_{M,270°}$	$D_{M,270°}$	id	$D_{M,90°}$	$D_{M,180°}$	S_i	S_h	S_f	S_g
S_f	S_f	S_i	S_g	S_h	id	$D_{M,180°}$	$D_{M,270°}$	$D_{M,90°}$
S_g	S_g	S_h	S_f	S_i	$D_{M,180°}$	id	$D_{M,90°}$	$D_{M,270°}$
S_h	S_h	S_f	S_i	S_g	$D_{M,90°}$	$D_{M,270°}$	id	$D_{M,180°}$
S_i	S_i	S_g	S_h	S_f	$D_{M,270°}$	$D_{M,90°}$	$D_{M,180°}$	id

2. Die Menge $M = \{id, D_{M,90°}, D_{M,180°}, D_{M,270°}, S_f, S_g, S_h, S_i\}$ der Deckabbildungen des Quadrats bildet mit der Verknüpfung „$\circ$" eine nicht kommutative Gruppe:

<u>Zur Abgeschlossenheit:</u>

Die Verknüpfung „$\circ$" ist in M abgeschlossen, denn in der Verknüpfungstafel tauchen nur Elemente aus M auf.

<u>Zur Assoziativität:</u>

Die Assoziativität kann nicht unmittelbar aus der Verknüpfungstafel abgelesen werden. Da aber die Verknüpfung „$\circ$" in der Menge $\mathbb{K}$ aller Kongruenzabbildungen nach Satz 16 assoziativ ist, ist sie dies natürlich auch in dieser besonderen Teilmenge M von $\mathbb{K}$.

<u>Zur Neutraleneigenschaft</u>:

Die Tabelleneingänge wiederholen sich in der ersten Zeile und der ersten Spalte der Tabelle, id ist also das neutrale Element in M.

<u>Zur Inverseneigenschaft</u>:
In jeder Zeile und in jeder Spalte der Tabelle taucht das neutrale Element id genau einmal auf. Damit sind etwa $D_{M,90°}$ und $D_{M,270°}$, S_f und S_f ... zueinander invers.

Damit ist (M, ∘) ein Gruppe.

<u>Zur Kommutativität</u>:

Kommutativität liegt nicht vor. In der Verknüpfungstafel erkennt man das daran, dass die Tabelle nicht symmetrisch zur Hauptdiagonalen (von links oben nach rechts unten) aufgebaut ist.
So führen etwa $S_f ∘ D_{M,270°}$ und $D_{M,270°} ∘ S_f$ zu unterschiedlichen Verknüpfungsprodukten.

3.   a)

∘	id	$D_{M,90°}$	$D_{M,180°}$	$D_{M,270°}$
id	id	$D_{M,90°}$	$D_{M,180°}$	$D_{M,270°}$
$D_{M,90°}$	$D_{M,90°}$	$D_{M,180°}$	$D_{M,270°}$	id
$D_{M,180°}$	$D_{M,180°}$	$D_{M,270°}$	id	$D_{M,90°}$
$D_{M,270°}$	$D_{M,270°}$	id	$D_{M,90°}$	$D_{M,180°}$

b)

∘	id	$D_{M,180°}$	S_f	S_g
id	id	$D_{M,180°}$	S_f	S_g
$D_{M,180°}$	$D_{M,180°}$	id	S_g	S_f
S_f	S_f	S_g	id	$D_{M,180°}$
S_g	S_g	S_f	$D_{M,180°}$	id

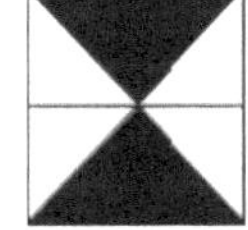

c)

$\circ$	id	$D_{M,180°}$	S_h	S_i
id	id	$D_{M,180°}$	S_h	S_i
$D_{M,180°}$	$D_{M,180°}$	id	S_i	S_h
S_h	S_h	S_i	id	$D_{M,180°}$
S_i	S_i	S_h	$D_{M,180°}$	id

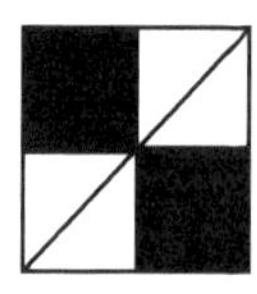

d)

$\circ$	id	$D_{M,180°}$
id	id	$D_{M,180°}$
$D_{M,180°}$	$D_{M,180°}$	id

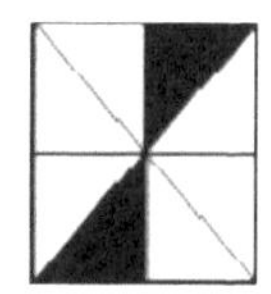

e)

$\circ$	id	S_f
id	id	S_f
S_f	S_f	id

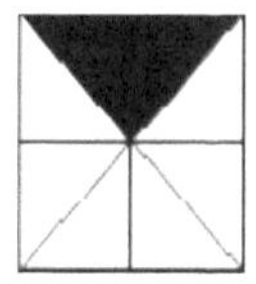

f)

$\circ$	id	S_h
id	id	S_h
S_h	S_h	id

g)

$\circ$	id
id	id

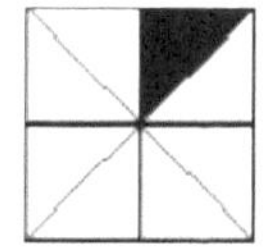

4.   a) wahr   b) falsch   c) falsch

       d) wahr   e) wahr   f) wahr

       g) falsch   h) falsch

Kap. 4.3

1. Dreieck ABC konstruieren. Ein Quadrat konstruieren, bei dem Q_1, Q_2 auf der Dreiecksseite c und Q_4 auf der Dreiecksseite b liegt (es gibt unendlich viele Quadrate, die diese Bedingungen erfüllen).
Das so konstruierte Quadrat vielleicht mehrfach mit unterschiedlichen Streckfaktoren strecken. Das Wunschquadrat, bei dem Q_3 wie gefordert auf a liegt, ist wahrscheinlich noch nicht dabei, aber jetzt sollte Ihnen etwas auffallen: Alle Punkte Q_3 liegen ...
Zeichnen bzw. konstruieren Sie nun also das Quadrat, bei dem auch diese letzte Bedingung erfüllt ist.

2. Beliebiges Rechteck mit Seitenverhältnis 5:4 zeichnen. Nun können Sie sich am Vorgehen bei Aufgabe (1) orientieren.

3. a) Parallelogramme sind punktsymmetrische Vierecke. Wenn D der Schnittpunkt der Diagonalen ist, dann bilden S_D bzw. $Z_{D,k=(-1)}$ das Parallelogramm auf sich selbst ab (siehe Kapitel 4.2.7).
Im Dreieck schneiden sich die Seitenhalbierenden im Schwerpunkt S. S teilt jede Seitenhalbierende im Verhältnis 1:2. Dabei liegt das längere Teilstück jeweils an den Eckpunkten des Dreiecks.

   b) Zeichnen Sie verschiedene (auch besondere) Dreiecke, am besten mit einer dynamischen Geometriesoftware wie Euklid DynaGeo oder GeoGebra. Beobachten, staunen und begründen Sie dann.

4. Offenbar verkehrt bei Adriano ein einfaches unreflektiertes Publikum. Solange das so bleibt, wird's mit der Pizzeria sicher weiter bergauf gehen, insbesondere wenn sich Gina gelegentlich im Gastraum zeigt. Die Preisgestaltung der di Mare Bambini ist aus Kundensicht allerdings das Grauen. Die Bambini ist eine mit Faktor $k = \dfrac{1}{2}$ gestreckte di Mare. Für Kreisflächeninhalte gilt $A_{\circ} = r^2\pi$.

5. Alle Längen am Würfel ver-k-fachen sich, das Volumen ver-k^3-facht sich, Oberflächeninhalt ver-k^2-facht sich.

6. a) Sei h die Baumhöhe (in m) und sei k die Kathetenlänge (in m) des Försterdreiecks. Dann gilt:
$$\frac{h-1,60}{k} = \frac{20\cdot 0,80}{k} \Leftrightarrow h = k\cdot\frac{16}{k}+1,60 \Leftrightarrow h = 17,60$$

b) Dann braucht man lediglich die Entfernung zum Baum bestimmen und die Augenhöhe addieren und hat die Höhe des Baumes (siehe oben). Das Seitenverhältnis ist da nämlich 1:1, die Kathetenlänge kann im letzten Schritt oben herausgekürzt werden.

7. Von unserer Sonne kommen auf der Erde nur noch parallele Sonnenstrahlen an.

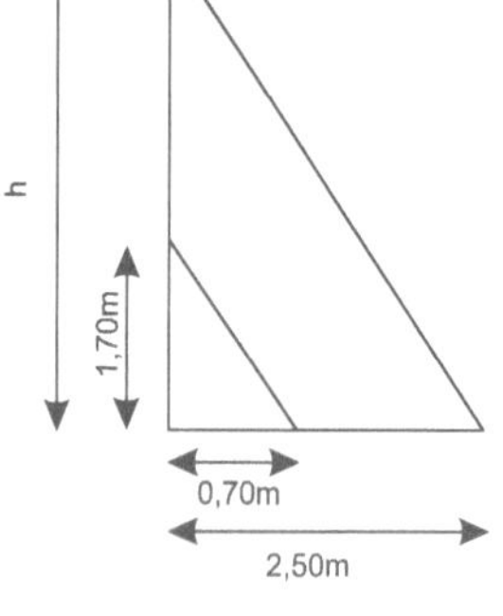

Sei h die Höhe des Hörsaalgebäudes (in m). Mit dem 1. Strahlensatz gilt dann:

$$\frac{h}{1,70} = \frac{2,50}{0,70}$$

$$\Rightarrow h = \frac{1,70 \cdot 2,50}{0,70}$$

$$\Rightarrow h \approx 6,07$$

[alle Angaben in m]

Das Hörsaalgebäude ist etwa 6,07 m hoch.

8. Die abgebildeten Geraden sind sicher nicht parallel, denn:

$$\frac{11,2}{6,4} = 1,75 \quad \text{und} \quad \frac{8,3}{4,8} = 1,73$$

9. a) Anwendung des 2. Strahlensatzes liefert:

$$\frac{100000}{500} = \frac{x}{2} \quad \Rightarrow \quad \frac{200000}{500} = x \quad \Rightarrow \quad x = 400$$

[alle Maße in mm]

Meister Lampe kommt mit einem Schreck davon.

b) Die Trefferaussichten verschlechtern sich:

Wenn die Visierlinie kürzer wird, dann wird der Nenner des Bruchs auf der linken Seite der Gleichung kleiner, damit wird der Bruch (bei gleichbleibendem Zähler) größer.

Kap. 4.4

1.   -

2.   Die Verschiebung bzw. Scherung zur Begründung verwenden.

3.   a) $D_{M,180°}$ bzw. S_M

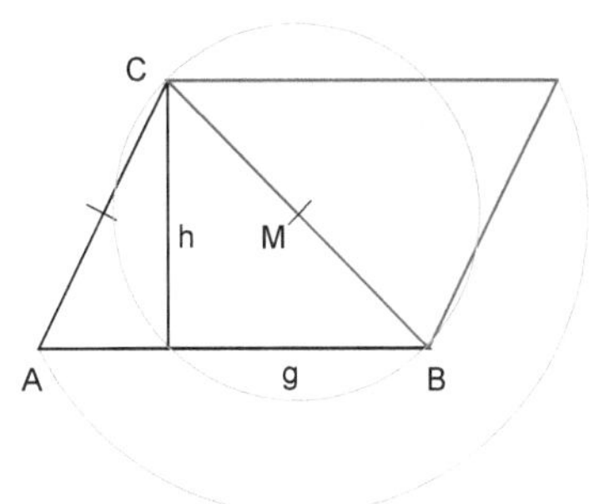

b) Mit dem entsprechenden Parallelogramm ist die Vereinigung aus
    Urbilddreieck und dem Bild dieses Dreiecks bei $D_{M,180°}$ gemeint.

c) Positiv:
    Die Argumentation ist anschaulich und trotzdem in den entschei-
    denden Schritten nicht induktiv (beispielgebunden):
    Wenn ich das Dreieck an M punktspiegele und Urbild und Bild
    vereinige, *dann* entsteht ein Parallelogramm, dessen Flächeninhalt
    ich nach bekanntem Verfahren bestimmen kann.
    Wenn ich $A_{Parallelogramm}$ kenne, *dann* ist $A_{Dreieck}$ halb so groß, *denn*
    das Parallelogramm besteht aus zwei kongruenten Dreiecken.

    Negativ:
    Dass bei der Vereinigung von Urbild und Bild tatsächlich ein Pa-
    rallelogramm entsteht, hat die Schülerin nicht begründet, sondern
    der Anschauung entnommen.

d) Es ist zu zeigen, dass die Vereinigung von Urbild und Bild
    tatsächlich ein Parallelogramm ist. Das gelingt mit der
    Mittelpunkteigenschaft von M, der Definition von $D_{M,180°}$ bzw. S_M
    und den Eigenschaften der Punktspiegelung.

4.   a) Sei M der Mittelpunkt einer der beiden nicht zueinander parallelen
          Trapezseiten. Führt man nun die Drehung $D_{M,180°}$ aus und vereinigt

Urbild- und Bildfigur, dann entsteht ein Parallelogramm. Dessen Flächeninhalt kann ich nach dem bekannten Verfahren bestimmen: $A_{Parallelogramm} = (g_1 + g_2) \cdot h$, da sich in diesem Fall die Länge der Grundseite des Parallelogramms aus den Längen von g_1 und g_2 zusammensetzt. Weil das Parallelogramm aus zwei zueinander kongruenten Trapezen besteht, ist der Flächeninhalt eines Trapezes halb so groß wie der des Parallelogramms.

$$\text{Also:} \quad A_{Trapez} = \frac{A_{Parallelogramm}}{2} = \frac{(g_1 + g_2) \cdot h}{2} .$$

b) Das, was fachlich gerade noch akzeptabel erscheint, hängt natürlich direkt von der Leistungsfähigkeit der Lerngruppe ab. Eine Möglichkeit könnte sein:

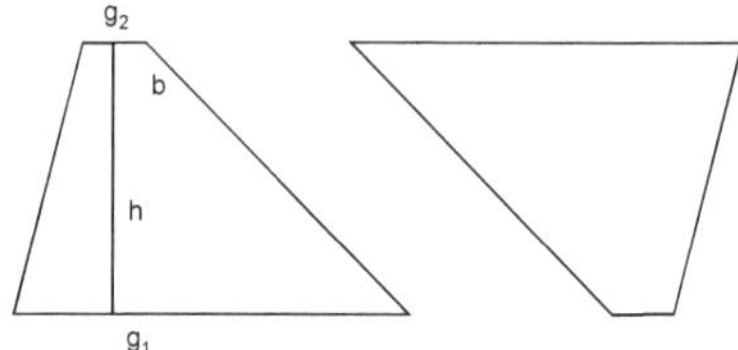

Wenn ich ein zweites deckungsgleiches Trapez habe, kann ich dieses so an das Ausgangstrapez anlegen, dass insgesamt ein Parallelogramm entsteht.

Den Flächeninhalt dieses Parallelogramms kann ich nach dem bekannten Verfahren bestimmen: $A_{Parallelogramm} = (g_1 + g_2) \cdot h$. Weil das Parallelogramm aus zwei zueinander deckungsgleichen Trapezen besteht, ist der Flächeninhalt eines Trapezes halb so groß wie der des Parallelogramms.

$$\text{Also} \quad A_{Trapez} = \frac{A_{Parallelogramm}}{2} = \frac{(g_1 + g_2) \cdot h}{2} .$$

Bei dieser Äußerung wird sehr eng in Anlehnung an eine tatsächlich durchgeführte Probierhandlung argumentiert. Obwohl auch dieser Argumentation natürlich eine Kongruenzabbildung zugrunde liegt, wird sie von den Schülern nicht mehr benannt (die Parallelogrammeigenschaft wird ebenfalls der Anschauung entnommen).

c) Zwei zueinander kongruente Trapeze aus Pappe aufeinanderlegen und im Mittelpunkt einer der beiden nicht parallelen Seiten drehbar vernieten.

5 Geometrische Konstruktionen

1. Zuschneiden von Isolierplatten für die Giebelseiten im Dachgeschoss; Verfliesen von Raumecken, die nicht rechtwinklig sind.

2. Mittelparallele

3. a) Auf einem Tisch liegen 84 Äpfel. Der Apfelbauer verteilt sie gerecht an seine sieben Freunde. Wie viele Äpfel bekommt jeder? 84 Äpfel (1 w); 7 Freunde (zerlegen des 1 w in 7 gleich große Teile); Wie viele Äpfel bekommt jeder? (Wie groß ist ein sw?)

   b) In Weitweg, dem größten Land des Sterns Irgendwo, ist 1 w die standardisierte Maßeinheit. Ein Weitwegianer möchte die Länge seines Hauses bestimmen.
   Hier wird eine Länge mit einer Einheit verglichen. Die Gesamtmenge (Hauslänge) liegt ebenso vor wie die Teilmenge (Stab der Länge 1 w). Es gilt herauszufinden, wie oft der Stab in die Hauslänge hineinpasst.

   c) Aufteilen; siehe (b)

4. -

5. a) Mit a beginnen, dann $\sphericalangle$CBA mit w($\sphericalangle$CBA) = 43° antragen. Eine Parallele p zu BC mit dem Abstand l(h_a) = 3,5 cm konstruieren. Der Schnitt von p und dem freien Schenkel von $\sphericalangle$CBA liefert A.

   b) Ergänzen Sie Ihre Planfigur um eine Parallele zu BC durch D. Dann entsteht ein Dreieck, das konstruierbar ist.

   c) Mit a beginnen. Dann zunächst den Schwerpunkt S konstruieren. S teilt die Seitenhalbierenden im Verhältnis 1:2.

   d) Die grünen Nikoläuse G_1, G_2, G_3 beliebig auf der Zeichenfläche verteilen. Dadurch ist der Kreis fürs Kreisballspielen festgelegt. Das Modul „Mittelpunkt eines Kreises bestimmen" abarbeiten. Den Kreis zeichnen und die roten Nikos R_1 bis R_4 nach Belieben auf dem Kreis markieren.

6. a) Das Modul „Dreieck abtragen" anwenden.

b) $k = \dfrac{28}{20}$ kürzen; $\overline{AB}$ im Verhältnis $\dfrac{7}{5}$ vergrößern; an $\overline{AB}$ in A bzw. B die Winkel mit den Winkelgrößen aus der Urbildfigur antragen. Die freien Schenkel dieser Winkel liefern C.

c) Analog zu (b).

7.　Runkel redet von ähnlichen Tüten, also solchen, die durch zentrische Streckung auseinander hervorgehen. Wenn sich das Volumen verachtfacht, verdoppeln sich die Seitenlängen der Tüten.

　　a) Die zentrische Streckung der Urbildtüte an der linken vorderen unteren Ecke mit Streckfaktor k = 2 durchführen.

　　b) Das Streckzentrum liegt auf der Verlängerung der vorderen unteren Milchtütenkante, eine Milchtütenbreite nach rechts entfernt.

　　c) Den Mittelpunkt M der Grundfläche der Urbildtüte bestimmen. Die Urbildtüte an M mit Faktor 2 strecken.

8.　a) Der abgebildete Winkel α wird durch die vorgestellte Konstruktion tatsächlich korrekt gedrittelt – fein! Wenn man sich klarmacht, dass man jeden der konstruierten Teilwinkel ∢DSA, ∢CSD und ∢BSC noch einmal halbieren kann, dann lassen sich nun eine Vielzahl neuer Winkel durch Abtragen konstruktiv – ohne Einsatz des Geodreiecks – herstellen.

　　b) Fake News werden nicht nur über das Internet verbreitet!
Schon die Wahl des Winkels α mit $w(\alpha) = 90°$ und die spezielle Wahl der Radien $r_1 = r_2 = r_3$ sollten Aufhorchen lassen. Die vorgestellte Konstruktion erzeugt eigentlich zwei gleichseitige Dreiecke $\triangle SAC$ und $\triangle SDB$ (mit Innenwinkelgrößen von 60°). Durch ihre Anordnung (Lage) im Winkel α führen $\overrightarrow{SD}$ und $\overrightarrow{SC}$ tatsächlich zu einer Drittelung des rechten Winkels α.
Aber: Das Verfahren scheitert natürlich kläglich bei der Dreiteilung eines beliebigen spitzen bzw. stumpfen Winkels.

　　c) Ja, sogar sehr charmant. Mit den Bezeichnungen der Abbildung in Übungsaufgabe (8) liegen die Halbgeraden $\overrightarrow{SD}$ und $\overrightarrow{SC}$, die den gestreckten Winkel α dritteln, jeweils auf einer Seite der konstruierten gleichseitigen Dreiecke.

6 Fragestellungen der euklidischen Geometrie

Kap. 6.1

1.   Die Skizze eines solchen Netzes finden Sie in Kapitel 6.1. Zur Verdeutlichung mag auch das Basteln eines Rhombendodekaeders aus DIN A4 beitragen (siehe Kapitel 2.1).

Kap. 6.2

1.   Planfigur anlegen. Zwei Seitenhalbierende einzeichnen. O.B.d.A. (ohne Beschränkung der Allgemeinheit) seien dies s_a und s_b. Per Voraussetzung gilt dann $s_a = s_b$. $s_a \cap s_b = \{S\}$ markieren. Es entstehen einige n-Ecke. Satz 8 beherzigen. Die Kongruenz zweier Dreiecke mit Kongruenzsatz SWS begründen. Aus dieser Kongruenz auf gleiche Seitenlänge von $\overline{AC}$ und $\overline{BC}$ schließen.

2.   Die Konstruktion gelingt mit Hilfe des Satzes 8 über den Schnittpunkt S der Seitenhalbierenden. Mit Seite c beginnen, dann den Schwerpunkt S und die Seitenhalbierenden s_a und s_c konstruieren. Es gilt:

$$\overline{AS} = 5 \text{ cm} \;\Rightarrow\; s_a = \frac{5 \cdot 3}{2} \text{ cm} = 7{,}5 \text{ cm}$$

$$\overline{CS} = 3 \text{ cm} \;\Rightarrow\; s_c = \frac{3 \cdot 3}{2} \text{ cm} = 4{,}5 \text{ cm} \;\wedge\; \overline{M_c S} = 1{,}5 \text{ cm}$$

3.   a) Beweis: (mit Hilfe eines Spezialfalls)

1. Spezialfall:

$\triangle ABC$ ist rechtwinklig.

Sei $\alpha = 90°$.

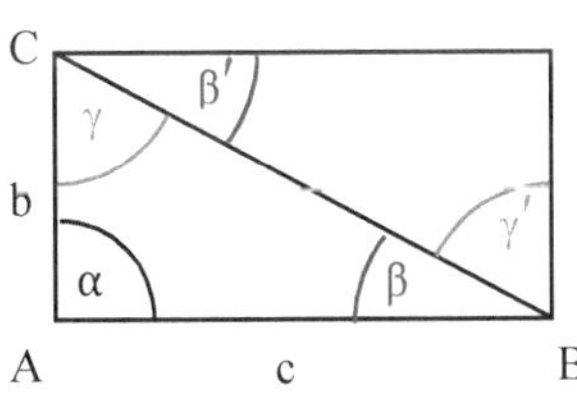

Die Parallelen zu c und b ergänzen das Dreieck zu einem Rechteck.

Weil β, β' und γ, γ' Wechselwinkelpaare sind, gilt:

$\beta' + \gamma = \beta + \gamma' = 90°$

Also: $\alpha + \beta + \gamma = 180°$

2. Allgemeiner Fall:

$\triangle ABC$ ist nicht rechtwinklig.

Die Höhe h_c zerlegt $\triangle ABC$ in zwei rechtwinklige Dreiecke.
Wegen Fall (1) gilt:

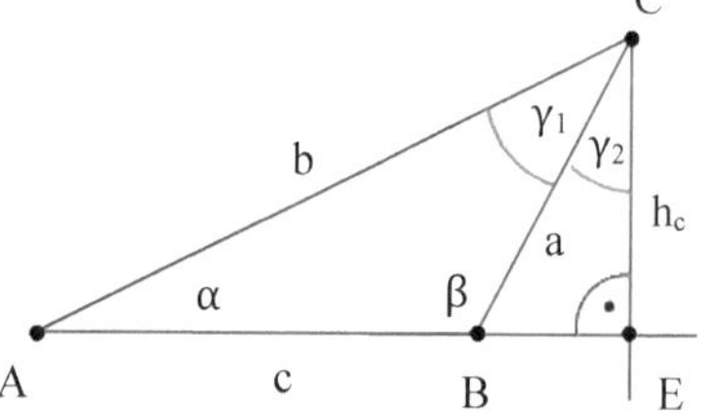

$\quad \alpha + \gamma_1 = 90° \;\wedge\; \beta + \gamma_2 = 90°$

$\Rightarrow \alpha + \beta + \gamma_1 + \gamma_2 = 180°$

$\Rightarrow \alpha + \beta + \gamma = 180°$, wobei $\gamma = \gamma_1 + \gamma_2$

3.   b) Der Satz gilt auch für Dreiecke mit $\beta > 90°$.

Durch Einzeichnen von h_c entsteht der Winkel γ_2 bei C.

Wegen Fall 1 gilt:

$\quad \alpha + \gamma_1 + \gamma_2 = 90°$ (1)

$\wedge\;\; \gamma_2 + 180° - \beta = 90°$ (2)

Aus (2) folgt:

$\gamma_2 = \beta - 90°$ $/-180°; +\beta$ (2')

(2') in (1) liefert:

$\quad \alpha + \gamma_1 + \beta - 90° = 90°$

$\Rightarrow \alpha + \gamma_1 + \beta = 180°$ $/+90°$

4. a) Ja, der Beweis gelingt in allen drei Fällen.

b) Bei (a1) zielt der Beweis auf die Anwendung des Kongruenzsatzes SWS ab.

Bei (a2) gelingt der Beweis anlog zum vorgestellten Vorgehen. Die im Beweis angesprochene Strecke $\overline{MC}$ ist ja die Seitenhalbierende s_c.

Bei (a3) zielt der Beweis auf Anwendung des Kongruenzsatzes SSS ab. Es ist allerdings zu begründen, dass $m_{\overline{AB}}$ tatsächlich durch C geht. Das gelingt mit Hilfe der Voraussetzung und Satz 2 aus Kapitel 4.

5. a) Mit a beginnen. Satz 1 benutzen.

b) Mit a beginnen. Parallele zu a mit Abstand 6 cm zu a konstruieren.

c) Mit b beginnen. Mit Hilfe der restlichen Angaben lässt sich B konstruieren.

d) Mit a beginnen. Dann A und M_c konstruieren und $\triangle ABC$ vervollständigen.

e) Sei $w_\alpha \cap a = \{W\}$.
   Wegen Satz 1 gilt $w(AWB) = 65°$, außerdem gilt $w(WAB) = 35°$.
   $\triangle ABW$ konstruieren und dann $\triangle ABC$ vervollständigen.

6. Mit den Bezeichnungen der Skizze zu Übungsaufgabe (6) gilt:

$$\frac{a+b}{a} = \frac{c+d}{c} \qquad \text{/1. Strahlensatz}$$

$$\Rightarrow \quad \frac{a}{a} + \frac{b}{a} = \frac{c}{c} + \frac{d}{c}$$

$$\Rightarrow \quad 1 + \frac{b}{a} = 1 + \frac{d}{e}$$

$$\Rightarrow \quad \frac{b}{a} = \frac{d}{c}$$

7.   Bew.:
      Voraussetzungen: ΔABC, w_γ, $w_\gamma \cap AB = \{D\}$

      Idee: Die Behauptung ist
      ein Verhältnis über Stre-
      ckenlängen. Die Anwen-
      dung eines Strahlensatzes
      könnte hilfreich sein.
      Wir ergänzen   also die
      Figur zu einer Strahlensatz-
      figur mit Zentrum A und
      hoffen ...

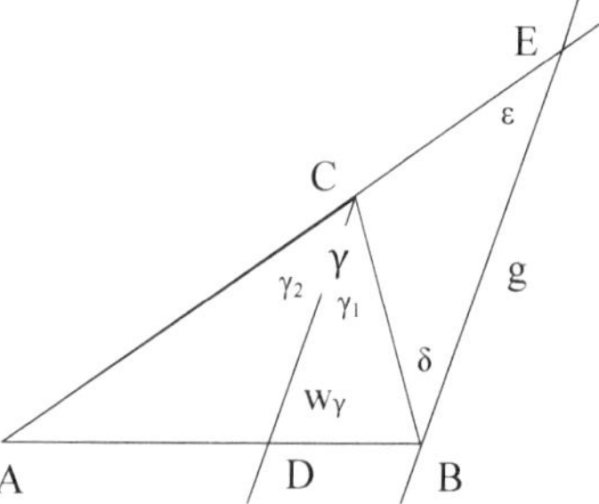

Sei g eine Gerade mit $g \parallel w_\gamma$ und $B \in g$ und $g \cap AC = \{E\}$.
Dann gilt:

$$\overline{AD} : \overline{DB} = \overline{AC} : \overline{CE} \quad /1.\ \text{Strahlensatz}$$
$$\Leftrightarrow \quad \overline{DA} : \overline{DB} = \overline{CA} : \overline{CE} \quad (*)$$

Es bleibt z.z.: $\overline{CE} = \overline{CB}$
Es gilt:

$$\gamma_1 = \delta \qquad /\text{Wechselwinkel}$$
$$\wedge \quad \gamma_2 = \gamma_1 = \varepsilon \quad /\text{Stufenwinkel}$$
$$\Rightarrow \quad \delta = \varepsilon$$
$$\Rightarrow \quad \Delta BEC \text{ ist gleichschenklig.} \qquad /\text{Basiswinkelsatz}$$
$$\Rightarrow \quad \overline{CE} = \overline{CB} \qquad /\text{Basiswinkelsatz}$$
$$\Rightarrow \quad \overline{DA} : \overline{DB} = \overline{CA} : \overline{CB} \qquad /\text{wegen } (*)$$

8.   Damit Viereck EFGH ein Quadrat ist, müssen

      (a) die Vierecksseiten gleich lang und

      (b) die Innenwinkel rechte sein.

      Einen Kongruenzsatz benutzen.

Kap. 6.3

1.   a) C liegt auf dem Fasskreis zur Sehne $\overline{AB}$, der Mittelpunktswinkel
         beträgt 100°. Außerdem liegt C auf einer Parallelen c' zu c mit
         Abstand 4 cm.

b) Wieder liegt C auf dem Fasskreis zur Sehne $\overline{AB}$, der Mittelpunktswinkel beträgt 120°.
Zweite Ortslinie für C ist k(B, r = 5cm).

c) Analog zu (1.b). Die zweite Ortslinie ist hier ein anderer Kreis.

d) Analog zu (1.b). Da γ hier ein stumpfer Winkel ist: Auf die Lage des Fasskreismittelpunktes achten.

2.   Der Umfangswinkel zu $\overline{AB}$ beträgt 50°, ist also ein spitzer Winkel. Folglich liegen der Mittelpunkt des Fasskreisbogens M_1 und der Fasskreisbogen auf derselben Seite von $\overline{AB}$.

Der Mittelpunktswinkel ist doppelt so groß wie der Umfangswinkel, beträgt also 100°. Damit verbleiben für die beiden Basiswinkel im gleichschenkligen Dreieck ABM_1 jeweils 40°. So wurde M_1 konstruiert. Unterhalb von $\overline{AB}$ (symmetrisch zu M_1) findet sich ein zweiter Mittelpunkt M_1' eines zweiten Fasskreisbogens.

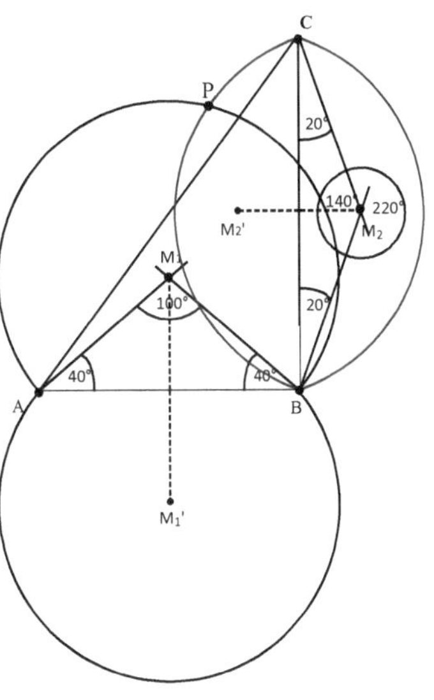

Der Umfangswinkel zu $\overline{BC}$ ist ein stumpfer Winkel, der doppelt so große Mittelpunktswinkel bei M_2 liegt also auf der $\overline{BC}$ abgewandten Seite von M_2. Damit beträgt der Winkel bei M_2 im Dreieck BCM_2 360° - 220° = 140°, für die beiden Basiswinkel bleiben also jeweils 20°. So wurde M_2 konstruiert. Spiegelt man M_2 an $\overline{BC}$, so erhält man einen zweiten Mittelpunkt M_2' und einen zweiten Fasskreisbogen rechts von $\overline{BC}$.

Die Fasskreisbögen schneiden sich in einem Punkt P. Dies ist der einzige Punkt, von dem aus man $\overline{AB}$ unter einem Winkel von 50° und $\overline{BC}$ unter einem Winkel von 110° sieht.

3. Siehe Übungsaufgabe (2).

4. Wenn man sich in einem Dreieck befindet und von einem Standpunkt aus alle drei Seiten unter demselben Blickwinkel sieht, dann hat man sich einmal um die eigene Achse gedreht (360°), die Blickwinkel betragen also alle 360° : 3 = 120°. Da diese Umfangswinkel stumpf sind, liegen die Mittelpunkte der Fasskreise außerhalb des Dreiecks, die Winkel an die Seiten betragen alle 30°. Wie üblich werden die Kreisbögen konstruiert. Sie schneiden sich in P.

5. Die Abbildungen stellen eine Sequenz dar:

Beobachten – Entdecken – Berichten Sie.

Sie brauchen weitere Hilfen?

-   Bringen Sie die Sequenz I.-II.-III. in einen Zusammenhang.

-   Was wird von I. nach II. nach III. verändert?

-   Beschreiben Sie die Folgen dieser Veränderungen.

-   Stellen Sie die Tripel aus Fasskreis, Mittelpunkts- und Umfangswinkel heraus. Es sind mehr als vier.

-   In jeder Teilabbildung sind zwei Umfangswinkel und zwei Mittelpunktswinkel dargestellt.

-   Entdecken Sie die Beziehungen der beiden Umfangswinkel / Mittelpunktswinkel in jeder (!) der drei Abbildungen.

-   Äußern Sie sich zur Konstruktion von M in jeder der drei Abbildungen. Insbesondere in Abbildung III. sollten Ihre diesbezüglichen Äußerungen sehr genau und kleinschrittig sein.

-   Verlieren Sie mehr als die berühmten drei Wörter zu dem in einer Abbildung dargestellten Sonderfall.

-   In jeder der Abbildungen ist auch ein Viereck dargestellt.

Sie haben inzwischen drei DIN A4 Seiten gefüllt?
Da schau her!

6. Mit den Bezeichnungen der Abbildung gilt:
ΔBPM ist gleichschenklig, weil $\overline{MB}$ und $\overline{MP}$ Radien desselben Kreises sind.

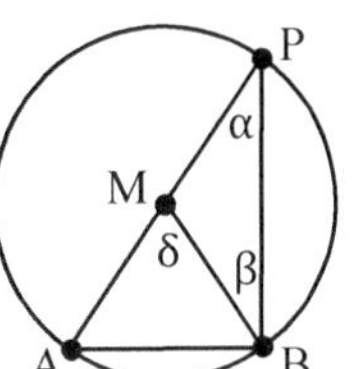

Folglich:

$$\alpha = \beta \qquad \text{/ Satz 5 (Basiswinkelsatz)}$$
$$\Rightarrow \quad 2\alpha = \delta \qquad \text{/Satz 2 (Außenwinkelsatz)}$$
$$\Rightarrow \quad \alpha = \frac{\delta}{2} \qquad /:2$$

7. Scherung und Umfangswinkelsatz sind die Mittel der Wahl.
Bei allen Scherungen des ΔABC an der Scherungsachse AB liegen die Bildpunkte von C auf einer Parallelen zu AB durch C.
Diejenigen (beiden) Bildpunkte, die zusätzlich der Winkelmaßbedingung 40° genügen, liegen auf dem Fasskreis über der Sehne $\overline{AB}$ mit dem zugehörigen Mittelpunktswinkel von 80°.

8. Das Viereck ABCD ist ein Sehnenviereck, da sich die gegenüberliegenden Winkel zu 180° ergänzen. Konstruktion:

1. Zeichne $\overline{AB}$ mit $l(\overline{AB}) = 6$ cm.

2. Trage an $\overline{AB}$ in B den Winkel von 105° an.

3. Trage auf dem freien Schenkel C ab, $l(\overline{BC}) = 5$ cm.

4. Der Mittelpunktswinkel zu $\sphericalangle$ADC beträgt 150°. Der Mittelpunkt M liegt auf derselben Seite von $\overline{AC}$ wie D. Trage also an $\overline{AC}$ in A und C auf der B abgewandten Seite jeweils einen Winkel von 15° ab. Die freien Schenkel schneiden sich in M.

5. Zeichne den Fasskreisbogen um M mit Radius $l(\overline{AM})$. Auf diesem liegt D.

6. Der Punkt P, von dem aus man alle Seiten des Vierecks unter demselben Winkel sicht (also 360° : 4 − 90°), liegt auf den Thaleskreisen über den Seiten $\overline{AB}$ und $\overline{BC}$.
Zeichne also den Kreis um den Mittelpunkt von $\overline{AB}$ mit Radius $\frac{1}{2} l(\overline{AB}) = 3$ cm und den Kreis um den Mittelpunkt von $\overline{BC}$ mit Radius $\frac{1}{2} l(\overline{BC}) = 2{,}5$ cm. Diese Kreise schneiden sich in P.

7. Zeichne die Strecke $\overline{BP}$ und verlängere diese über P hinaus. Sie schneidet den Fasskreisbogen in D.

8. Zeichne $\overline{AD}$ und $\overline{DC}$.

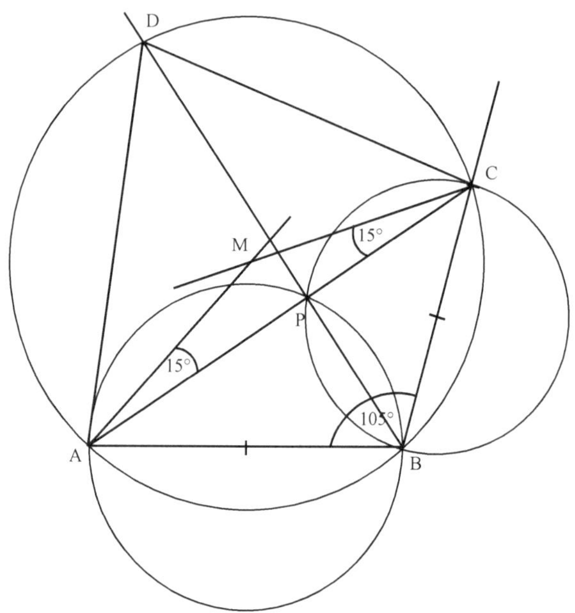

9.   1. Fall: P ∈ AM (Spezialfall)
     (P ∈ BM zeigt man analog)

Dann ist $\triangle MBP$ gleichschenklig, denn $\overline{MB}$ und $\overline{MP}$ sind Radien ein und desselben Kreises.

Dann gilt:

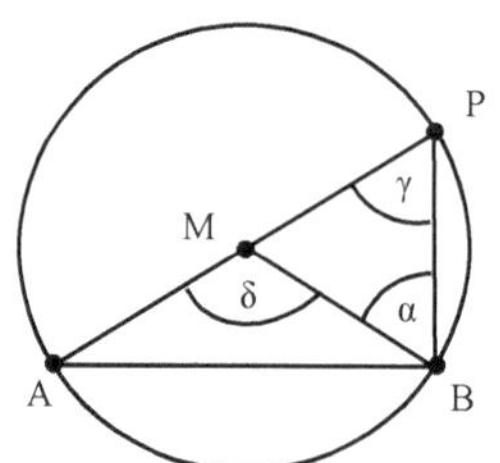

$$\alpha = \gamma \qquad \text{/Satz 5}$$
$$\Rightarrow \quad \delta = 2 \cdot \gamma \qquad \text{/Satz 2}$$
$$\Rightarrow \quad \gamma = \delta : 2 \qquad \text{/:2}$$

2. Fall: P liegt in der linken Halbebene von AM.

Sei $k(M, \overline{MP}) \cap MP = \{C\}$.
Dann sind γ_1 bzw. γ_2 Umfangswinkel zu δ_1 bzw. δ_2 über den Sehnen $\overline{AC}$ bzw. $\overline{BC}$ und es gilt:

$$\gamma_1 = \delta_1 : 2 \wedge \gamma_2 = \delta_2 : 2 \quad \text{/Fall 1}$$
$$\Rightarrow \quad \gamma_1 + \gamma_2 = (\delta_1 + \delta_2) : 2$$
$$\text{/Gleich. add.}$$
$$\Rightarrow \quad \gamma = \delta : 2 \qquad \text{mit } \gamma = \gamma_1 + \gamma_2 \text{ und } \delta = \delta_1 + \delta_2$$

Der Umfangswinkel ist also halb so groß wie der Mittelpunktswinkel.

3. Fall: P liegt in der rechten Halbebene von AM.

Sei $k(M, \overline{MP}) \cap MP = \{C\}$.
Dann sind γ_1 bzw. γ_2 Umfangswinkel zu δ_1 bzw. δ_2 über den Sehnen $\overline{AC}$ bzw. $\overline{BC}$ und es gilt:

$$\gamma_1 = \delta_1 : 2 \wedge \gamma_2 = \delta_2 : 2 \quad \text{/Fall 1}$$
$$\Rightarrow \quad \gamma_2 - \gamma_1 = (\delta_2 - \delta_1) : 2 \quad \text{/Gleich. subtr.}$$
$$\Rightarrow \quad \gamma = \delta : 2 \qquad \text{mit } \gamma = \gamma_2 - \gamma_1 \text{ und } \delta = \delta_2 - \delta_1$$

Auch hier ist der Umfangswinkel also halb so groß wie der Mittelpunktswinkel.

Kap. 6.4

1.a) Betrachtet sei ein rechtwinkliges Dreieck $\triangle ABC$ mit rechtem Winkel bei C. Mit den Bezeichnungen der Abbildung ist zu zeigen:
$a^2 + b^2 = c^2$

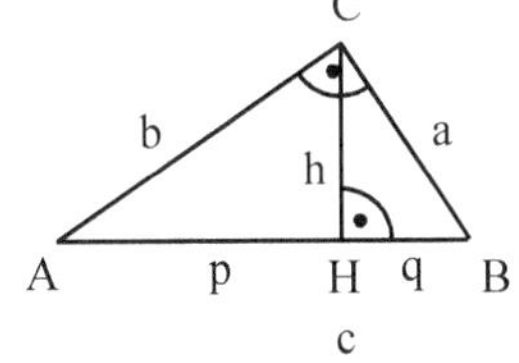

Es gilt der Kathetensatz, also:

$$a^2 = cq \ \wedge \ b^2 = cp$$

$\Rightarrow \quad a^2 + b^2 = cq + cp \qquad$ / Gleich. addiert

$\Rightarrow \quad a^2 + b^2 = c\,(q + p) \qquad$ / DG $\cdot,+$

$\Rightarrow \quad a^2 + b^2 = c \cdot c = c^2 \qquad$ /mit $c = p + q$

1.b) Betrachtet sei ein rechtwinkliges Dreieck $\triangle ABC$ mit rechtem Winkel bei C. Mit den Bezeichnungen der Abbildung oben ist zu zeigen:
$a^2 = c{\cdot}q$ und $b^2 = c{\cdot}p$
Wir zeigen hier $a^2 = c{\cdot}q$; $b^2 = c{\cdot}p$ zeigt man analog.

Weil $\triangle ABC$ rechtwinklig ist, gilt:

$\qquad a^2 = h^2 + q^2 \qquad\qquad$ /Pythagoras in $\triangle HBC$ $\qquad$ (1)

$\wedge \quad b^2 = h^2 + p^2 \qquad\qquad$ /Pythagoras in $\triangle HCA$ $\qquad$ (2)

$\wedge \quad a^2 + b^2 = c^2 \qquad\qquad$ /Pythagoras in $\triangle ABC$

$\qquad \Rightarrow b^2 = c^2 - a^2$

$\qquad \Rightarrow b^2 = (p + q)^2 - a^2 \qquad\qquad\qquad\qquad\qquad$ (3)

Dann:

$\qquad a^2 = h^2 + q^2$

$\Rightarrow \quad a^2 = b^2 - p^2 + q^2 \qquad$ /wg. (2)

$\Rightarrow \quad a^2 = (p + q)^2 - a^2 - p^2 + q^2 \qquad$ /wg. (3)

$\Rightarrow \quad a^2 = p^2 + 2pq + q^2 - a^2 - p^2 + q^2 \qquad$ /1. binomische Formel

$\Rightarrow \quad 2a^2 = p^2 + 2pq + q^2 - p^2 + q^2 \qquad$ /$+a^2$

$\Rightarrow \quad 2a^2 = 2pq + 2q^2 \qquad$ / $p^2 - p^2 = 0$

$\Rightarrow \quad a^2 = pq + q^2 \qquad$ /:2

$\Rightarrow \quad a^2 = q\,(p + q) \qquad$ / DG $\cdot,+$

$\Rightarrow \quad a^2 = q \cdot c \qquad$ /mit $c = p + q$

$\Rightarrow \quad a^2 = c \cdot q \qquad$ /KG

1.c) -

2. Das Hexaeder hat sechs Flächen, das Tetraeder sechs Kanten. Die größtmögliche Länge der Tetraederkanten ist die der Flächendiagonalen des Würfels.[5] Es gibt zwar längere Strecken im Würfel, etwa die Raumdiagonalen, aber von denen gibts nur vier und wenn Sie die wählen, dann: game over!
Die Bestimmung der Kantenlänge einer Flächendiagonalen im Würfel sollte kein Problem darstellen.

---

[5] Das maximale Tetraeder im Hexaeder hat Hexaederflächendiagonalenkantenlänge. Wow, das macht auch mal Spaß, aber reden Sie nicht so mit Ihren Schülern.

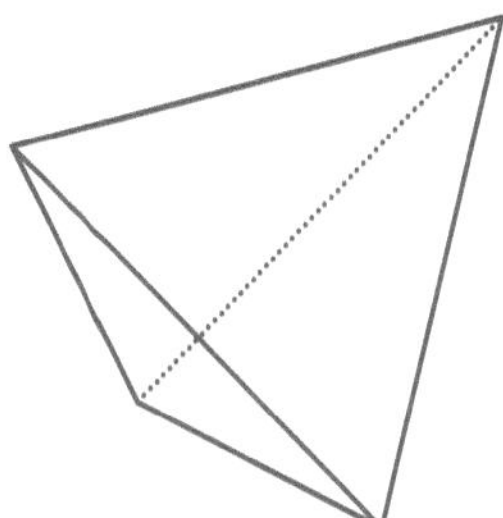 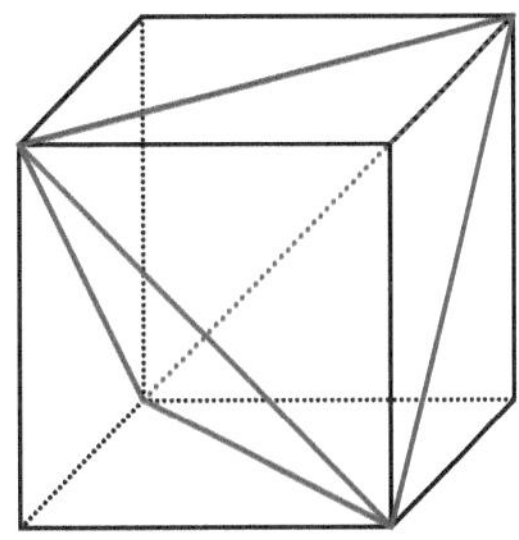

3.a) Ein Dreieck ist genau dann rechtwinklig, wenn die Summe der Flächeninhalte der Quadrate über den Katheten genauso groß ist wie der Flächeninhalt des Quadrats über der Hypotenuse.

3.b) Ein Dreieck ist rechtwinklig. ⇔ Die Summe der Flächeninhalte der Quadrate über den Katheten genauso groß ist wie der Flächeninhalt des Quadrats über der Hypotenuse.

4. $A_{\text{Möndchen}} = A_{\text{Dreieck}} + A_{H_a} + A_{H_b} - A_{H_c}$

$$= A_{\text{Dreieck}} + \frac{1}{2}\left(\frac{a}{2}\right)^2 \pi + \frac{1}{2}\left(\frac{b}{2}\right)^2 \pi - \frac{1}{2}\left(\frac{c}{2}\right)^2 \pi$$

$$= A_{\text{Dreieck}} + \frac{1}{8}\pi\,(a^2 + b^2 - c^2)$$

$$= A_{\text{Dreieck}} \quad / \text{da } a^2 + b^2 = c^2 \text{ nach dem Satz des Pythagoras}$$

5. Im gleichseitigen Dreieck sind Mittelsenkrechte, Winkelhalbierende, Höhen und Seitenhalbierende identisch.

Im jedem Dreieck schneiden sich die Seitenhalbierenden im Schwerpunkt und teilen sich im Verhältnis 1:2. ...

$$r_{\text{Umkreis}} = \frac{\sqrt{3}}{3}a \quad \text{und} \quad r_{\text{Inkreis}} = \frac{\sqrt{3}}{6}a$$

6. Das Tetraeder ist ein platonischer Körper, seine Flächen sind gleichseitige Dreiecke.

Im gleichseitigen Dreieck sind Mittelsenkrechte, Winkelhalbierende, Höhen und Seitenhalbierende identisch.

In jedem Dreieck schneiden sich die Seitenhalbierenden im Schwerpunkt und teilen sich im Verhältnis 1:2.

Die Abbildung enthält alle Hilfslinien zur Berechnung von k.

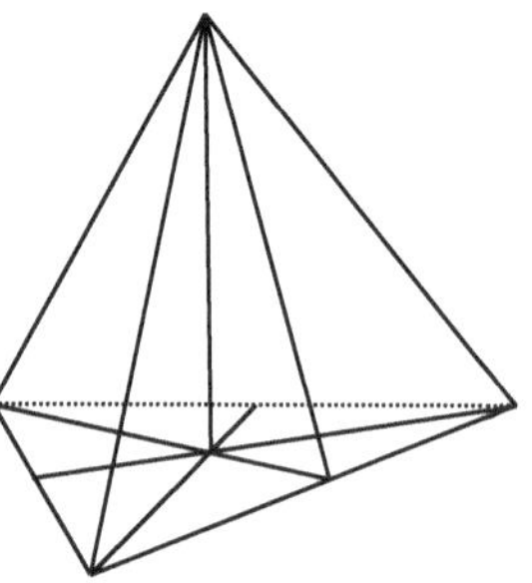

7.a) Nach Aufgabenstellung sind die beiden Rettungszentren von C gleich weit entfernt. Diese Entfernung bezeichnen wir mit x. Wir können zweimal den Satz des Pythagoras anwenden:

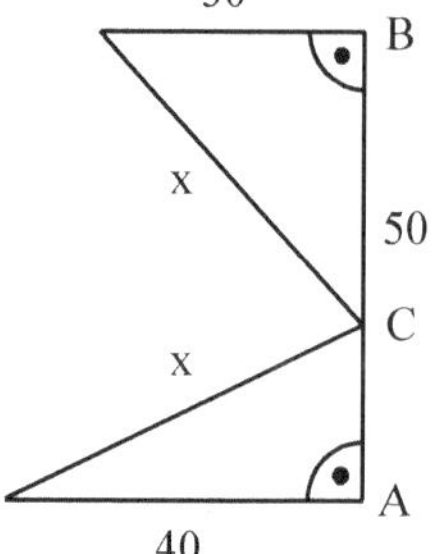

$$40^2 + l(\overline{AC})^2 = x^2 \quad (1)$$
$$30^2 + l(\overline{BC})^2 = x^2 \quad (2)$$

Außerdem gilt:

$$l(\overline{AC}) + l(\overline{BC}) = 50 \iff l(\overline{AC}) = 50 - l(\overline{BC}) \quad (3)$$

Wir setzen (1) und (2) gleich und dann (3) ein:

$$
\begin{aligned}
& 40^2 + l(\overline{AC})^2 = 30^2 + l(\overline{BC})^2 \\
\Rightarrow \quad & 40^2 + (50 - l(\overline{BC}))^2 = 30^2 + l(\overline{BC})^2 \\
\iff \quad & 1600 + 2500 - 100 \cdot l(\overline{BC}) + l(\overline{BC})^2 = 900 + l(\overline{BC})^2 \\
\iff \quad & 4100 - 100 \cdot l(\overline{BC}) = 900 \\
\iff \quad & 3200 = 100 \cdot l(\overline{BC}) \\
\iff \quad & l(\overline{BC}) = 32 \ \Rightarrow \ l(\overline{AC}) = 18
\end{aligned}
$$

Der Unfallort C ist also von A 18 km entfernt.

7.b) Die Punkte, die von den beiden Rettungszentren R_1 und R_2 denselben Abstand haben, liegen auf der Mittelsenkrechten zu der Verbindungsstrecke der Zentren. Diese konstruieren wir wie üblich. Da der gesuchte Punkt auf der ICE-Strecke $\overline{AB}$ liegt, ergibt er sich als Schnittpunkt der Mittelsenkrechten mit $\overline{AB}$.

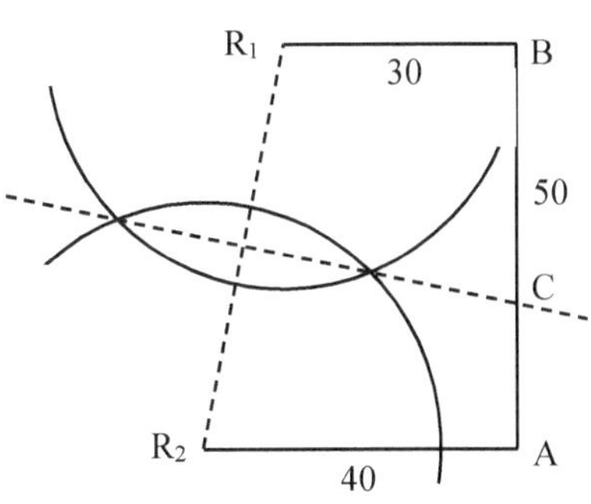

8.

9.

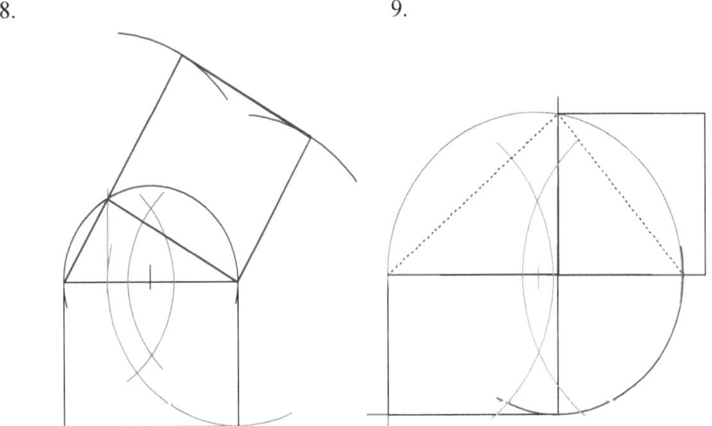

10. Sechs der vorgegebenen Aussagen sind wahr.

11. Die Aufgabe ist zur Übungsaufgabe „Die Bahn verbindet" strukturgleich.

Kap. 6.5

1.

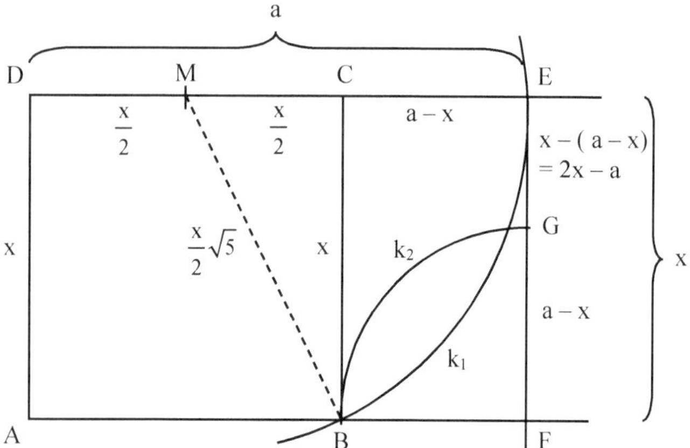

1. Konstruiere den Mittelpunkt M der Quadratseite $\overline{CD}$.
2. k_1 (M, r_1 = l($\overline{MB}$)) schneidet CD in E.
3. Errichte Lot zu CD in E. Dieses schneidet AB in F.

Jetzt ist a = $\frac{x}{2}+\frac{x}{2}\sqrt{5}$, B teilt $\overline{AF}$ also im goldenen Schnitt.

Wir zeichnen k_2 (F, r_2 = l($\overline{BF}$)), der die Rechteckseite $\overline{EF}$ in G schneidet. Zu zeigen ist, dass G die Strecke $\overline{EF}$ ebenfalls im goldenen Schnitt teilt.

Das „angebaute" Rechteck BFEC hat als Seitenlängen a − x und x. G zerlegt die Strecke $\overline{EF}$ in zwei Teilstrecken mit den Längen a − x und x − (a − x) = 2x − a.

Zu zeigen ist: $\dfrac{a-x}{x} = \dfrac{2x-a}{a-x}$

$\dfrac{a-x}{x} = \dfrac{2x-a}{a-x}$ $\qquad \Leftrightarrow (a-x)^2 = x(2x-a)$

$\qquad\qquad\qquad\quad \Leftrightarrow a^2 - 2ax + x^2 = 2x^2 - ax$

$\qquad\qquad\qquad\quad \Leftrightarrow 0 = x^2 + ax - a^2$

Dies ist dieselbe Gleichung, auf die $\dfrac{x}{a} = \dfrac{a-x}{x}$ führt. Sie hat also dieselben Lösungen wie die Verhältnisgleichung, die den goldenen Schnitt definiert.

2. Eine mögliche Konstruktion ist hier verkleinert dargestellt.

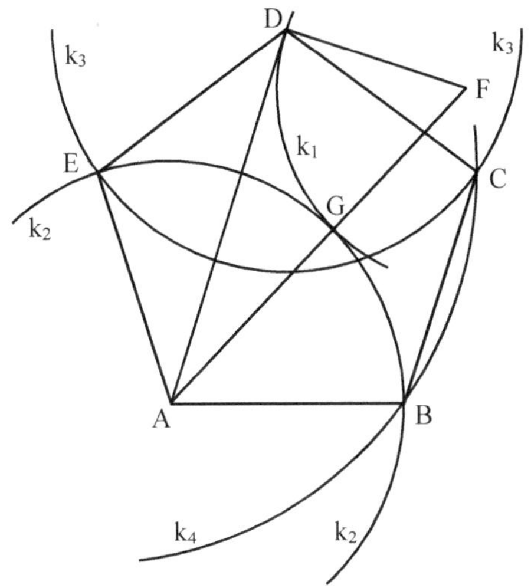

1. Zeichne $\overline{AD}$ mit $l(\overline{AD}) = d = 8$ cm.

2. Konstruiere $\overline{DF}$ mit
    $\overline{DF} \perp \overline{AD}$ und $l(\overline{DF}) = \tfrac{1}{2}\, l(\overline{AD}) = \tfrac{1}{2}\, d = 4$ cm. (bekannte Grundkonstruktion, oben nicht dargestellt)

3. $k_1\,(F,\, r_1 = l(\overline{DF}) = \tfrac{1}{2}\, d)$

4. Zeichne $\overline{AF}$. $\overline{AF}$ schneidet k_1 in G. $l(\overline{AG}) = \tfrac{1}{2}\, d\, \sqrt{5}\, - \tfrac{1}{2}\, d$.
    $l(\overline{AG})$ ist also die Länge der Fünfecksseite.

5. $k_2\,(A,\, r_2 = l(\overline{AG}))$

6. $k_3\,(D,\, r_3 = l(\overline{AG}))$ k_2 und k_3 schneiden sich in E.

7. $k_4\,(E,\, r_4 = l(\overline{AD}))$ k_3 und k_4 schneiden sich in C, k_2 und k_4 schneiden sich in B.

8. Zeichne $\overline{AB}$, $\overline{BC}$, $\overline{CD}$, $\overline{DE}$ und $\overline{EA}$.

3.   Orientieren Sie sich an den Überlegungen zur Konstruktion eines regulären Fünfecks mit Seitenlänge x im Text.

4.   Wenn der Tempel 23,5 m breit ist, so muss er ca. $0,618 \cdot 23,5$ m, also etwa 14,5 m hoch sein, damit er in ein goldenes Rechteck passt.

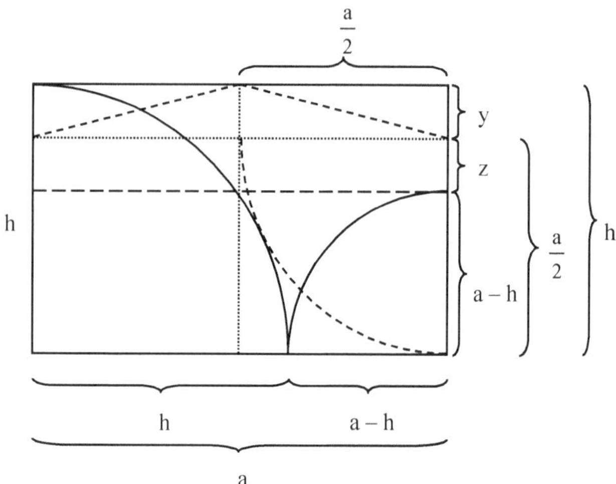

Nach Konstruktion der Linien und Punkte, ersichtlich aus den Kreisbögen, sind die Tempelabmessungen wie oben in der Zeichnung.

Die Frage ist, ob $y = z$ gilt.

Es gilt:

$$z = \frac{a}{2} - (a - h) = h - \frac{a}{2} = y$$

Es handelt sich also nicht nur um eine Täuschung, die gepunktete Linie liegt tatsächlich genau in der Mitte zwischen der waagerechten Rechteckseite und der gestrichelten Waagerechten.

7 Darstellende Geometrie

Kap. 7.1

1.   -

2.   -

3.

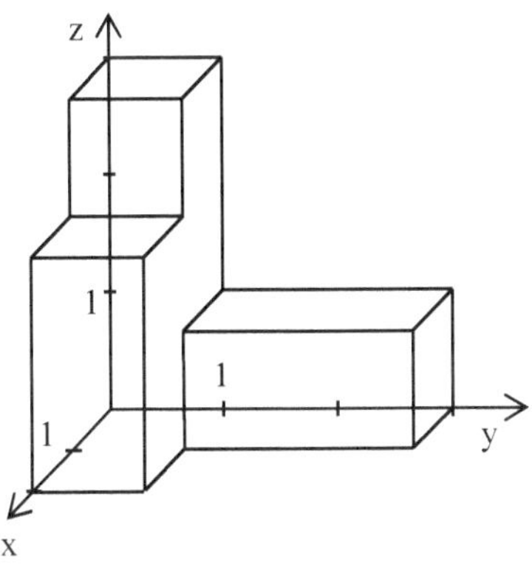

Kap. 7.2

1.   Das Prozedere zur Darstellung eines solchen Zylinders ist am Ende
      des Kapitels 7.2 erläutert.

2.   a)

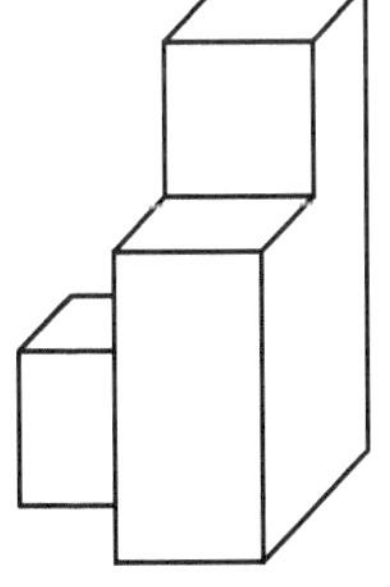

b)

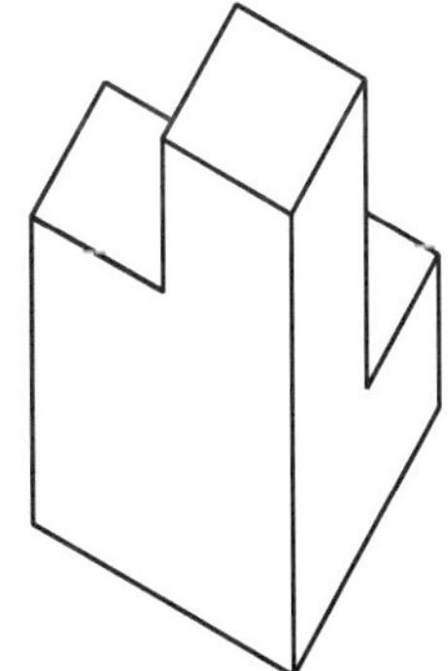

3. a) b)

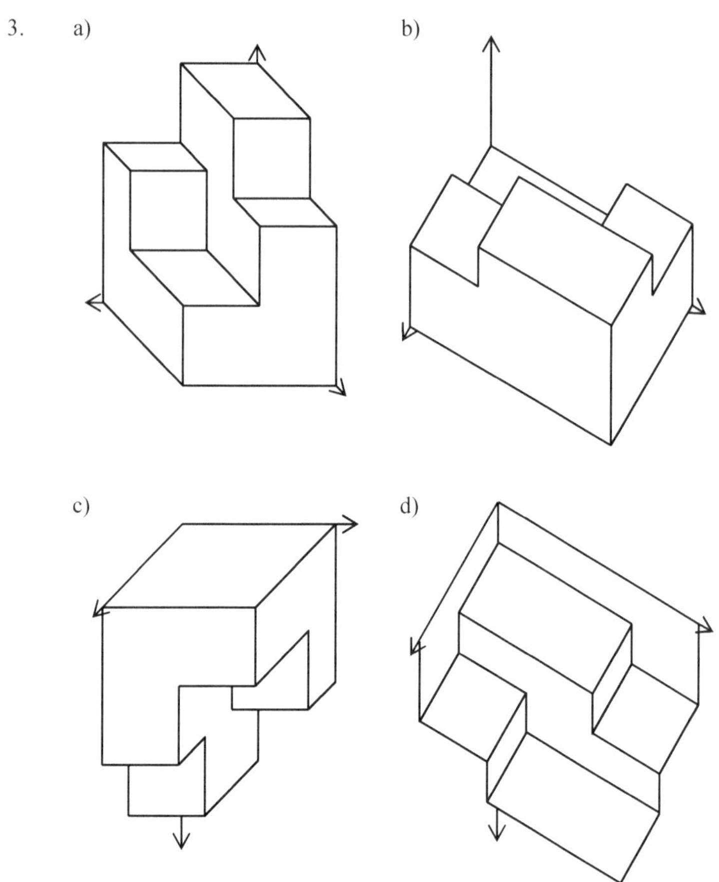

c) d)

4. Sich für eine geeignete Projektion entscheiden, vielleicht auch mit verschiedenen Parametern experimentieren.

Den Dreierwürfel (Viererwürfel, Fünferwürfel, ...) mit den in den Übungsaufgaben (2) und (3) gemachten Konventionen darstellen. Die Lösung (en) dann farblich darstellen.

Kap. 7.3

1.a)   So wie das Oktaeder hier in der xy-Ebene platziert wurde, sehen wir als äußere Begrenzungslinien der Seitenansichten die Höhen der gleichseitigen Dreiecke, die diesen Körper bilden.
Diese Höhe ermitteln wir zeichnerisch, indem wir im Grundriss eines dieser Dreiecke in die xy-Ebene umklappen, die Länge der Höhe (fett gezeichnet) in den Zirkel nehmen, bei dem Standpunkt A des Körpers den Zirkel einstechen und den Kreis mit der Ortslinie für B zum Schnitt bringen. Entsprechend konstruiert man die übrigen Punkte der Risse.

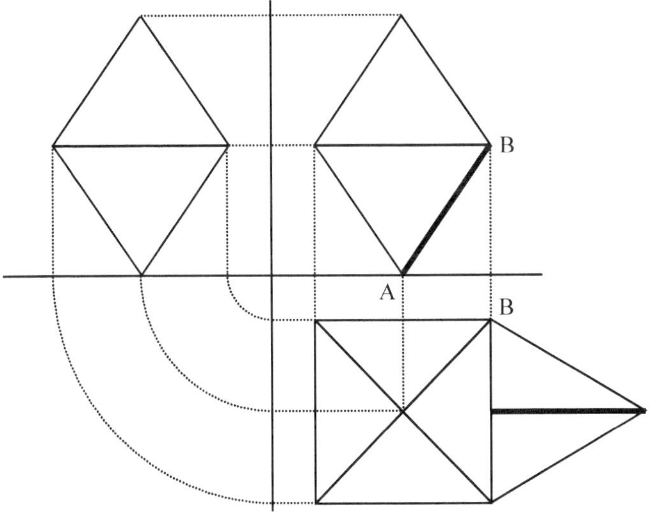

1.b)   Wir verfahren ähnlich. Hier schauen wir im Seitenriss auf die Höhe eines (Dreiecks. Dieses klappen wir wieder in die Grundrissebene, entnehmen die Höhe der Zeichnung und konstruieren die fett gezeichnete Kante im Seitenriss als Schnittpunkt von Ortslinie und einem Kreis mit der Höhe als Radius. Der Rest ergibt sich zwangsläufig.

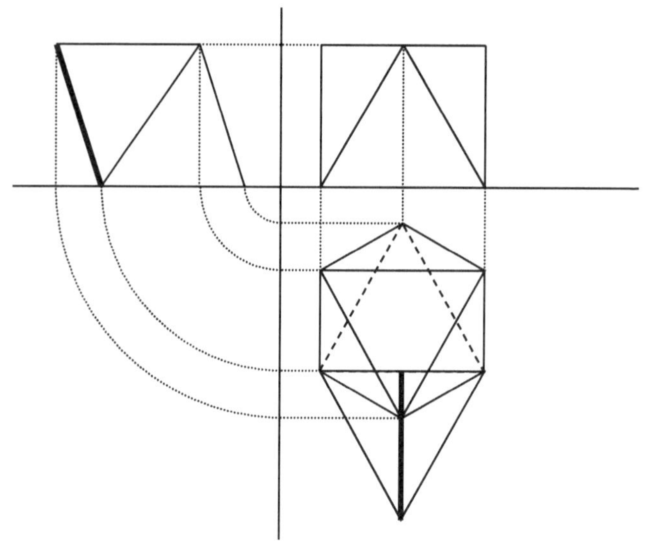

2.a)

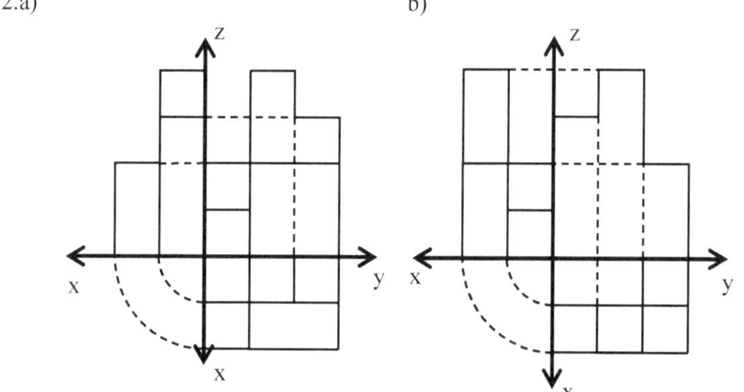

3. Die Überlegungsfigur (rechts) zeigt einen Würfel aus acht Würfeln in Kavalierprojektion. Grundschüler nennen ihn Zweierwürfel.

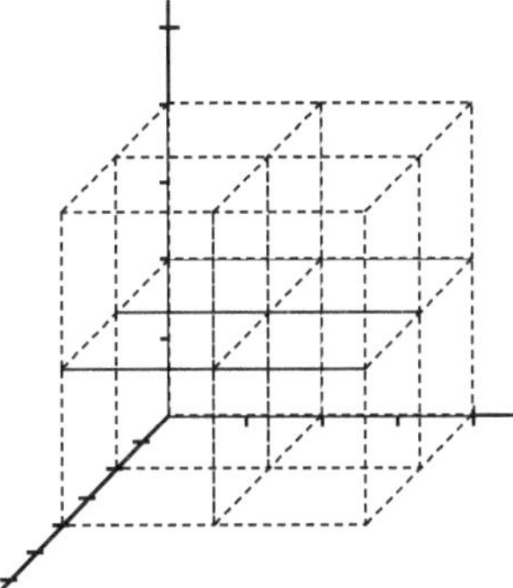

Die Darstellung rechts liefert ein schönes anschauliches Bild des Körpers in Kavalierprojektion.

Außerdem ist noch eine der beiden unteren Darstellungen in Militärprojektion brauchbar.

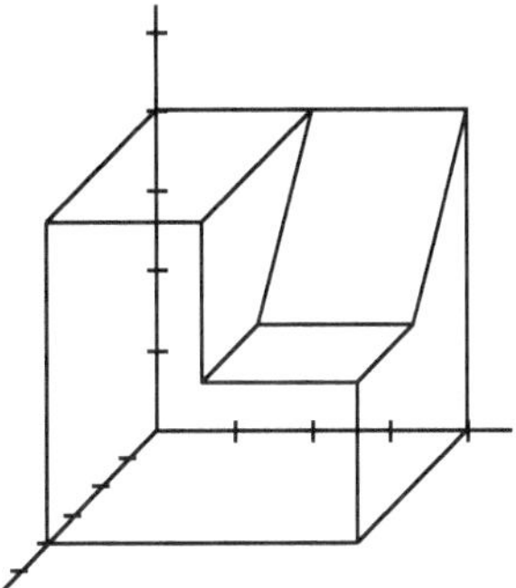

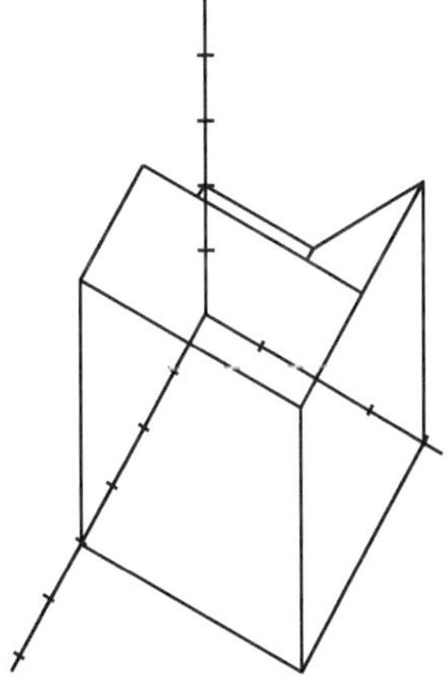

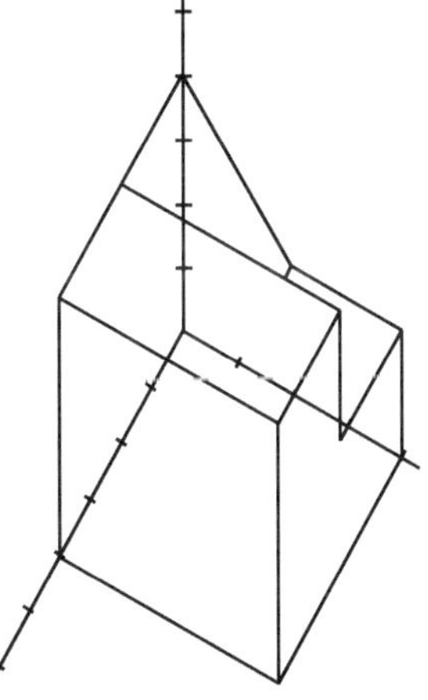

4.

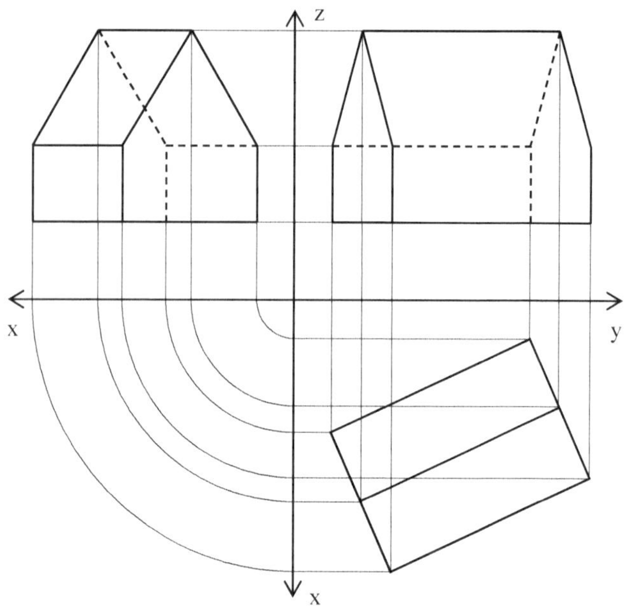

Kap. 7.4

1.a) Die Militärprojektion ist eine spezielle Form der schrägen Parallelprojektion, bei der die xy-Ebene parallel zur Bildebene gelegt wird. Der Maßstab auf der x- und der y-Achse liegt damit fest (1:1), der Winkel zwischen den beiden Achsen ist ein Rechter.

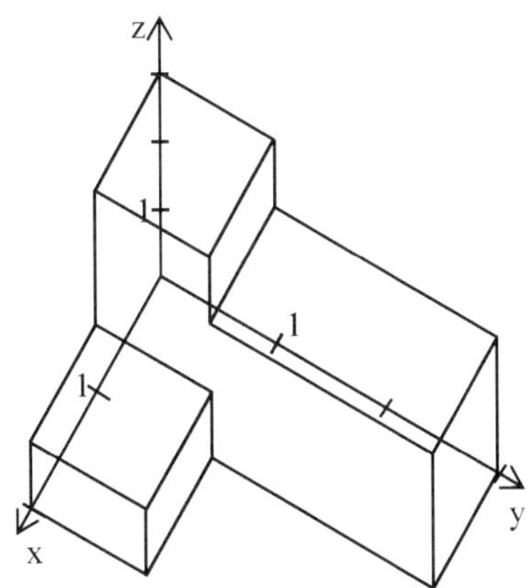

Die Axonometrie hat folgende Eigenschaften:

- Geradentreue (sofern die Geraden nicht parallel zur Projektionsrichtung sind)

- Parallelentreue

- Streckenverhältnistreue

- Figuren, die in einer Ebene parallel zur Bildebene liegen, werden auf kongruente Figuren abgebildet.

1.b)

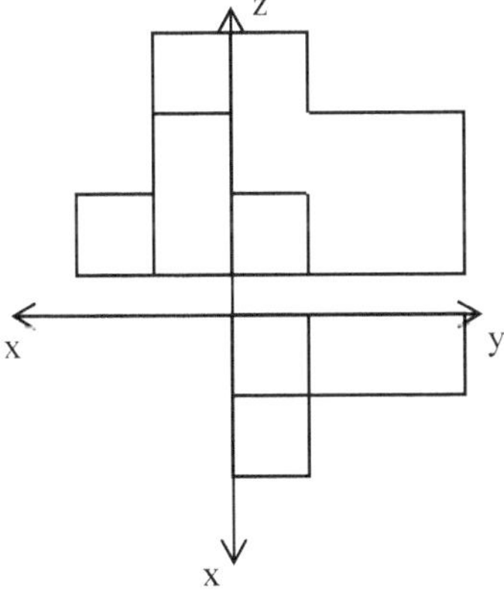

2.

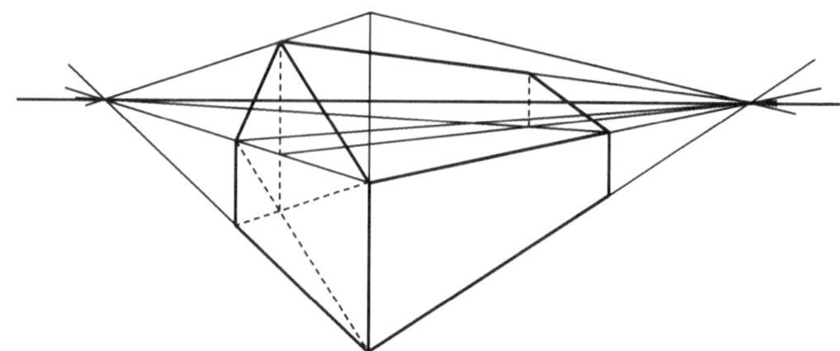

- Durch die Verlängerung der beiden gegebenen Hauskanten erhält man die beiden Fluchtpunkte auf dem Horizont.

- Die Bilder der in Wirklichkeit parallel verlaufenden Hauskanten liegen auf Geraden, die sich in einem Fluchtpunkt schneiden.

- Den Mittelpunkt der Giebelseite konstruiert man z. B. durch den Schnittpunkt der beiden Diagonalen der Giebelseite im Erdgeschoss.

- Zur Konstruktion der Höhe des Hauses wurde in der Vorderkante des Erdgeschosses die Höhe des Dachgeschosses in wahrer Größe abgetragen (wie Erdgeschoss). Das obere Ende dieser Strecke wird mit dem entsprechenden Fluchtpunkt verbunden. Auf dieser Linie beginnt der First.

- Zum Schluss wurden alle sichtbaren Kanten dick nachgezeichnet.

3.a)

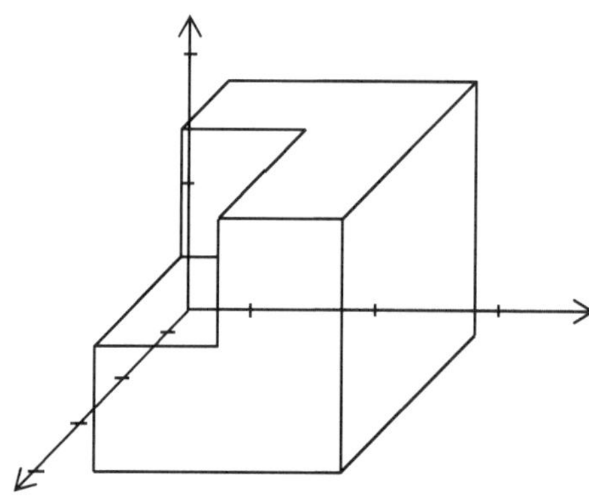

Nur die oben gezeichneten Linien sind sichtbare Kanten. Alle übrigen Linien, die möglicherweise gezeichnet wurden, müssen deutlich schwächer gezeichnet sein als die sichtbaren Kanten.

3.b)   Hier lässt sich nicht voraussagen, welche Zeichnungen angefertigt werden.

Wichtig ist, dass wieder nur sichtbare Kanten dick gezeichnet werden, Parallelen am Objekt in die richtigen Fluchtpunkte laufen, die Verkürzung des ersten Würfels einigermaßen vernünftig geschätzt wird und die Verkürzung der dahinterliegenden Würfel eben nicht geschätzt, sondern konstruiert wird, ebenso wie die Höhe hinten stehender Würfel.

Beispiel:

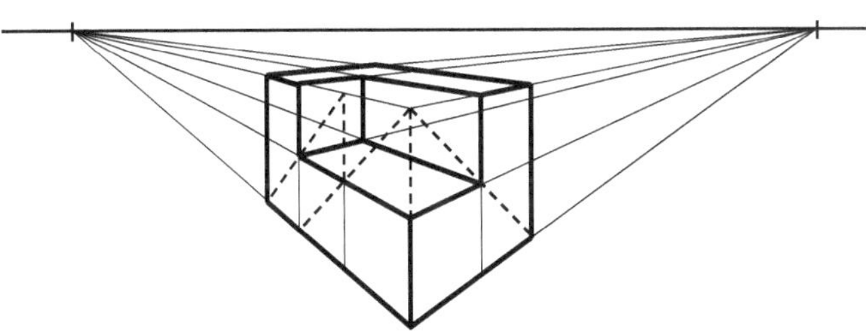

4.

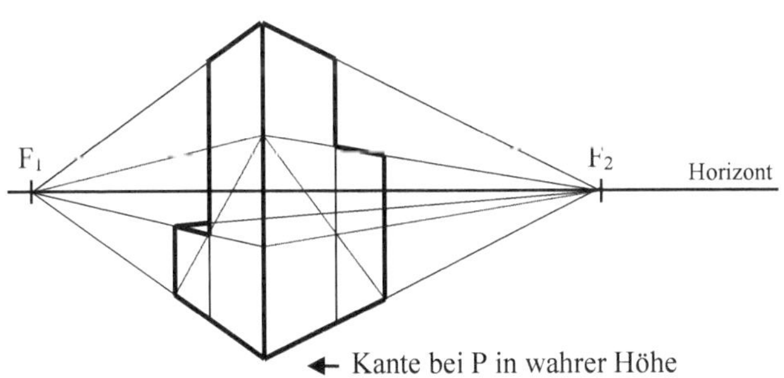

5.a)

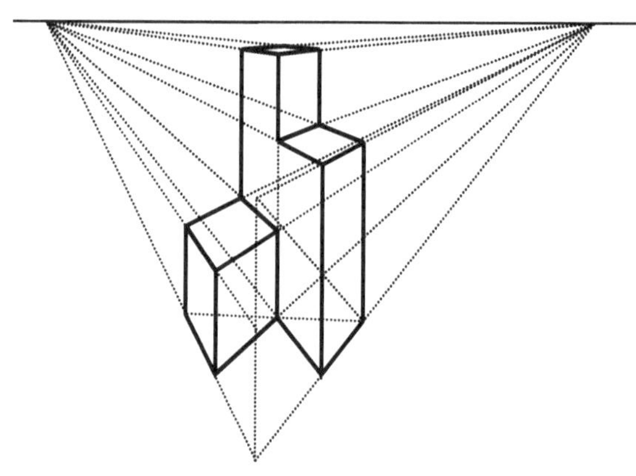

5.b)

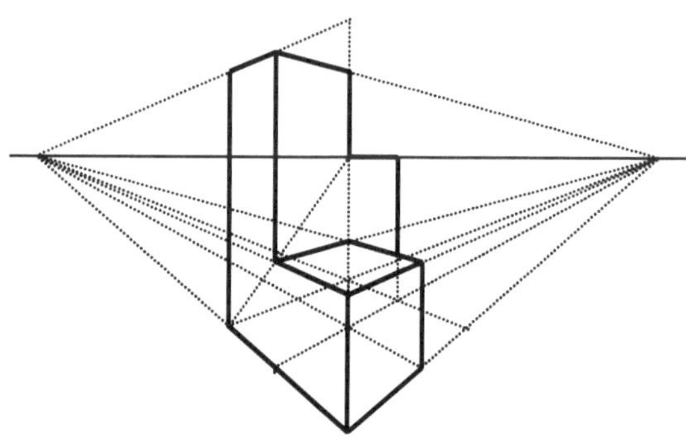

5.c)

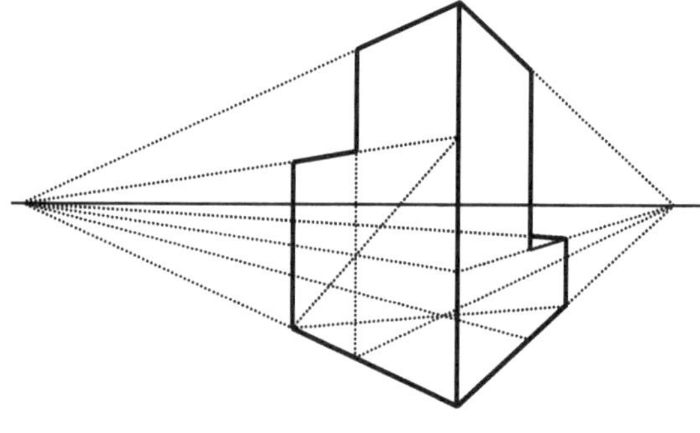

5.d)

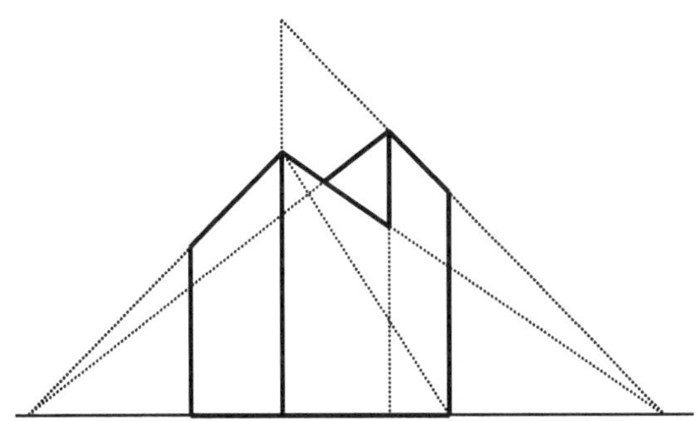

Benutzte Zeichen und Abkürzungen

$a \wedge b$	logisches „und"; es gilt a und gleichzeitig b
$a \vee b$	logisches „oder"; es gilt a oder b
$a \veebar b$	logisches „entweder oder"; es gilt entweder a oder b
$\neg a$	logisches „nicht"; Verneinung der Aussage a
$A \cap B$	Schnittmenge (der Mengen A und B)
$A \cup B$	Vereinigungsmenge (der Mengen A und B)
$\mathbb{K}$	Menge der Kongruenzabbildungen
$\mathbb{N}, \mathbb{Z}, \mathbb{Q}, \mathbb{R}$	Menge der natürlichen, der ganzen, der rationalen bzw. der reellen Zahlen
$\emptyset$	leere Menge
$\in$	... ist Element von ...
$\notin$	... ist nicht Element von ...
$A \subseteq B$	A ist Teilmenge von B
$A \subset B$	A ist echte Teilmenge von B
$\overset{!}{\exists}$	Quantor: es gibt genau ein
$\exists$	Quantor: es gibt ein
$\forall$	Quantor: für alle
$a \Rightarrow b$	Implikation; wenn a, dann b
$a \Leftrightarrow b$	Äquivalenz (der Aussagen a und b); $a \Rightarrow b \wedge b \Rightarrow a$
„$\Rightarrow$"	Wir meinen die Richtung $a \Rightarrow b$ einer Äquivalenz $a \Leftrightarrow b$.
„$\Leftarrow$"	Wir meinen die Richtung $b \Rightarrow a$ einer Äquivalenz $a \Leftrightarrow b$.
z.z.:	Abk. für „zu zeigen ist"
o.B.d.A.	Abk. für „ohne Beschränkung der Allgemeinheit"
/nach Def. 2	Kennzeichnung einer Begründung in einem Beweisschritt
AB	Gerade durch die Punkte A und B
$\overline{AB}$	Strecke mit den Endpunkten A und B
$\overrightarrow{AB}$	Halbgerade mit dem Anfangspunkt A
a	Strecke, Gerade oder Halbgerade, wenn dies aus dem Kontext klar ersichtlich ist
$l(\overline{AB})$, $l(a)$	Länge der Strecke $\overline{AB}$ bzw. der Strecke a
$\alpha, \beta, \gamma, \delta$	Namen für Winkel

$\sphericalangle(\overrightarrow{AB}, \overrightarrow{AC})$	Winkel mit Scheitel A und den Schenkeln $\overrightarrow{AB}$ und $\overrightarrow{AC}$, dabei wird der Erstschenkel immer zuerst genannt
$\sphericalangle BAC$	dto.
$w(\alpha)$	Winkelmaß des Winkels α
$w(\overrightarrow{AB}, \overrightarrow{AC})$	Winkelmaß des Winkels mit Scheitel A und den Schenkeln $\overrightarrow{AB}$ und $\overrightarrow{AC}$ bzw. Winkelmaß des Winkels $\sphericalangle BAC$; auf die konsequentere Notation $w(\sphericalangle(\overrightarrow{AB}, \overrightarrow{AC}))$ verzichten wir damit
$\triangle ABC$	Dreieck mit den Eckpunkten A, B, C
φ, ψ	Variablen für Abbildungen
id	identische Abbildung
S_g	Geradenspiegelung an der Geraden g
$V_{\overrightarrow{ST}, l(\overrightarrow{ST})}$	Verschiebung in Richtung $\overrightarrow{ST}$ um $l(\overrightarrow{ST})$
$V_{\overrightarrow{ST}}$	dto.
$D_{M, w(\alpha)}$	Drehung um Punkt M um $w(\alpha)$
S_Z	Punktspiegelung an Punkt Z
$G_{g, \overrightarrow{ST}}$	Gleitspiegelung als Nacheinanderausführung der Geradenspiegelung S_g und der Verschiebung $V_{\overrightarrow{ST}}$
P*, P'	Bilder des Urbildpunktes P bei einer Abbildung
$\prec$	... liegt vor ...
$\parallel$	... ist parallel zu ...
$\perp$	... ist senkrecht zu ...
$\equiv$	... ist kongruent zu ...
$\sim$	... ist ähnlich zu ...
AG+ in $\mathbb{Z}$	Assoziativgesetz der Addition in $\mathbb{Z}$
KG+ in $\mathbb{Z}$	Kommutativgesetz der Addition in $\mathbb{Z}$
DG·,+ in $\mathbb{Z}$	Distributivgesetz der Multiplikation bzgl. der Addition in $\mathbb{Z}$

Literatur

Adam, P., Wyss, A.: Platonische und Archimedische Körper, ihre Sternformen und polaren Gebilde. Verlag Freies Geistesleben, Stuttgart 1984

Barth, F., Krumbacher, G., Matschiner, E., Ossiander, K.: Anschauliche Geometrie, Band 4. Ehrenwirth, München 1989

Bender, P., Schreiber, A.: Operative Genese der Geometrie. Teubner, Stuttgart 1985

Benölken, R. / Gorski, H.-J. / Müller-Philipp, S.: Leitfaden Arithmetik. Springer Spektrum, Wiesbaden 2018

Coxeter, H. S. M.: Unvergängliche Geometrie. Birkhäuser, Basel 1963

DIFF (Deutsches Institut für Fernstudien) an der Universität Tübingen: Mathematik. Kurs für Lehrer Sekundarstufe I / Hauptschule.

HE 3 Geometrie, Teil 1:	Ebene Figuren und ihre Darstellung. 1978
HE 4 Geometrie, Teil 2:	Räumliche Figuren und ihre Darstellung. 1978
HE 5 Geometrie, Teil 3:	Kongruenz und Ähnlichkeit. 1981
HE 6 Geometrie, Teil 4:	Berechnungen an ebenen und räumlichen Figuren. 1979

Ernst, B.: Der Zauberspiegel des M. C. Escher. Aus: Unmögliche Welten. Taschen, Köln 1994

Fischer, G.: Lehrbuch der Algebra. Springer Spektrum, Wiesbaden 2017

Friedenthal, R.: Leonardo – Eine Bibliographie. Kindler Verlag, München 1959

Gardner, M.: Mathematische Rätsel und Probleme. Vieweg, Braunschweig 1968

Hofstadter, D. R.: Gödel, Escher, Bach – ein Endloses Geflochtenes Band. Deutscher Taschenbuch Verlag, München 2003

Hilbert, D., Cohn-Vossen, S.: Anschauliche Geometrie. Wissenschaftliche Buchgesellschaft, Darmstadt 1973

Hildebrandt, S., Tromba, A.: Kugel, Kreis und Seifenblasen. Birkhäuser, Basel, Boston, Berlin 1996

Hogben, L.: Die Welt der Mathematik, Belser Verlag, Stuttgart 1970

Holland, G.: Geometrie für Lehrer und Studenten. Band 1,2, Schroedel, Hannover, Dortmund, Darmstadt, Berlin 1974

Holland, G.: Geometrie in der Sekundarstufe. Spektrum, Hildesheim 2007

Kempinsky, H.: Lebensvolle Raumlehre. Verlag der Dürrschen Buchhandlung Bonn und Brannenburg/Obb. 1952

Kirsche, P.: Einführung in die Abbildungsgeometrie. Teubner, Stuttgart, Leipzig 1998

Krauter, S.: Erlebnis Elementargeometrie. Elsevier, München 2005

Lorenz, J. H.: Parkettierungen. Von Quadraten zu Escher. in: Geometrie in der Grundschule Heft 2/1991

Mathematik lehren, Heft 79, Schülerbeilage „Mathe-Welt", Erhard Friedrich Verlag, Velber 1996

Müller-Fonfara, R.: Mathematik verständlich. Bassermann, München 2005

Meißner, H.: Einführung in die Geometrie K 2. Skript zur Vorlesung SS 1998

Meschkowski, H.: Mathematiker-Lexikon. Bibliographisches Institut, Mannheim, Wien, Zürich 1980^3

Mitchell, D.: Mathematical Origami. Tarquin Publications, Norfolk 1997

Mitschka, A., Strehl, R., Hollmann, E.: Einführung in die Geometrie. Franzbecker, Hildesheim 1998

Müller, K. P., Wölpert, H.: Anschauliche Topologie. Teubner, Stuttgart 1976

Neubrand, M.: Das Haus der Vierecke – Aspekte beim Finden mathematischer Begriffe. In: Journal für Mathematikdidaktik, 8, 2, 1981, S. 37 – 50

Palzkill, L., Schwirtz, W.: Die Raumlehrestunde. Henn, Wuppertal 1971

Pickert, G.: Ebene Inzidenzgeometrie. Diesterweg, Frankfurt a.M. 1971[3]

Polya, G.: Mathematik und plausibles Schließen, Basel 1962

Roman, T.: Reguläre und halbreguläre Polyeder. VEB Deutscher Verlag der Wissenschaften, Berlin 1968

Scheid, H., Schwarz, W.: Elemente der Geometrie. Elsevier, München 2007[2]

Schuster, M. und Beisl, H.: Kunst-Psychologie: Wodurch Kunstwerke wirken. DuMont Buchverlag, Köln 1978

Stein, M.: Einführung in die Mathematik II - Geometrie. Spektrum, Heidelberg, Berlin 1997

Stein, M.: Geometrie. Spektrum, Heidelberg, Berlin 1999

Thompson, D.: On Growth and Form. Cambridge University Press, Cambridge 1961

Winter, H.: Was soll Geometrie in der Grundschule? In: Zentralblatt für Didaktik der Mathematik, Heft 1, 1976, S. 14 – 18

Winzen, W.: Anschauliche Topologie. Diesterweg-Salle, Frankfurt a. M. 1975

Wittmann, E. Ch.: Elementargeometrie und Wirklichkeit. Vieweg, Braunschweig 1987

Wittmann, E. Ch.: Vom Tangram zum Satz des Pythagoras. In: Mathematik lehren, 83, 1997, S. 18 – 20

Wittmann, E. Ch. u.a.: Das Zahlenbuch, Schülerband 4. Klett, Stuttgart 1997

Wittmann, G.: Elementare Funktionen und ihre Anwendungen. Spektrum, Heidelberg 2008

Zeitler, H.: Axiomatische Geometrie. Bayerischer Schulbuch-Verlag, München 1972

Zeitler, H.: Inzidenzgeometrie. Bayerischer Schulbuch-Verlag, München 1973

Stichwortverzeichnis

abelsche Gruppe 170
Abgeschlossenheit 170
abgestumpfte Körper 65f
absolute Geometrie 77
Abstand 104
Abtragen 257, 263ff
Achsensymmetrie 192, 195, 197,
    199, 220
achsensymmetrisch 112, 189,
    191f, 197, 199f, 204, 220,
    226f
Achteck 210, 212
Adjunktion 87
affine Abbildungen 246ff
affine Ebene 83
ähnlich 112, 233, 241
Ähnlichkeit 233
Ähnlichkeitsabbildung 112, 233,
    240f
Alhambra 109, 216
Ankreis 304f
Antiprisma 65
Äquivalenzklasse 84
Äquivalenzrelation 83, 174
archimedische Körper 65, 67
archimedisches Antiprisma 65
archimedisches Prisma 65
Assoziativität 170f, 223f
Asymmetrie 88
Aufteilen 285f
Aufriss 367ff
Außenwinkel 296ff
Außenwinkelhalbierende 304f
Axiom 74f
Axiome der affinen Inzidenzgeo-
    metrie 82, 84
Axiome der projektiven Inzidenz-
    geometrie 85

Axonometrie 356f

Bandornament 109, 194ff
Bandornament, Typen 198ff, 218
Basis 298, 346
Basiswinkel 298, 315, 317, 348
Bauplan 364
beliebige Raute 205, 225ff
beliebiges Parallelogramm 205
beliebiges Rechteck 205
beliebiges Sechseck 208
beliebiges Trapez 205
Bewegung 109ff, 169
Bierdeckelgeometrie 80
Bienenwaben 289ff
bijektiv 10f
Bogen 6

Cairo-Fünfeck 203f, 218f
Cairo-Tiling 203, 218

Deckabbildung 220ff
Deckabbildungsgruppe 220ff
deduktiv 74
Dieder-Gruppe 226
Dodekaeder 2ff, 21, 60ff
Doppelpyramide 67
Drachen 225ff
Drachen, schräger 227ff, 248
Drehmaß 126, 139
Drehpunkt 126f
Drehsymmetrie 192f, 202
Drehsymmetrie, n-zählige 192,
    216
drehsymmetrisch 192, 220
Drehung 126f
Dreieck 296

Dreieck, gleichschenkliges 242,
    244, 298
Dreieck, gleichseitiges 201, 221ff
Dreieck, goldenes 346, 348
Dreieck, rechtwinkliges 300, 328,
    333ff
Dreieck, reguläres 201, 212
Dreieck, spitzwinkliges 300
Dreieck, stumpfwinkliges 300
Dreiecksungleichung 98
Dreispiegelungssatz 143ff
Dreitafelbild 367
Dreitafelprojektion 354, 367
dual-archimedischer Körper 65,
    67ff
dualer Graph 39f
dualer Körper 63, 67, 69
Dualitätsprinzip 39
Durchdringung 70

Ebene 78
echte Gleitspiegelungssymmetrie
    197
echte Untergruppe 226
Ecke 6
Eckenordnung 13
Elementardistanz 194, 196
Elementarfigur 194, 196, 198ff
Ellipse 363f
endlicher Graph 6
entgegengerichtet 90f
Ergänzungsgleichheit 330
Erstschenkel 93, 95
Escher, Maurits Cornelis 110,
    208, 215
euklidische Werkzeuge 253f
Eulersche Formel 20, 22
Eulersche Gerade 306ff
Eulerscher Kreis 29
Eulerscher Polyedersatz 58f, 68
Eulerscher Weg 29f

Färbung von Landkarten 40ff
Fasskreis 259, 318
Fasskreisbogen 317f
Faustskizze 377f
Ferngerade 84
Feuerbachscher Kreis 306ff
Figur, punktsymmetrische 193,
    201, 217
Figur, translationssymmetrische
    193, 201
Fixgerade 116
Fixpunkt 116
Flächenaufteilung 201, 208, 215
Flächenfüllung 208
flächeninhaltsgleiches Neuneck
    213f
flächeninhaltsgleiches Siebeneck
    213
flächeninhaltstreu 247, 250
Fluchtpunkt 373ff
Försterdreieck 242, 244
Fünfeck 202f
Fünfeck, Cairo-Fünfeck 203f,
    218f
Fünfeck, regelmäßiges 202, 346ff
Fünfeck, reguläres 202, 350

Gebiet 37
Geodreieck 258, 261ff, 273f
Gerade 78
Geradenspiegelung 116ff
geradentreu 120, 356
geschlossen unikursal 29ff
geschlossener Weg 8
gestreckter Winkel 94, 96, 102
GEW-Graph 24ff
gleichschenkliges Dreieck 242,
    244, 298
gleichschenkliges Trapez 227f
gleichseitiges Dreieck 201, 221ff
Gleitspiegelung 112, 130f
Gleitspiegelungsachse 130

Gleitspiegelungssymmetrie 197
Gleitspiegelungssymmetrie, echte
    197
gleitspiegelungssymmetrisch
    196, 199f
goldener Schnitt 342
goldenes Dreieck 346, 348
goldenes Rechteck 346, 350
Graph 6
Grenze 37
Größe eines Winkels 100ff
Grundbegriffe 76, 78, 97
Grundfigur 198, 201, 203ff
Grundkonstruktionen 263
Grundriss 367ff
Gruppe 169f
Gruppe, der
    Ähnlichkeitsabbildungen 241
Gruppe, der
    Kongruenzabbildungen 168ff
Gruppe, Kleinsche Vierergruppe
    226
Gruppe, zyklische 226

Halbebene 91, 94f, 107
Halbgerade 89
Halbieren 267f
halbregulärer Polyeder 64ff
Hamiltonsche Linie 34
Hamiltonscher Kreis 1, 4, 34
Haus der Vierecke 203f, 229f,
    248
Hausfünfeck 203f
Hexaeder 5, 60ff
Höhe 275, 298ff
Höhengerade 275
Höhensatz 333, 338
Höhenschnittpunkt 306f
Horizont 374
Hypotenuse 328ff

Ikosaeder 5, 21, 60ff
Ikosaeder, abgestumpftes 66
Ikosidodekaeder, abgestumpftes
    67
induktiv 74
injektiv 11
Inkreis 278, 304f, 338
Innenwinkel 178ff, 202, 296f,
    300, 303
Innenwinkelhalbierende 303ff
inverses Element 170, 223
involutorisch 118
Inzidenz 78
Inzidenzaxiome 78, 107
Inzidenzgraph 78
Inzidenzpaar 78
Inzidenztafel 9f, 78
isolierte Ecke 7
isomorph 10

Kante 6
Kantenzug 7
Kathete 328
Kathetensatz 334, 338
Kavalierperspektive 356
Kavalierprojektion 356f
Klein, Modell von 80, 83, 86
Knabbern 209, 219
Knabbertechnik 209, 219
Knoten 6
kollinear 79
kommutative Gruppe 170, 224,
    230, 232
komplementäre Halbgeraden 90
kongruent 112, 173ff
Kongruenzabbildungen 112ff,
    168ff
Kongruenzrelation 173f
Kongruenzsatz SSS 182
Kongruenzsatz SSW$_{ggS}$ 186
Kongruenzsatz SWS 183
Kongruenzsatz WSW 184

Kongruenzsätze 181ff
Königsberger Brückenproblem
    30f
Konstruieren 252ff
konvex 58
konvexer Winkel 94
Koordinatendreibein 357
Kreis 104
Kreismittelpunkt 279
Kuboktaeder 66, 68f
Kuboktaeder, abgestumpftes 67
Kuratowski, Satz von 27

Land 37
Landkarte 37
Länge einer Strecke 96ff
Längenmaßaxiome 98, 108
Längenmaßfunktion 97, 101
längentreu 119
längenverhältnistreu 235, 240,
    247, 356
Längsspiegelung 195, 197, 199f
Längs- und Querspiegelung 200
leerer Graph 6
Lineal 253ff
Linearität 88
Linkstripel 121
Lot, siehe auch Senkrechte 104,
    269ff
Lot, errichten 270
Lot, fällen 269
Lotfußpunkt 104
Lotgerade 104
LTZ-Figuren 198, 218
LTZ-Plättchen 198
lückenlos 201, 204, 207f

Mäander 216
major 343
Mehrfachkante 7
Militärperspektive 356
Militärprojektion 356f

Minimalmodell 79, 82f, 86
minor 343
Mittelparallele 112, 259, 274
Mittelpunkt einer Strecke 103
Mittelpunkt eines Kreises 104
Mittelpunktswinkel 314ff
Mittelsenkrechte 122f, 271, 276f,
    298ff
Mittendreieck 300
Möbiusband 48f
Möndchen des Hippokrates 337
Modell von Klein 80, 83, 86
Modell von Poincaré 80, 83, 86

n-zählige Drehsymmetrie 192,
    216
Nachbargebiet 38f
Nacheinanderausführungen von
    Abbildungen 130, 133, 138
Nebenwinkel 95, 103
Netz 11
Neuneck, flächeninhaltsgleiches
    213f
Neunpunktekreis 306ff
Neun-Punkte-Modell 79, 83
neutrales Element 170, 223
nicht-euklidische Geometrie 77,
    80
Nullwinkel 93f, 102

offene Halbebene 91
offene Halbgerade 90
offene Strecke 90
offener Weg 8
Oktaeder 5, 21, 60ff, 69f
Oktaeder, abgestumpftes 65
Ordnung einer Ecke 13
Ordnung einer Gruppe 225
Ordnungsaxiome 89, 91, 107
Ordnungsrelation 88
Orientierung 88f
orthogonal 104

orthogonale Parallelprojektion 353, 367
Orthogonalitätsaxiom 105, 108
Ortslinie 258f

Pantograph 241
parallel 82
Parallele, durch einen Punkt 272
Parallelenaxiom 76f, 82, 107
Parallelenrelation 83f
Parallelenschar 84, 374
parallelentreu 121, 356
Parallelogramm 220, 225, 227ff
Parallelogramm, beliebiges 205
Parallelprojektion 352
Parallelprojektion, orthogonale 353, 367
Parallelprojektion, schräge 356
Parkett 203, 208
Parkettierung 201ff
Parkettierung, aus Vierecken 205ff
Pasch-Axiom 91
Pentagramm 346
Perspektive 352
Phi 344
planar 12, 20
platonischer Körper 57ff
plättbar 12, 20
Poincaré, Modell von 80, 83, 86
Polyeder 57f
Polygon 57
Prisma 65, 289f
Projektion 352
projektive Ebene 85
Punkt 78
Punktspiegelung 128, 193
punktsymmetrisch 193, 220
punktsymmetrische Figur 193, 201, 217
punktsymmetrisches Sechseck 204, 206, 208

Quadrat 225ff
Quadratur des Kreises 254
Querspiegelung 195, 199f

Radius 104
Raute 225ff
Raute, beliebige 205, 225ff
Real Alcazar 215
Rechteck 220, 225ff
Rechteck, beliebiges 205
Rechteck, goldenes 346, 350
rechter Winkel 102
Rechtstripel 121
rechtwinkliges Dreieck 300, 328, 333ff
reflexiv 83, 174
regelmäßiges Fünfeck 202, 346ff
regelmäßiges Zehneck 349
Regelmäßigkeit 208
reguläres Dreieck 201, 212
reguläres Fünfeck 202, 350
reguläres Polyeder 58, 60
reguläres Sechseck 202
reguläres Viereck 204
Relation 78, 83f
Repräsentant 256f
Rhombendodekaeder 53ff, 64, 69f, 289ff
richtungsgleiche Geraden 90
richtungsgleiche Halbgeraden 91

Satz des Pythagoras 326ff
Satz des Pythagoras, Umkehrung 335
Satz des Thales 319
Satz von Kuratowski 27
Satzgruppe des Pythagoras 326ff
Scheitel 93
Scheitelwinkel 95, 103
Scherung 246
Scherungsachse 246
Scherungswinkel 246

Schlegeldiagramm 2f, 5
schlicht 8
Schlinge 7f
Schlitzen 86
Schnitt, goldener 342
Schrägbild 354, 370
schräge Parallelprojektion 356
schräger Drachen 227ff, 248
Schrägspiegelung 246, 249
Schrägspiegelungsachse 249
Schrägspiegelungsrichtung 249
schrägspiegelungssymmetrisch
   248
Schubspiegelung 130
Schubspiegelungsachse 130
Schubsymmetrie 190
Schwerelinie 276
Schwerpunkt 276, 286
Sechseck, beliebiges 208
Sechseck, punktsymmetrisches
   204, 206, 208
Sechseck, reguläres 202
Sechseckgitter 202
Sehne 279
Sehnenviereck 321
Seitenhalbierende 276, 286,
   298ff
Seitenmittelpunkt 201
Seitenriss 367ff
senkrecht 104
Senkrechte 276
Siebeneck 213
Siebeneck, flächeninhaltsgleiches
   213
Spat 57
Spiegelachse 112, 116, 130
Spiegelgerade 116
Spiegelungsaxiome 117
spitzer Winkel 102
Standardwinkelmesser 260
Storchschnabel 241
Strahlensatzfigur 284

Strahlensätze 236f, 242, 300ff,
   308, 310
Strategie 211ff
Strecke 89
Strecke, Teilung einer 282
Strecke, vergrößern 283f
Strecke, verkleinern 283f
streckentreu 119
Streckfaktor 234
Streckung, zentrische 234ff
Streckzentrum 234
Streifen 195, 202, 206
Streifen,
   translationssymmetrische 207
streng linear geordnet 88f, 107
Stufenwinkel 94, 178
Stuhl der Braut 329
surjektiv 11
Symmetrie 113f, 174, 189ff
Symmetrieachse 220, 224, 226f
symmetrisch 113, 174, 190f, 227

Tangente 280f
Teilgraph 19, 26f
Tetraeder 5, 21, 60ff
Tetraeder, abgestumpftes 65
Thaleskreis 280f
Theodolit 313
topologisch äquivalent 11
Torus 48f
Trägergerade 91
transitiv 83, 174
Transitivität 83, 88, 105, 141f,
   174
Translation 124
Translationssymmetrie 190, 194,
   196, 218f
translationssymmetrisch 193
translationssymmetrische Figur
   193
Trapez 220, 225, 227, 229, 248,
   251

Trapez, allgemeines 228, 230, 248
Trapez, beliebiges 205
Trapez, gleichschenkliges 227ff
Trapezoeder 67
triviale Untergruppe 225, 228
Typen von Bandornamenten 198ff, 218

überlappungsfrei 201, 204, 207f
überstumpfer Winkel 94, 102
Umfangswinkel 314ff
Umfangswinkelsatz 314
Umkehrabbildung 118, 125, 127, 129, 137, 145, 194, 236, 239, 246, 249
Umkreis 277, 299, 314
Umlaufsinn 121, 126, 128, 130, 134, 138, 144, 147, 159, 169, 236
Umwendung 112, 169
Unabhängigkeit 75, 80f
unikursal 29ff
Untergraph 18f
Untergruppe 170, 224f
Unterteilung 27

Vergrößerung 233, 241
Verkettung von Abbildungen 133ff, 165f, 168f, 220
Verkleinerung 233, 241
Verknüpfungstafel 221ff
Verkürzungsfaktor 357
Verschiebung 124ff, 135ff
Verschiebungsrichtung 201
Verteilen 283, 285f
Viereck, reguläres 204
Vierfarbensatz 41
Vogelperspektive 356
vollständiger Graph 17f
Vollständigkeit 75

Wechselwinkel 95, 178
Weg 8
Weiselzelle 290f
Widerspruchsfreiheit 75
Winkel 93ff
Winkel, Dreiteilung 255, 288
Winkel, teilen 283
Winkelhalbierende 104, 258, 268, 278, 298ff
Winkelmaßaxiome 101, 108
Winkelmaßfunktion 97, 101
Winkelsumme, im Dreieck 296, 328
winkeltreu 121, 126, 128, 130, 168
Würfel 21, 54ff, 69f
Würfel, abgestumpfter 66
Würfelgebäude 364ff
Würfelverdopplung 254

Zehneck 211f
Zehneck, regelmäßiges 349
Zeichendreiecke 270
Zeichenhilfsmittel 260
Zentralprojektion 352, 373
zentrische Streckung 234ff
Zentrum der Punktspiegelung 128
Zentrum der Streckung 234
Zerlegungsgleichheit 330
Zirkel-Lineal Konstruktion 256
Zirkel 253ff
zusammenhängend 8
Zweifarbensatz 42ff
Zweitschenkel 93, 95
zwischen 89